H3C系列丛书

H3C交换机
学习指南 （下册）

H3C Switch Learning Guide

■ 王 达◎主编

人民邮电出版社
北 京

图书在版编目（CIP）数据

H3C 交换机学习指南. 下册 / 王达主编. -- 北京：
人民邮电出版社，2025. -- （H3C 系列丛书）. -- ISBN
978-7-115-66191-3

Ⅰ. TN915.05-62

中国国家版本馆 CIP 数据核字第 2025QR3426 号

内 容 提 要

本书采用 Comware V7 6W103 版本，全面、系统、深入地介绍了 H3C（新华三）以太网交换机中级和高级功能，特别是各种接入控制安全功能的技术原理和应用配置方法，并且以大量的实验案例验证相应技术原理和配置方法。

本书共 8 章，主要包括 STP/RSTP/MSTP/PVST、Super VLAN、Private VLAN、VLAN 映射、DLDP、RRPP、ACL、QoS、AAA、MAC 地址认证、802.1x 认证、端口安全、Portal 认证和 Web 认证等。本书既可作为 H3C 网络工程师及参加 H3C NE（工程师）、H3C SE（高级工程师）和 H3C IE（技术专家）认证考试学员的自学教材，也可作为 H3C 认证培训机构的培训教材。

◆ 主　编　王　达
　责任编辑　刘亚珍
　责任印制　马振武

◆ 人民邮电出版社出版发行　　北京市丰台区成寿寺路 11 号
　邮编　100164　电子邮件　315@ptpress.com.cn
　网址　https://www.ptpress.com.cn
　固安县铭成印刷有限公司印刷

◆ 开本：787×1092　1/16
　印张：26.25　　　　　　　　2025 年 6 月第 1 版
　字数：623 千字　　　　　　2025 年 6 月河北第 1 次印刷

定价：198.00 元

读者服务热线：（010）53913866　印装质量热线：（010）81055316
反盗版热线：（010）81055315

前　　言

作为技术类图书作者，为了能及时带给读者朋友们最新的技术和应用知识，需要不停地学习并剖析这些新技术的工作原理，厘清这些功能的完整配置思路，并通过实验进行验证。在这其中可能会遇到一个又一个未知难题，例如一些技术原理的深入理解，验证实验中出现的一个又一个故障。有时为了解决一个难题，可能得花费很长时间，目标就是能给读者以正确、通俗的技术原理解释，清晰的功能配置思路和一手的实战经验。

随着网络应用的发展，出现了许多新的技术，但其实任何行业技术只要把底层的技术原理搞清楚，其他的新技术学习起来也不难，毕竟这些新技术都是在底层技术基础之上扩展开发的，这可能也是通常所说的"一通百通"。反过来，如果底层技术原理都没理解透，那么学再多新技术也只能停留在表面，不能真正理解其本质原理，更不可能做到灵活应用。在各种网络设备技术中，只要把计算机网络通信中的基础平台——网络体系结构、二层或者三层主要通信协议报文的通信原理理解透彻，其他复杂的技术原理也是可以搞明白的，只是所花时间多少的问题。本书中将涉及许多基础技术原理剖析，这些很重要，希望大家重视。

1. 本书创作背景

我首次写 H3C 设备的技术图书是在 2007 年，之后在 2009—2013 年，先后出版了多本关于 H3C 设备的图书，这些图书均得到了读者的喜爱和支持，其中有些图书至今还在销售。不知不觉，10 多年过去了，原来创作 Cisco/H3C 的"四件套"还历历在目。这些年，无论是出版社，还是读者都在追问何时更新 H3C 设备相关的图书，我也一直在关注和研究 H3C 设备的最新技术，重新做了许多实验，还制作了最新版的视频教学课程。但图书与视频教学课程的创作风格完全不一样，不能直接把视频教学课程中的内容搬进图书。

10 多年前，H3C 设备与华为设备在技术和功能配置等方面总体上非常相似，因此，大家认为学好了华为设备技术，就基本上学会了 H3C 设备技术。但经历了这么多年各自的发展，H3C 设备无论是在技术，还是在功能配置方法上，与华为设备有着巨大的不同，因此，现在如果要维护好 H3C 设备，需要专门系统、深入地学习，否则，许多配置命令可能输不进去了。

为了给殷殷期盼的读者朋友们一个交代，也为了使自己的创作生涯更加圆满，在刚完成《华为 HCIP-Datacom 路由交换学习指南》这本书后，我便开始了再次的"H3C 设备之旅"。因为新系统的 H3C 设备不仅功能更多、更强大，而且还出现了许多新功能，配置方法也发生了巨大变化，为了使这本图书更加完整，所以本次采用全新的写作方式，花了我最长的创作时间，希望能得到读者朋友的喜爱与支持。

2．本书主要特色

本书共 8 章，系统地介绍了 H3C 以太网交换机中主要的中级和高级功能，特别是接入控制安全功能的技术原理、功能配置与管理方法，主要包括 Super VLAN（超级虚拟局域网）、Private VLAN（私有虚拟局域网）、VLAN（虚拟局域网）映射、生成树协议（Spanning Tree Protocol，STP）/快速生成树协议（Rapid Spanning Tree Protocol，RSTP）/多生成树协议（Multiple Spanning Tree Protocol，MSTP）/每 VLAN 生成树（Per-VLAN Spanning Tree，PVST）各种生成树技术、设备链路检测协议（Device Link Detection Protocol，DLDP）、快速环网保护协议（Rapid Ring Protection Protocol，RRPP）、访问控制列表（Access Control List，ACL）、服务质量（Quality of Service，QoS）、"鉴权、授权和结算（Authentication Authorization and Accounting，AAA）"、介质访问控制（Medium Access Control，MAC）地址认证、802.1x 认证、端口安全、Portal 认证（网络接入认证机制）和 Web 认证等。本书主要特色如下。

- **内容新颖**

本书基于 H3C 最新的 Comware V7-6W103 版本系统编写，各项技术、功能配置和方法均是最新的，非常适合大家学习。与早期的 Comware V7 版本相比，Comware V7-6W103 版本不仅增加了许多新功能，而且在一些功能的配置与管理方法上也发生了较大变化。

- **全面系统**

在编写本书的过程中，我对各项技术和功能做了非常细致、系统的技术原理剖析、功能配置思路分析，以及相关实验验证，因此，本书既适合初学者系统地学习 H3C 交换机技术，又适合想参加 H3C 认证的学员们学习，专业的 H3C 网络工程师也可以从本书中学习到许多实用的方案设计和网络维护经验。

- **实用性强**

本书介绍的技术在企业网络运维中非常实用，主要包括用于特殊 VLAN 应用的 Super

VLAN、Private VLAN 和 VLAN 映射，用于提高网络可靠性的 STP/RSTP/MSTP/PVST、DLDP 和 RRPP，用于报文过滤和服务质量控制的 ACL 和 QoS，以及用于二/三层网络用户接入控制的 AAA、MAC 地址认证、802.1x 认证、端口安全、Portal 认证和 Web 认证。

- **清晰明确**

本书在创作过程中，融合了我 20 余年工作、图书创作和教学过程中积累的许多宝贵经验。对于复杂的技术原理，不再是格式化的照本宣科，而是以示例抓包截图的方式深入剖析，对重点和需要注意的地方专门以**黑体字**标注，方便读者阅读。

3．服务与支持

本书由长沙达哥网络科技有限公司（原名"王达大讲堂"）组织编写，并由我负责统稿。为了方便大家学习本书中的实战技能，读者朋友们可以添加作者微信 windanet 获取书中配置示例的配套实验拓扑包，同时方便大家学习和交流，可加入读者 QQ 群：516844263。

本书在创作过程中，在配置命令和一些技术原理说明上引用了新华三集团提供的原始官方资源，在此表示衷心感谢。感谢人民邮电出版社有限公司、北京信通传媒有限责任公司的各位领导、编辑的信任，感谢他们为本书顺利出版所做的各项工作，也感谢广大读者朋友们一贯的信任与支持，你们是我坚持 20 余年创作的动力。由于编者水平有限，尽管我们花了大量时间和精力校验，但书中仍可能存在一些瑕疵，敬请各位读者批评指正，万分感谢。

王达

2025 年 3 月 27 日

目　录

第1章　VLAN的扩展特性 ················ 1

1.1　VLAN映射 ····················· 2
 1.1.1　VLAN映射分类及实现原理 ······· 2
 1.1.2　VLAN映射的主要应用 ·········· 4
 1.1.3　VLAN映射配置 ·············· 6
 1.1.4　1∶1 VLAN映射配置示例 ······· 10
 1.1.5　1∶2和2∶2 VLAN映射配置
   示例 ···················· 13

1.2　Super VLAN ·················· 16
 1.2.1　Super VLAN简介 ··········· 16
 1.2.2　Sub VLAN中主机的通信原理···· 18
 1.2.3　Super VLAN配置 ··········· 22
 1.2.4　Super VLAN配置示例 ········ 23

1.3　Private VLAN ················· 26
 1.3.1　Private VLAN简介 ·········· 27
 1.3.2　Private VLAN的上行和下行端口
   工作模式 ················· 28
 1.3.3　Private VLAN配置 ·········· 30
 1.3.4　Private VLAN配置示例
   （promiscuous模式） ········· 33
 1.3.5　Private VLAN配置示例（trunk
   promiscuous模式） ········· 37

第2章　生成树协议 ················· 43

2.1　STP基础 ····················· 44
 2.1.1　STP报文 ················· 44
 2.1.2　STP的基本概念 ············· 47

2.2　STP的工作原理 ··············· 48
 2.2.1　根桥选举原理 ·············· 49
 2.2.2　根端口和指定端口选举原理··· 51
 2.2.3　STP计算示例 ·············· 51
 2.2.4　STP配置BPDU的传递机制···· 54

2.3　STP配置 ····················· 55
 2.3.1　STP配置的基本功能配置········ 55
 2.3.2　STP配置的高级功能配置 ······· 58
 2.3.3　STP配置示例 ·············· 61

2.4　RSTP基础 ···················· 66
 2.4.1　RSTP报文 ················ 66
 2.4.2　RSTP的端口角色和端口
   状态 ···················· 67
 2.4.3　RSTP中的BPDU处理 ········ 68
 2.4.4　快速收敛机制 ·············· 69

2.5　RSTP配置 ···················· 71
 2.5.1　RSTP的基本功能配置 ········ 71
 2.5.2　RSTP的高级功能配置 ········ 73
 2.5.3　RSTP配置示例 ············· 74

2.6　PVST ························ 78
 2.6.1　PVST协议报文 ············· 78
 2.6.2　配置PVST的基本功能 ········ 79
 2.6.3　配置PVST高级功能 ········· 82
 2.6.4　PVST配置示例 ············· 82

2.7　MSTP ························ 88
 2.7.1　MSTP的基本概念 ··········· 89
 2.7.2　MSTP报文 ················ 91
 2.7.3　配置MSTP的基本功能 ······· 92
 2.7.4　配置MSTP高级功能 ········· 96
 2.7.5　MSTP配置示例 ············ 97

第3章　DLDP和RRPP ············ 107

3.1　DLDP ······················ 108
 3.1.1　DLDPDU ················ 108
 3.1.2　DLDP报文 ··············· 109
 3.1.3　DLDP基本概念 ············ 110
 3.1.4　DLDP邻居建立过程 ········· 111
 3.1.5　DLDP检测机制 ············ 112
 3.1.6　DLDP配置 ··············· 114

3.2　RRPP基础 ··················· 116
 3.2.1　RRPP基本概念 ············ 117
 3.2.2　RRPP报文 ··············· 120
 3.2.3　RRPP定时器 ············· 121
 3.2.4　RRPP运行机制 ············ 122
 3.2.5　RRPP典型应用组网 ········· 124

3.3　RRPP配置 ··················· 126

3.3.1 配置 RRPP 基本功能 ………… 126
3.3.2 配置 RRPP 可选功能 ………… 129
3.3.3 RRPP 单环配置示例 ………… 132
3.3.4 RRPP 相交环配置示例 ……… 135
3.3.5 相交环负载分担配置示例 …… 140

第 4 章 ACL ……………………………… 149

4.1 ACL 基础 ………………………… 150
4.1.1 ACL 的编号、命名和分类 … 150
4.1.2 ACL 规则匹配顺序 ………… 150
4.1.3 ACL 规则步长 ……………… 152
4.2 配置 ACL ………………………… 152
4.2.1 配置时间段 ………………… 153
4.2.2 配置 IPv4 基本 ACL ……… 155
4.2.3 IPv4 高级 ACL 支持的优先级
方式 ……………………………… 157
4.2.4 配置 IPv4 高级 ACL ……… 158
4.2.5 配置二层 ACL ……………… 161
4.2.6 配置用户自定义 ACL ……… 164
4.2.7 应用 ACL 进行报文过滤 … 166
4.2.8 ACL 维护与管理 …………… 168
4.2.9 IPv4 基本 ACL 配置示例 … 169
4.2.10 IPv4 高级 ACL 配置示例 … 173

第 5 章 QoS ……………………………… 181

5.1 QoS 基础 ………………………… 182
5.1.1 QoS 服务模型 ……………… 182
5.1.2 QoS 技术在网络中应用的
位置 ……………………………… 183
5.1.3 QoS 配置方式 ……………… 184
5.2 QoS 策略 ………………………… 184
5.2.1 定义类 ……………………… 185
5.2.2 定义流行为 ………………… 188
5.2.3 定义 QoS 策略 ……………… 189
5.2.4 应用策略 …………………… 189
5.3 优先级映射 ……………………… 193
5.3.1 优先级分类 ………………… 193
5.3.2 报文优先级 ………………… 194
5.3.3 优先级映射流程 …………… 197
5.3.4 优先级映射配置 …………… 198
5.3.5 优先级信任模式和端口优先级
配置示例 ………………………… 201
5.3.6 DSCP-DSCP 优先级映射配置
示例 ……………………………… 202

5.4 流量监管、流量整形和接口
限速 ……………………………… 205
5.4.1 流量评估和令牌桶 ………… 206
5.4.2 流量监管配置 ……………… 207
5.4.3 流量整形 …………………… 209
5.4.4 限速 ………………………… 210
5.4.5 基于接口的流量监管配置
示例 ……………………………… 211
5.5 重标记 …………………………… 214
5.5.1 重标记配置 ………………… 214
5.5.2 流量整形、接口限速和重标记
配置示例 ………………………… 217
5.5.3 优先级映射和重标记配置
示例 ……………………………… 219
5.6 拥塞管理 ………………………… 222
5.6.1 队列调度算法 ……………… 222
5.6.2 拥塞管理配置 ……………… 224
5.7 拥塞避免 ………………………… 229
5.7.1 拥塞避免技术 ……………… 229
5.7.2 WRED 配置 ………………… 231
5.8 流量过滤 ………………………… 233
5.8.1 流量过滤配置 ……………… 233
5.8.2 流量过滤配置示例 ………… 234
5.9 流量统计 ………………………… 235
5.9.1 流量统计配置 ……………… 235
5.9.2 流量统计配置示例 ………… 236
5.10 Nest ……………………………… 236
5.10.1 Nest 配置 ………………… 237
5.10.2 Nest 配置示例 …………… 237

第 6 章 AAA ……………………………… 241

6.1 AAA 基础 ………………………… 242
6.1.1 AAA 基本组网架构 ……… 242
6.1.2 RADIUS 协议简介 ………… 243
6.1.3 HWTACACS 简介 ………… 246
6.1.4 ISP 域 ……………………… 250
6.1.5 认证、授权和计费方法 …… 250
6.1.6 AAA 配置任务 …………… 252
6.2 ISP 域配置 ……………………… 252
6.3 本地用户配置 …………………… 257
6.3.1 本地用户属性 ……………… 257
6.3.2 配置本地用户 ……………… 258
6.4 RADIUS 配置 …………………… 266
6.4.1 配置 RADIUS 服务器探测 … 267

6.4.2 配置 RADIUS 方案 ·········· 269
6.4.3 配置 RADIUS 报文交互参数 ··· 274
6.4.4 配置 RADIUS 扩展功能 ········ 276
6.4.5 SSH 用户使用 iMC Radius 认证
配置示例 ·········· 281
6.5 HWTACACS 配置 ·········· 283
6.5.1 配置 HWTACACS 方案 ········ 284
6.5.2 配置 HWTACACS 报文交互
参数 ·········· 286
6.5.3 Telnet 用户使用 ACS HWTACACS
认证和授权配置示例 ·········· 289

第 7 章 MAC 地址认证、802.1x 认证和
端口安全 ·········· 295
7.1 MAC 地址认证 ·········· 296
7.1.1 MAC 地址认证用户的账号格式
和认证方式 ·········· 296
7.1.2 MAC 地址认证授权资源下发 ··· 297
7.1.3 Guest VLAN 和 Critical
VLAN ·········· 300
7.1.4 MAC 地址认证重定向和
重认证 ·········· 300
7.2 MAC 地址认证配置 ·········· 302
7.2.1 配置 MAC 地址认证基本
功能 ·········· 302
7.2.2 配置 MAC 地址认证授权 VLAN
功能 ·········· 307
7.2.3 本地 MAC 地址认证配置
示例 ·········· 309
7.3 802.1x 认证基础 ·········· 312
7.3.1 802.1x 认证的体系结构和对端口
的控制 ·········· 312
7.3.2 802.1x 认证 EAP 报文格式 ····· 313
7.3.3 802.1x 的认证触发方式 ········ 315
7.3.4 802.1x 的认证方式 ·········· 316
7.3.5 802.1x 认证授权 VLAN 下发 ·· 320
7.3.6 Guest VLAN、Critical VLAN 和
Auth-Fail VLAN ·········· 322
7.3.7 802.1x 其他功能 ·········· 325
7.4 802.1x 认证配置 ·········· 327
7.4.1 配置 802.1x 认证基本功能 ······ 327
7.4.2 配置 802.1x 下发 VLAN 功能 ··· 332
7.4.3 配置 802.1x 相关参数 ·········· 334
7.4.4 802.1x 认证配置示例 ·········· 336

7.4.5 802.1x Guest VLAN 和授权
VLAN 下发配置示例 ·········· 338
7.5 端口安全 ·········· 340
7.5.1 端口安全模式 ·········· 340
7.5.2 配置端口安全基本功能 ·········· 343
7.5.3 配置端口安全扩展功能 ·········· 349
7.5.4 autoLearn 模式端口安全配置
示例 ·········· 353
7.5.5 userLoginWithOUI 模式端口安全
配置示例 ·········· 355

第 8 章 Portal 认证和 Web 认证 ·········· 361
8.1 Portal 认证基础 ·········· 362
8.1.1 Portal 认证系统构成 ·········· 362
8.1.2 Portal 的认证方式 ·········· 363
8.1.3 Portal 认证的优势 ·········· 364
8.1.4 Portal 认证流程 ·········· 364
8.1.5 Portal 过滤规则 ·········· 367
8.2 Portal 认证配置 ·········· 367
8.2.1 配置本地 Portal 服务 ·········· 368
8.2.2 自定义认证页面 ·········· 370
8.2.3 配置远程 Portal 认证服务器 ··· 372
8.2.4 配置 Portal Web 服务器 ········ 373
8.2.5 开启 Portal 认证并引用 Portal Web
服务器 ·········· 376
8.2.6 控制 Portal 用户的接入 ·········· 378
8.2.7 配置 Portal 探测功能 ·········· 385
8.2.8 本地 Portal 服务直接认证配置
示例 ·········· 388
8.2.9 支持认证前域的远程 Portal 直接
认证配置示例 ·········· 391
8.2.10 支持认证前域的 Portal 二次地址
分配认证配置示例 ·········· 395
8.2.11 典型 Portal 认证故障排除 ····· 398
8.3 Web 认证 ·········· 400
8.3.1 Web 认证系统及基本认证
流程 ·········· 401
8.3.2 Web 认证资源下发 ·········· 401
8.3.3 配置 Web 认证基本功能 ·········· 402
8.3.4 配置 Web 认证可选功能 ·········· 404
8.3.5 本地 AAA 认证方式 Web 认证配置
示例 ·········· 407
8.3.6 远程 AAA 认证方式 Web 认证配置
示例 ·········· 409

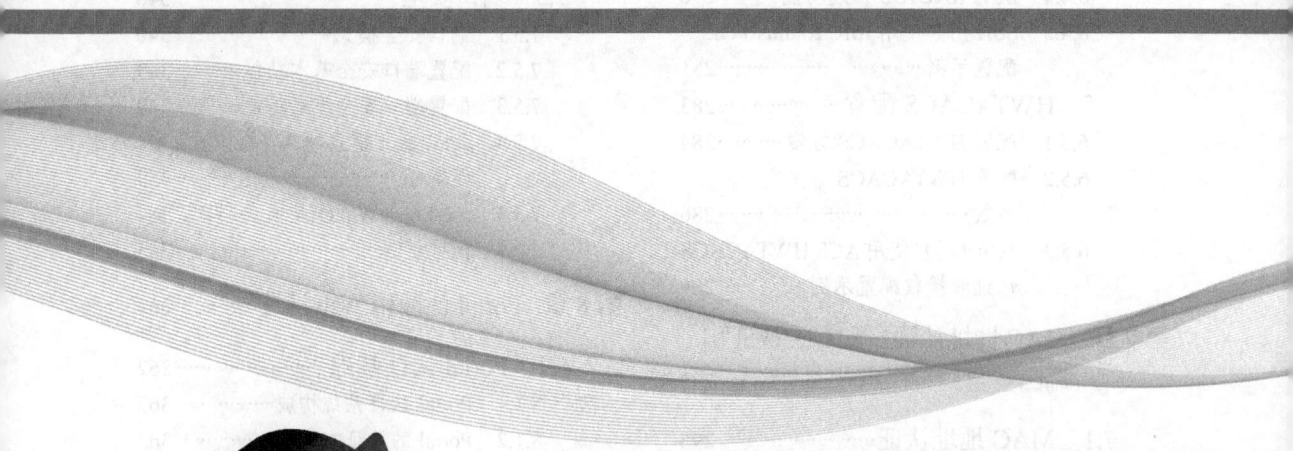

第1章
VLAN 的扩展特性

本章主要内容

1.1 VLAN 映射

1.2 Super VLAN

1.3 Private VLAN

　　虚拟局域网（Virtual Local Area Network，VLAN）映射、Super VLAN（超级虚拟局域网）和 Private VLAN（私有虚拟局域网）是 VLAN 的扩展特性。VLAN映射主要应用于在网络边缘修改报文中携带的 VLAN 标签，或在报文中添加新的 VLAN 标签，使报文可以在另一个网络（例如运营商网络）中传输。

　　Super VLAN 又称为 VLAN 聚合，可以实现多个同一 IP 网段的 VLAN 通过同一个 VLAN 接口与外部网络进行三层通信，以减少 IP 地址资源浪费。Private VLAN主要用于节省 VLAN ID（虚拟局域网标识），因为它可以实现同一 VLAN 内部各用户相互二层隔离，而不用单独为这些用户创建不同的 VLAN，同时也可有类似于 Super VLAN 那样实现多个同一 IP 网段的 VLAN 通过同一个 VLAN 接口与外部网络进行三层通信的作用。

1.1　VLAN 映射

VLAN 映射（VLAN Mapping）也叫 VLAN 转换，可以用来修改报文中携带的 VLAN 标签，或为报文添加新的 VLAN 标签，实现不同 VLAN ID 之间的相互转换，最终实现报文在不同 VLAN 规划的网络中传输。

1.1.1　VLAN 映射分类及实现原理

目前，设备提供 1∶1、N∶1、1∶2 和 2∶2 共 4 种 VLAN 映射类型。

1.　1∶1 VLAN 映射

1∶1 VLAN 映射可将来自某一特定 VLAN 的报文所携带的 VLAN 标签替换为新的 VLAN 标签。1∶1 VLAN 映射示意如图 1-1 所示，通过在服务提供商（Service Provider，SP）网络 PE[1] 设备下行端口配置 1∶1 VLAN 映射，使 PE 设备将上行数据流的 CVLAN[2]（例如 VLAN2）替换为 SVLAN（例如 VLAN1000），同时又可将下行数据流的 SVLAN（VLAN1000）替换为 CVLAN（VLAN2），即可实现报文在用户网络和 SP 网络之间传输时 VLAN 标签互换的目标。

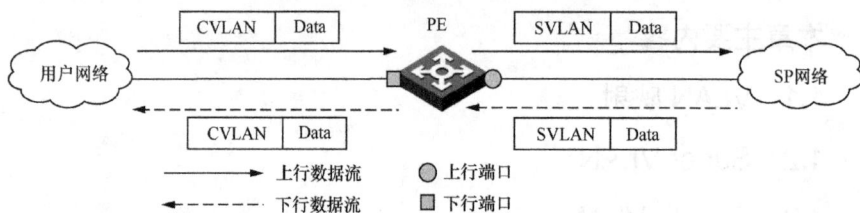

图 1-1　　1∶1 VLAN 映射示意

2.　N∶1 VLAN 映射

N∶1 VLAN 映射可将来自多个 VLAN 的报文所携带的不同 VLAN 标签替换为同一个 VLAN 标签，通常应用于由下级交换机（例如接入层交换机）向上级交换机（例如汇聚层交换机），或由用户网络向 SP 网络发送的上行报文中，以减轻上级交换机、PE 设备使用 VLAN 数量的压力。这里的"N"是指下级交换机、SP 网络 CE 设备可以识别的多个 VLAN；"1"是指上级交换机或 PE 设备上可以识别的一个 VLAN。

数据通信是双向的，在上级交换机、PE 设备的下行交换机端口配置了 N∶1 VLAN 映射后，在这两类交换机的上行端口也要配置 N∶1 VLAN 映射功能，但这里实现的是反向 VLAN 映射功能，此时要借助动态主机配置协议（Dynamic Host Configuration Protocol，DHCP）嗅探（DHCP Snooping）或地址解析协议（Address Resolution Protocol，ARP）嗅探（ARP Snooping）表项功能才能准确地把报文中携带的一个 VLAN 标签映射为对应的多个用户 VLAN 标签。

N∶1 VLAN 映射示意如图 1-2 所示，用户网络中 N 个 VLAN 发送的携带 CVLAN 标签的报文，到达 SP 网络 PE 设备的下行端口时进行 N∶1 VLAN 映射，把这 N 个 VLAN

1.　在多协议标记交换（Multiprotocol Label Switching，MPLS）的概念中，把整个网络中的路由器分为三类：用户边缘路由器（CE）、运营商边缘路由器（PE）和运营商骨干路由器（P，即 provider 的缩写）。其中，PE 充当 IP VPN 接入路由器。

2.　CVLAN 是 Customer VLAN 的缩写，是指在用户端的 VLAN，由 IEEE 802.1ad 定义，QinQ 在一个 VLAN 中再增加一层标签，成为双标签的 VLAN，外层的是 SVLAN，内层的是 CVLAN。

中用户发送的报文中的 VLAN 标签更换为 SP 网络可以识别的同一个 SVLAN 标签。

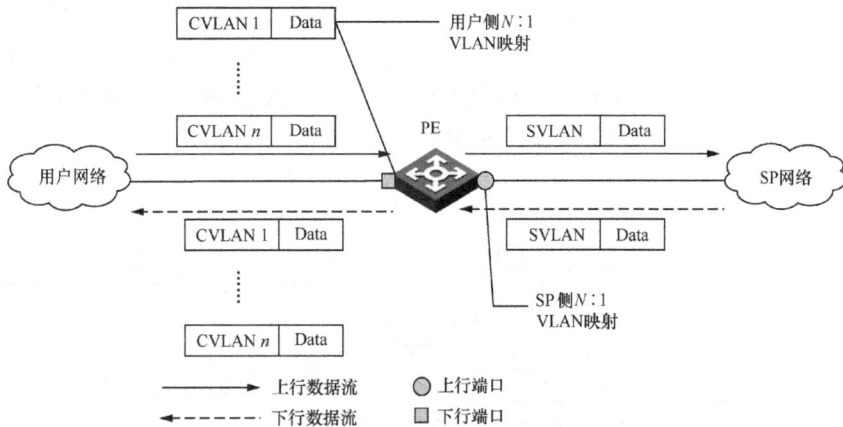

图 1-2　N : 1 VLAN 映射示意

从 SP 网络返回的报文, 到达 PE 设备的上行端口时, 根据上行数据进行 N : 1 VLAN 映射时所创建的 DHCP Snooping 或 ARP Snooping 表项, 再反向将报文中的 SVLAN 标签映射为对应的 CVLAN 标签。

3. 1 : 2 VLAN 映射

1 : 2 VLAN 映射可将携带有一层 VLAN 标签的报文添加一层新的 VLAN 标签, 使报文携带两层 VLAN 标签。

1 : 2 VLAN 映射示意如图 1-3 所示, 通过在 PE 设备下行端口上配置 1 : 2 VLAN 映射, 可为上行数据流的 CVLAN 报文再添加一层 SVLAN 标签。同时, 为了保证下行数据流可以顺利到达用户网络, 在发送 SVLAN 报文时, 在 PE 设备的下行端口需要剥离其外层 SVLAN 标签, 只保留 CVLAN 标签。

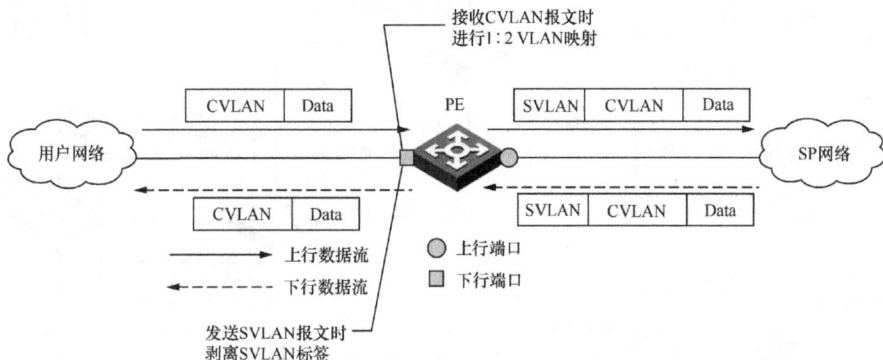

图 1-3　1 : 2 VLAN 映射示意

在 PE 设备的下行端口上可选择如下两种方式中的一种来实现剥离外层 SVLAN 标签。

① 配置下行端口为 Hybrid 类型端口, 并配置当该端口发送 SVLAN 报文时, 不带 SVLAN 标签。

② 配置下行端口为 Trunk 类型端口, 并将 SVLAN 对应的 VLANID 设为该端口的 PVID。

4. 2 : 2 VLAN 映射

2 : 2 VLAN 映射可将携带有两层 VLAN 标签的报文的内层 VLAN 标签和外层

VLAN 标签修改为新的 VLAN 标签。

2：2 VLAN 映射示意如图 1-4 所示，通过在 PE 设备下行端口配置 2：2 VLAN 映射，将上行数据流的 SVLAN、CVLAN 标签分别转换为 SVLAN′、CVLAN′ 标签，同时还会将下行数据流的 SVLAN′、CVLAN′标签再反向转换为 SVLAN、CVLAN 标签，即只需在同一链路的端口上配置 2：2 VLAN 映射。

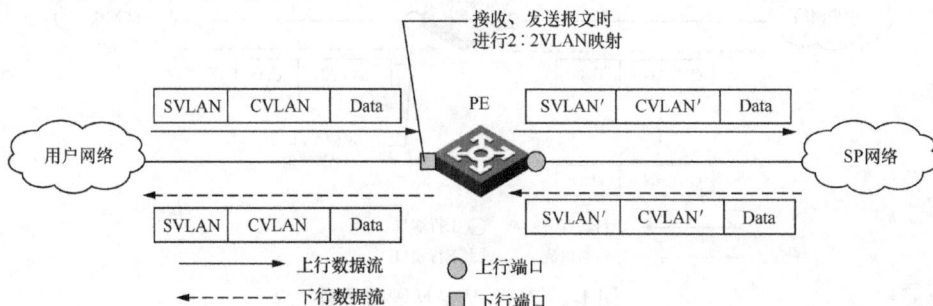

图 1-4　2：2 VLAN 映射示意

1.1.2　VLAN 映射的主要应用

不同的 VLAN 映射类型是基于不同应用需求产生的。

1. 1：1 VLAN 映射和 N：1 VLAN 映射应用

1：1 VLAN 映射和 N：1 VLAN 映射通常结合起来使用，1：1 VLAN 映射和 N：1 VLAN 映射应用示例如图 1-5 所示，用来实现小区的宽带上网业务。

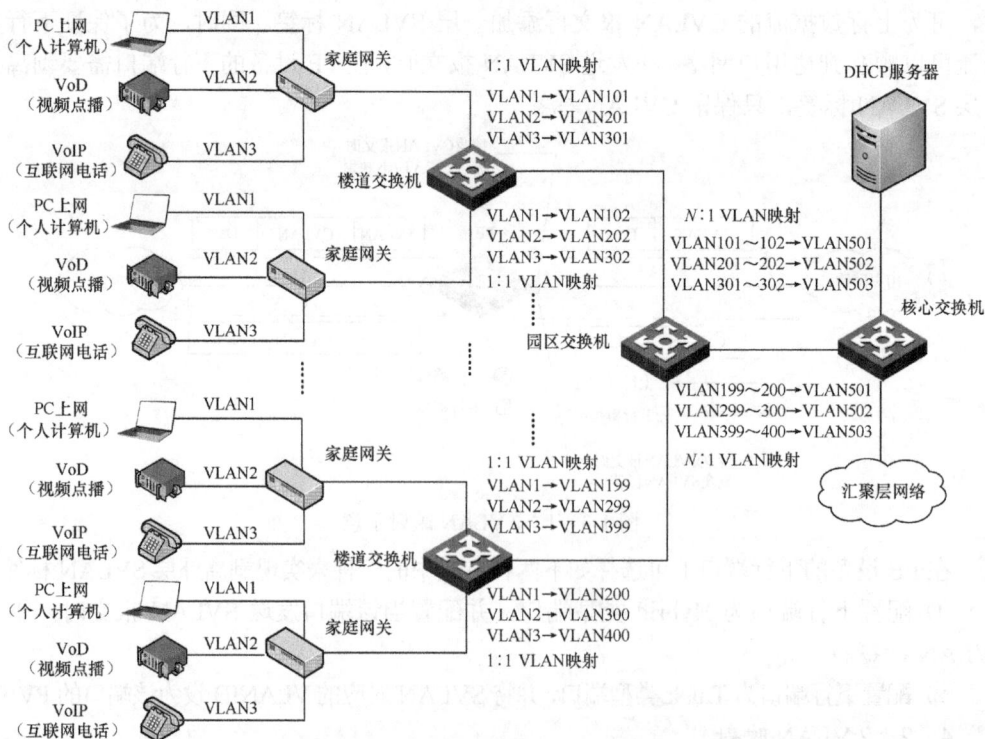

图 1-5　1：1 VLAN 映射和 N：1 VLAN 映射应用示例

①　在家庭网关上，分别将每个家庭的个人计算机（Personal Computer，PC）上网、视频点播（Video on Demand，VoD）和互联网电话（Voice over IP，VoIP）业务依次划分到不同 VLAN 上。

例如每个家庭的 PC 上网业务都划分到 VLAN1 中，视频点播业务都划分到 VLAN2 中，而互联网电话业务都划分到 VLAN3 中。

②　在楼道交换机上，为了隔离不同家庭的同类业务，又需要将每个家庭的每种业务 1∶1 VLAN 映射到不同的 VLAN。

例如将不同家庭的 PC 上网业务 VLAN1 分别映射到 VLAN101～200，将不同家庭的视频点播业务 VLAN2 分别映射到 VLAN201～300，将不同家庭的互联网电话业务 VLAN3 分别映射到 VLAN301～400。因为需要为每个家庭连接一个端口，相同或不同业务都要进行 1∶1 VLAN 映射，所以楼道交换机需要的交换机端口比较多，要配置的 VLAN 数量是最多的，业务量比较大，性能要求比较高。

③　在园区交换机上，为了节省 VLAN 资源，需要进行 VLAN 汇聚，将所有家庭的同类业务都划分到相同的 VLAN 中，即进行 N∶1 VLAN 映射。

例如将每个家庭的 PC 上网业务所映射的 VLAN101～200 映射到 VLAN501，将每个家庭的视频点播业务所映射的 VLAN201～300 映射到 VLAN502，将每个家庭的互联网电话业务所映射的 VLAN301～400 映射到 VLAN503。

在具体的应用中，要根据所在小区现有及潜在的用户数、业务类型数量，针对家庭网关、楼道交换机和园区交换机进行统一的 VLAN 规划，以便使各类业务在传输路径上实现映射前、后的 VLAN 不相同。

2.　1∶2 VLAN 映射和 2∶2 VLAN 映射应用

1∶2 VLAN 映射和 2∶2 VLAN 映射主要用于实现连接不同 SP 网络的用户站点二层互通。1∶2 VLAN 映射和 2∶2 VLAN 映射应用示例如图 1-6 所示，VPN A 中处于不同地理位置（Site1 和 Site2）的用户跨越了两个 SP（SP1 和 SP2）的网络进行互通。Site1 和 Site2 中的用户所在的 VLAN 分别为 VLAN2 和 VLAN3，SP1 分配给 VPN A 的 VLAN 为 VLAN10，SP2 分配给 VPN A 的 VLAN 为 VLAN20。下面以 Site1 中的用户访问 Site2 中的用户为例介绍报文在 SP1、SP2 网络中传输时所需进行的 VLAN 映射。

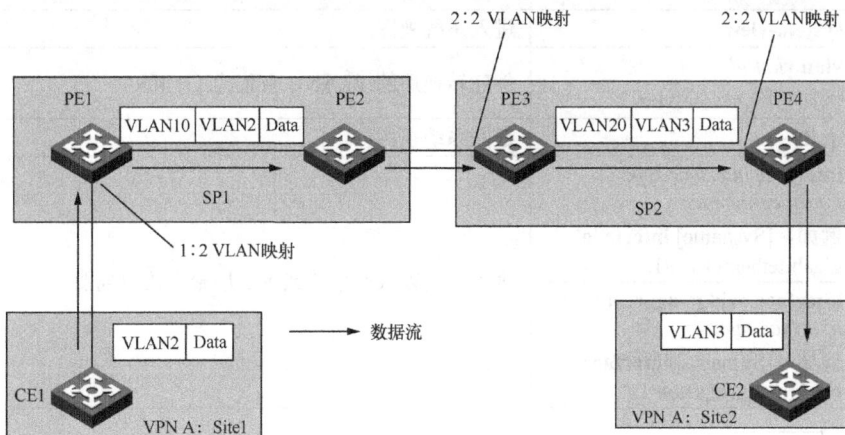

图 1-6　1∶2 VLAN 映射和 2∶2 VLAN 映射应用示例

①　当 Site1 的报文进入 SP1 的网络后，PE1 为该报文添加了 VLAN10 的外层 VLAN 标签，进行 1∶2 VLAN 映射。这样，VPN 用户就可以自由规划自己网络中的 VLAN ID，而不用担心与 SP 的 VLAN ID 冲突，同时也因为此时报文携带两层 VLAN 标签，网络可用的 VLAN 为 4094×4094 个，缓解了原来 SP 网络中可用的 VLAN 只有 4094 个带来的 VLAN 资源紧缺的问题。

②　当报文继续由 SP1 的网络进入 SP2 的网络后，由于 SP2 分配给 VPN A 的 VLAN 与 SP1 不同，另外，为了实现 Site1 与 Site2 中的用户互通，需要同时修改该报文的内外两层 VLAN 标签，进行 2∶2 VLAN 映射，即在 PE3 上需将该报文的外层 VLAN 标签替换为 VLAN20 标签，同时将其内层 VLAN2 标签替换为 VLAN3 标签。

1.1.3　VLAN 映射配置

因为 VLAN 映射、QinQ[1]和服务质量（QoS）策略均可以为报文添加或修改 VLAN 标签，所以在配置 VLAN 映射时，请注意以下事项。有关 QoS 策略请参见本书第 5 章。

①　如果用户先开启了 QinQ，又通过配置 1∶2 VLAN 映射来添加报文的 VLAN 标签，则匹配 1∶2 VLAN 映射中 CVLAN 的报文会被添加 SVLAN 的标签，没有匹配 CVLAN 的报文会被添加 PVID 对应的 VLAN 标签。

②　如果用户先开启了 QinQ，又通过配置 1∶1 VLAN 映射或 $N∶1$ VLAN 映射来修改报文的 VLAN 标签，则匹配 1∶1 VLAN 映射或 $N∶1$ VLAN 映射中 CVLAN 的报文会将 CVLAN 的标签替换为 SVLAN 的标签，没有匹配 CVLAN 的报文会被添加 PVID 对应的 VLAN 标签。

③　如果用户同时通过配置 VLAN 映射和 QoS 策略来修改或添加报文的 VLAN 标签，且配置冲突时，则 QoS 策略的配置生效。

1.　1∶1 VLAN 映射配置

需要在楼道交换机的下行端口上配置 1∶1 VLAN 映射，以便将不同用户的不同业务用不同的 VLAN 进行隔离。1∶1 VLAN 映射的配置步骤见表 1-1。

表 1-1　1∶1 VLAN 映射的配置步骤

步骤	命令	说明
1	**system-view**	进入系统视图
2	**vlan** *vlan-id* 例如，[Sysname]**vlan** 2	创建转换后的 VLAN，取值为 1～4094
3	**quit**	返回系统视图
4	**interface** *interface-type interface-number* 例如，[Sysname] **interface** gigabitethernet 1/0/1 **interface bridge-aggregation** *interface-number* 例如，[Sysname] **interface bridge-aggregation** 1	进入二层以太网接口或者二层聚合接口视图

1.　在 original frame（原始框架）上增加 TAG（标签）的标准是 802.1Q，又在满足 802.1Q 的 frame 上增加 TAG，结合这个标准中的字母"Q"，即常写作 QinQ。

续表

步骤	命令	说明
5	port link-type { trunk | hybrid } 例如，[Sysname-GigabitEthernet1/0/1] port link-type trunk	配置端口链路类型，只能是 **Trunk 或 Hybrid** 类型。 默认情况下，所有端口的链路类型均为 Access 类型
6	port trunk permit vlan vlan-id-list 例如，[Sysname-GigabitEthernet1/0/1] port trunk permit vlan 2 10	（二选一）配置 Trunk 类型端口，允许原始 VLAN 及转换后的 VLAN 以带标签方式通过当前端口。**在本地设备可以不创建原始 VLAN，但转换后的 VLAN 必须在本地设备上创建。**vlan-id-list 包括原始 VLAN ID 和转换后的 VLAN ID 列表。 默认情况下，Trunk 类型端口只允许 VLAN1 的报文通过
6	port hybrid vlan vlan-id-list tagged 例如，[Sysname-GigabitEthernet1/0/1] port hybrid vlan 2 10 tagged	（二选一）配置 Hybrid 类型端口，允许原始 VLAN 及转换后的 VLAN 以带标签方式通过当前端口。**原始 VLAN 及转换后的 VLAN 均必须在本地设备已创建。**vlan-id-list 包括原始 VLAN ID 和转换后的 VLAN ID 列表。 默认情况下，Hybrid 类型端口只允许该端口在链路类型为 Access 时所属 VLAN 的报文以不带标签方式通过
7	vlan mapping vlan-id translated-vlan vlan-id 例如，[Sysname-GigabitEthernet1/0/1] vlan mapping 2 translated-vlan 10	配置 1：1 VLAN 映射。参数 vlan-id translated-vlan vlan-id 表示 1：1 VLAN 映射的原始 VLAN ID 和转换后的 VLAN ID，取值为 1～4094。原始 VLAN ID 和转换后的 VLAN ID 不允许相同。 【注意】同一接口上不同类型 VLAN 映射表项的原始 VLAN 不允许相同，转换后的 VLAN 也不允许相同。同一接口上，多次配置 1：1 VLAN 映射，表项的转换后 VLAN 不允许和已有配置的转换后 VLAN 相同；多次配置 1：1 VLAN 映射且指定的原始 VLAN 相同时，最后一次执行的命令生效。 透传 VLAN 不能为 1：1 VLAN 映射的原始 VLAN 和转换后 VLAN。使能或关闭 QinQ 功能之前，要先清除已有的 VLAN 映射表项。 默认情况下，接口上未配置 VLAN 映射

2．1：2 VLAN 映射配置

在用户进入 SP 网络的 PE 设备下行端口上配置 1：2 VLAN 映射，可为报文添加 SP 分配给用户的外层 VLAN 标签，使不同用户的报文在 SP 网络中传输时被完全隔离。1：2 VLAN 映射的配置步骤见表 1-2。

【注意】如果要为不同原始 VLAN 的报文添加不同的外层 VLAN 标签，则需将端口的链路类型配置为 Hybrid 类型，并多次配置 1：2 VLAN 映射。

1：2 VLAN 映射为报文加上外层 VLAN 标签后，内层 VLAN 标签将被当作报文的数据部分进行传输，报文长度将增加 4 个字节。因此，建议用户适当增加映射后报文，传输路径上各三层接口的最大传输单元（Maximum Transmission Unit, MTU）至少为 1504 字节。

表 1-2　1：2 VLAN 映射的配置步骤

步骤	命令	说明
1	system-view	进入系统视图
2	vlan vlan-id 例如，[Sysname]vlan 2	创建转换后的 VLAN，取值为 1～4094

续表

步骤	命令	说明	
3	**quit**	返回系统视图	
4	**interface** *interface-type interface-number* 例如，[Sysname] **interface** gigabitethernet 1/0/1	进入二层以太网接口或者二层聚合接口视图	
	interface bridge-aggregation *interface-number* 例如，[Sysname] **interface bridge-aggregation** 1		
5	**port link-type** { **trunk** | **hybrid** } 例如，[Sysname-GigabitEthernet1/0/1] **port link-type trunk**	配置端口链路类型，只能是 **Trunk** 或 **Hybrid** 类型。 默认情况下，所有端口的链路类型均为 Access 类型	
6	**port trunk permit vlan** *vlan-id-list* 例如，[Sysname-GigabitEthernet1/0/1] **port trunk permit vlan** 10	（二选一）配置 Trunk 类型端口，允许原始 VLAN 以带标签方式通过当前端口，参数 *vlan-id-list* 包括原始 VLAN ID 列表。**在本地设备可以不创建原始 VLAN**。 默认情况下，Trunk 类型端口只允许 VLAN1 的报文通过	
	port hybrid vlan *vlan-id-list* { **tagged** | **untagged** } 例如，[Sysname-GigabitEthernet1/0/1] **port hybrid vlan** 10 **tagged**	（二选一）配置 Hybrid 类型端口，允许原始 VLAN 以带标签或不带标签方式通过当前端口，参数 *vlan-id-list* 包括原始 VLAN ID 列表。**原始 VLAN 也必须在本地设备已创建**。 默认情况下，Hybrid 类型端口只允许该端口在链路类型为 Access 时所属 VLAN 的报文以不带标签的方式通过	
7	**port trunk pvid vlan** *vlan-id* 例如，[Sysname-GigabitEthernet1/0/1] **port trunk pvid vlan** 2	（二选一）配置 Trunk 类型端口，允许转换后外层 VLAN 以不带标签的方式通过当前端口	配置 Trunk 类型端口的 PVID 为添加的外层 VLAN ID。参数 *vlan-id* 的取值为 1～4094
	port trunk permit vlan { *vlan-id-list* | **all** } 例如，[Sysname-GigabitEthernet1/0/1] **port trunk permit vlan** 2		配置 Trunk 类型端口，允许外层 VLAN 通过。参数 *vlan-id-list* 的取值为 1～4094
	port hybrid vlan *vlan-id-list* **untagged** 例如，[Sysname-GigabitEthernet1/0/1] **port hybrid vlan** 2 **untagged**	（二选一）配置 Hybrid 类型端口，允许添加的外层 VLAN 以不带标签的方式通过当前端口。参数 *vlan-id-list* 的取值为 1～4094。 默认情况下，Hybrid 类型端口只允许该端口在链路类型为 Access 时所属 VLAN 的报文以不带标签的方式通过	
8	**vlan mapping nest** { **range** *vlan-range-list* | **single** *vlan-id-list* } **nested-vlan** *vlan-id* 例如，[Sysname-GigabitEthernet1/0/1] [Sysname-GigabitEthernet1/0/4] **vlan mapping nest range** 10 **nested-vlan** 2	配置 1∶2 VLAN 映射。 • **range** *vlan-range-list*：二选一参数，表示 1∶2 VLAN 映射的原始 VLAN 范围列表，参数 *vlan-range-list* = { *vlan-id*1 **to** *vlan-id*2 }&<1-10>，*vlan-id*2 的值大于 *vlan-id*1 的值，取值为 1～4094，&<1-10>表示前面的参数最多可以重复输入 10 次。不同 VLAN 范围之间不允许出现交叉重叠。 • **nest single** *vlan-id-list*：表示 1∶2 VLAN 映射的原始单个 VLAN ID 列表，其中，*vlan-id-list* = { *vlan-id* }&<1-10>，取值为 1～4094，&<1-10>表示前面的参数最多可以重复输入 10 次。 • **nested-vlan** *vlan-id*：表示 1∶2 VLAN 映射后添加的外层 VLAN ID，取值为 1～4094	

步骤	命令	说明
8	**vlan mapping nest** { **range** *vlan-range-list* | **single** *vlan-id-list* } **nested-vlan** *vlan-id* 例如，[Sysname-GigabitEthernet1/0/1] [Sysname-GigabitEthernet1/0/4] **vlan mapping nest range** 10 **nested-vlan** 2	【注意】同一接口上，多次配置 1∶2 VLAN 映射，表项的转换后 VLAN 不允许和已有配置的转换后 VLAN 相同；多次配置 1∶2 VLAN 映射且指定的原始 VLAN 相同时，最后一次执行的命令生效。 透传 VLAN 不能为 1∶2 VLAN 映射的原始 VLAN 和转换后的 VLAN。 默认情况下，接口上未配置 VLAN 映射

3. 2∶2 VLAN 映射配置

SP 网络 PE 设备的下行端口上配置 2∶2 VLAN 映射，可将报文外层 VLAN 标签替换为新 SP 网络分配给同一 VPN 用户的 VLAN 标签，同时替换内层 VLAN 标签，使该 VPN 内原本不同 VLAN 的用户可以互通。2∶2 VLAN 映射的配置步骤见表 1-3。

表 1-3　2∶2 VLAN 映射的配置步骤

步骤	命令	说明
1	**system-view**	进入系统视图
2	**vlan** *vlan-id* 例如，[Sysname]**vlan** 2	创建转换后的内外层 VLAN，取值为 1～4094
3	**quit**	返回系统视图
4	**interface** *interface-type interface-number* 例如，[Sysname] **interface** gigabitethernet 1/0/1 **interface bridge-aggregation** *interface-number* 例如，[Sysname] **interface bridge-aggregation** 1	进入二层以太网接口或者二层以太网聚合接口视图
5	**port link-type** { **trunk** | **hybrid** } 例如，[Sysname-GigabitEthernet1/0/1] **port link-type trunk**	配置端口链路类型，只能是 **Trunk** 或 **Hybrid** 类型。 默认情况下，所有端口的链路类型均为 Access 类型
6	**port trunk permit vlan** *vlan-id-list* 例如，[Sysname-GigabitEthernet1/0/1] **port trunk permit vlan** 2 10	（二选一）配置 Trunk 类型端口，允许原始外层 VLAN 及转换后的外层 VLAN 以带标签的方式通过当前端口。**在本地设备可以不创建原始外层 VLAN。***vlan-id-list* 包括原始外层 VLAN ID 和转换后的外层 VLAN ID 列表。 默认情况下，Trunk 类型端口只允许 VLAN1 的报文通过
	port hybrid vlan *vlan-id-list* **tagged** 例如，[Sysname-GigabitEthernet1/0/1] **port hybrid vlan** 2 10 **tagged**	（二选一）配置 Hybrid 类型端口，允许原始外层 VLAN 及转换后的外层 VLAN 以带标签的方式通过当前端口。*vlan-id-list* 包括原始外层 VLAN ID 和转换后的外层 VLAN ID 列表，**这些原始外层 VLAN 和转换后的外层 VLAN 必须在本地设备已创建。** 默认情况下，Hybrid 类型端口只允许该端口在链路类型为 Access 时所属 VLAN 的报文以不带标签的方式通过

步骤	命令	说明
7	**vlan mapping tunnel** *outer-vlan-id inner-vlan-id* **translated-vlan** *outer-vlan-id inner-vlan-id* 例如，[Sysname-GigabitEthernet1/0/5] **vlan mapping tunnel** 101 1 **translated-vlan** 201 10	配置 2∶2 VLAN 映射。参数 **tunnel** *outer-vlan-id inner-vlan-id* **translated-vlan** *outer-vlan-id inner-vlan-id* 表示 2∶2 VLAN 映射的原始外层 VLAN ID、内层 VLAN ID 和转换后的外层 VLAN ID、内层 VLAN ID。默认情况下，接口上未配置 VLAN 映射。 【注意】透传 VLAN 不能为 2∶2 VLAN 映射的原始外层 VLAN 和转换后的外层 VLAN。 使能 QinQ 的端口上，不允许配置 2∶2 VLAN 映射功能（使能 QinQ 功能后，接口只能识别一层 VLAN 标签，因此，该接口无法再实现 2∶2 VLAN 映射功能）。 同一端口上，多次配置 2∶2 VLAN 映射，映射表项转换后 VLAN 不允许和已有配置的转换后 VLAN 相同；多次配置 2∶2 VLAN 映射且指定的原始 VLAN 相同时，最后一次执行的命令生效

1.1.4　1∶1 VLAN 映射配置示例

1∶1 VLAN 映射配置示例的拓扑结构如图 1-7 所示，用户网络 CE1 中的用户划分在 VLAN10 中，用户网络 CE2 中的用户划分在 VLAN20 中，但它们同在 192.168.1.0/24 网段。现希望通过配置 1∶1 VLAN 映射功能实现 CE1 和 CE2 所连接的用户均可以访问 SP 网络中同在 192.168.1.0/24 网段，划分在 VLAN100 中的服务器（Server）主机。

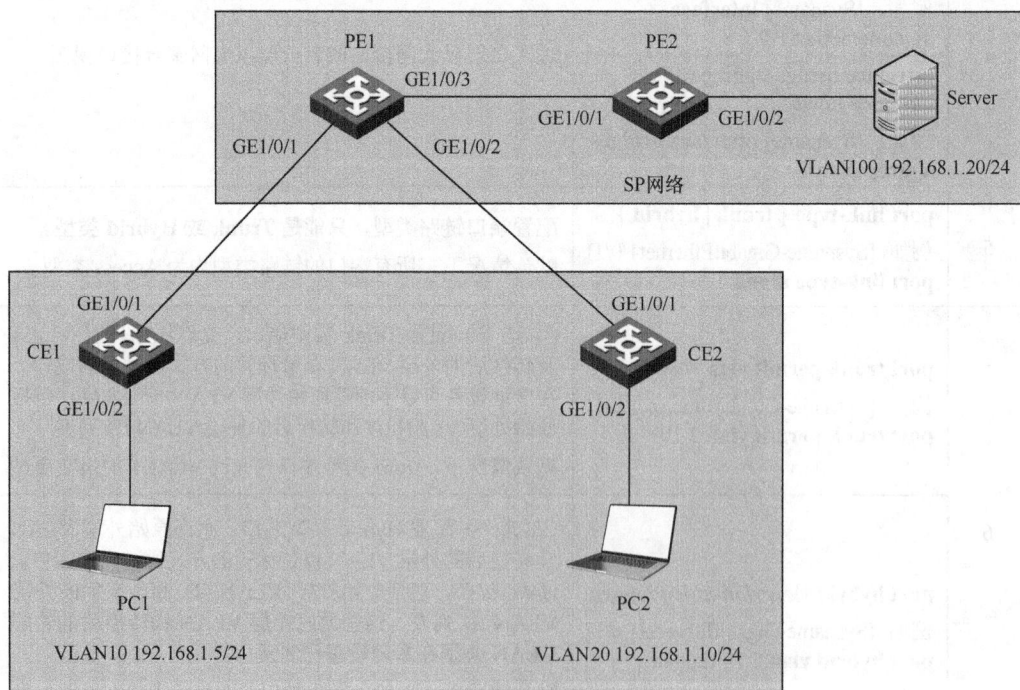

图 1-7　1∶1 VLAN 映射配置示例的拓扑结构

1. 基本配置思路分析

本示例的目标是使位于同一 IP 网段、不同 VLAN 中的用户实现二层互通。这正是
1∶1 VLAN 映射的主要应用，只需 PE1 在连接 CE1、CE2 的下行端口 GE1/0/1 和 GE1/0/2
配置 1∶1 VLAN 映射，使用户的 VLAN10 和 VLAN20 报文到达 PE 时，将 VLAN 标签
转换成 SP 网络服务器所在的 VLAN100，然后使用户报文按照转换后的 VLAN 标签在
SP 网络中传输，最终到达同位于 VLAN100 中的目标服务器。

【注意】在 VLAN 映射配置中，交换机之间连接的端口可以是 Trunk 类型或 Hybrid
类型，但 Hybrid 类型端口所允许通过的 VLAN 必须是本地设备已存在的 VLAN，否则，
加入无效。这在用户网络与 SP 网络连接的情形中不适用，否则，SP 网络中的 PE 设备
也要创建各个用户网络中的私网 VLAN。Trunk 类型端口所加入的 VLAN 可以是本地设
备不存在的 VLAN，适用于用户网络与 SP 网络的互联。后面的 VLAN 映射配置示例相
同，不再赘述。

2. 具体配置步骤

① 在 PE1 上创建 VLAN100，在下行端口 GE1/0/1、GE1/0/2 上配置 1∶1 VLAN 映
射，在上行端口 GE1/0/3 上配置允许转换后的 VLAN100 以带标签的方式通过，具体配
置如下。

```
<H3C>system-view
[H3C]sysname PE1
[PE1] vlan100
[PE1-VLAN100] quit
[PE1] interface gigabitethernet 1/0/1
[PE1-GigabitEthernet1/0/1] port link-type trunk
[PE1-GigabitEthernet1/0/1] port trunk permit vlan10 100
[PE1-GigabitEthernet1/0/1] vlan mapping 10 translated-VLAN100 #---配置CVLAN 10与SVLAN 100的1∶1 VLAN 映射
[PE1-GigabitEthernet1/0/1] quit
[PE1] interface gigabitethernet 1/0/2
[PE1-GigabitEthernet1/0/2] port link-type trunk
[PE1-GigabitEthernet1/0/2] port trunk permit vlan20 100
[PE1-GigabitEthernet1/0/2] vlan mapping 20 translated-VLAN100  #---配置CVLAN 20与SVLAN 100的1∶1 VLAN 映射
[PE1-GigabitEthernet1/0/2] quit
[PE1] interface gigabitethernet 1/0/3
[PE1-GigabitEthernet1/0/3] port link-type trunk
[PE1-GigabitEthernet1/0/3] port trunk permit vlan100
[PE1-GigabitEthernet1/0/3] quit
```

② 在 PE2 上创建 VLAN100，在 GE1/0/1 端口（可以是 Trunk 类型或 Hybrid 类型，
此处仅以 Trunk 类型为例进行介绍）上配置允许转换后的 VLAN100 以带标签的方式通
过；GE1/0/2 端口（可以是 Access 类型或 Hybrid 类型，此处仅以 Access 类型为例进行
介绍）加入 VLAN100 中，具体配置如下。

```
<H3C>system-view
[H3C]sysname PE2
[PE2]vlan100
[PE2-VLAN100] quit
[PE2] interface gigabitethernet 1/0/1
[PE2-GigabitEthernet1/0/1] port link-type trunk
[PE2-GigabitEthernet1/0/1] port trunk permit vlan100
```

```
[PE2-GigabitEthernet1/0/1] quit
[PE2] interface gigabitethernet 1/0/2
[PE2-GigabitEthernet1/0/2] port access vlan100
[PE2-GigabitEthernet1/0/2] quit
```

③ 在 CE1、CE2 的 GE1/0/1 端口（可以是 Trunk 类型或 Hybrid 类型，此处仅以 Trunk 类型为例进行介绍）上配置允许 VLAN10 或 VLAN20 以带标签的方式通过；GE1/0/2 端口（可以是 Access 类型或 Hybrid 类型，此处仅以 Access 类型为例进行介绍）加入 VLAN10 或 VLAN20 中。

CE1 上的具体配置如下。

```
<H3C>system-view
[H3C]sysname CE1
[CE1]vlan10
[CE1-VLAN10] quit
[CE1] interface gigabitethernet 1/0/1
[CE1-GigabitEthernet1/0/1] port link-type trunk
[CE1-GigabitEthernet1/0/1] port trunk permit vlan10
[CE1-GigabitEthernet1/0/1] quit
[CE1] interface gigabitethernet 1/0/2
[CE1-GigabitEthernet1/0/2] port access vlan10
[CE1-GigabitEthernet1/0/2] quit
```

CE2 上的具体配置如下。

```
<H3C>system-view
[H3C]sysname CE2
[CE2]vlan20
[CE2-VLAN20] quit
[CE2] interface gigabitethernet 1/0/1
[CE2-GigabitEthernet1/0/1] port link-type trunk
[CE2-GigabitEthernet1/0/1] port trunk permit vlan20
[CE2-GigabitEthernet1/0/1] quit
[CE2] interface gigabitethernet 1/0/2
[CE2-GigabitEthernet1/0/2] port access vlan20
[CE2-GigabitEthernet1/0/2] quit
```

3. 配置结果验证

在 PE1 上执行 **display vlan mapping** 命令的输出如图 1-8 所示，从图 1-8 中可以看出，已在 GE1/0/1 端口上配置了外层（Outer）VLAN10 与外层 VLAN100 的映射；在 GE1/0/2 端口上配置了外层 VLAN20 与外层 VLAN100 的映射。

```
<PE1>display vlan mapping
Interface GigabitEthernet1/0/1:
  Outer VLAN    Inner VLAN    Translated Outer VLAN    Translated Inner VLAN
  10            N/A           100                      N/A
Interface GigabitEthernet1/0/2:
  Outer VLAN    Inner VLAN    Translated Outer VLAN    Translated Inner VLAN
  20            N/A           100                      N/A
<PE1>
```

图 1-8　在 PE1 上执行 **display vlan mapping** 命令的输出

此时，在 PC1 或 PC2 上 ping Server 是可以通的，达到了本示例的目的，这也证明前面的配置是正确的。但 PC1 与 PC2 之间是不能互通的，这是因为这两台用户主机不在同一 VLAN 中，而且是没有配置 VLAN 映射的。

1.1.5　1：2 和 2：2 VLAN 映射配置示例

1：2 和 2：2 VLAN 映射配置示例的拓扑结构如图 1-9 所示，两个分支机构的用户在同一 192.168.1.0/24 网段，但分别划分在 VLAN10 和 VLAN20 中，并且连接在不同的 SP 网络。现要求通过在 SP 网络中配置 1：2 VLAN 映射和 2：2 VLAN 映射实现两分支机构的二层互通。

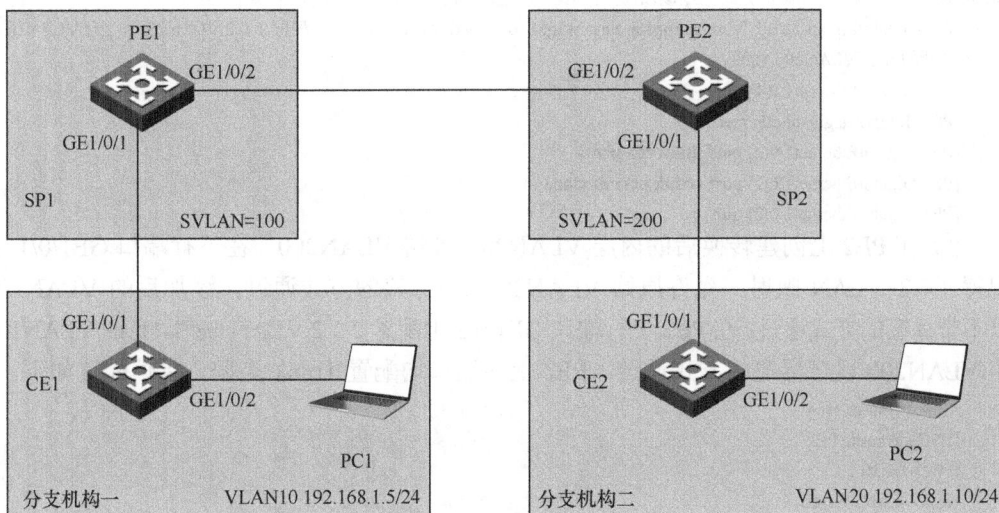

图 1-9　1：2 和 2：2 VLAN 映射配置示例的拓扑结构

1. 基本配置思路分析

本示例中，两分支机构连接在不同的 SP 网络，两个分支机构的网络用户又采用不同的 VLAN。此时需要同时应用 1：2 VLAN 映射和 2：2 VLAN 映射。1：2 VLAN 映射需要在 PE1 的 GE1/0/1 的端口上为 VLAN10 的报文添加 VLAN100 的外层标签，在 PE2 的 GE1/0/1 端口上为 VLAN20 的报文添加 VLAN200 的外层标签。

2：2 VLAN 映射是在报文入接口上进行配置的，可以在接收、发送报文时进行 VLAN 标签的映射和反映射。在本示例中，2：2 VLAN 映射可以有两种配置方案：一种是在 PE1 的上行端口 GE1/0/2 上配置 2：2 VLAN 映射，把外层 VLAN200 标签、内层 VLAN20 标签分别替换成外层 VLAN100 标签、内层 VLAN10 标签；另一种是在 PE2 的上行端口 GE1/0/2 上配置 2：2 VLAN 映射，把外层 VLAN100 标签、内层 VLAN10 标签分别替换成外层 VLAN200 标签、内层 VLAN20 标签。本示例仅以在 PE2 的 GE1/0/2 端口上配置 2：2 VLAN 映射为例进行介绍。

2. 具体配置步骤

① 在 PE1 上创建 VLAN100，GE1/0/1 端口上配置 1：2 VLAN 映射，添加外层 VLAN100，并在 GE1/0/2 端口上允许 VLAN100 以带标签的方式通过。

PE1 上各端口均配置为 Trunk 类型。在 GE1/0/1 端口上配置 1：2 VLAN 映射，允许原始 VLAN10 以带标签的方式通过，添加后的外层 VLAN100 以不带标签的方式发送；GE1/0/2 端口上允许新添加的外层 VLAN100 以带标签的方式通过，具体配置如下。

```
<H3C>system-view
[H3C]sysname PE1
[PE1] vlan100
[PE1-VLAN100] quit
[PE1] interface gigabitethernet 1/0/1
[PE1-GigabitEthernet1/0/1] port link-type trunk
[PE1-GigabitEthernet1/0/1] port trunk permit vlan10 100
[PE1-GigabitEthernet1/0/1] port trunk pvid vlan100    #---配置 GE1/0/1 端口 Trunk 类型的 PVID=100，其目标是使
VLAN100 的报文以不带标签的方式通过该端口，向 CE1 发送报文时去掉该 VLAN 标签。
[PE1-GigabitEthernet1/0/1] vlan mapping nest single 10 nested-VLAN100    #---配置 1∶2 VLAN 映射，为 VLAN10 的
报文添加新的外层 VLAN100 标签。
[PE1-GigabitEthernet1/0/1] quit
[PE1] interface gigabitethernet 1/0/2
[PE1-GigabitEthernet1/0/2] port link-type trunk
[PE1-GigabitEthernet1/0/2] port trunk permit vlan100
[PE1-GigabitEthernet1/0/2] quit
```

② 在 PE2 上创建转换后的内层 VLAN20、外层 VLAN200，在下行端口 GE1/0/1 上
配置 1∶2 VLAN 映射，允许原始 VLAN20 以带标签的方式通过，添加后的 VLAN200
以不带标签的方式通过；在 PE2 上行端口 GE1/0/2 上配置 2∶2 VLAN 映射，允许 VLAN100
和 VLAN200 以带标签的方式通过，PE2 上各端口均配置 Trunk 类型，具体配置如下。

```
<H3C>system-view
[H3C]sysname PE2
[PE2]vlan20
[PE2-VLAN20] quit
[PE2]vlan200
[PE2-VLAN200] quit
[PE2] interface gigabitethernet 1/0/1
[PE2-GigabitEthernet1/0/1] port link-type trunk
[PE2-GigabitEthernet1/0/1] port trunk permit vlan20 200
[PE2-GigabitEthernet1/0/1] port trunk pvid vlan200    #---配置 GE1/0/1 端口 Trunk 类型的 PVID=200，其目标是使
VLAN200 的报文以不带标签的方式通过该端口，向 CE2 发送报文时去掉该 VLAN 标签。
[PE2-GigabitEthernet1/0/1] vlan mapping nest single 20 nested-VLAN200    #---配置 1∶2 VLAN 映射，为 VLAN20 的
报文添加新的外层 VLAN200 标签。
[PE2-GigabitEthernet1/0/1] quit
[PE2] interface gigabitethernet 1/0/2
[PE2-GigabitEthernet1/0/2] port link-type trunk
[PE2-GigabitEthernet1/0/2] port trunk permit vlan100 200
[PE2-GigabitEthernet1/0/2] vlan mapping tunnel 100 10 translated-VLAN200 20    #---配置 2∶2 VLAN 映射，把报文中
原来的外层 VLAN100 标签、内层 VLAN10 标签分别替换为外层 VLAN200 标签、内层 VLAN20 标签。
[PE2-GigabitEthernet1/0/2] quit
```

③ 在 CE1、CE2 上配置 VLAN，要确保与 PE 连接的 Trunk 类型端口的 PVID 与对
端 CPE 的 Trunk 类型端口的 PVID 一致。Trunk 类型端口 PVID 对应的 VLAN 可以在本
地设备不存在。

CE1 的 GE1/0/1 端口配置允许 VLAN10 以带标签的方式通过，GE1/0/2 端口以 Access
类型加入 VLAN10 中。CE2 的 GE1/0/1 端口配置允许 VLAN20 以带标签的方式通过，
GE1/0/2 端口以 Access 类型加入 VLAN20 中。

CE1 上的具体配置如下。

```
<H3C>system-view
[H3C]sysname CE1
```

```
[CE1]vlan10
[CE1-VLAN10] quit
[CE1] interface gigabitethernet 1/0/1
[CE1-GigabitEthernet1/0/1] port link-type trunk
[CE1-GigabitEthernet1/0/1] port trunk permit vlan10
[CE1-GigabitEthernet1/0/1] port trunk pvid vlan100
[CE1-GigabitEthernet1/0/1] quit
[CE1] interface gigabitethernet 1/0/2
[CE1-GigabitEthernet1/0/2] port access vlan10
[CE1-GigabitEthernet1/0/2] quit
```

CE2 上的具体配置如下。

```
<H3C>system-view
[H3C]sysname CE2
[CE2]vlan20
[CE2-VLAN20] quit
[CE2] interface gigabitethernet 1/0/1
[CE2-GigabitEthernet1/0/1] port link-type trunk
[CE2-GigabitEthernet1/0/1] port trunk permit vlan20
[CE2-GigabitEthernet1/0/1] port trunk pvid vlan200
[CE2-GigabitEthernet1/0/1] quit
[CE2] interface gigabitethernet 1/0/2
[CE2-GigabitEthernet1/0/2] port access vlan20
[CE2-GigabitEthernet1/0/2] quit
```

3．配置结果验证

以上配置完成后，可在 PE1 和 PE2 上通过执行 **display vlan mapping** 命令，查看 VLAN 映射配置。在 PE1 上执行 **display vlan mapping** 命令的输出如图 1-10 所示，从图 1-10 中可以看出，在 PE1 的 GE1/0/1 端口上配置了 1∶2 VLAN 映射，在原来的 VLAN10 报文上添加了新的外层 VLAN 标签 VLAN100。

图 1-10　在 PE1 上执行 **display vlan mapping** 命令的输出

在 PE2 上执行 **display vlan mapping** 命令的输出如图 1-11 所示，从图 1-11 中可以看出，在 PE2 的 GE1/0/1 端口上配置了 1∶2 VLAN 映射，在原来的 VLAN20 报文上添加了新的外层 VLAN 标签 VLAN200。在 PE2 的 GE1/0/2 端口上配置了 2∶2 VLAN 映射，原来报文中携带的二层 VLAN 标签（外层 VLAN100、内层 VLAN10）转换为新的二层 VLAN 标签（外层 VLAN200、内层 VLAN20）。

图 1-11　在 PE2 上执行 **display vlan mapping** 命令的输出

以上信息表明，PE1 和 PE2 GE1/0/1 端口上的 1∶2 VLAN 映射，以及 PE2 GE1/0/2

端口上的 2∶2 VLAN 映射配置成功。

　　配置好两个分支机构主机的 IP 地址后，就可以实现它们之间的二层互通了。

1.2　Super VLAN

　　在一般的交换设备中通常采用的是一个 VLAN 对应一个 VLAN 接口的方式来实现不同广播域之间的三层互通，这在某些情况下导致了 IP 地址的较大浪费。这是因为，如果要实现与外部网络通信，就需要每个 VLAN 在不同的 IP 网段，而且要为每个 VLAN 接口配置一个 IP 地址作为 VLAN 中用户的网关地址。

　　Super VLAN 可以对 VLAN 进行聚合（所以也称为 VLAN 聚合），从而大幅缩减实际需要的 VLAN 接口数量，解决 IP 地址紧张的问题。其原理是一个主 VLAN（Super VLAN）和多个子 VLAN（Sub VLAN）关联，关联的各个 Sub VLAN 共享 Super VLAN 对应的 VLAN 接口的 IP 地址作为三层通信的网关地址。此时不同 Sub VLAN 之间的三层通信，以及 Sub VLAN 与外部的三层通信均通过 Super VLAN 接口来实现，从而节省了 IP 地址资源。当然，这也要求各 Sub VLAN 中的用户使用的 IP 地址必须与 Super VLAN 接口的 IP 地址在同一 IP 网段。

　　【注意】Super VLAN 支持创建 VLAN 接口，并配置接口 IP 地址，但不能加入物理端口。Sub VLAN 不支持创建 VLAN 接口，可以加入物理端口，不同的 Sub VLAN 之间二层相互隔离。

1.2.1　Super VLAN 简介

　　普通 VLAN 可用来隔离广播域，通常是一个 VLAN 对应一个子网，然后为每个 VLAN 创建一个 VLAN 接口，并为该接口配置一个该子网的 IP 地址作为对应 VLAN 中用户访问其他 VLAN 或者外部网络中用户的默认网关。但这种三层实现方式，如果网络中的 VLAN 数量较多，就可能会占用大量的 IP 子网和 IP 地址资源。另外，如果这些二层相互隔离的不同普通 VLAN 都在同一个 IP 子网中，则即使通过 VLAN 接口也无法实现它们之间的三层互通。

　　普通 VLAN 中的 IP 地址分配示例如图 1-12 所示，在 10.1.1.0/24 网络中，假设 VLAN2 中预计未来最多有 10 个主机 IP 地址的需求，此时可对原来的 10.1.1.0/24 网络进行子网划分，每个子网必须至少包含 10 个主机 IP 地址。由此可知，每个子网最适合的掩码长度为 28 位，这样每个子网就有 4 个主机 ID 位，包括 16（即 2^4）个 IP 地址，可分配给主机使用的 IP 地址有 14 个。需要说明的是，子网网络地址和子网广播地址不能分配给主机使用，满足 VLAN2 对主机 IP 地址数量的要求。现假设采用 10.1.1.0/24 网络按 28 位掩码进行子网划分后的第一个子网，即 10.1.1.0/28，则可分配给 VLAN2 中用户主机使用的 IP 地址为 10.1.1.1/28～10.1.1.14/28。

　　同理，假设 VLAN3 中预计未来最多有 5 个主机 IP 地址的需求，为了确保各用户的主机 IP 地址分配不冲突，此时可利用原来按 28 位掩码划分的子网中，除了已分配给 VLAN2 使用的 10.1.1.0/28 的其他子网（例如 10.1.1.16/28、10.1.1.32/28、10.1.1.48/28

等）中的 IP 地址。但按 28 位掩码进行划分时，每个子网包括 16 个 IP 地址。现在 VLAN3 中预计最多只要 5 个 IP 地址，为了提高 IP 地址的利用率，可选取其他按 28 位掩码划分的子网（例如 10.1.1.16/28）再进行子网划分。5 个主机 IP 地址再加上子网网络地址和子网广播地址，一共最多需要 7 个 IP 地址，此时采用 29 位掩码进行划分最合适。因为这样划分时，还有 3 个主机 ID 位，对应 8 个 IP 地址，有 6 个可用于主机使用的 IP 地址，满足 VLAN3 中主机 IP 地址数量的需求。例如，对 10.1.1.16/28 子网按 29 位掩码进行子网划分后，原来包含的 16 个 IP 地址又分成两个各包括 8 个 IP 地址的子网。现假设采用 10.1.1.16/29 子网，可分配给用户主机使用的 IP 地址为 10.1.1.17/29～10.1.1.23/29。

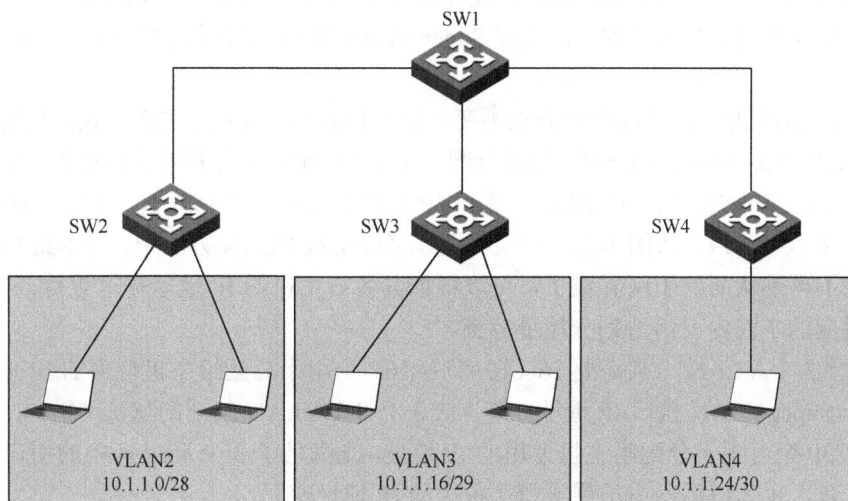

图 1-12　普通 VLAN 中的 IP 地址分配示例

假设 VLAN4 只有一个用户主机，为了提高 IP 地址的利用率，又可在原来对 10.1.1.16/28 子网按 29 位掩码进行子网划分得到的另一个子网 10.1.1.24/29 中，再按 30 位掩码进行子网划分，这样原来包含的 8 个 IP 地址又分成两个各包括 4 个 IP 地址的子网，每个子网有 2 个可用的主机 IP 地址，满足 VLAN4 中主机 IP 地址数量的需求。现假设 VLAN4 中采用 10.1.1.24/30 子网，可分配给用户主机使用的 IP 地址为 10.1.1.25/30～10.1.1.26/30。

以上 3 个 VLAN 所需要的主机 IP 地址一共是 16（10+5+1=16）个，但是按照普通 VLAN 的编址方式，即使最优化的方案也需要占用 28（16+8+4=28）个地址，因此，浪费了将近一半的地址。需要说明的是，如果 VLAN2 后来并没有 10 台主机，而实际只接入了 3 台主机，那么多出来的地址也会因不能再被其他 VLAN 使用而浪费掉。如果要实现这 3 个 VLAN 中的用户三层互通或者访问外部网络，则需要再为各 VLAN 创建一个 VLAN 接口，并配置一个对应子网的 IP 地址作为对应 VLAN 中用户的默认网关。

同时，这种划分也给后续的网络升级和扩展带来了很大不便。假设 VLAN4 中后来又需要增加 2 台主机（一共有 3 个用户），则原来使用的 10.1.1.24/30 可用的主机 IP 地址就不够了，因此，只能再给 VLAN4 的新用户重新分配一个 30 位掩码的子网。这样一来，虽然 VLAN4 中只有 3 台主机，但是却被分配在两个子网中，不便于管理。

为了解决以上问题，Super VLAN 应运而生。Super VLAN 可以实现 VLAN 聚合，引入了 Super VLAN 和 Sub VLAN 两个概念。Super VLAN 是一个上层 VLAN，可以聚合多个 Sub VLAN。在同一个 Super VLAN 中，无论主机属于哪一个 Sub VLAN，它的 IP 地址都在 Super VLAN 对应的子网网段内，各个 Sub VLAN 不再占用一个独立的子网网段。

Super VLAN 的主要优点是节省 IP 地址，可将**连接在同一交换机上的多个不同** VLAN 划分至同一 IP 子网，而不是每个 VLAN 单独占用一个子网，然后将整个 IP 子网中的各个 VLAN（即 Sub VLAN）再映射到同一个 VLAN（即 Super VLAN）。这样一来，不同的 Sub VLAN 仍保留各自独立的广播域，而多个 Sub VLAN 同属于一个 Super VLAN，并且都将 Super VLAN 的接口地址设为默认网关 IP 地址。当不同 Sub VLAN 中的主机需要相互之间三层通信时，需要在 Super VLAN 接口上启用 ARP 代理（ARP Proxy）功能。

仍以图 1-12 为例，假设用户需求不变，按照 Super VLAN 的实现方式，只需新建一个 VLAN10 作为 Super VLAN，为其分配一个 27 位掩码的子网 1.1.1.0/27，VLAN2、VLAN3、VLAN4 作为 Sub VLAN，分配的 IP 地址分别为 10.1.1.2～10.1.1.11、10.1.1.12～10.1.1.16 和 10.1.1.17。从图 1-12 中可以看出，在 Super VLAN 方案中，各 Sub VLAN 之间的界线不再是从前的子网界线了，可以根据其各自主机的 IP 地址需求数目，在 Super VLAN 对应的子网内灵活地划分地址范围。

因此，3 个 VLAN 一共需要 16（10+5+1=16）个用于分配给主机使用的 IP 地址，再加上一个 Super VLAN 接口 IP 地址，作为这 3 个 Sub VLAN 共同的默认网关。1.1.1.0/27 子网中有 30 个可用于分配给主机使用的 IP 地址，既满足了 3 个 VLAN 中的用户主机 IP 地址的需求，也为以后网络扩展预留了很大的 IP 地址空间。

1.2.2　Sub VLAN 中主机的通信原理

在 Super VLAN 中，被聚合的 Sub VLAN 中的主机也可能有需要与其他 Sub VLAN，以及外部二、三层网络中的用户主机进行通信，下面进行详细介绍。

1. Sub VLAN 间的三层通信原理

Super VLAN 方案在实现不同 Sub VLAN 间共用同一子网的网段地址的同时，也带来了 Sub VLAN 间的三层转发问题。因为在普通 VLAN 中，VLAN 间的主机可以通过各自不同的网关（也就是各自的 VLAN 接口 IP 地址）进行三层转发来达到互通的目标。但是在 Super VLAN 方案中，即使是属于不同的 Sub VLAN 主机，各 Sub VLAN 是不允许配置 VLAN 接口 IP 地址的，同一个 Super VLAN 内的所有主机使用的是同一个网段的地址和同一个网关地址。

由于这些不同 Sub VLAN 中的用户同属一个子网，理论上彼此通信时只会做二层转发，不会通过网关进行三层转发，而实际上不同的 Sub VLAN 的主机在二层又是相互隔离的（这是继承了普通 VLAN 的属性），所以 Sub VLAN 之间无法通信（包括二层通信和三层通信）。

为了实现 Sub VLAN 之间的三层互通，在创建好 Super VLAN 及其 Super VLAN 接口之后，需要在该接口上开启 IPv4 ARP 或 IPv6 ND（Neighbor Discovery，邻居发现）的本地代理功能。有关本地代理 ARP 功能，参见配套图书《H3C 交换机学习指南（上册）》

第 6 章的相关内容。

① 对于 IPv4 网络环境，用户需要在 Super VLAN 接口上开启本地代理 ARP 功能，对 Sub VLAN 内用户发出的 ARP 请求和响应报文进行处理，从而实现 Sub VLAN 之间的三层互通。

② 对于 IPv6 网络环境，用户需要在 Super VLAN 接口上开启本地代理 ND 功能，对 Sub VLAN 内用户发出的邻居请求（Neighbor Solicitation，NS）和邻居通告（Neighbor Advertisement，NA）报文进行处理，从而实现 Sub VLAN 之间的三层互通。

通过本地代理 ARP 功能实现不同 Sub VLAN 间三层互通的示例如图 1-13 所示，Super VLAN（VLAN10）包含两个 Sub VLAN（VLAN2 和 VLAN3）。VLANIF10 是 Super VLAN10 的 VLAN 接口，作为各 Sub VLAN 的网关，IP 地址为 1.1.1.1/24。

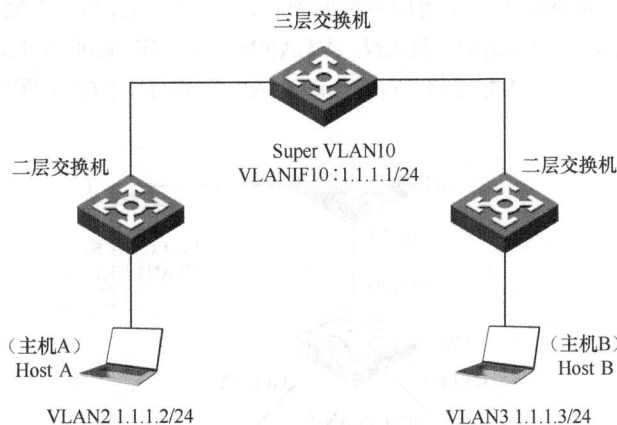

图 1-13　通过本地代理 ARP 功能实现不同 Sub VLAN 间三层互通的示例

VLAN2 内的 Host A 访问 VLAN3 内的 Host B 的通信过程如下。需要说明的是，假设初始状态下两台主机互无对方的 ARP 表项，并且在担当网关的 VLANIF10 上启用了本地代理 ARP 功能。

① Host A 在向 Host B 发送数据前，将 Host B 的 IP 地址（1.1.1.3）和自己所在网段 1.1.1.0/24 进行比较，发现 Host B 和自己在同一个 IP 子网中，但是 Host A 的 ARP 表项中没有 Host B 的对应表项，无法获取 Host B 的 MAC 地址进行报文目标 MAC 地址封装，于是 Host A 在 VLAN2 中发送 ARP 请求报文，请求解析 Host B 的 MAC 地址。

② 由于 Host B 并不在 Host A 所在 VLAN2 的广播域内，所以无法接收到 Host A 的 ARP 请求报文。但由于 VLAN2 是 Super VLAN10 的 Sub VLAN，并且在网关 VLANIF10 上启用了 Sub VLAN 间的本地代理 ARP 功能，允许接收其下面各 Sub VLAN 中的报文。于是，网关 VLANIF10 收到 Host A 的 ARP 请求报文后，便开始在路由表中查找，发现 ARP 请求中的 Host B 的 IP 地址（1.1.1.3）为本地直连网段，则网关代理 Host A 向所有其他 Sub VLAN 发送 ARP 请求报文，请求解析 Host B 的 MAC 地址。

③ 当位于 Sub VLAN3 中的 Host B 收到网关发来的 ARP 请求报文后，由于其 IP 地址正是 ARP 请求报文中的目标 IP 地址，所以进行 ARP 应答。

④ 当网关 VLANIF10 收到 Host B 的 ARP 应答报文后，向 Host A 发送 ARP 应答报

文，但报文中的源 MAC 地址是网关 VLANIF10 的 MAC 地址（**不是 Host B 的 MAC 地址**）。

⑤ Host A 收到网关发来的 ARP 响应报文后，认为 Host B 的 MAC 地址就是所收到的 ARP 应答报文中的源 MAC 地址（网关的 MAC 地址），于是 Host A 之后要发给 Host B 的报文都先发送给网关，由网关根据直连路由进行三层转发。

Host B 访问 Host A 的过程与 Host A 访问 Host B 的过程类似，在此不再赘述。

2．Sub VLAN 与外部网络的二层通信

在 Super VLAN 中，Sub VLAN 发出的报文在进入启用了 Super VLAN 功能的交换机端口时，仍然会保持原来的 VLAN 标签被直接转发，而不会被替换为 Super VLAN 的标签。这是因为 Super VLAN 中没有加入任何交换机端口。

Sub VLAN 与外部网络的二层通信示例如图 1-14 所示，在 SW1 上配置了 Super VLAN 功能，其中，VLAN10 为 Super VLAN，VLANIF10 的 IP 地址为 1.1.1.1/24，VLAN2 和 VLAN3 为 Sub VLAN，VLAN4 与各 Sub VLAN 同在 1.1.1.0/24 网段。

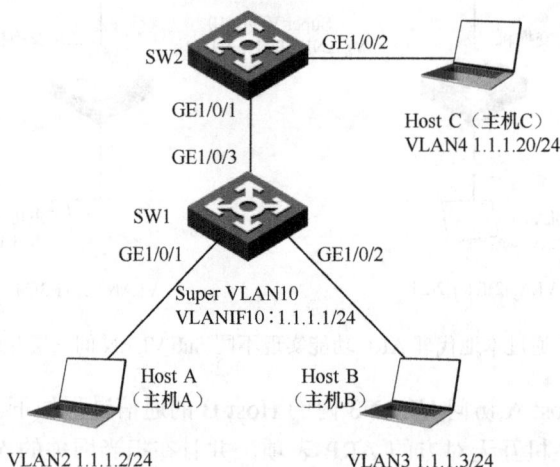

图 1-14　Sub VLAN 与外部网络的二层通信示例

现以 VLAN2 中的 Host A 访问 VLAN4 中的 Host C 为例介绍 Sub VLAN 与外部网络的二层通信原理。

因为这里涉及跨 VLAN 的二层通信，所以需要用到 Hybrid 类型端口特性。需要把 SW1 的 GE1/0/1 端口和 SW1 的 GE1/0/2 端口均配置为 Hybrid 类型，同时允许 VLAN2 和 VLAN4 中的报文以不带标签的方式通过，并且配置 SW1 的 GE1/0/1 端口的 PVID 值为 VLAN2，配置 SW2 的 GE1/0/2 端口的 PVID 值为 VLAN4。当然，SW1 和 SW2 之间的链路要同时允许 VLAN2 和 VLAN4 中的报文以带标签的方式通过。

通过以上配置，Host A 发送的报文进入 SW1 的 GE1/0/1 端口后，会被打上 VLAN2 的标签，但从 GE1/0/3 端口转发时，不会因为 VLAN2 是 VLAN10 的 Sub VLAN 而把报文中的 VLAN 标签改为 VLAN10，而是仍保留原来的 VLAN2 标签。到了 SW2 的 GE1/0/2 端口时，因为该端口配置了允许 VLAN2 的报文以不带标签的方式通过，所以 Host A 发送的报文可以到达 Host C。

VLAN4 中 Host C 访问 VLAN2 中 Host A 的流程与此类似，本处不再赘述。

3．Sub VLAN 与外部网络的三层通信

Sub VLAN 与外部网络三层通信时，是以 Super VLAN 中的 VLAN 接口作为网关的。

Sub VLAN 与外部网络的三层通信示例如图 1-15 所示，SW1 上配置了 Super VLAN10、Sub VLAN2、Sub VLAN3，VLANIF10 的 IP 地址为 1.1.1.1/24，SW2 上连接了一个位于 VLAN20 的用户主机，在 1.1.2.0/24 网段中。

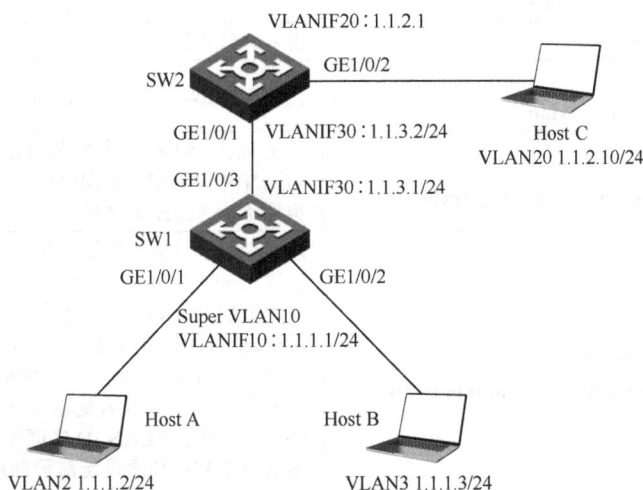

图 1-15　Sub VLAN 与外部网络的三层通信示例

现在以 Sub VLAN2 中的 Host A 访问 VLAN20 中的 Host C 为例介绍 Sub VLAN 与外部网络进行三层通信的流程（假设 SW1 上已配置了到达 1.1.2.0/24 网段的路由，SW2 上也已配置了到达 1.1.1.0/24 网段的路由）。

① 在 Host A 向 Host C 发送数据前，将 Host C 的 IP 地址（1.1.2.10）和自己的网段 1.1.1.2/24 进行比较，如果发现不在同一网段，则 Host A 向自己的网关 VLANIF10 发送一个 ARP 请求报文，请求网关的 MAC 地址。

② 网关 VLANIF10 在收到该 Host A 发送的 ARP 请求报文后，因为 VLAN2 是 VLAN10 的 Sub VLAN，便以自己的 MAC 地址作为源 MAC 地址向 Host A 发送 ARP 应答报文。

③ Host A 收到网关 VLANIF10 的 ARP 应答报文后，生成基于网关的 ARP 表项，然后在向 Host C 发送的报文中以 VLANIF10 的 MAC 地址作为目标 MAC 地址，Host C 的 IP 地址 1.1.2.10 作为目标 IP 地址进行封装。

④ 网关 VLANIF10 在收到 Host A 发送的去往 Host C 的报文后，查找本地路由表，可得到一个匹配的路由表项：下一跳为 1.1.3.2（SW2 上的 VLANIF30 的 IP 地址），出接口为 SW1 中的 VLANIF30，然后根据路由表将报文转发到 SW2。

⑤ SW2 在收到报文后，发现目标 IP 地址（Host C 的 IP 地址）是本地直连网段，根据直连路由表项把报文转发到目标主机 Host C。

Host C 访问 Host A 的过程与 Host A 访问 Host C 的过程类似，本处不再赘述。

1.2.3　Super VLAN 配置

Super VLAN 配置的任务其实很简单，主要是创建 Super VLAN，指定其 Sub VLAN，并配置 Super VLAN 接口 IP 地址（作为 Sub VLAN 中用户的网关），启用代理 ARP 功能。Super VLAN 的配置步骤见表 1-4，并要注意以下事项。

表 1-4　Super VLAN 的配置步骤

步骤	命令	说明
1	**system-view**	进入系统视图
2	**vlan** *vlan-id* 例如，[Sysname] **vlan** 2	创建 VLAN，进入 VLAN 的视图
3	**supervlan** 例如，[Sysname-vlan2] **Supervlan**	设置以上 VLAN 类型为 Super VLAN。**Super VLAN 中不能包含任何接口**。默认情况下，VLAN 类型不为 Super VLAN
4	**subvlan** *vlan-list* 例如，[Sysname-vlan2] **subvlan** 3 to 10	建立 Super VLAN 和各 Sub VLAN 间的映射关系。参数 *vlan-list* 用来指定要与 Super VLAN 建立映射关系的 Sub VLAN 列表，表示方式为 *vlan-id* [**to** *vlan-id2*] &<1-10>。其中，*vlan-id* 表示 Sub VLAN 的 VLAN ID，取值为 1～4094，&<1-10>表示前面的参数最多可以重复输入 10 次。如果是分离 VLAN，则各 VLAN ID 之间用空格分隔，但所指定的 **VLAN 必须是当前已创建的准备用作 Sub VLAN 的 VLAN**
5	**interface vlan-interface** *vlan-interface-id* 例如，[Sysname] **interface vlan-interface** 2	创建 VLAN 接口，并进入 VLAN 接口视图。*vlan-interface-id* 的值必须等于 Super VLAN ID
6	**ip address** *ip-address* { *mask* | *mask-length* } [**sub**] 例如，[Sysname-vlan-interface2] **ip address** 129.12.0.1 255.255.255.0	为 Super VLAN 接口配置主 IP 地址或从 IP 地址。默认情况下，没有配置 VLAN 接口的 IP 地址
7	**local-proxy-arp enable** 例如，[Sysname-vlan-interface2] **local-proxy-arp enable**	在 Super VLAN 接口上开启本地代理 ARP 功能。默认情况下，关闭本地代理 ARP 功能，可用 **undo local-proxy-arp enable** 命令关闭本地代理 ARP 功能

① MAC VLAN 表项中的 VLAN 不能配置为 Super VLAN。

② 如果某个 VLAN 被指定为 Super VLAN，则该 VLAN 不建议被指定为某个端口的 IEEE 802.1x 认证中的 Guest VLAN/Auth-Fail VLAN/Critical VLAN；同样，如果某个 VLAN 被指定为某个端口的 Guest VLAN/Auth-Fail VLAN/Critical VLAN，则该 VLAN 不建议被指定为 Super VLAN。

③ 一个 VLAN 不能同时配置为 Super VLAN 和 Sub VLAN。

④ Super VLAN 和 Sub VLAN 不支持二层组播和三层组播功能。

以上配置完成后，可在任意视图下执行 **display supervlan** [*supervlan-id*]命令查看 Super VLAN 和 Sub VLAN 之间的映射关系，验证配置结果。

【注意】由于 Super VLAN 中是不允许有物理端口的，所以建议先创建并配置 Super VLAN，然后配置 Trunk 类型端口。这是因为如果在 Trunk 类型端口上即使配置了允许所有 VLAN 通过，也会自动在其 VLAN 许可表中过滤掉 Super VLAN，否则，就会包含本不应加入任何端口的 Super VLAN，使该 VLAN 不能成为 Super VLAN。当然，因为多数情形下，Trunk 类型端口只会配置允许特定 VLAN 通过，所以 Super VLAN 和 Trunk 链路的先后配置次序没有影响。

1.2.4　Super VLAN 配置示例

Super VLAN 配置示例的拓扑结构如图 1-16 所示，某公司的 SW1 交换机连接了 VLAN10、VLAN20 中的用户，同时连接了一个位于 VLAN1 中的管理工作站（Station），RouterA（路由器 A）连接了一个公司公共服务器。为实现 SW1 连接的各 VLAN 用户（包括 Station 均在 192.168.1.0/24 网段）之间能够满足二层隔离和三层互通，同时节省 IP 资源，创建 Super VLAN，其关联的 Sub VLANIF40 的 VLAN 接口的 IP 地址为 192.168.1.254/24，该地址同时作为三层通信的网关地址。另外，各 Sub VLAN 要能与管理工作站和公共服务器之间实现互通。

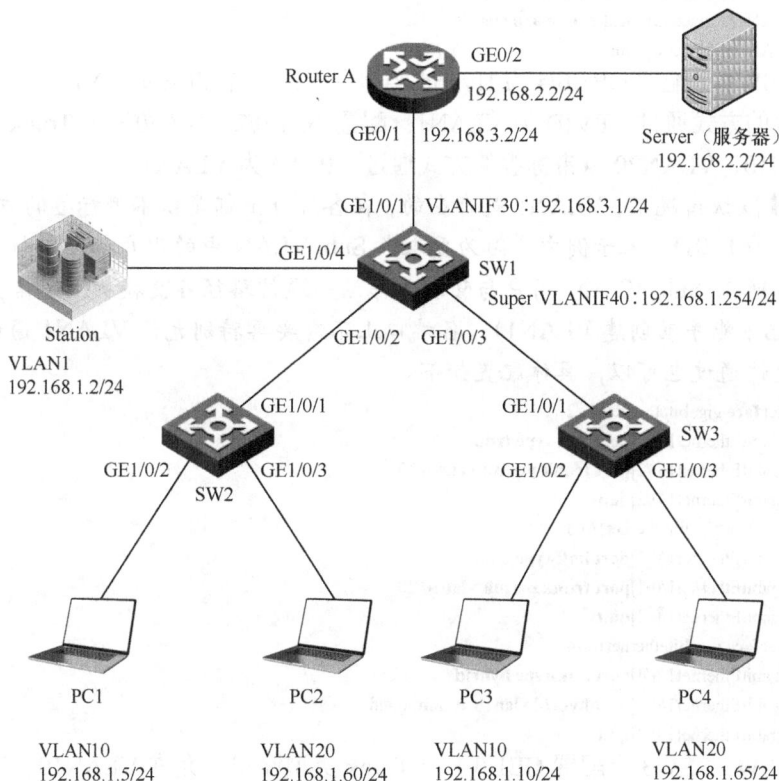

图 1-16　Super VLAN 配置示例的拓扑结构

1．基本配置思路分析

本示例除了要在 SW1 上配置 Super VLAN 功能，还要实现各 Sub VLAN 与管理工作站二层互通，与公共服务器三层互通。因为管理工作站与各 Sub VLAN 不在同一 VLAN 中，如果要实现二层互通，就必须借助 Hybrid 类型端口；如果要实现与不同 IP 网段的公共服务器三层互通，就得使用 Super VLAN 接口作为各 Sub VLAN 中用户的默认网关，通过 IP 路由实现。

2.　具体配置步骤

① 在 SW1 上创建 VLAN10、VLAN20 作为 Sub VLAN，创建 VLAN40 作为 Super VLAN，配置 Super VLAN 功能。创建 VLANIF40，IP 地址为 192.168.1.254/24，启用本地代理 ARP 功能，具体配置如下。

```
<H3C>system-view
[H3C]sysname SW1
[SW1]vlan10
[SW1-VLAN-10]quit
[SW1]vlan20
[SW1-VLAN-20]quit
[SW1]vlan40
[SW1-VLAN-40]supervlan
[SW1-VLAN-40]subvlan10 20
[SW1-VLAN-40]quit
[SW1]interface vlan-interface 40
[SW1-VLAN-interface40]ip address 192.168.1.254 24
[SW1-VLAN-interface40]local-proxy-arp enable
[SW1-VLAN-interface40]quit
```

② 在 SW1 上配置 GE1/0/4 为 Hybrid 类型端口，允许 VLAN1、VLAN10、VLAN20 以不带标签的方式通过，PVID 为 VLAN1；配置 GE1/0/2、GE1/0/3 为 Trunk 类型端口，允许 VLAN10、VLAN20 以带标签的方式通过，PVID 为 VLAN1。

【**说明**】默认情况下，VLAN1 是存在的，在各端口上都是以不带标签的方式通过的，也是各端口的 PVID。本示例中，因为要求各 Sub VLAN 中的用户都可以与管理工作站二层互通，所以 Sub VLAN 用户与管理工作站的通信路径各交换机上不需要手动创建 VLAN1（也不能手动创建 VLAN1），各端口上不需要再特别允许 VLAN1 通过，当然，再次配置允许通过也可以，具体配置如下。

```
[SW1]interface gigabitethernet1/0/2
[SW1-GigabitEthernet1/0/2]port link-type trunk
[SW1-GigabitEthernet1/0/2]port trunk permit vlan10 20
[SW1-GigabitEthernet1/0/2]quit
[SW1]interface gigabitethernet1/0/3
[SW1-GigabitEthernet1/0/3]port link-type trunk
[SW1-GigabitEthernet1/0/3]port trunk permit vlan10 20
[SW1-GigabitEthernet1/0/3]quit
[SW1]interface gigabitethernet1/0/4
[SW1-GigabitEthernet1/0/4]port link-type hybrid
[SW1-GigabitEthernet1/0/4]port hybrid vlan10 20 untagged
[SW1-GigabitEthernet1/0/4]quit
```

③ 在 SW2、SW3 上配置 GE1/0/1 为 Trunk 类型端口，允许 VLAN10、VLAN20 以带标签的方式通过，PVID 为 VLAN1；配置 GE1/0/2 为 Hybrid 类型端口，允许 VLAN1、VLAN10 以不带标签的方式通过，PVID 为 VLAN10；配置 GE1/0/3 为 Hybrid 类型端口，允许 VLAN1、VLAN20 以不带标签的方式通过，PVID 为 VLAN20。

SW2 上的具体配置如下。

```
<H3C>system-view
[H3C]sysname SW2
[SW2]vlan10
[SW2-VLAN-10]quit
[SW2]vlan20
```

```
[SW2-VLAN-20]quit
[SW2]interface gigabitethernet1/0/1
[SW2-GigabitEthernet1/0/1]port link-type trunk
[SW2-GigabitEthernet1/0/1]port trunk permit vlan10 20
[SW2-GigabitEthernet1/0/1]quit
[SW2]interface gigabitethernet1/0/2
[SW2-GigabitEthernet1/0/2]port link-type hybrid
[SW2-GigabitEthernet1/0/2]port hybrid vlan10 untagged
[SW2-GigabitEthernet1/0/2]port hybrid pvid vlan10
[SW2-GigabitEthernet1/0/2]quit
[SW2]interface gigabitethernet1/0/3
[SW2-GigabitEthernet1/0/3]port link-type hybrid
[SW2-GigabitEthernet1/0/3]port hybrid vlan20 untagged
[SW2-GigabitEthernet1/0/3]port hybrid pvid vlan20
[SW2-GigabitEthernet1/0/3]quit
```

SW3 上的具体配置如下。

```
<H3C>system-view
[H3C]sysname SW3
[SW3]vlan10
[SW3-VLAN-10]quit
[SW3]vlan20
[SW3-VLAN-20]quit
[SW3]interface gigabitethernet1/0/1
[SW3-GigabitEthernet1/0/1]port link-type trunk
[SW3-GigabitEthernet1/0/1]port trunk permit vlan10 20
[SW3-GigabitEthernet1/0/1]quit
[SW3]interface gigabitethernet1/0/2
[SW3-GigabitEthernet1/0/2]port link-type hybrid
[SW3-GigabitEthernet1/0/2]port hybrid vlan10 untagged
[SW3-GigabitEthernet1/0/2]port hybrid pvid vlan10
[SW3-GigabitEthernet1/0/2]quit
[SW3]interface gigabitethernet1/0/3
[SW3-GigabitEthernet1/0/3]port link-type hybrid
[SW3-GigabitEthernet1/0/3]port hybrid vlan20 untagged
[SW3-GigabitEthernet1/0/3]port hybrid pvid vlan20
[SW3-GigabitEthernet1/0/3]quit
```

④ 在 SW1 上创建 VLAN30，并把 GE1/0/1 端口以 Access 类型加入，并创建 VLANIF30，IP 地址为 192.168.3.1/24，并配置到达 192.168.2.0/24 网段的静态路由，具体配置如下。

```
[SW1]vlan30
[SW1-VLAN-30]quit
[SW1]interface vlan-interface 30
[SW1-VLAN-interface30]ip address 192.168.3.1 24
[SW1]interface gigabitethernet1/0/1
[SW1-GigabitEthernet1/0/1]port access vlan30
[SW1-GigabitEthernet1/0/1]quit
[SW1]ip route 192.168.2.0 24 192.168.3.2
```

⑤ 在 RouterA 上配置 GE0/1 端口的 IP 地址为 192.168.3.2/24，GE0/2 端口的 IP 地址为 192.168.2.2/24，并配置到达 192.168.1.0/24 网段的静态路由，具体配置如下。

```
<H3C>system-view
[H3C]sysname RouterA
[RouterA]interface gigabitethernet0/1
[RouterA-GigabitEthernet0/1]ip address 192.168.3.2 24
```

```
[RouterA -GigabitEthernet0/1]quit
[RouterA]interface gigabitethernet0/2
[RouterA -GigabitEthernet0/2]ip address 192.168.2.2 24
[RouterA -GigabitEthernet0/2]quit
[RouterA] ip route 192.168.1.0 24 192.168.3.1
```

3. 配置结果验证

完成以上配置，并且配置好各 Sub VLAN 中的用户主机和公共服务器（Server）的 IP 地址，各 Sub VLAN 用户以 VLANIF40 的 IP 地址（192.168.1.254/24）为默认网关。

在 SW1 上执行 **display supervlan** 命令可以查看 Super VLAN 的配置，在 SW1 上执行 **display supervlan** 命令的输出如图 1-17 所示。从图 1-17 中可以看出，SW1 上的 Super VLAN 配置是正确的。

```
<SW1>display supervlan
 Super VLAN ID: 40
 Sub-VLAN ID: 10, 20

 VLAN ID: 40
 VLAN type: Static
 It is a super VLAN.
 Route interface: Configured
 IPv4 address: 192.168.1.254
 IPv4 subnet mask: 255.255.255.0
 Description: VLAN 0040
 Name: VLAN 0040
 Tagged ports:   None
 Untagged ports: None

 VLAN ID: 10
 VLAN type: Static
 It is a sub-VLAN.
 Route interface: Configured
 IPv4 address: 192.168.1.254
 IPv4 subnet mask: 255.255.255.0
 Description: VLAN 0010
 Name: VLAN 0010
 Tagged ports:
    GigabitEthernet1/0/2          GigabitEthernet1/0/3
 Untagged ports:
    GigabitEthernet1/0/4

 VLAN ID: 20
 VLAN type: Static
 It is a sub-VLAN.
 Route interface: Configured
 IPv4 address: 192.168.1.254
 IPv4 subnet mask: 255.255.255.0
 Description: VLAN 0020
 Name: VLAN 0020
 Tagged ports:
    GigabitEthernet1/0/2          GigabitEthernet1/0/3
 Untagged ports:
    GigabitEthernet1/0/4

<SW1>
```

图 1-17 在 SW1 上执行 **display supervlan** 命令的输出

用户也可在各交换机上执行 **display current-configuration** 命令，查看各端口上的 VLAN 配置，验证配置结果。需要特别注意的是，查看 Station 所加入的 VLAN1 是否已默认允许通过，还可以在各 Sub VLAN 中用户上执行 **ping** 命令，验证与 Station 的二层互通，与不同 Sub VLAN 中用户和 Server 的三层互通。

1.3 Private VLAN

在以太网接入的场景中，主要应用于用户接入因特网服务提供方（Internet Service Provider，ISP）网络，或者分支机构接入集团总网络时，考虑到用户安全和管理计费等方面，一般会要求接入用户互相隔离。虽然 VLAN 可以实现这样的目标，但是根据 IEEE 802.1Q 的规定，最多只可以提供 4094 个 VLAN。但如果每个用户拥有一个 VLAN，4094 个 VLAN 远远不能满足需求。本节所介绍的 Private VLAN（私有 VLAN）就能解决这一问题，可以使同一 VLAN 内的用户之间实现二层隔离。

1.3.1　Private VLAN 简介

Private VLAN 与前面介绍的 Super VLAN 类似，是一种 VLAN 聚合或映射技术，主要是为了节省 VLAN ID 资源。

Private VLAN 包括主 VLAN（Primary VLAN）和从 VLAN（Secondary VLAN）两类。其中，Primary VLAN 用于上行连接，一个 Primary VLAN 可以和多个 Secondary VLAN 建立映射关系，**但只是由 Secondary VLAN 到 Primary VLAN 的单向映射关系**。Secondary VLAN 用于下行连接用户，可以通过配置实现同一 Secondary VLAN 的用户之间二层隔离（默认是二层互通）。因为下行连接的 Secondary VLAN 中的用户都是通过 Primary VLAN 与上游网络进行通信的，所以上行连接的设备只能看到 Primary VLAN，看不到 Secondary VLAN。这样既可以保证接入用户之间相互隔离，又能将接入的 VLAN ID 以映射的 Primary VLAN 在上游网络中出现，在节省了上游网络的 VLAN ID 资源的同时，又能屏蔽用户侧网络的 VLAN ID，起到安全保护的作用。

Private VLAN 与 Super VLAN 在通信原理上具有本质区别。在 Super VLAN 中不能包括端口成员，但可以创建对应的 VLAN 接口，而 Private VLAN 中的 Primary VLAN 和 Secondary VLAN 都必须包括端口成员，并且都可以创建自己对应的 VLAN 接口，实现 Secondary VLAN 间或 Secondary VLAN 与外部网络的三层通信，但 Secondary VLAN 与外部网络的二层通信是以所映射的 Primary VLAN 进行的。关键是在 Private VLAN 中，同一 Secondary VLAN 内部成员端口之间还可以配置相互隔离。这是 Super VLAN 做不到的。

Private VLAN 示意如图 1-18 所示，在二层交换机上启用了 Private VLAN 功能。其中，VLAN10 是 Primary VLAN，VLAN2、VLAN3、VLAN4 是 Secondary VLAN，它们都映射到 Primary VLAN10，并且对于上行三层设备不可见。

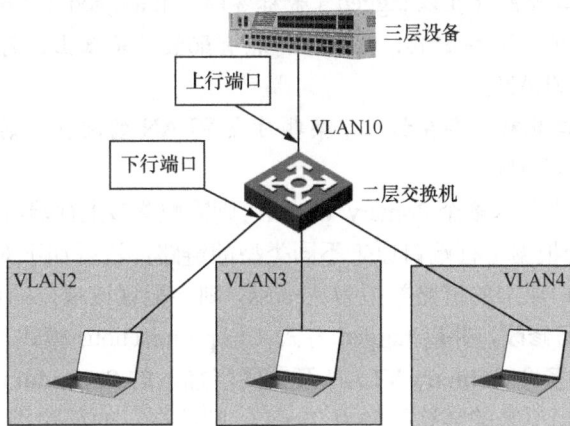

图 1-18　Private VLAN 示意

如果配置了 Private VLAN 功能的设备为三层设备，当 Secondary VLAN 之间及 Secondary VLAN 与外部网络之间需要进行三层通信，则可通过在本地设备上创建对应的 Secondary VLAN 端口，并可通过在该 Secondary VLAN 端口上配置 IP 地址来实现，也可以通过在本地设备上配置 Primary VLAN 端口（**但此时不能再创建 Secondary VLAN 端口**）。然后，在 Primary VLAN 端口上配置 IP 地址和本地代理 ARP/ND 功能（因为 Primary VLAN 和各 Secondary VLAN 处于同一个 IP 网段）来实现。

另外，可根据实际需求配置同一 Secondary VLAN（如同属 VLAN2，或同属 VLAN3 中）内部中各用户端口之间的二层隔离（默认是二层互通的），以达到接入用户相互隔离的目的。

1.3.2　Private VLAN 的上行和下行端口工作模式

在启用了 Private VLAN 功能的交换机上主要涉及上下行端口的工作模式配置。其中，上行端口是连接上行设备的端口；下行端口是连接下行交换机或终端的端口。

1. 上行端口的工作模式

上行端口有 promiscuous 和 trunk promiscuous 两种模式。在这两种模式下，如果上行端口加入 Primary VLAN，且存在和该 Primary VLAN 有映射关系的 Secondary VLAN，则上行端口也会同步加入这些 Secondary VLAN。

如果上行端口仅需加入一个 Primary VLAN，则需配置该上行端口为 promiscuous 工作模式。此时，会根据上行端口原来不同类型的链路，进行如下对应操作。

① 如果上行端口原来的链路类型为 Access，则会配置该端口的链路类型为 Hybrid，**默认 VLAN 为指定的 Primary VLAN，并以 untagged 方式加入所有对应 VLAN**（包括指定的 Primary VLAN 和同步加入的 Secondary VLAN）。

② 如果上行端口原来的链路类型为 Trunk，则该端口的链路类型及默认 VLAN 不做任何修改。

③ 如果上行端口原来的链路类型为 Hybrid，则**该端口的链路类型及默认 VLAN 不做任何修改**。但上行端口在加入对应 **VLAN**（包括指定 **Primary VLAN** 及需同步加入的 **Secondary VLAN**）时，进行如下对应操作。

- 如果上行端口此前存在以 tagged（带标签的）/untagged（不带标签的）方式加入了某些对应 VLAN 的配置，则在保持原有配置的基础上，再以 untagged 方式加入其他对应 VLAN。
- 如果上行端口此前不存在加入了某些对应 VLAN 的配置，则以 untagged 方式加入所有对应 VLAN。

如果上行端口需要加入多个 Primary VLAN，则需配置该上行端口为 trunk promiscuous 工作模式。此时，会根据上行端口原来不同类型的链路，进行如下对应操作。

① 如果上行端口原来的链路类型为 Access，则会配置该端口的链路类型为 Hybrid，**默认 VLAN 不做任何修改，并以 tagged 方式**（与 promiscuous 模式不同）**加入所有对应 VLAN**（包括指定的多个 **Primary VLAN** 及需同步加入的 **Secondary VLAN**）。

② 如果上行端口原来的链路类型为 Trunk，则该端口的链路类型及默认 VLAN 不做任何修改（与 promiscuous 模式相同）。

③ 如果上行端口原来的链路类型为 Hybrid，则该端口的链路类型及默认 VLAN 不做任何修改（与 promiscuous 模式相同）。但该端口加入对应 VLAN 时的操作与 promiscuous 模式有所不同，具体说明如下。

- 如果上行端口此前存在以 tagged/untagged 方式加入某些对应 VLAN 的配置，则在保持原有配置的基础上，再以 tagged 方式（与 promiscuous 模式不同）加入其他对应 VLAN。
- 如果上行端口此前不存在加入某些对应 VLAN 的配置，则以 tagged 方式（与 promiscuous 模式不同）加入所有对应 VLAN。

综上所述，当上行端口（如图 1-18 中二层交换机上与三层设备相连的端口）只对应一个 Primary VLAN 时，配置该端口工作在 promiscuous 模式，可实现上行端口加入 Primary VLAN 及同步加入对应的 Secondary VLAN 的功能；当上行端口对应多个 Primary VLAN 时，配置该端口工作在 trunk promiscuous 模式，可实现上行端口加入多个 Primary VLAN 及同步加入各自对应的 Secondary VLAN 的功能。

2. 下行端口的工作模式

下行端口有 host 和 trunk secondary 两种模式。

如果下行端口只需加入一个 Secondary VLAN，则可配置该下行端口为 host 工作模式，同步加入和该 Secondary VLAN 有映射关系的 Primary VLAN。此时，会根据端口原来不同类型的链路，进行以下对应操作。

① 如果下行端口原来的链路类型为 Access，则会配置该端口的链路类型为 Hybrid，**默认 VLAN 为端口加入的 Secondary VLAN，并以 untagged 方式加入 Secondary VLAN 和 Primary VLAN**。

② 如果下行端口原来的链路类型为 Trunk，则该端口的链路类型及默认 VLAN 不做任何修改。

③ 如果下行端口原来的链路类型为 Hybrid，则该端口的链路类型及默认 VLAN 不做任何修改，但在同步加入 Primary VLAN 时，进行如下操作。

- 如果此前该端口存在以 tagged/untagged 方式加入该 Primary VLAN 的配置，则保持原有配置。
- 如果此前该端口不存在加入该 Primary VLAN 的配置，则以 untagged 方式加入该 Primary VLAN。

如果下行端口需要加入多个 Primary VLAN 对应的多个 Secondary VLAN，则可配置该下行端口为 trunk secondary 工作模式，同步加入这些 Secondary VLAN，以及与它们有映射关系的多个 Primary VLAN。**对于一个 Primary VLAN 对应的 Secondary VLAN，一个下行端口只能加入其中的一个，但可以分别加入多个 Primary VLAN 对应的多个 Secondary VLAN**。此时会根据下行端口原来不同类型的链路，进行如下对应操作。

① 如果此前下行端口原来的链路类型为 Access，则会配置该端口的链路类型为 Hybrid，**默认 VLAN 不做任何修改，并以 tagged 方式加入所有对应 VLAN（包括指定的 Secondary VLAN，以及同步加入的 Primary VLAN）**（与 Host 模式不同）。

② 如果此前下行端口原来的链路类型为 Trunk，则该端口的链路类型及默认 VLAN 不做任何修改（与 Host 模式相同）。

③ 如果下行端口原来的链路类型为 Hybrid，则该端口的链路类型及默认 VLAN 不做改变。但在该端口加入对应 VLAN（包括指定的 Secondary VLAN，以及同步加入的 Primary VLAN）时，进行如下操作。

- 如果此前该端口存在以 tagged/untagged 方式加入某些对应 VLAN 的配置，则在保持原有配置的基础上，再以 tagged 方式加入其他对应 VLAN（与 Host 模式不同）。
- 如果此前该端口不存在加入某些对应 VLAN 的配置，则以 tagged 方式加入所有指定的 VLAN（与 Host 模式不同）。

当下行端口（如图 1-18 中二层交换机与用户连接的端口）只对应一个 Secondary VLAN 时，配置该端口工作在 Host 模式，可实现下行端口同步加入 Secondary VLAN 对应的 Primary VLAN 的功能；当下行端口 Primary VLAN 对应多个 Secondary VLAN 时，配置该端口工作在 trunk secondary 模式，可实现下行端口加入多个 Secondary VLAN 及同步加入各自对应的 Primary VLAN 的功能。

【说明】总体而言，对于工作模式为 promiscuous 的上行端口，默认 VLAN 为 Primary VLAN，并以 untagged 方式加入 Primary VLAN 和 Secondary VLAN；对于工作模式为 trunk promiscuous 或 trunk secondary 的上行端口，以 tagged 方式加入 Primary VLAN 和 Secondary VLAN；对于工作模式为 Host 的下行端口，默认 VLAN 为 Secondary VLAN，并以 untagged 方式加入 Primary VLAN 和 Secondary VLAN。

1.3.3 Private VLAN 配置

在 Private VLAN 配置中，主要涉及 Primary VLAN 和 Secondary VLAN 的配置，以及它们之间的映射关系。另外，针对上下行端口所连接的单个或多个 Primary VLAN 和 Secondary VLAN，还要配置上下行端口的工作模式。最后还可选配置 Secondary VLAN 内各端口的互通或隔离，以及 Secondary VLAN 之间的三层互通。

Primary VLAN 配置的步骤见表 1-5。配置 Primary VLAN 后，系统会自动将 Secondary VLAN 的动态 MAC 地址表项同步到 Primary VLAN，提高网络的实用性。

【注意】系统默认 VLAN（VLAN1）不支持 Private VLAN 相关配置。

表 1-5   **Primary VLAN 配置的步骤**

步骤	命令	说明
1	**system-view**	进入系统视图
以下第 2～4 步用来配置 Primary VLAN 及与 Secondary VLAN 的映射		
2	**vlan** *vlan-id* 例如，[Sysname]**vlan 10**	创建 VLAN，并进入 VLAN 视图
3	**private-vlan primary** 例如，[Sysname-vlan10] **private-vlan primary**	设置以上 VLAN 类型为 Primary VLAN。配置该命令时，如果已经配置 Primary VLAN 和 Secondary VLAN 的映射关系，且设备上有端口工作在 promiscuous 模式、trunk promiscuous 模式、trunk secondary 模式或 Host 模式，则依据端口配置会触发配置同步。 默认情况下，VLAN 的类型不是 Primary VLAN

步骤	命令	说明
4	**private-vlan secondary** *vlan-id-list* 例如，[Sysname-vlan10] **private-vlan secondary** 2 3	配置当前 Primary VLAN 与参数 *vlan-id-list* 指定的 Secondary VLAN 之间建立映射关系。参数 *vlan-id-list* 用来指定与 Primary VLAN 映射的 SecondaryVLAN 列表 { *vlan-id*1 [**to** *vlan-id*2] }&<1-10>，*vlan-id* 的取值为 1~4094，*vlan-id*2 的值要大于或等于 *vlan-id*1 的值。这些 VLAN 必须在本地已存在。其中，&<1-10>表示前面的参数最多可以重复输入 10 次。**系统默认 VLAN（VLAN1）虽然在取值范围中，但不能配置。** 如果在执行本命令时，已经配置 Primary VLAN，并且设备上有端口工作在 promiscuous 模式、trunk promiscuous 模式或 Host 模式，则会依据端口配置触发配置同步。 默认情况下，用户创建的 Primary VLAN 和 Secondary VLAN 没有任何映射关系
以下第 5~6 步用来配置上行端口		
5	**interface** *interface-type interface-number* 例如，[Sysname] **interface** gigabitethernet 1/0/1	键入上行端口，并进入接口视图
6	**port private-vlan** *vlan-id* **promiscuous** 例如，[Sysname-GigabitEthernet1/0/1] **port private-vlan** 10 **promiscuous**	（二选一）配置上行端口在参数 *vlan-id* 指定的 Primary VLAN 中，工作在 promiscuous 模式的同时，加入该 Primary VLAN 中。如果存在和指定 Primary VLAN 有映射关系的 Secondary VLAN，则端口也会同步加入 Secondary VLAN。 如果在 promiscuous 端口上多次执行本命令，则最后一次执行的命令生效
	port private-vlan *vlan-id-list* **trunk promiscuous** 例如，[Sysname-GigabitEthernet1/0/1] **port private-vlan** 2 3 **trunk promiscuous**	（二选一）配置上行端口在参数 *vlan-id-list* 指定的多个 PrimaryVLAN 中，工作在 trunk promiscuous 模式的同时，加入 Primary VLAN。如果存在和指定 VLAN 有映射关系的 Secondary VLAN，则端口也会同步加入 Secondary VLAN
7	**quit**	返回系统视图
以下第 8~11 步用来配置下行端口		
8	**interface** *interface-type interface-number* 例如，[Sysname] **interface** gigabitethernet1/0/12	键入下行端口，并进入接口视图
9	**port link-type** { **access** | **hybrid** | **trunk** } 例如，[Sysname-GigabitEthernet1/0/12] **port link-type access**	配置端口的链路类型
10	**port access vlan** *vlan-id* 例如，[Sysname-GigabitEthernet1/0/12] **port access vlan** 2 **port trunk permit vlan** { *vlan-id-list* | **all** } 例如，[Sysname-GigabitEthernet1/0/12] **port trunk permit vlan** 2 3	（三选一）配置下行端口加入指定的 Secondary VLAN。根据具体的端口类型选择对应的加入方式

续表

步骤	命令	说明
10	**port hybrid vlan** *vlan-id-list* { **tagged** | **untagged** } 例如，[Sysname-GigabitEthernet1/0/12] **port hybrid vlan 2 3 untagged**	（三选一）配置下行端口加入指定的 Secondary VLAN。根据具体的端口类型选择对应的加入方式
11	**port private-vlan** *vlan-id-list* **trunk secondary** 例如，[Sysname-GigabitEthernet1/0/12] **port private-vlan 2 3 trunk secondary**	（二选一）配置下行端口在参数 *vlan-id-list* 指定 Secondary VLAN 中，工作在 trunk secondary 模式的同时，将端口加入指定的 Secondary VLAN。如果指定的 Secondary VLAN 存在映射关系的 Primary VLAN，则端口也会同步加入 Primary VLAN。参数 *vlan-id-list* 用来指定 Secondary VLAN 列表
	port private-vlan host 例如，[Sysname-GigabitEthernet1/0/12] **port private-vlan host**	（二选一）配置下行端口工作在 Host 模式的同时，同步加入和 Secondary VLAN 有映射关系的 Primary VLAN
12	**quit**	返回系统视图
以下第 13～14 步用来配置 Secondary VLAN 内各端口二层互通或隔离		
13	**vlan** *vlan-id* 例如，[Sysname] **vlan 2**	进入指定的 Secondary VLAN 视图
14	**private-vlan community** 或 **undo private-vlan isolated** 例如，[Sysname-vlan4] private-vlan isolated	（可选）配置同一 Secondary VLAN 内各端口二层互通。两命令功能相同，但当用户通过 **save** 命令保存配置时，**private-vlan community** 命令的配置不会被存入配置文件中。 **如果要实现同一 Secondary VLAN 内各端口二层隔离，则仅可执行 private-vlan isolated 命令。** 默认情况下，同一 Secondary VLAN 内的端口能够实现二层互通
15	**quit**	返回系统视图
以下 16～18 步用配置 Secondary VLAN 间的三层互通		
16	**interface vlan-interface** *vlan-id* 例如，[Sysname] **interface vlan-interface 2**	进入 Primary VLAN 对应的 VLAN 接口视图
	private-vlan secondary *vlan-id-list* 例如，[Sysname-Vlan-interface2] **private-vlan secondary 3 to 4**	（可选）配置当前 Primary VLAN 与指定 Secondary VLAN 间三层互通。参数 *vlan-id-list* 用来指定 Secondary VLAN 列表，表示方式为 *vlan-id-list* = { *vlan-id*1 [**to** *vlan-id*2] }&<1-10>，*vlan-id* 的取值为 1～4094，*vlan-id*2 的值要大于或等于 *vlan-id*1 的值，&<1-10>表示前面的参数最多可以重复输入 10 次。 默认情况下，Secondary VLAN 之间三层不互通
17	**ip address** *ip-address* { *mask-length* | *mask* } [**sub**] 例如，[Sysname-Vlan-interface2] **ip address** 192.168.1.1 255.255.255.0	（可选）配置 Primary VLAN 接口的 IP 地址。 默认情况下，没有配置 VLAN 接口的 IP 地址
18	**local-proxy-arp enable** 例如，[Sysname-Vlan-interface2] **local-proxy-arp enable**	（可选）开启本地代理 ARP 功能。 默认情况下，本地代理 ARP 功能和本地代理 ND 功能均处于关闭状态

完成上述配置后，可在任意视图下执行 **display private-vlan** [*primary-vlan-id*]命令

查看 Primary VLAN 和其包含的 Secondary VLAN 的信息，验证配置结果。

1.3.4　Private VLAN 配置示例（promiscuous 模式）

Private VLAN 配置示例（promiscuous 模式）的拓扑结构如图 1-19 所示，集团公司连接多个分支机构，为了节省集团总部的 VLAN ID 资源，现对分支机构一和分支机构二中的内部 VLAN 采用 Private VLAN 技术进行映射，具体要求如下。

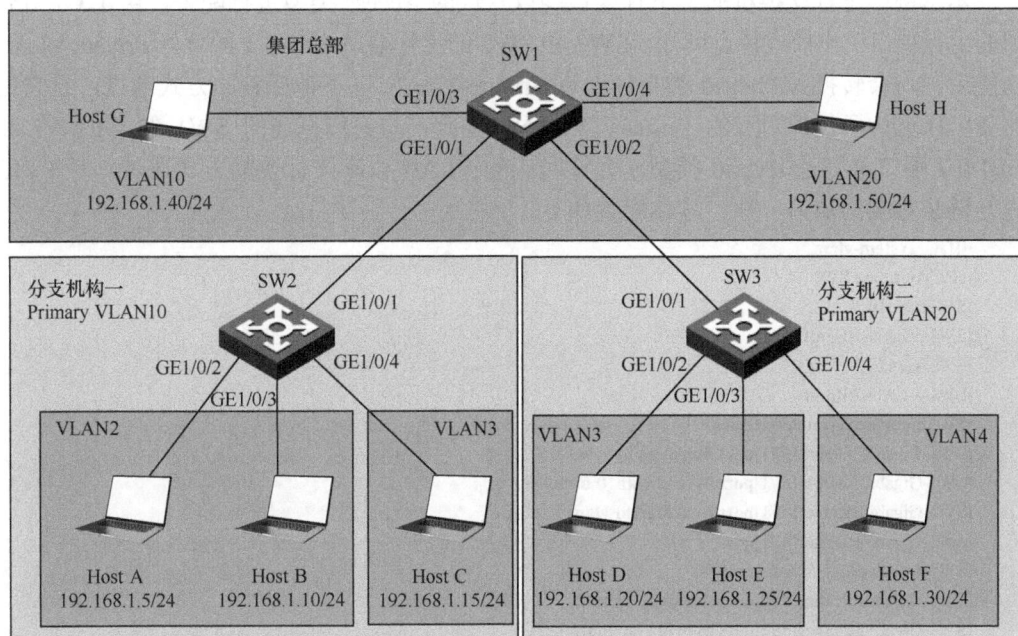

图 1-19　Private VLAN 配置示例（promiscuous 模式）的拓扑结构

① 分支机构一中的 VLAN2 和 VLAN3 映射到集团总部的 VLAN10，可与集团总部中位于 VLAN10 的 Host G 通信（各主机均在同一 IP 网段），且 VLAN2 中的用户之间相互隔离，其他 VLAN 中的用户二层互通。

② 分支机构二中的 VLAN3 和 VLAN4 映射到集团总部的 VLAN20，可与集团总部中位于 VLAN20 的 Host H 通信（各主机均在同一 IP 网段），各 VLAN 中的用户二层互通。

1. 配置思路分析

Private VLAN 主要应用于接入层与上层连接的边缘交换机上。对于本示例来说，Private VLAN 就是分支机构与集团总部连接的 SW2 和 SW3。因为本示例中的两分支机构均采用单个 VLAN（即 VLAN10 或 VLAN20）与上游网络（集团总部网络）连接，所以 SW2 和 SW3 的上行端口可采用 promiscuous 工作模式，此时对应的下行端口就需采用 Host 工作模式。另外，本示例还要求分支机构中的 Secondary VLAN2 的用户相互二层隔离，因此，还需要配置 VLAN2 中用户二层隔离功能。

本示例中的 SW2、SW3 的上下行端口均采用默认 Access 类型下配置 Private VLAN。

2. 具体配置步骤

① 在 SW1 上创建 VLAN10 和 VLAN20，配置 Host G 和 Host H 分别加入 VLAN10、

VLAN20 中；配置 GE1/0/1 和 GE1/0/2 端口分别允许 VLAN10、VLAN20 通过。

　　SW1 上连接 Host G 和 Host H 主机的 GE1/0/3 和 GE1/0/4 端口，可以采用 Access 类型端口，也可以采用 Hybrid 类型端口，在此仅以最简单的 Access 类型为例进行介绍。至于连接下行 SW2 和 SW3 的 GE1/0/1 和 GE1/0/2 端口，因为仅需要允许单个 VLAN（即端口所连接的下行交换机上创建的单个 Primary VLAN）通过，还要根据下行交换机的上行端口配置进行相应配置。

　　本示例中下行交换机的上下行端口均以默认的 Access 类型进行配置，由 1.3.3 节介绍的上行端口工作模式特点可知，SW2 和 SW3 的上行端口 GE1/0/1 配置好 Private VLAN 功能后，均会转换为 Hybrid 类型，允许 Private-VLAN 以不带标签的方式通过，且它们的 PVID 也为所加的对应的 Primary VLAN，因此，与它们直连的 SW1 的 GE1/0/1 和 GE1/0/2 端口最好是 Hybrid 类型，允许对应的 VLAN 以不带标签的方式通过，且 PVID 也与链路对端的端口一致，具体配置如下。

```
<H3C>system-view
[H3C]sysname SW1
[SW1]vlan10
[SW1-VLAN-10]quit
[SW1]vlan20
[SW1-VLAN-20]quit
[SW1]interface gigabitethernet1/0/1
[SW1-GigabitEthernet1/0/1]port link-type hybrid
[SW1-GigabitEthernet1/0/1]port hybrid vlan10 untagged
[SW1-GigabitEthernet1/0/1]port hybrid pvid vlan10
[SW1-GigabitEthernet1/0/1]quit
[SW1]interface gigabitethernet1/0/2
[SW1-GigabitEthernet1/0/2]port link-type hybrid
[SW1-GigabitEthernet1/0/2]port hybrid vlan20 untagged
[SW1-GigabitEthernet1/0/2]port hybrid pvid vlan20
[SW1-GigabitEthernet1/0/2]quit
[SW1]interface gigabitethernet1/0/3
[SW1-GigabitEthernet1/0/3]port link-type access
[SW1-GigabitEthernet1/0/3]port access vlan10
[SW1-GigabitEthernet1/0/3]quit
[SW1]interface gigabitethernet1/0/4
[SW1-GigabitEthernet1/0/4]port link-type access
[SW1-GigabitEthernet1/0/4]port access vlan20
[SW1-GigabitEthernet1/0/4]quit
```

　　② 在 SW2 上创建 VLAN2、VLAN3 和 VLAN10。其中，VLAN10 为 Primary VLAN，VLAN2 和 VLAN3 为 Secondary VLAN；配置 GE1/0/1 端口为 promiscuous 工作模式，加入 VLAN10；配置连接各主机的端口为 Host 工作模式，加入对应的 Secondary VLAN，VLAN2 中的用户处于二层隔离状态。

　　【说明】对于 promiscuous 工作模式的上行端口，如果原来的端口类型为 Access，则配置端口的链路类型为 Hybrid，PVID 为端口加入的 Secondary VLAN，并以 untagged 方式加入 Secondary VLAN 和 Primary VLAN，具体配置如下。

```
<H3C>system-view
[H3C]sysname SW2
[SW2]vlan2
[SW2-VLAN-2]private-VLAN isolated   #---配置 VLAN2 内各端口二层隔离
```

```
[SW2-VLAN-2] quit
[SW2]vlan3
[SW2-VLAN-3] quit
[SW2]vlan10
[SW2-VLAN-10] private-VLAN primary
[SW2-VLAN-10] private-VLAN secondary 2 3
[SW2-VLAN-10] quit
[SW2]interface gigabitethernet1/0/1
[SW2-GigabitEthernet1/0/1]port private-VLAN10 promiscuous   #---执行该命令后，端口会被转换为 Hybrid 类型，然
后会以不带标签的方式允许指定的 VLAN10 及所映射的 VLAN2 和 VLAN3 通过
[SW2-GigabitEthernet1/0/1]quit
[SW2]interface gigabitethernet1/0/2
[SW2-GigabitEthernet1/0/2]port access vlan2
[SW2-GigabitEthernet1/0/2]port private-VLAN host   !---执行该命令后，端口会转换为 Hybrid 类型，然后会以不带标
签的方式允许 VLAN2 和 VLAN10 通过，PVID 为 VLAN2
[SW2-GigabitEthernet1/0/2]quit
[SW2]interface gigabitethernet1/0/3
[SW2-GigabitEthernet1/0/3]port access vlan2
[SW2-GigabitEthernet1/0/3]port private-VLAN host
[SW2-GigabitEthernet1/0/3]quit
[SW2]interface gigabitethernet1/0/4
[SW2-GigabitEthernet1/0/4]port access vlan3
[SW2-GigabitEthernet1/0/4]port private-VLAN host
[SW2-GigabitEthernet1/0/4]quit
```

③ 在 SW3 上创建 VLAN3、VLAN4 和 VLAN20。其中，VLAN20 为 Primary VLAN，VLAN3 和 VLAN4 为 Secondary VLAN；配置 GE1/0/1 端口为 promiscuous 工作模式，加入 VLAN20；配置连接各主机的端口为 Host 工作模式，加入对应的 Secondary VLAN，具体配置如下。

```
<H3C>system-view
[H3C]sysname SW3
[SW3]vlan3 to 4
[SW3]vlan20
[SW3-VLAN-20] private-VLAN primary
[SW3-VLAN-20] private-VLAN secondary 3 4
[SW3-VLAN-20] quit
[SW3]interface gigabitethernet1/0/1
[SW3-GigabitEthernet1/0/1] port private-VLAN20 promiscuous
[SW3-GigabitEthernet1/0/1]quit
[SW3]interface gigabitethernet1/0/2
[SW3-GigabitEthernet1/0/2]port access vlan3
[SW3-GigabitEthernet1/0/2]port private-VLAN host
[SW3-GigabitEthernet1/0/2]quit
[SW3]interface gigabitethernet1/0/3
[SW3-GigabitEthernet1/0/3]port access vlan3
[SW3-GigabitEthernet1/0/3]port private-VLAN host
[SW3-GigabitEthernet1/0/3]quit
[SW3-GigabitEthernet1/0/4]port access vlan4
[SW3-GigabitEthernet1/0/4]port private-VLAN host
[SW3-GigabitEthernet1/0/4]quit
```

3．配置结果验证

以上配置完成后，可以通过以下配置结果验证。

① 在 SW2 和 SW3 上执行 **display current-configuration** 命令，查看各 promiscuous 和 Host 模式端口的 VLAN 配置改变。SW2 上下行端口 VLAN 配置的变化如图 1-20 所示，SW3 上下行端口 VLAN 配置的变化如图 1-21 所示。

从图 1-20 可以看出，SW2 原来均采用 Access 类型的上下行端口，在配置了 Private VLAN 功能后都转换为 Hybrid 类型，都禁止了默认 VLAN1 通过，因为 VLAN1 不支持 Private VLAN 相关配置。上行的 GE1/0/1 端口在配置为 promiscuous 工作模式后，允许指定的 VLAN10（Primary VLAN），以及与 VLAN10 映射的 Secondary VLAN2～3 以不带标签的方式通过，PVID 为 VLAN10。下行端口 GE1/0/2～GE1/0/4 在配置为 Host 工作模式后，允许所加入的 VLAN（Secondary VLAN2～3），以及所映射的 Primary VLAN 以不带标签的方式通过，PVID 为所加入的对应 Secondary VLAN。

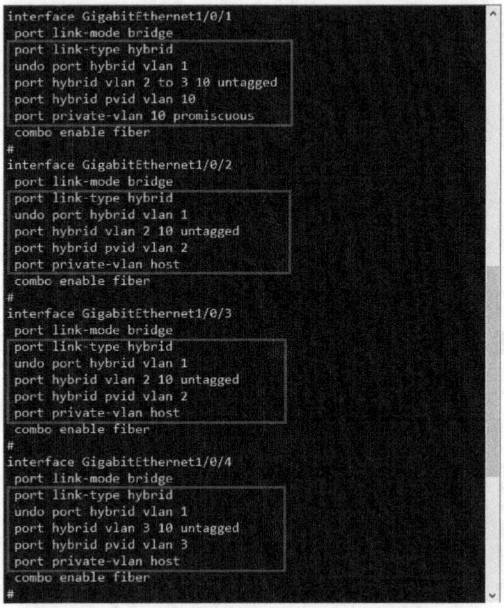

图 1-20　SW2 上下行端口 VLAN 配置的变化　　　图 1-21　SW3 上下行端口 VLAN 配置的变化

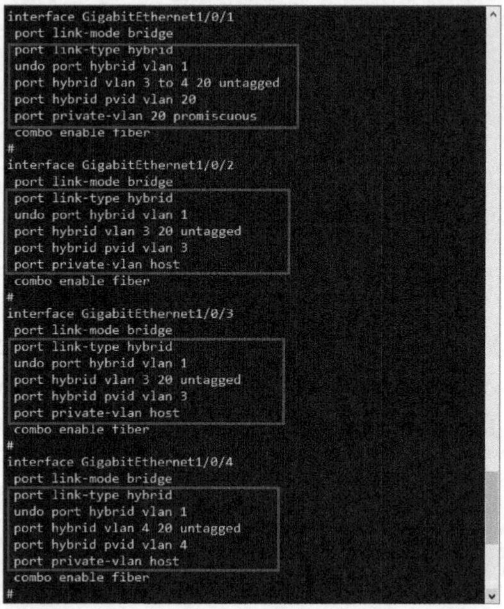

图 1-21 中的说明与以上针对图 1-20 中的说明类似，不再赘述。

② 分别在 SW2 和 SW3 上执行 **display private-vlan** 命令，查看 Private VLAN 的配置。在 SW2 上执行 **display private-vlan** 命令的输出如图 1-22 所示，从图 1-22 中可以看出，Primary VLAN 为 VLAN10，Secondary VLAN 包括 VLAN2 和 VLAN3，并且 VLAN2 是隔离型的，即其中的各端口处于二层隔离状态。Primary VLAN 在上下行端口上均允许以不带标签的方式通过。

③ 验证分支机构一中的主机均可与 Host G 互通，不能与 Host H 互通，同时 VLAN2 中的 Host A 与 Host B 不通；分支机构二中的主机均可与 Host H 互通，不能与 Host G 互通。

在 Host D 上 ping Host E 和 Host H 的结果如图 1-23 所示，因为默认情况下，同一 Secondary VLAN 中的用户是二层互通的。模拟器 HCL 中的同一 Secondary VLAN 中的用户二层隔离功能不生效。

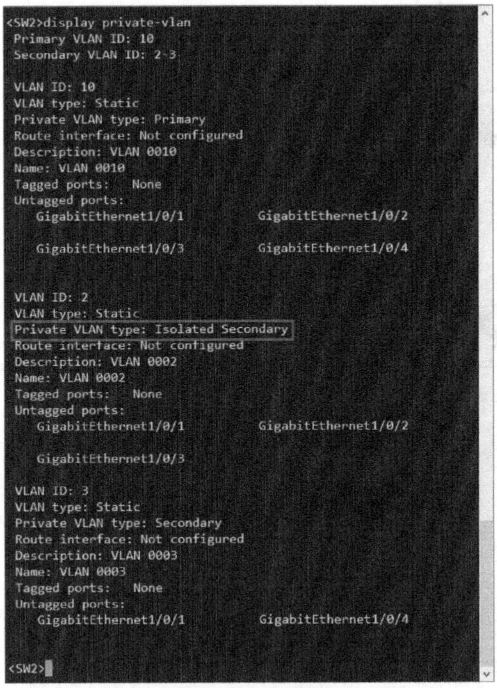

图 1-22　在 SW2 上执行 **display private-vlan**
　　　　命令的输出

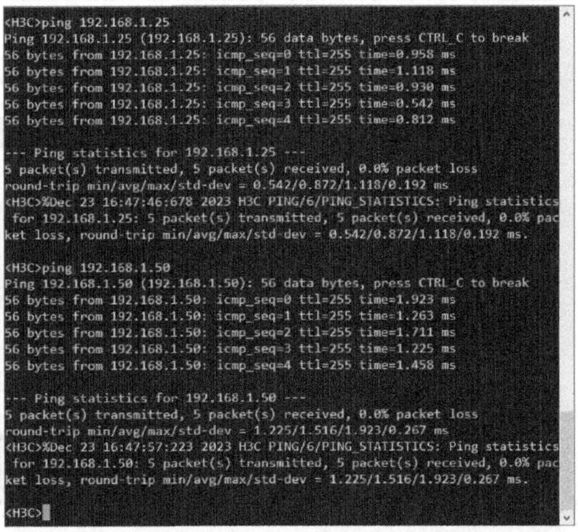

图 1-23　在 Host D 上 ping Host E 和 Host H 的结果

1.3.5　Private VLAN 配置示例（trunk promiscuous 模式）

Private VLAN 配置示例（trunk promiscuous 模式）的拓扑结构如图 1-24 所示，某集团公司连的一个分支机构中 VLAN 比较多，出于应用的需求，需要采用 Private VLAN 技术把这家分支机构中的一部分 VLAN 映射到集团总部的 VLAN10 中，另一部分 VLAN 映射到集团总部的 VLAN20 中，具体说明如下。

① 分支机构中的 VLAN2 和 VLAN3 映射到集团总部的 VLAN10，并可与总部中位于 VLAN10 的 Host G 通信。

② 分支机构中的 VLAN4 和 VLAN5 映射到集团总部的 VLAN20，并可与总部中位于 VLAN20 的 Host F 通信。

1. 配置思路分析

本示例中，分支机构的边缘交换机 SW2 通过一个端口连接到总部交换机 SW1 上，而 SW2 的上行端口 GE1/0/1 要同时加入两个 Primary VLAN，因此，此时该端口要配置为 trunk promiscuous 模式，但终端用户仍只需加入一个 Secondary VLAN，此时 SW2 的下行端口仍采用 Host 工作模式。

本示例中，SW2 的上下行端口均采用默认 Access 类型下配置 Private VLAN，总体配置思路与上节差不多，只是上行端口所需配置的工作模式不同而已。

2. 具体配置步骤

① 在 SW1 上创建 VLAN10 和 VLAN20，配置 Host G 和 Host H 分别加入 VLAN10 和 VLAN20 中；配置 GE1/0/1 端口同时允许 VLAN10 和 VLAN20 通过。

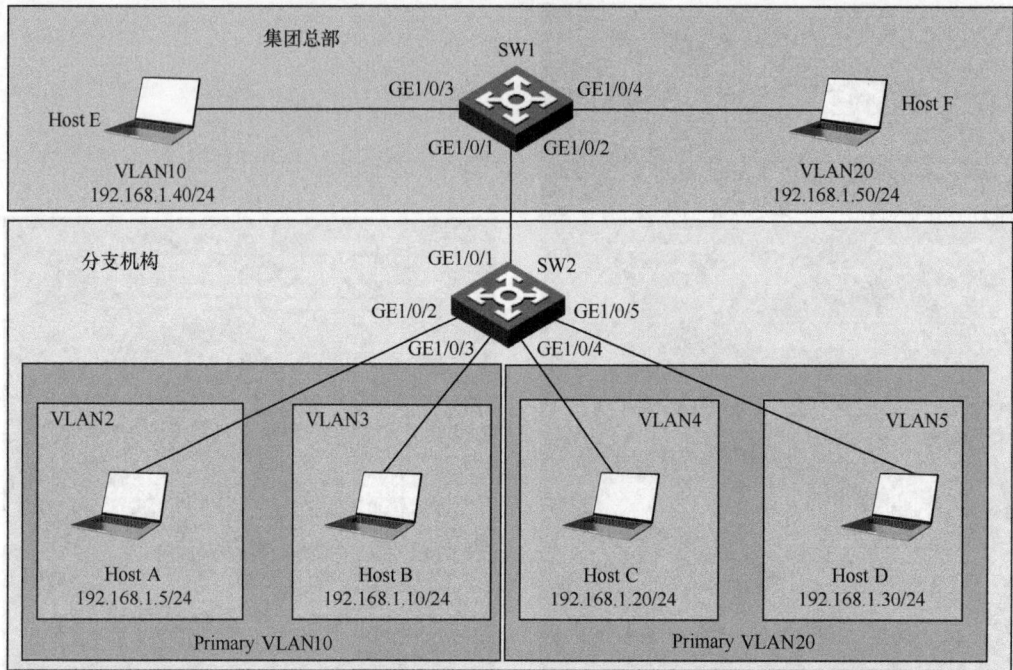

图 1-24　Private VLAN 配置示例（trunk promiscuous 模式）的拓扑结构

因为下行交换机 SW2 的上行端口采用默认的 Access 类型进行配置，配置为 trunk promiscuous 工作模式后会转换为 Hybrid 类型端口，并且以带标签的方式允许所加入的两个 Primary VLAN（VLAN10 和 VLAN20）通过，PVID 仍为默认的 VLAN1，所以 SW1 的 GE1/0/1 端口要配置为 Hybrid 类型，同时允许 VLAN10 和 VLAN20 以带标签的方式通过，PVID 也为默认的 VLAN1，具体配置如下。

```
<H3C>system-view
[H3C]sysname SW1
[SW1]vlan10
[SW1-VLAN-10]quit
[SW1]vlan20
[SW1-VLAN-20]quit
[SW1]interface gigabitethernet1/0/1
[SW1-GigabitEthernet1/0/1]port link-type hybrid
[SW1-GigabitEthernet1/0/1]port hybrid vlan10 20 tagged
[SW1-GigabitEthernet1/0/1]quit
[SW1]interface gigabitethernet1/0/2
[SW1-GigabitEthernet1/0/2]port link-type access
[SW1-GigabitEthernet1/0/2]port access vlan10
[SW1-GigabitEthernet1/0/2]quit
[SW1]interface gigabitethernet1/0/3
[SW1-GigabitEthernet1/0/3]port link-type access
[SW1-GigabitEthernet1/0/3]port access vlan20
[SW1-GigabitEthernet1/0/3]quit
```

② 在 SW2 上创建 VLAN2~5 和 VLAN10、VLAN20。其中，VLAN10 作为 VLAN2~3 的 Primary VLAN，VLAN20 作为 VLAN4~5 的 Primary VLAN；配置 GE1/0/1 端口为 trunk promiscuous 工作模式，同时加入 VLAN10 和 VLAN20；配置连接各主机的端口为 Host

工作模式，加入对应的 Secondary VLAN，具体配置如下。

```
<H3C>system-view
[H3C]sysname SW2
[SW2]vlan2 to 5
[SW2]vlan10
[SW2-VLAN-10] private-VLAN primary
[SW2-VLAN-10] private-VLAN secondary 2 3
[SW2-VLAN-10] quit
[SW2]vlan20
[SW2-VLAN-20] private-VLAN primary
[SW2-VLAN-20] private-VLAN secondary 4 5
[SW2-VLAN-20] quit
[SW2]interface gigabitethernet1/0/1
[SW2-GigabitEthernet1/0/1] port private-VLAN10 20 trunk promiscuous  #---执行该命令后，端口将同时加入
Primary VLAN10、20 和 Secondary VLAN2~5，并且以带标签的方式通过，PVID 保持默认的 VLAN1
[SW2-GigabitEthernet1/0/1]quit
[SW2]interface gigabitethernet1/0/2
[SW2-GigabitEthernet1/0/2]port access vlan2
[SW2-GigabitEthernet1/0/2]port private-VLAN host  #---执行该命令后，端口将被转换为 Hybrid 类型，同时允许
Primary VLAN10 和 Secondary VLAN2 以不带标签的方式通过，PVID 为 VLAN2
[SW2-GigabitEthernet1/0/2]quit
[SW2]interface gigabitethernet1/0/3
[SW2-GigabitEthernet1/0/3]port access vlan3
[SW2-GigabitEthernet1/0/3]port private-VLAN host
[SW2-GigabitEthernet1/0/3]quit
[SW2]interface gigabitethernet1/0/4
[SW2-GigabitEthernet1/0/4]port access vlan4
[SW2-GigabitEthernet1/0/4]port private-VLAN host
[SW2-GigabitEthernet1/0/4]quit
[SW2]interface gigabitethernet1/0/5
[SW2-GigabitEthernet1/0/5]port access vlan5
[SW2-GigabitEthernet1/0/5]port private-VLAN host
[SW2-GigabitEthernet1/0/5]quit
```

3. 配置结果验证

① 在 SW2 上执行 display current-configuration 命令，查看 trunk promiscuous 模式 GE1/0/1 端口的 VLAN 配置改变，SW2 上行 GE1/0/1 端口 VLAN 配置的变化如图 1-25 所示。

从图 1-25 中可以看出，采用 Access 配置的 GE1/0/1 端口，在配置为 trunk promiscuous 工作模式后，自动转换为 Hybrid 类型，同时允许 VLAN10 和 VLAN20 这两个 Primary VLAN，以及它们所映射的 VLAN2~5 以带标签的方式通过。符合 1.3.2 节介绍的 trunk promiscuous 工作模式中 Access 类型端口 VLAN 配置的变化。

② 在 SW2 上执行 display private-vlan 命令查看 Private VLAN 的配置，在 SW2 上执行 display private-vlan 命令的输出如图 1-26 所示。从图 1-26 中可以看出，SW2 上创建了两个 Primary VLAN。其中，VLAN10 映射了 VLAN2 和 VLAN3 这 2 个 Secondary VLAN，VLAN20 映射了 VLAN4 和 VLAN5 这 2 个 Secondary VLAN。上行端口 GE1/0/1 同时加入了这两个 Primary VLAN 和 4 个 Secondary VLAN，并且允许这些 VLAN 中的报文以带标签的方式通过。

③ 验证分支机构 VLAN2 和 VLAN3 中的主机均可与 Host E 互通，不能与 Host F 互通，分支机构二 VLAN3 和 VLAN4 中的主机均可与 Host F 互通，不能与 Host E 互通。

HCL 模拟器中 trunk promiscuous 工作模式的配置不生效。

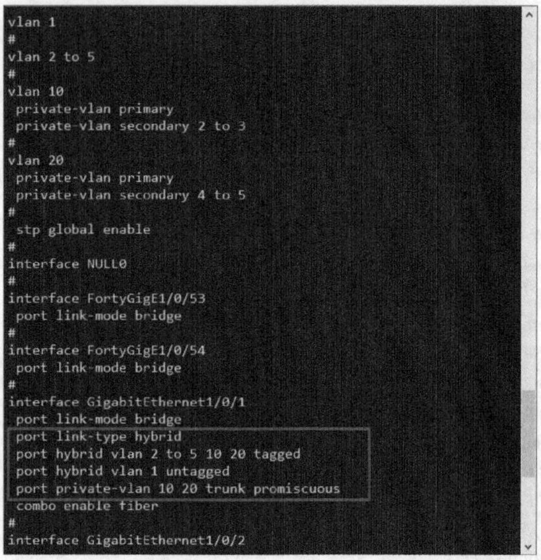

```
vlan 1
#
vlan 2 to 5
#
vlan 10
 private-vlan primary
 private-vlan secondary 2 to 3
#
vlan 20
 private-vlan primary
 private-vlan secondary 4 to 5
#
 stp global enable
#
interface NULL0
#
interface FortyGigE1/0/53
 port link-mode bridge
#
interface FortyGigE1/0/54
 port link-mode bridge
#
interface GigabitEthernet1/0/1
 port link-mode bridge
 port link-type hybrid
 port hybrid vlan 2 to 5 10 20 tagged
 port hybrid vlan 1 untagged
 port private-vlan 10 20 trunk promiscuous
 combo enable fiber
#
interface GigabitEthernet1/0/2
```

图 1-25　SW2 上行 GE1/0/1 端口 VLAN 配置的变化

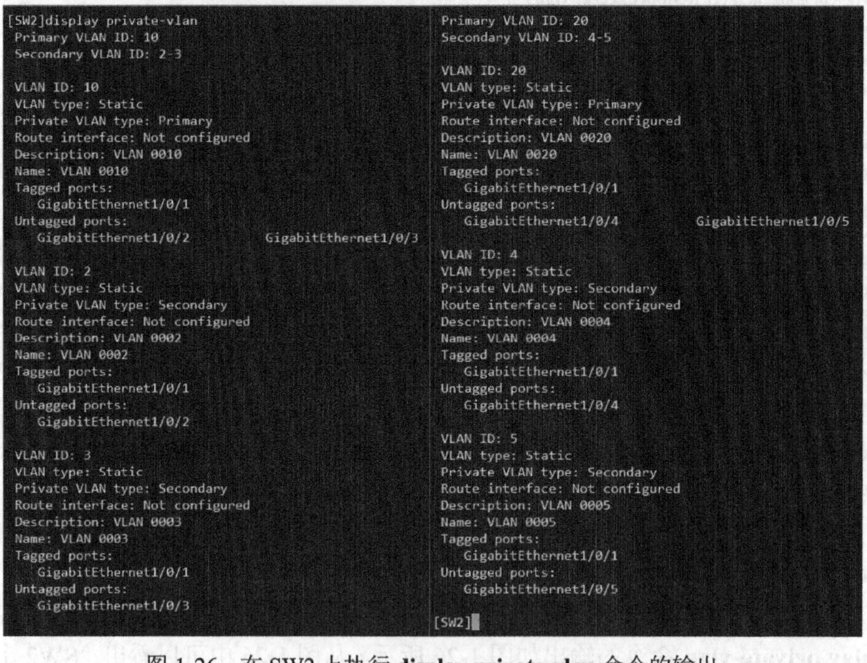

```
[SW2]display private-vlan
 Primary VLAN ID: 10
 Secondary VLAN ID: 2-3

 VLAN ID: 10
 VLAN type: Static
 Private VLAN type: Primary
 Route interface: Not configured
 Description: VLAN 0010
 Name: VLAN 0010
 Tagged ports:
    GigabitEthernet1/0/1
 Untagged ports:
    GigabitEthernet1/0/2              GigabitEthernet1/0/3

 VLAN ID: 2
 VLAN type: Static
 Private VLAN type: Secondary
 Route interface: Not configured
 Description: VLAN 0002
 Name: VLAN 0002
 Tagged ports:
    GigabitEthernet1/0/1
 Untagged ports:
    GigabitEthernet1/0/2

 VLAN ID: 3
 VLAN type: Static
 Private VLAN type: Secondary
 Route interface: Not configured
 Description: VLAN 0003
 Name: VLAN 0003
 Tagged ports:
    GigabitEthernet1/0/1
 Untagged ports:
    GigabitEthernet1/0/3

 Primary VLAN ID: 20
 Secondary VLAN ID: 4-5

 VLAN ID: 20
 VLAN type: Static
 Private VLAN type: Primary
 Route interface: Not configured
 Description: VLAN 0020
 Name: VLAN 0020
 Tagged ports:
    GigabitEthernet1/0/1
 Untagged ports:
    GigabitEthernet1/0/4              GigabitEthernet1/0/5

 VLAN ID: 4
 VLAN type: Static
 Private VLAN type: Secondary
 Route interface: Not configured
 Description: VLAN 0004
 Name: VLAN 0004
 Tagged ports:
    GigabitEthernet1/0/1
 Untagged ports:
    GigabitEthernet1/0/4

 VLAN ID: 5
 VLAN type: Static
 Private VLAN type: Secondary
 Route interface: Not configured
 Description: VLAN 0005
 Name: VLAN 0005
 Tagged ports:
    GigabitEthernet1/0/1
 Untagged ports:
    GigabitEthernet1/0/5

[SW2]
```

图 1-26　在 SW2 上执行 **display private-vlan** 命令的输出

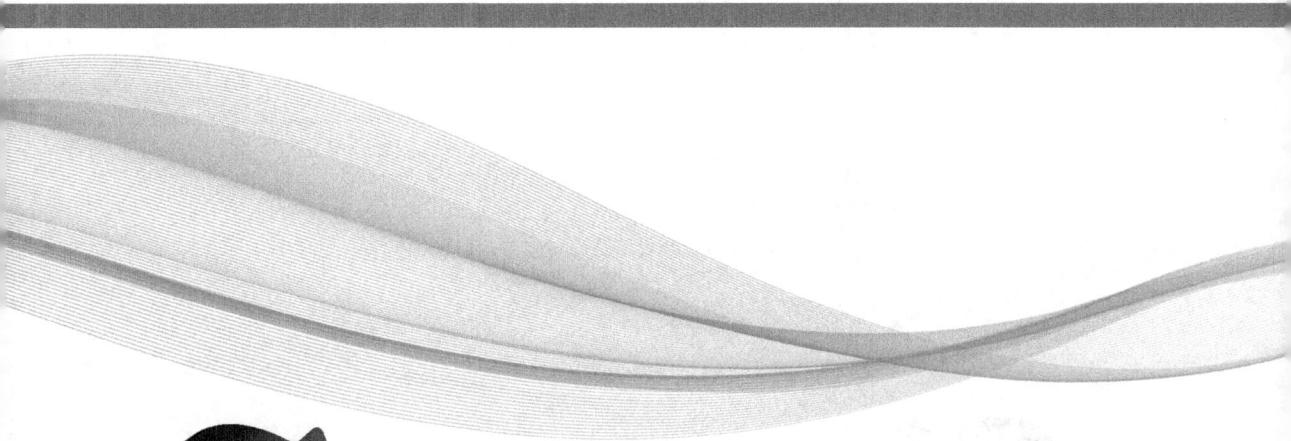

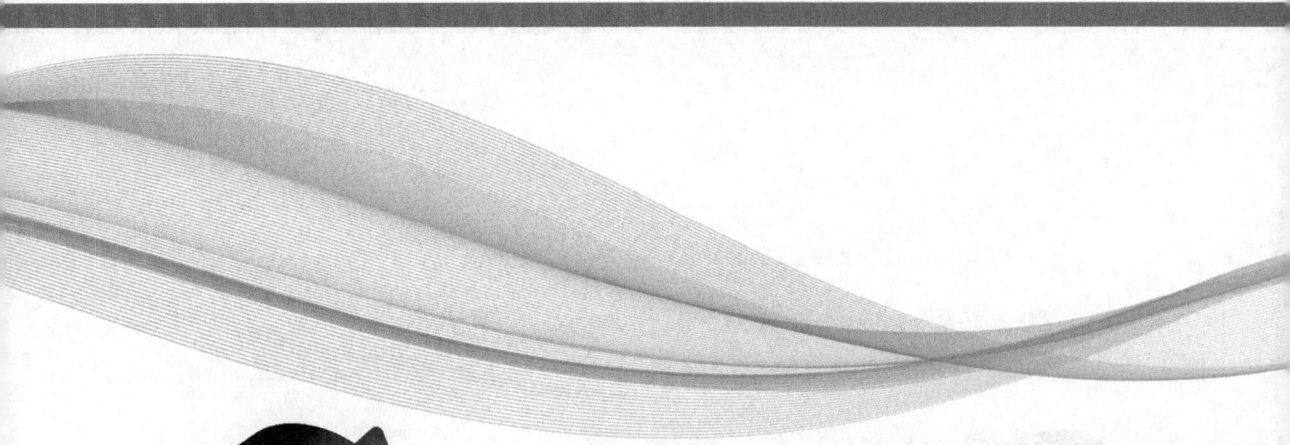

第 2 章
生成树协议

本章主要内容

2.1　STP 基础

2.2　STP 的工作原理

2.3　STP 配置

2.4　RSTP 基础

2.5　RSTP 配置

2.6　PVST

2.7　MSTP

生成树协议是专门用来在二层交换网络消除二层环路，防止形成广播风暴，因此，当网络中不存在二层环路时，不需要启用任何生成树协议，但设备默认启用了生成树协议，必要时需关闭。

H3C 设备支持 STP、RSTP、PVST 和 MSTP 这 4 种生成树协议工作模式。本章将全面介绍这 4 种生成树协议工作模式的基础知识、工作原理和各项功能的具体配置方法。

2.1　STP 基础

生成树技术是一种二层拓扑管理技术，既可以通过选择性地阻塞网络中的冗余链路来消除交换网络中的二层环路，又可以实现链路之间的相互备份功能，即在正常情况下，流量只走未被阻塞的活跃链路，阻塞冗余链路，而当活跃链路出现故障时，备份链路可以接替活跃链路的工作，保证网络连接和数据转发不中断。

生成树协议既有通用的国际标准协议，又有一些厂商开发的私有协议。通用协议从最初的 STP 到 RSTP，再到目前最新的 MSTP。H3C 设备中用到的私有生成树协议目前主要是由思科公司开发的 PVST。

2.1.1　STP 报文

STP 是由 IEEE 802.1d 标准定义的，也是最初的生成树协议版本，用于在交换网络中消除二层环路。STP 属于单生成树（Single Spanning Tree，SST）协议，即不管交换网络中划分了多少个 VLAN，整个交换网络只计算一棵无环路的生成树。运行 STP 的设备通过彼此交互配置信息发现网络中的二层拓扑，并有选择地对某些端口进行阻塞，将网络结构修剪为无环路的树形网络结构，从而防止报文在环路网络中不断增生和无限循环，避免浪费设备 CPU 和网络带宽资源。

STP 采用的协议报文是桥协议数据单元（Bridge Protocol Data Unit，BPDU），也称为配置消息。STP 通过在设备之间传递 BPDU 来确定网络的拓扑结构。

STP BPDU 分为以下两类。

① 配置 BPDU（Configuration BPDU）：用来进行生成树计算和维护生成树拓扑的报文，均由上游设备向下游设备发送。

② 拓扑变化通知 BPDU（Topology Change Notification BPDU，TCN BPDU）：用来在本地设备发生拓扑变化时，向上游设备通知拓扑变化信息的报文。

1. 配置 BPDU

STP 配置 BPDU 在指定端口（具体将在 2.1.2 节介绍）以二层组播的方式向下游设备传输。网桥之间通过交互配置 BPDU 来进行根桥的选举及端口角色的确定。

STP 配置 BPDU 帧封装格式如图 2-1 所示，使用标准逻辑链路控制（Logical Link Control，LLC）格式封装在以太网数据帧 Data（数据）字段的"Configuration BPDU"部分，通过指定端口向下游网桥发送。

在 STP 配置 BPDU 帧封装中，有些字段的取值是特定的，不能改变，例如帧头中的"目标 MAC"（DMAC）地址字段是一个公用组播 MAC 地址 01-80-C2-00-00-00，表示配置 BPDU 是以组播方式进行发送的。数据部分 LLC 头部（LLC Header）中的"目标服务访问点"（DSAP）和"源服务访问点"（SSAP）两个字段都是 IEEE 专为 STP 保留的 0x42（对应二进制值为 01000010，代表 IEEE 802.1d 协议类型），Control 字段为 0x03（代表无连接服务的以太网）。

STP 配置 BPDU 中的参数用来保证设备完成生成树的计算。STP 配置 BPDU 参数说明见表 2-1。

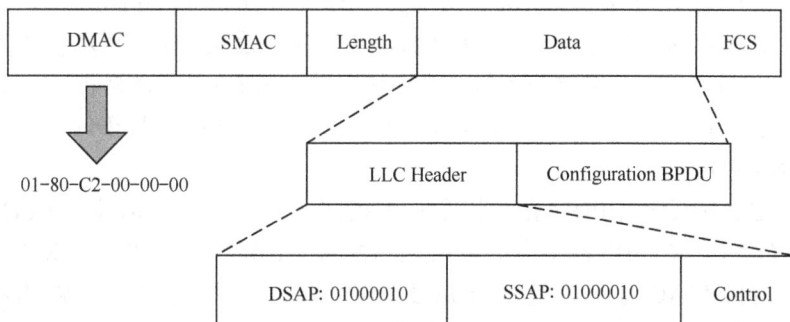

图 2-1　STP 配置 BPDU 帧封装格式

表 2-1　STP 配置 BPDU 参数说明

参数	字节数	说明
Protocol ID	2	Protocol Identifier（协议 ID），固定为 0x0000，表示生成树协议
Protocol Version	1	协议版本号，STP 的版本号为 0x00
BPDU Type	1	BPDU 类型，配置 BPDU 为 0x00，TCN BPDU 为 0x80
Flags	1	标志位，共 8 位，最低位（第 0 比特位）为拓扑改变（Topology Change，TC）标志位，最高位（第 7 比特位）为拓扑改变确认（Topology Change Acknowledgement，TCA）标志位，其他 6 位保留
Root Identifier	8	根桥 ID，指示发送此配置 BPDU 的网桥所认为的根桥 BID，由根桥的优先级和 MAC 地址组成
Root Path Cost	4	根路径开销，指示从本地网桥到达根桥的总开销
Bridge Identifier	8	桥 ID，指示发送此配置 BPDU 的网桥的 BID（即"**发送者 BID**"），由发送此配置 BPDU 的网桥的优先级和 MAC 地址组成
Port Identifier	2	端口 ID，由发送此配置 BPDU 的端口的优先级和该端口的编号组成
Message Age	2	指示配置 BPDU 在网络中传播的最大生存期限，超过后该 BPDU 将不再转发，类似于 IP 数据包中的 TTL 字段。**配置 BPDU 每经过一个网桥，Message Age 的值就减 1**，其值为 0 后，即不能再向下游设备传输。本质上是允许本地网桥距离根桥最大的跳数
Max Age	2	指示配置 BPDU 在设备中的最大生存期限，也即老化时间。网桥会根据 Max Age 判断从上游网桥收到的 BPDU 是否超时（默认为 20s，可配置），超时后将重新进行生成树计算
Hello Time	2	Hello 消息定时器，指示两个相邻配置 BPDU 发送的时间间隔，默认为 2s，可配置
Forward Delay	2	转发时延，指示端口在 Listening 状态和 Learning 状态停留的时间，默认为 15s，可配置

STP 计算的依据就是比较本地的配置 BPDU 和从上游网桥接收的配置 BPDU 的优先级。配置 BPDU 的优先级是按照 Root Identifier（根桥 ID）→Root Path Cost（根路径开销）→Bridge Identifier（桥 ID）→Port Identifier（端口 ID）的顺序进行比较。其中，根桥 ID 用于根桥选举，其他 3 个参数用于根端口和指定端口选举。

在初始化过程中，每个网桥都会主动向邻居网桥发送自己的配置 BPDU，但在网络拓扑稳定后，只有根桥会**主动**发送配置 BPDU，非根桥仅在收到上游传来的配置 BPDU 后，才会根据来自上游网桥的配置 BPDU 中的参数做出相应的修改（包括 Root Path Cost、Bridge Identifier、Port Identifier、Message Age 字段），发送配置 BPDU。

【注意】一是在网络拓扑稳定后，非根桥并不是不能发送配置 BPDU，只是不能再主动发送了；二是非根桥并不是直接原封不动地转发来自根桥（或上游网桥）的配置 BPDU，而是会修改前面提到的一些参数，再以自己作为发送者发送配置 BPDU。

2．TCN BPDU

TCN BPDU 和配置 BPDU 在结构上基本相同，也是封装在标准的 LLC 格式数据帧的 Data 字段中，帧头中各字段的取值也与配置 BPDU 一样（"目标 MAC"地址字段中使用的组播 MAC 地址也是 01-80-C2-00-00-00），但它是通过**根端口**向上游网桥以组播方式发送拓扑更改消息，上游网桥收到 TCN BPDU 后复制，并继续向其上游网桥发送。

TCN BPDU 中的参数组成非常简单，仅包括 Protocol Identifier、Protocol Version 和 BPDU Type 3 个参数。前两个参数的取值与配置 BPDU 相同，BPDU Type 参数的值为 0x80，表示该 BPDU 为 TCN BPDU。

TCN BPDU 有两个产生条件。

① 网桥上有端口转变为 Forwarding 状态，且该网桥至少包含一个指定端口。

② 网桥上有端口从 Forwarding 状态或 Learning 状态转变为 Blocking 状态。

当上述两个条件满足其中之一时，说明网络拓扑发生了变化，网桥需要使用 TCN BPDU 通知根桥。根桥可以通过将配置 BPDU 中对应的标志位置位（由 0 变为 1）来通知所有网桥网络拓扑发生了变化，使用较短的 MAC 地址老化时间（为 1 倍转发时延）进行 MAC 地址表项老化，保证拓扑的快速收敛。

为了能及时通知网络中的设备更新 MAC 地址表项，在 STP 中定义了 3 种专用于拓扑改变通知的 BPDU。

① TCN BPDU（拓扑改变通知 BPDU）：用于非根桥在根端口上向上游网桥通告拓扑改变信息，并且每隔 Hello Time（2s）发送一次，直到收到上游网桥的 TCA BPDU（拓扑改变确认配置 BPDU）或者 TC BPDU（拓扑改变配置 BPDU）。

② TCA BPDU：一种配置 BPDU，与普通配置 BPDU 不同的是，此配置 BPDU Flag 字段中最高位的 TCA 置 1，普通的配置 BPDU 中，Flag 参数中的 8 位全置 0。非根桥在接收下游网桥发来的 TCN BPDU 时会在接收该 BPDU 的指定端口上，对接收的 TCN BPDU 进行确认，使下游网桥停止向其继续发送 TCN BPDU。

③ TC BPDU：也是一种配置 BPDU，与普通配置 BPDU 不同的是，此配置 BPDU Flag 字段中最低位的 TC 置 1。用于根桥向下游全网泛洪拓扑改变信息，通知修改 MAC 地址表项的老化时间为 1 倍转发时延（默认为 15s），所有下游网桥都在自己所有的指定端口上泛洪此 TC BPDU。

TCN BPDU 中的 BPDU Type 参数值为 0x80，TCA BPDU 和 TC BPDU 均为配置 BPDU，因此，该参数值仍为 0x00。

3 种用于拓扑改变通告的 BPDU 的发送和转发示例如图 2-2 所示。假设 SWC 连接的 LAN 网段发生了故障，SWC 通过根端口向上游网桥 SWB 发送 TCN BPDU，到达根桥路径上的所有上游网桥都将转发该 TCN BPDU，直到到达根桥 SWA。同时，每个上游网桥在收到下游网桥发来的 TCN BPDU后，会以 TCA BPDU 向下游网桥进行确认。TCN BPDU 到了根桥（如图 2-2 中的 SWA）后，会向其所有指定端口连接的网段发送 TC BPDU，然后所有下游网桥转发该 TC BPDU。

图 2-2 中的拓扑改变及 MAC 表项更新的具体过程如下。

① SWC 感知到网络拓扑发生变化后，会每隔 2s 向 SWB 发送一个 TCN BPDU。

② SWB 收到 TCN BPDU 后，会把配置 BPDU 的 Flags 字段的 TCA 置 1，

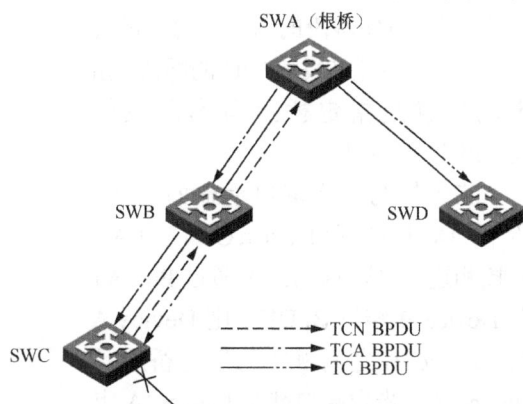

图 2-2　3 种用于拓扑改变通告的 BPDU 的
发送和转发示例

然后以 TCA BPDU 发送给 SWC，响应所收到的 TCN BPDU，同时告知 SWC 停止发送 TCN BPDU。同时，SWB 会把收到的 TCN BPDU 转发给根桥 SWA。

③ SWA 收到 TCN BPDU 后，会把配置 BPDU 中 Flags 字段的 TC 置 1，向各网段的下游网桥（包括 SWD）发送 TC BPDU，通知下游设备把 MAC 地址表项的老化时间由默认的 300s 修改为 1 倍转发时延（默认为 15s）。

这样一来，下游网桥在收到 TC BPDU 后，最多只需等待 15s 就会清除错误 MAC 地址表项，重新进行 MAC 地址学习，并按新的路径进行转发。

2.1.2　STP 的基本概念

学习和理解 STP 的关键是要理解其中的一些基本概念，而且 STP 中的许多基本概念在后面的各改进版生成树协议中是通用的。

1. 根桥

根桥是整个生成树中的"根"。在 STP（包括后面的 RSTP）中，整个交换网络中有且只有一个根桥，其他设备称为叶子节点，为非根桥。根桥会根据网络拓扑的变化而改变，因此，根桥并不是固定的，也是可以人为指定的。

在网络初始化过程中，所有设备都视自己为根桥，在各端口上生成各自的配置 BPDU，并周期性地向邻居网桥发送；但当网络拓扑稳定以后，只有根桥设备才会向外发送配置 BPDU，其他设备对其进行修改后（修改指定桥 ID、指定端口 ID、Max Age 等参数）再转发。

2. 根端口

根端口是指非根桥上距离根桥最近（根路径开销最小）的端口。根端口负责与根桥通信。**非根桥上有且只有一个根端口，根桥上没有根端口。**

3. 指定桥与指定端口

指定桥与指定端口是针对具体网段而言的。网段的指定端口所在网桥即为指定桥。这里所说的"网段"可以仅是一条直连链路，也可以是一个局域网（Local Area Network，LAN）网段。对于直连链路，指定桥负责向本链路的对端网桥转发 BPDU。指定端口就

是指定桥上转发 BPDU 的端口。对于连接一个 LAN 网段的情形，指定桥就是负责向本网段转发 BPDU 的网桥，指定端口就是指定桥上向本网段转发 BPDU 的端口。

指定桥与指定端口示意如图 2-3 所示，Device B 和 Device C 与一 LAN 直接相连。如果 Device A 通过 Port A1 向 Device B 转发 BPDU，则 Device A 与 Device B 之间链路的指定桥就是 Device A，指定端口就是 Device A 上

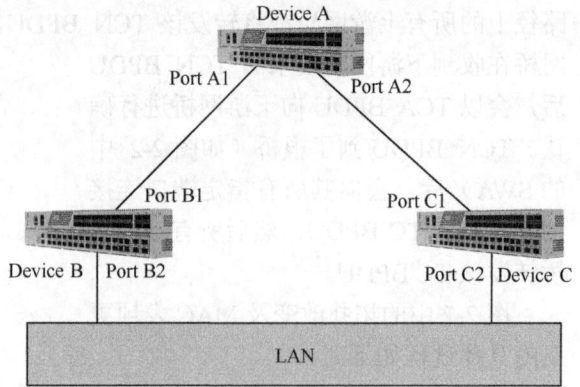

图 2-3　指定桥与指定端口示意

的 Port A1；如果 Device B 通过 Port B2 向 LAN 转发 BPDU，则 LAN 的指定桥就是 Device B，指定端口就是 Device B 上的 Port B2。

4. 路径开销

路径开销（Path Cost，PC）是与端口链路带宽相关的一个参数。把某端口到达根桥路径中各非根桥的根端口的开销相加，即得到了该端口的根路径开销（Root Path Cost，RPC）。STP 通过计算路径开销，选择根路径开销最小的路径到达根桥，阻塞多余的链路，将网络修剪成无环路的树形网络结构。

本地桥上各端口之间不计算路径开销，根桥上各端口的根路径开销为 0。

5. 端口状态

STP 的 5 种端口状态见表 2-2。

表 2-2　STP 的 5 种端口状态

状态	描述
Disabled	该状态下的端口没有激活，不参与 STP 的任何动作，不转发用户流量。端口处于 Down 状态
Listening	该状态下的端口可以接收和发送 BPDU，但不转发用户流量。在 Listening 状态下确定端口角色，选举根桥、根端口和指定端口
Learning	该状态下建立无环的 MAC 地址表，不转发用户流量。增加该状态是为了防止出现临时环路
Forwarding	该状态下的端口可以接收和发送 BPDU，也可以转发用户流量。只有根端口或指定端口才能进入 Forwarding 状态
Blocking	该状态下的端口可以接收 BPDU，但不发送 BPDU，也不转发用户流量

2.2　STP 的工作原理

STP 消除二层环路的基本原理就是正常工作时阻断环路中的备份链路，而当活跃链路出现故障时，原来阻断的备份链路又可恢复工作，接替原来的活跃链路的数据转发任务，确保数据转发不受影响。

STP 通过把整个存在二层环路的交换网络计算出一棵无环路的交换树来实现环路消除，基本原则如下。

① 整个交换网络选举一个网桥担当根桥，其他的网桥均为非根桥。

② 每个非根桥选举一个根端口。

③ 每个物理网段选举一个指定端口。

④ 阻塞非根桥上的非指定端口。

虽然 STP 中有 3 种端口角色，但实际只有根端口和指定端口可转发用户数据，呈转发状态，其他均为预备端口，为 Blocking 状态。

2.2.1　根桥选举原理

每个 STP 网络中都只能存在一个根桥，其他均为非根桥。根桥位于整棵生成树的根部，是 STP 网络的逻辑中心，非根桥是根桥的下游设备。当现有根桥发生故障时，非根桥之间会交互信息，并重新选举根桥。

STP 中根桥的选举依据是桥标识（Bridge Identifier，BID），经常写为桥 ID。BID 由 2 个字节的"桥优先级"和 6 个字节的桥 MAC 地址组成。根桥的选择方式有以下两种。

① 自动选举：网络初始化时，网络中所有的 STP 设备都认为自己是根桥，根桥 ID 为自身的 BID。通过交互 BPDU，设备之间比较其中携带的根桥 ID，根桥 ID 最小的设备被选举为根桥。

② 手动指定：用户手动将设备配置为生成树的根桥或备份根桥。

在一棵生成树中，生效的根桥只有一个，当两台或两台以上的设备被指定为同一棵生成树的根桥时，系统将选择 MAC 地址最小的设备作为根桥。用户可以在每棵生成树中指定一个或多个备份根桥。当根桥出现故障或被关机时，如果配置了一个备份根桥，则该备份根桥成为根桥；如果配置了多个备份根桥，则 MAC 地址最小的备份根桥将成为根桥。但此时如果配置了新的根桥，则备份根桥将不会成为根桥。

在自动选举方式中，初始化时，所有网桥都认为自己是根桥，自己的所有端口都为对应物理网段的指定端口，这样自己的所有端口都会发送自己的配置 BPDU（**由于各端口的 ID 不同，所以各端口的配置 BPDU 也不同**）。对端网桥收到配置 BPDU 后，会将自己的 BID 与收到的配置 BPDU 中携带的根桥 ID 进行比较。

① 如果收到的配置 BPDU 中的根桥 ID 比自己的 BID 优先级高，则接收该配置 BPDU，首先采用该配置 BPDU 中的根桥 ID；然后修改字段值："Root Path Cost"（以本地网桥到达根桥的路径开销进行修改）、"Bridge Identifier"（以本地桥 ID 进行修改）、"Port Identifier"（以对应指定端口的端口 ID 进行修改）、"Message Age"（在原来的该字段值基础上减 1）；最后向下游网桥发送修改后的配置 BPDU。

② 如果收到的配置 BPDU 中的根桥 ID 比自己的 BID 优先级低，则丢弃收到的配置 BPDU，并向对端网桥发送该端口自己的配置 BPDU。

BID 优先级的比较规则是，先比较其中的桥优先级，桥优先级高的（**值越小，优先级越高**）处于优先地位。如果桥优先级相同，则比较 BID 中的 MAC 地址大小，MAC 地址小的（**值越小，优先级越高**）优先。最终以整个交换网络中 BID 最小的网桥为根桥。

【说明】H3C 交换机中，桥 MAC 地址可通过 **display device manuinfo** 命令查看，执行 **display device manuinfo** 命令的输出如图 2-4 所示。

图 2-4　执行 **display device manuinfo** 命令的输出

根桥选举示例如图 2-5 所示，最初 SWA、SWB 和 SWC 都会以自己为根桥，从各个启用了生成树协议的端口发送以自己的 BID 作为根桥 ID 的配置 BPDU。

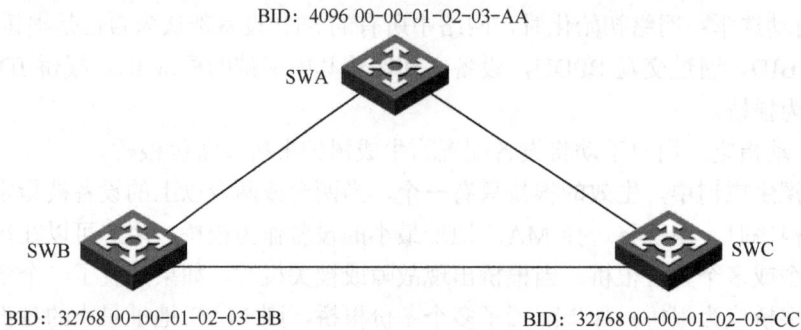

图 2-5　根桥选举示例

如果 SWB 和 SWC 先收到来自 SWA 的配置 BPDU，则根桥的选举过程很简单，仅需进行一次配置 BPDU 优先级比较。

此时，在 SWB 和 SWC 收到来自 SWA 的配置 BPDU 后，由于 SWA 的桥优先级值为 4096，高于 SWB 和 SWC 默认的优先级 32768，所以 SWB 和 SWC 会接收该配置 BPDU，然后就会认可 SWA 的根桥角色，并以 SWA 的 BID 作为根桥 ID 重新为自己的各端口生成配置 BPDU，并向邻居设备发送，根桥选举过程结束。

如果是 SWA 先收到 SWB 和 SWC 发送的配置 BPDU，则会有两次配置 BPDU 优先级比较过程。

此时，由于 SWA 的桥优先级高于 SWB 和 SWC 的桥优先级，所以不会接收 SWB 和 SWC 发送的配置 BPDU，仍以自己的 BID 作为根桥 ID 向外发送配置 BPDU。当 SWB 和 SWC 先收到来自 SWA 的配置 BPDU 后，同样由于 SWA 的桥优先级高于 SWB 和 SWC 的优先级，所以 SWB 和 SWC 会接收来自 SWA 的配置 BPDU，并认可 SWA 的根桥角色，以 SWA 的 BID 作为根桥 ID 重新为自己的各端口生成配置 BPDU，并向邻居设备发送，根桥选举过程结束。

根桥的角色可以被抢占，当有更优 BID 的网桥加入交换网络时，网络会重新进行生成树计算，选举新的根桥。

2.2.2　根端口和指定端口选举原理

1.　根端口选举原理

每个非根桥都要选举一个根端口。非根桥设备将接收最优 BPDU 的那个端口定为根端口。最优 BPDU 的选择过程如下。

（1）每个端口将收到的 BPDU 与自己的 BPDU 进行比较

① 如果收到的 BPDU 优先级较低，则将其直接丢弃，对自己的 BPDU 不进行任何处理。

② 如果收到的 BPDU 优先级较高，则用该 BPDU 的内容将自己 BPDU 的内容替换掉。

（2）设备对所有端口的 BPDU 进行比较，选出最优的 BPDU

配置 BPDU 优先级的比较规则如下。

① 根桥 ID 较小的 BPDU 优先级较高。

② 如果根桥 ID 相同，则比较根路径开销。具体方法为：将 BPDU 中的根路径开销与本端口对应的路径开销相加，二者之和较小的 BPDU 优先级较高。

③ 如果根路径开销也相同，则依次比较指定桥 ID、指定端口 ID、接收该 BPDU 的端口 ID 等，上述值较小的 BPDU 优先级较高。

2.　指定端口选举原理

根桥上所有启用了生成树协议的端口都是指定端口，每个物理网段必须选举出一个指定端口。指定端口的选举过程如下。

（1）设备根据已选举出的根端口的 BPDU 和根端口的路径开销，为其他各端口计算一个指定端口 BPDU

具体计算方法如下。

① 根桥 ID 替换为根端口 BPDU 中的根桥 ID。

② 根路径开销替换为根端口 BPDU 中的根路径开销加上根端口对应的路径开销。

③ 指定桥 ID 替换为自身设备的 ID。

④ 指定端口 ID 替换为自身端口 ID。

（2）设备将为各端口计算出的 BPDU 与该端口自己的 BPDU 进行比较

① 如果计算出的 BPDU 更优，则该端口被确定为指定端口，其 BPDU 也被计算出的 BPDU 替换，并周期性地向外发送。

② 如果该端口自己的 BPDU 更优，则不更新该端口的 BPDU，并将该端口阻塞，且该端口不再转发数据。

2.2.3　STP 计算示例

STP 的拓扑计算过程实际上就是设备通过比较不同端口收到的 BPDU 报文的优先级高低，选举出根桥、根端口、指定端口，完成生成树的计算，建立对应的树形拓扑。

STP 计算示例如图 2-6 所示，Device A、Device B 和 Device C 这 3 台交换机组成环形交换网络，它们的 BID 分别为 0、1 和 2（此处仅为了方便比较，实际的 BID 是由桥优先级与桥 MAC 地址组成的），Device A 与 Device B 之间、Device A 与 Device C 之间，以及 Device B 与 Device C 之间链路的路径开销（Path Cost，PC）分别为 5、10 和 4。

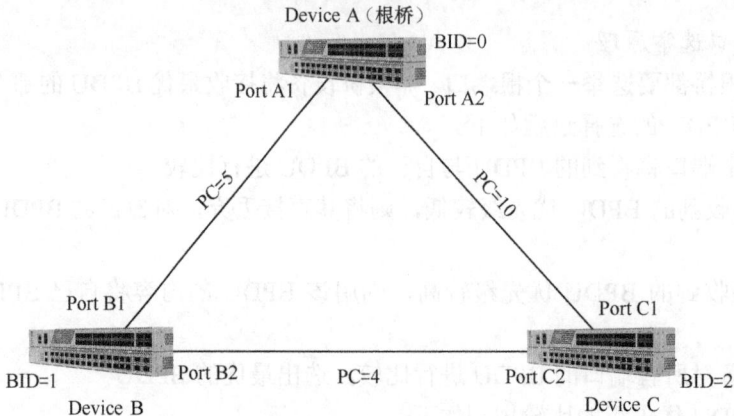

图 2-6　STP 计算示例

① 初始状态下，各设备中各端口的配置 BPDU 的主要参数值见表 2-3，所列出的端口 BPDU 的 4 项参数分别代表根桥 ID、根路径开销、指定桥 ID、指定端口 ID。这也是 BPDU 优先级的比较顺序。从表 2-3 中可以看出，初始状态下，各端口 BPDU 中的根桥 ID 和指定桥 ID 都是自己。

表 2-3　初始状态下，各设备中各端口的配置 BPDU 的主要参数值

设备	端口名称	端口的初始 BPDU 参数值
Device A	Port A1	{0, 0, 0, Port A1}
	Port A2	{0, 0, 0, Port A2}
Device B	Port B1	{1, 0, 1, Port B1}
	Port B2	{1, 0, 1, Port B2}
Device C	Port C1	{2, 0, 2, Port C1}
	Port C2	{2, 0, 2, Port C2}

② 在随后的 STP 计算中，各设备的各端口都会收到来自邻居设备的 BPDU，然后将收到的 BPDU 与本端口的初始 BPDU 进行比较，最终确定哪台设备将被选举作为生成树的根桥，非根桥设备的哪个端口将被选举作为根端口，哪些端口将被选举作为直连设备间，或者网段的指定端口。各设备的 BPDU 比较过程及结果见表 2-4。

表 2-4　各设备的 BPDU 比较过程及结果

设备	比较过程	比较后端口的 BPDU 的参数值
Device A	因为本示例中，Device A 的 BID 优先级最高（BID 最小），所以 Device A 的 BPDU 比较过程很简单，不接收来自其他邻居的 BPDU，所有端口均为指定端口。 • Port A1 收到 Port B1 的 BPDU {1, 0, 1, Port B1}，发现自己的 BPDU {0, 0, 0, Port A1} 更优（因为自己的 BPDU 中根桥 ID 为 0，小于收到的 BPDU 中的根桥 ID，其值为 1），于是将其丢弃	Port A1：{0, 0, 0, Port A1} Port A2：{0, 0, 0, Port A2}

设备	比较过程	比较后端口的 BPDU 的参数值
Device A	• Port A2 收到 Port C1 的 BPDU {2, 0, 2, Port C1}，发现自己的 BPDU {0, 0, 0, Port A2}更优（原因同上），也将其丢弃。 • Device A 发现自己各端口的 BPDU 中的根桥和指定桥都是自己，于是认为自己就是根桥，各端口均为指定端口，各端口的 BPDU 不做任何修改，继续周期性地向外发送	Device A 为根桥，Port A1 和 Port A2 均为指定端口
Device B	Device B 是非根桥设备，首先，各端口将接收到的 BPDU 与自己的 BPDU 进行比较，优先级高于自己的予以接收，并以接收的 BPDU 更新自己的 BPDU，优先级低于自己的 BPDU 予以丢弃；然后，比较各端口接收的 BPDU 的优先级，选举接收到最优 BPDU 的端口为根端口，并以此 BPDU 作为根端口的 BPDU。 • Port B1 收到 Port A1 的 BPDU {0, 0, 0, Port A1}，发现其比自己的 BPDU {1, 0, 1, Port B1}更优（因为收到的 BPDU 的根桥 ID 为 0，比自己的根桥 ID 更小），于是更新自己的 BPDU 为收到的 BPDU。后续收到同样来自 Port A1 的 BPDU 时，因为已与自己更新后的 BPDU 一样，所以将其丢弃。 • Port B2 收到 Port C2 的 BPDU {2, 0, 2, Port C2}，发现自己的 BPDU {1, 0, 1, Port B2}更优，于是将其丢弃。 Device B 比较自己各端口的 BPDU，发现 Port B1 的 BPDU 最优，于是该端口被确定为根端口，其 BPDU 不变	Port B1: {0, 0, 0, Port A1} Port B2: {1, 0, 1, Port B2} 根端口为 Port B1: {0, 0, 0, Port A1}
	选举了根端口后，再根据根端口的 BPDU 和路径开销选举指定端口。 Device B 根据根端口的 BPDU 和路径开销，首先为 Port B2 重新计算出 BPDU {0, 5, 1, Port B2}，然后把它与 Port B2 自己的 BPDU {1, 0, 1, Port B2}进行比较，发现重新计算出的 BPDU 更优（同样是因为根桥 ID 更小），于是 Port B2 被确定为指定端口，其 BPDU 也被替换为计算出的 BPDU {0, 5, 1, Port B2}，并周期性地向外发送	指定端口为 Port B2: {0, 5, 1, Port B2}
Device C	Device C 是非根桥设备，也要选举出根端口和指定端口，选举过程与 Device B 一样。 • Port C1 收到 Port A2 的 BPDU {0, 0, 0, Port A2}，发现其比自己的 BPDU {2, 0, 2, Port C1}更优，于是更新自己的 BPDU 为收到的 BPDU {0, 0, 0, Port A2}。后续收到同样来自 Port A2 的 BPDU 时，因为已与自己更新后的 BPDU 一样，所以将其丢弃。 • Port C2 收到 Port B2 更新前(初始状态下)的 BPDU {1, 0, 1, Port B2}，发现其比自己的 BPDU {2, 0, 2, Port C2}更优，于是更新自己的 BPDU 为收到的 BPDU{1, 0, 1, Port B2}。 Device C 比较自己各端口的 BPDU，发现 Port C1 的 BPDU 最优，于是该端口被确定为根端口（但不是最终结果），其 BPDU 为原来收到来自 Port A2 的 BPDU {0,0,0, Port A2}	Port C1: {0, 0, 0, Port A2} Port C2: {1, 0, 1, Port B2} 初选根端口为 Port C1: {0, 0, 0, Port A2}

续表

设备	比较过程	比较后端口的 BPDU 的参数值
Device C	Device C 根据根端口的 BPDU 和路径开销，为 Port C2 重新计算出 BPDU {0, 10, 2, Port C2}，然后把它与 Port C2 自己的 BPDU {1, 0, 1, Port B2} 进行比较，发现重新计算出的 BPDU 更优，于是 Port C2 被确定为指定端口，其 BPDU 也被替换为重新计算出的 BPDU {0, 10, 2, Port C2}	指定端口为 Port C2：{0, 10, 2, Port C2}
	后续，Port C2 收到 Port B2 更新后的 BPDU {0, 5, 1, Port B2}，发现其比自己的 BPDU {0, 10, 2, Port C2} 更优（根路径开销更小），于是更新自己的 BPDU 为{0, 5, 1, Port B2}	Port C2：{0, 5, 1, Port B2}
	• Device C 比较 Port C1 的根路径开销 10（收到的 BPDU 中的根路径开销 0＋本端口所在链路的路径开销 10）与 Port C2 的根路径开销 9（收到的 BPDU 中的根路径开销 5＋本端口所在链路的路径开销 4），发现后者更小，因此，Port C2 的 BPDU 更优，于是最终确定 Port C2 为根端口，其 BPDU 不变。 • Device C 根据新选出的根端口（Port C2）的 BPDU 和路径开销，再重新为 Port C1 计算出 BPDU {0, 9, 2, Port C1}，然后与 Port C1 原来的 BPDU {0, 0, 0, Port A2} 进行比较，发现原来的 BPDU 更优，于是 Port C1 被阻塞，其 BPDU 不变。从此，Port C1 不再转发数据，直至有触发生成树计算的新情况出现，例如 Device B 与 Device C 之间的链路失效	终选根端口为 Port C2：{0, 5, 1, Port B2} 阻塞端口为 Port C1：{0, 0, 0, Port A2}

经过上述比较过程之后，以 Device A 为根桥的生成树就确定下来了。Device A 计算后的生成树拓扑如图 2-7 所示。

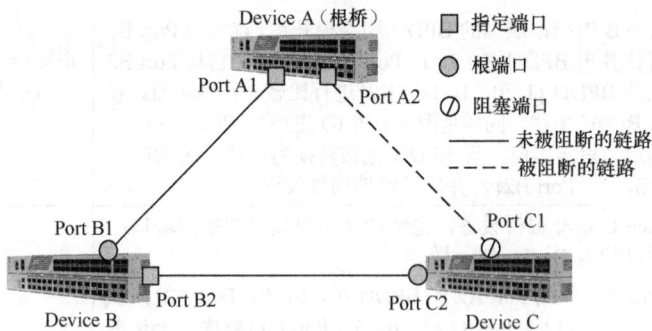

图 2-7　Device A 计算后的生成树拓扑

2.2.4　STP 配置 BPDU 的传递机制

一般情况下，配置 BPDU 存在以下 3 种情况。

① 只要端口使能 STP，则配置 BPDU 就会按照 Hello Time 定时器规定的时间间隔从指定端口发出。

② 当根端口收到配置 BPDU 时，根端口所在的设备会向自己的每个指定端口复制一份配置 BPDU。

③ 当指定端口收到比自己优先级低的配置 BPDU 时，会立刻向下游设备发送自己的配置 BPDU。

在 STP 计算中，配置 BPDU 的传递机制的具体说明如下。

① 当网络初始化时，所有的设备都将自己作为根桥，生成以自己为根的配置 BPDU，并以 Hello Time（默认为 2s）为周期定时向邻居设备发送。

② 接收配置 BPDU 的端口如果是根端口，且接收的配置 BPDU 比本端口自己的配置 BPDU 更优，则将该配置 BPDU 中携带的 Message Age 参数值加 1，并启动 Max Age（最大生存期限）定时器为这条配置 BPDU 计时，同时将此配置 BPDU 从本设备的各指定端口转发出去。

③ 如果某条路径发生故障，则这条路径上的根端口不会再收到新的配置 BPDU，旧的配置 BPDU 将会因为超时（默认为 9 倍 Hello Time 定时器长度，默认为 18s）而被丢弃，重新生成以自己为根的配置 BPDU，并从各指定端口向外发送，从而引发生成树的重新计算，得到一条新的路径替代发生故障的链路，恢复网络连通性。

【说明】重新计算得到的配置 BPDU 不会立刻就传遍整个网络，旧的根端口和指定端口由于没有发现网络拓扑变化，仍然按照原来的路径继续转发数据。如果新选出的根端口和指定端口立刻开始数据转发，则可能会造成暂时性的环路。因此，在 STP 中设置了 Listening 和 Learning 两种端口状态，端口从 Blocking 状态进入 Forwarding 状态要经历两倍转发时延（Forwarding Delay），使旧的根端口和指定端口有足够的时间进入 Blocking 状态。

2.3　STP 配置

STP 配置包括基本功能配置和高级功能配置两个部分。

【说明】STP 及本章后面将要介绍的 RSTP、PVST 和 MSTP 的大部分功能都同时支持在二层以太网接口视图和二层以太网聚合接口视图下配置，仅 BPDU 拦截功能只支持在二层以太网接口视图下配置。二层以太网接口视图下的配置只对当前端口生效，二层以太网聚合接口视图下的配置只对聚合接口生效，只有当成员端口退出聚合组后，聚合成员端口上的配置才生效。

2.3.1　STP 配置的基本功能配置

STP 配置的基本功能配置的具体任务如下。

没有特别说明的配置任务均可以在各网桥上配置。STP 配置的基本功能配置步骤见表 2-5。这些配置任务大多数是可选配置的。这是因为它们均有默认取值，并且在多数情况下，不用修改默认取值。

（1）配置 STP 工作模式

（2）（可选）配置根桥和备份根桥（**仅需在根桥或备份根桥上配置**）

（3）（可选）配置设备的优先级

（4）（可选）配置影响 STP 拓扑收敛的参数

① 配置交换网络的网络直径（**仅需在根桥或备份根桥上配置**）。

② 配置生成树的时间参数（**仅需在根桥或备份根桥上配置**）。

③ 配置超时时间因子（**仅需在非根桥上配置**）。

④ 配置端口发送 BPDU 的速率。

⑤ 配置端口的路径开销（**仅需在非根桥上配置**）。

⑥ 配置端口的优先级（**仅需在非根桥上配置**）。

（5）（可选）打开端口状态变化信息显示开关

（6）开启生成树协议

表 2-5　STP 配置的基本功能配置步骤

步骤	命令	说明
1	**system-view**	进入系统视图
2	**stp mode stp** 例如，[Sysname] **stp mode stp**	配置生成树的工作模式为 STP 模式。 默认情况下，生成树的工作模式为 MSTP 模式
3	**stp root { primary	secondary }** 例如，[Sysname] **stp root primary**	（可选）配置当前设备为根桥（选择 **primary** 选项时）或备份根桥（选择 **secondary** 选项时）。当设备一旦被配置为根桥之后，便不能再按下面第 4 步修改该设备的优先级，其优先级固定为 0；当设备一旦被配置为备份根桥之后，便不能再按下面第 4 步修改该设备的优先级，其优先级固定为 4096
4	**stp priority** *priority* 例如，[Sysname] **stp priority** 8192	（可选）配置设备的优先级，取值为 0~61440，步长为 4096，**数值越小，优先级越高。** 默认情况下，设备的优先级为 32768
以下第 5~14 步为影响 STP 拓扑收敛的参数的配置，其中，**Hello Time、Forward Delay 和 Max Age 这 3 个时间参数只在根桥上生效**，整个交换网络中的所有设备都将采用根桥设备的配置值。通常情况下，不建议通过手动配置直接调整这些时间参数		
5	**stp bridge-diameter** *diameter* 例如，[Sysname] **stp bridge-diameter** 5	（可选）配置交换网络的网络直径，取值为 2~7，只在根桥上生效。**Hello Time、Forward Delay 和 Max Age 这 3 个时间参数的取值与网络规模有关，因此，可以通过调整网络直径使生成树协议自动调整这 3 个时间参数的值。当网络直径为默认值 7 时，这 3 个时间参数也分别取其各自的默认值。** 默认情况下，交换网络的网络直径为 7
6	**stp timer forward-delay** *time* 例如，[Sysname] **stp timer forward-delay** 2000	（可选）配置转发时延参数，取值为 400~3000，步长为 100，单位为厘秒。 为了防止产生临时环路，STP 在端口由 Disabled 状态向 Forwarding 状态迁移的过程中设置了 Learning 和 Listening 两种过渡状态（**在其他模式的生成树协议中只有 Learning 这一种过渡状态**），并规定这两种状态的保持时间为转发时延，以便与远端的设备状态同步切换。 默认情况下，转发时延为 15s
7	**stp timer hello** *time* 例如，[Sysname] **stp timer hello** 400	（可选）配置 Hello Time 时间参数，取值为 100~1000，步长为 100，单位为厘秒。 Hello Time 时间参数用于检测链路是否存在故障。生成树协议每隔 Hello Time 时间会发送配置 BPDU，以确认链路是否存在故障。如果设备**根端口**在超时时间（超时时间＝超时时间因子×3×Hello Time）内没有收到新的配置 BPDU，则会重新计算生成树。 默认情况下，Hello Time 为 2s

步骤	命令	说明
8	stp timer max-age *time* 例如，[Sysname] **stp timer max-age** 1000	（可选）配置 Max Age 时间参数，取值为 600～4000，步长为 100，单位为厘秒。 设备根据 Max Age 时间来确定端口收到的 BPDU 是否超时。**如果 BPDU 超时，则将该 BPDU 老化，同时阻塞接收该 BPDU 的端口，并发出以自己为根桥的 BPDU，重新计算生成树。** 为保证网络拓扑的快速收敛，需要配置合适的 Forward Delay、Hello Time 和 Max Age 这 3 个时间参数，使它们满足以下关系，否则，会引起网络的频繁震荡。 • 2×（Forward Delay−1）≥Max Age（s） • Max Age≥2×（Hello Time＋1）（s） 默认情况下，Max Age 为 20s
9	stp timer-factor *factor* 例如，[Sysname] **stp timer-factor** 7	（可选）配置设备的超时时间因子，取值为 1～20。 当网络拓扑结构稳定后，非根桥设备会每隔 Hello Time 时间向各相连设备转发根桥发出的配置 BPDU，以确认链路是否存在故障。通常如果设备在 9 倍（采用默认的"超时时间因子"值 3）的 Hello Time 时间内没有收到上游设备发来的配置 BPDU，就会认为上游设备已经发生故障，从而重新计算生成树。 默认情况下，超时时间因子为 3
10	stp pathcost-standard { dot1d-1998 | dot1t | legacy } 例如，[Sysname]**stp pathcost-standard dot1d-1998**	（可选）配置端口路径开销默认值的计算方法。 ① **dot1d-1998**：多选一选项，表示采用 IEEE 802.1d-1998 标准计算默认路径开销。 ② **dot1t**：多选一选项，表示采用 IEEE 802.1t 标准计算默认路径开销。 ③ **legacy**：多选一选项，表示采用私有标准计算默认路径开销。 同一网络内的所有交换机端口路径开销应使用相同的计算方法。 默认情况下，默认路径开销的计算方法为 IEEE 802.1t（**dot1t**）标准
11	interface *interface-type interface-number* 例如，[Sysname] **interface** gigabitethernet 1/0/1	进入二层以太网接口视图或二层以太网聚合接口视图
12	stp transmit-limit *limit* 例如，[Sysname-GigabitEthernet1/0/1] **stp transmit-limit** 5	（可选）配置端口的 BPDU 发送速率，取值为 1～255。 每个 Hello Time 时间内端口能够发送的 BPDU 的最大数目＝端口发送 BPDU 的速率＋Hello Time 时间值。端口发送 BPDU 的速率越高，每个 Hello Time 内可发送的 BPDU 数量就越多，占用的系统资源也越多。 默认情况下，端口发送 BPDU 的速率为 10
13	stp cost *cost-value* 例如，[Sysname-GigabitEthernet1/0/1] **stp cost** 10	（可选）配置端口的路径开销，取值范围由计算端口默认路径开销所采用的方法来决定。 • 当采用 IEEE 802.1d-1998 标准来计算时，取值为 1～65535。 • 当采用 IEEE 802.1t 标准来计算时，取值为 1～200000000。 • 当采用私有标准来计算时，取值为 1～200000。 默认情况下，自动按照相应的标准计算各生成树上的路径开销

续表

步骤	命令	说明
14	**stp port priority** *priority* 例如，[Sysname-GigabitEthernet1/0/1] **stp port priority** 16	（可选）配置端口的优先级，取值为 0～240，以 16 为步长，例如 0、16、32 等，**数值越小，优先级越高**。端口优先级是确定该端口是否会被选为根端口的重要依据，同等条件下，优先级高的端口被选为根端口。如果设备的所有端口都采用相同的优先级数值，则端口优先级的高低就取决于该端口编号的大小，即编号越小，优先级越高。 默认情况下，端口的优先级为 128
15	**quit**	返回系统视图
16	**stp port-log instance 0** 例如，[Sysname] **stp port-log instance 0**	（可选）打开端口状态变化信息显示开关。在开启了生成树协议的大型网络中，用户可以通过打开端口状态变化信息显示开关，使系统输出端口状态变化的相关信息，方便用户对端口状态进行实时监控。 默认情况下，端口状态变化信息显示开关处于关闭状态
	以下第 17～19 步用来配置开启生成树协议	
17	**stp global enable** 例如，[Sysname] **stp global enable**	全局开启生成树协议。只有开启了生成树协议，生成树的其他配置才会生效。**在 STP/RSTP/MSTP 模式下，必须保证全局和端口上的生成树协议均处于开启状态**。 默认情况下，空配置启动时，使用软件功能默认值，全局生成树协议处于关闭状态；出厂配置启动时，使用软件功能出厂值，全局生成树协议处于开启状态
18	**interface** *interface-type interface-number* 例如，[Sysname] **interface gigabitethernet 1/0/1**	进入二层以太网接口视图或二层以太网聚合接口视图
19	**stp enable** 例如，[Sysname-GigabitEthernet1/0/1] **stp enable**	（可选）在端口上开启生成树协议。当生成树协议开启后，设备会根据用户配置的生成树工作模式来决定运行在哪种模式下。 在二层聚合接口上开启生成树协议后，**生成树的相关计算只在二层聚合接口上进行，聚合成员端口不再参与生成树计算**。二层聚合接口的所有选中成员端口上生成树协议的开启和关闭状态，以及端口转发状态，与二层聚合接口保持一致。尽管聚合成员端口不参与生成树计算，但端口上的生成树相关配置仍然保留，当端口退出聚合组时，该端口将采用这些配置参与生成树计算。 默认情况下，所有端口上的生成树协议均处于开启状态。如果要在该接口下关闭生成树协议，则可执行 **undo stp enable** 命令

2.3.2 STP 配置的高级功能配置

除了上节介绍的基本功能，STP 还支持以下高级或扩展功能。

① TC Snooping（拓扑改变倾听）功能。

② 生成树保护功能。

STP 支持的生成树保护功能包括根保护功能、环路保护功能、端口角色限制功能、TC BPDU 传播限制功能、防 TC BPDU 攻击保护功能、BPDU 拦截功能。

③ 生成树的网管功能。

这些功能的具体说明如下。

1. TC Snooping 功能

对于没有使能生成树协议的设备，在收到 STP BPDU 时，会直接进行透明转发，不识别也不处理。但如果交换网络中发生了拓扑改变，则这些没有使能生成树协议的设备可能会收到来自根桥的 TC BPDU，要求同步更新发生了拓扑改变的 MAC 地址表，如果不能识别 TC BPDU 内容，则不会进行 MAC 地址表更新。此时，首先可以在没有使能生成树协议的设备上启用 TC Snooping 功能，使这些设备可以监听收到的 TC BPDU 内容。然后，主动更新接收该 TC BPDU 的端口所属的 VLAN 对应的 MAC 地址表和 ARP 表，从而保证业务流量的正常转发。

TC Snooping 应用示例如图 2-8 所示。在该组网中，由 SWA 和 SWB 组成的 IRF 设备未使能生成树协议，而用户网络 1 和用户网络 2 中的所有设备均使能了生成树协议。用户网络 1 和用户网络 2 均通过双上行链路与 IRF 设备相连以提高链路的可靠性。

因为 IRF 设备没有使能生成树协议，所以会透明传输每个用户网络发来的 BPDU。但如果用户网络的拓扑结构发生

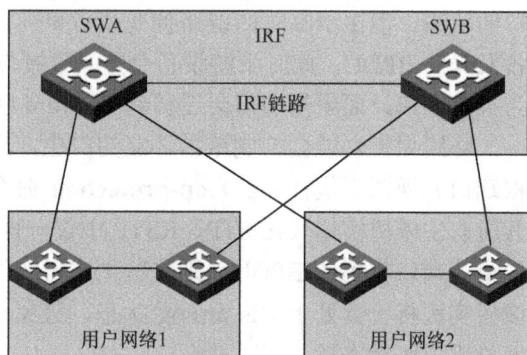

图 2-8　TC Snooping 应用示例

了改变，则由于 IRF 设备对 BPDU 进行了透明传输而不参与生成树计算，所以其本身可能需经过较长时间才能重新学到正确的 MAC 地址表项和 ARP 表项，在此期间可能会出现网络中断。

为了避免出现这种情况，可以通过在 IRF 设备系统视图下执行 **stp tc-snooping** 命令，启用 TC Snooping 功能，使其在收到 TC BPDU 后，主动更新接收该报文的端口所属的 VLAN 所对应的 MAC 地址表和 ARP 表，从而保证业务流量的正常转发。

【注意】配置 TC Snooping 功能时，需要注意以下事项。

① TC Snooping 功能与生成树协议互斥，因此，在使能 TC Snooping 功能之前必须在设备上全局关闭生成树协议。

② 除了 PVST 模式，其他生成树协议模式均支持 TC Snooping 功能的配置。

2. 根保护功能

网络中的合法根桥，可能会由于维护人员的错误配置或网络中的恶意攻击收到优先级更高的 BPDU，使之失去当前合法根桥的地位，引起网络拓扑的错误变动，使原来应该通过高速链路的流量被牵引到低速链路上，出现网络拥塞。

为了避免出现这种情况，生成树协议（**各种生成树模式均支持**）提供了根保护功能。对于开启了根保护功能的端口，其端口角色只能为指定端口（**可以是根桥或非根桥上的指定端口**）。一旦该端口收到优先级更高的 BPDU，立即将该端口设置为监听状态，不再转发报文（相当于将此端口相连的链路断开）。当在 2 倍的转发时延（30s）内没有收到更优的 BPDU 时，端口又会恢复到原来的正常状态。

根保护功能是通过在各指定端口的视图下执行 **stp root-protection** 命令进行配置的。

默认情况下，端口上的根保护功能处于关闭状态。**在同一个端口上，不允许同时配置根保护功能和环路保护功能。**

【注意】在各桥的指定端口上使能根保护功能后，只能保护当前根桥角色不变，如果网络中后来有更优 BID 的网桥，则对于其他网桥来说，仍有可能选择这个新的根桥，这样网络中仍存在多个根桥，因此，根保护功能的实际意义并不大。

不要在与用户终端相连的边缘端口上使能环路保护功能，否则，该端口会因收不到 BPDU 而导致其一直处于 Discarding 状态。

3．环路保护功能

下游设备是依靠不断接收上游设备发送的 BPDU，才可以维持根端口和其他阻塞端口的状态。但由于临时的链路拥塞或者单向链路故障，这些端口有可能会收不到上游设备发来的 BPDU，此时下游设备会重新选择端口角色，收不到 BPDU 的原根端口会转变为指定端口，而阻塞端口会迁移到 Forward 状态，从而产生二层环路。

环路保护功能会抑制这种环路的产生，只需在对应端口（**通常是网络性能不稳定的根端口**）视图下执行 **stp loop-protection** 命令即可。在开启了环路保护功能的端口上，其所有生成树实例（在 STP、RSTP 中仅一棵生成树）的初始状态均为 Discarding 状态。如果该端口收到了 BPDU，则这些生成树实例可以进行正常的状态迁移；否则，这些生成树实例将一直处于 Discarding 状态，避免产生环路。默认情况下，端口的环路保护功能处于关闭状态。

【注意】不要在与用户终端相连的端口上开启环路保护功能，否则，该端口会因收不到 BPDU 而导致其所有生成树实例一直处于 Discarding 状态，也不允许在同一个端口上同时配置边缘端口和环路保护功能，或者同时配置根保护功能和环路保护功能。

以下情形的端口在配置环路保护功能后，不会因为收不到 BPDU 而导致其一直处于 Discarding 状态，而是仍会进行端口状态迁移，在经过 2 倍转发时延后，变为 Forward 状态。

① 端口状态从 Down 变成 up。

② 处于 up 状态的端口，生成树功能状态从关闭变成开启。

4．端口角色限制功能

用户接入网络中的设备可能经常更换，此时由于接入网络中设备的桥 ID 的变化，可能会引起核心网络生成树拓扑的改变。为了避免出现这种情况，可以在**与用户接入网络相连**的以太网接口或二层聚合接口视图下执行 **stp role-restriction** 命令，开启端口角色限制功能，使该端口不会当选为根端口。

默认情况下，端口角色限制功能处于关闭状态。

【注意】开启端口角色限制功能后可能影响生成树拓扑的连通性，请慎重配置。

5．TC BPDU 传播限制功能

当网络发生变化时，网桥会向上游设备发送 TCN BPDU，直到根桥。根桥收到信息后，会向下游设备发送 TC BPDU，使下游设备尽快删除原来相关的 MAC 地址，重新进行 MAC 地址表项学习。因此，用户接入网络的拓扑改变会引起核心网络的转发地址更新，对核心网络形成冲击。为了避免出现这种情况，可以在核心网络网桥的**根端口**上执行 **stp tc-restriction** 命令，使 TC BPDU 传播功能受限。这样，当该端口收到来自上游设备转发的 TC BPDU 时，不会再向其他端口传播，也不删除本机的 MAC 地址表项。

默认情况下，TC BPDU 传播限制功能处于关闭状态。

【注意】TC BPDU 传播限制功能开启后，当拓扑改变时，原有转发地址表项可能无法更新，请慎重配置。因此，一般不需要配置 TC BPDU。

6. 防 TC BPDU 攻击保护功能

下游网桥在收到来自根桥的 TC BPDU 后，会执行 MAC 地址表的刷新操作。这样一来，如果有人伪造大量的 TC BPDU 恶意攻击设备，会使设备频繁地刷新 MAC 地址表，在给设备带来很大负担的同时，也给网络的稳定带来很大隐患。此时，可以在可能存在安全隐患的设备的系统视图下执行 **stp tc-protection** 命令，使能防 TC BPDU 攻击保护功能，以避免 MAC 地址表频繁刷新。

当使能了防 TC BPDU 攻击保护功能后，如果设备在单位时间（固定为 10s）内收到 TC BPDU 的次数大于 **stp tc-protection threshold** *number* 命令所指定的最高次数（假设为 N 次，最高为 255 次，默认为 6 次），那么该设备在这段时间内将只进行 N 次刷新 MAC 地址表操作，超出 N 次的那些 TC BPDU，设备会在这段时间过后，统一刷新 MAC 地址表。

7. BPDU 拦截功能

在使能了生成树协议的网络中，由于设备在收到 BPDU 后会进行生成树计算，并向其他设备转发，所以恶意用户可通过不停地发送 BPDU，使网络中的所有设备都不停地进行生成树计算，从而使设备的 CPU 占用率过高，或 BPDU 的协议状态出现错误等。

为了避免出现这种情况，用户可以在怀疑遭受攻击的二层以太网接口或二层聚合接口（通常是连接终端的以太网接口）视图下执行 **bpdu-drop any** 命令，使能 BPDU 拦截功能。使能了该功能的端口将不再接收任何 BPDU，从而能够防止设备遭受 BPDU 攻击，保证 STP 计算的正确性。

默认情况下，端口的 BPDU 拦截功能处于关闭状态。

8. 生成树的网管告警功能

STP 的生成树网管告警功能是在设备的系统视图下执行 **snmp-agent trap enable stp** 命令。开启生成树的网管告警功能后，可以使设备在由非根桥被选举为根桥后，向网管系统发送 Trap 告警信息。

默认情况下，生成树的网管告警功能处于关闭状态。

2.3.3　STP 配置示例

STP 配置示例的拓扑结构如图 2-9 所示，某企业网络中划分了 VLAN10 和 VLAN20，用户主机同在 192.168.1.0/24 网段。为了提高网络的可靠性，核心层交换机 SW1 与汇聚层交换机 SW2、SW3 之间存在冗余链路，形成二层环路。现要求通过 STP 在消除这 3 台交换机之间二层环路的同时，又能保证汇聚层交换机 SW2、SW3 始终可以与核心层交换机 SW1 通信畅通。

1. 基本配置思路分析

生成树协议是用来消除二层环路的，并且生成树协议会产生较多的 BPDU，消耗设备 CPU 和链路带宽资源，因此，只需要在二层环路的设备和端口上启用。默认情况下，设备和端口都启用了生成树协议功能，因此，在不存在二层环路的设备和端口上需要手动关闭生成树协议功能。

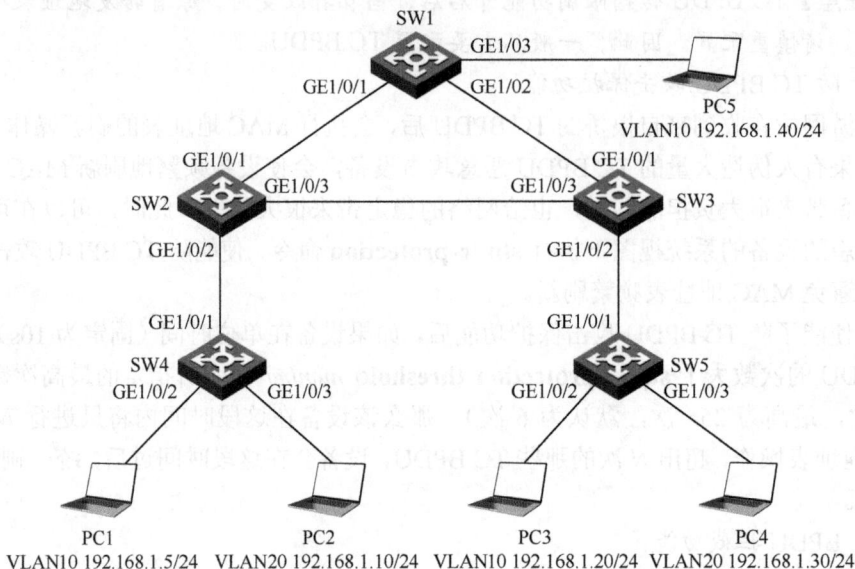

图 2-9　STP 配置示例的拓扑结构

生成树根桥既可以手动指定，也可以通过自动选举产生。为了使网络中的流量转发路径符合通信原理，通常以环路中的最高层交换机作为根桥。本示例采用自动选举方式，通过配置使核心层交换机 SW1 成为根桥，此时只需要保证 SW1 的桥优先级最高即可。

STP 是单生成树，不区分 VLAN，因此，在本示例中，会在形成二层环路的 SW1、SW2 和 SW3 之间生成一棵生成树。为了使网络中的 VLAN10 和 VLAN20 的流量始终可以到达根桥 SW1，则需要确保环路中的各链路均允许 VLAN10 和 VLAN20 通过。

【说明】示例中，各交换机之间连接的端口可以是 Trunk 类型，也可以是 Hybrid 类型，连接主机的端口可以是 Access 类型，也可以是 Hybrid 类型，但具体的配置方法有所不同。

2. 具体配置步骤

① 在 SW1 上配置桥优先级为 4096，全局使能生成树协议功能，配置 STP 工作模式，关闭 GE1/0/3 端口的生成树协议功能。创建 VLAN10 和 VLAN20，配置 GE1/0/1 和 GE1/0/2 端口为 Trunk 类型，同时允许 VLAN10 和 VLAN20 带标签通过，GE1/0/3 端口以 Access 类型加入 VLAN10。

通过把 SW1 的桥优先级配置为 4096，而 SW2 和 SW3 的优先级保持默认的 32768，即可使 SW1 自动成为根桥，具体配置如下。

```
<H3C>system-view
[H3C]sysname SW1
[SW1]vlan10
[SW1-VLAN10] quit
[SW1]vlan20
[SW1-VLAN20] quit
[SW1]stp mode stp   #---配置 STP 工作模式
[SW1]stp priority 4096   #---配置 SW1 的桥优先级为 4096
```

```
[SW1]stp global enable   #---全局开启生成树协议功能
[SW1]interface gigabitethernet 1/0/1
[SW1-GigabitEthernet1/0/1] port link-type trunk
[SW1-GigabitEthernet1/0/1] port trunk permit vlan10 20
[SW1-GigabitEthernet1/0/1] quit
[SW1]interface gigabitethernet 1/0/2
[SW1-GigabitEthernet1/0/2] port link-type trunk
[SW1-GigabitEthernet1/0/2] port trunk permit vlan10 20
[SW1-GigabitEthernet1/0/2] quit
[SW1]interface gigabitethernet 1/0/3
[SW1-GigabitEthernet1/0/3] port access vlan10
[SW1-GigabitEthernet1/0/3] undo stp enable   #---关闭 GE1/0/3 端口的生成树协议功能
[SW1-GigabitEthernet1/0/3] quit
```

　　【说明】默认情况下，各交换机端口都已使能了生成树协议功能，因此，如果原来没有关闭端口的生成树协议功能，可不在端口上执行 **stp enable** 命令使能生成树协议功能。但如果要关闭端口的生成树协议功能，则必须执行 **undo stp enable** 命令。

　　② 在 SW2、SW3 上全局使能生成树协议功能，配置 STP 工作模式，关闭 GE1/0/2 端口的生成树协议功能。创建 VLAN10 和 VLAN20，配置 GE1/0/1、GE1/0/2 和 GE1/0/3 端口为 Trunk 类型，同时允许 VLAN10 和 VLAN20 带标签通过。

　　因为 SW2 和 SW3 的配置是一样的（主机名配置除外），所以仅以 SW2 上的配置为例进行介绍，具体配置如下。

```
<H3C>system-view
[H3C]sysname SW2
[SW2]vlan10
[SW2-VLAN10] quit
[SW2]vlan20
[SW2-VLAN20] quit
[SW2]stp mode stp
[SW2]stp global enable
[SW2]interface gigabitethernet 1/0/1
[SW2-GigabitEthernet1/0/1] port link-type trunk
[SW2-GigabitEthernet1/0/1] port trunk permit vlan10 20
[SW2-GigabitEthernet1/0/1] quit
[SW2]interface gigabitethernet 1/0/2
[SW2-GigabitEthernet1/0/2] port link-type trunk
[SW2-GigabitEthernet1/0/2] port trunk permit vlan10 20
[SW2-GigabitEthernet1/0/2] undo stp enable
[SW2-GigabitEthernet1/0/2] quit
[SW2]interface gigabitethernet 1/0/3
[SW2-GigabitEthernet1/0/3] port link-type trunk
[SW2-GigabitEthernet1/0/3] port trunk permit vlan10 20
[SW2-GigabitEthernet1/0/3] quit
```

　　③ 在 SW4、SW5 上全局关闭生成树协议功能，创建 VLAN10 和 VLAN20，配置 GE1/0/1 端口为 Trunk 类型，同时允许 VLAN10 和 VLAN20 带标签通过，GE1/0/2 端口以 Access 类型加入 VLAN10，GE1/0/3 端口以 Access 类型加入 VLAN20。

　　因为 SW4 和 SW5 的配置是一样的（主机名配置除外），所以仅以 SW4 上的配置为例进行介绍，具体配置如下。

```
<H3C>system-view
[H3C]sysname SW4
[SW4]vlan10
```

```
[SW4-VLAN10] quit
[SW4]vlan20
[SW4-VLAN20] quit
[SW4]undo stp global enable   #---全局关闭生成树协议功能
[SW4]interface gigabitethernet 1/0/1
[SW4-GigabitEthernet1/0/1] port link-type trunk
[SW4-GigabitEthernet1/0/1] port trunk permit vlan10 20
[SW4-GigabitEthernet1/0/1] quit
[SW4]interface gigabitethernet 1/0/2
[SW4-GigabitEthernet1/0/2] port access vlan10
[SW4-GigabitEthernet1/0/2] quit
[SW4]interface gigabitethernet 1/0/3
[SW4-GigabitEthernet1/0/3] port access vlan20
[SW4-GigabitEthernet1/0/3] quit
```

3. 配置结果验证

以上配置完成后，可进行以下配置结果验证。

① 在 SW1、SW2 和 SW3 上执行 **display stp root** 命令，验证 SW1 是否为根桥。

在 SW1 上执行 **display stp root** 命令的输出如图 2-10 所示，其中，ExtPathCost（外部路径开销）字段值为 0，代表 SW1 到达根桥的开销为 0，因此，SW1 自己就是根桥，桥优先级为 4096，正是前面为 SW1 配置的桥优先级。

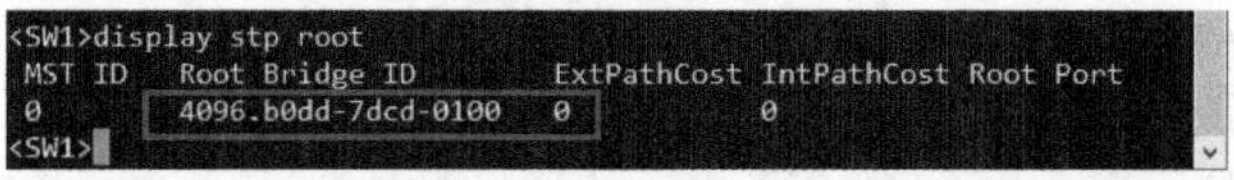

```
<SW1>display stp root
 MST ID   Root Bridge ID        ExtPathCost IntPathCost Root Port
 0        4096.b0dd-7dcd-0100   0           0
<SW1>
```

图 2-10 在 SW1 上执行 **display stp root** 命令的输出

【说明】ExtPathCost（外部路径开销）和 IntPathCost（内部路径开销）是 MSTP 中的概念。其中，ExtPathCost 是本地设备到达总根的开销，IntPathCost 是到达本地域根的开销。在 STP 和 RSTP 中，没有域的概念，只会生成一棵总的生成树，因此，在执行 **display stp root** 命令后，IntPathCost 字段值固定为 0，只会计算 ExtPathCost 字段值。而本章将要介绍的 PVST 是借鉴了 MSTP 的生成树实例概念，但它是为每个 VLAN 生成一棵生成树，即每个 VLAN 都是一个单独的域，没有 MSTP 中的公共生成树，因此，也就没有总根。正因如此，PVST 中的本地设备到达所在 VLAN 生成树根桥及 MSTP 中的本地设备到达本地多生成树实例（Multiple Spanning Tree Instance，MSTI）根桥的 ExtPathCost 字段值固定为 0，只会计算 IntPathCost 字段值。

在 SW1 上执行 **display device manuinfo** 命令的输出如图 2-11 所示。其中，MAC 地址与图 2-10 中显示的桥 MAC 地址 b0dd-7dcd-0100 一致，进一步证明了 SW1 是根桥。

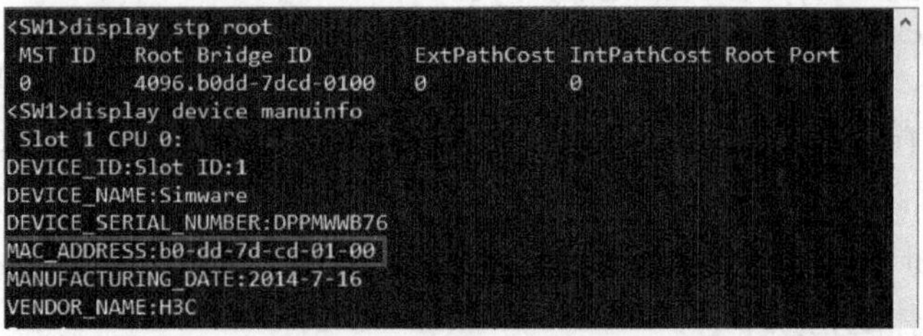

```
<SW1>display stp root
 MST ID   Root Bridge ID        ExtPathCost IntPathCost Root Port
 0        4096.b0dd-7dcd-0100   0           0
<SW1>display device manuinfo
 Slot 1 CPU 0:
DEVICE_ID:Slot ID:1
DEVICE_NAME:Simware
DEVICE_SERIAL_NUMBER:DPPMWWB76
MAC_ADDRESS:b0-dd-7d-cd-01-00
MANUFACTURING_DATE:2014-7-16
VENDOR_NAME:H3C
```

图 2-11 在 SW1 上执行 **display device manuinfo** 命令的输出

还可以在 SW2 和 SW3 上执行 **display stp root** 命令，查看根桥的 MAC 地址，进一

步证明根桥为 SW1。在 SW2 上执行 **display stp root** 命令的输出如图 2-12 所示，可以看到，其显示的 MAC 地址与 SW1 的 MAC 地址一样，ExtPathCost 字段值为 20，是 SW2 到达根桥 SW1 单条千兆以太网链路的开销。

图 2-12　在 SW2 上执行 **display stp root** 命令的输出

② 在 SW1、SW2 和 SW3 上执行 **display stp brief** 命令，查看各交换机的端口角色和端口状态。在 SW1 上执行 **display stp brief** 命令的输出如图 2-13 所示，在 SW2 上执行 **display stp brief** 命令的输出如图 2-14 所示，在 SW3 上执行 **display stp brief** 命令的输出如图 2-15 所示。

图 2-13　　在 SW1 上执行 **display stp brief** 命令的输出

图 2-14　　在 SW2 上执行 **display stp brief** 命令的输出

图 2-15　　在 SW3 上执行 **display stp brief** 命令的输出

从图 2-13 中可以看到，其启用了生成树协议功能的 GE1/0/1 和 GE1/0/2 这两个端口均为指定端口，均处于转发状态，这是因为 SW1 为根桥。

从图 2-14 中可以看到，SW2 的 GE1/0/1 端口为根端口，GE1/0/3 端口为指定端口，这两个端口均处于转发状态。

从图 2-15 中可以看到，SW3 的 GE1/0/1 端口为根端口，处于转发状态，GE1/0/3 为预备端口，处于 Blocking 状态。这样一来，SW2 和 SW3 之间的链路是阻塞的，不能转发用户数据，消除了 SW1、SW2 和 SW3 之间形成的二层环路。SW2、SW3 连接的用户发送的数据都是直接通过它们的 GE1/0/1 端口与根桥 SW1 连接的上行链路到达。

③ 验证同 VLAN 中的主机可以相互 ping 通。

PC1 成功 ping 通 PC3 的输出如图 2-16 所示，PC2 成功 ping 通 PC4 的输出如图 2-17 所示。

④ 断开 SW2 的 GE1/0/1 端口，验证同 VLAN 中的主机仍可以相互 ping 通。

因为 SW2 原来的根端口 GE1/0/1 出现了故障，所以不能再成为根端口，此时会选举

GE1/0/3 端口为新的根端口。这样一来，SW2 所连接用户发送的数据不能直接通过 SW2 GE1/0/1 端口所在的上行链路到达根桥，而是先通过 GE1/0/3 端口所在链路转发到 SW3，再由 SW3 GE1/0/1 端口所在的上行链路到达根桥。

```
<H3C>ping 192.168.1.20
Ping 192.168.1.20 (192.168.1.20): 56 data bytes, press CTRL_C to break
56 bytes from 192.168.1.20: icmp_seq=0 ttl=255 time=2.000 ms
56 bytes from 192.168.1.20: icmp_seq=1 ttl=255 time=2.000 ms
56 bytes from 192.168.1.20: icmp_seq=2 ttl=255 time=2.000 ms
56 bytes from 192.168.1.20: icmp_seq=3 ttl=255 time=2.000 ms
56 bytes from 192.168.1.20: icmp_seq=4 ttl=255 time=2.000 ms

--- Ping statistics for 192.168.1.20 ---
5 packet(s) transmitted, 5 packet(s) received, 0.0% packet loss
round-trip min/avg/max/std-dev = 2.000/2.000/2.000/0.000 ms
<H3C>%Jan 21 16:10:54:158 2024 H3C PING/6/PING_STATISTICS: Ping statistics
for 192.168.1.20: 5 packet(s) transmitted, 5 packet(s) received, 0.0% packe
t loss, round-trip min/avg/max/std-dev = 2.000/2.000/2.000/0.000 ms.
```

图 2-16　PC1 成功 ping 通 PC3 的输出

```
<H3C>ping 192.168.1.30
Ping 192.168.1.30 (192.168.1.30): 56 data bytes, press CTRL_C to break
56 bytes from 192.168.1.30: icmp_seq=0 ttl=255 time=3.000 ms
56 bytes from 192.168.1.30: icmp_seq=1 ttl=255 time=2.000 ms
56 bytes from 192.168.1.30: icmp_seq=2 ttl=255 time=2.000 ms
56 bytes from 192.168.1.30: icmp_seq=3 ttl=255 time=2.000 ms
56 bytes from 192.168.1.30: icmp_seq=4 ttl=255 time=2.000 ms

--- Ping statistics for 192.168.1.30 ---
5 packet(s) transmitted, 5 packet(s) received, 0.0% packet loss
round-trip min/avg/max/std-dev = 2.000/2.400/3.000/0.490 ms
<H3C>%Jan 21 16:14:34:002 2024 H3C PING/6/PING_STATISTICS: Ping statistics
for 192.168.1.30: 5 packet(s) transmitted, 5 packet(s) received, 0.0% packe
t loss, round-trip min/avg/max/std-dev = 2.000/2.400/3.000/0.490 ms.
```

图 2-17　PC2 成功 ping 通 PC4 的输出

2.4　RSTP 基础

RSTP 由 IEEE 802.1w 标准定义，是在 STP 基础上的改进版本，可实现网络拓扑快速收敛。其"快速"主要体现在，当一个端口被选为根端口和指定端口后，可快速（不用像 STP 那样等待 2 倍转发时延）进入转发状态，提高了网络收敛的效率。

2.4.1　RSTP 报文

RSTP 的协议报文称为 RST BPDU，其格式与 STP 配置 BPDU 的格式基本一样，主要是以下几个参数的取值有所不同。

- BPDU Type（BPDU 类型）为 0x02，表示 RST BPDU。
- BPDU Version ID（BPDU 版本号）为 0x02，表示 RSTP。
- Flags 字段使用了全部的 8 位。RSTP BPDU 中的 Flags 字段结构如图 2-18 所示。

Bit7	Bit6	Bit5	Bit4	Bit3	Bit2	Bit1	Bit0
TCA	Agreement	Forwarding	Learning	Port role		Proposal	TC

图 2-18　RSTP BPDU 中的 Flags 字段结构

① TCA：拓扑改变确认，位于 Bit7，该值置 1 时，表示发送的是拓扑改变确认配置 BPDU。

② Agreement：同意，位于 Bit6，用于 Proposal/Agreement（请求/回应，P/A）机制，该值置 1 时，表示该 BPDU 报文为快速收敛机制中的 Agreement 报文，是对收到的 Proposal BPDU（此时 Bit1 位置 1）的提议进行确认。

③ Forwarding：转发状态，位于 Bit5，该值置 1 时，表示发送该 BPDU 报文的端口处于 Forwarding 状态。

④ Learning：学习状态，位于 Bit4，该值置 1 时，表示发送该 BPDU 报文的端口处于 Learning 状态。

⑤ Port role：端口角色，位于 Bit3 和 Bit2 两位，该值为 00 时，表示发送该 BPDU 报文的端口的角色未知；该值为 01 时，表示该端口为 Alternate 端口或 Backup 端口；该值为 10 时，表示该端口为根端口；该值为 11 时，表示该端口为指定端口。

⑥ Proposal：提议，位于 Bit1，该值置 1 时，表示该 BPDU 报文为快速收敛机制中的 Proposal 报文。对端在收到该报文后，如果同意，则需要发送 Bit6 位置 1 的确认报文。

⑦ TC：拓扑改变，位于 Bit0，该值置 1 时，表示发送的是拓扑改变配置 BPDU。

另外，RSTP 在 BPDU 报文的最后增加了 "Version1 Length"（版本 1 长度）字段，该值为 0x00，表示在 BPDU 中不包含 Version 1（即 STP 版本）内容。

【说明】RSTP 可以向下兼容 STP，但是会失去 RSTP 的优势。当一个网段里既有运行 STP 的交换机，又有运行 RSTP 的交换机时，STP 交换机会忽略 RST BPDU，而运行 RSTP 的交换机在某端口上接收到运行 STP 的交换机发出的配置 BPDU 时，会在 2 倍 Hello Time（默认共 4s）时间之后，把自己的端口转换到 STP 工作模式，发送配置 BPDU。但当运行 STP 的交换机被撤离网络后，原来被转换到 STP 工作模式、运行 RSTP 的交换机又可迁移到 RSTP 工作模式。

2.4.2　RSTP 的端口角色和端口状态

STP 没有细致区分端口状态和端口角色，不利于初学者学习及部署。RSTP 对端口角色和端口状态进行了重新划分。

1. 端口角色

与 STP 相比，RSTP 增加了替换端口（Alternate Port）、备份端口（Backup Port）和边缘端口（Edge Port）3 种端口角色。RSTP 中根端口和指定端口角色的定义与 STP 相同。

① 替换端口：是根端口的备用端口，为网桥提供一条到达根桥的备用路径。当根端口或主端口（MSTP 中的端口角色，将在本章后面介绍）被阻塞后，替换端口将成为新的根端口或主端口。

② 备份端口：是指定端口的备用端口，为网桥提供了到达同一个物理网段的冗余路径。当指定端口失效后，备份端口将转换为新的指定端口。当开启了生成树协议功能的同一台设备上的两个端口互相连接而形成环路时，设备会将其中一个端口阻塞，该端口就是备份端口。

③ 边缘端口：是不与其他网桥或网段连接的端口，一般与用户终端设备直接相连。

2. 端口状态

RSTP 根据端口是否转发用户流量和学习 MAC 地址，把 STP 的 5 种状态缩减为 Discarding、Learning 和 Forwarding 3 种状态。

① 如果不转发用户流量也不学习 MAC 地址，那么端口状态就是 Discarding 状态。

② 如果不转发用户流量但学习 MAC 地址，那么端口状态就是 Learning 状态。

③ 如果既转发用户流量又学习 MAC 地址，那么端口状态就是 Forwarding 状态。

RSTP 端口状态与 STP 端口状态的比较见表 2-6。

表 2-6   **RSTP 端口状态与 STP 端口状态的比较**

STP 端口状态	RSTP 端口状态	是否发送 BPDU	是否进行 MAC 地址学习	是否收发用户流量
Disabled（禁用）	Discarding（丢弃）	否	否	否
Blocking（阻塞）	Discarding	否	否	否
Listening（监听）	Discarding	是	否	否
Learning（学习）	Learning	是	是	否
Forwarding（转发）	Forwarding	是	是	是

从表 2-6 中可以看出，RSTP 中的端口状态和端口角色没有必然关联，RSTP 把 STP 中的 Blocking、Listening 和 Disabled 3 种状态统一用 Discarding 状态替代。

进行 RSTP 计算时，**端口会在 Discarding 状态下完成端口角色的确定**。当端口确定为根端口和指定端口后，经过 1 倍转发时延后就会进入 Learning 状态；当端口确定为替换端口，端口会维持在 Discarding 状态。处于 Learning 状态的端口，其处理方式和 STP 相同，开始学习 MAC 地址，并在 1 倍转发时延后进入 Forwarding 状态开始收发用户流量。

2.4.3   RSTP 中的 BPDU 处理

相比于 STP，RSTP 对 BPDU 的发送方式也做了改进，**RSTP 中，网桥可以自行从指定端口发送 RST BPDU，不需要等待来自根桥的 RST BPDU**，BPDU 的发送周期为 Hello Time。

由于 RSTP 中网桥可以自行从指定端口发送 RST BPDU，所以在网桥之间可以提供一种保护机制，即在一定时间内，网桥没有收到对端网桥发送的 RST BPDU，即可认为与对端网桥的连接中断。RSTP 规定，如果在 3 个连续的 Hello Time 时间内网桥没有收到对端指定桥发送的 RST BPDU，则本端网桥端口保存的 RST BPDU 被老化，认为与对端网桥的连接中断，而不是像 STP 规定的那样，需要先等待一个 Max Age（最大生存期限）。新的老化机制大大加快了拓扑变化的感知，从而可以实现快速收敛。

在 RSTP 中，如果 Blocking 状态的端口收到低优先级的 RST BPDU，则可以立即对其做出回应。RSTP 对收到的低优先级 RST BPDU 的处理示例如图 2-19 所示。

SWA 为根桥，经过生成树的计算，SWC 的 Port C2 为 Blocking 状态。但当 SWB 与根桥 SWA 之间的链路中断时，SWB 重新选举 Port B2 为根端口，向 SWC 发送以自己为根桥的 RST BPDU。此时，SWC 的阻塞端口 Port C2 收到 SWB 发来的 RST BPDU 后，经过比较后发现，收到的 RST BPDU 的优先级低于本端口的 RST BPDU 优先级。这是因为，SWC 在选举 Port C1 为根端口后，接受 SWA 为根桥，RST BPDU 中的根桥 BID 是 SWA 的 BID，优于 SWB 的 BID，于是丢弃接收到的 RST BPDU，并立即向 SWB 发送本地优先级更高的 RST BPDU（根桥 BID 为 SWA 的 BID）。SWB 收到 SWC 发来的 RST BPDU 后，会停止向 SWC 发送 RST BPDU，SWC 的 Port C2 成为指定端口。

在拓扑改变时，RSTP 的拓扑改变处理过程不再使用 STP 中的 TCN BPDU，而使用 Flags 字段中 TC 标志位置 1 的 RST BPDU 取代 TCN BPDU，并通过泛洪方式快速通知到整个网络。

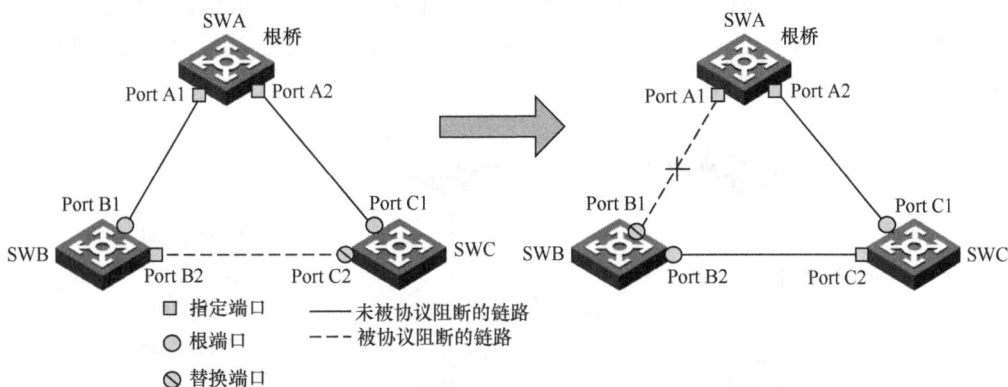

图 2-19　RSTP 对收到的低优先级 RST BPDU 的处理示例

2.4.4　快速收敛机制

在 STP 中，为了避免产生临时环路，端口从开启到进入转发状态需要等待默认的 30s（2 倍转发时延），如果想要缩短这个时间，则只能采取手动方式将转发时延设置为较小值。但是，转发时延是由 Hello Time 参数和网络直径参数共同决定的。如果人为将转发时延设置得太小，则可能会导致产生临时环路，影响网络的稳定性。

RSTP/PVST/MSTP 都支持快速收敛机制，包括边缘端口机制、根端口快速切换机制、指定端口快速切换机制。其中，指定端口快速切换机制也称为 P/A 机制。

RSTP 根端口的端口状态快速切换的条件是：本设备上旧的根端口已经停止转发数据，而且本端口的上游指定端口已经开始转发数据。

RSTP 指定端口的端口状态快速切换的条件是：指定端口是边缘端口（即该端口直接与用户终端相连，而没有连接到其他设备或共享网段上），或者指定端口与**点对点链路**（即两台设备直接相连的链路）相连。

① 如果指定端口是边缘端口，则当网络拓扑变化时，不会产生临时环路，因此，可不用经过 2 倍转发时延，直接进入 Forwarding 状态，不需要任何时延。

② 如果指定端口连接的是点对点链路，则可通过 P/A 机制与下游设备握手，得到响应后马上进入转发状态，而不必像 STP 那样，需要被动等待 30s。

1. RSTP/PVST 的 P/A 机制

在 RSTP 和 PVST 模式中，当新链路连接或故障链路恢复时，链路两端的端口初始都为指定端口，但处于 Blocking 状态。P/A 机制的目标是使一个指定端口尽快进入 Forwarding 状态。当指定端口处于 Discarding 状态和 Learning 状态时，其所发送的 BPDU 中的 Proposal 标志位（即 Bit1 位）将被置位（置 1），端口角色标志位（即 Bit2 和 Bit3 两位）为 11，代表指定端口。下游设备在收到 Proposal 标志位置位的 BPDU 后，判断接收端口是否为根端口，如果是根端口，则启动同步过程，阻塞除了边缘端口的所有端口，在本网桥层面消除环路产生的可能，然后向上游设备发送 Agreement 标志位（即 Bit6 位）置位、端口角色标志位为 10（代表根端口）的 RST BPDU。

P/A 机制运行原理示例如图 2-20 所示，SWA 为根桥，与 SWB 之间新添加了一条链路。在当前状态下，SWB 的 Port B2 是替换端口，Port B3 是边缘端口，Port B4 是指定端口，处于 Forwarding 状态。当 SWA 和 SWB 之间的点对点链路连接后，SWA 的 Port A1 通过 P/A 机制快速进入转发状态的处理过程如下。

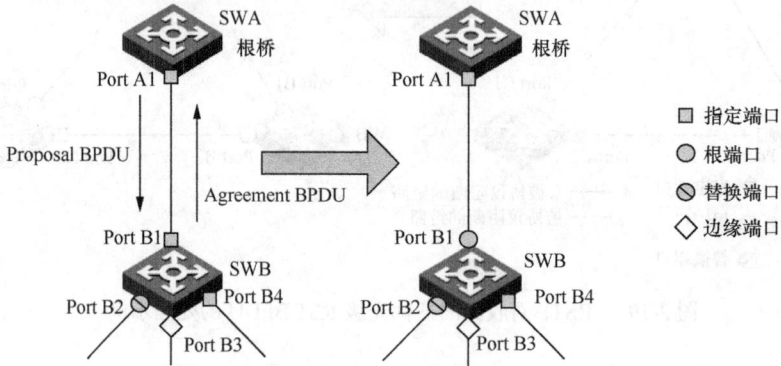

图 2-20　P/A 机制运行原理示例

① 初始状态下，SWA 的 Port A1 和 SWB 的 Port B1 都是指定端口，都会向对端发送 RST BPDU。

② SWB 的 Port B1 在收到更优的 RST BPDU 后，马上意识到自己将成为根端口，而不是指定端口，于是停止向对端 SWA 发送 RST BPDU。

③ 由于 SWB 的 Port B1 停止了发送 RST BPDU，所以 SWA 的 Port A1 最终会进入 Discarding 状态，然后向 SWB 发送 Proposal 标志位（Bit1）置 1、端口角色标志位（即 Bit2 和 Bit3 两位）为 11 的 RST BPDU。SWA 向 SWB 发送的 Proposal 标志位置 1、端口角色标志位为 11 的 RST BPDU 如图 2-21 所示。

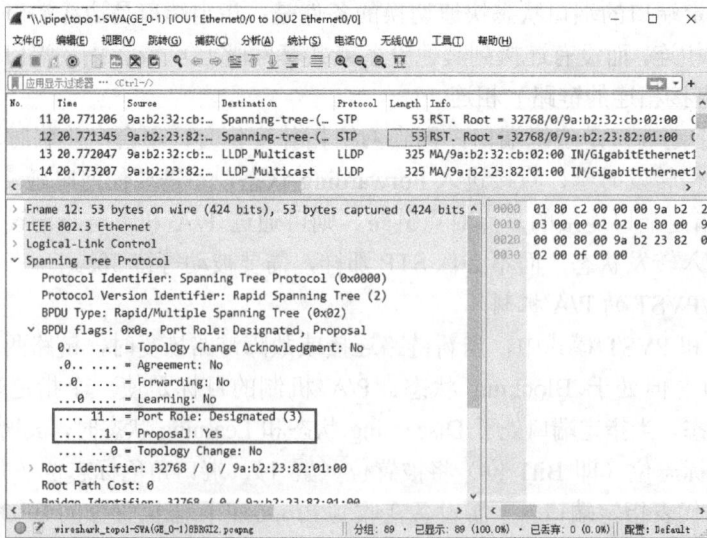

图 2-21　SWA 向 SWB 发送的 Proposal 标志位置 1、端口角色标志位为 11 的 RST BPDU

④ SWB 在收到 Proposal 标志位置 1 的 RST BPDU 后，首先，判断 Port B1 为根端口，启动同步过程，阻塞指定端口 Port B4，替换端口 Port B2 保持 Blocking 状态不变（边缘端口 Port B3 不参与生成树计算，状态不变），以避免环路产生。然后，将根端口 Port B1 设置为转发状态，并向 SWA 回复 Agreement 标志位置 1、端口角色标志位为 10 的 RST BPDU。SWB 向 SWA 发送的 Agreement 标志位置 1、端口角色标志位为 10 的 RST BPDU 如图 2-22 所示。

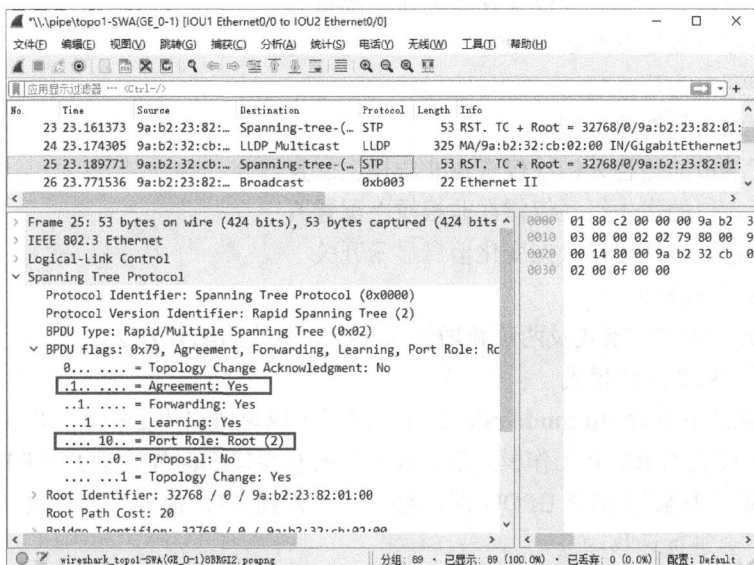

图 2-22　SWB 向 SWA 发送的 Agreement 标志位置 1、端口角色标志位为 10 的 RST BPDU

⑤ SWA 收到 Agreement 标志位置 1 的 BPDU 后，指定端口 Port A1 立即进入转发状态。同时，因为 SWB 的 Port B1 为根端口，对端 SWA 的 Port A1 为指定端口，且处于转发状态，所以 SWB 的 Port B1 也进入转发状态，P/A 协商过程结束。

2. MSTP 的 P/A 机制

在 MSTP 中，上游网桥发送的 Proposal 标志位置 1 的 RST BPDU 中，Proposal 标志位和 Agreement 标志位均置 1，下游网桥收到这样的 RST BPDU 后，首先执行同步操作，然后回应 Agreement 标志位置位的 RST BPDU，使上游指定端口快速进入转发状态。

2.5　RSTP 配置

与 STP 配置一样，RSTP 配置也包括基本功能配置和高级功能配置两个部分。

2.5.1　RSTP 的基本功能配置

RSTP 的基本功能配置任务及配置方法与 STP 大部分一样，只是在工作模式上，RSTP 要配置为 RSTP 模式。另外，RSTP 新增了"边缘端口"和"链路类型"两项 RSTP 拓扑收敛参数配置，具体配置任务如下。

（1）配置 RSTP 工作模式

（2）（可选）配置根桥和备份根桥（**仅需在根桥或备份根桥上配置**）

（3）（可选）配置设备的优先级

（4）（可选）配置影响 RSTP 拓扑收敛的参数

① 配置交换网络的网络直径（**仅需在根桥或备份根桥上配置**）。

② 配置生成树的时间参数（**仅需在根桥或备份根桥上配置**）。

③ 配置超时时间因子（**仅需在非根桥上配置**）。

④ 配置端口发送 BPDU 的速率。

⑤ 配置端口为边缘端口。

⑥ 配置端口的链路类型。

⑦ 配置端口的路径开销（**仅需在非根桥上配置**）。

⑧ 配置端口的优先级（**仅需在非根桥上配置**）。

（5）（可选）打开端口状态变化信息显示开关

（6）开启生成树协议

本节仅介绍 RSTP 模式及两项新增的拓扑收敛参数的配置方法。

1. 配置 RSTP 工作模式

在系统视图下执行 **stp mode rstp** 命令，配置生成树协议为 RSTP 工作模式，默认为 MSTP 模式。配置为 RSTP 工作模式后，设备的所有端口都向外发送 RSTP BPDU。当端口收到对端设备发来的 STP BPDU 时，会自动迁移到 STP 模式；如果收到的是 MSTP BPDU，则不会进行迁移。

2. 配置端口为边缘端口

如果端口直接与用户终端相连，则将该端口配置为边缘端口。正常情况下，边缘端口不会收到 RST BPDU，因此，在网络拓扑变化时，边缘端口不会产生临时环路。同时，边缘端口因为不参与生成树计算，在由 Blocking 状态向转发状态迁移时，可以实现快速迁移，不需要等待。

由于设备无法感知端口是否直接与终端相连，所以需要用户在对应接口视图下执行 **stp edged-port** 命令，手动将该端口配置为边缘端口，默认情况下，端口为非边缘端口。

当端口开启生成树协议功能后，设备将自动对端口进行一次边缘端口监测，即如果端口在（2×Hello Time+1）秒内没有收到 BPDU 报文，则会自动将端口设置为边缘端口。通过 **stp edged-port** 命令手动配置边缘端口的优先级高于边缘端口的自动监测机制。

【注意】在端口没有开启 BPDU 保护的情况下，如果边缘端口收到来自其他端口的 BPDU，则该端口会重新变为非边缘端口。此时，只有重启端口才能将该端口恢复为边缘端口。因此，通常建议在边缘端口上同时开启 BPDU 保护功能。另外，在同一个端口上，不允许同时配置边缘端口和环路保护功能。

3. 配置端口的链路类型

这项功能主要是为了满足 P/A 机制中的点对点链路要求。点对点链路是两台设备之间直接连接的链路。与点对点链路相连的两个端口如果为根端口或者指定端口，则端口可以通过 P/A 机制快速迁移到转发状态，减少了不必要的转发时延。

在具体以太网接口或二层以太网聚合接口视图下执行 **stp point-to-point** { **auto** |

force-false | **force-true** }命令，配置端口的链路类型。

① **auto**：多选一选项，表示自动检测与本端口相连的链路是否为点对点链路，这是默认选项。

② **force-false**：多选一选项，表示与本端口相连的链路不是点对点链路，此时不能启动 P/A 机制。

③ **force-true**：多选一选项，表示与本端口相连的链路是点对点链路。

【说明】在 MSTP 或 PVST 模式下，如果某端口配置了 **stp point-to-point force-false** 命令或者 **stp point-to-point force-true** 命令，则该配置对该端口所属的所有 MSTI 或 VLAN 生成树有效。

2.5.2　RSTP 的高级功能配置

RSTP 除了支持 STP 中的高级功能，还支持"执行 mCheck 操作""BPDU 保护功能"和"被 BPDU 保护功能关闭的端口不允许自动恢复"3 项功能。

1. 执行 mCheck 操作

在运行 RSTP、PVST 或 MSTP 的设备上，如果某端口连接的是运行 STP 的设备，则该端口收到 STP 报文后会自动迁移到 STP 模式；但当对端运行 STP 的设备关机或撤走，而该端口又无法感知时，该端口将无法自动迁移回原有模式，此时需要通过执行 mCheck 操作将其手动迁移回原有模式。

可以在系统视图下执行 **stp global mcheck** 命令，全局执行 mCheck 操作，或在具体以太网接口或二层以太网聚合接口视图下执行 **stp mcheck** 命令，在端口上执行 mCheck 操作。通常仅需要在端口上执行 mCheck 操作。

2. BPDU 保护功能

当边缘端口接收到 BPDU 时，系统会自动将这些端口设置为非边缘端口，重新计算生成树，引起网络拓扑结构的变化。当然，边缘端口正常情况下应该不会收到 RST BPDU。如果有人伪造 BPDU 恶意攻击设备，就会引起网络震荡。

此时可在设备上开启 BPDU 保护功能，当边缘端口收到 BPDU 后，系统会将这些端口关闭，同时通知网管，这些端口已被生成树协议关闭。被关闭的端口在经过一定时间间隔之后将被重新激活，这个时间间隔可通过 **shutdown-interval** *interval* 命令配置。

BPDU 保护功能可以在系统视图下执行 **stp bpdu-protection** 命令配置，或在具体边缘端口的接口视图（**不支持二层以太网聚合接口**）下执行 **stp port bpdu-protection enable** 命令配置。默认情况下，全局的 BPDU 保护功能处于关闭状态，边缘端口的 BPDU 保护功能与全局的 BPDU 保护功能的开关状态保持一致。但 BPDU 保护功能仅对通过 **stp edged-port** 手动配置的边缘端口生效，对于通过边缘端口自动监测功能设置成的边缘端口不生效，并且 BPDU 保护功能对开启了环回测试功能的端口也无效。

3. 被 BPDU 保护功能关闭的端口不允许自动恢复

设备上使能了 BPDU 保护功能后，如果边缘端口收到 BPDU，则系统将这些端口关闭，同时通知网管，这些端口已被生成树协议关闭。使能了 BPDU 保护功能的边缘端口在收到 BPDU 后，经过 **shutdown-interval** *interval* 命令设置的时间（取值为 0～300，单位为 s，默认为 30s）后，又会被重新激活。

如果不想这些边缘端口（通常是被怀疑遭受了攻击的边缘端口）重新激活，则可以在系统视图下执行 **stp port shutdown permanent** 命令，使端口的 BPDU 保护功能关闭，此时再执行 **undo stp port shutdown permanent** 命令，端口也不会重新激活，保持关闭状态，需要执行 **undo shutdown** 命令才能恢复。

2.5.3　RSTP 配置示例

RSTP 配置示例的拓扑结构如图 2-23 所示。某企业的交换网络中存在二层环路，现要求使用 RSTP 技术在破除二层环路的同时实现链路备份，且满足以下应用需求。

① 配置 SW1 为根桥，并确保根桥角色不被维护人员的错误配置或网络中的恶意攻击影响。

② 配置 SW4、SW5 与用户直连的端口为边缘端口，并免受非法 BPDU 攻击。

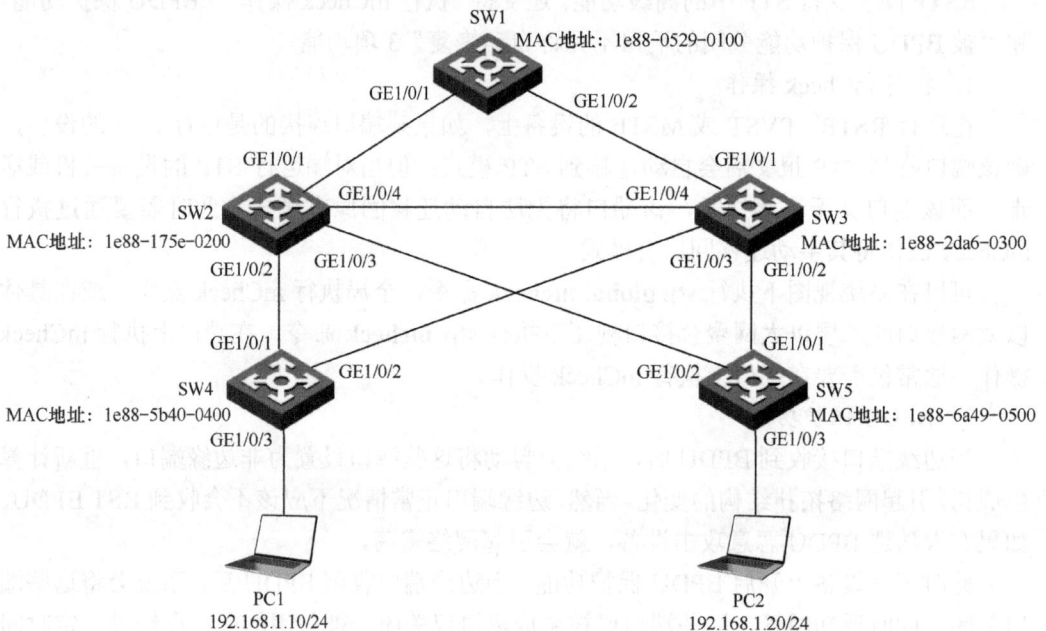

图 2-23　RSTP 配置示例的拓扑结构

1. 基本配置思路分析

生成树协议根桥根据网桥的 BID 进行选举，其值越小，越优先。BID 由桥优先级和桥 MAC 地址组成，先比较桥优先级，桥优先级相同时，再比较桥 MAC 地址。默认情况下，网桥的优先级是 32768。本示例中，SW1 的桥 MAC 地址 1e88-0529-0100 是 5 台交换机中最小的，因此，在不做任何配置的情况下，SW1 会自动被选择为根桥。当然，这只是特例，因为在现实场景中，很难保证要担当根桥的交换机的桥 MAC 地址就是最小的，所以通常需要通过配置来实现。

在不考虑 SW1 的桥 MAC 地址大小的情况下，要使 SW1 成为根桥，其配置方法有两种：一是通过 **stp root primary** 或 **stp priority 0** 命令强制指定 SW1 为根桥；二是通过 **stp priority** *priority* 命令把 SW1 的桥优先级设置为 SW1～SW5 这 5 台交换机中最小的。

其中，最简单的方法是仅把 SW1 的桥优先级值改为小于默认的 32768，其他交换机的桥优先级保持默认值即可。

本示例运行 RSTP 工作模式，整个交换网络只生成一棵生成树，但存在多个二层环路。在 SW1 为根桥，各链路均取默认开销值的情况下，SW2 和 SW3 的 GE1/0/1 端口肯定为根端口。对于 SW2 与 SW3 之间直连网段，由于 SW2 的 BID 小于 SW3 的 BID，所以 SW2 的 GE1/0/4 端口为指定端口，SW3 的 GE1/0/4 端口被阻塞，这样就消除了 SW1、SW2 和 SW3 之间的二层环路，同时也消除了 SW2、SW3 与 SW4 之间，以及 SW2、SW3 与 SW5 之间的二层环路。

根据根端口选举原理，由于 SW2 的 BID 小于 SW3 的 BID，所以可以得出 SW4 的 GE1/0/1 为根端口，SW5 的 GE1/0/2 为根端口，SW2 的 GE1/0/2 和 GE1/0/3 均为指定端口。SW3 与 SW4 之间直连网段中，根据 RPC（根路径开销）的比较可以得出，SW3 的 GE1/0/3 为指定端口，SW4 的 GE1/0/2 端口被阻塞，这样就消除了 SW1、SW2、SW3 与 SW4 之间形成的二层环路。在 SW3 和 SW5 之间直连网段中，同样可根据 RPC 的比较得出，SW3 的 GE1/0/2 为指定端口，SW5 的 GE1/0/1 端口被阻塞，这样就消除了 SW1、SW2、SW3 与 SW5 之间形成的二层环路。

本示例的生成树拓扑如图 2-24 所示。为了使 SW1 在收到更优 BPDU 时仍保持根桥角色不变，需要在 SW1 的 GE1/0/1 和 GE1/0/2 指定端口上使能根保护功能。

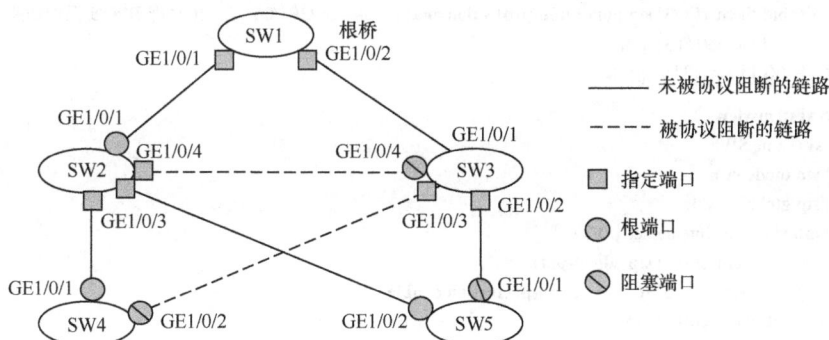

图 2-24 本示例的生成树拓扑

本示例的第二项要求，需要先把 SW4 和 SW5 连接用户主机的 GE1/0/3 端口配置为边缘端口，然后在这个端口上启用了 BPDU 保护功能，就可以使这个端口即使在收到 BPDU 时，仍保持边缘端口角色不变。

2. 具体配置步骤

① 在 SW1 上全局使能生成树协议，配置为 RSTP 工作模式，修改 SW1 的桥优先级值为 4096（其他交换机的桥优先级保持默认的 32768），使 SW1 成为根桥，并在 GE1/0/1 和 GE1/0/2 端口上使能根保护功能，具体配置如下。

```
<H3C> system-view
[H3C] sysname SW1
[SW1] stp mode rstp
[SW1] stp priority 4096
[SW1] stp global enable
[SW1] interface range gigabitethernet 1/0/1 gigabitethernet 1/0/2   #---进入接口范围视图
```

```
[SW1-if-range] stp root-protection   #---在以上两个端口上启用根保护功能
[SW1-if-range] quit
```

② 在 SW2 和 SW3 上全局使能生成树协议，配置为 RSTP 工作模式。

SW2 上的具体配置如下。

```
<H3C> system-view
[H3C] sysname SW2
[SW2] stp mode rstp
[SW2] stp global enable
```

SW3 上的具体配置如下。

```
<H3C> system-view
[H3C] sysname SW3
[SW3] stp mode rstp
[SW3] stp global enable
```

③ 在 SW4 和 SW5 上全局使能生成树协议，配置为 RSTP 工作模式，配置 GE1/0/3 端口为边缘端口，并启用 BPDU 保护功能。

SW4 上的具体配置如下。

```
<H3C> system-view
[H3C] sysname SW4
[SW4] stp mode rstp
[SW4] stp global enable
[SW4] interface gigabitethernet 1/0/3
[SW4-GigabitEthernet1/0/3] stp edged-port   #---指定 GE1/0/3 端口为边缘端口
[SW4-GigabitEthernet1/0/3] stp port bpdu-protection enable   #---在 GE1/0/3 端口上使能 BPDU 保护功能
[SW4-GigabitEthernet1/0/3] quit
```

SW5 上的具体配置如下。

```
<H3C> system-view
[H3C] sysname SW5
[SW5] stp mode rstp
[SW5] stp global enable
[SW5] interface gigabitethernet 1/0/3
[SW5-GigabitEthernet1/0/3] stp edged-port
[SW5-GigabitEthernet1/0/3] stp port bpdu-protection enable
[SW5-GigabitEthernet1/0/3] quit
```

3. 配置结果验证

以上配置完成后，可进行以下配置结果验证。

① 在各交换机上执行 **display stp root** 命令，输出信息中 "ExtPathCost" 字段值为 0 时，即为根桥。

在 SW1 上执行 **display stp root** 命令的输出如图 2-25 所示。其中，ExtPathCost 字段值为 0，代表 SW1 到达根桥的开销为 0。因此，SW1 自己就是根桥，桥优先级是 4096，正是前面为 SW1 配置的桥优先级，桥 MAC 地址为 1e88-0529-0100，也正是 SW1 的桥 MAC 地址。

```
[SW1]display stp root
 MST ID   Root Bridge ID           ExtPathCost IntPathCost Root Port
 0        4096.1e88-0529-0100      0           0
[SW1]
```

图 2-25　在 SW1 上执行 **display stp root** 命令的输出

用户也可以在其他交换机上执行 **display stp root** 命令，进一步验证根桥是 SW1。在

SW3 上执行 **display stp root** 命令的输出如图 2-26 所示，ExtPathCost 字段值是 SW3 通过 GE1/0/1 端口单段千兆以太网链路到达 SW1 的开销 20。其中，显示的根桥的 BID 也正是 SW1 的 BID。

```
<SW3>display stp root
MST ID   Root Bridge ID        ExtPathCost IntPathCost Root Port
0        4096.1e88-0529-0100   20          0           GE1/0/1
<SW3>
```

图 2-26　在 SW3 上执行 **display stp root** 命令的输出

② 在各交换机上执行 **display stp brief** 命令，查看各交换机端口角色和状态，得出生成树拓扑。

在 SW1 上执行 **display stp brief** 命令的输出如图 2-27 所示，在 SW2 上执行 **display stp brief** 命令的输出如图 2-28 所示。

```
[SW1]display stp brief
MST ID   Port                    Role  STP State   Protection
0        GigabitEthernet1/0/1    DESI  FORWARDING  NONE
0        GigabitEthernet1/0/2    DESI  FORWARDING  NONE
[SW1]
```

图 2-27　在 SW1 上执行 **display stp brief** 命令的输出

```
<SW2>display stp brief
MST ID   Port                    Role  STP State   Protection
0        GigabitEthernet1/0/1    ROOT  FORWARDING  NONE
0        GigabitEthernet1/0/2    DESI  FORWARDING  NONE
0        GigabitEthernet1/0/3    DESI  FORWARDING  NONE
0        GigabitEthernet1/0/4    DESI  FORWARDING  NONE
<SW2>
```

图 2-28　在 SW2 上执行 **display stp brief** 命令的输出

因为 SW1 为根桥，所以两个运行了 RSTP 的端口均为指定端口。SW2 上 GE1/0/1 为根端口，其他 3 个均为指定端口。

SW3 上 GE1/0/1 为根端口，GE1/0/4 为替换端口，被阻塞，GE1/0/2 和 GE1/0/3 为指定端口。SW4 上 GE1/0/1 为根端口，GE1/0/2 为替换端口，被阻塞。SW5 上 GE1/0/2 为根端口，GE1/0/1 为替换端口，被阻塞。在 SW3 上执行 **display stp brief** 命令的输出如图 2-29 所示，在 SW4 上执行 **display stp brief** 命令的输出如图 2-30 所示，在 SW5 上执行 **display stp brief** 命令的输出如图 2-31 所示。

```
<SW3>display stp brief
MST ID   Port                    Role  STP State   Protection
0        GigabitEthernet1/0/1    ROOT  FORWARDING  NONE
0        GigabitEthernet1/0/2    DESI  FORWARDING  NONE
0        GigabitEthernet1/0/3    DESI  FORWARDING  NONE
0        GigabitEthernet1/0/4    ALTE  DISCARDING  NONE
<SW3>
```

图 2-29　在 SW3 上执行 **display stp brief** 命令的输出

```
<SW4>display stp brief
MST ID   Port                    Role  STP State   Protection
0        GigabitEthernet1/0/1    ROOT  FORWARDING  NONE
0        GigabitEthernet1/0/2    ALTE  DISCARDING  NONE
<SW4>
```

图 2-30　在 SW4 上执行 **display stp brief** 命令的输出

```
<SW5>display stp brief
MST ID   Port                     Role   STP State    Protection
0        GigabitEthernet1/0/1     ALTE   DISCARDING   NONE
0        GigabitEthernet1/0/2     ROOT   FORWARDING   NONE
<SW5>
```

图 2-31　在 SW5 上执行 **display stp brief** 命令的输出

综合以上各交换机上的端口角色和状态，得出的最终生成树拓扑与图 2-24 一致。

③ 改变交换机的桥优先级，验证根桥保护功能。

当前 SW1 是根桥，因为其桥优先级是 5 台交换机中最高的，即使其他交换机的桥优先级设置得比 SW1 的还高，SW1 的根桥角色不会改变。这是因为已在 SW1 的指定端口上使能了根保护功能。但是其他交换机的端口角色和端口状态可能会发生变化，网络中也可能存在多台根桥。

本示例中，如果把 SW2 或 SW3 的桥优先级设置为 0，比 SW1 的优先级 4096 还高，则 SW2 和 SW3 上所有运行了 RSTP 的端口都将成为指定端口，呈转发状态，SW4 和 SW5 上的端口角色和端口状态也会发生变化，并且会以 SW2 或 SW3 为新的根桥，但 SW1 也会认为自己是根桥，这样网络中就存在两个根桥了。但如果把 SW4 或 SW5 的桥优先级设置得比 SW1 还高，并且即使在 SW2 和 SW3 的各指定端口上启用了根保护功能，SW2 和 SW3 仍然会以 SW1 为根桥，只有 SW4 或 SW5 自己认为自己是根桥，网络中会存在多个根桥。因此，根桥保护功能只在一些特定场景起到作用，不能从根本阻止网络中存在多个根桥的情形。

2.6　PVST

STP 和 RSTP 都是单生成树协议，在整个交换网内只生成一棵生成树，不能按 VLAN 流量来区分阻塞冗余链路。这样既不灵活，又会使那些被阻塞的链路，甚至设备造成资源浪费。PVST 基于 VLAN 来计算生成树，可以为每个 VLAN 独立计算一棵生成树，实现不同 VLAN 用户的流量走不同的转发路径，提高链路的利用率。

运行 PVST 的 H3C 设备可以与运行 Rapid PVST 或 PVST 的第三方设备（例如 Cisco 设备）互通。当运行 PVST 的 H3C 设备之间互联，或运行 PVST 的 H3C 设备与运行 Rapid PVST 的第三方设备互联时，也支持像 RSTP 那样的快速收敛。

2.6.1　PVST 协议报文

PVST 借助了 MSTP 的实例和 VLAN 映射关系模型，将 MSTP 每个实例映射一个 VLAN。PVST 中每个 VLAN 独立运行 RSTP，独立运算，并允许以每个 VLAN 为基础开启或关闭生成树。每个 VLAN 生成树都有独立的网络拓扑，相互之间没有影响。这样既可以消除 VLAN 内的冗余环路，还可以在不同链路上实现不同 VLAN 间的负载分担。

PVST 在端口的默认 VLAN 上通过 RSTP 报文进行拓扑运算，在其他 VLAN 上通过带 VLAN 标签（VLAN Tag）的 PVST 协议报文进行拓扑运算。PVST 协议报文也是 BPDU，也采用以太网帧格式封装。PVST BPDU 帧封装格式如图 2-32 所示。对比 RSTP 的 BPDU 结构，PVST BPDU 主要存在以下不同。

DMAC	SMAC	Length	VLAN Tag	Data	FCS

01-00-0C-CC-CC-CC

LLC Header	Configuration BPDU

Organization code:00:00:0c	PID:010b	DSAP:01000010	SSAP:01000010	Control

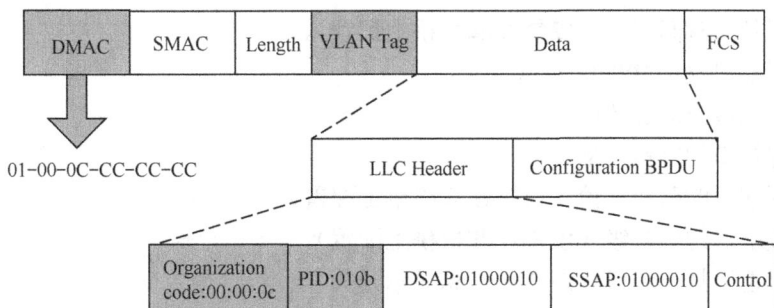

图 2-32　PVST BPDU 帧封装格式

① 报文的目标 MAC 地址改变，变为 **Cisco 保留的私有组播 MAC 地址**：01-00-0C-CC-CC-CC，而 RST BPDU 中的目标 MAC 地址为公用组播 MAC 地址：01-80-C2-00-00-00。

【说明】公用组播 MAC 地址是由国际标准化组织电气电子工程师学会（Institute of Electrical and Electronics Engineers，IEEE）和因特网编号分配机构（Internet Assigned Numbers Authority，IANA）拥有的。其中，最高 3 个字节的组织唯一标识符（Organizationally Unique Identifier，OUI）部分分别是 00-80-C2、00-00-5E。因此，由这两个国际组织定义的公用组播 MAC 地址都是以 01-80-C2 或 01-00-5E 开头的。也有一些私有组播 MAC 地址，例如 PVST BPDU 中使用的目标 MAC 地址 01-00-0C-CC-CC-CC 就是 Cisco 定义的，其中的 00-00-0C 是 Cisco 的 OUI。

② 报文携带 VLAN 标签，用于确定该协议报文归属的 VLAN，因此，PVST BPDU 只存在于 VLAN 交换网络，在 VLAN 帧中携带。

③ 报文在 LLC 头部（LLC Header）字段添加 Organization code（组织代码）和 PID（Protocol ID，协议 ID）两个字段。其中，Organization code 是指组织机构代码，是中国企事业单位的唯一标识。在 PVST 中，Organization code 字段值为 00:00:0C，代表 Cisco 公司，PID 字段值为 0x010b，代表 PVST+协议。

根据端口类型的不同，PVST 发送的 BPDU 格式也不同。

① 对于 Access 类型端口，PVST 将发送 RSTP 格式的 BPDU。

② 对于 Trunk 类型端口和 Hybrid 类型端口，默认情况下，PVST 在 VLAN1 内发送 RSTP 格式的 BPDU，而对于其他本端口允许通过的 VLAN，则发送 PVST 格式的 BPDU。

PVST 的端口角色和端口状态和 RSTP 相同，能够实现快速收敛。

2.6.2　配置 PVST 的基本功能

PVST 的基本功能包括的具体配置任务如下。

（1）配置 PVST 工作模式

（2）（可选）配置根桥和备份根桥（**仅需在根桥或备份根桥上配置**）

（3）（可选）配置设备的优先级

（4）（可选）配置影响 PVST 拓扑收敛的参数

① 配置交换网络的网络直径（**仅需在根桥或备份根桥上配置**）。

② 配置生成树的时间参数（**仅需在根桥或备份根桥上配置**）。

③ 配置超时时间因子（**仅需在非根桥上配置**）。

④ 配置端口发送 BPDU 的速率。

⑤ 配置端口为边缘端口。

⑥ 配置端口的链路类型。

⑦ 配置端口的路径开销（**仅需在非根桥上配置**）。

⑧ 配置端口的优先级（**仅需在非根桥上配置**）。

（5）（可选）打开端口状态变化信息显示开关

（6）开启生成树协议

PVST 的基本功能配置总体与 STP 和 RSTP 的基本功能配置任务差不多，但因为 PVST 是针对具体 VLAN 构建生成树的，所以其大多数任务也要基于具体 VLAN 进行配置。PVST 基本功能的配置步骤见表 2-7。

表 2-7 PVST 基本功能的配置步骤

步骤	命令	说明
1	**system-view**	进入系统视图
2	**stp mode pvst** 例如，[Sysname] **stp mode pvst**	配置生成树的工作模式为 PVST 模式。配置为 PVST 模式后，每个 VLAN 对应一棵生成树。 默认情况下，生成树的工作模式为 MSTP 模式
3	**stp vlan** *vlan-id-list* **root** {**primary** | **secondary**} 例如，[Sysname] **stp vlan** 10 **root primary**	（可选）配置当前设备为 PVST 指定 VLAN 生成树的根桥（选择 **primary** 选项时），或备份根桥（选择 **secondary** 选项时）。参数 *vlan-id-list* 用来指定 VLAN 列表，表示多个 VLAN，表示方式为 { *vlan-id*1 [**to** *vlan-id*2] }&<1-10>。其中，*vlan-id* 为 VLAN 的编号，取值为 1～4094。*vlan-id*2 的值大于等于 *vlan-id*1 的值。&<1-10>表示前面的参数最多可以输入 10 次。 当设备一旦被配置为根桥之后，便不能再修改该设备的优先级，其在对应 VLAN 生成树中的优先级固定为 0；当设备一旦被配置为备份根桥之后，便不能再修改该设备的优先级，其在对应 VLAN 生成树中的优先级固定为 4096
4	**stp vlan** *vlan-id-list* **priority** *priority* 例如，[Sysname] **stp vlan** 10 **priority** 8192	（可选）配置设备在 PVST 指定 VLAN 生成树中的优先级，取值为 0～61440，步长为 4096，其**数值越小，优先级越高**。*vlan-id-list* 为 VLAN 列表，具体说明参见第 3 步。 默认情况下，设备的优先级为 32768
以下第 5～17 步为影响 PVST 拓扑收敛的参数的配置。其中，**Hello Time、Forward Delay 和 Max Age** 这 3 个时间参数只在根桥上生效，对应 VLAN 生成树中的所有设备都将采用根桥设备的配置值。通常情况下，不建议通过手动配置直接调整这些时间参数			
5	**stp vlan** *vlan-id-list* **bridge-diameter** *diameter* 例如，[Sysname] **stp vlan** 10 **bridge-diameter** 5	（可选）配置 PVST 交换网络中指定 VLAN 生成树中的网络直径，取值为 2～7。在 **PVST 模式下，网络直径的配置只能在指定 VLAN 生成树的根桥上生效**。参数 *vlan-id-list* 的具体说明参见第 3 步，其他说明参见表 2-5 的第 5 步
6	**stp vlan** *vlan-id-list* **timer forward-delay** *time* 例如，[Sysname] **stp vlan** 10 **timer forward-delay** 2000	（可选）配置指定 VLAN 生成树中的转发时延参数，取值为 400～3000，步长为 100，单位为厘秒。参数 *vlan-id-list* 的具体说明参见第 3 步，其他说明参见表 2-5 的第 6 步

续表

步骤	命令	说明
7	**stp vlan** *vlan-id-list* **timer hello** *time* 例如，[Sysname] **stp vlan** 10 **timer hello** 400	（可选）配置指定 VLAN 生成树中的 Hello Time 时间参数，取值为 100～1000，步长为 100，单位为厘秒。*vlan-id-list* 为 VLAN 列表，具体说明参见第 3 步，其他说明参见表 2-5 的第 7 步
8	**stp vlan** *vlan-id-list* **timer max-age** *time* 例如，[Sysname] **stp vlan** 10 **timer max-age** 1000	（可选）配置指定 VLAN 生成树中的 Max Age 时间参数，取值为 600～4000，步长为 100，单位为厘秒。参数 *vlan-id-list* 的具体说明参见第 3 步，其他说明参见表 2-5 的第 8 步
9	**stp timer-factor** *factor* 例如，[Sysname] **stp timer-factor** 7	（可选）配置设备的超时时间因子，取值为 1～20，应用于本设备上所有 VLAN 生成树。其他说明参见表 2-5 的第 9 步
10	**stp pathcost-standard** { **dot1d-1998** | **dot1t** | **legacy** } 例如，[Sysname]**stp pathcost-standard dot1d-1998**	（可选）配置端口路径开销默认值的计算方法，应用于本设备上所有 VLAN 生成树。其他说明参见表 2-5 的第 10 步
11	**interface** *interface-type interface-number* 例如，[Sysname] **interface gigabitethernet** 1/0/1	进入以太网接口或二层以太网聚合接口视图
12	**stp transmit-limit** *limit* 例如，[Sysname-GigabitEthernet1/0/1] **stp transmit-limit** 5	（可选）配置端口的 BPDU 发送速率，取值为 1～255，应用于本设备上所有 VLAN 生成树。其他说明参见表 2-5 的第 12 步
13	**stp edged-port** 例如，[Sysname-GigabitEthernet1/0/1] **stp edged-port**	（可选）配置当前端口为边缘端口，应用于本设备上所有 VLAN 生成树。其他说明参见 2.5.1 节
14	**stp point-to-point** { **auto** | **force-false** | **force-true** } 例如，[Sysname-GigabitEthernet1/0/1] **stp point-to-point force-true**	（可选）配置端口的链路类型，应用于本设备上所有 VLAN 生成树。其他说明参见 2.5.1 节
15	**stp vlan** *vlan-id-list* **cost** *cost-value* 例如，[Sysname-GigabitEthernet1/0/1] **stp vlan** 10 **cost** 200	（可选）配置端口在指定 VLAN 生成树中的路径开销。参数 *vlan-id-list* 的具体说明参见第 3 步，其他说明参见表 2-5 的第 13 步
16	**stp vlan** *vlan-id-list* **port priority** *priority* 例如，[Sysname-GigabitEthernet1/0/1] **stp vlan** 10 **port priority** 16	（可选）配置端口在指定 VLAN 生成树中的优先级。参数 *vlan-id-list* 的具体说明参见第 3 步，其他说明参见表 2-5 的第 14 步
17	**quit**	返回系统视图
18	**stp port-log vlan** *vlan-id-list* 例如，[Sysname] **stp port-log vlan** 10	（可选）打开指定 VLAN 生成树中的端口状态变化信息显示开关。参数 *vlan-id-list* 的具体说明参见第 3 步，其他说明参见表 2-5 的第 16 步
以下第 19～22 步用来配置开启生成树协议		
19	**stp global enable** 例如，[Sysname] **stp global enable**	全局开启生成树协议，应用于本设备上所有 VLAN 生成树。其他说明参见表 2-5 的第 17 步
20	**stp vlan** *vlan-id-list* **enable** 例如，[Sysname] **stp vlan** 10 **enable**	（可选）在指定 VLAN 中开启生成树协议，*vlan-id-list* 的具体说明参见第 3 步。 默认情况下，生成树协议在 VLAN 中处于开启状态

续表

步骤	命令	说明
21	**interface** *interface-type interface-number* 例如，[Sysname] **interface** gigabitethernet 1/0/1	进入以太网接口或二层以太网聚合接口视图
22	**stp enable** 例如，[Sysname-GigabitEthernet1/0/1] **stp enable**	（可选）在端口上开启生成树协议，应用于本设备上所有 VLAN 生成树。当生成树协议开启后，设备会根据用户配置的生成树工作模式来决定运行在哪种模式。其他说明参见表 2-5 中的第 19 步

2.6.3　配置 PVST 高级功能

PVST 所支持的高级功能与 RSTP 差不多，且配置方法也一样，具体参见 2.3.2 节和 2.5.2 节介绍，PVST 只是新增了以下两项特有功能。

① 在 PVST 模式下，设备检测或接收到 TC 报文时打印日志信息。

② 关闭 PVST 的 PVID 不一致保护功能。

1.　在 PVST 模式下，设备检测或接收到 TC 报文时打印日志信息

默认情况下，PVST 模式下设备检测或接收到 TC（拓扑改变）报文后，不打印（屏幕上显示）日志信息，但可以在系统视图下执行 **stp log enable tc** 命令，使设备在 PVST 模式下检测或接收到 TC 报文时打印日志信息。

2.　关闭 PVST 的 PVID 不一致保护功能

在当链路两边端口的 PVID 配置不一致时，PVST 的拓扑计算可能出现错误。为了防止出现这样的错误，系统默认会开启 PVID 不一致保护功能，即进行 PVID 不一致的检查。如果两边端口的 PVID 不一致，则会使端口变为 Blocking 状态。但在一些特定的组网场景中，链路两边端口的 PVID 必须不同，例如，网络中汇聚层设备上启用了 QinQ 功能的下行端口（即连接接入层设备的接口）上与接入层上行端口的 PVID 配置肯定不同，这时会造成生成树的阻塞。

为了避免出现以上这种情况，保持流量的转发，可以在系统视图下执行 **stp ignore-pvid-inconsistency** 命令，关闭 PVID 不一致保护功能。默认情况下，PVST 的 PVID 不一致保护功能处于开启状态。

关闭 PVST 的 PVID 不一致保护功能后，为了避免生成树的计算错误，需要注意以下事项。

① 除了端口的默认 VLAN，本端所在设备不能创建对端 PVID 对应的 VLAN，同样，对端也不能创建本端 PVID 对应的 VLAN。

② 本端的端口链路类型是 Hybrid 时，建议本端设备不创建对端以 untagged 方式允许通过的 VLAN，对端也不创建本端以 untagged 方式允许通过的 VLAN。

③ 建议链路对端设备也关闭 PVST 的 PVID 不一致保护功能。

2.6.4　PVST 配置示例

PVST 配置示例的拓扑结构如图 2-33 所示。SWA 和 SWB 为汇聚层交换设备，SWC

和 SWD 为接入层交换设备，各链路需允许通过的 VLAN 流量如图 2-33 中标识所示，各链路开销采用默认值。现在要通过配置 PVST，使 VLAN10、VLAN20、VLAN30 和 VLAN40 中的报文分别按照各自 VLAN 对应的生成树转发，以实现不同链路的负载分担。

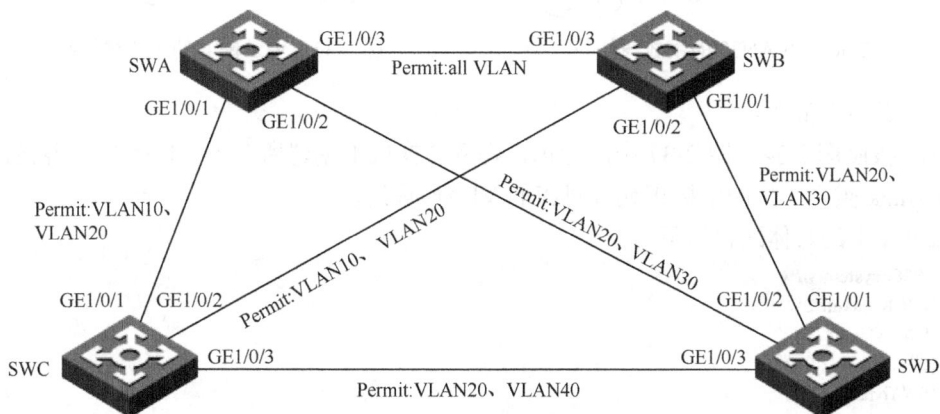

图 2-33　PVST 配置示例的拓扑结构

1. 基本配置思路分析

从图 2-33 中可以看出，在 4 个 VLAN 中，VLAN10 和 VLAN30 是在汇聚层设备终结、VLAN20 各交换机上都有，而 VLAN40 因为只存在于 SWC 和 SWD 之间的链路，所以在接入层设备终结。

为了实现每个 VLAN 走不同的转发路径，需要为这 4 个 VLAN 分别生成一棵 PVST 生成树。可以配置 VLAN10、VLAN20 对应的生成树的根桥为 SWA，VLAN30 生成树的根桥为 SWB，VLAN40 生成树的根桥为 SWC。

结合图 2-33 中各链接允许通过的 VLAN 流量，根据生成树计算原理，可以得出 VLAN10、VLAN20、VLAN30 和 VLAN40 对应的生成树拓扑分别如图 2-34～图 2-37 所示。需要说明的是，阻塞链路两端具体是哪个端口被阻塞并不重要。

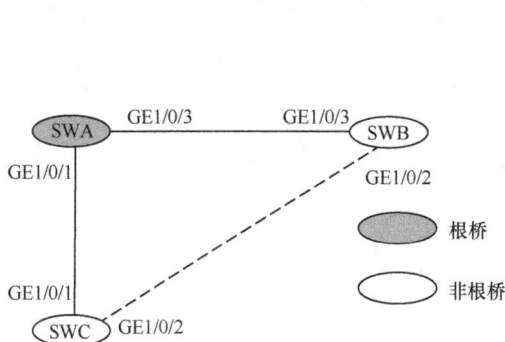

图 2-34　VLAN10 的生成树拓扑

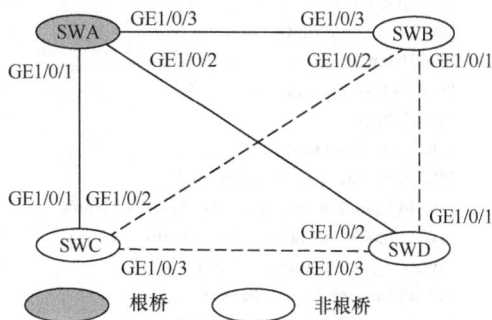

图 2-35　VLAN20 的生成树拓扑

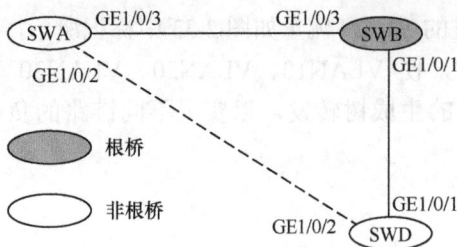

图 2-36   VLAN30 的生成树拓扑   图 2-37   VLAN40 的生成树拓扑

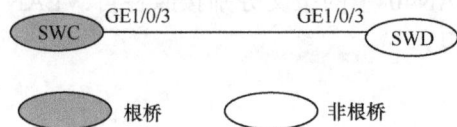

2. 具体配置步骤

① 按照图 2-34～图 2-37 中的标识，在各交换机上创建所需的 VLAN，把各接口配置为 Trunk 类型，按图中标识允许对应的 VLAN 通过。

SWA 上的具体配置如下。

```
<H3C>system-view
[H3C]sysname SWA
[SWA]vlan10
[SWA-VLAN10] quit
[SWA]vlan20
[SWA-VLAN20] quit
[SWA]vlan30
[SWA-VLAN30] quit
[SWA]interface gigabitethernet1/0/1
[SWA-GigabitEthernet1/0/1] port link-type trunk
[SWA-GigabitEthernet1/0/1] port trunk permit vlan10 20
[SWA-GigabitEthernet1/0/1] quit
[SWA]interface gigabitethernet1/0/2
[SWA-GigabitEthernet1/0/2] port link-type trunk
[SWA-GigabitEthernet1/0/2] port trunk permit vlan20 30
[SWA-GigabitEthernet1/0/2] quit
[SWA]interface gigabitethernet1/0/3
[SWA-GigabitEthernet1/0/3] port link-type trunk
[SWA-GigabitEthernet1/0/3] port trunk permit vlan all
[SWA-GigabitEthernet1/0/3] quit
```

SWB 上的具体配置如下。

```
<H3C>system-view
[H3C]sysname SWB
[SWB]vlan10
[SWB-VLAN10] quit
[SWB]vlan20
[SWB-VLAN20] quit
[SWB]vlan30
[SWB-VLAN30] quit
[SWB]interface gigabitethernet1/0/1
[SWB-GigabitEthernet1/0/1] port link-type trunk
[SWB-GigabitEthernet1/0/1] port trunk permit vlan20 30
[SWB-GigabitEthernet1/0/1] quit
[SWB]interface gigabitethernet1/0/2
[SWB-GigabitEthernet1/0/2] port link-type trunk
[SWB-GigabitEthernet1/0/2] port trunk permit vlan10 20
[SWB-GigabitEthernet1/0/2] quit
[SWB]interface gigabitethernet1/0/3
```

```
[SWB-GigabitEthernet1/0/3] port link-type trunk
[SWB-GigabitEthernet1/0/3] port trunk permit vlan all
[SWB-GigabitEthernet1/0/3] quit
```

SWC 上的具体配置如下。

```
<H3C>system-view
[H3C]sysname SWC
[SWC]vlan10
[SWC-VLAN10] quit
[SWC]vlan20
[SWC-VLAN20] quit
[SWC]vlan40
[SWC-VLAN40] quit
[SWC]interface gigabitethernet1/0/1
[SWC-GigabitEthernet1/0/1] port link-type trunk
[SWC-GigabitEthernet1/0/1] port trunk permit vlan10 20
[SWC-GigabitEthernet1/0/1] quit
[SWC]interface gigabitethernet1/0/2
[SWC-GigabitEthernet1/0/2] port link-type trunk
[SWC-GigabitEthernet1/0/2] port trunk permit vlan10 20
[SWC-GigabitEthernet1/0/2] quit
[SWC]interface gigabitethernet1/0/3
[SWC-GigabitEthernet1/0/3] port link-type trunk
[SWC-GigabitEthernet1/0/3] port trunk permit vlan20 40
[SWC-GigabitEthernet1/0/3] quit
```

SWD 上的具体配置如下。

```
<H3C>system-view
[H3C]sysname SWD
[SWD]vlan20
[SWD-VLAN20] quit
[SWD]vlan30
[SWD-VLAN30] quit
[SWD]vlan40
[SWD-VLAN40] quit
[SWD]interface gigabitethernet1/0/1
[SWD-GigabitEthernet1/0/1] port link-type trunk
[SWD-GigabitEthernet1/0/1] port trunk permit vlan20 30
[SWD-GigabitEthernet1/0/1] quit
[SWD]interface gigabitethernet1/0/2
[SWD-GigabitEthernet1/0/2] port link-type trunk
[SWD-GigabitEthernet1/0/2] port trunk permit vlan20 30
[SWD-GigabitEthernet1/0/2] quit
[SWD]interface gigabitethernet1/0/3
[SWD-GigabitEthernet1/0/3] port link-type trunk
[SWD-GigabitEthernet1/0/3] port trunk permit vlan20 40
[SWD-GigabitEthernet1/0/3] quit
```

② 在各交换机上配置生成树工作模式为 PVST，全局使能生成树协议，并在各 VLAN 中使能生成树协议。在 SWA 上指定作为 VLAN10 和 VLAN20 对应生成树的根桥，在 SWB 上指定作为 VLAN30 生成树的根桥，在 SWC 上指定作为 VLAN40 生成树的根桥。

SWA 上的具体配置如下。

```
[SWA]stp mode pvst       #---配置 PVST 生成树协议模式
[SWA]stp global enable      #---全局使能生成树协议
[SWA] stp vlan10 20 30 enable    #---在 VLAN10、VLAN20 和 VLAN30 中使能生成树协议
[SWA]stp vlan10 20 root primary    #---指定 SWA 为 VLAN10 和 VLAN20 生成树的根桥
```

SWB 上的具体配置如下。

```
[SWB] stp mode pvst
[SWB] stp global enable
[SWB] stp vlan10 20 30 enable
[SWB] stp vlan30 root primary
```

SWC 上的具体配置如下。

```
[SWC] stp mode pvst
[SWC] stp global enable
[SWC] stp vlan10 20 40 enable
[SWC] stp vlan40 root primary
```

SWD 上的具体配置如下。

```
[SWD] stp mode pvst
[SWD] stp global enable
[SWD] stp vlan20 30 40 enable
```

3. 配置结果验证

以上配置完成后，可进行以下系列配置结果验证。

① 在各交换机上执行 **display stp root** 命令，查看各 VLAN 对应的生成树根桥。

在 SWA 上执行 **display stp root** 命令的输出如图 2-38 所示，显示了 SWA 上所有已存在的 VLAN 生成树的根桥对应的 BID。

```
<SWA>display stp root
VLAN ID   Root Bridge ID          ExtPathCost IntPathCost Root Port
1         32768.b0a7-44ce-0100    0           0
10        0.b0a7-44ce-0100        0           0
20        0.b0a7-44ce-0100        0           0
30        0.b0a7-5529-0200        0           20          GE1/0/3
<SWA>
```

图 2-38　在 SWA 上执行 **display stp root** 命令的输出

在 2.3.3 节中已介绍过，在 PVST 中，执行 **display stp root** 命令时，只会显示 IntPathCost（内部路径开销）字段值，ExtPathCost（外部路径开销）字段值固定为 0。如果看到 IntPathCost 字段值为 0，则表示本设备为对应 VLAN 生成树的根桥。在图 2-38 中，VLAN1、VLAN10 和 VLAN20 生成树实例中，IntPathCost 字段值均为 0，即表示 SWA 为这 3 个 VLAN 生成树的根桥。同时可以看到，SWA 在这 3 个生成树中没有根端口，因为根桥上没有根端口。

在 SWB 上执行 **display stp root** 命令的输出如图 2-39 所示，从中可以看到 SWB 是 VLAN30 生成树的根桥，因为在 VLAN30 生成树中，IntPathCost 字段值为 0。SWB 在 VLAN30 生成树中也没有根端口。

```
<SWB>display stp root
VLAN ID   Root Bridge ID          ExtPathCost IntPathCost Root Port
1         32768.b0a7-44ce-0100    0           20          GE1/0/3
10        0.b0a7-44ce-0100        0           20          GE1/0/3
20        0.b0a7-44ce-0100        0           20          GE1/0/3
30        0.b0a7-5529-0200        0           0
<SWB>
```

图 2-39　在 SWB 上执行 **display stp root** 命令的输出

在 SWC 上执行 **display stp root** 命令的输出如图 2-40 所示，从中可以看到 SWC 是 VLAN40 生成树的根桥，因为在 VLAN40 生成树中，IntPathCost 字段值为 0。SWC 在

VLAN40 生成树中也没有根端口。

```
<SWC>display stp root
 VLAN ID  Root Bridge ID         ExtPathCost IntPathCost Root Port
 1        32768.b0a7-44ce-0100   0           20          GE1/0/1
 10       0.b0a7-44ce-0100       0           20          GE1/0/1
 20       0.b0a7-44ce-0100       0           20          GE1/0/1
 40       0.b0a7-674a-0300       0           0
<SWC>
```

图 2-40　在 SWC 上执行 **display stp root** 命令的输出

② 在各交换机上执行 **display stp brief** 命令，查看各交换机端口在不同 VLAN 生成树中的状态和角色，分析并验证 VLAN10、VLAN20、VLAN30 和 VLAN40 生成树的拓扑是否与前面分析的图 2-34～图 2-37 一致。

在 SWA 上执行 **display stp brief** 命令的输出如图 2-41 所示，在 SWB 上执行 **display stp brief** 命令的输出如图 2-42 所示，在 SWC 上执行 **display stp brief** 命令的输出如图 2-43 所示，在 SWD 上执行 **display stp brief** 命令的输出如图 2-44 所示，由此可以得出，各交换机端口在各 VLAN 生成树中的角色如下。

```
<SWA>display stp brief
 VLAN ID  Port                 Role  STP State   Protection
 1        GigabitEthernet1/0/1 DESI  FORWARDING  NONE
 1        GigabitEthernet1/0/2 DESI  FORWARDING  NONE
 1        GigabitEthernet1/0/3 DESI  FORWARDING  NONE
 10       GigabitEthernet1/0/1 DESI  FORWARDING  NONE
 10       GigabitEthernet1/0/3 DESI  FORWARDING  NONE
 20       GigabitEthernet1/0/1 DESI  FORWARDING  NONE
 20       GigabitEthernet1/0/2 DESI  FORWARDING  NONE
 20       GigabitEthernet1/0/3 DESI  FORWARDING  NONE
 30       GigabitEthernet1/0/2 DESI  FORWARDING  NONE
 30       GigabitEthernet1/0/3 ROOT  FORWARDING  NONE
<SWA>
```

图 2-41　在 SWA 上执行 **display stp brief** 命令的输出

```
<SWB>display stp brief
 VLAN ID  Port                 Role  STP State   Protection
 1        GigabitEthernet1/0/1 DESI  FORWARDING  NONE
 1        GigabitEthernet1/0/2 DESI  FORWARDING  NONE
 1        GigabitEthernet1/0/3 ROOT  FORWARDING  NONE
 10       GigabitEthernet1/0/2 DESI  FORWARDING  NONE
 10       GigabitEthernet1/0/3 ROOT  FORWARDING  NONE
 20       GigabitEthernet1/0/1 DESI  FORWARDING  NONE
 20       GigabitEthernet1/0/2 DESI  FORWARDING  NONE
 20       GigabitEthernet1/0/3 ROOT  FORWARDING  NONE
 30       GigabitEthernet1/0/1 DESI  FORWARDING  NONE
 30       GigabitEthernet1/0/3 DESI  FORWARDING  NONE
<SWB>
```

图 2-42　在 SWB 上执行 **display stp brief** 命令的输出

```
<SWC>display stp brief
 VLAN ID  Port                 Role  STP State   Protection
 1        GigabitEthernet1/0/1 ROOT  FORWARDING  NONE
 1        GigabitEthernet1/0/2 ALTE  DISCARDING  NONE
 1        GigabitEthernet1/0/3 DESI  FORWARDING  NONE
 10       GigabitEthernet1/0/1 ROOT  FORWARDING  NONE
 10       GigabitEthernet1/0/2 ALTE  DISCARDING  NONE
 20       GigabitEthernet1/0/1 ROOT  FORWARDING  NONE
 20       GigabitEthernet1/0/2 ALTE  DISCARDING  NONE
 20       GigabitEthernet1/0/3 DESI  FORWARDING  NONE
 40       GigabitEthernet1/0/3 DESI  FORWARDING  NONE
<SWC>
```

图 2-43　在 SWC 上执行 **display stp brief** 命令的输出

```
<SWD>display stp brief
VLAN ID  Port                  Role   STP State   Protection
1        GigabitEthernet1/0/1  ALTE   DISCARDING  NONE
1        GigabitEthernet1/0/2  ROOT   FORWARDING  NONE
1        GigabitEthernet1/0/3  ALTE   DISCARDING  NONE
20       GigabitEthernet1/0/1  ALTE   DISCARDING  NONE
20       GigabitEthernet1/0/2  ROOT   FORWARDING  NONE
20       GigabitEthernet1/0/3  ALTE   DISCARDING  NONE
30       GigabitEthernet1/0/1  ROOT   FORWARDING  NONE
30       GigabitEthernet1/0/2  ALTE   DISCARDING  NONE
40       GigabitEthernet1/0/3  ROOT   FORWARDING  NONE
<SWD>
```

图 2-44　在 SWD 上执行 **display stp brief** 命令的输出

① VLAN10 生成树。

- 根端口：SWB 的 GE1/0/3、SWC 的 GE1/0/1。
- 指定端口：SWA 的 GE1/0/1 和 GE10/3，SWB 的 GE1/0/2。
- 替换端口：SWC 的 GE1/0/2。

根据前面已得出 SWA 为 VLAN10 生成树的根桥及已得出的各交换机端口在该生成树中的角色，进一步验证了 VLAN10 生成树的拓扑与图 2-34 所示的一致。

② VLAN20 生成树。

- 根端口：SWB 的 GE1/0/3、SWC 的 GE1/0/1、SWD 的 GE1/0/2。
- 指定端口：SWA 的 GE1/0/1、GE1/0/2 和 GE1/0/3，SWB 的 GE1/0/1 和 GE1/0/2。
- 替换端口：SWC 的 GE1/0/2，SWD 的 GE1/0/1 和 GE1/0/3。

根据前面已得出 SWA 为 VLAN20 生成树的根桥及已得出的各交换机端口在该生成树中的角色，进一步验证了 VLAN20 生成树的拓扑与图 2-35 所示的一致。

③ VLAN30 生成树。

- 根端口：SWA 的 GE1/0/3、SWD 的 GE1/0/1。
- 指定端口：SWA 的 GE1/0/2，SWB 的 GE1/0/1 和 GE1/0/3。
- 替换端口：SWD 的 GE1/0/2。

根据前面已得出 SWB 为 VLAN30 生成树的根桥及已得出的各交换机端口在该生成树中的角色，进一步验证了 VLAN30 生成树的拓扑与图 2-36 所示的一致。

④ VLAN40 生成树。

- 根端口：SWD 的 GE1/0/3。
- 指定端口：SWC 的 GE1/0/3。
- 替换端口：无。

根据前面已得出 SWC 为 VLAN40 生成树的根桥及已得出的各交换机端口在该生成树中的角色，进一步验证了 VLAN40 生成树的拓扑与图 2-37 所示的一致。

通过以上验证，已证明本示例前面的配置是正确的，而且结果是符合预期的。

2.7　MSTP

MSTP 主要是为了解决前面介绍的 STP、RSTP 和 PVST 存在以下不足而开发的。

① STP 不能快速迁移，即使是在点对点链路或边缘端口，也必须等待 2 倍的 Forward

Delay 的时延，端口才能迁移到转发状态。

② RSTP 虽然可以快速收敛，但与 STP 一样，RSTP 整个交换网内所有 VLAN 都共享一棵生成树，因此，所有 VLAN 的报文都沿这棵生成树进行转发，不能按 VLAN 阻塞冗余链路，也无法在 VLAN 之间实现数据流量的负载均衡。

③ 对于 PVST 而言，由于每个 VLAN 都需要生成一棵树，所以 PVST BPDU 的流量与 Trunk 类型端口或 Hybrid 类型端口上允许通过的 VLAN 数量是正比例关系。而且当 VLAN 数量较多时，维护多棵生成树的计算量及资源占用量都将急剧增长，特别是当允许通过很多 VLAN 的 Trunk 类型端口或 Hybrid 类型端口的链路状态发生改变时，对应生成树的状态都要重新计算，网络设备的 CPU 将不堪重负。

MSTP 由 IEEE 802.1s 标准定义，可以弥补 STP、RSTP 和 PVST 的不足。MSTP 既可以快速收敛，又可以使不同 VLAN 的流量沿各自的路径转发，从而为冗余链路提供了更好的负载分担机制。MSTP 的主要特点如下。

① MSTP 可以把一个交换网络划分成多个 MST 域，每个域内可生成多棵生成树，而每棵生成树之间又彼此独立。

② MSTP 通过设置 VLAN 与生成树的对应关系表（即 VLAN 映射表），将 VLAN 与生成树联系起来，并通过"实例"的概念，将多个 VLAN 捆绑到一个"实例"中，从而达到节省通信开销和降低资源占用率的目的。

③ MSTP 可将环路网络修剪成一个无环的树形网络，避免报文在环路网络中的增生和无限循环，同时提供了数据转发的多个冗余路径，还可以在数据转发过程中实现 VLAN 数据的负载分担，具备 STP、RSTP 和 PVST 各自的功能。

④ MSTP 兼容 STP 和 RSTP，部分兼容 PVST。

2.7.1　MSTP 的基本概念

MSTP 网络示例如图 2-45 所示，现在以该拓扑为例介绍 MSTP 所涉及的一些基本概念。图 2-45 中粗线是 MST 域之间的连接，细线是各 MST 域内的连接。

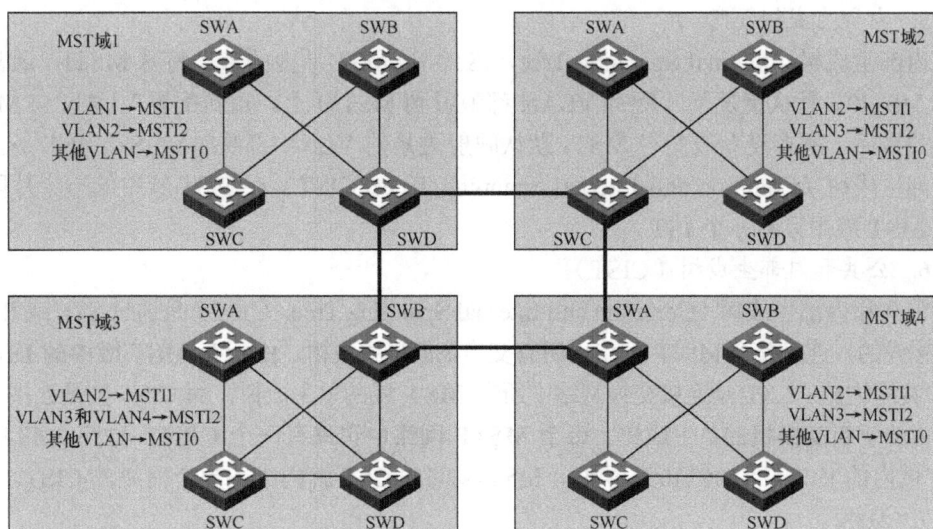

图 2-45　MSTP 网络示例

1. 多生成树域（MST 域）

多生成树域（Multiple Spanning Tree Regions，MST 域）是由交换网络中的多台设备及它们之间的网段构成的。在同一个 MST 域中的交换设备具有以下特点。

① 都使能了 MSTP。

② MST 域名相同。

③ VLAN 与 MSTI 之间映射关系的配置相同。

④ MSTP 修订级别的配置相同。

⑤ 这些设备之间有物理链路连通。

一个交换网络中可以存在多个 MST 域，用户可以通过配置将多台设备划分在一个 MST 域内。例如，在图 2-45 所示的网络中有 MST 域 1～MST 域 4 总共 4 个 MST 域，每个域内的所有交换设备都具有相同的 MST 域配置。

2. 多生成树实例（MSTI）

一个 MST 域内可以通过 MSTP 生成多棵生成树，各生成树之间彼此独立，并分别与相应的 VLAN 对应。每棵生成树都称为一个多生成树实例（MSTI）。图 2-45 中 MST 域 3 中包含 MSTI0、MSTI1 和 MSTI2 共 3 个 MSTI。

【注意】一个 MSTI 可以映射一个或多个 VLAN。同一个 MST 域中，一个 VLAN 只能映射一个 MSTI，但一个 VLAN 在不同的 MST 域中可以映射到不同的 MSTI 中。

3. VLAN 映射表

VLAN 映射表是用来描述 VLAN 与 MSTI 间的映射关系。例如图 2-45 中 MST 域 3 的 VLAN 映射表是：VLAN2 映射到 MSTI1，VLAN3 和 VLAN4 都映射到 MSTI2，其余 VLAN 映射到 MSTI0。MSTP 根据 VLAN 映射表来实现链路间的负载分担。

4. 公共生成树（CST）

公共生成树（Common Spanning Tree，CST）是一棵连接交换网络中所有 MST 域的域间单生成树。此时是把每个 MST 域都看作一台"设备"，CST 就是这些"设备"通过 STP，或者 RSTP 计算生成的一棵生成树。**每个 MSTP 网络中只有一个 CST**。

5. 内部生成树（IST）

内部生成树（Internal Spanning Tree，IST）是 MST 域内的一个特殊 MSTI，通常也称为 MSTI0。默认情况下，所有 VLAN 都映射到 MSTI0 上。重新配置 VLAN 与 MSTI 映射关系后，所有没有改变与 MSTI 默认映射关系的 VLAN 都映射到 IST。IST 是公共和内部生成树（Common and Internal Spanning Tree，CIST）在 MST 域中的一个片段。**每个 MST 域中只有一个 IST**。

6. 公共和内部生成树（CIST）

公共和内部生成树（Common and Internal Spanning Tree，CIST）是通过 STP 或 RSTP 计算生成的，连接整个 MSTP 网络内所有交换机的单生成树，**由所有 MST 域中的 IST 和 CST 共同构成**。CST 是连接交换网络中**所有 MST 域**的单生成树，而 CIST 则是连接交换网络内的**所有交换机**的单生成树。**每个 MSTP 网络中也只有一个 CIST**。如图 2-48 中各 MST 域内的 IST（即 MSTI0）再加上 MST 域间的 CST 就构成了整个网络的 CIST。

7. 域根

域根（Regional Root）分为 IST 域根和 MSTI 域根两种。在 MST 域中，IST 生成树

中距离总根（CIST Root）最近的交换设备是 IST 域根；一个 MST 域内可以生成多棵生成树，每棵生成树都称为一个 MSTI。MSTI 域根是每个多生成树实例的树根。域中不同的 MSTI 有各自的域根。

8. 总根

总根（Common Root Bridge）就是 CIST 的根桥。

9. 端口角色

MSTP 的端口角色大多数是与 RSTP 一样的，但新增了主端口和域边界端口两种端口角色。同一端口在不同的 MSTI 中可以担任不同的角色。

① 主端口（Master Port）：是将 MST 域连接到总根的端口（**主端口不一定在域根上**），位于整个域到总根的最短路径上，位于 CIST 上。主端口是 MST 域中的报文去往总根的必经之路。主端口在 IST/CIST 上的角色是根端口。

② 域边界端口（Boundary Port）：是位于 MST 域的边缘，并连接其他 MST 域，或 MST 域与运行 STP/RSTP 的区域连接的端口。主端口同时也是域边界端口。在进行 MSTP 计算时，域边界端口在 MSTI 上的角色与 CIST 的角色一致，但主端口除外。这是因为主端口在 CIST 上的角色为根端口。

10. 端口状态

MSTP 中的端口状态与 RSTP 一样，也分为 Forwarding、Learning 和 Discarding 3 种状态。MSTP 中各种端口角色可以具有的端口状态见表 2-8（表中"√"表示此端口角色具有此端口状态；"—"表示此端口角色不具有此端口状态）。从表 2-8 中可以看出，在 MSTP 中，端口状态和端口角色之间没有一一对应关系。

表 2-8　MSTP 中各种端口角色可以具有的端口状态

端口状态	根端口/主端口	指定端口	替代端口	备份端口
Forwarding	√	√	—	—
Learning	√	√	—	—
Discarding	√	√	√	√

2.7.2　MSTP 报文

MSTP 的报文称为 MST BPDU。MST BPDU 格式见表 2-9，前 36 个字节与 RST BPDU 的格式是相同的，只是 BPDU Protocol Version（协议版本号）为 0x03，表示 MSTP；BPDU Type（BPD 类型）为 0x02，表示 RST/MST BPDU。

"Root ID"字段在 MSTP 中表示 CIST 总根 ID；"Root Path Cost"字段在 MSTP 中表示 CIST 外部路径开销（External Path Cost，EPC）；"Bridge ID"字段在 MSTP 中表示 CIST 域根 ID；"Port ID"字段在 MSTP 中表示本端口在 CIST 中的指定端口 ID。

从第 37 字节开始是 MSTP 的专有参数字段。

① Version3 Length：MSTP 专有字段长度，该字段用于接收到 BPDU 后进行校验。

② MST 配置标识（MST Configuration ID）：包含格式选择符（Format Selector）、域名（Configuration Name）、修订级别（Revision Level）和配置摘要（Configuration Digest）4 个字段。其中，格式选择符字段固定为 0x00，其余 3 个字段用来判断网桥是否属于某 MST 域。

表 2-9　MST BPDU 格式

参数	字节数
Protocol ID	2
Protocol Version	1
BPDU Type	1
Flags	1
Root ID	8
Root Path Cost	4
Bridge ID	8
Port ID	2
Message Age	2
Max Age	2
Hello Time	2
Forward Delay	2
Versionl Length=0	1
Version3 Length	2
MST Configuration ID	51
CIST IRPC	4
CIST Bridge ID	8
CIST Remaining ID	1
MSTI Configuration Messages	可变长

MST Configuration ID 至 MSTI Configuration Messages 为 MSTP 专有参数

③ CIST 内部路径开销（Internal Root Path Cost，IRPC）：发送此 BPDU 的网桥到达 CIST 域根的路径开销。

④ CIST Bridge ID：表示发送此 BPDU 的网桥 ID。

⑤ CIST 剩余跳数（CIST Remaining ID）：用来限制 MST 域的规模。从 CIST 域根开始，BPDU 每经过一个网桥的转发，跳数就被减 1。网桥将丢弃收到的跳数为 0 的 BPDU，使处于最大跳数外的网桥无法参与生成树的计算，从而限制了 MST 域的规模。CIST 剩余跳数的默认值为 20。

⑥ MSTI 配置消息（MSTI Configuration Messages）：包含 0 个或最多 64 个 MSTI 配置信息。MSTI 配置信息数量由域内 MST 实例数决定，每个 MSTI 配置信息长度为 16 字节。

2.7.3　配置 MSTP 的基本功能

配置 MSTP 的基本功能包括的具体任务如下。

（1）配置 MSTP 工作模式

（2）配置 MST 域

（3）（可选）配置根桥和备份根桥（**仅需在根桥或备份根桥上配置**）

（4）（可选）配置设备的优先级

（5）（可选）配置影响 MSTP 拓扑收敛的参数

① 配置 MST 域的最大跳数（**仅需在根桥或备份根桥上配置**）。

② 配置交换网络的网络直径（**仅需在 CIST 总根上配置**）。

③ 配置生成树的时间参数（**仅需在根桥或备份根桥上配置**）。

④ 配置超时时间因子（**仅需在非根桥上配置**）。

⑤ 配置端口发送 BPDU 的速率。

⑥ 配置端口为边缘端口。

⑦ 配置端口的链路类型。

⑧ 配置端口的路径开销（**仅需在非根桥上配置**）。

⑨ 配置端口的优先级（**仅需在非根桥上配置**）。

（6）（可选）配置端口收发的 MSTP 报文格式

（7）（可选）打开端口状态变化信息显示开关

（8）开启生成树协议

　　配置 MSTP 的基本功能总体上与 STP 和 RSTP 的配置差不多，二者不同的是，配置 MSTP 的基本功能中的许多参数针对具体 MSTI 进行配置。配置 MSTP 基本功能的具体步骤见表 2-10。

表 2-10　配置 MSTP 基本功能的具体步骤

步骤	命令	说明
1	**system-view**	进入系统视图
2	**stp mode mstp** 例如，[Sysname] **stp mode mstp**	（可选）配置交换机的 MSTP 生成树工作模式。 默认情况下，运行 MSTP 模式
以下第 3～8 步为 MST 域配置		
3	**stp region-configuration** 例如，[Sysname] **stp region-configuration**	进入 MST 域视图。只要两台交换机的以下配置相同，这两台交换机才属于同一个 MST 域。 ① MST 域的域名：默认为桥系统 MAC 地址。 ② 多生成树实例和 VLAN 的映射关系。 ③ MST 域的修订级别：默认为 0。 默认情况下，MST 域的 3 个参数均取默认值，可用 **undo stp region-configuration** 命令恢复为默认配置
4	**region-name** *name* 例如，[Sysname-mst-region] **region-name lycb**	（可选）配置 MST 域名，1～32 个字符。MST 域名用来与 MST 域的 VLAN 映射表和 MSTP 的修订级别来共同确定设备所属的 MST 域。 默认情况下，MST 域的域名为交换机 MAC 地址
5	**instance** *instance-id* **vlan** *vlan-id-list* 例如，[Sysname-mst-region] **instance 1 vlan 1 to 3**	（二选一）配置多生成树实例和 VLAN 的映射关系。 ① *instance-id*：指定生成树实例的编号，取值为 0～4094 的整数，取值为 0 表示的是 IST。 ② *vlan-id-list*：指定 VLAN，表示方式为 { *vlan-id*1 [**to** *vlan-id*2] }&<1-10>。其中，*vlan-id* 为 VLAN 的编号，取值为 1～4094，*vlan-id*2 的值大于等于 *vlan-id*1 的值，&<1-10> 表示前面的参数最多可以输入 10 次。 **不能将同一个 VLAN 映射到同一 MST 域中不同的 MSTI 上，否则，原先的映射关系将被取消。最多只能对 64 个 MSTI 配置 VLAN 映射关系。** 默认情况下，所有 VLAN 均映射到 IST，即 MSTI0 上

续表

步骤	命令	说明
5	**vlan-mapping modulo** *modulo* 例如，[Sysname-mst-region] **vlan-mapping modulo** 8	（二选一）快速配置 VLAN 映射表，使当前 MST 域内的所有 VLAN 按指定的模值映射到不同的 MSTI 上。 参数 *modulo* 表示模值，取值为 1~64。本命令将 VLAN 映射到编号为 (*vlan-id*−1) % *modulo* + 1（即 *vlan-id* 减去 1 后除以模值 *modulo* 的余数再加 1）的 MSTI 上。例如模值为 15，则 VLAN1 映射到 MSTI1（因为此时 *vlan-id* 为 1，1−1=0，0 除以任何数均为 0，0+1=1）、VLAN2 映射到 MSTI2（因为此时 *vlan-id* 为 2，2−1=1，1 除以 15 的余数就是 1，1+1=2），依此类推，VLAN15 映射到 MSTI15、VLAN16 映射到 MSTI1
6	**revision-level** *level* 例如，[Sysname-mst-region] **revision-level** 5	（可选）配置 MST 域的 MSTP 修订级别，取值为 0~65535 的整数。MSTP 的修订级别用来与 MST 域名和 MST 域的 VLAN 映射表来共同确定设备所属的 MST 域。 默认情况下，MSTP 域的 MSTP 修订级别为 0
7	**check region-configuration** 例如，[Sysname-mst-region] **check region-configuration**	（可选）显示 MST 域的预配置信息。开启了生成树协议的各设备要属于同一个 MST 域，必须同时满足以下条件。 • 选择因子（取值为 0，不可配）、域名、修订级别和 VLAN 映射表的配置都相同。 • 这些设备之间的链路相通。 建议在激活 MST 域的配置前，先使用本命令查看 MST 域的预配置是否正确
8	**active region-configuration** 例如，[Sysname-mst-region] **active region-configuration**	激活以上 MST 域的配置，使以上 MST 域名、VLAN 映射表和 MSTP 修订级别配置生效。 为了减少网络震荡，新配置的 MST 域参数并不会马上生效，而是在使用本命令激活，或执行 **stp global enable** 命令全局开启生成树协议后才会生效
9	**quit**	退出 MST 域视图，返回系统视图
10	**stp** [**instance** *instance-list*] **root** {**primary** | **secondary**} 例如，[Sysname] **stp instance** 1 **root primary**	（可选）配置当前设备为指定 MSTI 的根桥或备份根桥。可选参数 *instance-list* 为 MSTI 列表，表示多个 MSTI，表示方式为 { *instance-id*1 [**to** *instance-id*2] }&<1-10>。其中，*instance-id* 为 MSTI 的编号，取值为 0~4094，0 表示 CIST。*instance-id*2 的值大于等于 *instance-id*1 的值。&<1-10>表示前面的参数最多可以输入 10 次。如果不指定可选参数，则将作为 CIST 的根桥或备份根桥。 **配置为根桥后，该设备优先级 BID 值自动为 0，配置为备份根桥后，该设备优先级 BID 值自动为 4096，并且都不能更改。** 默认情况下，交换机不作为任何生成树的根桥和备份根桥
11	**stp** [**instance** *instance-list*] **priority** *priority* 例如，[Sysname] **stp instance** 1 **priority** 4096	（可选）配置当前设备在指定 MSTI 中的桥优先级，取值为 0~61440，步长为 4096，即仅可以配置 16 个优先级取值，例如 0、4096、8192 等，其值越小，**优先级越高**，越能成为根桥或备份根桥。参数 *instance-list* 的说明见第 10 步。 默认情况下，交换机的桥优先级值为 32768。 【注意】如果已执行了上步命令，即将当前交换机作为根桥或备份根桥，则在需要改变当前设备的优先级时，需先执行 **undo stp** [**instance** *instance-list*] **root** 去使能根桥或者备份根桥功能，然后执行本命令，配置新的优先级数值

步骤	命令	说明
	以下第 12～24 步为影响 MSTP 拓扑收敛的参数的配置	
12	**stp max-hops** *hops* 例如，[Sysname] **stp max-hops** 35	（可选）配置 MST 域的最大跳数，取值为 1～40。**在域根上配置的最大跳数将作为该 MST 域的最大跳数**。 从 MST 域内的生成树的根桥开始，域内的 BPDU 每经过一台设备的转发，跳数就被减去 1；设备将丢弃跳数为 0 的 BPDU，从而限制了 MST 域的规模。 默认情况下，MST 域的最大跳数为 20
13	**stp bridge-diameter** *diameter* 例如，[Sysname] **stp bridge-diameter** 5	（可选）配置交换网络的网络直径，其他说明参见表 2-5 第 5 步。**只在 CIST 总根上生效**
14	**stp timer forward-delay** *time* 例如，[Sysname] **stp timer forward-delay** 2000	（可选）配置转发时延参数。其他说明参见表 2-5 第 6 步
15	**stp timer hello** *time* 例如，[Sysname] **stp timer hello** 400	（可选）配置 Hello Time 时间参数。其他说明参见表 2-5 第 7 步
16	**stp timer max-age** *time* 例如，[Sysname] **stp timer max-age** 1000	（可选）配置 Max Age 时间参数。其他说明参见表 2-5 第 8 步
17	**stp timer-factor** *factor* 例如，[Sysname] **stp timer-factor** 7	（可选）配置设备的超时时间因子。其他说明参见表 2-5 第 9 步
18	**stp pathcost-standard** { **dot1d-1998** | **dot1t** | **legacy** } 例如，[Sysname]**stp pathcost-standard dot1d-1998**	（可选）配置端口路径开销默认值的计算方法。其他说明参见表 2-5 第 10 步
19	**interface** *interface-type interface-number* 例如，[Sysname] **interface** gigabitethernet 1/0/1	进入以太网接口或二层以太网聚合接口视图
20	**stp transmit-limit** *limit* 例如，[Sysname-GigabitEthernet1/0/1] **stp transmit-limit** 5	（可选）配置端口的 BPDU 发送速率。其他说明参见表 2-5 第 12 步
21	**stp edged-port** 例如，[Sysname-GigabitEthernet1/0/1] **stp edged-port**	（可选）配置当前端口为边缘端口。其他说明参见 2.5.1 节
22	**stp point-to-point** { **auto** | **force-false** | **force-true** } 例如，[Sysname-GigabitEthernet1/0/1] **stp point-to-point force-true**	（可选）配置端口的链路类型。如果某端口被配置为与点对点链路（或非点对点链路）相连，那么该配置对该端口所属的 MSTI 都有效。其他说明参见 2.5.1 节
23	**stp** [**instance** *instance-list*] **cost** *cost-value* 例如，[Sysname-GigabitEthernet1/0/1] **stp instance** 1 **cost** 10	（可选）配置端口在指定 MSTI 的路径开销，可选参数 *instance-list* 参见第 10 步说明，如果未指定本参数，则表示配置端口在 CIST 的路径开销。其他说明参见表 2-5 第 13 步

步骤	命令	说明
24	**stp** [**instance** *instance-list*] **port priority** *priority* 例如，[Sysname-GigabitEthernet1/0/1] **stp instance 1 port priority** 16	（可选）配置端口在指定 MSTI 的优先级，可选参数 *instance-list* 参见第 10 步说明，如果未指定本参数，则表示配置端口在 CIST 的优先级。其他说明参见表 2-5 第 14 步
25	**quit**	返回系统视图
26	**stp port-log instance** { **all** | **instance** *instance-list* } 例如，[Sysname] **stp port-log instance** 1	（可选）打开所有（选择 **all** 选项时）或指定 MSTI（选择 **instance** *instance-list* 参数时）的端口状态变化信息显示开关，参数 *instance-list* 参见第 10 步说明。其他说明参见表 2-5 第 16 步
以下第 27～29 步用来配置开启生成树协议		
27	**stp global enable** 例如，[Sysname] **stp global enable**	全局开启生成树协议。其他说明参见表 2-5 第 17 步
28	**interface** *interface-type interface-number* 例如，[Sysname] **interface gigabitethernet** 1/0/1	进入以太网接口或二层以太网聚合接口视图
29	**stp enable** 例如，[Sysname-GigabitEthernet1/0/1] **stp enable**	（可选）在端口上开启生成树协议。其他说明参见表 2-5 第 19 步

2.7.4　配置 MSTP 高级功能

　　MSTP 除了支持 2.3.2 节介绍的 STP 高级功能及 2.5.2 节介绍的 RSTP 高级功能，还支持以下两项特有的高级功能。

　　1. 摘要监听功能

　　根据 IEEE 802.1s 规定，只有在 MST 域配置（包括域名、修订级别和 VLAN 映射关系）完全一致的情况下，相连的设备才被认为是在同一个域内。当设备开启了生成树协议以后，设备之间通过识别 BPDU 数据报文内的 MST 配置 ID（Configuration ID），判断相连的设备是否与自己处于相同的 MST 域内。配置 ID 包含域名、修订级别、配置摘要等内容。其中，配置摘要有 16 个字节，是由 HMAC-MD5 算法将 VLAN 与 MSTI 的映射关系加密计算而成的。

　　在现实网络中，一些厂商的设备在对生成树协议的实现上存在差异，即用加密算法计算配置摘要时采用私有的密钥，从而导致即使 MST 域配置相同，不同厂商的设备之间也不能实现在 MST 域内的互通。此时可通过在 H3C 设备与第三方厂商设备相连的端口上执行 **stp config-digest-snooping** 命令，开启摘要监听功能，可以实现 H3C 设备与这些厂商设备在 MST 域内的完全互通。**但只有当全局和端口上都开启了摘要监听功能后，该功能才能生效。**建议首先在所有与第三方厂商设备相连的端口上开启摘要监听功能，然后在系统视图下执行 **stp global config-digest-snooping** 命令全局开启该功能，一次性地让所有端口的配置生效，从而减少网络冲击。默认情况下，全局和端口上的摘要监听功能均处于关闭状态。

　　摘要监听功能在端口生效后，由于不再通过配置摘要的比较计算来判断是否在同一个域内，所以需要保证互连设备的域配置中，VLAN 与 MSTI 映射关系的配置相同。

【注意】全局开启摘要监听功能后，如果要修改 VLAN 与 MSTI 之间的映射关系，或执行 **undo stp region-configuration** 命令取消当前域配置，则均可能因与邻接设备的 VLAN 和 MSTI 映射关系不一致而导致环路或流量中断，因此，须谨慎操作。

不要在 MST 域的边界端口上开启摘要监听功能，否则，可能会出现环路。

2. MSTP 的 PVST 报文保护功能

对于开启 MSTP 的设备，并不识别 PVST 报文，因此，开启 MSTP 的设备会将 PVST 报文当作数据报文转发。在另一个并不相干的网络中，开启 PVST 的设备收到该报文并处理后，可能导致该网络的拓扑计算出现错误。

此时可以通过在系统视图下执行 **stp pvst-bpdu-protection** 命令配置 MSTP 的 PVST 报文保护功能来解决。在 MSTP 模式下，设备上开启了 PVST 报文保护功能后，如果端口收到了 PVST 报文，系统就将这些端口关闭。默认情况下，MSTP 的 PVST 报文保护功能处于关闭状态。

2.7.5 MSTP 配置示例

MSTP 配置示例的拓扑结构如图 2-46 所示，SWC 和 SWD 为两台接入层交换机，接入了 VLAN2～VLAN20 中的用户（图 2-46 中仅标识了 VLAN2、VLAN10、VLAN11 和 VLAN20 中的用户），SWA 和 SWB 为汇聚层交换机，分别连接了一台专用于 VLAN2～VLAN10、VLAN11～VLAN20 用户访问的服务器，以及访问外部网络的边缘路由器（Router）。这 4 台交换机采用环形连接的方式，在同一个 MST 域中，各链路的开销均采用默认值。现要求通过 MSTP 配置，使 VLAN2～VLAN10 中的流量和 VLAN11～VLAN20 中的流量沿着图 2-46 中标识的路径转发，以实现链路间的负载分担，同时要求两条不同转发路径能相互备份。

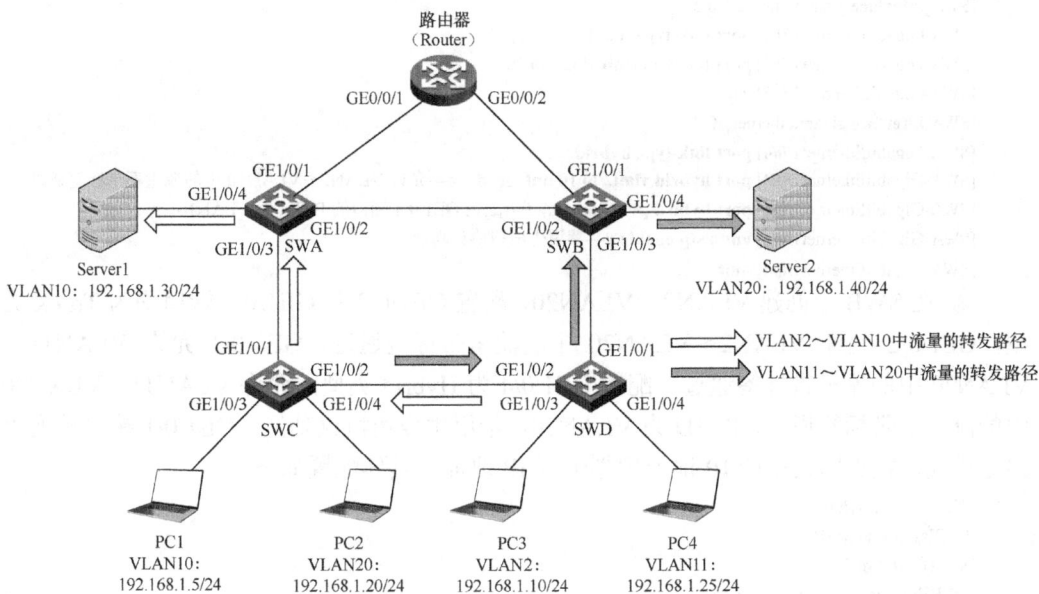

图 2-46　MSTP 配置示例的拓扑结构

1. 配置思路分析

本示例实际上共划分了 20 个 VLAN，除了手动创建的 VLAN2～VLAN20，还有一个默认不能删除的 VLAN1。现要求 VLAN2～VLAN10 和 VLAN11～VLAN20 中的流量沿着不同路径转发，可以把 VLAN2～VLAN10 与 MSTI1 映射，VLAN11～VLAN20 与 MSTI2 进行映射，默认存在的 VLAN1 保持默认与 MSTI0 的映射关系。

根据本示例的网络拓扑结构及流量转发路径的特点，需配置 MSTI1 的根桥为 SWA，MSTI2 的根桥为 SWB，MSTI0 的根桥可以根据各交换机上的 BID 配置自动选举产生。为了实现 MSTI1 和 MSTI2 两条转发路径的相互备份，要求 SWA 和 SWB 均同时创建 VLAN2～VLAN20，并且 SWA 与 SWB 之间相连的 GE1/0/3 端口要同时允许这些 VLAN 流量通过。

2. 具体配置步骤

① 在 SWA 上创建 VLAN2～VLAN20，配置 GE1/0/2 和 GE1/0/3 端口均为 Trunk 类型，GE1/0/2 允许 VLAN2～VLAN20 中的流量带标签通过，GE1/0/3 允许 VLAN2～VLAN10 中的流量带标签通过。配置 GE1/0/4 为 Hybrid 类型，允许 VLAN2～VLAN10 中的流量不带标签通过，PVID 为 VLAN10，禁用生成树协议功能。GE1/0/1 端口转换为路由模式，根据网络中的 IP 地址规划，配置 IP 地址，具体配置如下。

```
<H3C>system-view
[H3C]sysname SWA
[SWA]vlan2 to 20
[SWA]interface gigabitethernet1/0/1
[SWA-GigabitEthernet1/0/1]port link-mode route
[SWA-GigabitEthernet1/0/1]quit
[SWA]interface gigabitethernet1/0/2
[SWA-GigabitEthernet1/0/2]port link-type trunk
[SWA-GigabitEthernet1/0/2]port trunk permit vlan2 to 20
[SWA-GigabitEthernet1/0/2]quit
[SWA]interface gigabitethernet1/0/3
[SWA-GigabitEthernet1/0/3]port link-type trunk
[SWA-GigabitEthernet1/0/3]port trunk permit vlan2 to 10
[SWA-GigabitEthernet1/0/3]quit
[SWA]interface gigabitethernet1/0/4
[SWA-GigabitEthernet1/0/4]port link-type hybrid
[SWA-GigabitEthernet1/0/4]port hybrid vlan2 to 10 untagged   #---允许 VLAN2～VLAN10 中的流量不带标签通过
[SWA-GigabitEthernet1/0/4]port hybird pvid vlan10   #---配置 GE1/0/4 端口的 PVID 为 VLAN10
[SWA-GigabitEthernet1/0/4]undo stp enable #---禁用生成树协议功能
[SWA-GigabitEthernet1/0/4]quit
```

② 在 SWB 上创建 VLAN2～VLAN20，配置 GE1/0/2 和 GE1/0/3 端口均为 Trunk 类型，GE1/0/2 允许 VLAN2～VLAN20 中的流量带标签通过，GE1/0/3 允许 VLAN11～VLAN20 中的流量带标签通过。配置 GE1/0/4 为 Hybrid 类型，允许 VLAN11～VLAN20 中的流量不带标签通过，PVID 为 VLAN20，禁用生成树协议功能。GE1/0/1 端口转换为路由模式，根据网络中的 IP 地址规划配置 IP 地址，具体配置如下。

```
<H3C>system-view
[H3C]sysname SWB
[SWB]vlan2 to 20
[SWB]interface gigabitethernet1/0/1
[SWB-GigabitEthernet1/0/1] port link-mode route
```

```
[SWB-GigabitEthernet1/0/1] quit
[SWB]interface gigabitethernet1/0/2
[SWB-GigabitEthernet1/0/2] port link-type trunk
[SWB-GigabitEthernet1/0/2] port trunk permit vlan2 to 20
[SWB-GigabitEthernet1/0/2] quit
[SWB]interface gigabitethernet1/0/3
[SWB-GigabitEthernet1/0/3] port link-type trunk
[SWB-GigabitEthernet1/0/3] port trunk permit vlan11 to 20
[SWB-GigabitEthernet1/0/3] quit
[SWB]interface gigabitethernet1/0/4
[SWB-GigabitEthernet1/0/4] port link-type hybrid
[SWB-GigabitEthernet1/0/4] port hybrid vlan11 to 20 untagged
[SWB-GigabitEthernet1/0/4] port hybird pvid vlan20
[SWB-GigabitEthernet1/0/4] undo stp enable
[SWB-GigabitEthernet1/0/4] quit
```

③ 在 SWC 上创建 VLAN2~VLAN20，配置 GE1/0/1 和 GE1/0/2 端口均为 Trunk 类型，GE1/0/1 允许 VLAN2~VLAN10 中的流量带标签通过，GE1/0/2 允许 VLAN2~VLAN20 中的流量带标签通过。配置 GE1/0/3 和 GE1/0/4 端口均为 Access 类型，禁用生成树协议功能，GE1/0/3 加入 VLAN10，GE1/0/4 加入 VLAN20，具体配置如下。

```
<H3C>system-view
[H3C]sysname SWC
[SWC]vlan2 to 20
[SWC]interface gigabitethernet1/0/1
[SWC-GigabitEthernet1/0/1] port link-type trunk
[SWC-GigabitEthernet1/0/1] port trunk permit vlan2 to 10
[SWC-GigabitEthernet1/0/1] quit
[SWC]interface gigabitethernet1/0/2
[SWC-GigabitEthernet1/0/2] port link-type trunk
[SWC-GigabitEthernet1/0/2] port trunk permit vlan2 to 20
[SWC-GigabitEthernet1/0/2] quit
[SWC]interface gigabitethernet1/0/3
[SWC-GigabitEthernet1/0/3] port access vlan10
[SWC-GigabitEthernet1/0/3] undo stp enable
[SWC-GigabitEthernet1/0/3] quit
[SWC]interface gigabitethernet1/0/4
[SWC-GigabitEthernet1/0/4] port access vlan20
[SWC-GigabitEthernet1/0/4] undo stp enable
[SWC-GigabitEthernet1/0/4] quit
```

④ 在 SWD 上创建 VLAN2~VLAN20，配置 GE1/0/1 和 GE1/0/2 端口均为 Trunk 类型，GE1/0/1 允许 VLAN2~VLAN10 中的流量带标签通过，GE1/0/2 允许 VLAN2~VLAN20 中的流量带标签通过。配置 GE1/0/3 和 GE1/0/4 端口均为 Hybrid 类型，禁用生成树协议功能，GE1/0/3 同时允许 VLAN2 和 VLAN10 中的流量不带标签通过，PVID 为 VLAN2，GE1/0/4 同时允许 VLAN11 和 VLAN20 中的流量不带标签通过，PVID 为 VLAN11，具体配置如下。

```
<H3C>system-view
[H3C]sysname SWD
[SWD]vlan2 to 20
[SWD-VLAN10] quit
[SWD]interface gigabitethernet1/0/1
[SWD-GigabitEthernet1/0/1] port link-type trunk
[SWD-GigabitEthernet1/0/1] port trunk permit vlan2 to 10
```

```
[SWD-GigabitEthernet1/0/1] quit
[SWD]interface gigabitethernet1/0/2
[SWD-GigabitEthernet1/0/2] port link-type trunk
[SWD-GigabitEthernet1/0/2] port trunk permit vlan2 to 20
[SWD-GigabitEthernet1/0/2] quit
[SWD]interface gigabitethernet1/0/3
[SWD-GigabitEthernet1/0/3] port link-type hybrid
[SWD-GigabitEthernet1/0/3] port hybird vlan2 10 untagged    #---允许 VLAN2 和 VLAN10 中的流量不带标签通过
[SWD-GigabitEthernet1/0/3] port hybird pvid vlan2    #---配置 GE1/0/3 端口的 PVID 为 VLAN2
[SWD-GigabitEthernet1/0/3] undo stp enable
[SWD-GigabitEthernet1/0/3] quit
[SWD]interface gigabitethernet1/0/4
[SWD-GigabitEthernet1/0/4] port link-type hybrid
[SWD-GigabitEthernet1/0/4] port hybird vlan11 20 untagged
[SWD-GigabitEthernet1/0/4] port hybird pvid vlan11
[SWD-GigabitEthernet1/0/4] undo stp enable
[SWD-GigabitEthernet1/0/4] quit
```

⑤ 在 SWA～SWD 上配置 MSTP 工作模式，MST 域名为 Test，VLAN2～VLAN10 与 MSTI1 映射，VLAN11～VLAN20 与 MSTI2 映射，并在全局和各 VLAN 中使能生成树协议功能（VLAN 默认使能了生成树协议，因此，可不配置）。在 SWA 上配置为 MSTI1 的根桥，为 MSTI2 的备份根桥；在 SWB 为 MSTI2 的根桥，为 MSTI1 的备份根桥。

SWA 上的具体配置如下。

```
[SWA] stp mode mstp
[SWA] stp region-configuration
[SWA-mst-region] region-name test
[SWA-mst-region] instance 1 vlan2 to 10
[SWA-mst-region] instance 2 vlan11 to 20
[SWA-mst-region] active region-configuration
[SWA-mst-region] quit
[SWA] stp instance 1 root primary
[SWA] stp instance 2 root secondary
[SWA] stp global enable
```

SWB 上的具体配置如下。

```
[SWB] stp mode mstp
[SWB] stp region-configuration
[SWB-mst-region] region-name test
[SWB-mst-region] instance 1 vlan2 to 10
[SWB-mst-region] instance 2 vlan11 to 20
[SWB-mst-region] active region-configuration
[SWB-mst-region] quit
[SWB] stp instance 2 root primary
[SWB] stp instance 1 root secondary
[SWB] stp global enable
```

SWC 上的具体配置如下。

```
[SWC] stp mode mstp
[SWC] stp region-configuration
[SWC-mst-region] region-name test
[SWC-mst-region] instance 1 vlan2 to 10
[SWC-mst-region] instance 2 vlan11 to 20
[SWC-mst-region] active region-configuration
[SWC-mst-region] quit
[SWC] stp global enable
```

SWD 上的具体配置如下。

```
[SWD] stp mode mstp
[SWD] stp region-configuration
[SWD-mst-region] region-name test
[SWD-mst-region] instance 1 vlan2 to 10
[SWD-mst-region] instance 2 vlan11 to 20
[SWD-mst-region] active region-configuration
[SWD-mst-region] quit
[SWD] stp global enable
```

3. 配置结果验证

以上配置完成后，可以进行配置结果验证。

① 在各交换机上执行 **display stp region-configuration** 命令，查看 MST 域配置信息，验证是否都一致。

在 SWA 上执行 **display stp region-configuration** 命令的输出如图 2-47 所示，从中可以看出，VLAN2～VLAN10 映射到了 MSTI1，VLAN11～VLAN20 映射到了 MSTI2，VLAN1 和其他所有 VLAN 均保持默认映射，即默认映射到 MSTI0 中。

```
<SWA>display stp region-configuration
Oper Configuration
  Format selector    : 0
  Region name        : test
  Revision level     : 0
  Configuration digest : 0xae026bce3969d5e1ccc584483ad6efdd

  Instance    VLANs Mapped
  0           1, 21 to 4094
  1           2 to 10
  2           11 to 20
<SWA>
```

图 2-47　在 SWA 上执行 **display stp region-configuration** 命令的输出

在其他交换机上执行 **display stp region-configuration** 命令的输出与图 2-47 一样。

② 在各交换机上执行 **display stp root** 命令，验证 MSTI0、MSTI1 和 MSTI2 的根桥。

在 SWA 上执行 **display stp root** 命令的输出如图 2-48 所示，SWA 是 MSTI0 和 MSTI1 的根桥，因为在这两个实例中，IntPathCost 的字段值为 0。其中，MSTI0 的根桥是采用自动选举方式产生的，而 MSTI1 的根桥是通过前面的配置指定为 SWA。

```
[SWA]display stp root
MST ID   Root Bridge ID         ExtPathCost IntPathCost Root Port
0        32768.2440-c905-0200   0           0
1        0.2440-c905-0200       0           0
2        0.2440-dee8-0300       0           20          GE1/0/2
[SWA]
```

图 2-48　在 SWA 上执行 **display stp root** 命令的输出

在 SWB 上执行 **display stp root** 命令的输出如图 2-49 所示，从中可以看到，SWB 是 MSTI2 的根桥，因为在 MSTI2 中，IntPathCost 的字段值为 0，满足在前面配置中指定 SWB 为 MSTI2 根桥的要求。

```
[SWB]display stp root
MST ID   Root Bridge ID         ExtPathCost IntPathCost Root Port
0        32768.2440-c905-0200   0           20          GE1/0/2
1        0.2440-c905-0200       0           20          GE1/0/2
2        0.2440-dee8-0300       0           0
[SWB]
```

图 2-49　在 SWB 上执行 **display stp root** 命令的输出

在 SWC 上执行 **display stp root** 命令的输出如图 2-50 所示，从中可以看到，SWC 不是任何 MSTI 的根桥，这是因为它们的 IntPathCost 的字段值均不为 0。

```
[SWC]display stp root
MST ID   Root Bridge ID        ExtPathCost IntPathCost Root Port
0        32768.2440-c905-0200  0           20          GE1/0/1
1        0.2440-c905-0200      0           20          GE1/0/1
2        0.2440-dee8-0300      0           40          GE1/0/2
[SWC]
```

图 2-50　在 SWC 上执行 **display stp root** 命令的输出

③ 在各交换机上执行 **display stp brief** 命令，查看各交换机端在各 VLAN 生成树中的角色，绘制对应的生成树拓扑，验证各 MSTI 的转发路径是否满足要求。

在 SWA 上执行 **display stp brief** 命令的输出如图 2-51 所示，在 SWB 上执行 **display stp brief** 命令的输出如图 2-52 所示，在 SWC 上执行 **display stp brief** 命令的输出如图 2-53 所示，在 SWD 上执行 **display stp brief** 命令的输出如图 2-54 所示。由此可知，各交换机端口在各 MSTI 中的角色如下。

```
<SWA>display stp brief
MST ID   Port                  Role   STP State   Protection
0        GigabitEthernet1/0/2  DESI   FORWARDING  NONE
0        GigabitEthernet1/0/3  DESI   FORWARDING  NONE
1        GigabitEthernet1/0/2  DESI   FORWARDING  NONE
1        GigabitEthernet1/0/3  DESI   FORWARDING  NONE
2        GigabitEthernet1/0/2  ROOT   FORWARDING  NONE
<SWA>
```

图 2-51　在 SWA 上执行 **display stp brief** 命令的输出

```
<SWB>display stp brief
MST ID   Port                  Role   STP State   Protection
0        GigabitEthernet1/0/2  ROOT   FORWARDING  NONE
0        GigabitEthernet1/0/3  DESI   FORWARDING  NONE
1        GigabitEthernet1/0/2  ROOT   FORWARDING  NONE
2        GigabitEthernet1/0/2  DESI   FORWARDING  NONE
2        GigabitEthernet1/0/3  DESI   FORWARDING  NONE
<SWB>
```

图 2-52　在 SWB 上执行 **display stp brief** 命令的输出

```
<SWC>display stp brief
MST ID   Port                  Role   STP State   Protection
0        GigabitEthernet1/0/1  ROOT   FORWARDING  NONE
0        GigabitEthernet1/0/2  DESI   FORWARDING  NONE
1        GigabitEthernet1/0/1  ROOT   FORWARDING  NONE
1        GigabitEthernet1/0/2  DESI   FORWARDING  NONE
2        GigabitEthernet1/0/2  ROOT   FORWARDING  NONE
<SWC>
```

图 2-53　在 SWC 上执行 **display stp brief** 命令的输出

```
<SWD>display stp brief
MST ID   Port                  Role   STP State   Protection
0        GigabitEthernet1/0/1  ROOT   FORWARDING  NONE
0        GigabitEthernet1/0/2  ALTE   DISCARDING  NONE
1        GigabitEthernet1/0/2  ROOT   FORWARDING  NONE
2        GigabitEthernet1/0/1  ROOT   FORWARDING  NONE
2        GigabitEthernet1/0/2  DESI   FORWARDING  NONE
<SWD>
```

图 2-54　在 SWD 上执行 **display stp brief** 命令的输出

- MSTI0：在 MSTI0 中，SWA 为根桥，因此，SWA 的 GE1/0/2 和 GE1/0/3 均为指定端口。SWB 的 GE1/0/2 为根端口，GE1/0/3 为指定端口。SWC 的 GE1/0/1 为根

端口，GE1/0/2 为指定端口。SWD 的 GE1/0/1 为根端口，GE1/0/2 为替换端口。MSTI0 的拓扑示例如图 2-55 所示。

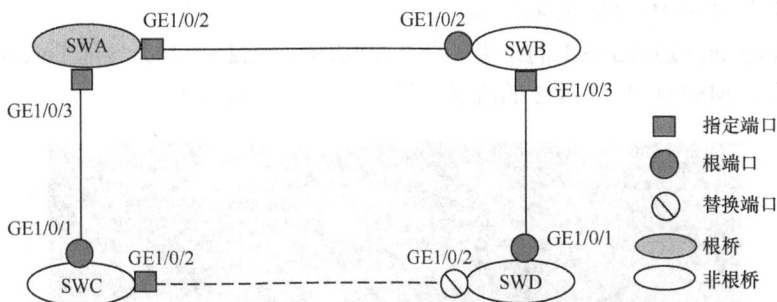

图 2-55　MSTI0 的拓扑示例

- MSTI1：在 MSTI1 中 SWA 为根桥，因此，SWA 的 GE1/0/2 和 GE1/0/3 均为指定端口。SWB 中只有 GE1/0/2 允许传输 MSTI1 中的流量，为根端口。SWC 的 GE1/0/1 为根端口，GE1/0/2 为指定端口。SWD 中只有 GE1/0/2 允许转发 MSTI1 中的流量，为根端口。MSTI1 的拓扑如图 2-56 所示。

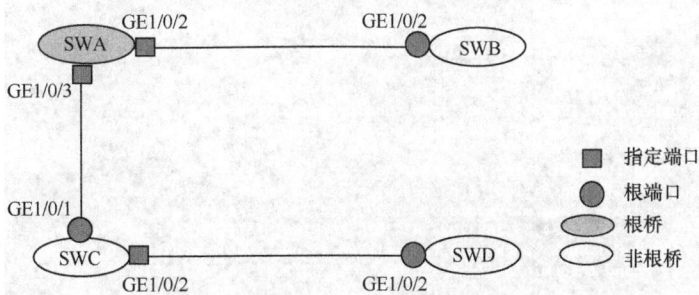

图 2-56　MSTI1 的拓扑

- MSTI2 生成树：在 MSTI2 中 SWB 为根桥，因此，SWB 的 GE1/0/2 和 GE1/0/3 均为指定端口。SWA 中只有 GE1/0/2 允许传输 MSTI2 中的流量，为根端口。SWC 只有 GE1/0/2 允许传输 MSTI2 中的流量，为根端口。SWD 的 GE1/0/1 为根端口，GE1/0/2 为指定端口。MSTI2 的拓扑如图 2-57 所示。

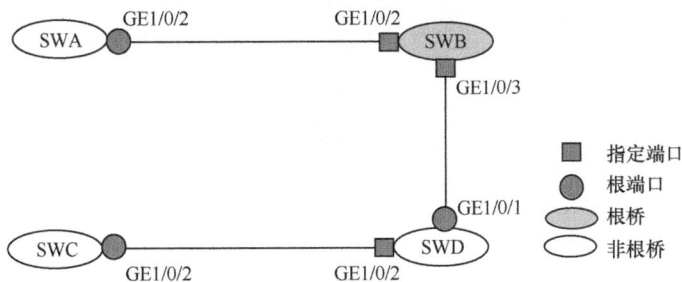

图 2-57　MSTI2 的拓扑

- 在配置好各 PC 和服务器的 IP 地址后，可以对 PC 与服务器之间的通信进行测试。

经过测试，位于 VLAN2～VLAN10 中的用户主机均可以成功 ping 通 Server1（IP 地址为 192.168.1.30/24）。位于 VLAN11～VLAN20 中的用户主机均可以成功 ping 通 Server2（IP 地址为 192.168.1.40/24）。

PC1 成功 ping 通 Server1 的结果如图 2-58 所示，PC2 成功 ping 通 Server2 的结果如图 2-59 所示，MSTI1 和 MSTI2 的流量转发路径满足预期要求。

```
<H3C>ping 192.168.1.30
Ping 192.168.1.30 (192.168.1.30): 56 data bytes, press CTRL_C to break
56 bytes from 192.168.1.30: icmp_seq=0 ttl=255 time=3.000 ms
56 bytes from 192.168.1.30: icmp_seq=1 ttl=255 time=1.000 ms
56 bytes from 192.168.1.30: icmp_seq=2 ttl=255 time=1.000 ms
56 bytes from 192.168.1.30: icmp_seq=3 ttl=255 time=1.000 ms
56 bytes from 192.168.1.30: icmp_seq=4 ttl=255 time=1.000 ms

--- Ping statistics for 192.168.1.30 ---
5 packet(s) transmitted, 5 packet(s) received, 0.0% packet loss
round-trip min/avg/max/std-dev = 1.000/1.400/3.000/0.800 ms
<H3C>%Mar 11 16:18:41:545 2024 H3C PING/6/PING_STATISTICS: Ping statistics f
or 192.168.1.30: 5 packet(s) transmitted, 5 packet(s) received, 0.0% packet
loss, round-trip min/avg/max/std-dev = 1.000/1.400/3.000/0.800 ms.

<H3C>
```

图 2-58　PC1 成功 ping 通 Server1 的结果

```
<H3C>ping 192.168.1.40
Ping 192.168.1.40 (192.168.1.40): 56 data bytes, press CTRL_C to break
56 bytes from 192.168.1.40: icmp_seq=0 ttl=255 time=4.515 ms
56 bytes from 192.168.1.40: icmp_seq=1 ttl=255 time=2.007 ms
56 bytes from 192.168.1.40: icmp_seq=2 ttl=255 time=1.233 ms
56 bytes from 192.168.1.40: icmp_seq=3 ttl=255 time=1.945 ms
56 bytes from 192.168.1.40: icmp_seq=4 ttl=255 time=2.677 ms

--- Ping statistics for 192.168.1.40 ---
5 packet(s) transmitted, 5 packet(s) received, 0.0% packet loss
round-trip min/avg/max/std-dev = 1.233/2.475/4.515/1.118 ms
<H3C>%Mar 11 16:34:53:165 2024 H3C PING/6/PING_STATISTICS: Ping statistics f
or 192.168.1.40: 5 packet(s) transmitted, 5 packet(s) received, 0.0% packet
loss, round-trip min/avg/max/std-dev = 1.233/2.475/4.515/1.118 ms.
```

图 2-59　PC2 成功 ping 通 Server2 的结果

通过上述验证，可以证明以上配置是正确的，也是满足用户需求的。

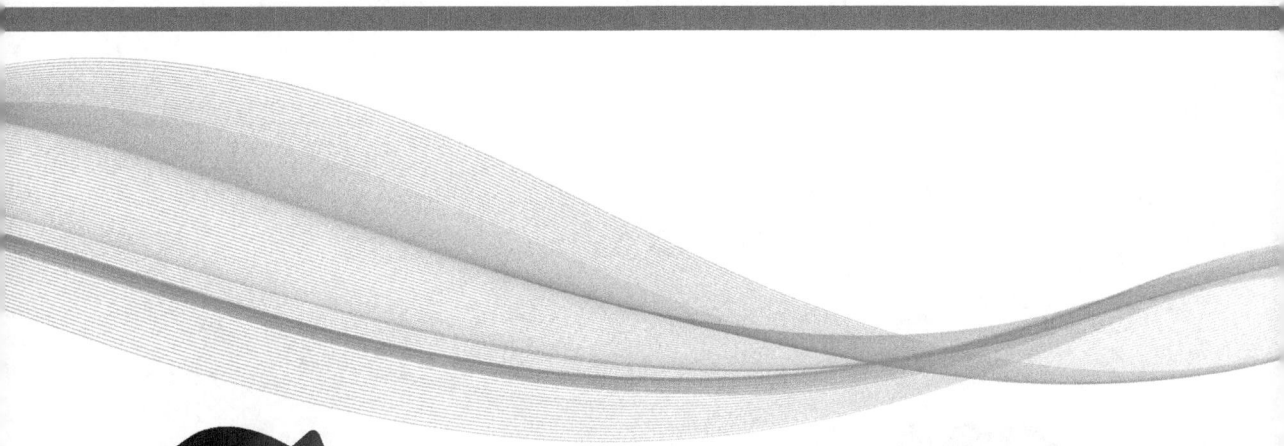

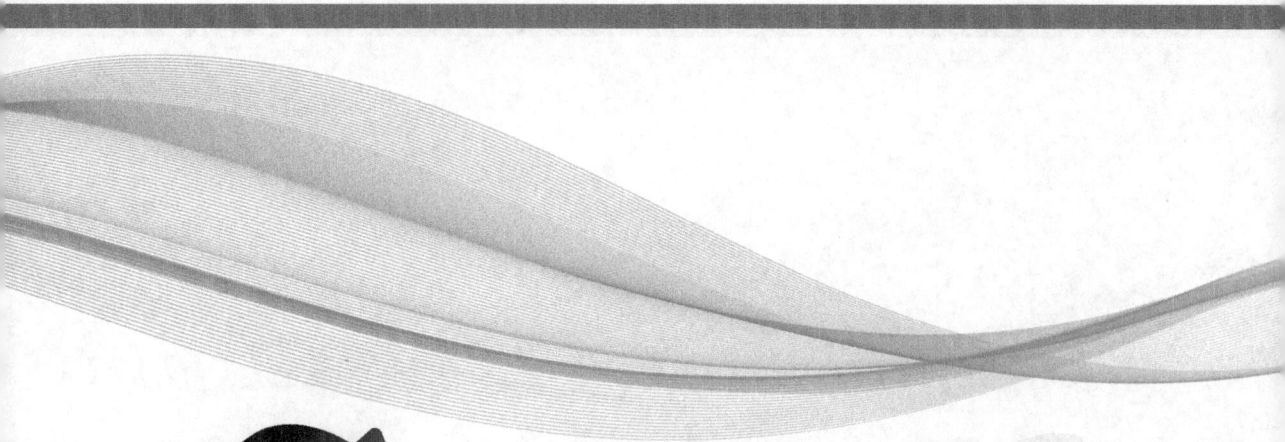

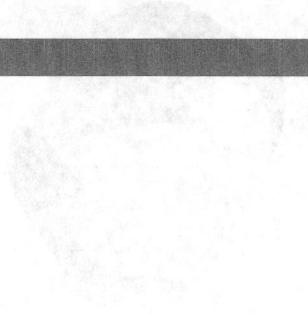

第3章
DLDP 和 RRPP

本章主要内容

3.1 DLDP

3.2 RRPP 基础

3.3 RRPP 配置

　　设备链路检测协议（Device Link Detection Protocol，DLDP）和快速环网保护协议（Rapid Ring Protection Protocol，RRPP）都是用于提高网络可靠性的技术，且最初都是华为开发的私有协议。

　　DLDP 通过在链路层监控光纤或双绞网线的链路状态，可以检测出链路连接是否正确，主要用于检测光网络中单向链路。RRPP 是一个专门应用于以太环网的链路层协议，主要用于破除环网中的数据转发环路，当以太环网完整时，它能够防止数据环路引起的广播风暴，而当以太环网上的链路断开时，它能迅速恢复环网上各个节点之间的通信链路。与生成树协议相比，RRPP 的收敛速度更快，且收敛时间与环网上节点数无关，可应用于网络直径较大的网络。

3.1 DLDP

在网络维护中可能会发现一种特殊的现象，那就是一条链路只有一个方向是通的，例如本端设备可以接收到对端设备发送的数据，但对端设备却收不到本端设备发送的数据。这在光纤网络中更为常见，主要是连接错误，例如两端不同光口中的光纤交叉相连，或光口中有一条光纤未连接或断路。

出现单向链路故障时，通过设备自身的物理层检测机制（例如自动协商机制）是无法检测到的。这是因为物理层检测机制只负责进行物理信号和故障的检测，而在单向链路情形中，物理层仍是连通状态。

DLDP 是一种二层链路协议，可用来检测光纤或双绞网线的单向链路故障。DLDP 通过在数据链路层监控光纤或双绞网线的链路状态，与物理层检测机制协同工作，可检测链路连接是否正确、链路两端是否可以正常交互报文。当发现单向链路时，DLDP 会根据用户配置自动关闭或由用户手动关闭相关接口，以避免数据沿着不对的路径错误转发。

3.1.1 DLDPDU

DLDP 属于慢协议（Slow Protocol）中的一种。DLDP 通过与对方交互协议报文设备链路检测协议数据单元（Device Link Detection Protocol Data Unit，DLDPDU）来识别对端设备、检测单向链路。DLDPDU 采用 Ethernet II 以太网帧格式封装，DLDPDU 位于数据部分。DLDPDU 的封装格式如图 3-1 所示。

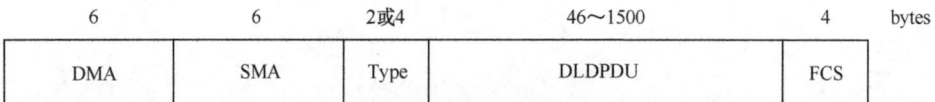

6	6	2或4	46~1500	4	bytes
DMA	SMA	Type	DLDPDU	FCS	

图 3-1 DLDPDU 的封装格式

① DMA（Destination MAC Address，目标 MAC 地址）：6 个字节，固定为组播地址 010f-e200-0001。

② SMA（Source MAC Address，源 MAC 地址）：6 个字节，为发送 DLDP 报文的端口的 MAC 地址。

③ Type：报文类型，采用慢协议特定的值 0x8809。

④ DLDPDU：DLDP 报文，包括以下几个子字段。

- Identifier（标识）：用于标识 DLDP 的类型扩展，目前只支持一种类型，固定为 0x0001。
- Version（版本）：DLDP 版本号，目前固定为 0x01。
- DLDP Type（类型）：标识 DLDP 报文类型（具体将在下节介绍），主要 DLDP 报文该字段的取值是：Advertisement 为 0x01、Probe 为 0x02、Echo 为 0x03、Disable 报文 0x06、LinkDown 报文 0x07、RecoverProbe 为 0x08、RecoverEcho 为 0x09。

- FLAG：标识特定类型的 DLDP 报文中的子类型。目前，只有 Advertisement 报文定义了子类型，通过 RSY 和 Flush 标志位进行标志。其中，RSY 标志表明本端口处于 Active 状态或者本端口的邻居信息发生了老化，请求邻居进行邻居信息同步。Flush 标志表示本端口中将关闭 DLDP，触发对端将本端口的邻居信息从邻居中删除。
- Auth-mode（认证模式）：DLDP 目前支持 3 种认证模式，即 0x00 表示不认证，0x01 表示明文认证，0x02 表示 MD5 认证。
- Password（密码）：指定认证密码，如果不认证，则该字段值全为 0，采用明文认证方式时为密码的 ASCII 码，采用 MD5 认证方式为密码经过 MD5 算法加密运算后的密码摘要。
- Interval：标识本设备发送 Advertisement 报文的时间间隔。
- Reserved（保留）：供以后扩展用，目前该字段取值为 0。
- Host MAC Address：本端设备的桥 MAC 地址。
- Host Port Identifier：本端的端口编号为端口索引值。
- Neighbor Info：邻居信息，是邻居端口编号和邻居设备的桥 MAC 地址生成的 MD5 摘要。不携带邻居信息的 DLDP 报文中，此字段的值全为 0。

3.1.2　DLDP 报文

DLDP 是通过在邻居之间交互 DLDP 报文建立邻居关系并进行链路状态检测的。DLDP 主要包括以下类型等报文。

① Advertisement（通告）报文：通告邻居自己的存在，包括 RSY 标志位置位的 Advertisement 报文（也称为 RSY 报文）和 Flush 标志位置位的 Advertisement 报文（也称为 Flush 报文）。RSY 报文在本端口没有邻居信息或者邻居信息老化超时后发送，其目标是请求同步邻居的信息。Flush 报文用于通知邻居删除本端邻居信息只带本地端口信息。所有 Advertisement 报文中只有本地端口的信息，不需要对方应答。

② Probe（探测）报文：用于探测邻居的存在性，需要对方应答 Echo 报文。报文中携带本地端口信息，可以选择是否携带邻居信息。如果不携带邻居信息，则表示对所有的邻居进行探测；如果携带邻居信息，则表示仅对指定邻居进行探测。

③ Echo（回显）报文：是 Probe 报文的应答报文，携带了应答端口的端口信息和保存的邻居信息。发送 Probe 报文的端口收到 Echo 报文时，需要检查 Echo 报文中携带的邻居信息是否和本地端口信息一致。如果信息一致，则本地端口和该邻居端口之间为双通状态，否则为单通状态。

④ RecoverProbe（恢复探测）报文：用于检测链路是否恢复。该报文不携带邻居信息，只携带本地端口信息，需要对端以 RecoverEcho 报文进行响应。

⑤ RecoverEcho（恢复回显）报文：是 Recover Probe 报文的应答报文，携带邻居信息。发送 RecoverProbe 报文的端口收到 RecoverEcho 报文后，如果发现 RecoverEcho 报文中的邻居信息与本地端口相同，则认为链路已经恢复为双通状态，否则保持单通状态。

⑥ Disable（禁用）报文：通知对端本端进入了 DLDP Disable 状态。Disable 报文不携带邻居信息，只携带本地端口信息。当端口检测到单向链路进入 Disable 状态时，向

邻居发送 Disable 报文，收到 Disable 报文的端口也即刻进入 Disable 状态。

⑦ LinkDown（链路关闭）报文：通知单向链路的紧急情况，不携带邻居信息，只携带本地端口信息。在某些情况下，一端的物理层能够发现链路出现了异常，例如端口光纤的 Rx 线中断，但 Tx 线完好，此时本端设备认为该端口呈现物理 Down 状态，但对端由于物理层能检测到 Rx 信号，认为端口的工作状态正常。为了避免对端需要等待邻居老化定时器超时（3 倍的 Advertisement Interval）才能发现链路异常，DLDP 立即向对方发送 LinkDown 报文。对端收到该报文后，则迁移到 Disable 状态，端口设为 DLDP Down（自动关闭模式）或者向用户告警（手动关闭模式）。

3.1.3　DLDP 基本概念

1. DLDP 邻居状态

开启了 DLDP 功能的接口简称为 DLDP 接口。DLDP 接口可以有一个或多个 DLDP 邻居，DLDP 邻居有以下两种状态。

① Confirmed（确定）：链路双通（Bidirectional）时的 DLDP 邻居状态。

② Unconfirmed（未确定）：发现新邻居但未确认链路双通时的 DLDP 邻居状态。

2. DLDP 接口状态

DLDP 接口状态与全局接口是否全部开启了 DLDP 功能，这与各 DLDP 邻居的状态相关。DLDP 的接口状态见表 3-1。

表 3-1　DLDP 的接口状态

状态	说明
Initial（初始）	当接口开启了 DLDP 功能，但全局尚未开启 DLDP 功能时的接口状态
Inactive（非活动）	当接口和全局均已开启了 DLDP 功能，但链路物理 Down 状态时的接口状态
Bidirectional（双通）	当接口和全局均已开启 DLDP 功能，且有至少一个处于确定状态下的邻居时的接口状态
Unidirectional（单通）	当接口和全局均已开启 DLDP 功能，但没有处于确定状态下的邻居时的接口状态，**处于此状态的接口只能收发 DLDP 报文**

3. DLDP 定时器

DLDP 定时器的说明见表 3-2。

表 3-2　DLDP 定时器的说明

定时器	说明
Advertisement 发送定时器	Advertisement 报文的发送间隔（默认为 5s，可配置）
Probe 发送定时器	Probe 报文的发送间隔（固定为 1s）
Echo 等待定时器	对邻居进行探测时会启动此定时器，如果该定时器超时，则删除对应的邻居关系（固定为 10s）
邻居老化定时器	每个新邻居的加入都要建立 DLDP 邻居表项。当邻居处于确定状态时，开始启动对应的邻居老化定时器，当收到邻居的 Advertisement 报文时，刷新对应邻居表项的邻居老化定时器。如果某邻居表项的邻居老化定时器超时，则启动该邻居的加强探测定时器和 Echo 等待定时器。邻居老化定时器的值是 Advertisement 发送定时器值的 3 倍

定时器	说明
加强探测定时器	Probe 报文的发送间隔（固定为 1s）。当某邻居的邻居老化定时器超时，则启动该邻居的加强探测定时器，并发送 Probe 报文，同时启动 Echo 等待定时器
DelayDown 定时器	接口物理状态为 Down 时不会立即删除所有邻居，而是先启动 DelayDown 定时器（默认为 1s，可配置），该定时器超时后，再核对接口的物理状态：如果仍为 Down 状态，则删除 DLDP 邻居信息；如果已变为 Up 状态，则不进行任何处理
恢复探测定时器	RecoverProbe 报文的发送间隔（固定为 2s）。处于单通状态的接口会定期发送 RecoverProbe 报文来检测单向链路是否恢复

4. DLDP 认证模式

启用了 DLDP 功能后，会发送前面介绍的多种 DLDP 报文，而且频次较高，会消耗一定的设备和网络带宽资源。为了防止利用 DLDP 功能进行网络攻击和恶意探测，DLDP 支持认证功能。启用 DLDP 认证功能后，将接收的 DLDP 报文的认证信息与本端配置进行比较。如果配置一致，则认证通过，接收报文，否则，丢弃该报文。

DLDP 支持以下 3 种认证模式。

① 不认证：不进行认证。此时，DLDP 报文中"Auth-mode"（认证模式）字段的值为 0x00，"Password"（密码）字段值为全 0。

② 明文认证：采用明文密码认证。此时，DLDP 报文中"Auth-mode"（认证模式）字段的值为 0x01，"Password"（密码）字段值为全 ASCII 码。

③ MD5 认证：采用 MD5 加密认证。此时，DLDP 报文中"Auth-mode"（认证模式）字段的值为 0x02，"Password"（密码）字段值为用 MD5 算法加密后的密码摘要。

3.1.4　DLDP 邻居建立过程

开启了 DLDP 功能，在收到对端发来的 DLDP 报文后，就可以与对端建立 DLDP 邻居关系。在 DLDP 邻居建立的过程中，主要用到 Probe、Echo、Advertisement、RecoverProbe 和 RecoverEcho 这几种 DLDP 报文。

DLDP 邻居建立示例如图 3-2 所示。Device A 与 Device B 已通过一对光纤正确连接，并配置好了 DLDP 基本功能。开启了 DLDP 功能的接口最先进入 Initial（初始）状态，然后转变为 Unidirectional（单通）状态。

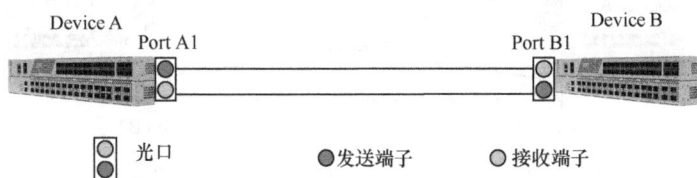

图 3-2　DLDP 邻居建立示例

① 假设处于物理 Up 状态的 Device A Port A1 端口先进入单通状态，向外发送 RecoverProbe 报文。RecoverProbe 报文不携带邻居信息，只携带本地端口 Port A1 信息。

② Port B1 在收到 RecoverProbe 报文后，会回应 RecoverEcho 报文，其中包含通过 RecoverProbe 报文获知的 Port A1 邻居信息。

③ Port A1 在收到 RecoverEcho 报文后，发现该报文中携带的邻居信息与本地端口相同，于是与 Port B1 建立确定的邻居关系，Port A1 的端口状态由单通变为双通（Bidirectional），同时启动该邻居的老化定时器，并定期向 Port B1 邻居发送携带有本地端口信息（不包括邻居信息）的 Advertisement 报文。

④ Port B1 在收到 Advertisement 报文后，与 Port A1 建立未确定的邻居关系（这是因为 Advertisement 报文不携带邻居信息），同时为该邻居启动 Echo 等待定时器和 Probe 发送定时器，定期发送携带有未确定邻居 Port A1 的 Probe 报文。

⑤ Port A1 在收到 Probe 报文后，向 Port B1 邻居回应 Echo 报文，携带了本地端口信息和已保存的 Port B1 邻居信息。

⑥ Port B1 在收到 Echo 报文后，发现该报文中携带的邻居信息和本地端口相同，于是将与 Port A1 的邻居状态由未确定状态切换为确定状态，Port B1 的端口状态则由单通切换为双通，同时启动 Port A1 邻居的老化定时器，并定期向 Port A1 邻居发送 Advertisement 报文。

至此，Port A1 与 Port B1 之间成功建立了双通邻居关系，邻居关系是通过相互发送 Advertisement 报文来维持的。

3.1.5　DLDP 检测机制

启用了 DLDP 功能的接口可以有一个或多个 DLDP 邻居，因此，DLDP 检测也分单邻居检测和多邻居检测两种。

1. 单邻居检测

当两台设备通过光纤或双绞网线直接相连时，可以在这两台设备之间启用 DLDP 来检测单向链路，此时这两台设备互连的端口就互为 DLDP 邻居。

单邻居时出现单向链路可能是由于光纤或双绞网线连接错误，也可能是运行过程中出现故障。光纤交叉连接情形下的 DLDP 检测示例如图 3-3 所示，Device A 与 Device B 之间本来通过两组光口（每个光口有两个端子，各连接一条光纤，分别用于接收和发送数据）进行双链路连接的，但光纤连接时出现了交叉连接（同一个光口的两个端子不是连接到对端同一个光口上）。

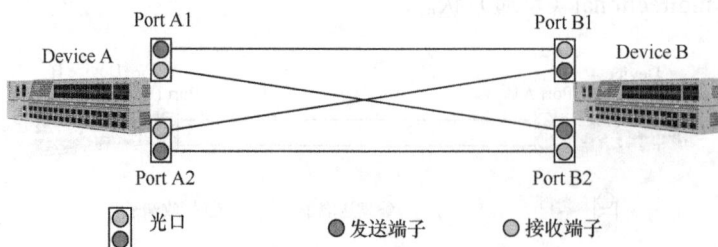

图 3-3　光纤交叉连接情形下的 DLDP 检测示例

此时，如果在各光口上开启 DLDP 功能后，处于 Up 状态的 4 个光口都会先进入单通状态，然后向外发送 RecoverProbe 报文。下面以 Port A1 为例介绍单向链路的检测原理。

① 假设 Port B2 先发送携带了本地端口信息的 RecoverProbe 报文，此时与 Port B2 发送端子相连的 Port A1 接收端子会收到该 RecoverProbe 报文。

② Port A1 收到 Port B2 发来的 RecoverProbe 报文后，回应 RecoverEcho 报文。其中，包含通过 RecoverProbe 报文获知的 Port B2 邻居信息。但由于 Port A1 的发送端子连接的不是 Port B2，而是 Port B1，所以 Port B2 无法收到 Port A1 发来的 RecoverEcho 报文，不会与 Port A1 建立邻居关系，仍保持单通状态。

③ Port B1 在收到来自 Port A1 的 RecoverEcho 报文，但由于该报文中携带的邻居信息不是 Port B1，而是 Port B2，所以 Port B1 也不会与 Port A1 建立邻居关系，仍保持单通状态。

其他 3 个光口上的检测过程与 Port A1 类似，最终导致这 4 个光口都处于单通状态。

光纤正确连接情形下，出现单通状态的 DLDP 检测示例如图 3-4 所示，Device A 和 Device B 通过单组光纤相连。

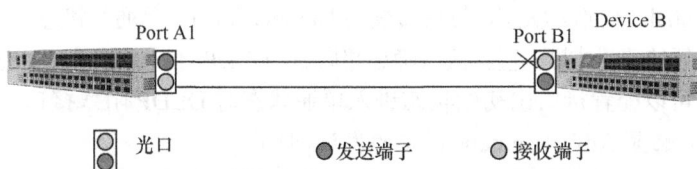

图 3-4 光纤正确连接情形下，出现单通状态的 DLDP 检测示例

在开启 DLDP 功能之后，光纤连接起初是正常的，Port A1 与 Port B1 之间的双通邻居也已经建立好。后面假设 Port B1 的接收端子突发故障而无法接收信号，该端口将进入非活动状态，但此时由于其发送端子尚能发送信号给 Port A1，所以 Port A1 还处于 Up 状态。Port A1 在邻居老化定时器超时后，将启用加强探测定时器和 Echo 等待定时器，并向邻居 Port B1 发送 Probe 报文。但由于 Port B1 的接收端子已断路，在 Echo 等待定时器超时后，Port A1 仍将收不到 Port B1 回应的 Echo 报文，所以 Port A1 进入单通状态，并向 Port B1 发送 Disable 报文通知对端删除本端邻居信息，但 Port B1 也接收不到 Disable 报文。同时，Port A1 也因为迟迟收不到 Port B1 的 Echo 报文，会删除邻居 Port B1，并启动恢复探测定时器以检测链路是否恢复。

2. 多邻居检测

当多台设备通过 Hub 相连时，也可以在这些设备之间启用 DLDP 来检测单向链路，此时每个接口都会检测到一个以上的 DLDP 邻居，因此，称为多邻居检测。在多邻居组网环境中，为了能正确检测出单向链路，要求在所有与 Hub 相连的接口上都启用 DLDP。多邻居 DLDP 接口仅当发现没有一个处于确定状态的邻居才进入单通状态，只要有一个处于确定状态的邻居，都会处于双通状态。

DLDP 多邻居检测示例如图 3-5 所示，Device A～Device D 都通过一台 Hub（连接器）相连，各设备都支持 DLDP。当 Port A1、Port B1 和 Port C1 发现与 Port D1 出现连接故障后，都将删除该邻居，Port A1、Port B1 和 Port C1 仍保持双通状态。这是因为这 3 个接口之间仍是确定状态的邻居关系。Port D1 将进入单通状态，这是因为它与 Port A1、Port B1 和 Port C1 的连接都不通。

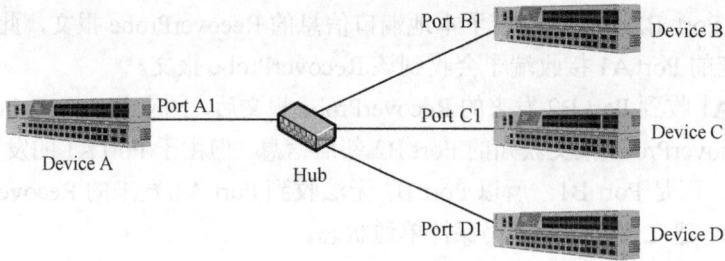

图 3-5　DLDP 多邻居检测示例

3.1.6　DLDP 配置

DLDP 主要包括的配置任务如下。

1. 开启 DLDP 功能

必须在系统视图和接口视图下同时开启 DLDP 功能。默认情况下，开启了 DLDP 功能的接口最先进入 Initial（初始）状态，然后转变为 Unidirectional（单通）状态，并立即阻塞该接口，从而造成短暂的流量中断，直至接口确定邻居后，DLDP 才打开该接口，进入 Bidirectional（双通）状态。可以配置接口由初始状态进入单通状态时 DLDP 阻塞接口的延迟时间。

2.（可选）配置 Advertisement 报文的发送间隔

Advertisement 报文不需要对端回应，也不携带邻居信息，仅起到一个告知对方自己的存在信息，类似于路由协议中的 Keepalive（保持活跃）消息。通过合理调整 Advertisement 报文的发送间隔，可使 DLDP 在不同的网络环境下都能够及时发现单向链路（建议采用默认值）。

3.（可选）配置 DelayDown 定时器的超时时间

有些接口当其 Tx（发送）端发生故障时，会引起 Rx（接收）端光信号的抖动（表现为该接口 Down 后随即又 Up）。为了避免在这种情况下错误清除邻居信息，DLDP 会在接口物理 Down 时，先启动 DelayDown 定时器。该定时器超时后，再核对接口的物理状态：如果仍为 Down，则删除 DLDP 邻居信息；如果已变为 Up，则不进行任何处理。

本配置将应用于所有开启了 DLDP 功能的接口上。

4.（可选）配置 DLDP 发现单向链路后接口的关闭模式

当 DLDP 检测到单向链路时，可以采用以下方式关闭单通接口。

① 自动模式：在此模式下，如果 DLDP 检测到单向链路，会自动关闭单通接口；如果单向链路重新恢复为双向链路，则 DLDP 又会自动打开被关闭的接口。

② 手动模式：在此模式下，如果 DLDP 检测到单向链路，则不会直接关闭单通接口，而是需要用户手动将其关闭。当用户想知道链路是否恢复为双向链路时，需要执行 **undo shutdown** 命令打开端口重新检测链路。如果检测到链路恢复为双向链路，则接口恢复正常。当网络性能较差、设备业务量较大，或 CPU 利用率较高时，都容易造成 DLDP 对单通的误判而自动关闭接口，手动模式就是为了避免这种误判而采取的一种折中方案。

③ 混合模式：在此模式下，如果 DLDP 检测到单向链路，则会自动关闭单通接口；当用户想知道链路是否恢复为双向链路时，需要执行 **undo shutdown** 命令打开端口重新

检测链路，如果检测到链路恢复为双向链路，则接口恢复正常。

关闭模式既可在系统视图下配置，又可以在具体的接口视图下配置，接口视图下的配置优先级高于系统视图下的配置优先级。

5.（可选）配置 DLDP 的认证模式和密码

通过配置适当的 DLDP 认证模式和密码，可以防止网络攻击和恶意探测。DLDP 的认证模式包括不认证、明文认证和 MD5 认证 3 种。

只有全局和接口开启 DLDP 功能是必选配置任务。DLDP 的配置步骤见表 3-3。

表 3-3　DLDP 的配置步骤

步骤	命令	说明
1	**system-view**	进入系统视图
2	**dldp enable** 例如，[Sysname] **dldp enable**	全局开启 DLDP 功能。要启用 DLDP 功能，必须同时在全局和接口上开启 DLDP 功能。 默认情况下，DLDP 功能处于全局关闭状态
3	①**interface** *interface-type interface-number* ②**dldp enable** [**initial-unidirectional-delay** time] 例如，[Sysname-GigabitEthernet1/0/1] **dldp enable initial-unidirectional-delay 100**	开启接口的 DLDP 功能和配置由初始状态进入单通状态时 DLDP 阻塞接口的延迟时间。可选参数 **initial-unidirectional-delay** *time* 用来指定接口由初始状态进入单通状态时 DLDP 阻塞接口的延迟时间，取值为 60～300，单位为 s。如果不指定该参数，则表示接口由初始状态进入单通状态时 DLDP 立即阻塞接口。 默认情况下，接口上的 DLDP 功能处于关闭状态，且接口由初始状态进入单通状态时 DLDP 阻塞接口无延迟
4	**quit**	退出接口视图，返回系统视图
5	**dldp interval** *interval* 例如，[Sysname] **dldp interval 20**	配置 Advertisement 报文的发送间隔，取值为 1～100，单位为 s。 本配置将应用于所有开启了 DLDP 功能的接口上。如果是光口，则需确保通过光纤或网线连接的两台设备上 Advertisement 报文的发送间隔相同，否则，DLDP 将无法正常工作。 默认情况下，Advertisement 报文的发送间隔为 5s
6	**dldp unidirectional-shutdown** { **auto**	**hybrid**	**manual** } 例如，[Sysname] **dldp unidirectional-shutdown manual**	全局配置 DLDP 发现单向链路后接口的关闭模式。 • **auto**：多选一选项，表示自动模式。在此模式下，如果 DLDP 检测到单向链路，则会自动关闭单通接口；如果单向链路恢复为双向链路，则 DLDP 会自动打开被关闭的接口。 • **hybrid**：多选一选项，表示混合模式。在此模式下，如果 DLDP 检测到单向链路，则会自动关闭单通接口。 • **manual**：多选一选项，表示手动模式。在此模式下，如果 DLDP 检测到单向链路，则不会直接关闭单通接口，需要用户手动将其关闭；当用户想知道链路是否恢复为双向链。 全局上的配置对设备上所有接口有效，但配置优先级低于接口配置。 默认情况下，DLDP 发现单向链路后，所有接口的关闭模式为自动模式

步骤	命令	说明
6	①interface *interface-type interface-number* ②dldp port unidirectional-shutdown { auto | hybrid | manual } 例如，[Sysname-GigabitEthernet1/0/1] **dldp port unidirectional-shutdown manual**	（可选）在接口上配置 DLDP 发现单向链路后接口的关闭模式。各模式的说明同全局配置。 默认情况下，DLDP 发现单向链路后，接口的关闭模式采用全局配置
7	dldp authentication-mode { md5 | none | simple } 例如，[Sysname] **dldp authentication-mode simple**	配置当前设备与邻居设备间的 DLDP 认证模式。 • **md5**：多选一选项，表示认证模式为 MD5 认证。 • **none**：多选一选项，表示认证模式为不认证。 • **simple**：多选一选项，表示认证模式为明文认证。 需确保两台设备间通过光纤或网线连接的接口上配置的 DLDP 认证模式和认证密码都相同，否则，DLDP 将无法正常工作。 默认情况下，当前设备与邻居设备间的 DLDP 认证模式为不认证
8	dldp authentication-password { cipher | simple } *string* 例如，[Sysname] **dldp authentication-password simple** abc	配置当前设备与邻居设备间的 DLDP 认证密码。 • **cipher**：二选一选项，以密文方式设置密码。 • **simple**：二选一选项，以明文方式设置密码，该密码将以密文形式存储。 • *string*：密码字符串，区分大小写。明文密码为 1～16 个字符的字符串，密文密码为 1～53 个字符的字符串。**如果没有配置认证密码，则认证模式将仍不生效。** 默认情况下，未配置当前设备与邻居设备间的 DLDP 认证密码

在完成上述配置后，在任意视图下执行以下 **display** 命令查看配置后 DLDP 的运行情况及报文统计信息，验证配置效果；在用户视图下执行以下 **reset** 命令清除 DLDP 报文统计信息。

- **display dldp** [**interface** *interface-type interface-number*]：查看所有或指定接口的 DLDP 信息。
- **display dldp statistics** [**interface** *interface-type interface-number*]：查看所有或指定接口的 DLDP 报文统计信息。
- **reset dldp statistics** [**interface** *interface-type interface-number*]：清除所有或指定接口的 DLDP 报文统计信息。

3.2　RRPP 基础

在城域网和企业网的网络规划，以及实际组网应用中，大多会采用环网结构来提高网络的可靠性。采用环网结构的好处是：当环上任意一个节点或节点之间的链路发生故障时，都可以将数据流量切换到备份链路上，以保障业务的顺利进行。

采用环网结构同时也会带来广播风暴的问题，目前，已经有包括令牌环网（Token Ring）、光纤分布式数字接口（Fiber Distributed Digital Interface，FDDI）、同步数字体系/同步光纤网络（Synchronous Digital Hierarchy/Synchronous Optical Network，SDH/SONET）、弹性分组环（Resilient Packet Ring，RPR）等多种协议可以用来解决环路广播风暴的问题。但在这些技术中，当故障发生时，数据流量切换到备份链路（即网络收敛）还需要一定的时间，对业务会造成一定影响。

为了缩短收敛时间，消除网络大小对收敛速度的影响，华为公司开发了专门应用于环网保护的 RRPP。RRPP 是一个专门应用于环形以太网（简称"以太网环网"），破除数据转发环路的链路层协议。相比前面介绍的几种以太环网技术，RRPP 具有以下优势。

- 收敛时间与环网上节点数无关，收敛效率更高，可应用于网络节点较多的网络。
- 在以太网环完整时，能够防止数据环路引起的广播风暴；当以太网环上一条链路断开时，又能迅速启用备份链路，恢复环网上各个节点之间的通信通路。

3.2.1 RRPP 基本概念

RRPP 组网示例如图 3-6 所示，RRPP 可将以太网环上的设备划分为不同角色的节点，各节点之间通过收发和处理 RRPP 报文来检测环网状态、传递环网拓扑变化信息。下面是在 RRPP 环网中的一些基本概念。

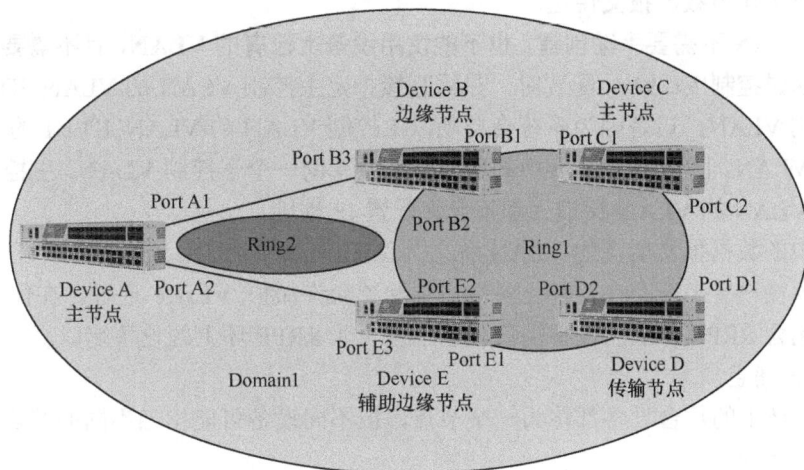

图 3-6　RRPP 组网示例

1. RRPP 域

RRPP 域是环网中各设备共享同一组参数配置的逻辑边界，通过域 ID 进行唯一标识。这组共同的参数包括相同域 ID 和相同的控制 VLAN，且域中各设备必须组成闭环连接。一个 RRPP 域包括主环、子环、控制 VLAN、主节点、传输节点、边缘节点、辅助边缘节点、主端口、副端口、公共端口和边缘端口等元素。节点就是交换机设备。

在图 3-6 中，Domain1 就是一个 RRPP 域，它包含了两个 RRPP 环：Ring1 和 Ring2。这两个环上的所有节点都属于这个 RRPP 域，不在环上的设备不属于 RRPP 域。

2. RRPP 环

一个封闭连接的以太网环形拓扑就是一个 RRPP 环。一个 RRPP 域可以包括一个或多个 RRPP 环，但每个环中的设备必须互通。如果 RRPP 域名包括多个环，则可划分为一个主环（**有且只能有一个主环**）和一个或多个子环，主环的级别为 0，所有子环的级别均为 1。子环与主环之间可以相交或相切，不能完全隔离。**一个 RRPP 域中可以只有主环，但不能只有子环。** RRPP 环有以下两种状态。

- 健康状态：整个环网的物理链路是连通的。
- 断裂状态：环网中某一处或多处物理链路断开。

在图 3-6 中，RRPP 域 Domain1 中包含了 Ring1 和 Ring2 两个 RRPP 环，可以根据需要设置其中一个环为主环，另一个为子环。Ring1 中包括 Device B～Device E 共 4 台物理连通设备，Ring2 中包括 Device A、Device B 和 Device E 共 3 台物理连通的设备，两个环之间通过 Device B 和 Device E 这两台设备相交。

3. 控制 VLAN 和保护 VLAN

在 RRPP 环网中，RRPP 报文是在专门的 VLAN 中传输的，这个 VLAN 就是控制 VLAN（Control VLAN）。如果有多个环，则主环的控制 VLAN 称为主控制 VLAN，所有主环上的设备端口都自动加入（**不需要配置**）主控制 VLAN。子环的控制 VLAN 称为子控制 VLAN，所有子环上的设备端口都自动加入子控制 VLAN。主环中的 RRPP 报文在主控制 VLAN 中传播，子环中的 RRPP 报文在子控制 VLAN 中传播，**子环的 RRPP 报文在主环中作为数据报文传送。**

控制 VLAN 不需要手动创建，也不能使用设备上已有的 VLAN，且不需要配置环上设备端口通过控制 VLAN。 配置时，只需直接指定主控制 VLAN 的 VLAN ID，不需要指定子控制 VLAN。这是因为系统会自动以主控制 VLAN 的 VLAN ID＋1 的 VLAN 作为子控制 VLAN。**同一 RRPP 域中的所有子环共享同一个子控制 VLAN。主控制 VLAN 和子控制 VLAN 的 VLAN 接口上都不允许配置 IP 地址。**

环网中的数据报文所在的 VLAN 称之为保护 VLAN（Protected VLAN），可以有多个，且必须在设备上已存在，环上各端口要配置允许保护 VLAN 通过。在保护 VLAN 中，既可包含 RRPP 环上的设备端口，也可包含非 RRPP 环上的设备端口。

4. 节点角色

RRPP 环上的每台设备都称为一个节点，但不同设备可能担当不同的节点角色，主要分为以下 3 种。

① 主节点（Master Node）：主节点是环网状态主动检测机制的发起者，也是网络拓扑发生改变后执行操作的决策者，由用户指定。**每个环**（可以是主环，也可以是子环）**上有且只有一个主节点。** 选择以太网环上的哪一台设备作为主节点没有限制。

② 传输节点（Transit Node）：传输节点负责监测自己的直连 RRPP 链路的状态，并把链路变化通知主节点，然后由主节点来决策处理方式。主环上**除了主节点**的其他所有节点，以及子环上除了主节点、**子环与主环相交节点**的其他所有节点都为传输节点。

③ 边缘节点（Edge Node）/辅助边缘节点（Assistant-Edge Node）：主环和子环相交的节点，都是针对设备在子环上的角色定义。这些设备在主环上的角色仍为传输节点。

可以任选主环与子环相交重合的那段链路上两端中任意一端的设备作为边缘节点，另一端的设备就是辅助边缘节点。边缘节点和辅助边缘节点是主环与子环的公共节点（Common Node）。在与主环相交的**一个子环中，有且只能有一个边缘节点和一个辅助边缘节点（中间不能有其他节点），且辅助边缘节点与边缘节点必须成对指定**，用于检测主环完整性和进行环路预防。

在图 3-6 中，Ring1 为主环，Ring2 为子环。Device C 为主环 Ring1 的主节点，Device B、Device D 和 Device E 为主环 Ring1 的传输节点；Device A 为子环 Ring2 的主节点，Device B 为子环 Ring2 的边缘节点，Device E 为子环 Ring2 的辅助边缘节点。

5. 端口角色

因为 RRPP 环网中存在物理环路，为了避免数据发环路，在一些特定设备端口上必须控制 RRPP 报文和数据报文的传输，因此，RRPP 环网上的设备端口又有不同的角色。

（1）主端口和副端口

在主节点和传输节点上接入 RRPP 环的两个端口中，一个为主端口，另一个为副端口，具体由用户指定。主节点的主端口和副端口在功能上有所区别。

① 主端口只允许发送 Hello 报文，副端口只允许接收 Hello 报文，以确保在环网完整性检测时，发送的 Hello 报文以单一传输方向，确保检测的正确性。

② 当 RRPP 环网处于健康状态时，副端口在逻辑上阻塞（不转发）保护 VLAN 中的报文，只允许控制 VLAN 中的 RRPP 报文通过，确保了用户数据的无环转发；当 RRPP 环网处于断裂状态时，副端口将解除保护 VLAN 的 Blocking 状态，可以转发保护 VLAN 中的报文，确保环网上各节点间的正常数据转发。

传输节点的主端口和副端口在功能上没有区别，都可用于 RRPP 环网上协议报文和数据报文的传输。

在图 3-6 中，Device C 为主环 Ring1 的主节点，其 Port C1 和 Port C2 可分别配置为其在 Ring1 上的主端口与副端口；Device B、Device D 和 Device E 为主环 Ring1 的传输节点。它们在环上的两个端口可分别配置为本节点在 Ring1 上的主端口和副端口。

（2）公共端口和边缘端口

在边缘节点或辅助边缘节点这类公共节点中，子环和主环共用的端口称为公共端口（Common Port），只为子环所用的端口称为边缘端口（Edge Port）。**公共端口是主环上的端口，同时加入主控制 VLAN 和子控制 VLAN，边缘端口只加入子控制 VLAN。**

在图 3-6 中，Device B、Device E 是主环 Ring1 和子环 Ring2 的公共节点，Device B 上的 Port B1 和 Port B2，Device E 上的 Port E1 和 Port E2 是接入主环的端口，因此，它们是公共端口。Device B 上的 Port B3 和 Device E 上的 Port E3 只接入子环，因此，它们是边缘端口。

6. RRPP 环组

RRPP 环组是为了减少 Edge-Hello 报文的收发数量，在边缘节点或辅助边缘节点上配置的一组子环的集合。在边缘节点上配置的环组称为边缘节点环组，在辅助边缘节点上配置的环组称为辅助边缘节点环组。边缘节点环组内最多允许有一个子环发送 Edge-Hello 报文。

同一 **RRPP** 环组中的各子环的边缘节点都配置在同一台设备上，同样辅助边缘节点也都配置在同一台设备上，子环边缘节点的 Edge-Hello 报文都通过相同的路径到达辅助边缘节点。

3.2.2　RRPP 报文

RRPP 报文类型及其作用见表 3-4，RRPP 帧格式如图 3-7 所示，RRRP 帧中各字段说明见表 3-5。

表 3-4　**RRPP 报文类型及其作用**

报文类型	说明
Hello	也称为 Health 报文，**由主节点发起**，对网络进行环路完整性检测
Link-Down	链路 Down 报文，**由传输节点、边缘节点或者辅助边缘节点发起**，通知主节点有端口 Down
Common-Flush-FDB	刷新转发数据库（Forwarding Data Base，FDB）报文，**由主节点发起**，通知传输节点、边缘节点或者辅助边缘节点更新各自 MAC 地址表、ARP 表和邻居发现（Neighbor Discovery，ND）表
Complete-Flush-FDB	**由主节点发起**，在 RRPP 环迁移到健康状态时，通知传输节点、边缘节点和辅助边缘节点更新各自 MAC 地址表项和 ARP/ND 表项，同时通知传输节点解除临时阻塞端口的 Blocking 状态
Edge-Hello	主环完整性检查报文，**由子环的边缘节点发起**，同子环的辅助边缘节点接收。子环通过此报文检查其所在域主环的环路完整性
Major-Fault	主环故障通知报文，**由辅助边缘节点发起**，同子环的边缘节点接收。当子环的辅助边缘节点在规定时间内收不到边缘节点发送的 Edge-Hello 报文时，向边缘节点报告其所在域主环发生故障

【说明】主环的 RRPP 报文只能在主环中传送，子环的 RRRP 控制报文在主环中被当作数据报文传送。子环的 Common-Flush-FDB 和 Complete-Flush-FDB 报文在主环中会被主环的节点传输给 CPU 处理。

0　　　　7　8　　　　15　16　　　23　24　　　　31　32　　　　　　　47bits（比特）
Destination MAC address（6bytes）
Source MAC address（6bytes）

EtherType	PRI	VLAN ID	Frame Length
DSAP/SSAP	CONTROL		OUI=0x00e02b
0x00bb	0x99	0x0b	RRPP Length
RRPP_VER	RRPP TYPE	Domain ID	Ring ID
0x0000	SYSTEM_MAC_ADDR（6bytes）		
	HELLO_TIMER		FAIL_TIMER
0x00	LEVEL	HELLO_SEQ	0x0000
RESERVED（0x000000000000）			
RESERVED（0x000000000000）			
RESERVED（0x000000000000）			
RESERVED（0x000000000000）			
RESERVED（0x000000000000）			
RESERVED（0x000000000000）			

图 3-7　RRPP 帧格式

表 3-5　RRRP 帧中各字段说明

字段	说明
Destination MAC Address	48 比特，目标 MAC 地址。不同的 RRRP 报文使用不同的目标 MAC 地址。 • HELLO 报文：0x00-0f-e2-07-82-17。 • LINK-DOWN 报文：0x00-0f-e2-07-82-57。 • COMMON-FLUSH-FDB 报文：0x00-0f-e2-07-82-97。 • COMPLETE-FLUSH-FDB 报文：0x00-0f-e2-07-82-97。 • Edge-Hello 报文：0x00-0f-e2-07-82-d8。 • MAJOR-FAULT 报文：0x00-0f-e2-07-82-d8。
Source Mac Address	48 比特，源 MAC 地址，为发送节点的桥 MAC 地址
EtherType	16 比特，标识帧封装类型，固定值为 0x8100，表示 tagged 封装
Pri	4 比特，标识服务类型（Class of Service，CoS）优先级，固定值为 0xe0
VLAN ID	12 比特，标识帧所属 VLAN 的 ID
Frame Length	16 比特，标识帧长度，固定值为 0x0048
DSAP/SSAP	16 比特，标识目标服务访问点和源服务访问点，固定值为 0xaaaa
Control	8 比特，控制。该字段无实际意义，固定值为 0x03
OUI	24 比特，OUI（组织唯一标识符），在华为设备中的值为 0x00e02b，在 H3C 设备中的值为 0x000fe2
0x00bb	标识 RRPP 的协议 ID，固定为 0x00bb
RRPP Length	16 比特，标识 RRPPDU 长度，固定值为 0x0040
rrppVer	8 比特，标识 RRPP 版本信息，当前是 0x01
rrppType	8 比特，标识 RRPP 报文类型：HELLO 报文为 0x05，COMPLETE-FLUSH-FDB 报文为 0x06，COMMON-FLUSH-FDB 报文为 0x07，LINK-DOWN 报文为 0x08，Edge-Hello 报文为 0x0a，MAJOR-FAULT 报文为 0x0b
Domain ID	16 比特，标识 RRPP 报文所属 RRPP 域的 ID
Ring ID	16 比特，标识 RRPP 报文所属 RRPP 环的 ID
System_MAC_addr	48 比特，标识发送帧节点的桥 MAC 地址，与"Source Mac Address"字段值一样
HELLO_TIMER	16 比特，标识发送帧节点使用的 Hello 定时器的超时时间，单位为 s
FAIL_TIMER	16 比特，标识发送帧节点使用的 Fail 定时器的超时时间，单位为 s
LEVEL	8 比特，标识报文所属 RRPP 环的级别
HELLO_SEQ	16 比特，标识 Hello 报文的序列号
RESERVED	多个保留字段，全为 0

3.2.3　RRPP 定时器

RRPP 在检测以太环网的链路状况时会使用以下定时器。

1. Hello 定时器

主节点从主端口发送 Hello 报文的周期。

2. Fail 定时器

主节点从主端口发出 Hello 报文到副端口收到该报文的最大时延。在该定时器超时前，如果主节点在副端口上收到了自己从主端口发出的 Hello 报文，主节点认为环网处于健康状态；否则，主节点认为环网处于断裂状态。

在同一 RRPP 域中，传输节点会通过收到的 Hello 报文来学习主节点上的 Fail 定时器（在 FAIL_TIMER 字段中），以保证环网各节点上的 Fail 定时器的取值保持一致。

3．Linkup-Delay 定时器

配置 Linkup-Delay 定时器或开启扩散功能，能够避免由于 RRPP 端口状态不稳定而频繁切换 RRPP 环流量转发路径，从而减小链路状态的震荡。

在配置 Linkup-Delay 定时器但未开启扩散功能的情形下，当 RRPP 链路的故障端口重新变为 Up 状态，且主节点从副端口收到 Hello 报文时，主节点会启动 Linkup-Delay 定时器，此时存在以下两种情况。

① 如果在 Linkup-Delay 定时器超时后，主节点依然能够从副端口收到 Hello 报文，则主节点将切换 RRPP 环的断裂状态到健康状态，同时从副端口转发的流量切换至主端口进行转发。

② 如果在 Linkup-Delay 定时器超时前，即在 Fail 定时器超时后，主节点不能从副端口收到 Hello 报文，则主节点停止 Linkup-Delay 定时器，并且保持 RRPP 环处于断裂状态。

在同时配置 Linkup-Delay 定时器和开启扩散功能的情形下，RRPP 域中所有节点会通过收到的 Hello 报文学习到 Linkup-Delay 定时器的值。当 RRPP 链路的故障端口变为 Up 状态时，该端口所在 RRPP 节点设备会临时阻塞该端口（数据报文和协议报文均不能收发），并启动 Linkup-Delay 定时器，此时存在以下两种情况。

① 如果在 Linkup-Delay 定时器超时后，该端口没有发生故障，则该节点设备恢复该端口为 Up 状态。从而使主节点发送 Hello 报文能通过该端口转发至主节点的副端口，然后主节点立即切换 RRPP 环的断裂状态到健康状态，将从副端口转发的流量切换至主端口进行转发。

② 如果在 Linkup-Delay 定时器超时前，该端口又发生故障，则阻塞该端口，所在节点设备停止 Linkup-Delay 定时器。

3.2.4　RRPP 运行机制

在 RRPP 组网中，为了实现某些特定功能，采用了以下几种运行机制。

1．轮询机制

轮询机制是 RRPP 环的主节点通过发送 Hello 报文来主动检测环网健康状态的机制。这里涉及 Hello 定时器和 Fail 定时器。

主节点以 Hello 定时器为周期，从主端口发送 Hello 报文，依次经过各传输节点在环上传播。如果环路是健康的，则主节点的副端口将在 Fail 定时器（**Fail 定时器的值必须大于或等于 Hello 定时器值的 3 倍**）超时前收到该报文，主节点将保持副端口的 Blocking 状态。如果环路是断裂的，则主节点的副端口在 Fail 定时器超时前无法收到 Hello 报文，主节点将解除副端口上的保护 VLAN 的 Blocking 状态，同时发送 Common-Flush-FDB 报文通知所有传输节点，使其更新各自的 MAC 地址表项和 ARP/ND 表项。

2．负载分担机制

在同一个环网中，可能同时存在多个 VLAN 的数据流量，通过在同一个环网上配置多个 RRPP 域，**选择主节点上不同发送方向的主端口或副端口**，可以使不同 RRPP 域发送不同 VLAN 的流量。当 RRPP 环处于健康状态时，主节点上的副端口在逻辑上阻塞这些数据

VLAN 中的报文通过，使这些 VLAN 的流量在环网中的拓扑不同，从而达到负载分担的目标。

负载分担 RRPP 环组网拓扑示例如图 3-8 所示。Domain1 和 Domain2 都配置 Ring1 为主环，两个 RRPP 域所保护的 VLAN 不同。Device A 为 Domain1 中 Ring1 的主节点（其他设备均为传输节点）；Device B 为 Domain2 中 Ring1 的主节点（其他设备均为传输节点）。通过配置 Domain1 中主节点 Device A 的 Port A1 为主端口，Port A2 为副端口；Domain2 中主节点 Device B 的 Port B2 为主端口，Port B1 为副端口，就可以使不同 VLAN 中的流量沿着不同的链路方向转发，实现单环的负载分担。

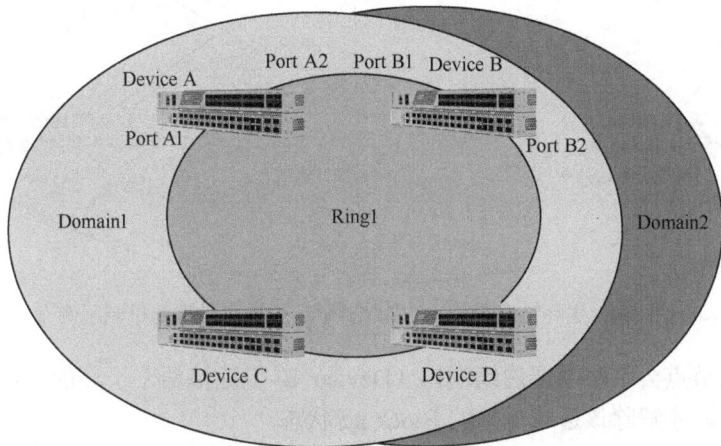

图 3-8　负载分担 RRPP 环组网拓扑示例

3. 链路 Down 告警机制

当传输节点、边缘节点或者辅助边缘节点发现自己任何一个属于 RRPP 域的端口出现 Down 状态时，都会立刻发送 Link-Down 报文给主节点。主节点收到 Link-Down 报文后立刻解除保护 VLAN 在其副端口的 Blocking 状态，并发送 Common-Flush-FDB 报文通知所有传输节点、边缘节点和辅助边缘节点，使其更新各自的 MAC 地址表项和 ARP/ND 表项。各节点更新表项后，数据流将切换到状态正常的链路上。

4. 环路恢复机制

传输节点、边缘节点或者辅助边缘节点上属于 RRPP 域的端口从 Down 状态重新恢复为 Up 状态后，主节点可能会隔一段时间才能发现环路恢复。这段时间对于保护 VLAN 来说，网络有可能形成一个临时环路，从而产生广播风暴。

为了避免这种情况，非主节点在发现自己接入环网的端口重新 Up 后，立即将其临时阻塞。需要说明的是，只阻塞保护 VLAN 的流量，其他 VLAN 不阻塞，且允许控制 VLAN 的报文通过，在确信不会引起环路后，才解除该端口的 Blocking 状态。

5. 主环链路 Down，多归属子环广播风暴抑制机制

主环链路 Down，多归属子环广播风暴抑制机制示例如图 3-9 所示，Ring1 为主环，Ring2 和 Ring3 均为子环。当边缘节点 Device B 和辅助边缘节点 Device D 之间的两条主环链路（Device B-Device D 之间及 Device B-Device A-Device C-Device D 之间）均处于 Down 状态时，子环 Ring2 的主节点（Device E）和 Ring3 的主节点（Device F）会开放各自的副端口。这样一来，Device E 和 Device F 在环上的两个端口均为放开状态，会导致

Device B、Device D、Device E 和 Device F 之间形成环路，从而出现广播风暴。

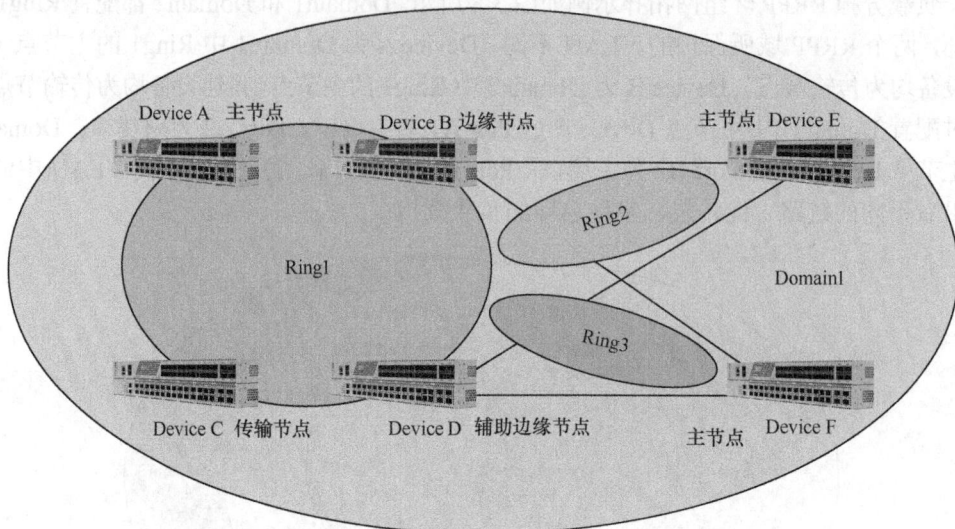

图 3-9　主环链路 Down，多归属子环广播风暴抑制机制示例

此种边缘节点会临时阻塞边缘端口（Device B 上连接两个子环的端口），在确信不会引起环路后，才解除该边缘端口的 Blocking 状态。

6．环组机制

环组就是在边缘节点和辅助边缘节点上把同一 RRPP 域中的多个子环配置在同一个组中。在边缘节点配置的 RRPP 环组内，**只有域 ID 和环 ID 最小的激活子环才发送 Edge-Hello 报文**。在辅助边缘节点环组内，任意激活子环收到 Edge-Hello 报文都会通知给其他激活子环。这样在边缘节点/辅助边缘节点上分别对应配置 RRPP 环组后，只有一个子环发送 Edge-Hello 报文，减少了对设备 CPU 的冲击。

在图 3-9 中，Device B 和 Device D 分别为 Ring2 和 Ring3 的边缘节点和辅助边缘节点。在没有环组时，Device B 和 Device D 都会频繁收发 Edge-Hello 报文。为减少 Edge-Hello 报文的收发数量，将边缘节点 Device B 上的 Ring2 和 Ring3 配置到同一个环组，而将辅助边缘节点 Device D 上的 Ring2 和 Ring3 也配置到同一个环组。这样在各子环都激活的情况下，就只有 Device B 上的 Ring2 发送 Edge-Hello 报文了。

3.2.5　RRPP 典型应用组网

RRPP 可以实现多种拓扑组网，以满足不同的网络场景和应用需求。

1．单环

RRPP 单环示意如图 3-10 所示，网络拓扑中只有一个环，此时只需定义一个 RRPP 域，一个环，是最简单的 RRPP 组网应用。

2．相切环

相切环是在网络拓扑中存在两个或两个以上的 RRPP 环，**但各环之间只有一个公共节点**。此时需针对每个环单独定义一个 RRPP 域。相切环示意如图 3-11 所示，两个 RRRP 域中各包含一个环（Ring1 和 Ring2），它们以 Device B 作为公共节点。

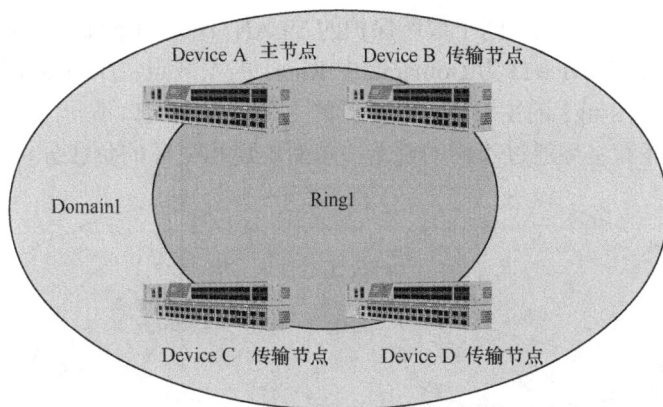

图 3-10　RRPP 单环示意

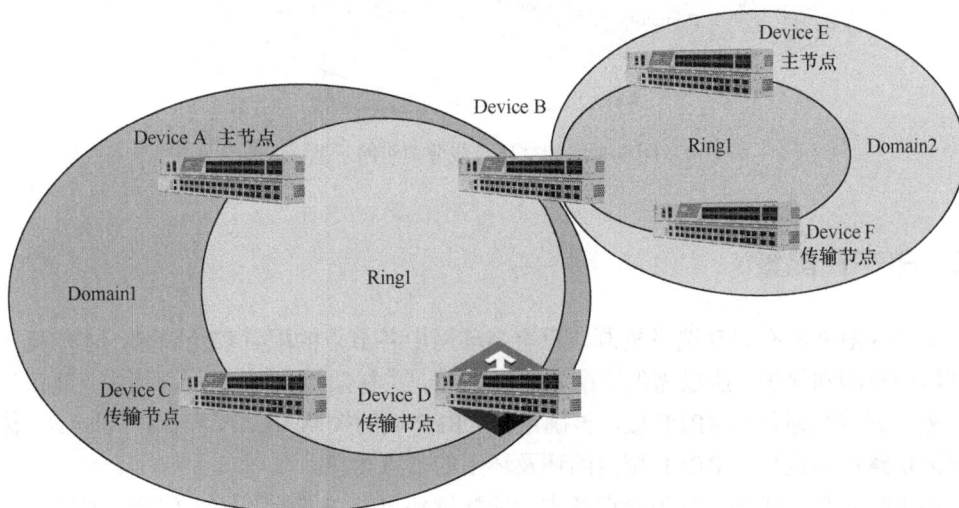

图 3-11　相切环示意

3. 相交环

相交环是网络在拓扑中存在两个或两个以上的环，**但各环之间有两个公共节点**。此时只需定义一个 RRPP 域，选择其中一个环为主环，其他环为子环。例如 3.2.1 节中的图 3-6 就是相交环示意。

4. 双归属环

双归属环是在网络拓扑中有两个或两个以上的环，**各环之间有两个公共节点，并且这两个公共节点都相同**。此时可以只定义一个 RRPP 域，选择其中一个环为主环，其他环为子环。例如 3.2.4 节的图 3-9 是双归属环示意。

5. 单环负载分担组网

在单环网络拓扑中，可以通过配置多域实现链路的负载分担，具体参见 3.2.4 节"负载分担机制"中的具体介绍。例如 3.2.4 节的图 3-8 是一个单环负载分担组网示例。

6. 相交环负载分担组网

在相交环网络拓扑中，也可以通过配置多域实现链路的负载分担。

相交环负载分担组网示意如图 3-12 所示，Domain1 和 Domain2 都配置 Ring1 和

Ring2，分别为其主环和子环，两个域所保护的 VLAN 不同。可配置 Device C 为 Domain1 中 Ring1 的主节点；Device D 为 Domain2 中 Ring1 的主节点；Device A 同时为 Domain1 和 Domain2 中子环 Ring2 的主节点，但配置的主端口或副端口不同，可以使不同 VLAN 的流量分别在子环和主环通过不同的链路，从而实现相交环的负载分担。

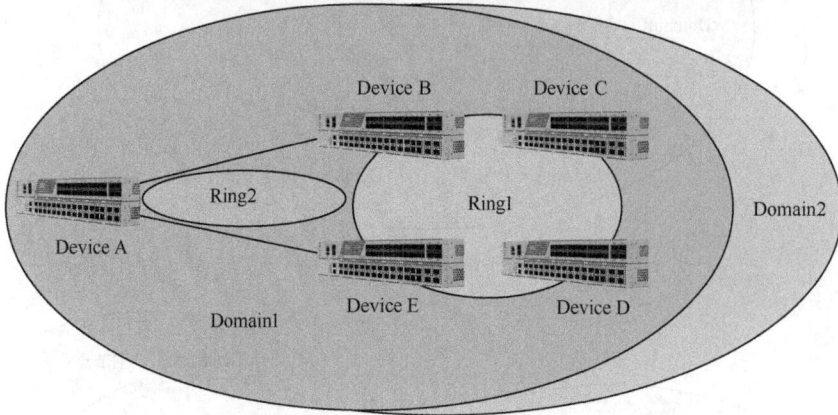

图 3-12　相交环负载分担组网示意

3.3　RRPP 配置

由于 RRPP 没有自动选举机制，只有当环网中各节点的配置都正确时，才能真正实现环网的检测和保护，所以需保证配置的准确性。在复杂的 RRP 组网环境中，建议先根据业务规划情况划分出 RRPP 域，再确定各 RRPP 域的控制 VLAN 和保护 VLAN，然后根据流量路径确定每个 RRPP 域内的环及环上的节点角色。

RRPP 的配置任务可分为必选基本功能配置和可选功能配置两大部分，必选基本功能主要包括 RRPP 域、控制 VLAN 或保护 VLAN、RRPP 环和激活 RRPP 域配置。可选配置主要包括 RRPP 定时器、RRPP 告警和 RRPP 环组配置。

3.3.1　配置 RRPP 基本功能

RRPP 基本功能包括以下配置任务。

1．创建 RRPP 域

本项配置任务需要在 RRPP 域内各节点上配置。创建 RRPP 域时需要指定域 ID，域 ID 用来唯一标识一个 RRPP 域，在同一 RRPP 域内的所有节点上应配置相同的域 ID。

2．配置控制 VLAN

本项配置任务也需要在 RRPP 域内各节点上配置。配置时需要注意以下几个方面。

① 在同一 RRPP 域内的所有节点上应配置相同的控制 VLAN，**但控制 VLAN 不能是已创建的 VLAN，配置时会自动创建**，并且用户只需配置主控制 VLAN，子控制 VLAN 由系统自动分配，其 VLAN ID 为主控制 VLAN 的 VLAN ID＋1。因此，在配置控制 VLAN 时请选取两个连续的、尚未创建的 VLAN，否则，将导致配置失败。

② 不要将接入 RRPP 环的端口的默认 VLAN 配置为控制 VLAN。

③ 控制 VLAN 内不能运行 QinQ 和 VLAN 映射功能，否则，RRPP 报文将无法正常收发。

④ 配置好 RRPP 环之后不再允许用户删除或修改主控制 VLAN。主控制 VLAN 只能通过 **undo control-vlan** 命令解除其主控制 VLAN 角色，在担当主控制 VLAN 时不能通过 **undo vlan** 命令删除该 VLAN。

⑤ 如果要在一台未配置 RRPP 功能的设备上透传 RRPP 报文，应保证该设备上**只有接入 RRPP 环的那两个端口允许该 RRPP 环对应控制 VLAN 中的报文通过**，而其他端口都不允许其通过。

3. 配置保护 VLAN

本项配置任务也需要在 RRPP 域内各节点上配置。RRPP 端口允许通过的数据 VLAN 都应该被 RRPP 域保护，**在同一 RRPP 域内的所有节点上应配置相同的保护 VLAN。但在配置负载分担时，不同 RRPP 域的保护 VLAN 必须不同**。配置保护 VLAN 前需要配置保护 VLAN 对应的 VLAN 与 MSTI 的映射表。RRPP 基本功能的配置步骤见表 3-6。

表 3-6　RRPP 基本功能的配置步骤

步骤	命令	说明
1	**system-view**	进入系统视图
2	**rrpp domain** *domain-id* 例如，[Sysname] **rrpp domain** 1	创建 RRPP 域，并进入 RRPP 域视图。参数 *domain-id* 用来指定所创建的 RRPP 域的 ID，取值为 1～128。 【注意】在用 **undo rrpp domain** *domain-id* 命令删除 RRPP 域时，将同时删除该域所有控制 VLAN 和保护 VLAN 的相关配置。但在删除 RRPP 域时，必须保证该 RRPP 域内尚未配置 RRPP 环，否则，将导致删除失败。 默认情况下，不存在 RRPP 域
3	**control-vlan** *vlan-id* 例如，[Sysname-rrpp-domain1] **control-vlan** 100	配置 RRPP 域的主控制 VLAN。参数 *vlan-id* 用来指定主控制 VLAN 的编号，取值为 2～4093，**不能是已创建的 VLAN。主控制 VLAN 和子控制 VLAN 的编号均不能与三层以太网子接口编号相同**。 默认情况下，RRPP 域不存在控制 VLAN
4	**protected-vlan reference-instance** *instance-id-list* 例如，[Sysname-rrpp-domain1] **protected-vlan reference-instance** 1	配置 RRPP 域的保护 VLAN。参数 **reference-instance** *instance-id-list* 用来指定 RRPP 域的保护 VLAN 对应的 MSTI。*instance-id-list* 为 MSTP 中的 MSTI 列表，表示方式为 *instance-id-list* = { *instance-id* [**to** *instance-id*] } &<1-10>。其中，*instance-id* 为 MSTI 的编号，取值为 0～4094，&<1-10>表示前面的参数最多可以输入 10 次。 【注意】执行本命令前，必须先按 MSTP（但 **RRPP 端口不能使能生成树协议**）中的配置方法，配置好 VLAN 与 MSTI 的映射关系，可通过 **display stp region-configuration** 命令查看 VLAN 与 MSTI 的映射关系。当执行 **undo protected-vlan** 命令删除 RRPP 域的保护 VLAN 时，如果没有指定本参数，将删除 RRPP 域引用的所有 MSTI。 配置 RRPP 环之前，可删除或修改已配置好的保护 VLAN；配置 RRPP 环之后，也允许删除或修改已配置好的保护 VLAN，但不允许将该域内所有保护 VLAN 的相关配置都删除。 默认情况下，**RRPP 域不存在保护 VLAN**

续表

步骤	命令	说明
5	配置 RRPP 环，具体参见表 3-7	
6	**rrpp domain** *domain-id* 例如，[Sysname-rrpp-domain1] **ring** 1 **enable**	开启 RRPP 环。参数 *ring-id* 用来指定要开启的 RRPP 环的 ID，取值为 1~128。 默认情况下，RRPP 环处于关闭状态
7	**quit**	退出 RRPP 域视图
8	**rrpp enable** 例如，[Sysname] **rrpp enable**	开启 RRPP。只有当 **RRPP** 和 **RRPP** 环都开启后，当前设备的 **RRPP** 环才能激活。 默认情况下，RRPP 环处于关闭状态

4. 配置 RRPP 环

RRPP 环包括节点和端口配置，RRPP 环的配置步骤见表 3-7。配置 RRPP 环时要注意以下 5 个方面。

① 配置 RRPP 环之前必须先配置控制 VLAN 和保护 VLAN。

② 如果一台设备处于同一 RRPP 域的多个 RRPP 环上，则该设备在子环上的节点角色只能是边缘节点或辅助边缘节点，而不能是主节点和传输节点。

③ 在配置边缘节点或辅助边缘节点时，必须先配置主环，再配置子环。

④ 不要将 RRPP 端口加入聚合组，否则，该端口在 RRPP 环中将不会生效。

⑤ 建议在 RRPP 端口上使用 **link-delay** 命令将端口的物理连接状态 Up/Down 抑制时间配置为 0s（即不抑制），以提高 RRPP 的拓扑变化收敛速度。

表 3-7   RRPP 环的配置步骤

步骤	命令	说明
1	**system-view**	进入系统视图
2	**interface** *interface-type* *interface-number* 例如，[Sysname] **interface** gigabitethernet 1/0/1	进入二层以太网或二层聚合接口视图
3	**port link-type trunk** 例如，[Sysname- GigabitEthernet1/0/1] **port** **link-type trunk**	配置端口的链路类型为 Trunk 类型。 默认情况下，端口的链路类型为 Access 类型
4	**port trunk permit vlan** { *vlan-id-list* | **all** } 例如，[Sysname- GigabitEthernet1/0/1] **port** **trunk permit vlan** 2 to 10	配置 Trunk 类型端口允许保护 VLAN 的报文通过。 【说明】由于 RRPP 端口将自动允许控制 VLAN 的报文通过，所以不需要配置 RRPP 端口允许控制 VLAN 的报文通过。 默认情况下，Trunk 类型端口只允许 VLAN1 的报文通过
5	**undo stp enable** 例如，[Sysname- GigabitEthernet1/0/1] **undo** **stp enable**	关闭生成树协议。 默认情况下，端口上的生成树协议处于开启状态
6	**quit**	退出接口视图，返回系统视图
7	**rrpp domain** *domain-id* 例如，[Sysname] **rrpp** **domain** 1	进入 RRPP 域视图

续表

步骤	命令	说明
8	ring *ring-id* node-mode { { master | transit } [primary-port *interface-type interface-number*] [secondary-port *interface-type interface-number*] level *level-value* | { assistant-edge | edge } [edge-port *interface-type interface-number*] } } 例如，[Sysname-rrpp-domain1] ring 10 node-mode master primary-port gigabitethernet 1/0/1 secondary-port gigabitethernet 1/0/2 level 0	配置当前设备在指定环上的节点角色、RRPP 端口以及环的级别。 • *ring-id*：指定 RRPP 环的 ID，取值为 1～128。 • master：二选一选项，指定当前设备为 RRPP 环的主节点。 • transit：二选一选项，指定当前设备为 RRPP 环的传输节点。 • primary-port *interface-type interface-number*：可选参数，指定本节点在指环中的主端口。 • secondary-port *interface-type interface-number*：可选参数，指定本节点在指环中的副端口。 • level *level-value*：指定 RRPP 环的级别，取值为 0 或 1。其中，0 表示主环；1 表示子环。 • assistant-edge：二选一选项，指定当前设备为 RRPP 环的辅助边缘节点。 • edge：二选一选项，指定当前设备为 RRPP 环的边缘节点。 • edge-port *interface-type interface-number*：可选参数，指定本节点的边缘端口，**仅可在边缘节点或辅助边缘节点上配置**。 【注意】在配置 RRPP 环节点和端口时需要注意以下事项。 • 当 RRPP 环处于激活状态时不能配置 RRPP 端口。 • *在配置边缘节点和辅助边缘节点时，必须先配置主环，再配置子环。* • *RRPP 环的节点角色、RRPP 端口，以及环的级别一经配置就不能修改，如果要改变这些配置，必须先删除原有配置。* • *删除边缘节点或辅助边缘节点的主环配置之前，必须先删除所有的子环配置。但是处于激活状态的 RRPP 环不能被删除。* • 当设备上的 RRPP 已使能时，必须先关闭 RRPP 环才能删除该环；当设备上的 RRPP 未使能时，可以直接删除 RRPP 环，且该环的使能配置将被一并清除。 默认情况下，设备不是 RRPP 环的节点

5. 激活 RRPP 域

① 本项配置任务也需要在 RRPP 域内各节点上配置。只有当 RRPP 和 RRPP 环都开启之后，当前设备的 RRPP 域才能被激活。

② **在一台设备上开启子环之前必须先开启主环**，而关闭主环之前也必须先关闭所有子环，否则，系统将提示出错。为了避免子环的 Hello 报文在主环上形成环路，在子环的主节点上开启子环之前，请先在主环的主节点上开启主环。

3.3.2　配置 RRPP 可选功能

根据实际需要，可配置以下可选的 RRPP 功能，RRPP 可选功能的配置步骤见表 3-8，各项功能的配置没有先后次序之分。

1. 配置 RRPP 定时器

本项配置任务在 RRPP 域内的主节点可选配置。

（1）配置 Hello 和 Fail 定时器

Fail 定时器不得小于 Hello 定时器的 3 倍。在双归属环组网中，为了避免主环故障时出现临时环路，应确保子环主节点与主环主节点上的 Fail 定时器之差大于子环主节点上 Hello 定时器的 2 倍。

（2）配置 Linkup-Delay 定时器

未开启扩散功能时，即未指定 **distribute** 可选项时，Linkup-Delay 定时器的值必须小于等于所在 RRPP 域中 Fail 定时器减去 2 倍 Hello 定时器的值。

在 RRPP 负载分担组网中配置开启扩散功能的 Linkup-Delay 定时器时，每个 RRPP 域都需要配置 Linkup_Delay 定时器，否则，配置不生效；当配置定时器的取值不同时，以最小值为准。

2. 配置 RRPP 环组

本项配置任务在 RRPP 域内的边缘节点和辅助边缘节点上可选配置。配置时需要注意以下事项。

① **一个子环只能属于一个环组**，而且在同一个 RRPP 域中在边缘节点和辅助边缘节点上的环组中所包含的子环必须相同，否则，环组不能正常工作。

② 加入环组的子环的边缘节点或辅助边缘节点应配置在同一台设备上，而且边缘节点或辅助边缘节点所对应的主环链路应相同。

③ 设备在一个环组内所有子环上应具有相同的类型，即是边缘节点或辅助边缘节点。**同一环组中的子环所对应主环的链路必须相同。**

④ 边缘节点环组及其对应的辅助边缘节点环组的配置和激活状态必须相同。

3. 开启 RRPP 的告警功能

开启 RRPP 的告警功能后，指定事件发生时，系统会产生相应类型的告警信息。生成的告警信息将发送到设备的 SNMP 模块，通过设置 SNMP 中告警信息的发送参数来决定告警信息输出的相关属性。

表 3-8   RRPP 可选功能的配置步骤

步骤	命令	说明
1	**system-view**	进入系统视图
2	**snmp-agent trap enable rrpp** [**major-fault** | **multi-master** | **ring-fail** | **ring-recover**] * 例如，[Sysname] **snmp-agent trap enable rrpp ring-recover**	开启 RRPP 的告警功能。 • **major-fault**：可多选选项，表示开启边缘节点与辅助边缘节点之间的主环链路发生断裂的告警信息。 • **multi-master**：可多选选项，表示开启 RRPP 环配置了多个主节点的告警信息。 • **ring-fail**：可多选选项，表示开启 RRPP 环由健康状态变为断裂状态的告警信息。 • **ring-recover**：表示开启 RRPP 环由断裂状态恢复到健康状态的告警信息。 默认情况下，RRPP 的告警功能处于关闭状态
3	**rrpp domain** *domain-id* 例如，[Sysname] **rrpp domain** 1	进入 RRPP 域视图

续表

步骤	命令	说明
4	**timer hello-timer** *hello-value* **fail-timer** *fail-value* 例如，[Sysname-rrpp-domain1] **timer hello-timer** 2 **fail-timer** 7	配置 Hello 和 Fail 定时器。 • **hello-timer** *hello-value*：指定 Hello 定时器的值，取值为 1～10，单位为 s。 • **fail-timer** *fail-value*：指定 Fail 定时器的值，取值为 3～30，单位为 s。 **Fail 定时器不得小于 Hello 定时器的 3 倍。** 默认情况下，Hello 定时器为 1s，Fail 定时器为 3s
5	**linkup-delay-timer** *delay-time* [**distribute**] 例如，[Sysname-rrpp-domain1] **linkup-delay-timer** 10	配置 Linkup-Delay 定时器。 • *delay-time*：指定 Linkup-Delay 定时器的值，取值为 0～30，单位为 s。 • **distribute**：可选项，表示开启扩散功能。如果未指定本参数，则未开启扩散功能。 RRPP 环的节点上均可以配置该命令，仅主节点上的配置生效。 【注意】在 RRPP 负载分担组网中配置开启扩散功能的 Linkup-Delay 定时器时，每个 RRPP 域都需要配置 Linkup_Delay 定时器，否则，配置不生效；当配置定时器的取值不同时，以最小值为准。在没有开启扩散功能时，**Linkup-Delay 定时器的值必须小于等于所在 RRPP 域中 Fail 定时器减去 2 倍 Hello 定时器的值。** 默认情况下，Linkup-Delay 定时器为 0s，且未开启扩散功能
6	**quit**	退出 RRPP 域，返回系统视图
7	**rrpp ring-group** *ring-group-id* 例如，[Sysname] **rrpp ring-group** 1	创建 RRPP 环组，并进入 RRPP 环组视图。参数 *ring-group-id* 用来指定所创建的 RRPP 环组的 ID，取值为 1～64。 【注意】删除环组时，应先删除边缘节点环组，再删除辅助边缘节点环组，否则，辅助边缘节点可能会因收不到 Edge-Hello 报文而误认为主环故障。删除环组后，原环组内的所有子环不再属于任何环组。 默认情况下，不存在 RRPP 环组
7	**domain** *domain-id* **ring** *ring-id-list* 例如，[Sysname-ring-group1] **domain** 1 **ring** 1 to 35	将子环加入 RRPP 环组。 • *domain-id*：指定所加入的子环所属的 RRPP 域的 ID，取值为 1～128。 • **ring** *ring-id-list*：指定要加入环组的子环的 ID 列表。*ring-id-list* = { *ring-id* [**to** *ring-id*] }&<1-10>。其中，*ring-id* 为 RRPP 子环的 ID 号，取值为 1～128，&<1-10> 表示前面的参数最多可以输入 10 次。如果在使用 **undo domain** *domain-id* 命令时没有指定本参数，则将删除该域已加入环组的所有子环。 【注意】进行下列操作时应按照规定顺序进行，否则，辅助边缘节点可能会因收不到 Edge-Hello 报文而误认为主环故障。 • 将激活的环加入环组时，应首先在辅助边缘节点将环加入环组，然后在边缘节点将环加入环组。 • 将激活的环从环组中删除时，应首先在边缘节点将环从环组中删除，然后在辅助边缘节点将环从环组中删除

续表

步骤	命令	说明
7	**domain** *domain-id* **ring** *ring-id-list* 例如，[Sysname-ring-group1] **domain 1 ring 1 to 35**	• 将整个环组删除时，应首先在边缘节点删除环组，然后在辅助边缘节点删除环组。 • 将环组中的环激活时，应先激活边缘节点环组中的环，再激活辅助边缘节点环组中的环。 • 将环组中的环解除激活时，应先解除激活辅助边缘节点环组中的环，再解除激活边缘节点环组中的环。 默认情况下，RRPP 环组内不存在子环

在完成上述各小节 RRPP 功能配置后，可在任意视图下执行以下 **display** 命令查看配置后 RRPP 的运行情况，验证配置效果；在用户视图下执行以下 **reset** 命令清除 RRPP 报文统计信息。

- **display rrpp brief**：查看 RRPP 的摘要信息。
- **display rrpp ring-group** [*ring-group-id*]：查看 RRPP 环组的配置信息。
- **display rrpp statistics domain** *domain-id* [**ring** *ring-id*]：查看 RRPP 报文的统计信息。
- **display rrpp verbose domain** *domain-id* [**ring** *ring-id*]：查看 RRPP 的详细信息。
- **reset rrpp statistics domain** *domain-id* [**ring** *ring-id*]：清除 RRPP 报文的统计信息。

3.3.3　RRPP 单环配置示例

RRPP 单环配置示例的拓扑结构如图 3-13 所示，Device A～Device D 这 4 台交换机构成了一个 RRPP 环（Ring1），具体配置如下。

- RRPP 域名为 1，主控制 VLAN 为 VLAN4092，保护 VLAN 为 VLAN1～VLAN10。
- Device A 为主节点，GE1/0/1 为主端口，GE1/0/2 为副端口。
- Device B～Device D 为传输节点，各自的 GE1/0/1 为主端口，GE1/0/2 为副端口。

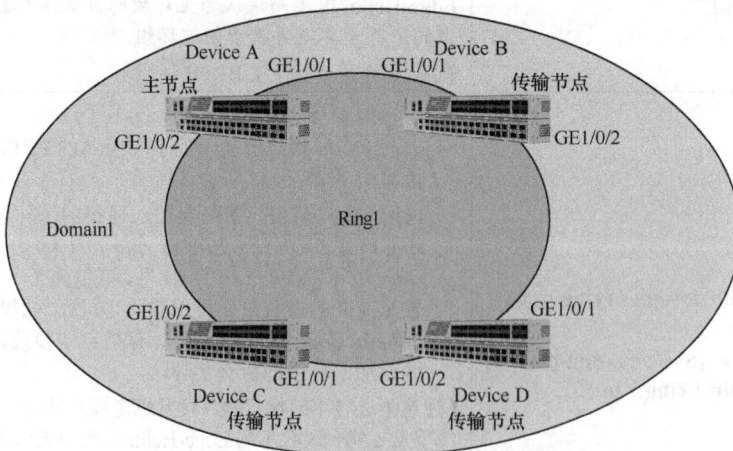

图 3-13　RRPP 单环配置示例的拓扑结构

1. 基本配置思路分析

本示例是一个单域、单环 RRPP 组网情形，节点类型只分主节点和传输节点，因此，只需按照 3.3.2 节介绍的步骤配置好环的主节点和传输节点即可。需要注意的是，配置 RRPP 功能时，环上的端口不能使能生成树协议。

2．具体配置步骤

① 在 Device A～Device D 上创建 RRPP 域 1，配置主控制 VLAN4092 和保护 VLAN1～VLAN10 与对应的 MSTI 之间的映射。

此处假设保护 VLAN 要与 MSTI1 进行映射，但环上的端口均不能使能生成树协议，RRPP 环上的各端口均要允许保护 VLAN 带标签通过。因为 4 台交换机上的配置完全一样，所以在此仅以 Device A 上的配置为例进行介绍。

#---创建保护 VLAN2～10（VLAN1 已默认存在，不需要创建），并将这些 VLAN 都映射到 MSTI1 上，然后激活 MST 域的配置，具体配置如下。

```
<Device A> system-view
[Device A] vlan2 to 10
[Device A] stp region-configuration   #---进入 MST 域配置视图
[Device A-mst-region] instance 1 vlan1 to 10   #---配置 VLAN1～VLAN10 与 MSTI1 的映射关系
[Device A-mst-region] active region-configuration   #---激活 MST 域配置
[Device A-mst-region] quit
```

#---创建 RRPP 域 1，将 VLAN4092 配置为该域的主控制 VLAN（子控制 VLAN 会自动创建，为 VLAN4093），并将 MSTI1 映射的 VLAN 配置为该域的保护 VLAN，具体配置如下。

```
[Device A] rrpp domain 1
[Device A-rrpp-domain1] control-VLAN4092
[Device A-rrpp-domain1] protected-VLAN reference-instance 1
```

#---在 GE1/0/1 和 GE1/0/2 端口上配置物理连接状态 Up/Down 抑制时间为 0s，关闭生成树协议，并将端口配置为 Trunk 类型，允许保护 VLAN1～VLAN10 通过（控制 VLAN 系统会自动允许通过，不需要配置），具体配置如下。

```
[Device A] interface gigabitethernet 1/0/1
[Device A-GigabitEthernet1/0/1] link-delay up 0   #---设置接口 Up 状态抑制时间为 0，即接口变为 Up 状态立即上报
CPU 处理，不等待
[Device A-GigabitEthernet1/0/1] link-delay down 0 #---设置接口 Down 状态抑制时间为 0，即接口变为 Down 状态时立
即上报 CPU 处理，不等待
[Device A-GigabitEthernet1/0/1] undo stp enable   #---关闭生成树协议
[Device A-GigabitEthernet1/0/1] port link-type trunk
[Device A-GigabitEthernet1/0/1] port trunk permit vlan1 to 10
[Device A-GigabitEthernet1/0/1] quit
[Device A] interface gigabitethernet 1/0/2
[Device A-GigabitEthernet1/0/2] undo stp enable
[Device A-GigabitEthernet1/0/2] port link-type trunk
[Device A-GigabitEthernet1/0/2] port trunk permit vlan1 to 10
[Device A-GigabitEthernet1/0/2] quit
```

② 将 Device A 配置为环 1 的主节点，指定 GE1/0/1 为主端口，GE1/0/2 为副端口，并开启该环。

因为本示例中只有一个主环，其为主环，所以 RRPP 环级别为 0，具体配置如下。

```
[Device A] rrpp domain 1
[Device A-rrpp-domain1] ring 1 node-mode master primary-port gigabitethernet 1/0/1 secondary-port gigabitethernet
1/0/2 level 0
[Device A-rrpp-domain1] ring 1 enable   #---在域 1 中开启 RRPP 环
[Device A-rrpp-domain1] quit
[Device A] rrpp enable   #---全局开启 RRPP
```

③ 将 Device B～Device D 配置为环 1 的传输节点，指定 GE1/0/1 为主端口，GE1/0/2 为副端口，并开启该环。

因为 Device B～Device D 上的配置完全一样，所以在此以 Device B 上的配置为例进行介绍，具体配置如下。

```
[Device B] rrpp domain 1
[Device B-rrpp-domain1] ring 1 node-mode transit primary-port gigabitethernet 1/0/1 secondary-port gigabitethernet
1/0/2 level 0
[Device B-rrpp-domain1] ring 1 enable
[Device B-rrpp-domain1] quit
[Device B] rrpp enable
```

3. 配置结果验证

以上配置完成后，可进行以下配置结果验证。

① 在任意设备上执行 **display vlan** 命令，均可见到并没有手动创建的主控制 VLAN4092 已经创建（同时创建的还有子控制 VLAN4093），以及手动创建的 VLAN2～VLAN10。在 Device B 上执行 **display vlan** 命令的输出如图 3-14 所示。

```
[DeviceB]display vlan
Total VLANs: 12
The VLANs include:
1(default), 2-10, 4092-4093(reserved)
[DeviceB]
```

图 3-14   在 Device B 上执行 **display vlan** 命令的输出

【说明】子控制 VLAN 是主控制 VLAN 的 ID+1，因为主控制 VLAN 为 4092，所以子控制 VLAN 为 VLAN4093。

② 在任意设备上执行 **display rrpp brief** 命令，可查看当前设备上的 RRPP 配置摘要，执行 **display rrpp verbose domain** 1 命令可查看 RRPP 域 1 的详细信息。在 Device A 上执行 **display rrpp brief** 和 **display rrpp verbose domain** 1 两条命令的输出如图 3-15 所示，在 Device D 上执行 **display rrpp brief** 和 **display rrpp verbose domain** 1 两条命令的输出如图 3-16 所示。

```
<DeviceA>display rrpp brief
Flags for node mode: M -- Master, T -- Transit, E -- Edge, A -- Assistant-edge

RRPP protocol status: Enabled

Domain ID      : 1
Control VLAN  : Primary 4092, Secondary 4093
Protected VLAN: Reference instance 1
Hello timer   : 1 seconds, Fail timer: 3 seconds
Fast detection status: Disabled
Fast-Hello timer: 20 ms, Fast-Fail timer: 60 ms
Fast-Edge-Hello timer: 10 ms, Fast-Edge-Fail timer: 30 ms
 Ring  Ring  Node  Primary/Common         Secondary/Edge          Enable
 ID    level mode  port                   port                    status

  1    0     M     GE1/0/1                GE1/0/2                  Yes

<DeviceA>display rrpp verbose domain 1
Domain ID      : 1
Control VLAN  : Primary 4092, Secondary 4093
Protected VLAN: Reference instance 1
Hello timer   : 1 seconds, Fail timer: 3 seconds
Fast detection status: Disabled
Fast-Hello timer: 20 ms, Fast-Fail timer: 60 ms
Fast-Edge-Hello timer: 10 ms, Fast-Edge-Fail timer: 30 ms

Ring ID        : 1
Ring level     : 0
Node mode      : Master
Ring state     : Complete
Enable status : Yes, Active status: Yes
Primary port  : GE1/0/1            Port status: UP
Secondary port: GE1/0/2            Port status: BLOCKED

<DeviceA>
```

图 3-15   在 Device A 上执行 **display rrpp brief** 和 **display rrpp verbose domain** 1 两条命令的输出

```
<DeviceD>display rrpp brief
Flags for node mode: M -- Master, T -- Transit, E -- Edge, A -- Assistant-edge

RRPP protocol status: Enabled

Domain ID      : 1
Control VLAN   : Primary 4092, Secondary 4093
Protected VLAN : Reference instance 1
Hello timer    : 1 seconds, Fail timer: 3 seconds
Fast detection status: Disabled
Fast-Hello timer: 20 ms, Fast-Fail timer: 60 ms
Fast-Edge-Hello timer: 10 ms, Fast-Edge-Fail timer: 30 ms
 Ring  Ring  Node  Primary/Common            Secondary/Edge          Enable
 ID    level mode  port                      port                    status
 ---------------------------------------------------------------------------
 1     0     T     GE1/0/1                   GE1/0/2                 Yes

<DeviceD>display rrpp verbose domain 1
Domain ID      : 1
Control VLAN   : Primary 4092, Secondary 4093
Protected VLAN : Reference instance 1
Hello timer    : 1 seconds, Fail timer: 3 seconds
Fast detection status: Disabled
Fast-Hello timer: 20 ms, Fast-Fail timer: 60 ms
Fast-Edge-Hello timer: 10 ms, Fast-Edge-Fail timer: 30 ms

Ring ID        : 1
Ring level     : 0
Node mode      : Transit
Ring state     : -
Enable status  : Yes, Active status: Yes
Primary port   : GE1/0/1                   Port status: UP
Secondary port : GE1/0/2                   Port status: UP

<DeviceD>
```

图 3-16　在 Device D 上执行 **display rrpp brief** 和 **display rrpp verbose domain** 1 两条命令的输出

从图 3-15 和图 3-16 中可以看出，Device A 是主节点（Master），Device D 是传输节点（Transit）。同时可以看到，两台设备的主端口（Primary Port）、副端口（Secondary Port）、主控制 VLAN 配置（子控制 VLAN 自动配置）等都与前面的配置是一致的，并且 RRPP 环状态（Enable status）是开启的，RRPP 环状态（Ring state）是健康（Complete）的（仅图在主节点 Device A 上显示）。在主节点 Device A 上副端口 GE1/0/2 是呈阻塞（BLOCKED）状态的，而在传输节点 Device D 上副端口 GE1/0/2 为 Up 状态，符合 RRPP 主节点和传输节点上主端口或副端口的特性。

在 Device B 和 Device C 上执行 **display rrpp brief** 和 **display rrpp verbose domain** 1 命令的输出与在 Device D 上执行以上两条命令的输出一样，参见图 3-15。由此可见，以上配置是正确的，RRPP 环的工作正常。

3.3.4　RRPP 相交环配置示例

RRPP 相交环配置示例的拓扑结构如图 3-17 所示，在 RRPP 域 1 中有 5 台交换机，有两个环，具体说明如下。

- Device B～Device E 这 4 台交换机构成环 Ring1，Device A、Device B 和 Device E 这 3 台交换机构成环 Ring2。其中，Ring1 为主环，Ring2 为子环。
- RRPP 域 1 的主控制 VLAN 为 VLAN4092，保护 VLAN 为 VLAN1～VLAN10。
- Device C 为主环的主节点，Device A 为子环的主节点，Device B 为主环的传输节点和子环的边缘节点，Device D 为主环的传输节点，Device E 为主环的传输节点和子环的辅助边缘节点。
- 各交换机的 GE1/0/1 和 GE1/0/2 分别为各自的主端口或副端口，Device B 和 Device E 的 GE1/0/3 为边缘端口。

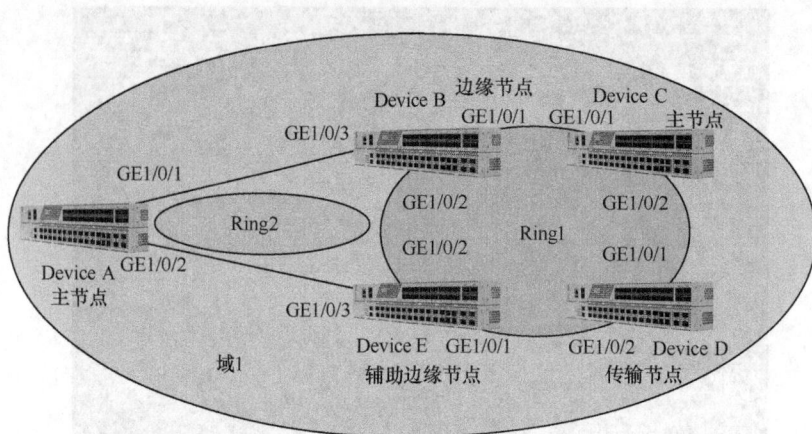

图 3-17 　 RRPP 相交环配置示例的拓扑结构

1. 基本配置思路分析

相交环是两个环（例如本示例中的主环 1 与子环 2），有一段链路是相同的，因此，决定了这两个环有两个共同的节点（例如本示例中的 Device B 和 Device E），分别被定义为边缘节点与辅助边缘节点。

相交环的配置方法与上节介绍的 RRPP 单环配置方法总体差不多，只是多了一个子环，以及边缘节点/辅助边缘节点及其边缘端口的配置。

2. 具体配置步骤

① 在 Device A～Device E 上创建 RRPP 域 1，配置主控制 VLAN4092 和保护 VLAN1～VLAN10 与对应的 MSTI 之间的映射。

此处假设保护 VLAN 要与 MSTI1 进行映射。因为一个 RRPP 域中各设备上的主控制 VLAN 和保护 VLAN 的配置是相同的，所以在此仅以 Device A 上的配置为例进行介绍。

#---创建保护 VLAN2～VLAN10（VLAN1 已默认存在，不需要创建），并将这些 VLAN 都映射到 MSTI1 上，然后激活 MST 域的配置，具体配置如下。

```
<Device A> system-view
[Device A] vlan2 to 10
[Device A] stp region-configuration
[Device A-mst-region] instance 1 vlan1 to 10
[Device A-mst-region] active region-configuration
[Device A-mst-region] quit
```

#---创建 RRPP 域 1，将 VLAN4092 配置为该域的主控制 VLAN（子控制 VLAN 会自动创建，为 VLAN4093），并将 MSTI1 所映射的 VLAN 配置为该域的保护 VLAN，具体配置如下。

```
[Device A] rrpp domain 1
[Device A-rrpp-domain1] control-VLAN4092
[Device A-rrpp-domain1] protected-VLAN reference-instance 1
```

#---在 GE1/0/1 和 GE1/0/2 端口（**在 Device B 和 Device E 上还要对 GE1/0/3 端口做同样的配置**）上配置物理连接状态 Up/Down 抑制时间为 0s，关闭生成树协议，并将端口配置为 Trunk 类型，允许保护 VLAN1～VLAN10 通过（控制 VLAN 系统会自动允许

通过，不需要配置），具体配置如下。

```
[Device A] interface gigabitethernet 1/0/1
[Device A-GigabitEthernet1/0/1] link-delay up 0
[Device A-GigabitEthernet1/0/1] link-delay down 0
[Device A-GigabitEthernet1/0/1] undo stp enable
[Device A-GigabitEthernet1/0/1] port link-type trunk
[Device A-GigabitEthernet1/0/1] port trunk permit vlan1 to 10
[Device A-GigabitEthernet1/0/1] quit
[Device A] interface gigabitethernet 1/0/2
[Device A-GigabitEthernet1/0/1] link-delay up 0
[Device A-GigabitEthernet1/0/1] link-delay down 0
[Device A-GigabitEthernet1/0/2] undo stp enable
[Device A-GigabitEthernet1/0/2] port link-type trunk
[Device A-GigabitEthernet1/0/2] port trunk permit vlan1 to 10
[Device A-GigabitEthernet1/0/2] quit
```

② 将 Device C 配置为主环 1 的主节点，指定 GE1/0/1 为主端口，GE1/0/2 为副端口，并开启该环。主环 1 的环级别为 0，具体配置如下。

```
[Device C] rrpp domain 1
[Device C-rrpp-domain1] ring 1 node-mode master primary-port gigabitethernet 1/0/1 secondary-port gigabitethernet
1/0/2 level 0
[Device C-rrpp-domain1] ring 1 enable
[Device C-rrpp-domain1] quit
[Device C] rrpp enable
```

③ 将 Device B、Device D 和 Device E 配置为主环 1 的传输节点，指定 GE1/0/1 为主端口，GE1/0/2 为副端口，并开启该环。

因为 3 台交换机上配置完全一样，所以在此仅以 Device B 上的配置为例进行介绍，具体配置如下。

```
[Device B] rrpp domain 1
[Device B-rrpp-domain1] ring 1 node-mode transit primary-port gigabitethernet 1/0/1 secondary-port gigabitethernet
1/0/2 level 0
[Device B-rrpp-domain1] ring 1 enable
[Device B-rrpp-domain1] quit
[Device B] rrpp enable
```

④ 将 Device A 配置为子环 2 的主节点，指定 GE1/0/1 为主端口，GE1/0/2 为副端口，并开启该环。子环 2 的环级别为 1，具体配置如下。

```
[Device A] rrpp domain 1
[Device A-rrpp-domain1] ring 2 node-mode master primary-port gigabitethernet 1/0/1 secondary-port gigabitethernet
1/0/2 level 1
[Device A-rrpp-domain1] ring 2 enable
[Device A-rrpp-domain1] quit
[Device A] rrpp enable
```

⑤ 将 Device B 配置为子环 2 的边缘节点，指定 GE1/0/3 为边缘端口，并开启该环，具体配置如下。

```
[Device B] rrpp domain 1
[Device B-rrpp-domain1] ring 2 node-mode edge edge-port gigabitethernet 1/0/3
[Device B-rrpp-domain1] ring 2 enable
[Device B-rrpp-domain1] quit
```

⑥ 将 Device E 配置为子环 2 的辅助边缘节点，指定 GE1/0/3 为边缘端口，并开启

该环，具体配置如下。

```
[Device E] rrpp domain 1
[Device E-rrpp-domain1] ring 2 node-mode assistant-edge edge-port gigabitethernet 1/0/3
[Device E-rrpp-domain1] ring 2 enable
[Device E-rrpp-domain1] quit
```

3. 配置结果验证

以上配置完成后，可以进行如下配置结果验证。

① 在任意设备上执行 **display vlan** 命令，均可见到并没有手动创建的主控制 VLAN4092 已经创建（同时创建的还有子控制 VLAN4093），以及手动创建的 VLAN2～VLAN10，具体可参见 3.3.3 节的图 3-14。

② 在任意设备上执行 **display rrpp brief** 命令，可查看当前设备上的 RRPP 配置摘要，执行 **display rrpp verbose domain** 1 命令可查看 RRPP 域 1 的详细信息。在 Device C 上执行 **display rrpp brief** 和 **display rrpp verbose domain** 1 两条命令的输出如图 3-18 所示，在 Device B 上执行 **display rrpp brief** 和 **display rrpp verbose domain** 1 两条命令的输出如图 3-19 所示。

从图 3-18 和图 3-19 中可以看出，Device C 是环 1 的主节点（Master），Device B 是环 1 的传输节点（Transit），是环 2 的边缘节点。同时可以看到两台设备的主端口、副端口，主控制 VLAN 配置（子控制 VLAN 自动配置）等都与前面的配置是一致的，并且 RRPP 环状态（Enable status）是开启的，RRPP 环状态（Ring state）是健康（Complete）的（仅图在主节点 Device C 上显示），但在主节点 Device C 上副端口 GE1/0/2 是呈阻塞（BLOCKED）状态的，而在传输节点 Device B 上副端口 GE1/0/2 为 Up 状态，符合 RRPP 主节点和传输节点上主端口或副端口的特性。

```
<DeviceC>display rrpp brief
Flags for node mode: M -- Master, T -- Transit, E -- Edge, A -- Assistant-edge

RRPP protocol status: Enabled

Domain ID     : 1
Control VLAN  : Primary 4092, Secondary 4093
Protected VLAN: Reference instance 1
Hello timer   : 1 seconds, Fail timer: 3 seconds
Fast detection status: Disabled
Fast-Hello timer: 20 ms, Fast-Fail timer: 60 ms
Fast-Edge-Hello timer: 10 ms, Fast-Edge-Fail timer: 30 ms
  Ring  Ring  Node  Primary/Common           Secondary/Edge            Enable
  ID    level mode  port                     port                      status

  1     0     M     GE1/0/1                  GE1/0/2                    Yes

<DeviceC>display rrpp verbose domain 1
Domain ID     : 1
Control VLAN  : Primary 4092, Secondary 4093
Protected VLAN: Reference instance 1
Hello timer   : 1 seconds, Fail timer: 3 seconds
Fast detection status: Disabled
Fast-Hello timer: 20 ms, Fast-Fail timer: 60 ms
Fast-Edge-Hello timer: 10 ms, Fast-Edge-Fail timer: 30 ms

Ring ID       : 1
Ring level    : 0
Node mode     : Master
Ring state    : Complete
Enable status : Yes, Active status: Yes
Primary port: GE1/0/1                    Port status: UP
Secondary port: GE1/0/2                  Port status: BLOCKED

<DeviceC>
```

图 3-18　在 Device C 上执行 **display rrpp brief** 和 **display rrpp verbose domain** 1 两条命令的输出

图 3-19　在 Device B 上执行 **display rrpp brief** 和 **display rrpp verbose domain** 1 两条命令的输出

　　【说明】在用 HCL 模拟器做实验时，会发现子环主节点的环状态一直是 Failed（断裂）状态，主节点的主端口或副端口均呈 Up 状态，用 HCL 模拟器做实验时，在子环主节点上执行 **display rrpp verbose domain** 1 命令的错误输出如图 3-20 所示。这是不正常的，但这是模拟器自身的问题导致子环的环路不能修复，在采用实际设备配置时，不会出现这种问题。下节介绍的配置示例中存在同样的问题，但这些均不是配置问题，而是 HCL 模拟器的问题。

图 3-20　用 HCL 模拟器做实验时在子环主节点上执行 **display rrpp verbose domain** 1 命令的错误输出

3.3.5　相交环负载分担配置示例

相交环负载分担配置示例的拓扑结构如图 3-21 所示，以太交换网中存在 3 个 RRPP 环，具体如下。

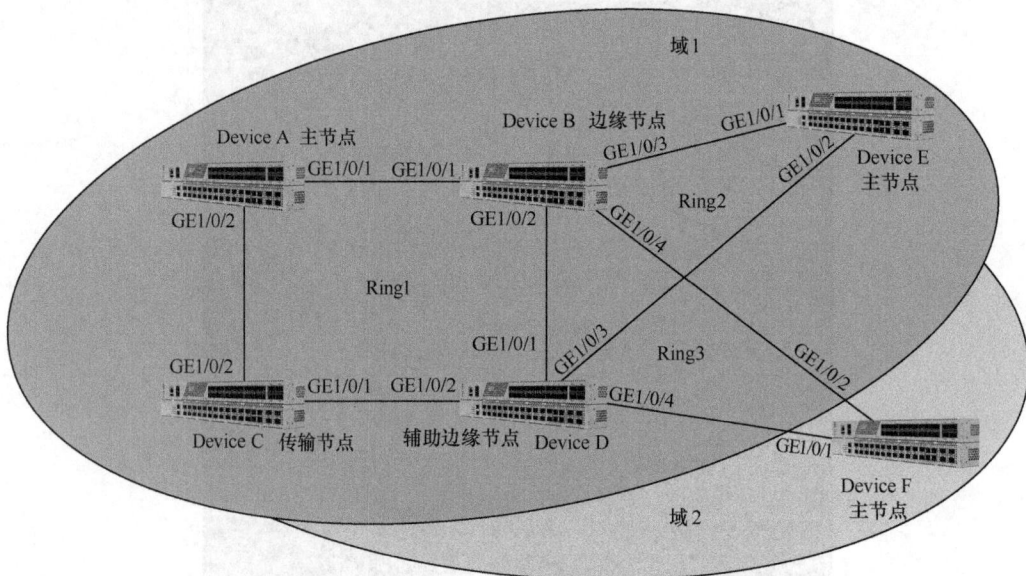

图 3-21　相交环负载分担配置示例的拓扑结构

- Device A～Device D 构成主环 1，Device B、Device D 和 Device E 构成子环 2，Device B、Device D 和 Device F 构成子环 3。
- 网络中配置了两个相交的 RRPP 域：域 1、域 2。两个 RRPP 域共享同一个主环 1。子环 2 和子环 3 分别在域 1、域 2 中。
- RRPP 域 1 的主控制 VLAN 为 VLAN110，保护 VLAN 为 VLAN1～VLAN10。
- RRPP 域 2 的主控制 VLAN 为 VLAN120，保护 VLAN 为 VLAN11～VLAN20。
- 主环 1 的主节点为 Device A、Device B～Device D 分别传输节点，子环 2 的主节点为 Device E、子环 3 的主节点为 Device F，Device B、Device D 分别为两子环共同的边缘节点和辅助边缘节点。
- 在 RRPP 域 1 中，主环 1 主节点 Device A 的主端口为 GE1/0/1，副端口为 GE1/0/2；在 RRPP 域 2 中，主环 1 主节点 Device A 的主端口为 GE1/0/2，副端口为 GE1/0/3。通过主节点在两个域中不同的主端口或副端口配置，实现不同域中的 VLAN 数据在主环链路上负载分担。

1. 基本配置思路分析

本示例中有多个 RRPP 域，多个子环，需要分别配置各环的主节点和传输节点，子环的边缘节点和辅助边缘节点。同时要在主环 1 的主节点 Device A 上为不同域指定不同的主端口和副端口，实现不同域中的保护 VLAN 数据在主环链路上负载分担。

由于子环 2 和子环 3 的边缘节点和辅助边缘节点的配置相同，而且其对应的主环链路也相同，所以可将这两个子环加入同一个环组，以减少 Edge-Hello 报文的收发数量。

2. 具体配置步骤

① 在 Device A～Device D 同时创建 RRPP 域 1 和域 2，配置域 1 的主控制 VLAN110 和保护 VLAN1～VLAN10 与对应的 MSTI 之间的映射；配置域 2 的主控制 VLAN120 和保护 VLAN11～VLAN20 与对应的 MSTI 之间的映射。

因为同一个 RRPP 域中各设备上的主控制 VLAN 和保护 VLAN 的配置是相同的，所以在此仅以 Device A 上的配置为例进行介绍。

#---创建 RRPP 域 1 和域 2 的保护 VLAN2～VLAN20（VLAN1 已默认存在，不需要创建），并将 VLAN1～VLAN10 映射到 MSTI1 上，将 VLAN1～VLAN20 映射到 MSTI2 上，然后激活 MST 域的配置，具体配置如下。

```
<Device A> system-view
[Device A] vlan2 to 20
[Device A] stp region-configuration
[Device A-mst-region] instance 1 vlan1 to 10
[Device A-mst-region] instance 2 vlan11 to 20
[Device A-mst-region] active region-configuration
[Device A-mst-region] quit
```

#---创建 RRPP 域 1，将 VLAN110 配置为该域的主控制 VLAN（子控制 VLAN 会自动创建，为 VLAN111），并将 MSTI1 所映射的 VLAN 配置为该域的保护 VLAN，具体配置如下。

```
[Device A] rrpp domain 1
[Device A-rrpp-domain1] control-VLAN110
[Device A-rrpp-domain1] protected-VLAN reference-instance 1
[Device A-rrpp-domain1] quit
```

#---创建 RRPP 域 2，将 VLAN120 配置为该域的主控制 VLAN（子控制 VLAN 会自动创建，为 VLAN121），并将 MSTI2 所映射的 VLAN 配置为该域的保护 VLAN，具体配置如下。

```
[Device A] rrpp domain 2
[Device A-rrpp-domain2] control-VLAN120
[Device A-rrpp-domain2] protected-VLAN reference-instance 2
[Device A-rrpp-domain2] quit
```

#---在 GE1/0/1 和 GE1/0/2 两端口上配置物理连接状态 Up/Down 抑制时间为 0s，关闭生成树协议，并将端口配置为 Trunk 类型，允许保护 VLAN1～VLAN20 通过（控制 VLAN 系统会自动允许通过，不需要配置，下同），具体配置如下。

```
[Device A] interface gigabitethernet 1/0/1
[Device A-GigabitEthernet1/0/1] link-delay up 0
[Device A-GigabitEthernet1/0/1] link-delay down 0
[Device A-GigabitEthernet1/0/1] undo stp enable
[Device A-GigabitEthernet1/0/1] port link-type trunk
[Device A-GigabitEthernet1/0/1] port trunk permit vlan1 to 20
[Device A-GigabitEthernet1/0/1] quit
[Device A] interface gigabitethernet 1/0/2
[Device A-GigabitEthernet1/0/1] link-delay up 0
[Device A-GigabitEthernet1/0/1] link-delay down 0
[Device A-GigabitEthernet1/0/2] undo stp enable
[Device A-GigabitEthernet1/0/2] port link-type trunk
[Device A-GigabitEthernet1/0/2] port trunk permit vlan1 to 20
[Device A-GigabitEthernet1/0/2] quit
```

#---在 Device B 和 Device D 的 GE1/0/3 和 GE1/0/4 两端口上配置物理连接状态 Up/

Down 抑制时间为 0s，关闭生成树协议，并将端口配置为 Trunk 类型，GE1/0/3 端口允许保护 VLAN1~VLAN10 通过，GE1/0/4 端口允许保护 VLAN11~VLAN20 通过。

因为 Device B 和 Device D 的配置相同，所以在此仅以 Device B 的配置为例进行介绍，具体配置如下。

```
[Device B] interface gigabitethernet 1/0/3
[Device B-GigabitEthernet1/0/3] link-delay up 0
[Device B-GigabitEthernet1/0/3] link-delay down 0
[Device B-GigabitEthernet1/0/3] undo stp enable
[Device B-GigabitEthernet1/0/3] port link-type trunk
[Device B-GigabitEthernet1/0/3] port trunk permit vlan1 to 10
[Device B-GigabitEthernet1/0/3] quit
[Device B] interface gigabitethernet 1/0/4
[Device B-GigabitEthernet1/0/4] link-delay up 0
[Device B-GigabitEthernet1/0/4] link-delay down 0
[Device B-GigabitEthernet1/0/4] undo stp enable
[Device B-GigabitEthernet1/0/4] port link-type trunk
[Device B-GigabitEthernet1/0/4] undo port trunk permit vlan1
[Device B-GigabitEthernet1/0/4] port trunk permit vlan11 to 20
[Device B-GigabitEthernet1/0/4] quit
```

② 将 Device A 配置为域 1 和域 2 中主环 1 的主节点，域 1 中的主端口为 GE1/0/1，副端口为 GE1/0/2，并开启该环；域 2 中的主端口为 GE1/0/2，副端口为 GE1/0/1，并开启该环。主环 1 的环级别为 0，具体配置如下。

```
[Device A] rrpp domain 1
[Device A-rrpp-domain1] ring 1 node-mode master primary-port gigabitethernet 1/0/1 secondary-port gigabitethernet
1/0/2 level 0
[Device A-rrpp-domain1] ring 1 enable
[Device A-rrpp-domain1] quit
[Device A] rrpp domain 2
[Device A-rrpp-domain2] ring 1 node-mode master primary-port gigabitethernet 1/0/2 secondary-port gigabitethernet
1/0/1 level 0
[Device A-rrpp-domain2] ring 1 enable
[Device A-rrpp-domain2] quit
[Device A] rrpp enable
```

③ 将 Device B~Device D 配置为域 1 和域 2 中主环 1 的传输节点，指定主端口为 GE1/0/1，副端口为 GE1/0/2，并开启该环，主环 1 的环级别为 0。

因为这 3 台交换机的配置相同，所以在此仅以 Device B 的配置为例进行介绍，具体配置如下。

```
[Device B] rrpp domain 1
[Device B-rrpp-domain1] ring 1 node-mode transit primary-port gigabitethernet 1/0/1 secondary-port gigabitethernet
1/0/2 level 0
[Device B-rrpp-domain1] ring 1 enable
[Device B-rrpp-domain1] quit
[Device B] rrpp enable

[Device B] rrpp domain 2
[Device B-rrpp-domain2] ring 1 node-mode transit primary-port gigabitethernet 1/0/1 secondary-port gigabitethernet
1/0/2 level 0
[Device B-rrpp-domain2] ring 1 enable
[Device B-rrpp-domain2] quit
```

④ 在 Device E 上创建 RRPP 域 1，配置主控制 VLAN110 和保护 VLAN1~VLAN10

与对应的 MSTI 之间的映射，并将该设备配置为域 1 中子环 2 的主节点，指定主端口为 GE1/0/1，副端口为 GE1/0/2，并开启该环。

#---创建 RRRP 域 1 的保护 VLAN2～VLAN10（VLAN1 已默认存在，不需要创建），并将这些 VLAN 都映射到 MSTI1 上，然后激活 MST 域的配置，具体配置如下。

```
<Device E> system-view
[Device E] vlan2 to 10
[Device E] stp region-configuration
[Device E-mst-region] instance 1 vlan1 to 10
[Device E-mst-region] active region-configuration
[Device E-mst-region] quit
```

#---创建 RRPP 域 1，将 VLAN110 配置为该域的主控制 VLAN（子控制 VLAN 会自动创建，为 VLAN111），并将 MSTI1 所映射的 VLAN 配置为该域的保护 VLAN，具体配置如下。

```
[Device E] rrpp domain 1
[Device E-rrpp-domain1] control-VLAN110
[Device E-rrpp-domain1] protected-VLAN reference-instance 1
[Device E-rrpp-domain1] quit
```

#---在 GE1/0/1 和 GE1/0/2 两端口上配置物理连接状态 Up/Down 抑制时间为 0s，关闭生成树协议，并将端口配置为 Trunk 类型，允许保护 VLAN1～VLAN10 通过，具体配置如下。

```
[Device E] interface gigabitethernet 1/0/1
[Device E-GigabitEthernet1/0/1] link-delay up 0
[Device E-GigabitEthernet1/0/1] link-delay down 0
[Device E-GigabitEthernet1/0/1] undo stp enable
[Device E-GigabitEthernet1/0/1] port link-type trunk
[Device E-GigabitEthernet1/0/1] port trunk permit vlan1 to 10
[Device E-GigabitEthernet1/0/1] quit
[Device E] interface gigabitethernet 1/0/2
[Device E-GigabitEthernet1/0/2] link-delay up 0
[Device E-GigabitEthernet1/0/2] link-delay down 0
[Device E-GigabitEthernet1/0/2] undo stp enable
[Device E-GigabitEthernet1/0/2] port link-type trunk
[Device E-GigabitEthernet1/0/2] port trunk permit vlan1 to 10
[Device E-GigabitEthernet1/0/2] quit
```

#---在 RRPP 域 1 内配置 Device E 为子环 2 的主节点，主端口为 GE1/0/1，副端口为 GE1/0/2，并开启该环。子环 2 的环级别为 1，具体配置如下。

```
[Device E] rrpp domain 1
[Device E-rrpp-domain1] ring 2 node-mode master primary-port gigabitethernet 1/0/1 secondary-port gigabitethernet 1/0/2 level 1
[Device E-rrpp-domain1] ring 2 enable
[Device E-rrpp-domain1] quit
[Device E] rrpp enable
```

⑤ 在 Device F 上创建 RRPP 域 2，配置主控制 VLAN120 和保护 VLAN11～VLAN20 与对应的 MSTI 之间的映射，并将该设备配置为域 2 中子环 3 的主节点，指定主端口为 GE1/0/2，副端口为 GE1/0/1，并开启该环。

#---创建 RRRP 域 2 的保护 VLAN11～VLAN20，并将这些 VLAN 都映射到 MSTI2 上，然后激活 MST 域的配置，具体配置如下。

```
<Device F> system-view
[Device F] vlan11 to 20
```

```
[Device F] stp region-configuration
[Device F-mst-region] instance 2 vlan11 to 20
[Device F-mst-region] active region-configuration
[Device F-mst-region] quit
```

#---创建 RRPP 域 2，将 VLAN120 配置为该域的主控制 VLAN（子控制 VLAN 会自动创建，为 VLAN121），并将 MSTI2 所映射的 VLAN 配置为该域的保护 VLAN，具体配置如下。

```
[Device F] rrpp domain 2
[Device F-rrpp-domain2] control-VLAN120
[Device F-rrpp-domain2] protected-VLAN reference-instance 2
[Device F-rrpp-domain2] quit
```

#---在 GE1/0/1 和 GE1/0/2 两端口上配置物理连接状态 Up/Down 抑制时间为 0s，关闭生成树协议，并将端口配置为 Trunk 类型，允许保护 VLAN11～VLAN20 通过，具体配置如下。

```
[Device F] interface gigabitethernet 1/0/1
[Device F-GigabitEthernet1/0/1] link-delay up 0
[Device F-GigabitEthernet1/0/1] link-delay down 0
[Device F-GigabitEthernet1/0/1] undo stp enable
[Device F-GigabitEthernet1/0/1] port link-type trunk
[Device F-GigabitEthernet1/0/1] port trunk permit vlan11 to 20
[Device F-GigabitEthernet1/0/1] quit
[Device F] interface gigabitethernet 1/0/2
[Device F-GigabitEthernet1/0/2] link-delay up 0
[Device F-GigabitEthernet1/0/2] link-delay down 0
[Device F-GigabitEthernet1/0/2] undo stp enable
[Device F-GigabitEthernet1/0/2] port link-type trunk
[Device F-GigabitEthernet1/0/2] port trunk permit vlan11 to 20
[Device F-GigabitEthernet1/0/2] quit
```

#---在 RRPP 域 2 内配置 Device F 为子环 3 的主节点，主端口为 GE1/0/2，副端口为 GE1/0/1，并开启该环。子环 3 的环级别为 1，具体配置如下。

```
[Device F] rrpp domain 2
[Device F-rrpp-domain2] ring 3 node-mode master primary-port gigabitethernet 1/0/2 secondary-port gigabitethernet 1/0/1 level 1
[Device F-rrpp-domain2] ring 3 enable
[Device F-rrpp-domain2] quit
[Device F] rrpp enable
```

⑥ 将 Device B 配置为域 1 中子环 2 和域 2 中子环 3 的边缘节点，指定 GE1/0/3 为子环 2 的边缘端口，指定 GE1/0/4 为子环 3 的边缘端口，并开启这两个子环。然后创建 RRPP 环组，把子环 2 和子环 3 加入其中。

#---在 RRPP 域 1 内配置 Device B 为子环 2 的边缘节点，边缘端口为 GE1/0/3，并开启该环，具体配置如下。

```
[Device B] rrpp domain 1
[Device B-rrpp-domain1] ring 2 node-mode edge edge-port gigabitethernet 1/0/3
[Device B-rrpp-domain1] ring 2 enable
[Device B-rrpp-domain1] quit
```

#---在 RRPP 域 2 内配置 Device B 为子环 3 的边缘节点，边缘端口为 GE1/0/4，并开启该环，具体配置如下。

```
[Device B] rrpp domain 2
[Device B-rrpp-domain2] ring 3 node-mode edge edge-port gigabitethernet 1/0/4
```

[Device B-rrpp-domain2] **ring** 3 **enable**
[Device B-rrpp-domain2] **quit**

#---在 Device B 上创建 RRPP 环组 1，并将子环 2 和子环 3 加入其中，具体配置如下。

[Device B] **rrpp ring-group** 1
[Device B-ring-group1] **domain** 1 **ring** 2
[Device B-ring-group1] **domain** 2 **ring** 3

⑦ 将 Device D 配置为域 1 中子环 2 和域 2 中子环 3 的辅助边缘节点，指定 GE1/0/3 为子环 2 的边缘端口，指定 GE1/0/4 为子环 3 的边缘端口，并开启这两个子环。然后创建 RRPP 环组，把子环 2 和子环 3 加入其中。

#---在 RRPP 域 1 内配置 Device D 为子环 2 的辅助边缘节点，边缘端口为 GE1/0/3，并开启该环，具体配置如下。

[Device D] **rrpp domain** 1
[Device D-rrpp-domain1] **ring** 2 **node-mode assistant-edge edge-port** gigabitethernet 1/0/3
[Device D-rrpp-domain1] **ring** 2 **enable**
[Device D-rrpp-domain1] **quit**

#---在 RRPP 域 2 内配置 Device D 为子环 Ring3 的辅助边缘节点，边缘端口为 GE1/0/4，并开启该环，具体配置如下。

[Device D] **rrpp domain** 2
[Device D-rrpp-domain2] **ring** 3 **node-mode assistant-edge edge-port** gigabitethernet 1/0/4
[Device D-rrpp-domain2] **ring** 3 **enable**
[Device D-rrpp-domain2] **quit**

#---在 Device D 上创建 RRPP 环组 1，并将子环 2 和子环 3 加入其中，具体配置如下。

[Device D] **rrpp ring-group** 1
[Device D-ring-group1] **domain** 1 **ring** 2
[Device D-ring-group1] **domain** 2 **ring** 3

3．配置结果验证

以上配置完成后，可以进行如下配置结果验证。

① 在 Device A～Device E 上执行 **display rrpp verbose domain** 1 命令，可查看各设备在 RRPP 域 1 中详细的配置信息。在 Device A 上执行 **display rrpp verbose domain** 1 命令的输出如图 3-22 所示，在 Device B 上执行 **display rrpp verbose domain** 1 命令的输出如图 3-23 所示。

```
<DeviceA>display rrpp verbose domain 1
Domain ID    : 1
Control VLAN : Primary 110, Secondary 111
Protected VLAN: Reference instance 1
Hello timer  : 1 seconds, Fail timer: 3 seconds
Fast detection status: Disabled
Fast-Hello timer: 20 ms, Fast-Fail timer: 60 ms
Fast-Edge-Hello timer: 10 ms, Fast-Edge-Fail timer: 30 ms

Ring ID      : 1
Ring level   : 0
Node mode    : Master
Ring state   : Complete
Enable status: Yes, Active status: Yes
Primary port : GE1/0/1              Port status: UP
Secondary port: GE1/0/2             Port status: BLOCKED

<DeviceA>
```

图 3-22　在 Device A 上执行 **display rrpp verbose domain** 1 命令的输出

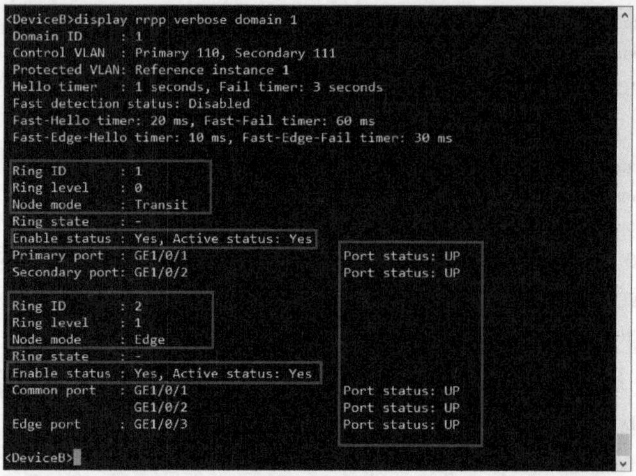

图 3-23　在 Device B 上执行 **display rrpp verbose domain** 1 命令的输出

从图 3-22 和图 3-23 中可以看出，Device A 是环 1 的主节点（Master），Device B 是环 1 的传输节点（Transit），是环 2 的边缘节点。同时可以看到两台设备的主端口、副端口、主控制 VLAN 配置（子控制 VLAN 自动配置）等都与前面的配置是一致的，并且 RRPP 环状态（Enable status）是开启的，RRPP 环状态（Ring state）是健康（Complete）的（仅图在主节点 Device A 上显示），但在主节点 Device A 上副端口 GE1/0/2 是呈阻塞（BLOCKED）状态的，而在传输节点 Device B 上副端口 GE1/0/2 为 Up 状态，符合 RRPP 主节点和传输节点上主端口或副端口的特性。

② 在 Device A～Device D 和 Device F 上执行 **display rrpp verbose domain** 2 命令，可查看各设备在 RRPP 域 1 中的详细配置信息。在 Device A 上执行 **display rrpp verbose domain** 2 命令的输出如图 3-24 所示，在 Device D 上执行 **display rrpp verbose domain** 2 命令的输出如图 3-25 所示。

从图 3-24 和图 3-25 中可以看出，Device A 是环 1 的主节点，Device D 是环 1 的传输节点，是环 3 的辅助边缘节点。同时可以看到两台设备的主端口、副端口、主控制 VLAN 配置（子控制 VLAN 自动配置）等都与前面的配置是一致的，并且 RRPP 环状态是开启的，RRPP 环状态是健康的（仅图在主节点 Device A 上显示），但在主节点 Device A 上副端口 GE1/0/2 是呈 Blocking 状态的，而在传输节点 Device B 上副端口 GE1/0/2 为 Up 状态，符合 RRPP 主节点和传输节点上主端口或副端口的特性。

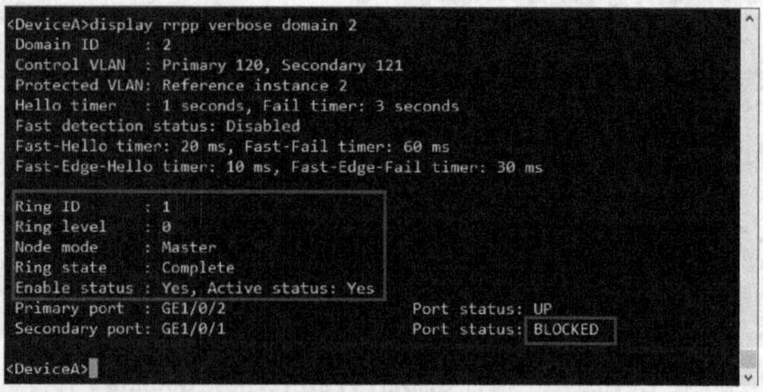

图 3-24　在 Device A 上执行 **display rrpp verbose domain** 2 命令的输出

```
<DeviceD>display rrpp verbose domain 2
Domain ID     : 2
Control VLAN  : Primary 120, Secondary 121
Protected VLAN: Reference instance 2
Hello timer   : 1 seconds, Fail timer: 3 seconds
Fast detection status: Disabled
Fast-Hello timer: 20 ms, Fast-Fail timer: 60 ms
Fast-Edge-Hello timer: 10 ms, Fast-Edge-Fail timer: 30 ms

Ring ID        : 1
Ring level     : 0
Node mode      : Transit
Ring state     : -
Enable status : Yes, Active status: Yes
Primary port   : GE1/0/1                    Port status: UP
Secondary port: GE1/0/2                     Port status: UP

Ring ID        : 3
Ring level     : 1
Node mode      : Assistant-edge
Ring state     : -
Enable status : Yes, Active status: Yes
Common port    : GE1/0/1                    Port status: UP
                 GE1/0/2                    Port status: UP
Edge port      : GE1/0/4                    Port status: UP

<DeviceD>
```

图 3-25　在 Device D 上执行 **display rrpp verbose domain** 2 命令的输出

第4章
ACL

本章主要内容

4.1 ACL 基础

4.2 配置 ACL

　　访问控制列表（ACL）是一项在报文过滤、路由信息过滤、访问控制和 QoS 策略应用中必不可少的技术，既可以非常灵活地控制报文、路由信息的接收与发送，又可以灵活地控制 QoS 策略的匹配规则。

　　ACL 主要包括用于三层 IP 网络中的 IP ACL（包括 IPv4/IPv6 基本 ACL 和 IPv4/IPv6 高级 ACL）、用于二层交换网络中的二层 ACL，以及用户可自定义规则的 ACL。本章仅针对 IPv4 ACL、二层 ACL 和用户自定义 ACL 的配置，以及 ACL 在报文过滤方面的应用进行介绍。需要说明的是，并不是所有型号都全面支持这些类型的 ACL 及其中的配置参数，具体要查看对应设备的产品手册。

4.1　ACL 基础

ACL 是一组用于识别报文类别或内容的规则集合，用于进行端口报文过滤（允许或拒绝通过），或对特定的报文执行规定的行为（设置特定的报文属性或添加指定的标签）。这里的"规则"是指，描述报文匹配条件的判断语句，匹配条件也可以是报文的源或目标 MAC 地址、源或目标 IP 地址、传输协议端口号、协议类型、特定报文内容等。

报文在与 ACL 中的规则进行匹配时，只要匹配了其中一条规则，即不再往后匹配了，直接应用当前匹配的那条规则所对应的动作。但在一些应用中，例如 QoS 流策略、策略路由应用中，ACL 中的规则仅用于限定报文匹配的范围，不作为对报文进行丢弃或转发的依据。

4.1.1　ACL 的编号、命名和分类

用户在创建 ACL 时必须为其指定编号，不同的编号对应不同类型的 ACL。同时，为了便于记忆和识别，用户在创建 ACL 时还可以选择是否为其设置名称。但 ACL 一旦创建，便不允许用户以后再为其设置名称、修改或删除其原有名称。当 ACL 创建完成后，用户就可以通过指定编号或名称的方式来指定 ACL，并对其进行操作。

根据功能及规则制定依据的不同，可以将 ACL 分为基本 ACL、高级 ACL、二层 ACL 和用户自定义 ACL 这 4 种类型。ACL 的分类说明见表 4-1。

表 4-1　ACL 的分类说明

ACL 类型	编号范围	适用的 IP 版本	规则制定依据
基本 ACL	2000～2999	IPv4	主要根据报文的源 IPv4 地址信息制定匹配规则
		IPv6	主要根据报文的源 IPv6 地址信息制定匹配规则
高级 ACL	3000～3999	IPv4	可根据报文的源 IPv4 地址信息、目标 IPv4 地址信息、IPv4 承载的协议类型、协议的特性等三层或四层信息制定匹配规则
		IPv6	可根据报文的源 IPv6 地址信息、目标 IPv6 地址信息、IPv6 承载的协议类型、协议的特性等三层或四层信息制定匹配规则
二层 ACL	4000～4999	IPv4&IPv6	可根据报文的源 MAC 地址、目标 MAC 地址、802.1p 优先级、二层协议类型等二层信息制定匹配规则
用户自定义 ACL	5000～5999	IPv4&IPv6	以报文头为基准，指定从报文的第几个字节开始与掩码进行"与"操作，并将提取出的字符串与用户定义的字符串进行比较，从而找出相匹配的报文

4.1.2　ACL 规则匹配顺序

一个 ACL 由一条或多条描述报文匹配选项的判断语句（即 ACL 规则）组成。由于每条规则中的报文匹配选项不同，从而使这些规则之间可能存在交叉甚至矛盾的地方，

因此，在将一个报文与 ACL 的各条规则进行匹配时，就需要有明确的匹配顺序来确定规则执行的优先级。ACL 规则有以下两种匹配顺序。

① 配置顺序：按照用户配置规则的先后顺序进行匹配，但由于本质上系统是按照规则编号由小到大进行匹配，所以后插入的规则，如果编号较小，则也有可能先被匹配。这是 ACL 规则的默认匹配顺序。

② 自动排序：按照"深度优先"原则由深到浅进行匹配，不同类型 ACL 的"深度优先"排序法则见表 4-2。

【说明】用户自定义 ACL 的规则只能按照配置顺序进行匹配，其他类型的 ACL 规则可选择按照配置顺序或自动顺序进行匹配。但无论是哪种匹配顺序，当报文与各条规则进行匹配时，一旦匹配上某条规则，都不会再继续匹配后面的规则，系统将依据该规则对该报文执行相应的操作。

表 4-2 不同类型 ACL 的"深度优先"排序法则

ACL 类型	"深度优先"排序法则
IPv4 基本 ACL	① 先看规则中是否带有 VPN 实例，带 VPN 实例者优先。 ② 如果 VPN 实例的携带情况相同，则比较源 IPv4 的地址范围，范围较小者优先。 ③ 如果源 IP 地址范围也相同，则比较配置顺序，配置在前者优先
IPv4 高级 ACL	① 先看规则中是否带有 VPN 实例，带 VPN 实例者优先。 ② 如果 VPN 实例的携带情况相同，则比较协议范围，指定有 IPv4 承载的协议类型者优先。 ③ 如果协议范围也相同，则比较源 IPv4 的地址范围，较小者优先。 ④ 如果源 IPv4 的地址范围也相同，则比较目标 IPv4 的地址范围，较小者优先。 ⑤ 如果目标 IPv4 的地址范围也相同，则比较 4 层端口（即 TCP/UDP 端口）号的范围，较小者优先。 ⑥ 如果 4 层端口号范围也相同，则比较配置顺序，配置在前者优先
IPv6 基本 ACL	① 先看规则中是否带有 VPN 实例，带 VPN 实例者优先。 ② 先比较源 IPv6 地址范围，较小者优先。 ③ 如果源 IPv6 地址范围相同，则比较配置顺序，配置在前者优先
IPv6 高级 ACL	① 先看规则中是否带有 VPN 实例，带 VPN 实例者优先。 ② 先比较协议范围，指定有 IPv6 承载的协议类型者优先。 ③ 如果协议范围相同，则比较源 IPv6 的地址范围，较小者优先。 ④ 如果源 IPv6 的地址范围也相同，则比较目标 IPv6 的地址范围，较小者优先。 ⑤ 如果目标 IPv6 的地址范围也相同，则比较 4 层端口（即 TCP/UDP 端口）号的范围，较小者优先。 ⑥ 如果 4 层端口号的范围也相同，则比较配置顺序，配置在前者优先
二层 ACL	① 先比较源 MAC 地址范围，较小者优先。 ② 如果源 MAC 地址范围相同，则比较目标 MAC 地址范围，较小者优先。 ③ 如果目标 MAC 地址范围也相同，则比较配置顺序，配置在前者优先

【说明】比较 IPv4 地址范围，就是比较 IPv4 地址（源 IPv4 地址或目标 IPv4 地址）通配符掩码中值为"0"的二进制位数（IPv4 地址通配符掩码也是 32 比特）多少，位数越多，范围越小，因为值为"0"的比特位要求报文中对应 IPv4 地址的该比特位的值必须与规则中对应 IPv4 地址的该比特位的值一致，表示"匹配"。值为"1"的比特位表示

"不关心"，即报文中对应 IPv4 的该比特的值可以与规则中对应 IPv4 地址的该比特位的值不一致。例如源 IPv4 地址通配符掩码为 0.0.0.255，表示报文中的源 IPv4 地址的高 3 个字节必须与规则中指定的源 IPv4 地址的高 3 个字节的值完全相同，最低字节的值可以与规则中指定的源 IPv4 地址的最低字节的值不同。

在有类（A 类、B 类、C 类）网络中，通配符掩码就是对应子网掩码的取反值，但在无类网络中则不完全等于子网掩码的取反值。通配符掩码仅用来确定地址范围，其中，值为"0"或"1"的比特位可以不连续（子网掩码中的"1"和"0"必须是连续的），这样可以使匹配更灵活，例如 0.255.0.255 就是一个合法的通配符掩码。

比较 MAC 地址范围，是比较 MAC 地址（源 MAC 地址或目标 MAC 地址）掩码中值为"f"的十六进制位数（共 12 位），位数越多，范围越小，即 MAC 地址掩码中值为"f"的十六进制位表示报文中对应 MAC 地址的该十六进制位必须与对规则中对应 MAC 地址的该十六进制位的值一致，值为"0"的十六进制位表示"不关心"，即报文中对应 MAC 地址的该十六进制位可以与对规则中对应 MAC 地址的该十六进制位的值不一致。例如源 MAC 地址的掩码为 00ff-ffff-ff00，则表示报文中的源 MAC 地址的最高字节和最低字节的值可以与规则中指定的源 MAC 地址的这两个字节的值不同，但中间的 4 个字节的值必须与规则中指定的源 MAC 地址的 4 个字节的值完全相同。

4.1.3　ACL 规则步长

一个 ACL 内可以有一条或者多条规则，每条规则都有自己的编号，而且要求每条规则的编号在一个 ACL 中都是唯一的。在创建规则时，可以人为地为其指定一个编号，也可以由系统为其自动分配一个编号，起始编号为 0。

在自动分配编号时，为了方便后续在已有规则之前插入新的规则，系统通常会在相邻编号之间留下一定的空间，这个空间的大小（即相邻编号之间的差值）就称为 ACL 的步长。例如当步长为 5 时，系统会将编号 0、5、10、15……依次分配给新创建的规则。

系统为规则自动分配编号的方式为：系统按照步长从 0 开始（需要注意的是，不是从 1 开始），自动分配一个大于现有最大编号的最小编号。例如原有编号为 0、5、9、10 和 12 的 5 条规则，步长为 5，此时如果创建一条规则且不指定编号，那么系统将自动为其分配编号 15。

如果改变步长，则 ACL 内原有全部规则的编号都将自动从 0 开始按新步长重新排列。例如某 ACL 内原有编号为 0、5、9、10 和 15 的 5 条规则；当修改步长为 2 之后，这些规则的编号将依次变为 0、2、4、6 和 8。

4.2　配置 ACL

本节仅介绍 IPv4 基本 ACL、IPv4 高级 ACL、二层 ACL 和用户自定义 ACL 的配置与管理方法。

在创建 ACL 规则时，需要注意以下事项。

- 如果指定编号的规则不存在，则创建一条新的规则；如果指定编号的规则已存在，则对旧规则进行修改，即在其原有内容的基础上进行内容添加或修改。
- 新创建或修改的规则不能与已有规则的内容完全相同，否则，系统将提示出错，操作失败。
- 当 ACL 的规则匹配顺序为配置顺序时，允许修改该 ACL 内的任意一条已有规则；当 ACL 的规则匹配顺序为自动排序时，不允许修改该 ACL 内的已有规则，否则，系统将提示出错。
- 当 ACL 的匹配顺序为自动排序时，新创建的规则将按照"深度优先"的原则插入已有的规则中，但是所有规则对应的编号不会改变，系统也不会按照 ACL 规则编号的大小顺序进行匹配。
- 使用 **undo rule** 命令删除规则时，必须指定一个已存在规则的编号。如果没有指定任何可选参数，则删除整条规则；如果指定了可选参数，则只删除该参数对应的内容。

4.2.1　配置时间段

时间段（Time Range）即一个时间范围，在某业务中引用后，就可使该业务在此时间段内生效。例如当一个 ACL 规则只需在某个特定时间段生效时，就可以先配置好这个时间段，然后在配置该 ACL 规则时，引用此时间段。这样该 ACL 规则就只能在该时间段内生效。

在一个时间段内，可以使用以下两种方式定义时间范围。

① 周期时间段：表示以一周为周期（例如每周一的 8 点至 12 点）循环生效的时间段。

② 绝对时间段：表示在指定时间范围内生效的时间段，例如从 2024 年 10 月 28 日 10:00 起至 2024 年 12 月 28 日 10:00 结束。

当一个时间段内包含有多个周期时间段和绝对时间段时（一个时间段内最多可以包含 32 个周期时间段和 12 个绝对时间段），系统将先分别取各周期时间段的并集和各绝对时间段的并集，再取这两个并集的交集作为该时间段最终生效的时间范围。

时间段是在系统视图下通过 **time-range** *time-range-name* { *start-time* **to** *end-time days* [**from** *time*1 *date*1] [**to** *time*2 *date*2] | **from** *time*1 *date*1 [**to** *time*2 *date*2] | **to** *time*2 *date*2 } 命令创建。命令中的参数说明如下。

① *time-name*：定义时间段的名称，作为一个引用的标识。可为 1～32 个字符的字符串，**不区分大小写**，但必须以英文字母 a～z 或 A～Z 开头。为了避免混淆，时间段的名称不允许使用英文单词 all。

② *start-time* **to** *end-time*：多选一参数，指定周期时间段，创建的时间段为周期时间段，以一周为循环生效。参数 *start-time* 和 *end-time* 分别表示起始时间和结束时间，格式均为 hh:mm。hh 的取值为 0～23，mm 的取值为 0～59，且结束时间必须大于起始时间。

③ *days*：指定周期时间段在每周的周几生效，可输入的形式如下。

- 数字：取值为 0～6，依次表示周日～周六。
- 周几的英文缩写。从周日到周六依次为 Sun、Mon、Tue、Wed、Thu、Fri 和 Sat。

- 工作日（working-day）：表示从周一到周五。
- 休息日（off-day）：表示周六和周日。
- 每日（daily）：表示一周七天。

④ **from** *time*1 *date*1：指定绝对时间段的起始时间。参数 *time*1 的格式为 hh:mm，取值为 00:00～23:59；参数 *date1* 的格式为 MM/DD/YYYY 或 YYYY/MM/DD。MM 表示月，取值为 1～12；DD 表示日，取值范围取决于输入的月份；YYYY 表示年，取值为 1970～2100。如果未指定本参数，则绝对时间段的起始时间将为系统表示的最早时间，即 1970 年 1 月 1 日 0 点 0 分。

⑤ **to** *time*2 *date*2：指定绝对时间段的结束时间。参数 *time*2 的格式为 hh:mm，取值为 00:00～24:00；参数 *date2* 的格式为 MM/DD/YYYY 或 YYYY/MM/DD。MM 表示月，取值为 1～12；DD 表示日，取值范围取决于所输入的月份；YYYY 表示年，取值为 1970～2100。结束时间必须大于起始时间。如果未指定本参数，则绝对时间段的结束时间将为系统可表示的最晚时间，即 2100 年 12 月 31 日 24 点 0 分。

使用 **from** *time*1 *date*1 和 **to** *time*2 *date*2 这组参数所创建的时间段为绝对时间段，将在指定时间范围内生效。

创建好时间段后，可使用 **display time-range** { *time-range-name* | **all** }命令查看指定或所有已创建的时间段的配置和状态信息。

【示例 1】配置一个周期时间段，时间范围为 2024 年每周的周一到周五的 8:00 到 18:00。

这是一个仅包括周期时间的时间段，需使用"*start-time* **to** *end-time days*"这组参数，具体配置如下。

```
<Sysname> system-view
[Sysname] time-range test 8:00 to 18:00 working-day
[Sysname] display time-range test
Current time is 10:20:22 5/5/2024 Sunday

Time-range : test  ( Inactive )
 08:00 to 18:00 working-day
```

【示例 2】配置一个绝对时间段，时间范围为 2024 年 5 月 28 日 15:00 起至 2024 年 8 月 28 日 15:00 结束。

这是一个仅包括绝对时间的时间段，需使用"**from** *time*1 *date*1 **to** *time*2 *date*2"这组参数，具体配置如下。

```
<Sysname> system-view
[Sysname] time-range test from 15:00 5/28/2024 to 15:00 8/28/2024
[Sysname] display time-range test
Current time is 10:20:50 5/5/2024 Sunday

Time-range : test  ( Inactive )
 from 15:00 5/28/2024 to 15:00 7/28/2025
```

【示例 3】创建名为 t3 的时间段，其时间范围为 2024 年全年内每周休息日的 8 点到 12 点。

这是一个同时包括周期时间和绝对时间的时间段，需使用"*start-time* **to** *end-time days*"和"**from** *time*1 *date*1 **to** *time*2 *date*2"这两组参数，具体配置如下。

```
<Sysname> system-view
[Sysname] time-range t3 8:0 to 12:0 off-day from 0:0 1/1/2014 to 23:59 12/31/2024
```

【示例 4】创建名为 t4 的时间段，其时间范围为 2024 年 1 月和 6 月的每周一的 10 点到 12 点及每周三的 14 点到 16 点。

这也是一个同时包括周期时间和绝对时间的时间段，需使用"*start-time* **to** *end-time* *days*"和"**from** *time*1 *date*1 **to** *time*2 *date*2"这两组参数，具体配置如下。

```
<Sysname> system-view
[Sysname] time-range t4 10:0 to 12:0 1 from 0:0 1/1/2024 to 23:59 1/31/2024    #---定义 2024 年 1 月的每周一的 10 点到 12 点
[Sysname] time-range t4 14:0 to 16:0 3 from 0:0 1/1/2024 to 23:59 1/31/2024    #---定义 2024 年 1 月的每周三的 14 点到 16 点
[Sysname] time-range t4 10:0 to 12:0 1 from 0:0 6/1/2024 to 23:59 6/30/2024    #---定义 2024 年 6 月的每周一的 10 点到 12 点
[Sysname] time-range t4 14:0 to 16:0 3 from 0:0 6/1/2024 to 23:59 6/30/2024    #---定义 2024 年 6 月的每周三的 14 点到 16 点
```

4.2.2 配置 IPv4 基本 ACL

IPv4 基本 ACL 主要是根据源 IPv4 地址信息制定匹配规则，对 IPv4 报文进行相应的操作处理。IPv4 基本 ACL 的配置步骤见表 4-3。

表 4-3　IPv4 基本 ACL 的配置步骤

步骤	命令	说明
1	**system-view**	进入系统视图
2	**acl number** *acl-number* [**name** *acl-name*] [**match-order** { **auto** | **config** }] 例如，[Sysname] **acl number** 2000	（二选一）通过编号创建 IPv4 基本 ACL。有些机型不支持	• *acl-number*：指定 IPv4 基本 ACL 的编号，取值为 2000～2999。 • *acl-name*：表示 IPv4 ACL 的名称，为 1～63 个字符的字符串，不区分大小写，但必须以英文字母 a～z 或 A～Z 开头。为了避免混淆，ACL 的名称不允许使用英文单词 **all**。
	acl basic { *acl-number* | **name** *acl-name* } [**match-order** { **auto** | **config** }] 例如，[Sysname] **acl basic name** QoS	（二选一）通过关键字创建 IPv4 基本 ACL	• **match-order** { **auto** | **config** }：可选项，用来指定规则的匹配顺序。选择 **auto** 选项时表示按照自动排序方式，在添加规则后，系统会自动按照"深度优先"的顺序（参见 4.1.2 节的表 4-2，不是按照规则编号大小顺序）重新排列各规则在 ACL 中的先后次序；选择 **config** 选项时表示按照规则系统自动分配（在定义规则时没指定编号）或指定的编号大小顺序进行规则匹配，这是默认配置顺序。 默认情况下，不存在任何 ACL
3	**description** *text* 例如，[Sysname-acl-ipv4-basic-2000] **description** This is an IPv4 basic ACL	（可选）定义 ACL 的描述信息，为 1～127 个字符的字符串，区分大小写。 默认情况下，ACL 没有描述信息
4	**step** *step-value* [**start** *start-value*] 例如，[Sysname-acl-ipv4-basic-2000] **step** 3	（可选）定义 ACL 规则编号的步长和起始 ACL 规则编号。 • *step-value*：表示规则编号的步长值，取值为 1～20。 • *start-value*：可选参数，表示规则编号的起始值，取值为 0～20。 如果步长或规则编号的起始值发生了改变，则 ACL 内原有全部规则的编号都将自动从规则编号的起始值开始按步长重新排列。 **默认情况下，规则编号的步长为 5，起始编号为 0**

续表

步骤	命令	说明
5	**rule** [*rule-id*] { **deny** | **permit** } [**counting** | **fragment** | [**flow-logging** | **logging**] | **source** { *sour-addr sour-wildcard* | **any** } | **time-range** *time-range-name* | **vpn-instance** *vpn-instance-name*] * 例如，[Sysname-acl-ipv4-basic-2000] **rule** 10 **deny source** 1.1.1.1 0 **vpn-instance** VIP_start	为以上 IPv4 基本 ACL 创建一条规则。可以重复本步骤创建多条规则。 • *rule-id*：可选参数，用来指定 IPv4 基本 ACL 规则的编号，取值为 0~65534。如果没有指定本参数，则**系统将按照步长从 0 开始**，自动分配一个大于现有最大编号的最小编号。 • **deny**：二选一选项，表示拒绝符合条件的报文。 • **permit**：二选一选项，表示允许符合条件的报文。 • **counting**：可多选选项，表示对规则匹配情况进行统计，用于统计基于硬件应用的 ACL 规则匹配次数。 • **fragment**：可多选选项，表示该规则仅对非首片分片报文有效，而对非分片报文和首片分片报文无效。如果没有选择本选项，则表示该规则对非分片报文和分片报文均有效。 • **flow-logging**：二选一可选项，表示对符合条件的报文记录流日志信息，包括匹配报文的规则、匹配报文的个数、源 IP 和目标 IP。该功能需要使用该 ACL 的模块支持日志记录功能，例如报文过滤。与 **logging** 选项二选一。 • **logging**：二选一可选项，表示记录规则匹配报文的日志信息，包括匹配报文的规则和匹配报文的个数。该功能需要使用该 ACL 的模块支持日志记录功能，例如报文过滤。与 **flow-logging** 选项二选一。 • **source** { *sour-addr sour-wildcard* | **any** }：可多选选项，指定规则的源 IPv4 地址信息。二选一参数 *sour-addr* 表示源 IPv4 地址。参数 *sour-wildcard* 表示源 IP 地址的通配符掩码，每个比特位只能取 0 或 1，为 0 的比特位表示报文中携带的源 IPv4 地址位必须与参数 *sour-addr* 指定的对应位的值一致；为 1 的比特位表示报文中携带的源 IPv4 地址对应位的值为任意值；全为 0 时表示为主机地址，即报文中携带的源 IPv4 地址必须与参数 *sour-addr* 指定的源 IPv4 地址完全一致；二选一选项 **any** 表示源 IPv4 地址的值为任意值。 • **time-range** *time-range-name*：可多选选项，指定该规则生效的时间段，必须已创建。 • **vpn-instance** *vpn-instance-name*：可多选选项，表示该规则仅对指定 MPLS L3VPN 实例中的报文有效。*vpn-instance-name* 表示 VPN 实例的名称，为 1~31 个字符的字符串，区分大小写。如果没有指定本参数，则表示该规则对非 VPN 报文和 VPN 报文均有效
6	**rule** *rule-id* **comment** *text* 例如，[Sysname-acl-ipv4-basic-2000] **rule** 10 **comment** This rule is used on GigabitEthernet 1/0/10	（可选）为指定编号规则添加或修改描述信息，为 1~127 个字符的字符串，区分大小写。 默认情况下，规则没有描述信息
7	**rule** [*rule-id*] **remark** *text* 例如，[Sysname-acl-ipv4-basic-2000] **rule** 10 **remark** Rules for VIP_start	（可选）为指定编号规则配置注释信息，为 1~127 个字符的字符串，区分大小写。 默认情况下，未配置规则的注释信息

【示例】创建 IPv4 基本 ACL 2000，具体规则为：仅允许来自 10.0.0.0/8、172.16.0.0/16 和 192.168.0.0/24 网段的报文通过，拒绝来自所有其他网段的报文通过。

本示例过滤的是报文中的源 IPv4 地址，具体有两个方面的要求：一是允许 3 个网段，即 10.0.0.0/8（通配符掩码为 0.255.255.255）、172.16.0.0/16（通配符掩码为 0.0.255.255）和 192.168.0.0/24（通配符掩码为 0.0.0.255）的报文通过；二是拒绝其他所有网段的报文通过。需要注意的是，这两类规则的配置顺序问题，必须先配置允许这 3 个网段的报文通过的规则，然后配置拒绝其他所有网段的报文通过的规则，不能相反，否则，这 3 个网段发送的报文也将被拒绝，具体配置如下。

```
<Sysname> system-view
[Sysname] acl basic 2000
[Sysname-acl-ipv4-basic-2000] rule permit source 10.0.0.0 0.255.255.255
[Sysname-acl-ipv4-basic-2000] rule permit source 172.16.0.0 0.0.255.255
[Sysname-acl-ipv4-basic-2000] rule permit source 192.168.0.0 0.0.0.255
[Sysname-acl-ipv4-basic-2000] rule deny source any
```

4.2.3 IPv4 高级 ACL 支持的优先级方式

因为在后面将要介绍的 IPv4 高级 ACL 可基于 IPv4 报文中携带的 QoS 优先级进行匹配，而在 IPv4 报文中又有 3 种承载 QoS 优先级标签的方式，比较复杂，所以本小节先单独进行介绍。

在 RFC 1122 标准中，由 IPv4 报头中 1 个字节（8bit）的服务类型（Type of Service，ToS）字段标识报文优先级，其中，最高的 3 位用来定义报文的优先级（Precedence），也就是通常所说的"IP 优先级"，用数字表示时，取值为 0～7，优先级值 6 和 7 一般保留给网络控制数据使用。例如优先级值 5 推荐给语音数据使用；优先级值 4 由视频会议和视频流使用；优先级值 3 给语音控制数据使用；优先级值 1 和 2 给数据业务使用；优先级值 0 为默认标记值。

IP 优先级除了可用数字标识，还可用字符表示，由低到高分别为 routine（普通，值为 000）、priority（优先，值为 001）、immediate（快速，值为 010）、flash（闪速，值为 011）、flash-override（急速，值为 100）、critical（关键，值为 101）、internetwork control（网间控制，值为 110）或 network control（网络控制，值为 111）。

ToS 字段中低 4 位代表优先服务类型，取值为 0～15。需要注意的是，虽然共有 4 位用来标识服务类型，但每个 IPv4 报文中只能有其中 1 个比特位的值为 1。这样一来，实际只有 5 个取值，用名称表示时分别为：normal（普通服务，取值为 0000）、min-monetary-cost（最小费用，取值为 0001）、max-reliability（最高可靠性，0010）、max-throughput（最大吞吐量，取值为 0100）、min-delay（最小时延，取值为 1000）。ToS 字段的最低 1bit 为保留位，固定为 0。

随着 IPv4 技术的发展，后来在 RFC 2474 标准中，原来 IPv4 报头中 ToS 字段改由 1 个字节的 DSCP 字段代替。其中，高 6 位用来表示 IPv4 报文的优先级，每个 DSCP 编码值都被映射到一个已定义的每跳行为（Per-Hop-Behavior，PHB）标识码，共有 64 个取值（0～63），其中，0 表示优先级最低，63 表示优先级最高。

DSCP 优先级也可用字符表示，代表对应的 PHB（括号中是对应的 DSCP 优先级值）：af11（10）、af12（12）、af13（14）、af21（18）、af22（20）、af23（22）、af31（26）、af32（28）、af33（30）、af41（34）、af42（36）、af43（38）、cs1（8）、cs2（16）、cs3（24）、cs4（32）、cs5（40）、cs6（48）、cs7（56）、default（0）、ef（46）。

4.2.4 配置 IPv4 高级 ACL

IPv4 高级 ACL 除了可以根据 IPv4 报文中的源 IPv4 地址进行规则匹配，还可以根据 IPv4 报文中的目标 IPv4 地址信息、上层协议类型、上层协议特性（例如 TCP 或 UDP 的源端口、目标端口，ICMP 的消息类型、消息码等）、QoS 优先级等信息进行匹配，可以制定比 IPv4 基本 ACL 更准确、更丰富、更灵活的规则。

IPv4 高级 ACL 与 IPv4 基本 ACL 的配置步骤类似，主要区别在于 **rule** 命令中可用的可选项和参数，当然，可用的 ACL 编号也不同。IPv4 高级 ACL 的配置步骤见表 4-4。

表 4-4 IPv4 高级 ACL 的配置步骤

步骤	命令	说明	
1	**system-view**	进入系统视图	
2	**acl number** *acl-number* [**name** *acl-name*] [**match-order** { **auto** | **config** }] 例如，[Sysname] **acl advanced** 3000	（二选一）通过编号创建 IPv4 高级 ACL。有些机型不支持	参数 *acl-number* 用来指定 IPv4 高级 ACL 编号，取值为 3000～3999，其他参数说明参见表 4-3 第 2 步
	acl advanced { *acl-number* | **name** *acl-name* } [**match-order** { **auto** | **config** }] 例如，[Sysname] **acl basic name** flow	（二选一）通过关键字创建 IPv4 高级 ACL	
3	**description** *text* 例如，[Sysname-acl-ipv4-adv-3000] **description** This is an IPv4 advancedACL	（可选）定义 ACL 的描述信息，具体参见表 4-3 中的第 3 步	
4	**step** *step-value* [**start** *start-value*] 例如，[Sysname-acl-ipv4-adv-3000] **step** 3	（可选）定义 ACL 规则编号步长，具体参见表 4-3 中的第 4 步	
5	**rule** [*rule-id*] { **deny** | **permit** } *protocol* [{ { **ack** *ack-value* | **fin** *fin-value* | **psh** *psh-value* | **rst** *rst-value* | **syn** *syn-value* | **urg** *urg-value* } * | **established** } | **counting** | **destination** { *dest-address dest-wildcard* | **any** } | **destination-port** *operator port1* [*port2*] | { **dscp** *dscp* | { **precedence** *precedence* | **tos** *tos* } * } | **fragment** | **icmp-type** { *icmp-type* [*icmp-code*] | *icmp-message* } | [**flow-logging** | **logging**] | **source** { *source-address source-wildcard* | **any** } | **source-port** *operator port1* [*port2*] | **time-range** *time-range-name* | **vpn-instance** *vpn-instance-name*] * 例如，[Sysname-acl-ipv4-adv-3000] **rule permit tcp source** 129.9.0.0 0.0.255.255 **destination** 202.38.160.0 0.0.0.255 **destination-port eq** 80	为了以上 IPv4 高级 ACL 创建一条规则。下面仅介绍 IPv4 高级 ACL 规则中特有的参数，与 IPv4 基本 ACL 中 **rule** 命令相同的参数参见 4.2.2 节表 4-3 第 5 步。 • *protocol*：指定 IPv4 报文中的上层协议类型。IPv4 报文中协议参数对应的数字或关键字见表 4-5。 • **destination** { *dest-address dest-wildcard* | **any** }：可多选参数，指定 ACL 规则的目标 IPv4 地址信息。参数 { *dest-address dest-wildcard* | **any** } 与 4.2.2 节表 4-3 中第 5 步中的参数 { *sour-addr sour-wildcard* | **any** } 的说明类似，参见即可，只是此处为目标 IPv4 地址和目标 IPv4 地址通配符掩码。 • **precedence** *precedence*、**tos** *tos* 和 **dscp** *dscp*：这 3 个可多选参数用来标识 IPv4 报文的优先级，具体的优先级类型选择要根据网络中使用的 IPv4 协议版本确定，具体参见 4.2.3 节说明。 • TCP/UDP 报文中特有的规则信息参数见表 4-6，当参数 *protocol* 为 **tcp**（6）或 **udp**（17）时，用户还可以配置如表 4-6 的 TCP/UDP 报文中特有的规则信息参数。 • **icmp-type** { *icmp-type icmp-code* | *icmp-message* }：指定本规则中 ICMP 报文的消息类型和消息码信息，仅可用于过滤 ICMP 报文。参数 *icmp-type* 用来指定 ICMP 消息类型，取值为 0～255；*icmp-code* 用来指定 ICMP 消息码，取值为 0～255；*icmp-message* 用来指定 ICMP 消息名称。ICMP 消息名称与消息类型、消息码的对应关系见表 4-7	

步骤	命令	说明
6	**rule** *rule-id* **comment** *text* 例如，[Sysname-acl-ipv4-adv-3000] **rule** 1 **comment** This rule is used on GigabitEthernet 1/0/10	（可选）如果指定的规则原来没有配置描述信息，则 为其添加描述信息，否则，修改其原来的描述信息。 具体参见表 4-5 中的第 6 步说明

表 4-5 IPv4 报文中协议参数对应的数字或关键字

数字	关键字	说明	数字	关键字	说明
—	**ip**	表示匹配所有 IP 报文	6	**tcp**	表示特定匹配 TCP 报文
1	**icmp**	表示特定匹配 ICMP 报文	17	**udp**	表示特定匹配 UDP 报文
2	**igmp**	表示特定匹配 IGMP 报文	47	**gre**	表示特定匹配 GRE 报文
4	**ipinip**	表示特定匹配 IPinIP 报文	89	**ospf**	表示特定匹配 OSPF 报文

表 4-6 TCP/UDP 报文中特有的规则信息参数

参数	作用	说明
source-port *operator* *port*1 [*port*2]	定义 TCP/UDP 报 文的源端口信息	参数 *operator* 为操作符，取值可以为 **lt**（小于）、**gt**（大 于）、**eq**（等于）、**neq**（不等于）或者 **range**（在范围内， 包括边界值）。只有操作符 **range** 需要两个端口号作为操 作数，其他的只需一个端口号作为操作数。
destination-port *operator port*1 [*port*2]	定义 TCP/UDP 报 文的目标端口信息	参数 *port*1、*port*2 为 TCP 或 UDP 的端口号，用数字表 示时，取值为 0~65535，也可以用字符表示。常用的 TCP 端口号（括号中的数字）及对应的字符包括 chargen （19）、bgp（179）、cmd（514）、daytime（13）、discard （9）、dns（53）、domain（53）、echo（7）、exec（512）、 finger（79）、ftp（21）、ftp-data（20）、gopher（70）、 hostname（101）、irc（194）、klogin（543）、kshell（544）、 login（513）、lpd（515）、nntp（119）、pop2（109）、pop3 （110）、smtp（25）、sunrpc（111）、tacacs（49）、talk（517）、 telnet（23）、time（37）、uucp（540）、whois（43）、www （80）。 常用的 UDP 端口号（括号中的数字）及对应的字符包括 biff（512）、bootpc（68）、bootps（67）、discard（9）、 dns（53）、dnsix（90）、echo（7）、mobilip-ag（434）、 mobilip-mn（435）、nameserver（42）、netbios-dgm（138）、 netbios-ns（137）、netbios-ssn（139）、ntp（123）、rip（520）、 snmp（161）、snmptrap（162）、sunrpc（111）、syslog（514）、 tacacs-ds（65）、talk（517）、tftp（69）、time（37）、who （513）、xdmcp（177）
{ **ack** *ack-value* | **fin** *fin-value* | **psh** *psh-* *value* | **rst** *rst-value* | **syn** *syn-value* | **urg** *urg-value* } *	定义对携带不同标 志位（包括 ACK、 FIN、PSH、RST、 SYN 和 URG 共 6 种）的 TCP 报文的 处理规则	匹配 TCP 报文时可用的特有参数，用于定义过滤特定 TCP 报文的规则。表示匹配携带不同标志位的 TCP 报文， 各参数的取值仅可为 0 或 1（其中，0 表示不携带此标志 位，1 表示携带此标志位）。 如果在一条规则中设置了多个 TCP 标志位的匹配值，则 这些匹配条件之间的关系为"与"。例如当配置为 **ack** 0 **psh** 1 时，表示匹配不携带 ACK 标志位，但携带 PSH 标 志位的 TCP 报文
established	定义对 TCP 连接 报文的处理规则	匹配 TCP 报文时可用的特有参数，用于定义过滤建立 TCP 连接中 ACK 或 RST 标志位为 1 的报文的规则

表 4-7　ICMP 消息名称与消息类型、消息码的对应关系

ICMP 消息名称	ICMP 消息类型	ICMP 消息码
Echo（回显）	8	0
echo-reply（回显应答）	0	0
fragmentneed-Dfset（需要分片，但设置了不分片标志）	3	4
host-redirect（主机重定向）	5	1
host-tos-redirect（主机 ToS 重定向）	5	3
host-unreachable（主机不可达）	3	1
information-reply（信息应答）	16	0
information-request（信息请求）	15	0
net-redirect（网络重定向）	5	0
net-tos-redirect（网络 ToS 重定向）	5	2
net-unreachable（网络不可达）	3	0
parameter-problem（参数错误）	12	0
port-unreachable（端口不可达）	3	3
protocol-unreachable（协议不可达）	3	2
reassembly-timeout（分片重组超时）	11	1
source-quench（源站抑制）	4	0
source-route-failed（源路由失败）	3	5
timestamp-reply（时间戳应答）	14	0
timestamp-request（时间戳请求）	13	0
ttl-exceeded（TTL 超时）	11	0

【示例 1】创建高级 ACL 3011，规则为：拒绝源 IPv4 地址为 192.168.0.1，并且 DSCP 优先级为 46 的 IPv4 报文通过。

本示例是要完全匹配特定的源 IPv4 地址 192.168.0.1，因此，源 IPv4 地址通配符掩码中的每位均为 0，即报文中携带的源 IPv4 地址的每位均必须与 192.168.0.1 一致，而且其中携带的 DSCP 优先级必须是 46，具体配置如下。

```
<Sysname> system-view
[Sysname] acl advanced 3011
[Sysname-acl-adv-3011] rule deny ip source 192.168.0.1 0 dscp 46
[Sysname-acl-adv-3011] quit
```

【示例 2】创建 IPv4 高级 ACL 3011，规则为：允许 129.9.0.0/16 网段内的主机与 202.38.160.0/24 网段内主机的 www 端口（端口号为 80）建立连接，并对符合此条件的行为进行日志记录。

本示例是对两个 IPv4 网段的连接进行控制，其中，源 IPv4 网段是 B 类网段，B 类 IPv4 网段中的最后两个字节是任意的，即通配符掩码为 0.0.255.255；目标 IPv4 网段是 C 类网段，C 类 IPv4 网段中的最后一个字节是任意的，即通配符掩码为 0.0.0.255。而且要指定报文中携带的目标 TCP 端口号 80，同时记录报文匹配信息，具体配置如下。

```
<Sysname> system-view
[Sysname] acl advanced 3011
[Sysname-acl-adv-3011]  rule 1 permit tcp source 129.9.0.0 0.0.255.255 destination 202.38.160.0 0.0.0.255
destination-port eq 80 logging
```

【示例 3】创建 IPv4 高级 ACL3011，规则为：允许 IPv4 报文通过，但拒绝发往 192. 168.1.0/24 网段的 ICMP 报文通过。

本示例需要注意的是，ICMP 与 IPv4 同在网络层，但其中的子层次高于 IPv4，因此，在发送端 ICMP 报文需要经过 IPv4 封装。理论上，ICMP 报文也属于 IPv4 报文。这样一来，本示例的要求是除了拒绝发往 192.168.1.0/24 网段的 ICMP 报文通过，其他所有 IP 报文均允许通过。这里同样要注意规则配置顺序的问题，也必须先配置拒绝发往 192.168.1.0/24 网段的 ICMP 报文的规则，再配置允许所有 IPv4 报文通过的规则，否则，所有 ICMP 报文也都允许通过了，这是因为 ICMP 报文也属于 IPv4 报文，具体配置如下。

```
<Sysname> system-view
[Sysname] acl advanced 3011
[Sysname-acl-adv-3011] rule deny icmp destination 192.168.1.0 0.0.0.255
[Sysname-acl-adv-3011] rule permit ip    #---允许所有 IPv4 报文通过
```

【示例 4】创建 IPv4 高级 ACL3011，规则为：在出入双方向上都允许建立文件传输协议（File Transfer Protocol，FTP）连接并传输 FTP 数据。

本示例需要注意的是，FTP 连接包括控制连接和数据连接两类。现在要求双向都同时允许建立 FTP 连接并传输数据，则要求源端和目标端口都同时允许携带控制连接端口（可用数字 21 表示，或用字符 ftp 表示）和数据连接端口（可用数字 20 表示，或用字符 ftp-data 表示）的报文通过。而且 FTP 报文在传输层是采用 TCP 进行封装的，因此，对应的协议类型为 TCP，具体配置如下。

```
<Sysname> system-view
[Sysname] acl advanced 3011
[Sysname-acl-adv-3011] rule permit tcp source-port eq ftp
[Sysname-acl-adv-3011] rule permit tcp source-port eq ftp-data
[Sysname-acl-adv-3011] rule permit tcp destination-port eq ftp
[Sysname-acl-adv-3011] rule permit tcp destination-port eq ftp-data
```

【示例 5】创建 IPv4 高级 ACL3011，规则为：在出入双方向上都允许简单网络管理协议（Simple Network Management Protocol，SNMP）报文和 SNMP Trap（陷阱）报文通过。

本示例需要注意的是，SNMP 通信是采用 UDP 作为传输层协议，包括 SNMP 普通报文和 SNMP Trap 两类报文，分别使用 UDP 161（对应的字符为 snmp）和 162（对应的字符为 snmptrap）号端口。现在要求双向都允许这两类报文通过，也要求源端和目标端口都同时允许这两类的 UDP 端口通过，具体配置如下。

```
<Sysname> system-view
[Sysname] acl advanced 3011
[Sysname-acl-adv-3011] rule permit udp source-port eq snmp
[Sysname-acl-adv-3011] rule permit udp source-port eq snmptrap
[Sysname-acl-adv-3011] rule permit udp destination-port eq snmp
[Sysname-acl-adv-3011] rule permit udp destination-port eq snmptrap
```

4.2.5　配置二层 ACL

二层 ACL 是根据二层数据帧帧头中的源 MAC 地址、目标 MAC 地址、802.1p 优先级（即 VLAN 优先级，或 CoS 优先级）、二层协议类型等字段信息进行规则匹配和报文处理的。二层 ACL 的序号取值为 4000～4999。二层 ACL 的配置步骤见表 4-8。

表 4-8　二层 ACL 的配置步骤

步骤	命令	说明	
1	**system-view**	进入系统视图	
2	**acl number** *acl-number* [**name** *acl-name*] [**match-order** { **auto** | **config** }] 例如，[Sysname] **acl number 4011**	（二选一）通过编号创建二层 ACL。有些机型不支持	参数 *acl-number* 的取值为 4000～4999，其他说明参见表 4-3 第 2 步
	acl mac { *acl-number* | **name** *acl-name* } [**match-order** { **auto** | **config** }] 例如，[Sysname] **acl mac flow**	（二选一）通过关键字创建二层 ACL	
3	**description** *text* 例如，[Sysname-acl-mac-4011] **description** This is a mac acl	（可选）定义 ACL 的描述信息，其他说明参见表 4-3 第 3 步	
4	**step** *step-value* [**start** *start-value*] 例如，[Sysname-acl-mac-4011] **step** 3	（可选）定义步长，其他说明参见表 4-3 第 4 步	
5	**rule** [*rule-id*] { **deny** | **permit** } [**cos** *dotlp* | **counting** | **dest-mac** *dest-addr dest-mask* | { **lsap** *lsap-type lsap-type-mask* | **type** *protocol-type protocol-type-mask* } | **source-mac** *sour-addr source-mask* | **time-range** *time-range-name*] * 例如，[Sysname-acl-mac-4011] **rule** 1 **deny cos** 3 **source** 000d-88f5-97ed ffff-ffff-ffff **dest** 0011-4301-991e ffff-ffff-ffff	为以上二层 ACL 定义一条规则。下面仅介绍二层 ACL 规则中特有的参数，与 IPv4 基本 ACL 中 **rule** 命令相同的参数参见 4.2.2 节表 4-3 第 5 步介绍。 • **cos** *dotlp*：可多选参数，指定 802.1p 优先级（即 VLAN 优先级），用数字表示时的取值为 0～7，用字符表示时，优先级由低到高的名称为：**best-effort**、**background**、**spare**、**excellent-effort**、**controlled-load**、**video**、**voice** 和 **network-management**。 • **dest-mac** *dest-addr dest-mask*：可多选选项，指定目标 MAC 地址范围。*dest-addr* 表示目标 MAC 地址，*dest-mask* 表示目标 MAC 地址的掩码，二者均为 12 位十六进制数，格式为 H-H-H（每个 H 代表 4 个十六进制数，2 个字节）。*dest-mask* 中十六进位值为 0 时表示不进行比较，为 f 时表示要进行比较，精确匹配时为 ffff-ffff-ffff。 • **source-mac** *sour-addr source-mask*：可多选选项，指定源 MAC 地址范围。参数 *sour-addr sour-mask* 的说明与 *dest-addr dest-mask* 的说明类似，只是此处为源 MAC 地址和源 MAC 地址掩码。 • **lsap** *lsap-type lsap-type-mask*：可多选选项，指定 LLC 封装中的 DSAP、SSAP 两字段，各为 2 个十六进制数（1 个字节）。*lsap-type* 表示数据帧的封装格式，即 DSAP 和 SSAP 两字段的值，*lsap-type-mask* 表示链路服务接入点（Link Service Access Point，LSAP）的类型掩码，4 个十六进制数（2 个字节），用于指定屏蔽位，十六进制位为 0 时表示不需要比较，为 f 时表示需要比较。与参数 **type** *protocol-type protocol-type-mask* 二选一。 • **type** *protocol-type protocol-type-mask*：可多选选项，指定链路层协议类型。Ethernet II 帧格式如图 4-1 所示，IEEE 802.2 SNAP 帧格式如图 4-2 所示，*protocol-type* 表示上层协议类型，对应图 4-1 的 Ethernet_II 帧格式和图 4-2 的 IEEE 802.2	

步骤	命令	说明
5	**rule** [*rule-id*] { **deny** | **permit** } [**cos** *dotlp* | **counting** | **dest-mac** *dest-addr dest-mask* | { **lsap** *lsap-type lsap-type-mask* | **type** *protocol-type protocol-type-mask* } | **source-mac** *sour-addr source-mask* | **time-range** *time-range-name*] * 例如，[Sysname-acl-mac-4011] **rule** 1 **deny cos** 3 **source** 000d-88f5-97ed ffff-ffff-ffff **dest** 0011-4301-991e ffff-ffff-ffff	SNAP 帧格式中的 Type（类型）字段（2 个字节）的十六进制值，具体的帧格式介绍请参见《华为 HCIA-Datacom 学习指南》一书，数据帧中常见的上层协议类型见表 4-9；*protocol-type-mask* 表示类型掩码，4 个十六进制数（2 个字节），用于指定屏蔽位，十六进制位为 0 时表示不需要比较，为 f 时表示需要比较。与参数 **lsap** *lsap-type lsap-type-mask* 二选一。 【注意】当二层 ACL 用于 QoS 策略的流分类或用于帧过滤功能时，如果使用本参数，则 *lsap-type* 必须为 AAAA（即 DSAP 和 SSAP 两个字段的值均为 0xAA），*lsap-type-mask* 必须为 FFFF，否则，ACL 将无法正常应用。如果 QoS 策略或帧过滤功能应用于出方向，则不支持配置 **lsap** 和 **type** 参数，以及 **counting** 选项。 默认情况下，二层 ACL 内不存在任何规则
6	**rule** *rule-id* **comment** *text* 例如，[Sysname-acl-mac-4011] **rule** 1 **comment** This rule is used on GigabitEthernet 1/0/10	（可选）定义规则的描述信息。 默认情况下，规则没有描述信息，具体参见表 4-3 中的第 6 步说明

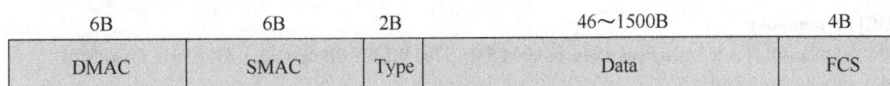

6B	6B	2B	46～1500B	4B
DMAC	SMAC	Type	Data	FCS

图 4-1　Ethernet II 帧格式

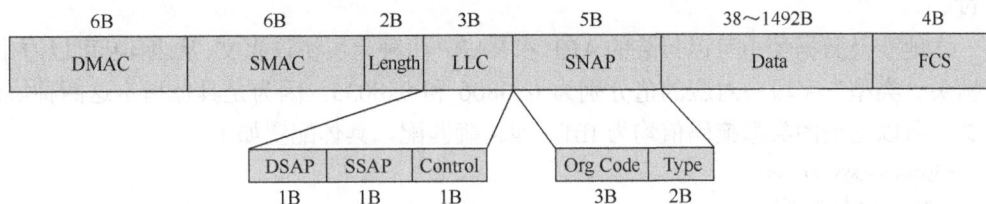

6B	6B	2B	3B	5B	38～1492B	4B
DMAC	SMAC	Length	LLC	SNAP	Data	FCS

DSAP	SSAP	Control
1B	1B	1B

Org Code	Type
3B	2B

图 4-2　IEEE 802.2 SNAP 帧格式

表 4-9　数据帧中常见的上层协议类型

十六进制值	数据帧中封装的上层协议
0x0800	Internet Protocol，Version 4 (IPv4)
0x0806	Address Resolution Protocol (ARP)
0x8035	Reverse Address Resolution Protocol (RARP)
0x809B	AppleTalk (Ethertalk)
0x80F3	AppleTalk Address Resolution Protocol (AARP)
0x8100	VLAN-tagged frame (IEEE 802.1Q)
0x8137	Novell IPX
0x8138	Novell
0x86DD	Internet Protocol，Version 6（IPv6）
0x8809	Slow Protocols（IEEE 802.3）
0x8847	MPLS unicast（MPLS 单播）

十六进制值	数据帧中封装的上层协议
0x8848	MPLS multicast（MPLS 组播）
0x8863	PPPoE Discovery Stage（PPPoE 发现阶段）
0x8864	PPPoE Session Stage（PPPoE 发现阶段）
0x888E	EAP over LAN（IEEE 802.1x）
0x88CC	LLDP
0x9100	QinQ

【示例 1】创建二层 ACL 4011，规则为：拒绝所有 802.1p 优先级为 3 的报文通过，具体配置如下。

```
<Sysname> system-view
[Sysname] acl mac 4011
[Sysname-acl-mac-4011] rule deny cos 3
```

【示例 2】创建二层 ACL 4011，规则为：禁止从 MAC 地址 000d-88f5-97ed 发送到 MAC 地址 0011-4301-991e，且 802.1p 优先级为 3 的报文通过。

本示例的源 MAC 地址和目标 MAC 地址都要求精确匹配，因此，它们的掩码均为全 f，即 12 个十六进制的 f，且指定 CoS 优先级值为 3，具体配置如下。

```
<H3C> system-view
[H3C] acl mac 4011
[H3C-acl-mac-4011] rule 1 deny cos 3 source 000d-88f5-97ed ffff-ffff-ffff dest 0011-4301-991e ffff-ffff-ffff
[H3C-acl-mac-4011] quit
```

【示例 3】创建二层 ACL 4011，规则为：允许 ARP 报文通过，但拒绝 RARP 报文通过。

本地涉及数据帧中可以封装的 ARP 和 RARP 两种上层协议报文，从表 4-9 可以看出，在帧头"类型"字段中对应的值分别为 0x0806 和 0x8035。因为是具体指定这两种协议报文，所以它们的类型掩码值均为 ffff，即精确匹配，具体配置如下。

```
<Sysname> system-view
[Sysname] acl mac 4011
[Sysname-acl-mac-4011] rule permit type 0806 ffff
[Sysname-acl-mac-4011] rule deny type 8035 ffff
```

4.2.6 配置用户自定义 ACL

前面介绍的各种 ACL 均只能依据最外层报头中的字段进行报文过滤，例如源或目标 IPv4 地址、源或目标 MAC 地址、报文优先级等，不能根据报文"数据"部分的内容进行过滤。用户自定义 ACL 可以采用指定报头为基准（从报头的最低字节开始），指定从第几个字节开始的内容与规则中指定的"掩码"进行逻辑"与"操作，再将结果与规则中定义的字符串进行比较，然后进行相应的处理。用户自定义 ACL 的编号取值为 5000~5999。

用户自定义 ACL 的配置步骤与前面介绍的 IPv4 基本或高级 ACL 的配置步骤类似，主要不同的是，ACL 号取值范围及对应的规则配置命令中的参数和选项不同。用户自定义 ACL 的配置步骤见表 4-10。

表 4-10 用户自定义 ACL 的配置步骤

步骤	命令	说明
1	**system-view**	进入系统视图
2	**acl number** *acl-number* [**name** *acl-name*] 例如，[Sysname] **acl number** 5011	（二选一）通过编号创建用户自定义 ACL。**有些机型不支持**
	acl user-defined { *acl-number* | **name** *acl-name* } 例如，[Sysname] **acl user-defined name** flow	（二选一）通过关键字创建用户自定义 ACL
3	**description** *text* 例如，[Sysname-acl-user-5011] **description** This is a user acl	定义 ACL 的描述信息，其他说明参见表 4-3 第 3 步
4	**step** *step-value* 例如，[Sysname-acl-user-5011] **step** 3	（可选）定义步长，其他说明参见表 4-3 第 4 步
5	命令形式一： **rule** [*rule-id*] { **deny** | **permit** } [{ { **l2** | **ipv4** | **l4** }*rule-string rule-mask offset* }&<1-8>] [**counting** | **time-range** *time-range-name*] * 例如，[Sysname-acl-user-5011] **rule permit l2** 0806 ffff 12 命令形式二： **rule** [*rule-id*] { **deny** | **permit** } *protocol* [**destination** { *dest-address dest-wildcard* | **any** } | **destination-port** { *operator port1* [*port2*] } | **dscp** *dscp* | **source** { *source-address source-wildcard* | **any** } | **source-port** { *operator port1* [*port2*] }] * [{ { **l2** | **l4** } *rule-string rule-mask offset* }&<1-8>] [**counting** | **time-range** *time-range-name*] * 例如，[Sysname-acl-user-5011] **rule permit tcp source** 129.9.0.0 0.0.255.255 **destination** 202.38.160.0 0.0.0.255	为以上用户自定义 ACL 创建一条规则。下面仅介绍用户自定义 ACL 规则中特有的参数，与 IPv4 基本 ACL 中 **rule** 命令相同的参数参见 4.2.2 节表 4-3 第 5 步介绍，与 IPv4 高级 ACL 中 **rule** 命令相同的参数参见 4.2.4 节表 4-4 第 5 步介绍。 • **l2**：多选一可选项，表示从二层（数据链路层）帧头开始计算偏移。 • **ipv4** 多选一可选项，表示从三层（网络层）IPv4 报头开始计算偏移。 • **l4**：多选一可选项，表示从四层（传输层）TCP 或 UDP 报头开始计算偏移。 • *protocol*：表示网络层承载的协议类型，可输入 0～255 的数字；也可输入对应的名称（括号内为对应的数字）：**gre**（47）、**icmp**（1）、**igmp**（2）、**ip**、**ipinip**（4）、**ospf**（89）、**tcp**（6）或 **udp**（17）。**ip** 表示所有协议类型。 • *rule-string*：指定用户自定义的 ACL 规则字符串，必须由十六进制数组成，且字符长度必须是偶数。 • *rule-mask*：指定用户自定义的 ACL 规则掩码，用于和报文进行逻辑"与"操作，必须是十六进制数（十六进位值为 **0** 代表不比较，为 **f** 时代表比较）组成，字符长度必须是偶数，且必须与 *rule-string* 参数的长度相同。 • *offset*：指定 ACL 规则的偏移量，即以指定报头起始字节为基准，指定从第几个字节开始进行比较，不同机型的取值范围不同。 • &<1-8>：表示前面的参数最多可以输入 8 次。 【说明】有些机型不支持命令形式一中的 **ipv4**、**l4** 选项，有些机型不支持命令形式二。 默认没有创建任何用户自定义 ACL
6	**rule** *rule-id* **comment** *text* 例如，[Sysname-acl-user-5011] **rule** 1 **comment** permit tcp data pass	定义 ACL 规则的注释信息，其他说明参见表 4-3 中的第 6 步

在步骤 2 单元格中右侧说明：参数的取值为 5000～5999，其他说明参见表 4-3 第 2 步

【示例 1】创建用户自定义 ACL 5005，规则为：允许 ARP 报文通过。

本示例过滤的是 ARP 报文，可以通过 4.2.5 节介绍的二层 ACL，对帧头"类型"字段的值进行过滤，也可以通过用户自定义 ACL，通过字节偏移对帧头中的"类型"字段的值进行过滤。在常见的 Ethernet II 格式帧头中"类型"字段前面有"目标 MAC 地址"和"源 MAC 地址"，共 12 个字节，因此，"类型"字段的偏移值为 12，ARP 的类型值为 0x0806，具体配置如下。

```
<Sysname> system-view
[Sysname] acl user-defined 5005
[Sysname-acl-user-5005] rule permit l2 0806 ffff 12
```

【示例 2】创建用户自定义 ACL 5006，规则为：允许 129.9.0.0/16 网段内的主机与 202.38.160.0/24 网段内的主机的 HTTP 服务端口（端口号为 80）建立连接。

本示例要允许源 IPv4 地址在 129.9.0.0/16 网段内，目标 IPv4 地址在 202.38.160.0/24 网段内，且目标端口为 TCP 80 的 TCP 报文通过。使用表 4-10 中第 5 步的命令形式二进行配置，具体配置如下。

```
<Sysname> system-view
[Sysname] acl user-defined 5006
[Sysname-acl-user-5006] rule permit tcp source 129.9.0.0 0.0.255.255 destination 202.38.160.0 0.0.0.255 destination-port eq 80
```

【示例 3】创建用户自定义 ACL 5000，规则为：阻止 ICMP 请求报文通过。

本示例要拒绝 ICMP 请求报文通过。ICMP 报文格式如图 4-3 所示，ICMP 报文格式中报头中的"类型"（Type）和"代码"（Code）采用两字段进行标识的，请求报文的类型值为 0x08，代码值为 0x00，即 ICMP 请求报文在这两个字段中的值为 0x0800。这也是规则中要匹配的字符串，对应的掩码为两个字节的"ffff"，实现内容的精确匹配。

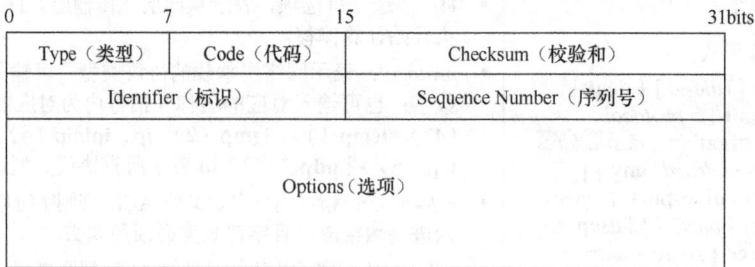

0	7	15	31bits
Type（类型）	Code（代码）	Checksum（校验和）	
Identifier（标识）		Sequence Number（序列号）	
Options（选项）			

图 4-3　ICMP 报文格式

除了要确定用于过滤 ICMP 请求报文所需匹配的字符串，还要知道它在报文中的位置。ICMP 报文经过网络层时要经过 IPv4 封装，到达数据链路层后，又要经过以太网协议封装。以太网帧的帧头共有 14 个字节，无扩展选项的 IPv4 报头共有 20 个字节，而 ICMP 报文中的"类型"字段又是 ICMP 报头的第一个字段，因此，其相对二层帧头的偏移值为 34，具体配置如下。

```
<Sysname> system-view
[Sysname] acl user-defined 5000
[Sysname-acl-user-5006] rule deny l2 0800 ffff 34
```

4.2.7　应用 ACL 进行报文过滤

ACL 最基本的应用就是进行报文过滤，即通过将 ACL 应用到指定接口的出入方向上，从而对该接口发送或接收的报文进行过滤。

　　ACL 除了可以在接口上应用，还可以全局应用，将作用于本地设备的所有**物理端口**（不包括 VLANIF 接口），但通常不这么配置。这是因为这样将消耗大量的设备资源，而且有许多接口可能本身不需要进行报文过滤。

　　【说明】本节中所指的"接口"包括二层以太网接口、三层以太网接口、VLANIF 接口等。在端口上配置报文过滤时，可以同时应用（IPv4 基本 ACL 或 IPv4 高级 ACL）、一个 IPv6 ACL（IPv6 基本 ACL 和 IPv6 高级 ACL，本章不作介绍）、二层 ACL 和用户自定义 ACL，但在一个方向上每种类型的 ACL 最多只能应用一个。

　　1. 全局应用 ACL 进行报文过滤

　　ACL 的全局应用配置方法是在系统视图下执行 **packet-filter** [**mac** | **user-defined**] { *acl-number* | **name** *acl-name* } **global** { **inbound** | **outbound** } [**hardware-count**]命令。默认情况下，全局不对报文进行过滤。

　　① **mac**：二选一可选项，指定 ACL 类型为二层 ACL。

　　② **user-defined**：二选一可选项，指定 ACL 类型为用户自定义 ACL。

　　③ *acl-number*：二选一参数，指定要应用的 ACL 的编号，2000～2999：表示 IPv4 基本 ACL；3000～3999：表示 IPv4 高级 ACL；4000～4999 表示二层 ACL；5000～5999 表示用户自定义 ACL。

　　④ **name** *acl-name*：二选一参数，指定 ACL 的名称，为 1～63 个字符的字符串，不区分大小写。

　　⑤ **inbound**：二选一选项，指定对接口收到的报文进行过滤。

　　⑥ **outbound**：二选一选项，指定对接口发送的报文进行过滤。

　　⑦ **hardware-count**：可选项，表示开启指定 ACL 内所有规则的匹配硬件统计功能（默认为关闭），而 **rule** 命令中的 **counting** 关键字则用于开启当前规则的匹配统计功能。

　　【示例 1】全局应用 IPv4 基本 ACL 2001，使各物理端口对收到的 IPv4 报文进行过滤，并开启规则匹配硬件统计功能，具体配置如下。

```
<Sysname> system-view
[Sysname] packet-filter 2001 global inbound hardware-count
```

　　2. 在接口上应用 ACL 进行报文过滤

　　可以在二层以太网接口、三层以太网接口、三层以太网子接口、VLAN 接口上应用，只需在对应的接口视图下执行 **packet-filter** [**mac** | **user-defined**] { *acl-number* | **name** *acl-name* } { **inbound** | **outbound** } [**hardware-count**]命令即可，命令中的参数和选项说明参见前面介绍的 ACL 全局应用 **packet-filter global** 命令。默认情况下，接口不对报文进行过滤。

　　【示例 2】在 GigabitEthernet1/0/1 接口上应用 IPv4 基本 ACL 2001，对其接收的报文进行过滤，并开启规则匹配硬件统计功能，具体配置如下。

```
<Sysname> system-view
[Sysname] interface gigabitethernet 1/0/1
[Sysname-GigabitEthernet1/0/1] packet-filter 2001 inbound hardware-count
```

　　3. 配置报文过滤在 VLAN 接口的生效范围

　　在 VLAN 接口下应用 ACL 进行报文过滤时，还可以指定报文过滤的生效范围：仅对三层转发的报文生效；对所有报文生效，即通过 VLAN 接口进行三层转发的报文和通过 VLAN 接口对应的物理端口进行二层转发的报文均生效。

　　ACL 报文过滤在 VLAN 接口的生效范围的具体配置方法是在对应的 VLAN 接口视图下通过 **packet-filter filter** [**route** | **all**]命令进行配置。

　　① **route**：二选一选项，表示报文过滤仅对通过 VLAN 接口进行三层转发的报文生效。

　　② **all**：二选一选项，表示报文过滤对所有报文（包括通过 VLAN 接口进行三层转发的报文和通过 VLAN 接口对应的物理端口进行二层转发的报文）均生效。

　　默认情况下，当在 VLAN 接口下应用 ACL 过滤报文时，报文过滤仅对通过 VLAN 接口进行三层转发的报文生效（对二层报文不过滤）。

　　【示例 3】配置在 VLAN2 接口上的报文过滤方式为 route，即报文过滤仅对通过 VLAN2 接口进行三层转发的报文生效，具体配置如下。

```
<Sysname> system-view
[Sysname] interface vlan-interface 2
[Sysname-VLAN-interface2] packet-filter filter route
```

　　4. 配置报文过滤日志的生成与发送周期

　　报文过滤日志或告警信息的生成与发送的周期起始于报文过滤中 ACL 匹配数据流的第一个报文，报文过滤日志或告警信息包括周期内被匹配的报文数量及所使用的 ACL 规则。在一个周期内，存在以下两种情况。

　　① 对于规则匹配数据流的第一个报文，设备会立即生成报文过滤日志或告警信息。

　　② 对于规则匹配数据流的其他报文，设备将在周期结束后生成报文过滤日志或告警信息。

　　【注意】系统只支持对应用 IPv4 基本 ACL、IPv4 高级 ACL、IPv6 基本 ACL 或 IPv6 高级 ACL 进行报文过滤的日志信息进行记录，且在上述 ACL 中配置规则时必须指定 **logging** 选项。

　　报文过滤日志的生成与发送周期的配置方法是在系统视图下通过 **acl logging interval** *interval* 命令配置。参数 *interval* 用来指定 IP 报文过滤日志的生成与发送周期，取值为 0～1440，且必须为 5 的整数倍，0 表示不进行记录，单位为分钟。在配置了报文过滤日志的生成与发送周期之后，设备将周期性地生成报文过滤日志信息并发送到信息中心，包括该周期内被匹配的报文数量及所使用的 ACL 规则。

　　默认情况下，报文过滤日志的生成与发送周期为 0 分钟，即不记录报文过滤的日志。

　　5. 配置报文过滤的默认动作为 Deny

　　系统默认的报文过滤动作为 **Permit**，允许未匹配上 ACL 规则的报文通过，即相当于在 ACL 的最后隐含一条"permit any"的规则。通过本配置可更改报文过滤的默认动作为 **Deny**，即禁止未匹配上 ACL 规则的报文通过。

　　配置报文过滤的默认动作为 Deny 的方法是在系统视图下执行 **packet-filter default deny** 命令，会在所有的应用对象下添加一个默认动作应用，该应用也会像其他应用的 ACL 一样显示。

4.2.8　ACL 维护与管理

　　ACL 维护与管理命令见表 4-11。在完成以前各小节的 ACL 配置后，可在任意视图下执行表 4-11 所列的 **display** 命令查看 ACL 配置及运行情况，在用户视图下执行 **reset** 命令可以清除 ACL 统计信息。

表 4-11　ACL 维护与管理命令

命令	说明
display acl { *acl-number* | **all** | **name** *acl-name* }	显示 ACL 的配置和运行情况
display packet-filter { **interface** [*interface-type interface-number*] [**inbound** | **outbound**] | **interface vlan-interface** *vlan-interface-number* [**inbound** | **outbound**] [**slot** *slot-number*] }	显示 ACL 在报文过滤中的应用情况
display packet-filter statistics interface *interface-type interface-number* { **inbound** | **outbound** } [*acl-number* | **name** *acl-name*] [**brief**]	显示 ACL 在报文过滤中应用的统计信息
display packet-filter statistics sum { **inbound** | **outbound** } { *acl-number* | **name** *acl-name* } [**brief**]	显示 ACL 在报文过滤中应用的累加统计信息
display packet-filter verbose interface *interface-type interface-number* { **inbound** | **outbound** } [*acl-number* | **name** *acl-name*] [**slot** *slot-number*]	显示 ACL 在报文过滤中的详细应用情况
display qos-acl resource [**slot** *slot-number*]	显示 QoS 和 ACL 资源的使用情况
reset acl counter { *acl-number* | **all** | **name** *acl-name* }	清除 ACL 的统计信息
reset packet-filter statistics interface [*interface-type interface-number*] { **inbound** | **outbound** } [*acl-number* | **name** *acl-name*]	清除 ACL 在报文过滤中应用的统计信息

4.2.9　IPv4 基本 ACL 配置示例

IPv4 基本 ACL 配置示例的拓扑结构如图 4-4 所示。某公司要求通过 IPv4 基本 ACL 实现对服务器（Server）的访问进行控制，具体要求如下。

① 允许总裁办人员在任意时间访问服务器。

② 财务部人员仅可在工作时间（周一至周五的 8:00～18:00）访问服务器。

③ 其他办公室人员在任意时间均不允许访问服务器。

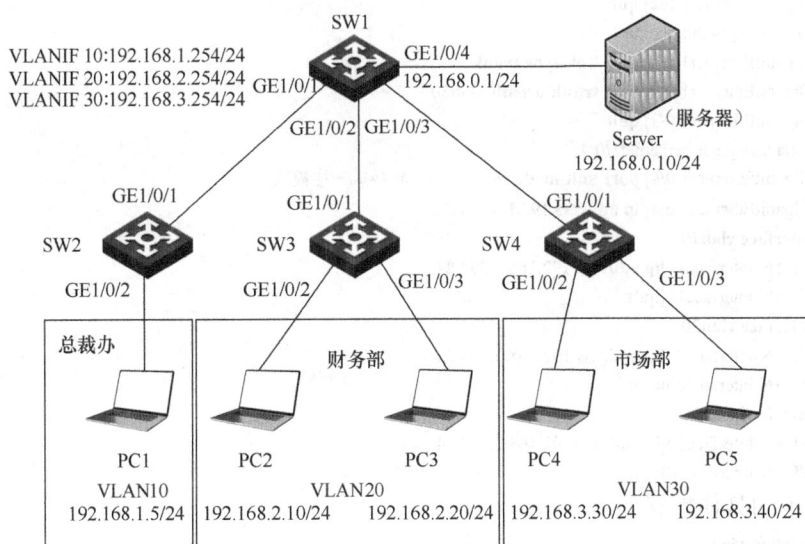

图 4-4　IPv4 基本 ACL 配置示例的拓扑结构

1. 配置思路分析

本示例是要针对不同部门的员工对 Server（服务器）的访问进行控制，因此，可以直接在服务器连接的交换机接口上应用 IPv4 基本 ACL，通过源 IPv4 地址过滤来实现。其中，要为控制财务部人员访问服务器的 ACL 规则配置仅在工作时间有效的时间段。

【注意】 本示例属于 ACL 在报文过滤上的应用，默认情况下，规则的动作是 Permit（允许），即相当于在 ACL 的最后隐含了一条允许所有未匹配的报文通过的规则，这显然与本示例要求不符，因此，可以手动在 ACL 的最后，配置一条拒绝所有的规则，也可以修改默认的规则动作为 Deny（拒绝），从而使其他用户不能访问服务器。

2. 具体配置步骤

① 在各交换机上创建所需的 VLAN 和各接口允许通过的 VLAN，在 SW1 上创建各 VLAN 接口，并为之配置对应的 IPv4 地址。

本示例各交换机之间连接的端口均采用 Trunk 类型（也可以采用 Hybrid 类型），连接用户 PC 和服务器的接口均采用默认的 Access 类型（也可以采用 Hybrid 类型）。SW1 上连接服务器的 GE1/0/4 端口转换为三层模式，并配置 IPv4 地址。

SW1 上的具体配置如下。

```
[SW1]vlan10
[SW1-VLAN10] quit
[SW1]vlan20
[SW1-VLAN20] quit
[SW1]vlan30
[SW1-VLAN30] quit
[SW1]interface gigabitethernet1/0/1
[SW1-GigabitEthernet1/0/1] port link-type trunk
[SW1-GigabitEthernet1/0/1] port trunk permit vlan10
[SW1-GigabitEthernet1/0/1] quit
[SW1]interface gigabitethernet1/0/2
[SW1-GigabitEthernet1/0/2] port link-type trunk
[SW1-GigabitEthernet1/0/2] port trunk permit vlan20
[SW1-GigabitEthernet1/0/2] quit
[SW1]interface gigabitethernet1/0/3
[SW1-GigabitEthernet1/0/3] port link-type trunk
[SW1-GigabitEthernet1/0/3] port trunk permit vlan30
[SW1-GigabitEthernet1/0/3] quit
[SW1]interface gigabitethernet1/0/4
[SW1-GigabitEthernet1/0/4] port link-mode route     #---转换成三层模式
[SW1-GigabitEthernet1/0/4] ip address 192.168.0.1 24
[SW1]interface vlan10
[SW1-VLAN-interface10]ip address 192.168.1.254 24
[SW1-VLAN-interface10]quit
[SW1]interface vlan20
[SW1-VLAN-interface20]ip address 192.168.2.254 24
[SW1-VLAN-interface20]quit
[SW1]interface vlan30
[SW1-VLAN-interface30]ip address 192.168.3.254 24
[SW1-VLAN-interface30]quit
```

SW2 上的具体配置如下。

```
<H3C>system-view
[H3C]sysname SW2
```

```
[SW2]vlan10
[SW2-VLAN10] quit
[SW2]interface gigabitethernet1/0/1
[SW2-GigabitEthernet1/0/1] port link-type trunk
[SW2-GigabitEthernet1/0/1] port trunk permit vlan10
[SW2-GigabitEthernet1/0/1] quit
[SW2]interface gigabitethernet1/0/2
[SW2-GigabitEthernet1/0/2] port access vlan10
[SW2-GigabitEthernet1/0/2] quit
```

SW3 上的具体配置如下。

```
<H3C>system-view
[H3C]sysname SW3
[SW3]vlan20
[SW3-VLAN20] quit
[SW3]interface gigabitethernet1/0/1
[SW3-GigabitEthernet1/0/1] port link-type trunk
[SW3-GigabitEthernet1/0/1] port trunk permit vlan20
[SW3-GigabitEthernet1/0/1] quit
[SW3]interface gigabitethernet1/0/2
[SW3-GigabitEthernet1/0/2] port access vlan20
[SW3-GigabitEthernet1/0/2] quit
[SW3]interface gigabitethernet1/0/3
[SW3-GigabitEthernet1/0/3] port access vlan20
[SW3-GigabitEthernet1/0/3] quit
```

SW4 上的具体配置如下。

```
<H3C>system-view
[H3C]sysname SW4
[SW4]vlan30
[SW4-VLAN30] quit
[SW4]interface gigabitethernet1/0/1
[SW4-GigabitEthernet1/0/1] port link-type trunk
[SW4-GigabitEthernet1/0/1] port trunk permit vlan30
[SW4-GigabitEthernet1/0/1] quit
[SW4]interface gigabitethernet1/0/2
[SW4-GigabitEthernet1/0/2] port access vlan30
[SW4-GigabitEthernet1/0/2] quit
[SW4]interface gigabitethernet1/0/3
[SW4-GigabitEthernet1/0/3] port access vlan30
[SW4-GigabitEthernet1/0/3] quit
```

② 创建一个工作日的时间段（假设为 8:00～18:00）（名称假设为 work），用于配置控制财务部人员访问 Server 的 ACL 规则，具体配置如下。

```
[SW1] time-range work 8:00 to 18:00 working-day
```

③ 创建用于控制各部门人员访问 Server 的 IPv4 基本 ACL 和用于控制财务部门访问 Server 的生效时间段。

- 允许 192.168.1.0/24 网段总裁办人员在任何时间访问服务器。
- 限制 192.168.2.0/24 网段财务部人员仅可在工作时间访问服务器。
- 拒绝所有其他网段（包括市场部）人员在任何时间访问服务器。

SW1 上的具体配置如下。

```
[SW1]acl basic 2001
[SW1-acl-ipv4-basic-2001]rule permit source 192.168.1.0 0.0.0.255   #---定义允许总裁办人员访问 Server 的规则
[SW1-acl-ipv4-basic-2001]rule permit source 192.168.2.0 0.0.0.255  time-range work   #---定义允许财务部人员仅可在
```

工作日时间段访问 Server 的规则

[SW1-acl-ipv4-basic-2001]**rule deny source any**　#---定义禁止其他办公室人员访问 Server 的规则

3. 配置结果验证

以上配置完成后，可进行以下配置结果验证。

① 先验证在 SW1 GE1/0/4 端口没有应用 IPv4 基本 ACL 前，各部门人员均可自由访问 Server。

因为本示例中，各网段都是直接连接 SW1，所以各网段之间默认情况下均可通过直连路由访问。总裁办 PC1 成功 ping 通 Server（服务器）的结果如图 4-5 所示；财务部 PC2 成功 ping 通 Server（服务器）的结果如图 4-6 所示；市场部 PC4 成功 ping 通 Server（服务器）的结果如图 4-7 所示。

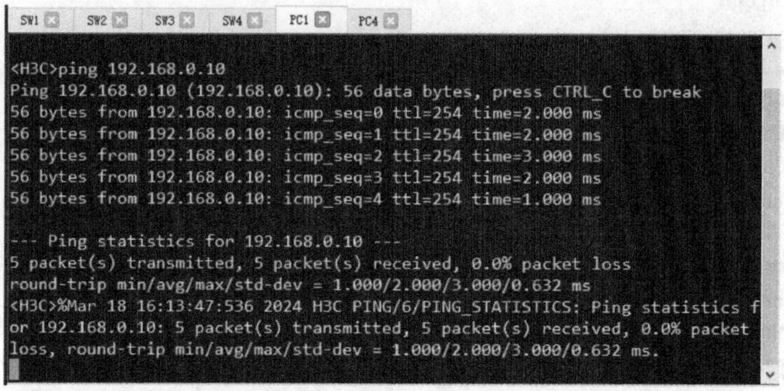

图 4-5　总裁办 PC1 成功 ping 通 Server（服务器）的结果

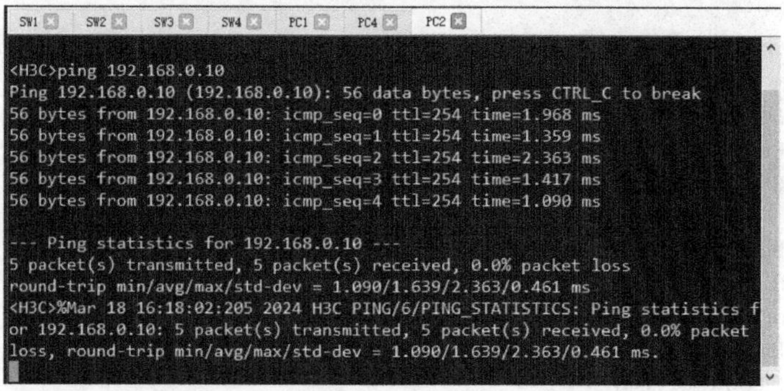

图 4-6　财务部 PC2 成功 ping 通 Server（服务器）的结果

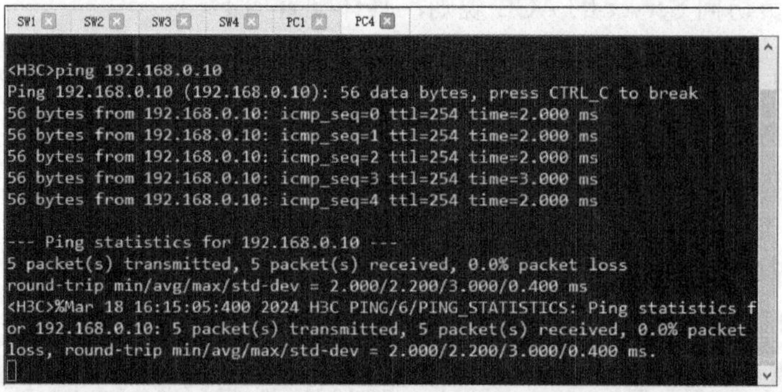

图 4-7　市场部 PC4 成功 ping 通 Server（服务器）的结果

② 在 SW1 连接服务器的 GE1/0/4 端口上应用前面创建的 IPv4 基本 ACL，具体配置如下。

```
[SW1]interface gigabitethernet1/0/4
[SW1-GigabitEthernet1/0/4] packet-filter 2001 outbound
[SW1-GigabitEthernet1/0/4] quit
```

再次验证总裁办仍可随时访问 Server，财务部只能在工作时间内访问 Server，而其他部门（包括市场部）人员在任何时间均不能访问 Server。市场部 PC4 不能 ping 通 Server 的结果如图 4-8 所示。

图 4-8　市场部 PC4 不能 ping 通 Server 的结果

通过以上验证，已证明以上配置是正确的，而且是符合用户要求的。

4.2.10　IPv4 高级 ACL 配置示例

IPv4 高级 ACL 配置示例的拓扑结构如图 4-9 所示。某公司网络中部署了 Web 服务器（WebServer）和财务部服务器（FinaServer），现出于安全考虑，要对各部门员工访问这两台服务器的权限做如下规定。

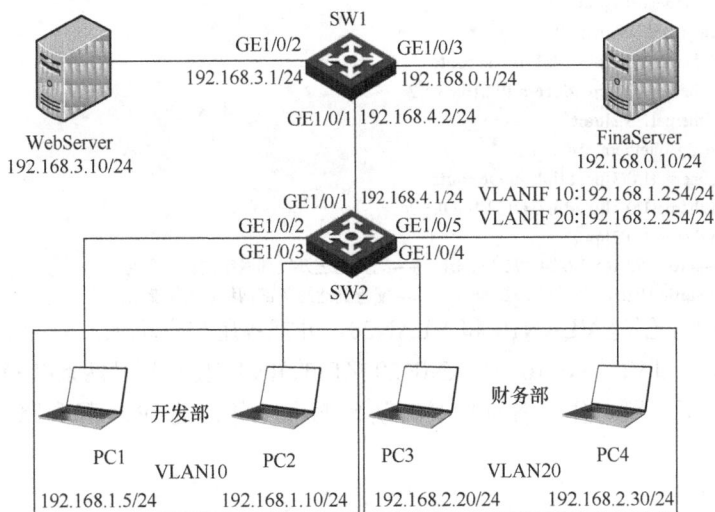

图 4-9　IPv4 高级 ACL 配置示例的拓扑结构

① 允许财务部员工仅可以在上作时间（周一至周五的 8:00～18:00）访问财务部服

务器，禁止其他任何部门员工在任何时间访问财务部服务器。

② 允许开发部员工在任何时候访问 Web 服务器，其他部门员工仅允许在工作时间访问 Web 服务器。

1．基本配置思路分析

要控制主机之间的访问既可以通过 IPv4 基本 ACL 来实现，又可以通过 IPv4 高级 ACL 来实现，当然应用 ACL 的位置和主要应用的场景会有所不同。

本示例中对两台服务器的访问控制目标既可以在连接两台服务器的交换机端口上应用 IPv4 基本 ACL，通过源 IPv4 地址过滤来实现，又可以在接入层用户（VLAN10 和 VLAN20 中的用户）访问两台服务器的入端口，即 SW1 GE1/0/1 上，或者在接入层用户访问两台服务器的出端口，即 SW2 GE1/0/1 上，应用 IPv4 高级 ACL，通过同时进行源 IPv4 地址和目标 IPv4 地址过滤来实现。本节仅以在 SW1 GE1/0/1 上应用 IPv4 高级 ACL 进行配置介绍。至于对两台服务器在访问时间上的控制，可通过具体对应规则上的应用生效时间段确认即可。

另外，因为接入层用户的 IPv4 地址与两台服务器的 IPv4 地址不在同一网段，并且中间隔离了三层设备（SW2），所以用户主机与两台服务器之间的访问需要配置 IPv4 路由。本示例可以采用简单的 IPv4 静态路由配置。

2．具体配置步骤

① 在 SW1 上配置各接口 IPv4 地址（先要把接口转换为三层模式）和两条以 SW2 的 GE1/0/1 端口 IP 地址为下一跳，作为两台服务器与开发部、财务部用户通信的 IPv4 静态路由，具体配置如下。

```
<H3C>system-view
[H3C]sysname SW1
[SW1]interface gigabitethernet1/0/1
[SW1-GigabitEthernet1/0/1]port link-mode route   #---转换成路由模式
[SW1-GigabitEthernet1/0/1]ip address 192.168.4.2 24
[SW1-GigabitEthernet1/0/1]quit
[SW1]interface gigabitethernet1/0/2
[SW1-GigabitEthernet1/0/2]port link-mode route
[SW1-GigabitEthernet1/0/2]ip address 192.168.3.1 24
[SW1-GigabitEthernet1/0/2]quit
[SW1]interface gigabitethernet1/0/3
[SW1-GigabitEthernet1/0/3]port link-mode route
[SW1-GigabitEthernet1/0/3]ip address 192.168.0.1 24
[SW1-GigabitEthernet1/0/3]quit
[SW1]ip route-static 192.168.1.0 24 192.168.4.1   #---配置到达开发部网络的静态路由
[SW1]ip route-static 192.168.2.0 24 192.168.4.1   #---配置到达财务部网络的静态路由
```

② 在 SW2 上创建 VLAN10 和 VLAN20，并把各用户主机加入对应的 VLAN 中；配置 GE1/0/1 端口和 VLANIF 10、VLANIF 20 接口的 IPv4 地址，以及两条以 SW1 的 GE1/0/1 端口 IP 地址为下一跳，作为各部门员工访问两台服务器的 IPv4 静态路由，具体配置如下。

```
<H3C>system-view
[H3C]sysname SW2
[SW2]vlan10
[SW2-VLAN10]quit
[SW2]vlan20
```

```
[SW2-VLAN20]quit
[SW2]interface gigabitethernet1/0/1
[SW2-GigabitEthernet1/0/1]port link-mode route
[SW2-GigabitEthernet1/0/1]ip address 192.168.4.1 24
[SW2-GigabitEthernet1/0/1]quit
[SW2]interface gigabitethernet1/0/2
[SW2-GigabitEthernet1/0/2] port access vlan10
[SW2-GigabitEthernet1/0/2] quit
[SW2]interface gigabitethernet1/0/3
[SW2-GigabitEthernet1/0/3] port access vlan10
[SW2-GigabitEthernet1/0/3] quit
[SW2]interface gigabitethernet1/0/4
[SW2-GigabitEthernet1/0/4] port access vlan20
[SW2-GigabitEthernet1/0/4] quit
[SW2]interface gigabitethernet1/0/5
[SW2-GigabitEthernet1/0/5] port access vlan20
[SW2-GigabitEthernet1/0/5] quit
[SW2]interface vlan-interface 10
[SW2-VLAN-interface10]ip address 192.168.1.254 24   #---配置 VLANIF 10 接口 IPv4 地址
[SW2-VLAN-interface10]quit
[SW2]interface vlan-interface 20
[SW2-VLAN-interface20]ip address 192.168.2.254 24
[SW2-VLAN-interface20]quit
[SW2]ip route-static 192.168.3.10 0.0.0.0 192.168.4.2   #---配置访问 Web 服务器的静态路由
[SW2]ip route-static 192.168.0.10 0.0.0.0 192.168.4.2   #---配置访问财务部服务器的静态路由
```

③ 在 SW1 上创建一个每周工作时间的生效时间段，名称为 work。创建一个 IPv4 高级 ACL 3001。

- 允许财务部员工（源 IP 地址为 192.168.2.0/24 网段）仅可在工作时间访问财务部服务器。
- 允许开发部员工（源 IP 地址为 192.168.1.0/24 网段）在任何时间访问 Web 服务器。
- 允许其他部门员工仅可在工作时间访问 Web 服务器。
- 禁止其他部门员工访问财务部服务器。

因为 ACL 在报文过滤中默认是允许未与任何规则匹配的报文通过，所以本示例中，要在最后通过规则明确拒绝其他部门员工访问财务部服务器，拒绝除了开发部的其他部门员工在工作时间外访问 Web 服务器，具体配置如下。

```
[SW1]time-range work 08:00 to 18:00 working-day   #---创建一个工作日的时间段
[SW1]acl advanced 3001
[SW1-acl-ipv4-adv-3001]rule 0 permit ip source 192.168.2.0 0.0.0.255  destination 192.168.0.10 0.0.0.0 time-range
work    #---定义允许财务部员工在工作时间访问财务部服务器的规则
[SW1-acl-ipv4-adv-3001]rule 5 permit ip source 192.168.1.0 0.0.0.255  destination 192.168.3.10 0.0.0.0  #---定义允许
开发部员工在任何时间访问 Web 服务器的规则
[SW1-acl-ipv4-adv-3001]rule 10 permit ip destination 192.168.3.10 0.0.0.0 time-range work   #---定义允许除了开发部
的其他部门员工可以在工作时间访问 Web 服务器的规则
[SW1-acl-ipv4-adv-3001]rule 15 deny ip destination 192.168.3.10 0.0.0.0   #---定义拒绝访问 Web 服务器的规则
[SW1-acl-ipv4-adv-3001]rule 20 deny ip destination 192.168.0.10 0.0.0.0   #---定义拒绝访问财务部服务器的规则
```

以上编号为 5、10、15 的 3 条规则的作用结果是，开发部员工可以在任何时间访问 Web 服务器，其他部门员工仅可在工作时间访问 Web 服务器。编号为 0、20 的两条规则的作用结果是，只允许财务部员工在工作时间访问财务部服务器，其他部门员工在任何时候都不能访问财务部服务器。

3. 配置结果验证

以上配置完成后，可进行以下配置结果验证。

① 在 SW1 上执行 **display acl** 3001 命令查看 ACL3001 的配置及运行情况，在 SW1 上执行 **display acl** 3001 命令的输出如图 4-10 所示。

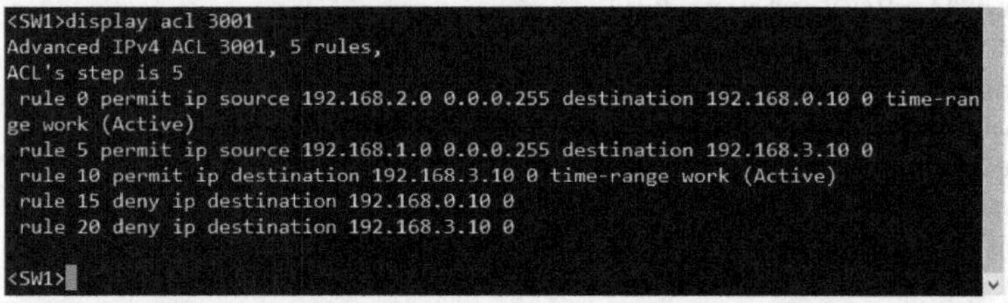

```
<SW1>display acl 3001
Advanced IPv4 ACL 3001, 5 rules,
ACL's step is 5
 rule 0 permit ip source 192.168.2.0 0.0.0.255 destination 192.168.0.10 0 time-ran
ge work (Active)
 rule 5 permit ip source 192.168.1.0 0.0.0.255 destination 192.168.3.10 0
 rule 10 permit ip destination 192.168.3.10 0 time-range work (Active)
 rule 15 deny ip destination 192.168.0.10 0
 rule 20 deny ip destination 192.168.3.10 0

<SW1>
```

图 4-10　在 SW1 上执行 **display acl** 3001 命令的输出

图 4-10 中显示的 ACL3001 的配置与前面所做的 ACL 配置是一致的，并且其中两条带有时间段的规则（0 号和 10 号规则）显示的 Active（活跃）状态表示，规则中配置的时间段作用正在生效中。

② 验证在没有应用 IPv4 高级 ACL3001 前，各部门员工可以在任何时间段访问 Web 服务器和财务部服务器。PC1 成功 ping 通两台服务器的结果如图 4-11 所示，其他部门员工也可以与两台服务器互通。

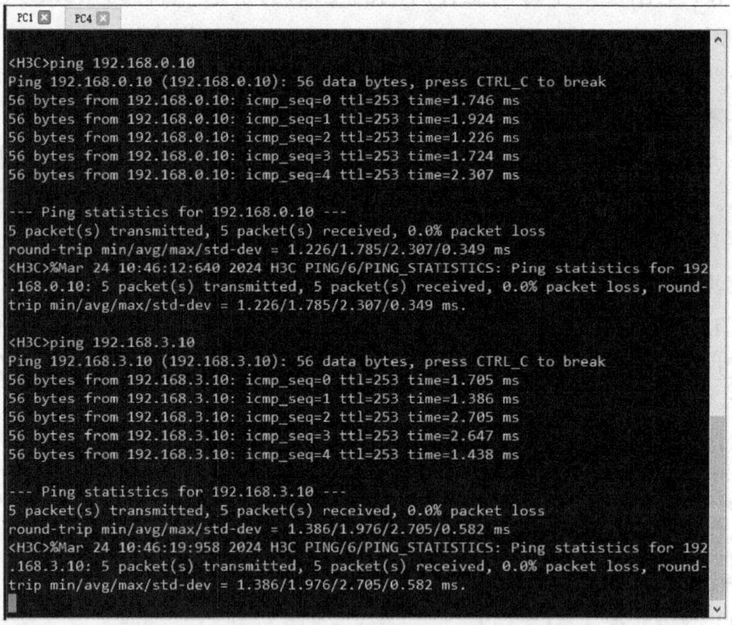

```
<H3C>ping 192.168.0.10
Ping 192.168.0.10 (192.168.0.10): 56 data bytes, press CTRL_C to break
56 bytes from 192.168.0.10: icmp_seq=0 ttl=253 time=1.746 ms
56 bytes from 192.168.0.10: icmp_seq=1 ttl=253 time=1.924 ms
56 bytes from 192.168.0.10: icmp_seq=2 ttl=253 time=1.226 ms
56 bytes from 192.168.0.10: icmp_seq=3 ttl=253 time=1.724 ms
56 bytes from 192.168.0.10: icmp_seq=4 ttl=253 time=2.307 ms

--- Ping statistics for 192.168.0.10 ---
5 packet(s) transmitted, 5 packet(s) received, 0.0% packet loss
round-trip min/avg/max/std-dev = 1.226/1.785/2.307/0.349 ms
<H3C>%Mar 24 10:46:12:640 2024 H3C PING/6/PING_STATISTICS: Ping statistics for 192
.168.0.10: 5 packet(s) transmitted, 5 packet(s) received, 0.0% packet loss, round-
trip min/avg/max/std-dev = 1.226/1.785/2.307/0.349 ms.

<H3C>ping 192.168.3.10
Ping 192.168.3.10 (192.168.3.10): 56 data bytes, press CTRL_C to break
56 bytes from 192.168.3.10: icmp_seq=0 ttl=253 time=1.705 ms
56 bytes from 192.168.3.10: icmp_seq=1 ttl=253 time=1.386 ms
56 bytes from 192.168.3.10: icmp_seq=2 ttl=253 time=2.705 ms
56 bytes from 192.168.3.10: icmp_seq=3 ttl=253 time=2.647 ms
56 bytes from 192.168.3.10: icmp_seq=4 ttl=253 time=1.438 ms

--- Ping statistics for 192.168.3.10 ---
5 packet(s) transmitted, 5 packet(s) received, 0.0% packet loss
round-trip min/avg/max/std-dev = 1.386/1.976/2.705/0.582 ms
<H3C>%Mar 24 10:46:19:958 2024 H3C PING/6/PING_STATISTICS: Ping statistics for 192
.168.3.10: 5 packet(s) transmitted, 5 packet(s) received, 0.0% packet loss, round-
trip min/avg/max/std-dev = 1.386/1.976/2.705/0.582 ms.
```

图 4-11　PC1 成功 ping 通两台服务器的结果

③ 在 SW1 的 GE1/0/1 端口入方向上应用前面创建的 IPv4 高级 ACL3001，具体配置如下。

```
[SW1]interface gigabitethernet1/0/1
[SW1-GigabitEthernet1/0/1] packet-filter 3001 inbound
[SW1-GigabitEthernet1/0/1] quit
```

此时，可以看到开发部员工可以在任何时间成功 ping 通 Web 服务器，财务部员工仅可在工作时间成功访问两台服务器。除了财务部，其他所有部门员工都在任何时间不能访问财务部服务器。PC4 在工作时间成功 ping 通两台服务器的结果如图 4-12 所示。

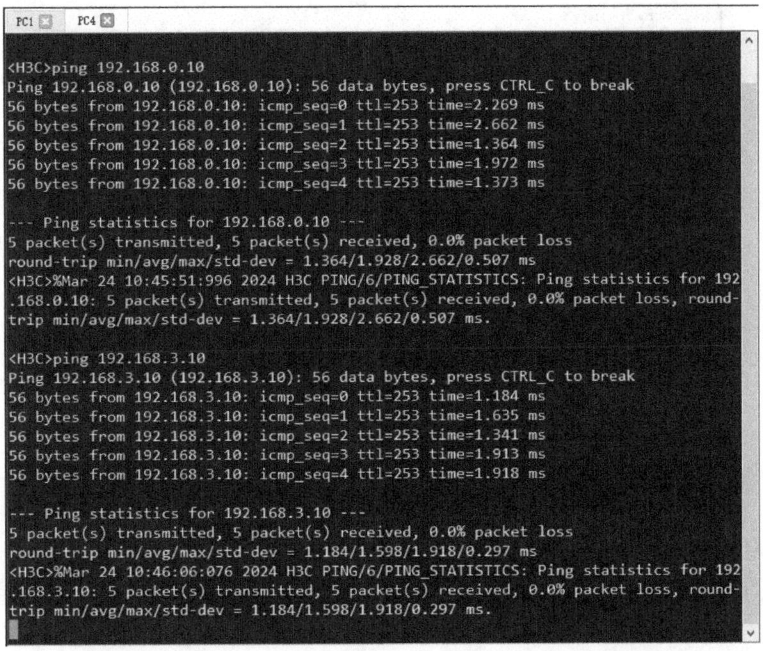

图 4-12　PC4 在工作时间成功 ping 通两台服务器的结果

PC1 在工作时间成功 ping 通 Web 服务器，但 ping 不通财务部服务器的结果如图 4-13 所示。

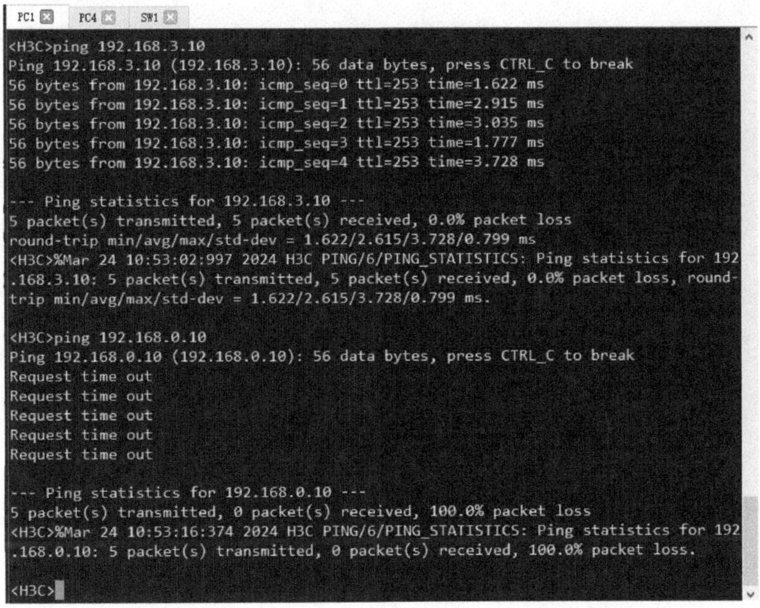

图 4-13　PC1 在工作时间成功 ping 通 Web 服务器，但 ping 不通财务部服务器的结果

　　在非工作时间，除了开发部的其他部门员工均不能访问 Web 服务器，所有部门都不能访问财务部服务器。PC4 在非工作时间 ping 不通 Web 服务器和财务部服务器的结果如图 4-14 所示。

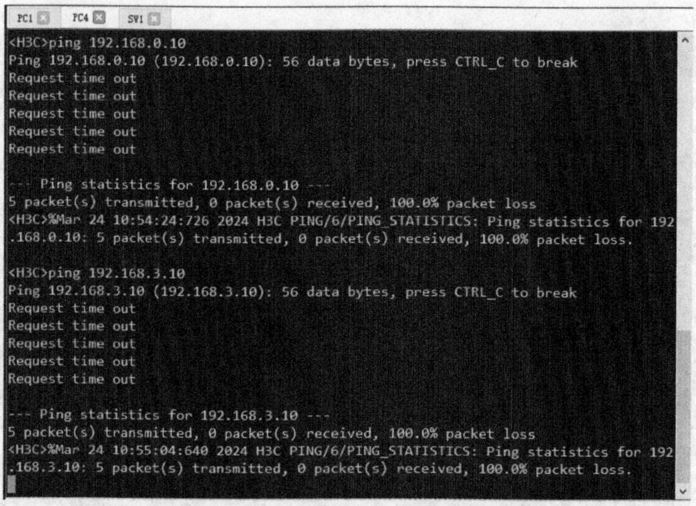

图 4-14　PC4 在非工作时间 ping 不通 Web 服务器和财务部服务器的结果

　　通过以上验证，已证明前面的 ACL 3001 的配置是正确的，而且是满足用户需求的。

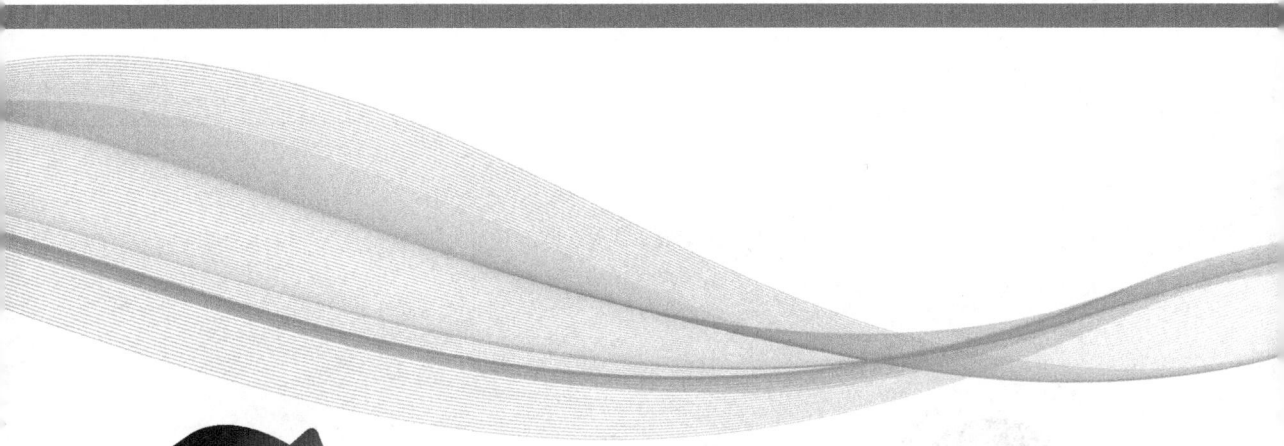

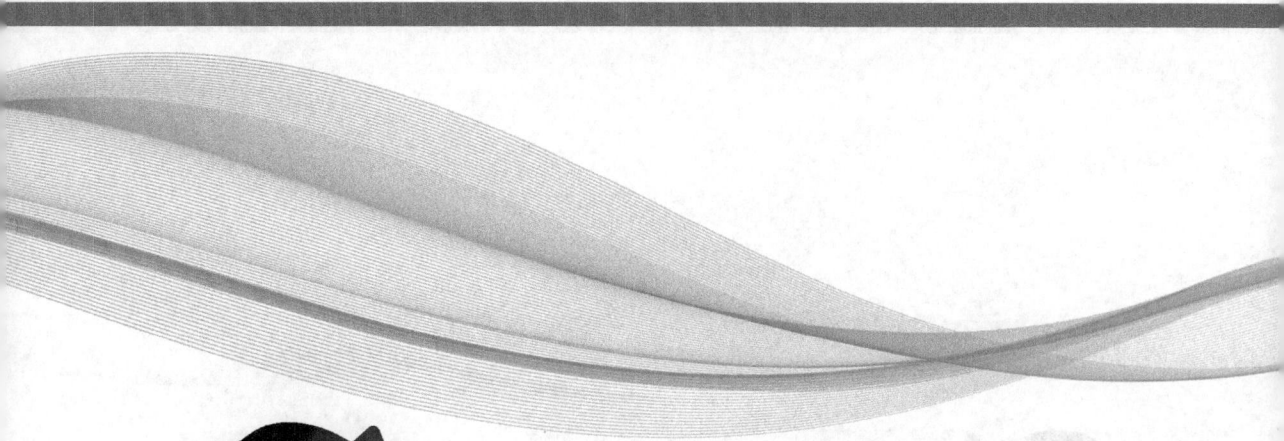

第 5 章
QoS

本章主要内容

5.1　QoS 基础

5.2　QoS 策略

5.3　优先级映射

5.4　流量监管、流量整形和接口限速

5.5　重标记

5.6　拥塞管理

5.7　拥塞避免

5.8　流量过滤

5.9　流量统计

5.10　Nest

服务质量（Quality of Service，QoS）是一种高级的设备技术，主要用来控制接口的流量收发和报文发送、处理的优先级次序，在防止出现网络拥塞的同时，还可以优先发送、处理重要的报文。

QoS 实现以上功能，需要用到许多技术，包括优先级映射、流量监管、流量整形、端口限速、拥塞管理、拥塞避免、流量过滤、重标记、全局 CAR、流量统计和数据缓冲区等。本章将详细全面介绍这些技术，并有大量配置示例，可以帮助读者更好地理解这些技术原理及应用。

5.1 QoS 基础

在网络中可以通过保证传输带宽、降低传送时延、降低数据丢包率和时延抖动等措施来提高服务质量。但网络资源总是有限的，在保证某类业务的服务质量的同时，可能就是在损害其他业务的服务质量。因此，网络管理者需要根据各种业务的特点来对网络资源进行合理的规划和资源分配，从而使网络资源得到高效利用。QoS 就是这样一种可以为不同类型业务（例如语音、视频、数据等）提供端到端的不同服务质量保证的技术。通过配置 QoS，调控企业的网络流量，可以避免并管理网络拥塞，减少报文的丢失率。

5.1.1 QoS 服务模型

网络的普及和业务的多样化使得互联网流量激增，从而产生网络拥塞，增加转发时延，严重时还会产生丢包，导致业务质量下降甚至不可用。因此，要在网络上开展这些实时性业务，就必须解决网络拥塞问题。解决网络拥塞的最佳办法是增加网络带宽，但从运营、维护的成本考虑，这是不现实的，最有效的解决方案就是应用一个"有保证"的策略对网络流量进行管理。QoS 技术就是在这种背景下发展起来的。QoS 是有效利用网络资源的工具，允许不同类型的流量不平等地竞争网络资源，例如使语音、视频和重要的数据应用在网络设备中可以优先得到服务。

目前，QoS 有以下 3 种服务模型。

1. Best-Effort Service（尽力而为服务）

Best-Effort 是最简单的 QoS 服务模型，用户可以在任何时候发出任意数量的报文，而且不需要通知网络。默认情况下，设备采用的就是这种服务模型，为所有类型业务流设置了相同的优先级和相同的传输机会，都会尽最大可能来发送/转发报文，但对时延、丢包率等性能不提供任何保证。在发生网络拥塞时，所有业务报文也都有着相同的被丢弃的机会。

Best-Effort 服务模型适用于对时延、丢包率等性能要求不高的业务，是现在互联网的默认服务模型，也适用于绝大多数网络应用，例如 FTP、E-Mail 等。

2. Integrated Service（综合服务，简称 Int-Serv）

Int-Serv 是一个综合服务模型，它是可以满足多种 QoS 需求的多服务模型。在这种服务模型中，用户发送报文前，需要通过信令（Signaling）向网络描述自己的流量参数，申请特定的 QoS 服务。网络根据不同类型业务的参数，预留资源以承诺满足该请求。当从网络得到确认之后，应用程序才开始进行数据的发送。

Int-Serv 模型的典型应用就是使用资源预留协议（Resource Reservation Protocol, RSVP）作为信令，在一条已知路径的网络拓扑上预留带宽、优先级等资源，路径沿途的各网元（即各节点设备）必须为每个要求服务质量保证的数据流预留想要的资源。通过 RSVP 信息的预留，各网元可以判断是否有足够的资源可以使用。只有所有的网元都给 RSVP 提供了足够的资源，"路径"方可建立。Int-Serv 模型对设备的要求很高，当网络中的数据流数量很大时，设备的存储和处理能力会遇到很大的压力。Int-Serv 模型可扩展性很差，难以在互联网的核心网络实施。

3. Differentiated Service

Differentiated Service（区分服务，简称 Diff-Serv）也是一个多服务模型，也可以满足不同的 QoS 需求。但与 Int-Serv 模型不同的是，它不需要信令机制通知网络为每类业务预留资源就可以进行数据发送。Diff-Serv 模型的基本原理是将网络中的流量分成多个类，每个类分配不同的服务等级，在网络出现拥塞时不同类型业务又会得到不同的处理方式。

Diff-Serv 模型充分考虑了 IP 网络本身的灵活性、可扩展性强的特点，将复杂的服务质量保证通过报文自身携带的信息转换为单跳行为，从而大幅减少了信令的工作，是当前网络中的主流服务模型。本章所介绍的 QoS 技术和配置都是基于 Diff-Serv 模型。

5.1.2　QoS 技术在网络中应用的位置

QoS 技术包括流分类、流量监管、流量整形、拥塞管理、拥塞避免等。QoS 技术在网络中应用的位置如图 5-1 所示。

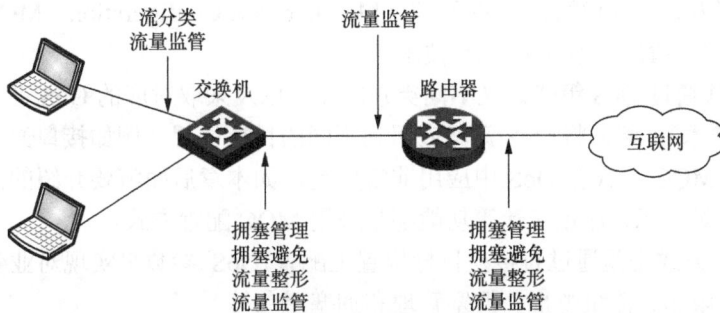

图 5-1　　QoS 技术在网络中应用的位置

- 流分类：采用一定的规则识别进入设备，符合某类特征的报文，是对业务流进行区分服务的前提和基础，通常在接口入方向进行配置。
- 流量监管：对进入或流出设备的特定流量进行监管，使该类流量所使用的网络资源不超出设置的边界，可在接口入方向或出方向进行配置。
- 流量整形：一种主动调整流的输出速率的流量控制措施，用来使流量适配下游设备可供给的网络资源，避免不必要的报文丢弃，通常在接口出方向进行配置。
- 拥塞管理：当网络拥塞发生时，制定一定的资源调度策略，将报文放入队列中缓存，并采取某种调度算法安排报文的转发次序，通常在接口出方向配置。
- 拥塞避免：监督网络资源的使用情况，当发现网络拥塞有加剧的趋势时采取主动丢弃报文的策略，通过调整队列长度来解除网络的过载，通常在接口出方向配置。

以上这些 QoS 技术在网络设备中的处理顺序是：首先通过流分类对接口中接收到的各种业务报文进行识别和区分，然后通过各种动作对特定的业务报文进行处理。这些动作需要和流分类关联起来才有意义。具体采取何种动作，与所处的阶段和网络当前的负载状况有关。例如当报文进入网络时进行流量监管；流出节点之前进行流量整形；发生网络拥塞时对端口输出队列进行拥塞管理；发生网络拥塞加剧时对端口队列采取拥塞避免措施等。同一设备在入接口和出接口对报文应用各 QoS 技术的基本流程如图 5-2 所示（令牌桶技术将在本章后具体介绍）。

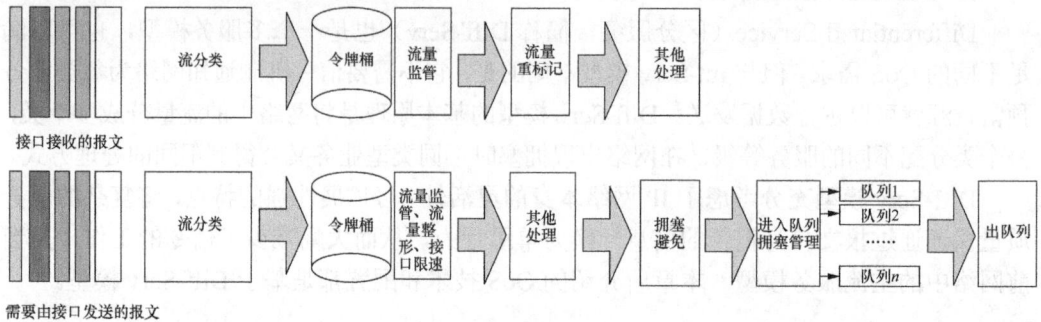

图 5-2　同一设备在入接口和出接口对报文应用各 QoS 技术的基本流程

5.1.3　QoS 配置方式

QoS 配置方式分为模块化 QoS 配置（Modular QoS Configuration，MQC）方式和非MQC 方式两种，适用于不同的 QoS 技术。

MQC 方式通过 QoS 策略定义不同类别的流，以及采取对应的 QoS 动作（也是前面介绍的 QoS 技术），然后将 QoS 策略应用到不同的目标位置（例如接口）来实现对业务流量的控制。MQC 方式在 QoS 中应用非常广泛，如本章后面将要介绍的流量监管、流量重标记、流量过滤、流量统计等功能都是采用 MQC 配置方式。

非 MQC 方式则是通过直接在目标位置上配置 QoS 参数来实现对业务流量进行控制，例如接口限速、流量整形、拥塞管理和拥塞避免等。

5.2　QoS 策略

QoS 策略包含类、流行为、策略 3 个基本要素。用户可以通过 QoS 策略将指定的类和流行为绑定起来，灵活地进行 QoS 配置。

- 类：用来通过 **if-match** 命令对进入设备接口的流定义分类的规则或条件，这是QoS 策略中首先要进行的配置。例如通过 ACL，可使用报文中携带的 802.1p/IP/DSCP 优先级或 VLAN ID 等参数对流进行分类。用户可以在一个类中定义多个分类规则或条件，各规则、条件之间可以是逻辑"与"关系，也可以是逻辑"或"关系。
- 流行为：用来针对特定类的流定义所要采取的 QoS 动作，例如流量监管、流量过滤、流量重标记、流量重定向等。用户可以在一个流行为中定义多个动作。
- 策略：用来将指定的类和流行为绑定起来，对分类后的流执行流行为中定义的动作。用户可以在一个策略中定义多个类与流行为的绑定关系。

配置好 QoS 策略后，可以基于全局、接口、VLAN、设备控制平面、在线用户应用该策略。

5.2.1　定义类

QoS 策略的实施首先要为一组组具有特定属性的流进行分类，分类依据就是由 **if-match** 命令所配置的匹配规则。定义类的配置步骤见表 5-1，在一个类中可以定义多个匹配规则。

表 5-1　定义类的配置步骤

步骤	命令	说明
1	**system-view**	进入系统视图
2	**traffic classifier** *classifier-name*　[**operator** { **and** | **or** }] 例如，[Sysname] **traffic classifier** class1	定义一个类，并进入类视图。 • *classifier-name*：指定创建的类的名称，为 1～31 个字符的字符串，区分大小写。 • **and**：二选一选项，指定类下的各规则之间是逻辑"与"关系，即报文只有匹配了类中的所有规则才能属于该类，这是默认关系。 • **or**：二选一选项，指定类中的各规则之间是逻辑"或"关系，即报文包只要匹配了类中的任何一个规则即属于该类。 默认情况下，没能配置类
3	**if-match** *match-criteria* 例如，[Sysname-classifier-class1] **if-match destination-mac** 0050-ba27-bed3	定义报文的匹配规则。不同的 QoS 功能应用所需采用的匹配规则也会不一样，可用的报文匹配规则见表 5-2。 默认情况下，未定义匹配报文的规则

表 5-2　可用的报文匹配规则

取值	描述
acl [**ipv6** | **mac** | **user-defined**] { *acl-number* | **name** *acl-name* }	定义匹配 ACL 的规则，有关 ACL 方面的介绍参见本书第 4 章
any	定义匹配所有报文的规则
control-plane protocol *protocol-name*&<1-8>	定义匹配控制平面协议的规则。参数 *protocol-name*&<1-8>为系统预定义匹配协议报文类型名称的列表，系统预定义匹配协议报文类型名称的列表示意见表 5-3，&<1-8>表示前面的参数最多可以输入 8 次
control-plane protocol-group *protocol-group-name*	定义匹配控制平面协议组的规则。参数 *protocol-group-name* 取值为 **critical**、**important**、**management**、**monitor**、**normal**、**redirect**
customer-dot1p *dot1p-value* &<1-8>	定义匹配 QinQ 报文内层 VLAN 标签中的 802.1p 优先级的规则。参数 *dot1p-value*&<1-8>为 802.1p 优先级值的列表，802.1p 优先级的取值为 0～7，&<1-8>表示前面的参数最多可以输入 8 次
customer-vlan-id *vlan-id-list*	定义匹配 QinQ 报文内层 VLAN 标签中的 VLAN ID 的规则。参数 *vlan-id-list* 为 VLAN 列表，表示方式为 *vlan-id-list* = { *vlan-id* | *vlan-id*1 **to** *vlan-id*2 }&<1-10>，*vlan-id*、*vlan-id*1、*vlan-id*2 取值为 1～4094，且 *vlan-id*1 的值必须小于 *vlan-id*2 的值；&<1-10>表示前面的参数最多可以重复输入 10 次
service-dot1p *dot1p-value*& <1-8>	定义匹配 QinQ 报文外层 VLAN 标签中的 802.1p 优先级的规则。其他说明与 **customer-dot1p** *dot1p-value*&<1-8>规则相同
service-vlan-id *vlan-id-list*	定义匹配 QinQ 报文外层 VLAN 标签中的 VLAN ID 的规则。其他说明与 **customer-vlan-id** *vlan-id-list* 规则相同。报文只携带单层 VLAN 标签，则可以用外层 VLAN 标签的 VLAN ID 规则来匹配

取值	描述
source-mac *mac-address*	定义匹配报文中的源 MAC 地址的规则，仅对以太网接口生效
destination-mac *mac-address*	定义匹配报文中的目标 MAC 地址的规则，仅对以太网接口生效
dscp *dscp-value*&<1-8>	定义匹配报文中携带的 DSCP 优先级的规则。参数 *dscp-value*&<1-8> 为 DSCP 优先级列表，DSCP 的取值为 0～63，&<1-8>表示前面的参数最多可以输入 8 次；也可以输入关键字。DSCP 关键字与值的对应关系见表 5-4
forwarding-layer { **bridge** | **route** }	定义匹配转发报文的二、三层属性的规则。 • **bridge**：只匹配二层转发报文。 • **route**：只匹配三层转发报文
ip-precedence *ip-precedence-value*&<1-8>	定义匹配报文中携带的 IP 优先级的规则。参数 *ip-precedence-value*&<1-8>为 IP 优先级的列表，IP 优先级的取值为 0～7，&<1-8>表示前面的参数最多可以输入 8 次
mpls-exp *exp-value*&<1-8>	定义匹配 MPLS 报文第一层 MPLS 标签中携带的 EXP 优先级的规则，*exp-value*&<1-8>为 EXP 的列表，EXP 优先级的取值为 0～7，&<1-8>表示前面的参数最多可以输入 8 次
second-mpls-exp *exp-value*&<1-8>	定义匹配 MPLS 报文第二层 MPLS 标签中携带的 EXP 优先级的规则，*exp-value*&<1-8>为 EXP 优先级列表，EXP 优先级的取值为 0～7，&<1-8>表示前面的参数最多可以输入 8 次
second-mpls-label { *label-value*&<1-8> | *label-value1* **to** *label-value2* }	定义匹配 MPLS 报文第二层 MPLS 标签的规则，*label-value*&<1-8>为 MPLS 标签值的列表，&<1-8>表示前面的参数最多可以输入 8 次；*label-value1* **to** *label-value2* 表示一个 MPLS 标签的范围，*label-value1* 的值必须小于 *label-value2* 的值，MPLS 标签的取值为 0～1048575
protocol *protocol-name*	定义匹配报文封装协议的规则。参数 *protocol-name* 取值仅可为 **arp**、**ip**、**ipv6** 等
qos-local-id *local-id-value*	定义匹配 QoS 本地 ID 值的规则。参数 *local-id-value* 为 QoS 本地 ID，取值为 1～4095。 【说明】QoS 本地 ID 类似于 IP 路由中的 Tag（标记）和 BGP 路由中的团体属性，就是为一组需要采用相同 QoS 动作的报文配置（通过重标记 QoS 本地 ID 配置）相同的 QoS 本地 ID，根据这个 QoS 本地 ID 对流进行分类。通过配置这样的匹配规则后有时显得很方便，如要对两个特定网段的报文的总流量进行限速或监管，如果用 ACL 进行匹配，则无法达到限制这两个网段总流量的目标，只会分别对这两个网段进行限速。默认情况下，报文的 QoS 本地 ID 值是由系统自动分配的

表 5-3　系统预定义匹配协议报文类型名称

报文类型	说明	报文类型	说明
arp	ARP（协议）	isis	IS-IS（协议）
arp-snooping	ARP Snooping（协议）	lacp	LACP（协议）
bfd	BFD（协议）	lldp	LLDP（协议）
bgp	BGP（协议）	mvrp	MVRP 协议（包含 GVRP 协议）
bgp4+	IPv6 BGP（协议）	ospf-multicast	OSPF 组播
dhcp	DHCP（协议）	ospf-unicast	OSPF 单播
dhcp-snooping	DHCP Snooping（协议）	ospf3-multicast	OSPFv3 组播

报文类型	说明	报文类型	说明
dhcp6	IPv6 DHCP（协议）	ospf3-unicast	OSPFv3 单播
dldp	DLDP（协议）	snmp	SNMP（协议）
dot1x	802.1p（协议）	ssh	SSH（协议）
icmp	ICMP（协议）	stp	STP（协议）
icmp6	IPv6 ICMP（协议）	telnet	TELNET（协议）
igmp	IGMP（协议）	vrrp	VRRP（协议）
ip-option	带选项字段的 IPv4 报文	vrrp6	IPv6 VRRP（协议）
ipv6-option	带选项字段的 IPv6 报文		

表 5-4 DSCP 关键字与值的对应关系

关键字	DSCP 值（二进制）	DSCP 值（十进制）	关键字	DSCP 值（二进制）	DSCP 值（十进制）
af11	001010	10	af43	100110	38
af12	001100	12	cs1	001000	8
af13	001110	14	cs2	010000	16
af21	010010	18	cs3	011000	24
af22	010100	20	cs4	100000	32
af23	010110	22	cs5	101000	40
af31	011010	26	cs6	110000	48
af32	011100	28	cs7	111000	56
af33	011110	30	default	000000	0
af41	100010	34	ef	101110	46
af42	100100	36			

【注意】在定义各种类匹配规则的时候，需要注意以下事项。

① 定义匹配 ACL 的规则时，又存在以下情况。

- 如果类中引用的 ACL 不存在，则不能在硬件中下发。
- 一个类下可配置多条这样的命令，各个配置之间互相不覆盖。
- 对同一个类，允许通过 ACL 名称和序号的方式分别引用一次同一个 ACL。
- 对于有些产品而言，当 **if-match** 中引用的 ACL 规则的动作为 **deny** 时，则跳出该 **if-match**，继续进行后续规则的查找；对于有些产品而言，直接忽略 ACL 规则的动作，以流行为中定义的动作为准，报文匹配只使用 ACL 中的分类域。具体情况和设备型号有关，请以实际情况为准。

② 在定义类规则时，又存在以下情况。

如果匹配类的规则之间既有逻辑"与"，又有逻辑"或"的关系，则可采用类作为匹配规则进行类嵌套。例如 classA 类要满足以下关系：规则 1 & 规则 2 | 规则 3（& 为逻辑"与"关系，| 为逻辑"或"关系），则可以先定义一个其他类（如 classB），其中包括规则 1 和规则 2，是逻辑"与"关系，然后再定义 classA，把前面定义的 classB 作为一条规则，与规则 3 采用逻辑"或"的关系，具体配置如下。

```
traffic classifier classB operator and
if-match 规则 1
if-match 规则 2
traffic classifier classA operator or
if-match 规则 3
if-match classifier classB
```

③ 在定义控制平面、VLAN ID、802.1p/IP/DSCP 优先级和本地优先级匹配规则时，又存在以下情况。

- 一条命令可以配置多个规则，如果指定了多个相同的规则，系统默认为一个；同一命令中多个不同参数值之间是逻辑"或"关系，即只要有一个值匹配，就算匹配这条规则。
- 删除某条匹配的规则时，必须与该规则中定义的完全相同才会删除，顺序可以不同。

配置好类后，可以在任意视图下执行 **display traffic classifier user-defined** [*classifier-name*] [**slot** *slot-number*]命令查看类的配置信息。

【示例 1】定义类 class1 的匹配规则为匹配目标 MAC 地址为 0050-ba27-bed3 的报文，具体配置如下。

```
<Sysname> system-view
[Sysname] traffic classifier class1
[Sysname-classifier-class1] if-match destination-mac 0050-ba27-bed3
```

【示例 2】定义类 class2 的匹配规则为内层 VLAN 标签中 802.1p 优先级为 3 的 QinQ 报文，具体配置如下。

```
<Sysname> system-view
[Sysname] traffic classifier class2
[Sysname-classifier-class2] if-match customer-dotlp 3
```

【示例 3】定义类 class3 的匹配规则为外层 VLAN 标签中 802.1p 优先级值为 5 的 QinQ 报文，具体配置如下。

```
<Sysname> system-view
[Sysname] traffic classifier class3
[Sysname-classifier-class3] if-match service-dotlp 5
```

【示例 4】定义类 class4 的匹配规则为 ACL3100，具体配置如下。

```
<Sysname> system-view
[Sysname] traffic classifier class4
[Sysname-classifier-class4] if-match acl 3100
```

【示例 5】定义类 class5 的匹配规则为 DSCP 优先级值（为 1、6 或 9）的报文，具体配置如下。

```
<Sysname> system-view
[Sysname] traffic classifier class5 operator or
[Sysname-classifier-class5] if-match dscp 1 6 9
```

5.2.2　定义流行为

"流行为"就是对不同类的流所采取的行为，或者说是 QoS 动作。定义流行为首先需要创建一个流行为名称，然后可以在此流行为视图下根据需要配置相应的流行为。定义流行为的配置步骤见表 5-5，每个流行为由一组 QoS 动作组成。

配置好流行为后，可以在任意视图下执行 **display traffic behavior user-defined** [*behavior-name*] [**slot** *slot-number*]命令查看流行为的配置信息。

表 5-5　定义流行为的配置步骤

步骤	命令	说明
1	**system-view**	进入系统视图
2	**traffic behavior** *behavior-name* 例如，[Sysname] **traffic behavior** behavior1 [Sysname-behavior-behavior1]	定义一个流行为，并进入流行为视图，*behavior-name* 用来指定流行为名称，为 1～31 个字符的字符串，**区分大小写**
3	配置流行为。流行为就是对符合流分类的报文做出相应的 QoS 动作，例如流量监管（**car cir** 命令）、流量过滤（**filter** 命令）、流量重定向（**redirect** 命令）、重标记（一系列 **remark** 命令，可以重标记报文中的 802.1p/DSCP 优先级、丢弃优先级、本地优先级、QinQ 报文的内/外层 VLAN ID、QoS 本地 ID 等）、流量统计（**accounting** 命令）、添加外层 VLAN 标签（**nest top-most** 命令）等，这些都可以算是 QoS 的一系列功能应用，具体将在本章后面分别介绍	

5.2.3　定义 QoS 策略

QoS 策略是把前面两小节中定义的类与流行为关联起来，使类与流行形成绑定关系。定义 QoS 策略的配置步骤见表 5-6。

表 5-6　定义 QoS 策略的配置步骤

步骤	命令	说明
1	**system-view**	进入系统视图
2	**qos policy** *policy-name* 例如，[Sysname] **qos policy** user1	定义策略并进入 QoS 策略视图。参数 *policy-name* 用来指定策略名，为 1～31 个字符的字符串，**区分大小写**
3	**classifier** *classifier-name* **behavior** *behavior-name* [**insert-before** *before-classifier-name*] 例如，[Sysname-qospolicy-user1] **classifier** database **behavior** test	在 QoS 策略中为类指定要采用的流行为。 • *classifier-name*：要绑定的类名称。 • *behavior-name*：要绑定的流行为名称。 • **insert-before** *before-classifier-name*：可选参数，表示将配置的类插入由参数 *before-classifier-name* 指定的已存在的类之前。不指定该参数时，表示新配置的类与流行为配对将添加到 QoS 策略最后。 【注意】一个策略下可以配置多组类与流行为的绑定关系，但每个类只能与一个流行为关联。如果本命令指定的类和流行为不存在，系统将创建一个空的类和空的流行为。 默认情况下，没有为类指定流行为

配置好 QoS 策略后，可以在任意视图下执行 **display traffic policy user-defined** [*policy-name*] [**slot** *slot-number*]命令查看所有或指定 QoS 策略的配置信息。

5.2.4　应用策略

QoS 策略支持应用在如下位置。
• 基于接口应用 QoS 策略，支持在出入两个方向上应用。
• 基于 VLAN 应用 QoS 策略，支持在出入两个方向上应用。
• 基于全局应用 QoS 策略，支持在出入两个方向上应用。
• 基于控制平面应用 QoS 策略，仅支持在入方向上应用。
• 基于管理口控制平面应用 QoS 策略，仅支持在入方向上应用。

- 基于上线用户应用 QoS 策略，支持在出入两个方向上应用。

QoS 策略应用后，用户仍然可以修改 QoS 策略中的类规则和流行为，以及二者的对应关系。当类规则中使用 ACL 匹配报文时，也允许删除或修改该 ACL（包括向该 ACL 中添加、删除和修改匹配规则）。如果一个流行为中配置了多个动作，而其中某个动作未生效，则整个策略（即通过 **classifier behavior** 命令关联的一个流分类和一个流行为）都不会生效。

1. 基于全局应用 QoS 策略

基于全局应用 QoS 策略，即是在设备**所有物理端口**上的应用该策略。全局应用 QoS 策略是在系统视图下通过 **qos apply policy** *policy-name* **global** { **inbound** | **outbound** }命令配置。

- *policy-name*：要应用的 QoS 策略的策略名。
- **inbound**：二选一选项，指定在设备所有物理端口上入方向应用 QoS 策略。
- **outbound**：二选一选项，指定在设备所有物理端口上出方向应用 QoS 策略。

【注意】基于全局应用 QoS 策略时，该 QoS 策略会被所有 IRF 成员设备应用，如果某个成员设备 QACL（ACL 和 QoS）资源不足，将导致 QoS 策略应用失败。此时需要先执行 **undo qos apply policy** *policy-name* **global** { **inbound** | **outbound** }命令删除基于全局应用的 QoS 策略，待预留足够资源后，再将 QoS 策略应用到全局。设备的 QACL 资源使用情况可通过 **display qos-acl resource** [*slot slot-number*]命令查看，以下示例显示的是 IPv4 ACL 资源已使用了 25%，而 IPv6 ACL 已使用完，具体配置如下。

```
<Sysname> display qos-acl resource
Interfaces: GE1/0/1 to GE1/0/2
---------------------------------------------------------------------
Type        Total   Reserved   Configured   Remaining   Usage
---------------------------------------------------------------------
IPv4 ACL    2048    512        0            1536        25%
IPv6 ACL    8192    1536       6656         0           100%
```

配置好基于全局应用 QoS 策略后，可在任意视图下执行 **display qos policy global** [**slot** *slot-number*] [**inbound** | **outbound**]命令查看全局应用的 QoS 策略的信息；可在用户视图下执行 **reset qos policy global** [**inbound** | **outbound**]命令清除全局应用 QoS 策略的统计信息。

2. 基于接口应用 QoS 策略

基于接口应用 QoS 策略就是在特定的设备接口（可以是二层端口，也可以是三层端口）上应用指定的 QoS 策略，其配置方法是在对应的接口视图下通过 **qos apply policy** *policy-name* { **inbound** | **outbound** }命令配置，参数说明参见基于全局应用 QoS 策略 **qos apply policy global** 命令中对应参数的介绍。

一个 QoS 策略可以在多个接口上被应用，但同一个接口的每个方向上只能应用一个 **QoS 策略**，这在配置 QoS 策略时要充分考虑。**在出方向 QoS 策略应用时，对设备发出的协议报文不起作用**，以确保这些报文在策略误配置时仍然能够正常发出，维持设备的正常运行。常见的本地协议报文包括链路维护报文、IS-IS、OSPF、RIP、BGP、LDP、RSVP、SSH 等。

配置好基于接口应用 QoS 策略后，可在任意视图下执行 **display qos policy interface** [*interface-type interface-number*] [**slot** *slot-number*] [**inbound** | **outbound**] 命令查看在所有或指定接口上应用的 QoS 策略的信息。

3. 基于 VLAN 应用 QoS 策略

基于 VLAN 应用 QoS 策略是针对特定 VLAN 内的流量应用指定的 QoS 策略，其配置方法是在系统视图下通过 **qos vlan-policy** *policy-name* **vlan** *vlan-id-list* { **inbound** | **outbound** }命令配置。参数 *vlan-id-list* 可用来指定应用 QoS 策略的 VLAN ID 列表，形式可以是 *vlan-id*1 [**to** *vlan-id*2]，其中，*vlan-id*1 和 *vlan-id*2 为指定 VLAN 的 ID 号，取值为 1～4094。可以输入多个不连续的 VLAN ID，中间以空格隔开，最多允许用户同时指定 8 个 VLAN ID。其他参数说明参见基于全局应用 QoS 策略 **qos apply policy global** 命令中对应参数的介绍。

【注意】QoS 策略不能在动态 VLAN（例如 GVRP 创建的 VLAN）上应用。基于 VLAN 应用 QoS 策略时，该 QoS 策略会被所有 IRF 成员设备上的 VLAN 应用，如果某个成员设备 QACL 资源不足，将导致 QoS 策略应用失败。此时需要先执行 **undo qos vlan-policy** *policy-name* **vlan** *vlan-id-list* { **inbound** | **outbound** }命令删除基于 VLAN 应用的 QoS 策略，待预留足够资源后，再将 QoS 策略应用到该 VLAN 上。

配置好基于 VLAN 应用 QoS 策略后，可在任意视图下执行 **display qos vlan-policy** { **name** *policy-name* | **vlan** [*vlan-id*] } [**slot** *slot-number*] [**inbound** | **outbound**]命令查看在所有或指定 VLAN 内应用的 QoS 策略的信息；可在用户视图下执行 **reset qos vlan-policy** [**vlan** *vlan-id*] [**inbound** | **outbound**]命令清除所有或指定 VLAN 应用 QoS 策略的统计信息。

4. 基于控制平面应用 QoS 策略

设备上存在用户平面（User Plane，UP）和控制平面（Control Plane，CP）。用户平面是指对报文进行收发、交换的处理单元，与之相对应的就是各种专用转发芯片，有着极高的处理速度和很强的数据吞吐能力。控制平面是指运行大部分路由交换协议进程的处理单元，主要工作是进行协议报文的解析和协议的计算，与之相对应的就是 CPU，具备灵活的报文处理能力，但数据吞吐能力有限。

当用户平面接收到无法识别或处理的报文时，会上送到控制平面进行进一步处理。如果上送控制平面的报文速率超过了控制平面的处理能力，那么上送控制平面，正常需要紧急处理的协议报文会得不到正确转发或及时处理，从而影响这些协议的正常运行。为此，可以把 QoS 策略应用在控制平面上，通过对各接口上送控制平面的报文进行过滤、限速等处理，达到保护控制平面正常报文的收发、维护控制平面正常处理状态的目标。如果仅需要针对管理口上送给控制平面的报文进行控制，就是基于管理口控制平面应用 QoS 策略。

基于控制平面应用 QoS 策略的配置步骤见表 5-7。在系统预定义的 QoS 策略中已通过协议类型或者协议组类型标识了各种上送控制平面的报文类型，可以在策略的类视图下通过 **if-match** 命令引用这些协议类型或者协议组类型来进行报文分类，然后根据需要为这些报文重新配置流行为。系统预定义的 QoS 策略信息可以通过 **display qos policy control-plane pre-defined** 命令查看。

表 5-7　基于控制平面应用 QoS 策略的配置步骤

步骤	命令	说明
1	**system-view**	进入系统视图
2	**control-plane slot** *slot-number* 例如，[Sysname]**control-plane slot** 2	（二选一）进入控制平面视图。在 IRF 中，使用 **slot** 参数进入指定成员设备的控制平面视图。*slot-number* 为 IRF 的成员编号，非 IRF 场景时为 0
	control-plane management 例如，[Sysname] **control-plane management**	（二选一）进入管理口控制平面视图
3	**qos apply policy** *policy-name* **inbound** 例如，[Sysname-cp-slot2] **qos apply policy** **test inbound**	在控制平面入方向上应用指定的 QoS 策略

基于控制平面应用 QoS 策略时，流分类中支持使用如下方法匹配上送控制平面的协议报文。

① 使用 **if-match control-plane protocol** *protocol-name*&<1-8>命令，参见表 5-2。

② 使用 **if-match control-plane protocol-group** *protocol-group-name* 命令，参见表 5-2。

③ 使用 **if-match acl** 命令，可以更灵活地匹配上送控制平面的协议报文，需要注意的是，if-match 引用的 ACL 必须为高级 ACL，且该 ACL 规则必须满足以下条件。

- 规则中的 protocol 协议类型必须为 TCP 或 UDP。
- 规则中必须通过操作符 eq 指定一个源端口或指定一个目标端口。

例如在流行为中，通过 **if-match** 语句引用配置 **rule permit tcp source-port eq** 80 规则的 IPv4 高级 ACL，则该流行为可以匹配上送控制平面的 TCP 报文。

配置好基于控制平台应用 QoS 策略后，可在任意视图下执行 **display qos policy control-plane** *slot slot-number* 命令查看基于控制平面应用 QoS 策略的信息；可在用户视图下执行 **reset qos policy control-plane slot** *slot-number* 命令清除控制平面应用 QoS 策略的统计信息。

5. 基于上线用户应用 QoS 策略

用户通过身份认证（例如通过 802.1x 认证、MAC 认证等接入认证方式）后，认证服务器会将与用户账户绑定的 User Profile（用户配置文件）名称下发给设备，设备可以通过 User Profile 视图下配置 QoS 策略来对上线用户的流量进行管理。User Profile 视图下的 QoS 策略只有在用户成功上线后才生效。有关各种接入认证将在本书后面章节介绍。

【说明】User Profile 提供了一个配置模板，用于定义针对一个或一类用户的一系列配置，例如 QoS 策略。User Profile 可重复使用，并且在用户的接入端口发生变化后，无须重新为用户进行配置，减少了配置工作量。

User Profile 是和接入认证（例如 802.1x 认证）配合使用的，在配置 User Profile 前需要保证已完成相应的接入认证配置。用户访问设备时，需要先进行上线用户身份认证。用户通过身份认证后，认证服务器会将与用户账户绑定的 User Profile 名称下发给设备，设备会根据指定 User Profile 里配置的内容对上线用户进行限制。

User Profile 的典型应用是控制系统为上线用户分配资源。例如基于接口进行流量监管可限制一群用户（从指定接口接入的所有用户）对带宽资源的使用，而 User Profile 则可对单个用户进行流量监管。

基于在线用户应用 QoS 策略的配置步骤见表 5-8。一个策略可以应用于多个在线用户，但在线用户的每个方向（发送/接收报文两个方向）只能应用一个策略，如果用户想修改某方向上的应用策略，必须先取消原先的配置，然后再配置新的策略。

表 5-8　基于在线用户应用 QoS 策略的配置步骤

步骤	命令	说明
1	**system-view**	进入系统视图
2	**user-profile** *profile-name* 例如，[Sysname]**user-profile a123**	创建 User Profile 并进入相应的 user-profile 视图。如果指定的 User Profile 已经存在，则直接进入相应的 user-profile 视图。 参数 *profile-name* 表示要创建或要进入的 User Profile 的名称，为 1～31 个字符的字符串，只能包含英文字母[a～z，A～Z]、数字、下划线，且必须以英文字母开始，区分大小写，必须全局唯一。 默认情况下，设备上不存在 User Profile，可用 **undo user-profile** *profile-name* 命令删除已存在的、并处于未激活状态的 User Profile。需要注意的是，如果 User Profile 处于激活状态，则不能删除该 User Profile
3	**qos apply policy** *policy-name* **{ inbound	outbound }** 例如，[Sysname-user-profile-a123]**qos apply policy test outbound**	在对应的在线用户上应用指定关联的 QoS 策略。参数说明参见基于全局应用 QoS 策略 **qos apply policy global** 命令中对应参数的介绍

【注意】User Profile 被删除会导致其下引用的 QoS 策略被删除。User Profile 视图下应用的 QoS 策略不能为空，因为应用空策略的 User Profile 不能被激活，所以 QoS 策略中的流行为只支持 car（流量监管）和 accounting（统计）动作。

配置好基于上线用户应用 QoS 策略后，可以在任意视图下执行 **display qos policy user-profile** [**name** *profile-name*] [**user-id** *user-id*] [**slot** *slot-number*] [**inbound** | **outbound**]命令查看用户上线后 User Profile 下应用的 QoS 策略的信息和运行情况。

5.3　优先级映射

在介绍优先级映射之前先介绍优先级。

5.3.1　优先级分类

优先级可用于标识报文传输的优先程度，分为"报文携带优先级"和"设备调度优先级"两类。

1. 报文携带优先级

该优先级包括 802.1p 优先级、IP 优先级、DSCP 优先级、EXP 优先级。这些优先级都是根据公认的标准或协议生成，体现了报文自身的优先等级，在整个传输过程中都有效。

优先级映射可以将报文携带的某类优先级字段值映射成指定的相同或不同类型的优先级值，设备根据映射后的优先级值，为报文提供有差别的 QoS 服务，从而为全面有效地控制报文的转发调度等级提供依据。

2. 设备调度优先级

该优先级是指报文在设备内转发时所使用的优先级，**只对当前设备自身有效**。设备调度优先级包括以下 3 种。

① 本地优先级（LP）：设备为报文分配的一种具有本地意义的优先级，可用于选择报文进入的端口队列。每个本地优先级对应一个端口队列，本地优先级值越大的报文，进入的端口队列优先级越高，从而能够获得优先的调度。

② 丢弃优先级（DP）：在进行报文丢弃时参考的参数，丢弃优先级值越大的报文，在网络发生拥塞时越被优先丢弃。

③ 用户优先级（UP）：设备对于进入的流量，会自动获取报文携带的优先级作为后续转发调度的参数，这种报文优先级称为用户优先级，所获取的报文优先级也仅对当前设备有效。对于不同类型的报文，用户优先级所代表的优先级字段不同：对于二层报文，用户优先级取自 802.1p 优先级；对于三层报文，用户优先级取自 IP 优先级或 DSCP 优先级；对于 MPLS 报文，用户优先级取自 EXP 优先级。

大多数 H3C 设备仅支持本地优先级（LP）和丢弃优先级（DP）作为设备调度优先级。

5.3.2　报文优先级

QoS 技术之所以可以为不同业务提供区分的服务水平，是因为事先已为这些不同类型的报文配置了不同的优先级，然后根据这些不同优先级就可以对不同报文提供不同的处理、转发优先级。这些优先级就是前面所指的报文优先级，包括 802.1p 优先级、IP 优先级、DSCP 优先级和 EXP 优先级。

1. 802.1p 优先级

VLAN 帧格式如图 5-3 所示，802.1p 优先级位于二层帧头的 802.1Q VLAN 标签（vlan tag）字段。802.1p 优先级适用于不需要分析三层报文头，而需要在二层环境下保证 QoS 的场合。

VLAN 标签字段格式如图 5-4 所示，包含了 2 个字节的标签协议标识（Tag Protocol Identifier，TPID，取值为 0x8100）和 2 个字节的标签控制信息（Tag Control Information，TCI）。其中，TPID 表示 VLAN 标签的协议类型，IEEE 802.1Q 协议规定该字段的取值为 0x8100（对应的二进制为 100000100000000），TCI 中的 Priority（完整表述应为 "User Priority"）子字段为 802.1p 优先级值，由 3 个（5、6、7）位组成，取值为 0~7。

Destination Address	Source Address	vlan tag		Length/ Type	Data	FCS （CRC-32）
		TPID	TCI			
6bytes	6bytes	4bytes		2bytes	46~1500bytes	4bytes

图 5-3　VLAN 帧格式

Byte1	Byte2	Byte3	Byte4
TPID（Tag Protocol Identifier）		TCI（Tag Control Information）	
1 0 0 0 0 0 0 1 0 0 0 0 0 0 0 0		Priority cfi　　VLAN ID	
7 6 5 4 3 2 1 0 7 6 5 4 3 2 1 0		7 6 5 4 3 2 1 0 7 6 5 4 3 2 1 0	

图 5-4　VLAN 标签字段格式

2. IP 优先级

在早期的 RFC 791 标准中，IPv4 报文是依赖服务类型（Type of Service，ToS）字段来标识报文优先级值，ToS 字段格式如图 5-5 所示，共 1 个字节（8 位），最高的第 7 位值固定为 0。

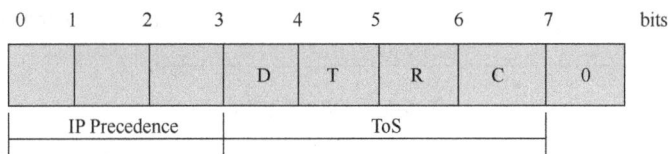

图 5-5　ToS 字段格式

IP Precedence（IP 优先级）域为 0～2bit，用来定义报文的 IP 优先级，取值为 0～7（值越大，优先级越高），用字符表示时，优先级由低到高依次为（括号中为对应的 IP 优先级数值）：**routine**（普通，值为 000）、**priority**（优先，值为 001）、**immediate**（快速，值为 010）、**flash**（闪速，值为 011）、**flash-override**（急速，值为 100）、**critical**（关键，值为 101）、**internetwork control**（网间控制，值为 110）和 **network control**（网络控制，值为 111），分别对应于数字 0～7。

在以上 IP 优先级值中，6 和 7 一般保留给网络控制类报文使用，例如路由协议报文；5 推荐给话音数据使用；4 推荐给视频会议和视频流使用；3 推荐给话音控制报文使用；1 和 2 推荐给数据业务使用；0 为默认标记值。在 IP 优先级配置时，既可以使用 0～7 这样的数值，也可以使用上述对应的优先级名称。

在 IPv4 报头的 ToS 字段中紧接着 IP 优先级域后面的 4 位是 ToS 域，代表需要为对应报文提供的服务类型（标识报文所注重的特性要求）。最初，在 RFC 791 中只用到第 3～5 位，分别代表 IPv4 报文在 Delay（时延）、Throughput（吞吐量）、Reliability（可靠性）这三方面的特性要求（**每个报文在这 3 位中只有 1 位可能置 1，此时表示 IP 报文在对应方面有特别要求**）。后来，在 RFC 1349 标准中又扩展到第 6 位，表示 IPv4 报文在路径开销（Cost）方面的特性要求。

需要注意的是，**虽然 ToS 域共有 4 位，但每个 IPv4 报文中这 4 位中只能有一位为 1**，所以实际只有 5 个取值（包括全为 0 的值）。这 5 个值所对应的名称和数值分别为 **normal**（一般服务，取值为 0000）、**min-monetary-cost**（最小开销，取值为 0001，确保路径开销最小）、**max-reliability**（最高可靠性，0010，确保可靠性最高）、**max-throughput**（最大吞吐量，取值为 0100，确保传输速率最高）、**min-delay**（最小时延，取值为 1000，确保传输时延最小）。

3. DSCP 优先级

RFC 2474 标准重新定义了原来 IPv4 报头的 ToS 字段，改称为差分服务（Differentiated Services，DS）字段。DS 字段格式如图 5-6 所示，也是 1 个字节（8 位），其中，第 0～2 位称之为类选择器代码点（Class Selector Code Point，CSCP），用来标识一类 DSCP，共 8 个取值；第 3～5 位用来标识同一类代码点的丢弃优先级，值越大丢弃率也越高，且第 5 位的值固定为 0。前面第 0～5 位（共 6 位）一起用来表示差分服务代码点（Differentiated Services Code Point，DSCP）优先级，共 64 个取值，数值越大，优先级越高。DS 字段的最后 2 位（第 6、7 位）保留，当前未使用。

64 个 DSCP 值空间中划分了 3 个池，目前仅使用了第一个池，分成以下 4 类。DSCP 分类及对应的 DSCP 值见表 5-9。

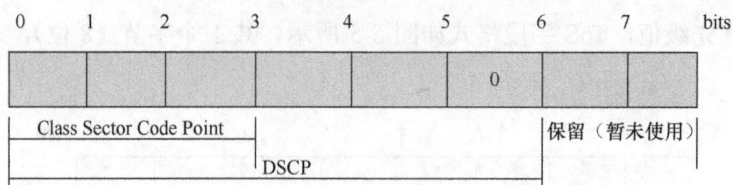

图 5-6　DS 字段格式

① 类选择器（Class Selector，CS）：DSCP 的取值依次为 8、16、24、32、40、48、56（DS 字段的第 3～5 位的值均为 0），分别对应 cs1～cs7，与 IP 优先级存在默认的映射关系，在 RFC 2597 标准中定义。

② 加速转发（Expedited Forwarding，EF）：DSCP 的取值为 46，可用于承载语音流量，在 RFC 3246 标准中定义。

③ 确保转发（Assured Forwarding，AF）：先根据 DS 字段中第 0～2 位的取值定义了 af1～af4 四大类，分别用于专线业务、VOD 流量、IPTV 直播、语音信令，然后又根据第 3～5 位的取值区分不同的丢弃优先级。因为第 5 位固定为 0，所以每大类中又有 3 个不同丢弃优先级的取值，共 12 个小类，在 RFC 2597 标准中定义。

④ 尽力而为（BE）：DSCP 值为 0，可用于承载最不重要的业务，例如互联网访问业务，在 RFC 3246 标准中定义。

表 5-9　DSCP 分类及对应的 DSCP 值

DSCP 类	DSCP 优先级（十进制）	DSCP 优先级（二进制）
ef	46	101110
af11	10	001010
af12	12	001100
af13	14	001110
af21	18	010010
af22	20	010100
af23	22	010110
af31	26	011010
af32	28	011100
af33	30	011110
af41	34	100010
af42	36	100100
af43	38	100110
cs1	8	001000
cs2	16	010000
cs3	24	011000
cs4	32	100000
cs5	40	101000
cs6	48	110000
cs7	56	111000
default（默认）	0	000000

4. EXP 优先级

在 MPLS 网络中，整个 IP 报文都将被作为数据部分重新封装，所以不能直接利用

IPv4 报头中的 IP 或 DSCP 优先级来识别报文的优先级，为此在新封装的 MPLS 报头部分专门设置了 Exp 字段，用于标识 MPLS 报文的优先级。MPLS 报头格式如图 5-7 所示。

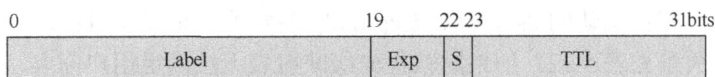

0	19	22 23		31bits
Label		Exp	S	TTL

图 5-7　MPLS 报头格式

① Label：20bits，MPLS 标签字段，用于指导 MPLS 报文转发。

② Exp：3bits，Exp 优先级，取值为 0～7，数值越大，优先级越高。

③ S：1bit，栈底标识。MPLS 支持标签的分层结构，即多重标签，S 值为 1 时表明此 MPLS 标签为最底层标签。

④ TTL：8bits，和 IPv4 报文中的 TTL（Time To Live）意义相同，用于控制 MPLS 报文传输范围。报文每传输一跳设备，TTL 值减 1，值为 0 时报文不能再向下一跳设备传输。

在 MPLS 网络的中间节点，根据 MPLS 报文的 Exp 字段值对报文进行分类，并实现拥塞管理、流量监管或者流量整形。本章不介绍与 Exp 优先级相关的配置，具体说明可参见《华为 MPSL 技术学习指南（第二版）》和《华为 MPLS VPN 学习指南（第二版）》。

5.3.3　优先级映射流程

以太网报文的优先级映射流程如图 5-8 所示。当设备接口收到以太网报文后，将根据端口的优先级信任模式和报文的 802.1Q 标签状态，采用不同的方式为其标记调度优先级（本地优先级 lp 和丢弃优先级 dp）。

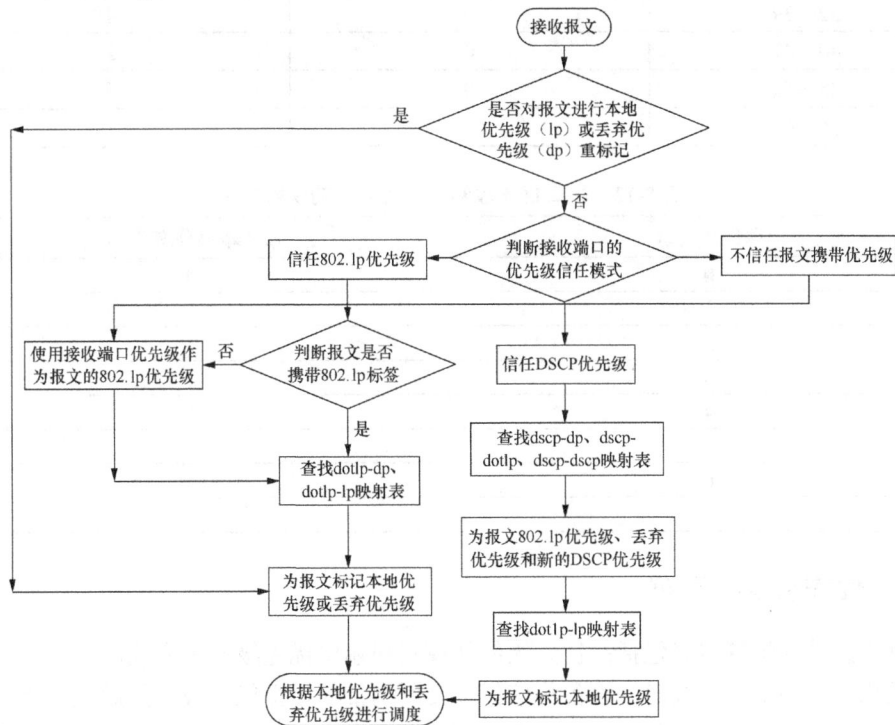

图 5-8　以太网报文的优先级映射流程

设备提供了多张优先级映射表，分别对应不同的优先级映射关系。通常情况下，设备可以通过查找默认优先级映射表来为报文标记相应的优先级。默认的 dotlp-lp、dotlp-dp 映射关系见表 5-10；默认的 dscp-dp、dscp-dotlp 映射关系见表 5-11；端口优先级和本地优先级的映射关系见表 5-12。如果默认优先级映射表无法满足用户需求，则可以根据实际情况对映射表进行修改。

表 5-10　默认的 **dotlp-lp**、**dotlp-dp** 映射关系

dotlp（802.lp 优先级）	lp（本地优先级）	dp（丢弃优先级）
0	2	0
1	0	0
2	1	0
3	3	0
4	4	0
5	5	0
6	6	0
7	7	0

表 5-11　默认的 **dscp-dp**、**dscp-dotlp** 映射关系

DSCP 优先级	dp（丢弃优先级）	dotlp（802.lp 优先级）
0～7	0	0
8～15	0	1
16～23	0	2
24～31	0	3
32～39	0	4
40～47	0	5
48～55	0	6
56～63	0	7

表 5-12　端口优先级和本地优先级的映射关系

端口优先级	lp（本地优先级）
0	0
1	1
2	2
3	3
4	4
5	5
6	6
7	7

5.3.4　优先级映射配置

优先级映射配置方式包括：优先级信任模式和端口优先级两种方式。

采用优先级信任模式时，设备将信任报文所携带的报文优先级。然后使用所信任的报文优先级通过表 5-10、表 5-11 优先级映射表进行优先级映射，根据所映射的调度优先

级完成实现报文在设备内部的调度。

未配置优先级信任模式时，设备会将端口优先级作为报文自身的 802.lp 优先级或同时作为 DSCP 优先级。通过表 5-12 的端口优先级与本地优先级之间的优先级映射表，对报文进行本地优先级映射，使不同端口收到的报文进入对应的队列，实现对不同端口收到报文的差异化调度。

优先级映射包括以下配置任务。

- （可选）配置优先级映射表。
- 配置优先级映射方式：包括配置优先级信任模式端口优先级。

1. 配置优先级映射

虽然大多数情况下可以直接采用 5.3.3 节介绍的各优先级之间的默认映射关系，但在一些具体的网络环境中，有可能需要修改一些特定的优先级映射关系。优先级映射的配置步骤见表 5-13。

【注意】优先级映射是全局配置，一旦配置将作用于本设备的所有接口。

表 5-13　优先级映射的配置步骤

步骤	命令	说明
1	**system-view**	进入系统视图
2	**qos map-table { dotlp-dp | dotlp-exp | dotlp-lp | dscp-dotlp | dscp-dp | dscp-dscp | exp-dotlp | exp-dp }** 例如，[Sysname] **qos map-table dotlp-dp**	进入指定的优先级映射表视图。 - **dotlp-dp**：多选一选项，配置 802.lp 优先级到丢弃优先级的映射表。 - **dotlp-exp**：多选一选项，配置 802.lp 优先级到 Exp 的映射表。 - **dotlp-lp**：多选一选项，配置 802.lp 优先级到本地优先级的映射表。 - **dscp-dotlp**：多选一选项，配置 DSCP 到 802.lp 优先级的映射表。 - **dscp-dp**：多选一选项，配置 DSCP 到丢弃优先级的映射表。 - **dscp-dscp**：多选一选项，配置 DSCP 到 DSCP 的映射表。 - **exp-dotlp**：多选一选项，配置 Exp 到 802.lp 优先级的映射表
3	**import** *import-value-list* **export** *export-value* 例如，[Sysname-maptbl-dotlp-dp] **import 4 5 export 1**	配置指定优先级映射表参数，定义一条或一组映射规则。 - *import-value-list*：映射的源优先级值列表，各值之间以空格分隔。 - *export-value*：映射的目标优先级值。 新配置的映射项将覆盖原有映射项。默认情况下，优先级映射表的映射关系请参见 5.3.3 节表 5-10～表 5-12

【示例 1】配置 802.lp 优先级到丢弃优先级的映射，把 802.lp 优先级 4、5 映射为丢弃优先级 1，具体配置如下。

```
<Sysname> system-view
[Sysname] qos map-table dotlp-dp
[Sysname-maptbl-dotlp-dp] import 4 5 export 1
```

2. 配置端口优先级信任模式或端口优先级

有时报文中会同时携带多种优先级，例如 IP 报文自身会携带 IP 优先级或 DSCP 优先级，经过帧封装后，又可能会携带 802.lp 优先级，甚至在从网络层传输到数据链路层时还会携带 MPLS Exp 优先级。此时会涉及接收到这类报文的端口将以哪种优先级来为报文提供 QoS 服务的问题，这就是优先级信任模式问题。配置了优先级信任模式，设备将根据报文自身携带的指定优先级，查找默认或自定义配置的优先级映射表，为报文分配优先级参数。

优先级信任模式和端口优先级的配置步骤见表 5-14。在没有配置优先级信任模式时，设备将以接收端口的端口优先级作为报文自身的 802.lp 优先级进行映射。

表 5-14 优先级信任模式和端口优先级的配置步骤

步骤	命令	说明
1	**system-view**	进入系统视图
2	**interface** *interface-type interface-number* 例如，[Sysname] **interface** GigabitEthernet 1/0/1	进入二层或三层以太网端口视图
3	**qos trust** { **auto** | **dotlp** | **dscp** | **exp** | **none** } [**override**] 例如，[Sysname-GigabitEthernet1/0/1]**qos trust dscp**	（二选一）配置全局优先级信任模式。 • **auto**：多选一选项，表示根据报文的类型，自动提取报文中的优先级字段进行优先级映射。对于二层报文，采用 802.lp 优先级；对于三层报文，采用 DSCP 优先级；对于 MPLS 报文，采用 Exp。 • **dotlp**：多选一选项，信任报文携带的 802.lp 优先级，以此优先级进行优先级映射。 • **dscp**：多选一选项，信任 IP 报文携带的 DSCP 优先级，以此优先级进行优先级映射。 • **exp**：多选一选项，信任 MPLS 报文自带的 Exp，以此优先级进行优先级映射。 • **none**：多选一选项，不信任任何优先级。 • **override**：可选项，表示通过优先级映射表取得的优先级将覆盖报文本身的优先级，默认为不覆盖。 各个选项的支持情况与设备型号有关，请以实际情况为准。默认情况下，不信任报文携带的优先级，会使用端口优先级作为报文的 802.lp 优先级进行优先级映射
4	**qos priority** [**dotlp** | **dp** | **dscp** | **exp** | **lp**] *priority-value* 例如，[Sysname-GigabitEthernet1/0/1]**qos priority** 2	（二选一）配置端口的端口优先级值。当设备只支持一种类型的端口优先级时，取值为 0~7；当设备支持多种类型的端口优先级时，各种端口优先级的取值范围见表 5-15。各个参数的支持情况与设备型号有关，请以实际情况为准。对于支持多种类型端口优先级的设备，不同类型的端口优先级可以同时在同一个接口上配置，同一种类型的端口优先级配置采用覆盖方式。 默认情况下，端口优先级的默认值为 0

表 5-15 各种端口优先级的取值范围

端口优先级类型	priority-value 取值范围	说明
dotlp（802.lp 优先级）	0~7	—
dscp（DSCP 优先级）	0~63	—
exp（Exp 优先级）	0~7	—
dp（丢弃优先级）	0~2	丢弃优先级值越大的报文，越被优先丢弃
lp（本地优先级）	0~7	本地优先级值越大的报文，进入的队列优先级越高，从而能够获得优先调度

完成上述配置后，在任意视图下执行以下 **display** 命令查看配置后优先级映射的运行情况，验证配置效果。

- **display qos map-table** [**dotlp-dp** | **dotlp-lp** | **dscp-dotlp** | **dscp-dp** | **dscp-dscp**]：查看所有或指定优先级映射表配置情况。
- **display qos trust interface** [*interface-type interface-number*]：查看所有或指定接口优先级信任模式信息。

【示例 1】在端口 GigabitEthernet1/0/1 上配置优先级信任模式为信任报文的 DSCP 优先级，具体配置如下。

```
<Sysname> system-view
[Sysname] interface GigabitEthernet 1/0/1
[Sysname-GigabitEthernet1/0/1] qos trust dscp
```

【示例 2】配置接口 GigabitEthernet1/0/1 的端口优先级为 2，同时修改收到的三层报文的 DSCP 优先级为 20，具体配置如下。

```
<Sysname> system-view
[Sysname] interface gigabitethernet 1/0/1
[Sysname-GigabitEthernet1/0/1] qos priority 2
[Sysname-GigabitEthernet1/0/1] qos priority dscp 20
```

5.3.5　优先级信任模式和端口优先级配置示例

优先级信任模式和端口优先级配置示例的拓扑结构如图 5-9 所示。SWA 和 SWB 通过 SWC 实现互连，Server 为网络中的一台公共服务器。SWA 通过端口 GE1/0/1 接入 SWC，向 SWC 发送 dotlp 值为 3 的报文；SWB 通过端口 GE1/0/2 接入 SWC，向 SWC 发送 dotlp 值为 1 的报文。现要求通过配置实现当 SWC 在端口 GE1/0/3 的出方向发生拥塞时，优先让 SWA 访问 Server。

1. 基本配置思路分析

在本示例中，SWA 向 SWC 发送的报文携带了值

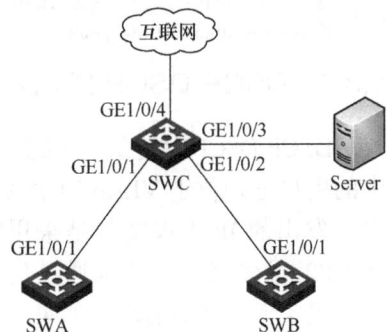

图 5-9　优先级信任模式和端口优先级配置示例的拓扑结构

为 3 的 802.lp 优先级，SWB 向 SWC 发送的报文携带了值为 1 的 802.lp 优先级。这样一来，只要使接收报文的端口信任 802.lp 优先级，就可以在默认情况下让 SWC 优先处理来自 SWA 访问服务器的报文。

以上是通过优先级信任模式来实现用户需求，还可以通过配置接收报文端口的端口优先级来实现。把 SWC 连接 SWA 的 GE1/0/1 端口的端口优先级配置得高于 SWC 连接 SWB 的 GE1/0/2 端口的端口优先级，使这两个端口在接收到报文后为报文打上对应的 802.lp 优先级即可。

通过以上分析可以得出，本示例有两种配置方法：一是通过配置优先级信任模式，使 SWC 连接 SWA 和 SWB 的两端口均信任 802.lp 优先级；二是通过配置端口优先级，使 SWC 连接 SWA 的端口优先级高于连接 SWB 的端口优先级。这样 Server 将同时对接收的报文根据接收的端口优先级重新标记对应的 802.lp 优先级。

2. 具体配置步骤

方法一：通过优先级信任模式配置实现。

在 SWC 连接 SWA 和 SWB 的 GE1/0/1 和 GE1/0/2 两端口，分别配置优先级信任模式为 dotlp，具体配置如下。

```
<H3C>system-view
[H3C]sysname SWC
[SWC] interface gigabitethernet 1/0/1
[SWC-GiagbitEthernet 1/0/1] qos trust dotlp
[SWC-GiagbitEthernet 1/0/1] quit
[SWC] interface gigabitethernet 1/0/2
[SWC-GiagbitEthernet 1/0/2] qos trust dotlp
[SWC-GiagbitEthernet 1/0/2] quit
```

方法二：通过端口优先级配置实现。

在 SWC 连接 SWA 和 SWB 的 GE1/0/1 和 GE1/0/2 两端口上分别配置端口优先级，且 GE1/0/1 上配置的端口优先级值（此处设为 3）高于 GE1/0/2 上配置的端口优先级值（此处设为 1）。同时保证在这两个端口上没有配置优先级信任模式，具体配置如下。

```
[SWC] interface gigabitethernet 1/0/1
[SWC-GiagbitEthernet 1/0/1] qos priority 3
[SWC-GiagbitEthernet 1/0/1] quit
[SWC] interface gigabitethernet 1/0/2
[SWC-GiagbitEthernet 1/0/2] qos priority 1
[SWC-GiagbitEthernet 1/0/2] quit
```

5.3.6　DSCP-DSCP 优先级映射配置示例

DSCP-DSCP 优先级映射配置示例的拓扑结构如图 5-10 所示。某集团的两个分支机构中的用户分别位于 VLAN10 和 VLAN20 中，发出的 IPv4 报文都是采用默认的 DSCP0 优先级。现要求通过优先级映射配置实现这样的需求：如果 SWC 的 GE1/0/3 端口的出方向发生拥塞，则优先处理来自分支机构一的 IPv4 报文，即优先让分支机构一中的用户访问 Server（代表外部网络）。

1. 基本配置思路分析

默认情况下，端口信任报文中携带的 802.lp 优先级，但本示例则要求通过 DSCP 优先级来实现报文调度，因此，要求在 SWC 连接接入用户的入端口 GE1/0/1 和 GE1/0/2 上信任 DSCP 优先级。另外，由于优先级映射采用的是全局配置，所以不能在 SWC 上配置，否则，将作用于 SWC 的所有接口。此时，可在 SWA 上配置 DSCP-DSCP 之间的优先级映射，把来自分支机构一的报文的 DSCP 优先级映射

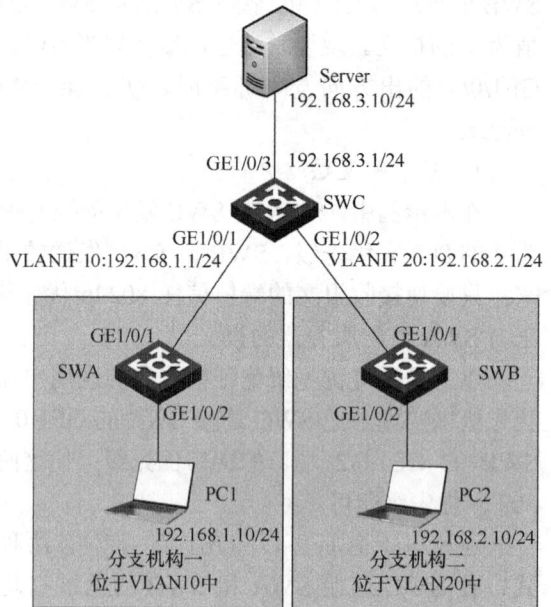

图 5-10　DSCP-DSCP 优先级映射配置示例的拓扑结构

为比默认的 DSCP0 更高的优先级值,而 SWB 对接收到的来自分支机构二的报文的 DSCP 优先级保持默认即可, 使 SWC GE1/0/3 端口优先处理来自分支机构一用户访问 Server 的 IPv4 报文。

2. 具体配置步骤

① 在 SWC 上创建 VLAN10 和 VLAN20,并配置其对应的 VLANIF 接口 IPv4 地址和 GE1/0/3 端口的 IPv4 地址,具体配置如下。

```
<H3C> system-view
[H3C] sysname SWC
[SWC] vlan10
[SWC-VLAN10] quit
[SWC] vlan20
[SWC-VLAN20] quit
[SWC] interface gigabitethernet1/0/3
[SWC-GigabitEthernet1/0/1] port link-mode route    #---转换成路由模式
[SWC-GigabitEthernet1/0/1] ip address 192.168.3.1 24
[SWC-GigabitEthernet1/0/1] quit
[SWC] interface gigabitethernet1/0/1
[SWC-GigabitEthernet1/0/1] port link-type trunk
[SWC-GigabitEthernet1/0/1] port trunk permit vlan10
[SWC-GigabitEthernet1/0/1] quit
[SWC] interface gigabitethernet1/0/2
[SWC-GigabitEthernet1/0/2] port link-type trunk
[SWC-GigabitEthernet1/0/2] port trunk permit vlan20
[SWC-GigabitEthernet1/0/2] quit
[SWC] interface vlan-interface 10
[SWC-VLAN-interface10] ip address 192.168.1.1 24
[SWC-VLAN-interface10] quit
[SWC] interface vlan-interface 20
[SWC-VLAN-interface20] ip address 192.168.2.1 24
[SWC-VLAN-interface20] quit
```

② 在 SWA 和 SWB 上对应创建 VLAN10 或 VLAN20,并配置各端口所加入的 VLAN。在 SWA 上配置 DSCP-DSCP 优先级映射,把 DSCP0 映射为 DSCP30。

SWA 上的具体配置如下。

```
<H3C> system-view
[H3C] sysname SWA
[SWA] vlan10
[SWA-VLAN10] quit
[SWA] qos map-table dscp-dscp
[SWA-maptbl--dscp-dscp] import 0 export 30    #---把 DSCP0 优先级映射为 DSCP30
[SWA-maptbl-dscp-dscp] quit
[SWA] interface gigabitethernet1/0/1
[SWA-gigabitEthernet1/0/1] port link-type trunk
[SWA-gigabitEthernet1/0/1] port trunk permit vlan10
[SWA-gigabitEthernet1/0/1] quit
[SWA] interface gigabitEthernet 1/0/2
[SWA-gigabitEthernet1/0/2] port access vlan10
[SWA-gigabitEthernet1/0/2] quit
```

SWB 上的具体配置如下。

```
<H3C> system-view
[H3C] sysname SWB
[SWB] vlan20
```

```
[SWB-VLAN20] quit
[SWB] interface gigabitethernet1/0/1
[SWB-gigabitEthernet1/0/1] port link-type trunk
[SWB-gigabitEthernet1/0/1] port trunk permit vlan20
[SWB-gigabitEthernet1/0/1] quit
[SWB] interface gigabitEthernet 1/0/2
[SWB-gigabitEthernet1/0/2] port access vlan20
[SWB-gigabitEthernet1/0/2] quit
```

③ 在 SWC 的 GE1/0/1 和 GE1/0/2 端口上配置信任 DSCP 优先级，具体配置如下。

```
[SWC] interface gigabitethernet1/0/1
[SWC-GigabitEthernet1/0/1] qos trust dscp
[SWC-GigabitEthernet1/0/1] quit
[SWC] interface gigabitethernet1/0/2
[SWC-GigabitEthernet1/0/2] qos trust dscp
[SWC-GigabitEthernet1/0/2] quit
```

3. 配置结果验证

以上配置好后，可以进行以下配置结果验证。

① 验证分支机构一、分支机构二中的用户可以访问 Server。PC1 上成功 ping 通 Server 的结果如图 5-11 所示。

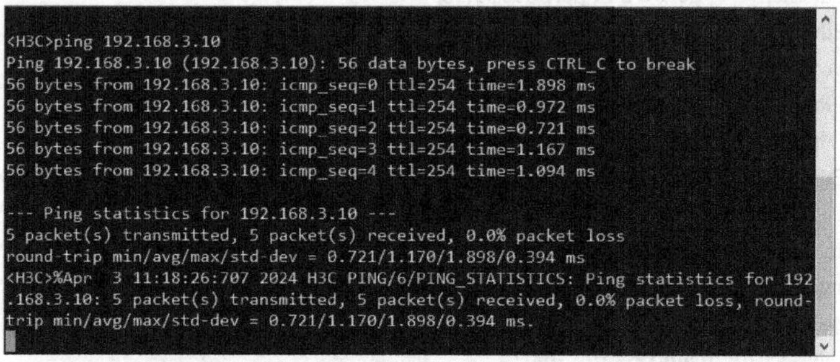

```
<H3C>ping 192.168.3.10
Ping 192.168.3.10 (192.168.3.10): 56 data bytes, press CTRL_C to break
56 bytes from 192.168.3.10: icmp_seq=0 ttl=254 time=1.898 ms
56 bytes from 192.168.3.10: icmp_seq=1 ttl=254 time=0.972 ms
56 bytes from 192.168.3.10: icmp_seq=2 ttl=254 time=0.721 ms
56 bytes from 192.168.3.10: icmp_seq=3 ttl=254 time=1.167 ms
56 bytes from 192.168.3.10: icmp_seq=4 ttl=254 time=1.094 ms

--- Ping statistics for 192.168.3.10 ---
5 packet(s) transmitted, 5 packet(s) received, 0.0% packet loss
round-trip min/avg/max/std-dev = 0.721/1.170/1.898/0.394 ms
<H3C>%Apr  3 11:18:26:707 2024 H3C PING/6/PING_STATISTICS: Ping statistics for 192
.168.3.10: 5 packet(s) transmitted, 5 packet(s) received, 0.0% packet loss, round-
trip min/avg/max/std-dev = 0.721/1.170/1.898/0.394 ms.
```

图 5-11　PC1 上成功 ping 通 Server 的结果

② 在 SWA、SWB 上分别执行 **display qos map-table dscp-dscp** 命令查看优先级映射配置。在 SWA 上执行 **display qos map-table dscp-dscp** 命令的输出如图 5-12 所示，从中可以看出，在 SWA 上已把 DSCP0 映射成 DSCP30。在 SWB 上执行 **display qos map-table dscp-dscp** 命令的输出如图 5-13 所示，从中可以看出，各 DSCP 值均未映射成其他值。

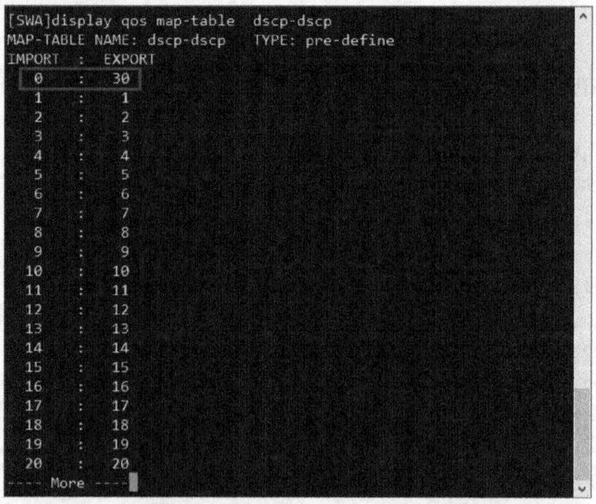

```
[SWA]display qos map-table  dscp-dscp
MAP-TABLE NAME: dscp-dscp   TYPE: pre-define
IMPORT  :  EXPORT
   0    :    30
   1    :    1
   2    :    2
   3    :    3
   4    :    4
   5    :    5
   6    :    6
   7    :    7
   8    :    8
   9    :    9
  10    :    10
  11    :    11
  12    :    12
  13    :    13
  14    :    14
  15    :    15
  16    :    16
  17    :    17
  18    :    18
  19    :    19
  20    :    20
 ---- More ----
```

图 5-12　在 SWA 上执行 **display qos map-table dscp-dscp** 命令的输出

③ 在 SWC 上执行 **display qos trust interface** 命令，查看各端口优先级信任模式的信息和端口优先级的信息，在 SWC 上执行 **display qos trust interface** 命令的输出如图 5-14 所示。

从图 5-14 可以看出，GE1/0/1 和 GE1/0/2 端口的优先级信任模式已按配置要求改成 DSCP，其他端口的优先级信任模式仍为默认的不信任任何优先级。

通过以上验证，证明前面的配置是正确的。

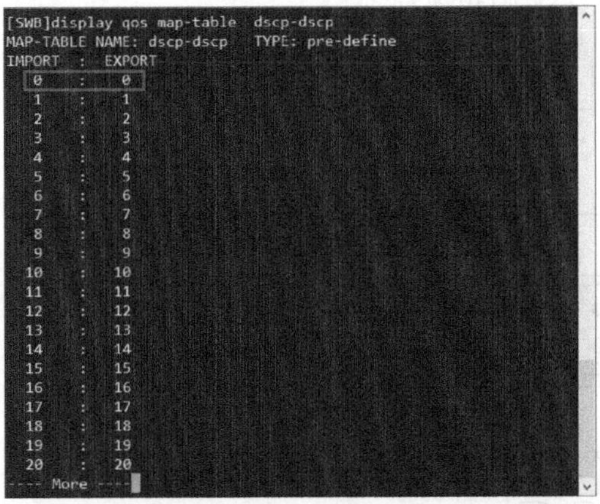

图 5-13 在 SWB 上执行 **display qos map-table dscp-dscp** 命令的输出

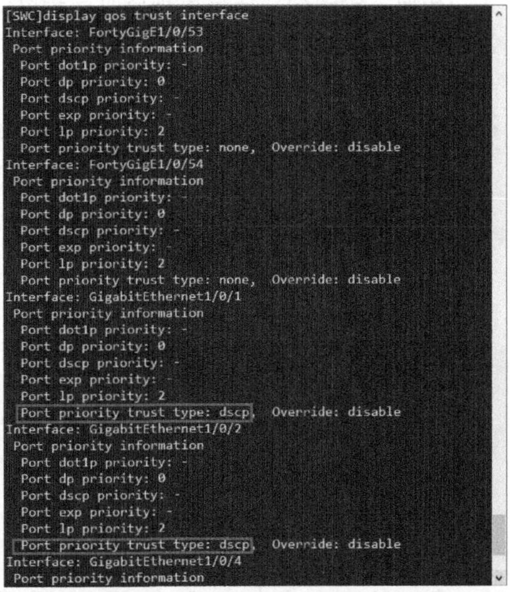

图 5-14 在 SWC 上执行 **display qos trust interface** 命令的输出

5.4 流量监管、流量整形和接口限速

在比较大型的网络中，如果完全不限制用户流量的发送，则可能使网络出现拥塞。为了使有限的网络资源能够更好地发挥效用，更好地为用户服务，必须对用户的流量加以限制。流量监管（Traffic Policing，TP）、流量整形（Traffic Shaping，TS）和接口限速（Line Rate，LR）技术可以实现流量的速率限制功能。如果要实现速率限制，就必须对通过设备的流量进行度量，确认是否达到了流量监管、流量整形和接口限速的条件。一般采用令牌桶（Token-Bucket）技术对流量进行度量。

【说明】相邻的数据帧之间存在一定间隙，即帧间隙。帧间隙主要有如下作用。

- 便于设备区分不同的数据帧。
- 设备收到数据帧后有一定的时间处理当前数据帧，并预接收下一数据帧。

流量监管、流量整形和接口限速中配置的承诺信息速率（CIR）为去掉帧间隙后的单位时间的流量大小，因此，流量监管、流量整形和接口限速实际生效的数值要略大于配置的承诺信息速率的数值。

5.4.1 流量评估和令牌桶

"令牌桶"可以看作一个存放一定数量令牌的容器，而"令牌"则是以给定速率填充到令牌桶中用于报文转发的虚拟指令。"令牌桶"可以简单理解为一个水桶，而"令牌"则可以理解为通过一根水管流到水桶中的水。系统按规定的速率向令牌桶内添加令牌，当令牌桶中令牌满时，多出的令牌溢出，令牌桶中的令牌不再增加。

在使用令牌桶评估流量规格时，是以令牌桶中的令牌数量是否满足报文的转发需求为依据的。令牌桶的基本工作原理如图 5-15 所示，其中，"不需要令牌的报文"是指不需要进行监管的流量。如果令牌桶中有足够的令牌可以用来转发报文，则称流量遵守或符合这个规格，否则，为不符合或超标，超出令牌桶中令牌数的报文将被丢弃。

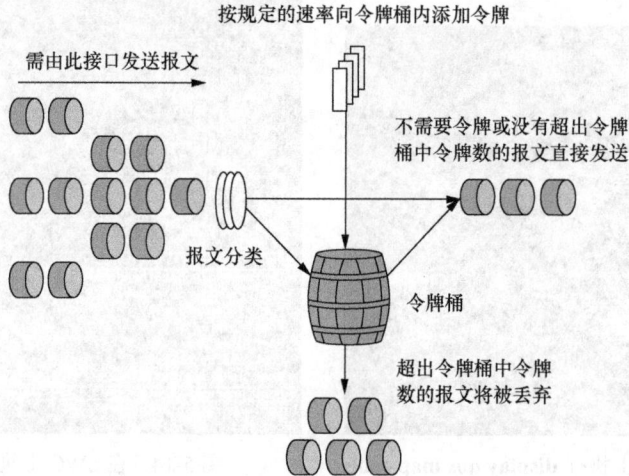

图 5-15 令牌桶的基本工作原理

令牌桶技术有单令牌桶和双令牌桶两种流量评估方式。

1. 单令牌桶评估方式

单令牌桶即只有一个装令牌的桶，通常称为 C 桶。它采用单速率单桶双色算法，评估流量时的参数如下。

① 平均速率：向令牌桶中添加令牌的速率，也即 C 桶允许传输或转发报文的平均速度。通常配置为承诺信息速率（Committed Information Rate，CIR）。"单速率"就是指仅使用 CIR 这一种速率进行流量评估。

② 突发尺寸：C 桶的容量，即 C 桶每次突发所允许的最大的流量尺寸。通常配置为承诺突发尺寸（Committed Burst Size，CBS），突发尺寸必须大于最大报文长度。

单速率单桶双色算法中的"双色"是指根据 C 桶中令牌数对流量进行评估的结果，对报文进行"绿色"或"红色"标记（没有"黄色"）。设备接口每收到一个报文就要进行一次如下评估。

- 如果 C 桶有足够的令牌，则报文被标记为 green，即绿色报文。
- 如果 C 桶令牌不足，则报文被标记为 red，即红色报文。

2. 双令牌桶评估方式

为了评估更复杂的情况，实施更灵活的调控策略，可以使用两个令牌桶（分别称为

C 桶和 E 桶）对流量进行评估，具体有以下两种算法。

（1）单速率双桶三色算法

单速率双桶三色算法中除了同时包括单速率单桶双色算法中的 CIR 和 CBS 参数，还有一个超额突发尺寸（Excess Burst Size，EBS）参数，表示 E 桶容量的增量，即每次突发允许超出 CBS 的最大流量尺寸，取值不为 0。**E 桶的容量等于 CBS 与 EBS 之和。**

单速率双桶三色算法中的"单速率"也是指仅使用 CIR 进行评估，"三色"是指根据 C 桶和 E 桶中的令牌数对流量进行评估的结果，可对报文进行"绿色""黄色"或"红色"标记。在设备接口每收到一个报文就要进行一次如下评估。

- 如果 C 桶有足够的令牌，则报文被标记为 green，即绿色报文。
- 如果 C 桶令牌不足，但 E 桶有足够的令牌，则报文被标记为 yellow，即黄色报文。
- 如果 C 桶和 E 桶二者中的令牌数加起来都不够，则报文被标记为 red，即红色报文。

（2）双速率双桶三色算法

双速率双桶三色算法中除了同时包括单速率单桶双色算法中的 CIR 和 CBS 参数，以及单速率双桶三色算法中的 EBS 参数，多了一个峰值信息速率（Peak Information Rate，PIR）参数，表示向 E 桶中投放令牌的速率，即 E 桶允许传输或转发报文的最大速率。

与单速率双桶三色算法中唯一不同的是，双速率双桶三色算法是"双速率"，同时使用 CIR 和 PIR 两种速率进行评估。双速率双桶三色算法的流控策略与单速率双桶三色算法一样。

5.4.2　流量监管配置

流量监管可以对不同流量进行监督，对超出部分的流量进行"惩罚"，从而使进入接口或从接口中发出的流量被限制在一个合理的范围内，保护网络资源和企业网用户的利益。例如可以限制访问 Web 服务器的报文不能占用超过 50%的网络带宽。

流量监管是 QoS 策略的一种具体应用，其中的流行为就是流量监管。流量监管的配置步骤见表 5-16。

表 5-16　流量监管的配置步骤

步骤	命令	说明
1	**system-view**	进入系统视图
2	**traffic classifier** *tcl-name* [**operator** { **and** | **or** }] 例如，[Sysname] **traffic classifier** class1	定义一个类，并进入类视图。参数和选项说明参见 5.2.1 节表 5-1 第 2 步
3	**if-match** *match-criteria* 例如，[Sysname-classifier-class1] **if-match destination-mac** 0050-ba27-bed3	定义匹配报文的规则。具体可用的规则参见 5.2.1 节表 5-2
4	**quit**	退出类视图，返回系统视图
5	**traffic behavior** *behavior-name* 例如，[Sysname] **traffic behavior** behavior1	定义一个流行为并进入流行为视图。参数说明参见 5.2.2 节表 5-5 第 2 步

续表

步骤	命令	说明
6	单/双桶单速率流量评估方式时： **car cir** *committed-information-rate* [**cbs** *committed-burst-size* [**ebs** *excess-burst-size*] [**green** *action* | **red** *action* | **yellow** *action*] * 双桶双速率流量评估方式时： **car cir** *committed-information-rate* [**cbs** *committed-burst-size*] **pir** [**pps**] *peak-information-rate* [**ebs** *excess-burst-size*] [**green** *action* | **red** *action* | **yellow** *action*] * 例如，[Sysname-behavior-behavior1]**car cir** 128 **cbs** 50000 **ebs** 0 **green** pass **red** remark-dscp-pass 0	配置流量监管动作。 <ul><li>**cir** *committed-information-rate*：承诺信息速率，即流量的平均速率，单位为 kbit/s，取值范围与设备型号有关，以设备的实际情况为准，**但必须为 8 的整数倍**。</li><li>**cbs** *committee-burst-size*：可选参数，承诺突发尺寸，单位为 byte，取值范围与设备型号有关，以设备的实际情况为准，**但必须为 512 的整数倍**。默认为与 62.5 × *committed-information-rate* 的乘积最接近，且不小于 512 的整数倍，但最大值不能超过 256000000。</li><li>**ebs** *excess-burst-size*：可选参数，超额突发尺寸，单位为 byte，取值范围与是否同时配置了 **pir** 参数有关。<ul><li>配置了 **pir** 参数，不指定本参数时，则本参数的默认取值与 62.5 × *peak-information-rate* 的乘积最接近，且不小于 512 的整数倍，但最大值不能超过 256000000。</li><li>配置了 **pir** 参数，且同时指定了本参数，则本参数的取值范围与设备型号有关，**但必须为 512 的整数倍**。</li><li>如果没有配置 **pir** 参数，则 **ebs** 参数的取值为 0～256000000，**但必须为 512 的整数倍**。</li></ul></li><li>**pir** *peak-information-rate*：峰值速率，单位为 byte，取值范围与设备的型号有关，请以设备的实际情况为准，**但必须为 8 的整数倍**。</li><li>**green** *action*：可多选参数，指定对符合承诺速率的报文采取的动作，默认动作为 pass。<ul><li>**discard**：丢弃报文。</li><li>**pass**：允许报文通过。</li><li>**remark-dotlp-pass** *new-cos*：设置新的 802.1p 优先级值，并允许报文通过，取值为 0～7。</li><li>**remark-dscp-pass** new-*dscp*：设置新的 DSCP 优先级值，并允许报文通过，取值为 0～63。</li><li>**remark-lp-pass** *new-local-precedence*：设置新的本地优先级，并允许报文通过，取值为 0～7。</li></ul></li><li>**yellow** *action*：可多选参数，指定对不符合承诺速率，但是符合峰值速率的报文采取的动作，默认动作为 pass。</li><li>**red** *action*：可多选参数，指定对既不符合承诺速率也不符合峰值速率的报文采取的动作，默认动作为 discard。</li></ul>默认情况下，未配置流量监管动作
7	**quit**	退出流行为视图，返回系统视图
8	**qos policy** *policy-name* 例如，[Sysname] **qos policy** user1	定义策略并进入策略视图。参数说明参见 5.2.3 节表 5-6 第 2 步
9	**classifier** *tcl-name* **behavior** *behavior-name* 例如，[Sysname-qospolicy-user1]**classifier database behavior** test	在策略中为类指定采用的流行为。参数说明参见 5.2.3 节表 5-6 第 3 步
10	**quit**	退出策略视图，返回系统视图
11	应用 QoS 策略，参见 5.2.4 节	

上述配置完成后，可在任意视图下执行 **display traffic behavior user-defined** [*behavior-name*]命令查看配置后流量监管的运行情况，验证配置效果。

【示例】为流行为 database 配置流量监管。规定报文正常流速为 128kbit/s，承诺突发尺寸为 50000bytes，对于速率大于规定的正常速率 128kbit/s 的报文，修改其 DSCP 优先级为 0 后再发送，具体配置如下。

```
<Sysname> system-view
[Sysname] traffic behavior database
[Sysname-behavior-database] car cir 128 cbs 50000 ebs 0 green pass red remark-dscp-pass 0
```

5.4.3 流量整形

流量整形是一种主动调整流量输出速率的措施，**只支持出方向应用**。流量整形的一个典型应用是基于下游网络节点的流量监管指标来控制本地设备流量的输出。

流量整形是对流量监管中需要丢弃的报文进行缓存，放入缓冲区或队列中。当令牌桶有足够的令牌时，再均匀地向外发送这些被缓存的报文，因此，可能会增加这些报文的发送时延。

流量整形功能基于输出队列进行配置，即针对某一个队列的报文设置整形参数，让该队列中报文的传输速率控制在限制范围内，将不符合整形要求的报文放进缓存，等待下次传输。队列基于交换机端口，因此，流量整形功能是在具体接口（包括物理二层或三层以太网接口）视图下通过 **qos gts** { **any** | **acl** [**ipv6**] *acl-number* | **queue** *queue-id* } **cir** *committed-information-rate* [**cbs** *committed-burst-size*] [**pir** *peak-information-rate* [**ebs** *excess-burst-size*]] [**queue-length** *queue-length*]命令进行配置。默认情况下，接口上没有配置整形功能。

① **any**：多选一选项，对所有流量进行整形。

② **acl** [**ipv6**] *acl-number*：多选一参数，仅对匹配 ACL 的流量进行整形。*acl-number* 为 ACL 编号，如果未指定 **ipv6** 可选项，则表示 IPv4 ACL；否则，表示 IPv6 ACL。

③ **queue** *queue-id*：多选一参数，仅对 *queue-id* 参数指定队列上的流量进行整形，取值为 0～7。

④ **cir** *committed-information-rate*：指定允许输出流量的承诺信息速率，单位为 kbit/s，取值范围与设备型号有关，以实际情况为准，**但必须是 8 的整数倍**。

⑤ **cbs** *committed-burst-size*：可选参数，指定允许输出流量的承诺突发尺寸，单位为 byte，取值范围和默认值与设备型号有关，以实际情况为准，**但必须为 512 的整数倍**。如果不指定本参数，默认取值与 $62.5 \times$ *committed-information-rate* 的乘积最接近，且不小于该乘积值的 512 的整数倍，但是最大值不能超过 16777216。

⑥ **ebs** *excess-burst-size*：可选参数，指定允许输出流量的超额突发尺寸（即超出承诺突发流量大小），单位为 byte，取值范围和默认值与设备型号有关，请以实际情况为准。

⑦ **pir** *peak-information-rate*：可选参数，指定双速桶流量整形中允许输出流量的峰值速率，单位为 kbit/s，取值范围和默认值与设备型号有关，以实际情况为准，但必须大于等于 *committed-burst-size* 参数值。

⑧ **queue-length** *queue-length*：可选参数，指定允许缓存队列的最大长度，取值范围、默认值与设备型号有关，请以实际情况为准。

上述各参数的支持情况与设备型号有关，以实际情况为准。流量整形功能配置完成后，可在任意视图下执行 **display qos gts interface** [*interface-type interface-number*]命令查看流量整形的配置和统计信息。

【示例】在 GigabitEthernet1/0/1 接口上对队列 2 发送报文进行流量整形，正常流速为 6400kbit/s，突发流量为 51200bytes，具体配置如下。

```
<Sysname> system-view
[Sysname] interface GigabitEthernet 1/0/1
[Sysname-GigabitEthernet1/0/1] qos gts queue 2 cir 6400 cbs 51200
```

5.4.4　限速

限速是基于设备接口进行配置的，可以在出入两个方向进行应用，用于限制一个接口接收或发送报文（除了紧急报文）的速率。如果在设备的某个接口上配置了限速功能，则所有经由该接口发送的报文首先要经过限速的令牌桶进行处理。如果令牌桶中有足够的令牌，则报文可以发送，令牌桶中的令牌数相应减少；否则，报文将被缓存或者被丢弃（缓存队列已满时），在下次令牌桶中的令牌数足够多时，再转发被缓存的报文。

与流量监管相比，限速可以限制所有报文的总流量，而流量监管是采用 QoS 策略对特定类的报文进行流量控制，因此，当用户只要求对所有报文限速时，使用限速功能进行配置更为简单。

限速功能是在对应的二层或三层以太网接口视图下使用 **qos lr** { **inbound** | **outbound** } **cir** *committed-information-rate* [**cbs** *committed-burst-size* [**ebs** *excess-burst-size*]]命令进行配置。默认情况下，接口上没有配置限速功能。

① **inbound**：二选一选项，指定对接收的流量进行限速。

② **outbound**：二选一选项，对发送的流量进行限速。

③ **cir** *committed-information-rate*：承诺信息速率，单位为 kbit/s，取值范围与设备型号有关，请以实际情况为准，**但必须是 8 的整数倍**。

④ **cbs** *committed-burst-size*：可选参数，承诺突发尺寸，单位为 bytes，取值范围和默认值与设备型号有关，请以实际情况为准，**但必须为 512 的整数倍**。如果不指定本参数，默认取值与 62.5 × *committed-information-rate* 的乘积最接近，且不小于该乘积值 512 的整数倍，但是最大值不能超过 16777216。

⑤ **ebs** *excess-burst-size*：可选参数，超出突发尺寸，在双令牌桶算法中超出承诺突发流量的部分，单位为 bytes，取值范围和默认值与设备型号有关，请以实际情况为准。

上述各参数的支持情况与设备型号有关，以实际情况为准。对比 5.4.3 节介绍的流量整形配置命令可以看出，本节介绍的限速配置与流量整形配置基本一样，都是通过设置 CIR 和 CBS 参数来控制流量速率。二者不同的只是作用对象不一样，流量整形是基于队列配置的，且只能在接口出方向上配置，而限速功能是直接基于接口配置的，且可以在出入两个方向配置。

上述配置完成后，可在任意视图下执行 **display qos lr interface** [*interface-type interface-number*]命令，查看接口限速的配置情况和统计信息，验证配置效果。

【示例】限制 GigabitEthernet1/0/1 端口发送报文的平均速率为 640kbit/s，具体配置如下。

```
<Sysname> system-view
[Sysname] interface GigabitEthernet 1/0/1
[Sysname-GigabitEthernet1/0/1] qos lr outbound cir 640
```

5.4.5　基于接口的流量监管配置示例

基于接口的流量监管配置示例的拓扑结构如图 5-16 所示。某公司网络通过专线接入互联网，上行带宽为 100Mbit/s，所有终端设备均以路由器作为网关设备。现要求使用流量监管功能，对上行至互联网的流量进行分类限速。

- 内网用户访问互联网的总上行带宽限制为 80Mbit/s，其中研发部分配 50Mbit/s 上行带宽；管理部分配 30Mbit/s 上行带宽。
- 邮件服务器代理所有客户端向外网发送电子邮件，限制上行带宽为 10Mbit/s。
- 分支机构可以通过互联网访问 FTP 服务器，限制 FTP 服务器的上行带宽不超过 10Mbit/s。

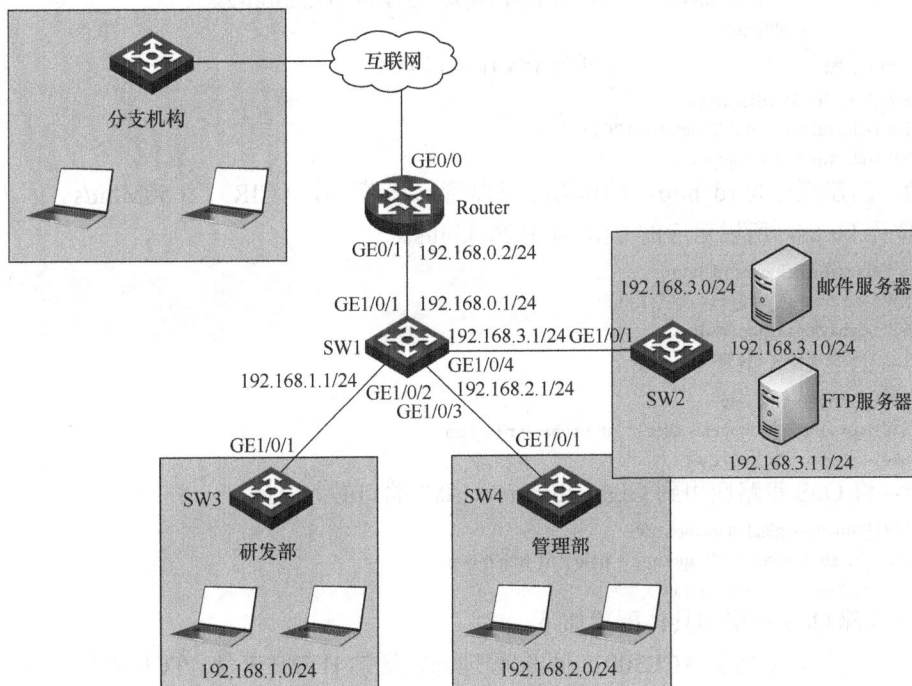

图 5-16　基于接口的流量监管配置示例的拓扑结构

1．基本配置思路分析

要实现对不同特征数据流的流量监管，主要是明确各类业务数据的匹配规则。在本示例中，不同类型业务在不同的 IPv4 网段中，因此，可使用 IPv4 ACL 来匹配不同应用层协议或源 IPv4 地址的 IP 报文，并将这些分类规则与不同的流量监管动作绑定，即可实现对不同特征的数据进行不同的流量监管。但需要注意的是，基于接口应用 QoS 策略时，同一接口的每个方向只能应用一个 QoS 策略。正因如此，本示例中，针对研发部和管理部的 HTTP 流量监管只能分别配置 QoS 策略，并且分别在 SW1 的 GE1/0/2 和 GE1/0/3 端口入方向上应用。

2. 具体配置步骤

① 配置各接口的 IPv4 地址，具体配置步骤省略。

② 在 SW1 上为研发部、管理部各自创建一个 IPv4 高级 ACL，匹配报文中的源 IPv4 地址和 HTTP 目标端口，然后配置对应 CIR 速率（研发部为 50Mbit/s，管理部为 30Mbit/s）的流量监管 QoS 策略，并在 GE1/0/2、GE1/0/3 端口入方向上应用各自对应的 QoS 策略。

此处仅针对研发部和管理员进行 Web 访问的流量进行限制，因此，需要指定流量的协议类型为 HTTP，目标端口为 TCP 80，需要采用 IPv4 高级 ACL 进行流分类。

研发部 QoS 策略的具体配置如下。

#---创建 IPv4 高级 ACL3000，匹配研发部发送的 HTTP 流量。TCP 类型：目标端口为 HTTP 的默认端口号 TCP 80，源 IPv4 地址是研发部所在的 IPv4 网段。

```
<H3C> system-view
[H3C] sysname SW1
[SW1] acl advanced 3000
[SW1-acl-adv-3000] rule permit tcp destination-port eq 80 source 192.168.1.0 0.0.0.255
[SW1-acl-adv-3000] quit
```

#---创建类 rd_http，匹配规则为 IPv4 ACL3000。

```
[SW1] traffic classifier rd_http
[SW1-classifier-rd_http] if-match acl 3000
[SW1-classifier-rd_http] quit
```

#---创建流行为 rd_http，动作为流量监管，承诺速率（CIR）为 50Mbit/s。因为 CIR 的单位为 kbit/s，所以对应的 CIR 为 51200kbit/s。

```
[SW1] traffic behavior rd_http
[SW1-behavior-rd_http] car cir 51200
[SW1-behavior-rd_http] quit
```

#---创建 QoS 策略 rd_http。

```
[SW1] qos policy rd_http
[SW1-qospolicy-rd_http] classifier rd_http behavior rd_http
[SW1-qospolicy-rd_http] quit
```

#---将 QoS 策略应用到 GigabitEthernet1/0/2 端口的入方向。

```
[SW1] interface gigabitethernet 1/0/2
[SW1-GigabitEthernet1/0/2] qos apply policy rd_http inbound
[SW1-GigabitEthernet1/0/2] quit
```

管理部 QoS 策略的具体配置如下。

#---创建 IPv4 高级 ACL3001，匹配管理部发送的 HTTP 流量。TCP 类型：目标端口为 HTTP 的默认端口号 TCP 80，源 IPv4 地址是管理部所在 IPv4 网段。

```
[SW1] acl advanced 3001
[SW1-acl-adv-3001] rule permit tcp destination-port eq 80 source 192.168.2.0 0.0.0.255
[SW1-acl-adv-3001] quit
```

#---创建类 mkt_http，匹配规则为 IPv4 ACL3001。

```
[SW1] traffic classifier mkt_http
[SW1-classifier-mkt_http] if-match acl 3001
[SW1-classifier-mkt_http] quit
```

#---创建流行为 mkt_http，动作为流量监管，CIR 为 30Mbit/s，即 30720kbit/s。

```
[SW1] traffic behavior mkt_http
```

```
[SW1-behavior-mkt_http] car cir 30720
[SW1-behavior-mkt_http] quit
```

#---创建 QoS 策略 mkt_http。

```
[SW1] qos policy mkt_http
[SW1-qospolicy-mkt_http] classifier mkt_http behavior mkt_http
[SW1-qospolicy-mkt_http] quit
```

#---将 QoS 策略应用到 GigabitEthernet1/0/3 端口的入方向。

```
[SW1] interface gigabitethernet 1/0/3
[SW1-Ten-GigabitEthernet1/0/3] qos apply policy mkt_http inbound
[SW1-Ten-GigabitEthernet1/0/3] quit
```

③ 在 SW1 上，为邮件服务器创建一个 IPv4 高级 ACL，匹配报文中的源 IPv4 地址和 SMTP，然后配置 CIR 速率为 10Mbit/s 的流量监管 QoS 策略，并在 GE1/0/1 端口出方向上应用该 QoS 策略，具体配置如下。

#---创建 IPv4 高级 ACL3002，匹配邮件服务器向外发送邮件的数据。TCP 类型：目标端口为 SMTP 的默认端口号 TCP25，源 IPv4 地址是邮件服务器 IPv4 地址。

```
[SW1] acl advanced 3002
[SW1-acl-adv-3002] rule permit tcp destination-port eq 25 source 192.168.3.10 0
[SW1-acl-adv-3002] quit
```

#---创建类 email，匹配规则为 IPv4 ACL3002。

```
[SW1] traffic classifier email
[SW1-classifier-email] if-match acl 3002
[SW1-classifier-email] quit
```

#---创建流行为 email，动作为流量监管，CIR 为 10Mbit/s，即 10240kbit/s。

```
[SW1] traffic behavior email
[SW1-behavior-email] car cir 10240
[SW1-behavior-email] quit
```

#---创建 QoS 策略 email。

```
[SW1] qos policy email
[SW1-qospolicy-email] classifier email behavior email
[SW1-qospolicy-email] quit
```

#---将 QoS 策略应用到 GigabitEthernet1/0/1 端口的出方向。

```
[SW1] interface gigabitethernet 1/0/1
[SW1-GigabitEthernet1/0/1] qos apply policy email outbound
[SW1-GigabitEthernet1/0/1] quit
```

④ 在 SW1 上，为 FTP 服务器创建一个 IPv4 高级 ACL，匹配报文中的目标 IPv4 地址和 FTP 目标端口，然后配置 CIR 速率为 10Mbit/s 的流量监管 QoS 策略，并在 GE1/0/1 端口入方向上应用该 QoS 策略，具体配置如下。

#---创建 IPv4 高级 ACL3003，匹配分支机构访问 FTP 服务器的数据。TCP 类型：目标端口为 FTP 的默认端口号 TCP20（FTP 控制连接端口）和 TCP21（FTP 数据连接端口），目标 IPv4 地址是 FTP 服务器的 IPv4 地址。

```
[SW1] acl advanced 3003
[SW1-acl-adv-3003] rule permit tcp destination-port eq 20 destination 192.168.3.11 0
[SW1-acl-adv-3003] rule permit tcp destination-port eq 21 destination 192.168.3.11 0
[SW1-acl-adv-3003] quit
```

#---创建类 ftp，匹配规则为 IPv4 ACL3003。

```
[SW1] traffic classifier ftp
[SW1-classifier-ftp] if-match acl 3003
[SW1-classifier-ftp] quit
```

#---创建流行为 ftp，动作为流量监管，承诺速率为 10Mbit/s，即 10240kbit/s。

```
[SW1] traffic behavior ftp
[SW1-behavior-ftp] car cir 10240
[SW1-behavior-ftp] quit
```

#---创建 QoS 策略 ftp。

```
[SW1] qos policy ftp
[SW1-qospolicy-ftp] classifier ftp behavior ftp
[SW1-qospolicy-ftp] quit
```

#---将 QoS 策略应用到 GigabitEthernet1/0/1 端口的入方向。

```
[SW1] interface gigabitethernet 1/0/1
[SW1-GigabitEthernet1/0/1] qos apply policy ftp inbound
[SW1-GigabitEthernet1/0/1] quit
```

3．配置结果验证

以上配置完成后，在 SW1 上执行 **display qos policy interface** 命令可查看到各端口上所应用的 QoS 策略配置。SW1 GE1/0/1 端口出入方向应用的 QoS 策略配置如图 5-17 所示；SW1 GE1/0/2 和 GE1/0/3 端口入方向应用的 QoS 策略配置如图 5-18 所示。

从图 5-17 和图 5-18 中可以看出，各端口所应用的 QoS 策略配置是正确的。

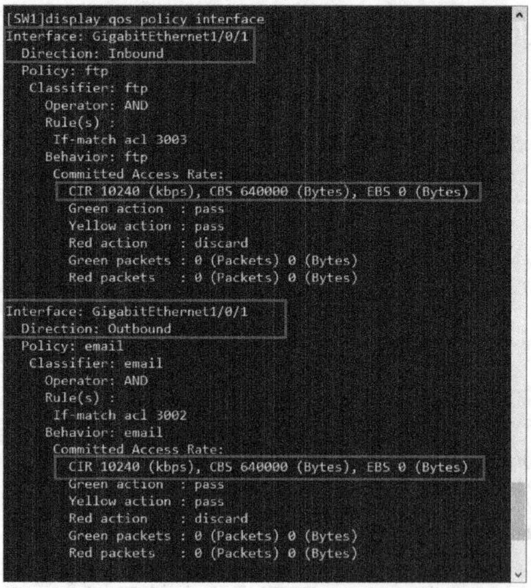

图 5-17   SW1 GE1/0/1 端口出入方向应用的
QoS 策略配置

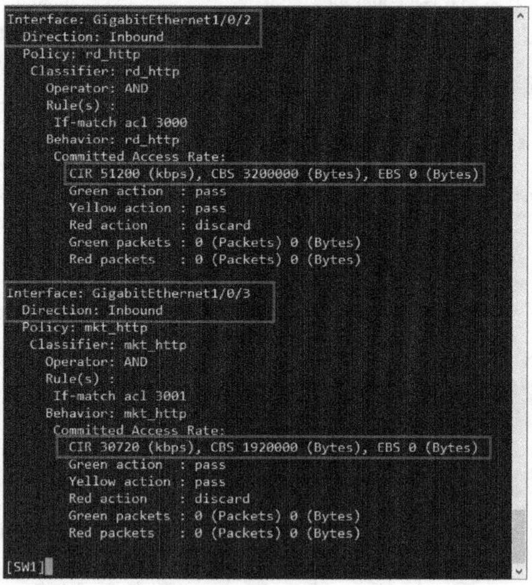

图 5-18   SW1 GE1/0/2 和 GE1/0/3 端口入方向
应用的 QoS 策略配置

5.5 重标记

重标记是将报文的优先级或者标志位（例如 VLAN ID）进行重新设置，例如对于 IP 报文来说，可以利用重标记对 IP 报文中的 IP 优先级或 DSCP 值进行重新设置，以控制 IP 报文的转发。重标记可以和优先级映射功能配合使用。

5.5.1 重标记配置

重标记也是 QoS 策略的一种具体应用，其中的流行为就是各种报文优先级或标志位的重标记。重标记的配置步骤见表 5-17。

表 5-17　重标记的配置步骤

步骤	命令	说明
1	**system-view**	进入系统视图
2	**traffic classifier** *tcl-name* [**operator** { **and** | **or** }] 例如，[Sysname] **traffic classifier** classifier_1	定义一个类，并进入类视图。参数和选项说明参见 5.2.1 节表 5-1 第 2 步
3	**if-match** *match-criteria* 例如，[Sysname-classifier-classifier_1] **if-match acl** 3001	定义匹配报文的规则。具体可用的规则参见 5.2.1 节表 5-2
4	**quit**	退出类视图，返回系统视图
5	**traffic behavior** *behavior-name* 例如，[Sysname] **traffic behavior** behavior_1	定义流行为并进入流行为视图。参数说明参见 5.2.2 节表 5-5 第 2 步
6	**remark** [**green** | **red** | **yellow**] **ip-precedence** *ip-precedence-value* 例如，[Sysname-behavior-behavior_1] **remark ip-precedence** 6	（可选）重新标记报文的 IP 优先级。 • **green**：多选一可选项，指定对绿色报文重标记 IP 优先级。 • **red**：多选一可选项，指定对红色报文重标记 IP 优先级。 • **yellow**：多选一可选项，指定对黄色报文重标记 IP 优先级。 以上选项的支持情况与设备型号有关，请以实际情况为准。如果这些可选项都不选，则对所有报文进行 IP 优先级重标记。 • *ip-precedence-value*：IP 优先级，取值为 0～7。 默认情况下，未配置重标记报文 IP 优先级的动作
	remark [**green** | **red** | **yellow**] **dscp** *dscp-value* 例如，[Sysname-behavior-behavior_1]**remark green dscp** 6	（可选）重标记报文的 DSCP 优先级。 • **green**：多选一可选项，指定对绿色报文重标记 DSCP 优先级。 • **red**：多选一可选项，指定对红色报文重标记 DSCP 优先级。 • **yellow**：多选一可选项，指定对黄色报文重标记 DSCP 优先级。 以上选项的支持情况与设备型号有关，请以实际情况为准。如果这些可选项都不选，则对所有报文进行 DSCP 优先级重标记。 • *dscp-value*：指定重标记后的 DSCP 值，取值为 0～63，也可以是关键字，参见 5.3.2 节表 5-9。 默认情况下，未配置重标记报文 DSCP 优先级的动作
	remark [**green** | **red** | **yellow**] **dotlp** *dotlp-value* 例如，[Sysname-behavior-behavior_1] **remark dotlp** 5	（可选）重标记报文的 802.1p 优先级，与 **remark dotlp customer-dotlp-trust** 命令是覆盖关系。 • **green**：多选一可选项，指定对绿色报文重标记 802.1p 优先级。 • **red**：多选一可选项，指定对红色报文重标记 802.1p 优先级。 • **yellow**：多选一可选项，指定对黄色报文重标记 802.1p 优先级。 以上选项的支持情况与设备型号有关，请以实际情况为准。如果这些可选项都不选，则对所有报文进行 802.1p 优先级重标记。 • *dotlp-value*：指定重标记后的 802.1p 优先级，取值为 0～7。 在同一个流行为中，如果多次对同一种颜色的报文重新标记 802.1p 优先级，则最后一次执行的命令生效。 默认情况下，未配置重标记报文 802.1p 优先级的动作

续表

步骤	命令	说明
	remark dotlp customer-dotlp-trust 例如，[Sysname-behavior-behavior_1] **remark dotlp customer-dotlp-trust**	（可选）将内层 VLAN 标签中的 802.lp 优先级复制为外层 VLAN 标签中的 802.lp 优先级，与 **remark dotlp** *dotlp-value* 命令是覆盖关系。对于只携带一层 VLAN 标签的报文，配置本命令时不会生效
	remark [**green** | **red** | **yellow**] **local-precedence** *local-precedence* 例如，[Sysname-behavior-behavior_1] **remark red local-precedence** 1	（可选）重标记报文的本地优先级。仅支持在入方向应用 QoS 策略配置重新标记报文的本地优先级。 • **green**：多选一可选项，指定对绿色报文重标记本地优先级。 • **red**：多选一可选项，指定对红色报文重标记本地优先级。 • **yellow**：多选一可选项，指定对黄色报文重标记本地优先级。 以上选项的支持情况与设备型号有关，请以实际情况为准。如果这些可选项都不选，则对所有报文进行本地优先级重标记。 • *local-precedence*：指定重标记后的本地优先级，取值为 0~7。 默认情况下，未配置重标记报文本地优先级的动作
6	**remark qos-local-id** [**egress-active**] *local-id-value* 例如，[Sysname-behavior-behavior_1] **remark qos-local-id** 1000	（可选）重标记报文的 QoS 本地 ID。 • **egress-active**：可选项，指定配置的 QoS 本地 ID 值仅在出方向生效。如果未指定此可选项，则 QoS 本地 ID 值仅在入方向生效。 • *local-id-value*：指定重标记的 QoS 本地 ID 值，取值为 1~4095。如果指定 **egress-active** 可选项，则取值为 1~128。 QoS 本地 ID 主要用于对匹配多个流分类的报文进行重分类，再对这个重分类进行流行为动作，以实现对多种报文进行同一种处理方式的目标
	remark drop-precedence *drop-precedence-value* 例如，[Sysname-behavior-behavior_1] **remark drop-precedence** 1	（可选）重标记报文的丢弃优先级，取值为 0~2，对应指定为绿色报文、黄色报文和红色报文。 **【注意】仅 QoS 策略应用在入方向时，重新标记报文的丢弃优先级的动作才会生效**，且在同一个流行为中多次执行本命令，最后一次执行的命令生效。 默认情况下，未配置重标记报文丢弃优先级的动作
	remark customer-vlan-id *vlan-id* 例如，[Sysname-behavior-behavior_1] **remark customer-vlan-id** 2	（可选）重标记报文的内层 VLAN，即 CVLAN，取值为 1~4094。 默认情况下，未配置重标记报文的 CVLAN 的动作
	remark service-vlan-id *vlan-id* 例如，[Sysname-behavior-behavior_1] **remark service-vlan-id** 10	（可选）重标记报文的外层 VLAN，即 SVLAN，取值为 1~4094。 默认情况下，未配置重标记报文的 SVLAN 的动作
7	**quit**	退出流行为视图，返回系统视图
8	**qos policy** *policy-name* 例如，[Sysname] **qos policy** policy_1	定义策略并进入策略视图。参数说明参见 5.2.3 节表 5-6 第 2 步

续表

步骤	命令	说明
9	**classifier** *tcl-name* **behavior** *behavior-name* 例如，[Sysname-qospolicy-policy_1] **classifier** classifier_1 **behavior** behavior_1	关联流分类和流行为。参数说明参见 5.2.3 节表 5-6 第 3 步
10	**quit**	返回系统视图
11	应用 QoS 策略，参见 5.2.4 节	

5.5.2　流量整形、接口限速和重标记配置示例

流量整形、接口限速和重标记配置示例的拓扑结构如图 5-19 所示。某公司通过专线连接分支机构与集团总部，专线中传输的流量主要有 FTP 应用、普通业务流量、IP 语音三类。整个专线的速率为 30Mbit/s，现假设已在总部的边缘设备 SWZB 上配置了相应的流量监管功能，即 3 种应用的承诺分别为 15Mbit/s、10Mbit/s 和 5Mbit/s。现要求在分支机构的边缘设备 SWFZ 上通过流量整形和接口限速功能，实现对各类流量中突发的超出部分进行缓存，以避免数据丢失。

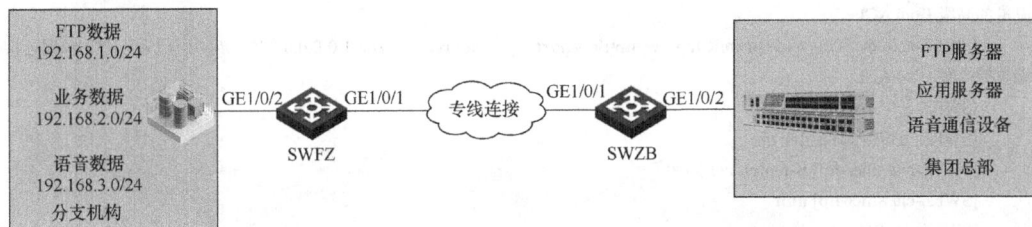

图 5-19　流量整形、接口限速和重标记配置示例的拓扑结构

1. 基本配置思路分析

如果要实现流量整形功能，则首先要确认各类报文在发送时所在的队列编号，因为流量整形是基于具体队列进行的。在有多种不同报文，且整形后速率不一致的情况下，需要把这些报文分配到不同队列中。但需要注意的是，**流量整形目前只支持在接口出方向进行配置**。

本例中没有给出各类报文原来携带的优先级值，因此，需要使用重标记功能将不同类型的报文手动调度到不同的队列中。手动调度报文队列可以通过重标记报文的 DSCP、802.1p 优先级、本地优先级来实现，但为保持原始报文内容不变，可直接使用重标记本地优先级进行配置。默认情况下，本地优先级与队列号是一一对应的。

2. 具体配置步骤

① 在分支机构的边缘设备 SWFZ 上配置 QoS 流策略重标记不同流量对应的本地优先级，使不同流量进入不同的队列中。

- 创建用于重标记语音流量的 QoS 策略类和流行为，具体配置如下。

```
<H3C> system-view
[H3C] sysname SWFZ
[SWFZ] acl basic 2000
[SWFZ-acl-basic-2000] rule permit source 192.168.3.0 0.0.0.255   #---用于匹配语音流量的 IPv4 基本 ACL
```

```
[SWFZ-acl-basic-2000] quit
[SWFZ] traffic classifier voice
[SWFZ-classifier-voice] if-match acl 2000
[SWFZ-classifier-voice] quit
[SWFZ] traffic behavior voice
[SWFZ-behavior-voice] remark local-precedence 6    #---重标记语音流量的本地优先级为 6，使语音流量进入对应接口
的 6 号队列
[SWFZ-behavior-voice] quit
```

- 创建用于重标记业务流量的 QoS 策略类和流行为，具体配置如下。

```
[SWFZ] acl basic 2001
[SWFZ-acl-basic-2001] rule permit source 192.168.2.0 0.0.0.255    #---用于匹配业务流量的 IPv4 基本 ACL
[SWFZ-acl-basic-2001] quit
[SWFZ] traffic classifier service
[SWFZ-classifier-service] if-match acl 2001
[SWFZ-classifier-service] quit
[SWFZ] traffic behavior service
[SWFZ-behavior-service] remark local-precedence 4    #---重标记业务流量的本地优先级为 4，使语音流量进入对应接
口的 4 号队列
[SWFZ-behavior-service] quit
```

- 创建用于重标记 FTP 流量的 QoS 策略类和流行为，具体配置如下。

```
[SWFZ] acl advanced 3000
[SWFZ-acl-adv-3000] rule permit tcp destination-port eq 20 source 192.168.1.0 0.0.0.255    #---用于匹配 FTP 控制连接
流量的高级 IPv4 ACL
[SWFZ-acl-adv-3000] rule permit tcp destination-port eq 21 source 192.168.1.0 0.0.0.255    #---用于匹配 FTP 数据连接
流量的高级 IPv4 ACL
[SWFZ-acl-adv-3000] quit
[SWFZ] traffic classifier ftp
[SWFZ-classifier-ftp] if-match acl 3000
[SWFZ-classifier-ftp] quit
[SWFZ] traffic behavior ftp
[SWFZ-behavior-ftp] remark local-precedence 2    #---重标记 FTP 流量的本地优先级为 2，使语音流量进入对应接口
的 2 号队列
[SWFZ-behavior-ftp] quit
```

- 创建关联三组类与流行为的 QoS 策略，并在 SWFZ GE1/0/2 端口入方向上应用该
  策略，具体配置如下。

#---创建 QoS 策略 remark，将上面三组类和流行为进行关联。

```
[SWFZ] qos policy remark
[SWFZ-qospolicy- remark] classifier voice behavior voice
[SWFZ-qospolicy- remark] classifier service behavior service
[SWFZ-qospolicy- remark] classifier ftp behavior ftp
[SWFZ-qospolicy- remark] quit
#---将 QoS 策略应用到 GigabitEthernet 1/0/2 接口的入方向。
[SWFZ] interface GigabitEthernet 1/0/2
[SWFZ-GigabitEthernet1/0/2] qos apply policy remark inbound
[SWFZ-GigabitEthernet1/0/2] quit
```

上述配置完成后，三类报文在 SWFZ 中的本地优先级已经被修改，即已确定三类报
文所进入的队列分别为 6、4、2。

② 在分支机构边缘设备 SWFZ 出端口 GE1/0/1 上对 3 种类型流量所进入的队列配
置流量整形，即 FTP 流量、普通业务流量、IP 语音流量的承诺速率分别为 15Mbit/s、
10Mbit/s 和 5Mbit/s，并限速为 30Mbit/s，具体配置如下。

```
[SWFZ] interface GigabitEthernet 1/0/1
    [SWFZ-GigabitEthernet1/0/1] qos gts queue 6 cir 15360   #---配置语音流量（队列 6）的承诺速率为 15Mbit/s，即
15360kbit/s。
    [SWFZ-GigabitEthernet1/0/1] qos gts queue 4 cir 10240   #---配置业务报文（队列 4）的承诺速率为 10Mbit/s，即
10240kbit/s。
    [SWFZ-GigabitEthernet1/0/1] qos gts queue 2 cir 5120   #---配置FTP报文（队列2）的承诺速率为 5Mbit/s，即5120kbit/s。
    [SWFZ-GigabitEthernet1/0/1] qos lr outbound cir 30720   #---限制接口出方向的承诺速率为 30Mbit/s，即30720kbit/s。
```

3．配置结果验证

以上配置完成后，可在 SWFZ 上执行 **display qos policy interface** 命令，查看各接口上配置并应用的 QoS 策略状态，在 SWFZ 上执行 **display qos policy interface** 命令的输出如图 5-20 所示。从图 5-20 中可以看出，已在 GE1/0/2 端口入方向上应用了名为 remark 的 QoS 策略，还可通过执行 **display qos lr interface** 命令，查看各接口的限速配置。

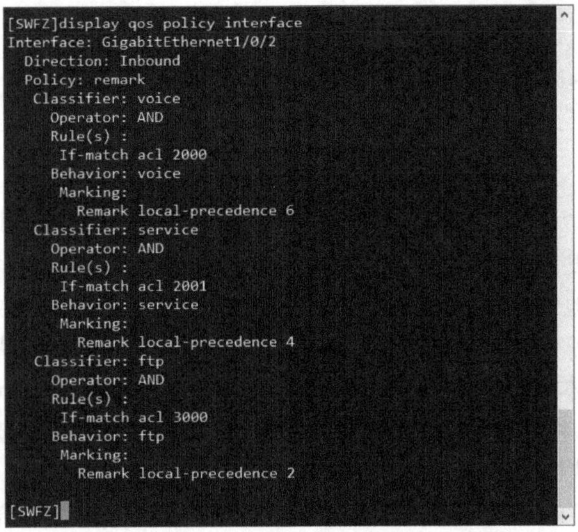

图 5-20　在 SWFZ 上执行 **display qos policy interface** 命令的输出

5.5.3　优先级映射和重标记配置示例

优先级映射表和重标记配置示例拓扑结构如图 5-21 所示。公司市场部通过 GigabitEthernet1/0/1 端口接入 Switch 设备，标记其报文的 802.lp 优先级为 3；研发部通过 GigabitEthernet1/0/2 端口接入 Switch 设备，标记其报文的 802.lp 优先级为 4；管理部通过 GigabitEthernet1/0/4 端口接入 Switch 设备，标记其报文的 802.lp 优先级为 5。现要通过配置实现如下需求。

- 访问公共服务器时，各部门的优先级顺序是：研发部→管理部→市场部。
- 访问互联网时，各部门的优先级顺序是：管理部→市场部→研发部。

1．基本配置思路分析

如果报文原来不携带优先级值，或者携带的优先值是未知的情况，则可以通过报文进入的设备端口的优先级来标记报文的优先级。当然，不同型号设备所支持标记的优先级类型不同。本示例可以先通过 3 个部门连接的 Switch 设备端口的优先级配置，使 3 个部门进入 Switch 设备的报文标记上对应的 802.lp 优先级（默认情况下，端口优先级与

802.lp 优先级是一一对应的），即市场部的报文标记的 802.lp 优先级值为 3，研发部的报文标记的 802.lp 优先级值为 4，管理部的报文标记的 802.lp 优先级值为 5。

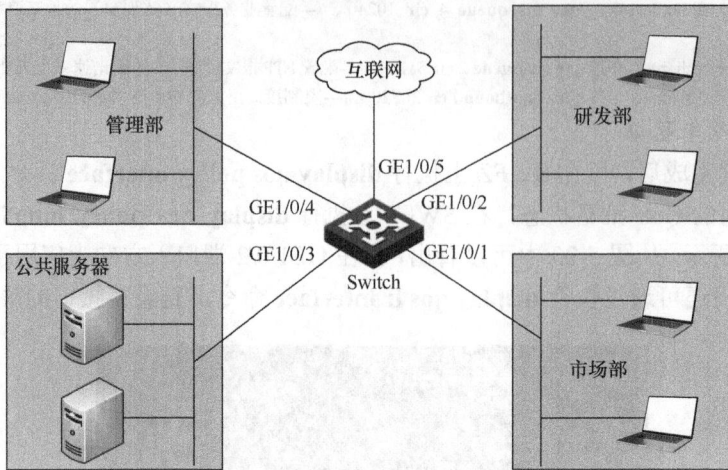

图 5-21　优先级映射表和重标记配置示例拓扑结构

很显然，经过以上 802.lp 标记后，如果不满足 3 个部门访问公共服务器时所要求的优先级顺序，即研发部→管理部→市场部，则需要通过优先级映射进行重标记。在此采用 802.lp 优先级与本地优先级的映射配置，直接把来自 3 个部门的报文送入各端口对应的优先级队列中，使需要优先访问公共服务器的报文进入高优先级的队列中（默认情况下，端口队列优先级与本地优先级是一一对应的），即将研发部报文的 802.lp 优先级值 4 映射为本地优先级 6，将管理报文的 802.lp 优先级值 5 映射为本地优先级 6，将市场部报文的 802.lp 优先级值 3 映射为本地优先级 2。

要实现 3 个部门访问互联网时所要求的管理部→市场部→研发部的优先级顺序，可以通过 QoS 策略重标记 3 个部门发送的 HTTP 报文的 802.lp 优先级功能配置实现，使不同部门按要求进入对应的优先级队列（默认情况下，802.lp 优先级与本地优先级、队列优先级是一一对应的）。例如重标记管理部发出的 HTTP 报文的 802.lp 优先级为 6，重标记市场部发出的 HTTP 报文的 802.lp 优先级为 4，重标记研发部发出的 HTTP 报文的 802.lp 优先级为 2。

2. 具体配置步骤

① 在 Switch 设备的 GE1/0/1、GE1/0/2 和 GE1/0/4 端口上配置端口优先级，分别标记进入这些端口对应的 802.lp 的优先级值为 3、4、5。

与市场部、管理部和研发部连接的 Switch 设备端口的优先级分别设置为 3、4、5，这样 Switch 会最优先处理来自研发部的报文，然后处理管理部的报文，最后处理市场部的报文，具体配置如下。

```
<H3C> system-view
[H3C] sysname Switch
[Switch] interface gigabitethernet 1/0/1
[Switch-GigabitEthernet1/0/1] qos priority 3     !---配置与市场部连接的 GigabitEthernet1/0/1 的端口优先级为 3
[Switch-GigabitEthernet1/0/1] quit
[Switch] interface gigabitethernet 1/0/2
```

```
[Switch-GigabitEthernet1/0/2] qos priority 4
[Switch-GigabitEthernet1/0/2] quit
[Switch] interface gigabitethernet 1/0/4
[Switch-GigabitEthernet1/0/4] qos priority 5
[Switch-GigabitEthernet1/0/4] quit
```

② 在 Switch 设备上配置 802.1p 优先级与本地优先级的映射，使研发部、管理部、市场部发送的报文分别进入 6、4、2 号端口队列（队列号越大，优先级越高）。

经过第①步配置后，市场部报文的 802.1p 优先级值为 3，研发部报文的 802.1p 优先级值为 4，管理部报文的 802.1p 优先级值为 5，然后将这些 802.1p 优先级再分别映射成对应的 2、6、4 本地优先级。这样就可以实现研发部发出的报文被安排在最优先的输出队列 6 中，管理部发出的报文安排在次优先的输出队列 4 中，市场部发出的报文安排在优先级最低的输出队列 2 中，实现在访问公共服务器时，研发部→管理部→市场部的优先级顺序，具体配置如下。

```
[Switch] qos map-table dotlp-lp
[Switch-maptbl-dotlp-lp] import 3 export 2
[Switch-maptbl-dotlp-lp] import 4 export 6
[Switch-maptbl-dotlp-lp] import 5 export 4
[Switch-maptbl-dotlp-lp] quit
```

③ 在 Switch 设备上配置 QoS 策略，通过 ACL 匹配 HTTP 报文，然后重标记管理部、市场部、研发部发出的 HTTP 报文的 802.1p 优先级值分别为 4、5、3，并在连接 3 个部门的接口的入方向上应用该 QoS 策略。

通过第②步配置的 802.1p 优先级与本地优先级映射表就可以知道，只需将管理部、市场部、研发部发出的 HTTP 报文的 802.1p 优先级分别重标记为 4、5、3，就可以把这 3 个部门发送的 HTTP 报文，及具有 6、4、2 的本地优先级值，同时进入对应编号的端口输出队列中，实现 3 个部门访问互联网时，管理部→市场部→研发部的优先级顺序，具体配置如下。

#---配置基于 HTTP 报文的类。

```
[Switch] acl number 3000
[Switch-acl-adv-3000] rule permit tcp destination-port eq 80      !---创建 ACL3000，用来匹配 HTTP 报文
[Switch-acl-adv-3000] quit
[Switch] traffic classifier http
[Switch-classifier-http] if-match acl 3000      !---创建类，匹配前面创建的 ACL3000
[Switch-classifier-http] quit
```

#---创建管理部 QoS 策略，重标记其 802.1p 优先级为 4，并在连接管理部的 GigabitEthernet1/0/4 端口入方向应用该 QoS 策略。

```
[Switch] traffic behavior admin
[Switch-behavior-admin] remark dotlp 4
[Switch-behavior-admin] quit
[Switch] qos policy admin
[Switch-qospolicy-admin] classifier http behavior admin
[Switch-qospolicy-admin] quit
[Switch] interface gigabitethernet 1/0/4
[Switch-GigabitEthernet1/0/4] qos apply policy admin inbound
[Switch-GigabitEthernet1/0/4] quit
```

#---创建市场部 QoS 策略，重标记其 802.1p 优先级为 5，并在连接市场部的 GigabitEthernet1/0/1 端口入方向应用该 QoS 策略。

```
[Switch] traffic behavior market
[Switch-behavior-market] remark dotlp 5
[Switch-behavior-market] quit
```

```
[Switch] qos policy market
[Switch-qospolicy-market] classifier http behavior market
[Switch-qospolicy-market] quit
[Switch] interface gigabitethernet 1/0/1
[Switch-GigabitEthernet1/0/1] qos apply policy market inbound
[Switch-GigabitEthernet1/0/1] quit
```

#---创建研发部 QoS 策略，重标记其 802.lp 优先级为 3，并在连接研发部的
GigabitEthernet1/0/2 端口入方向应用该 QoS 策略。

```
[Switch] traffic behavior rd
[Switch-behavior-rd] remark dotlp 3
[Switch-behavior-rd] quit
[Switch] qos policy rd
[Switch-qospolicy-rd] classifier http behavior rd
[Switch-qospolicy-rd] quit
[Switch] interface gigabitethernet 1/0/2
[Switch-GigabitEthernet1/0/2] qos apply policy rd inbound
[Switch-GigabitEthernet1/0/2] quit
```

通过以上 QoS 策略的配置和应用，再结合第②步所配置的 802.lp 与本地优先级的映射，就可以把管理部发出的 HTTP 报文进入输出队列 6 中，市场部发出的 HTTP 报文进入输出队列 4 中，研发部发出的 HTTP 报文进入输出队列 2 中，实现 3 个部门用户访问互联网时的优先级顺序为：管理部→市场部→研发部。

通过以上配置，即可满足本示例的全部要求。

5.6　拥塞管理

所谓拥塞，是指在当前设备或网络带宽资源相对于正常转发需求不足，导致服务质量下降的一种现象。通常体现在设备各入接口的带宽大于设备出接口的带宽，或上游设备性能高于下游设备性能，导致进入设备的流量不能及时（存在时延）从设备转发出去，或从上游设备而来的流量不能得到及时处理或转发。

在网络通信中，拥塞是很难避免的，毕竟各个接口发送报文都是随机的，而且所发送的报文大小也是无法预料的。拥塞管理功能可以尽量避免出现拥塞，或者减少通信拥塞。

5.6.1　队列调度算法

对于拥塞管理，一般是先采用队列技术对流量进行分类，使不同类的流量进入端口的不同队列之中，然后采用某种优先级别队列调度算法将这些流量有序发送出去，以避免各类流量同时挤占设备或网络带宽资源，造成拥塞。目前，设备支持的队列调度算法有严格优先级（Strict Priority，SP）队列算法、加权轮询（Weighted Round Robin，WRR）队列算法和加权公平队列（Weighted Fair Queuing，WFQ）算法 3 种。

1．SP 队列算法

SP 队列调度算法是针对关键业务类型应用设计的，严格按照队列的优先级高低顺序，依次发送数据。仅当较高优先级队列为空时，才发送较低优先级队列中的数据，以确保所有关键业务数据均能及时发送。

默认情况下，一个端口有 8 个队列，按照优先级高低依次为 7、6、5、4、3、2、1、0 队列，它们的优先级按照其编号大小依次降低。此时，如果该端口采用 SP 队列调度算

法，则只需将关键业务的数据放入较高优先级的队列（编号较大的队列），将非关键业务的数据放入较低优先级的队列（编号较小的队列），就可以保证关键业务的数据被优先传送，非关键业务的数据在处理关键业务数据的空闲间隙被传送。

SP 队列调度算法的最大优点是可以充分保障关键业务数据的传输。但 SP 队列调度算法有一个致命的缺点，那就是当拥塞发生时，如果较高优先级队列中长时间有数据需要传输，那么低优先级队列中的数据将一直不能传输。因此，SP 队列调度算法仅适用于一些主要用于处理关键业务（例如专门处理语音流量，或者专门处理业务数据存储）的设备。

2. WRR 队列算法

WRR 队列算法是在端口队列之间按照各队列配置的权重进行轮流调度的，可以保证每个队列都得到一定的服务时间。

以端口有 8 个队列为例，WRR 队列算法可以为每个队列配置一个加权值（依次为 w7、w6、w5、w4、w3、w2、w1、w0），加权值表示获取端口带宽资源的比重。各队列所能分配的带宽值是该队列的加权值除以各队列的加权值之和，再乘以端口带宽。

例如一个带宽为 100Mbit/s 的端口，它的 8 个队列的 WRR 队列算法的加权值分别配置为 50、50、30、30、10、10、10、10（依次对应 w7、w6、w5、w4、w3、w2、w1、w0），8 个队列的总加权值为 200，加权值为 10 队列所能获得的端口带宽为 5Mbit/s [（10÷200）× 100=5Mbit/s]，即可以保证最低优先级队列至少获得 5Mbit/s 的带宽，解决了采用 SP 队列调度算法时，低优先级队列中的报文可能长时间得不到服务的问题。

WRR 队列算法还有另外一个优点，那就是虽然多个队列的调度是轮询进行的，但对每个队列不是固定地分配服务时间片，**而是当某个队列为空时，会马上切换到下一个队列进行业务调度**，这样就可以使带宽资源得到充分利用。

WRR 队列算法分为基本 WRR 队列算法和分组 WRR 队列算法两种。基本 WRR 队列算法就是各队列分别定制权重，WRR 队列算法按用户设定的参数进行加权轮询队列调度。分组 WRR 队列算法是用户可以根据需要将队列划分为 WRR 队列算法优先级队列组 1 和 WRR 队列算法优先级队列组 2。进行队列调度时，设备首先在 WRR 队列算法优先级队列组 1 中进行轮询调度。优先级队列组 1 中没有数据发送时，设备才在优先级队列组 2 中进行轮询调度。另外，在分组 WRR 队列算法中，也可以加入 SP 队列算法组中，采用严格优先级顺序进行队列调度。在调度时，首先调度 SP 队列算法组，然后调度其他 WRR 队列算法优先组。

3. WFQ 算法

WFQ 算法使用报文个数作为调度单位，使高优先权的报文获得优先调度的机会更多，与前文介绍的 WRR 队列算法效果类似，二者的主要区别是，WFQ 算法还支持最小带宽保证机制，确保 WFQ 算法中每个队列都拥有最小保证带宽。

WFQ 算法也分为基本 WFQ 算法和分组 WFQ 算法。当前设备仅支持 WFQ 算法优先级队列组 1。在分组 WFQ 算法中，也可以配置队列加入 SP 队列算法数据，采用严格优先级调度算法。在进行队列调度时，首先按照 SP 队列算法方式对 SP 队列算法组中的队列进行调度；当 SP 队列算法组中已经没有数据时，再对两个 WFQ 算法调度组按照 1∶1 的权重进行轮询调度。对于每个 WFQ 算法调度组按照先满足最小带宽保证，再按照权重调度的顺序对组内的队列进行调度。

5.6.2　拥塞管理配置

拥塞管理配置的两项任务如下。需要说明的是，这两项任务是根据实际需要任选其中一项进行配置即可。

①（二选一）配置接口队列。

接口队列包括 SP 队列、WRR 队列、WFQ、WRR+SP 队列和 WFQ+SP 队列。

②（二选一）配置队列调度策略。

1. 配置接口队列

（1）配置 SP 队列

SP 队列是在对应的二层或三层物理端口视图下执行 **qos sp** 命令配置严格优先队列。默认情况下，接口采用 WRR 调度算法，各队列按照每次轮询可发送的字节数进行计算，可在任意视图下执行 **display qos queue sp interface** [*interface-type interface-number*]命令查看接口的 SP 队列配置情况。

（2）配置 WRR 队列

WRR 队列比 SP 队列的配置要复杂一些，除了要在端口队列上启用 WRR 队列算法，还需要配置调度参数。WRR 队列的配置步骤见 5-18。

表 5-18　WRR 队列的配置步骤

步骤	命令	说明
1	**system-view**	进入系统视图
2	**interface** *interface-type interface-number* 例如，[Sysname] **interface** gigabitethernet 1/0/1	进入二层或三层以太网接口视图
3	**qos wrr { byte-count	weight }** 例如，[Sysname-GigabitEthernet1/0/1]**qos wrr weight**	（可选）开启端口的 WRR 队列，并指定 WRR 队列的调度单位（字节数或报文个数）。 • **byte-count**：二选一选项，指定以字节数为调度单位，即按照每次轮询发送的字节数来计算调度权重。 • **weight**：二选一选项，指定以报文个数为调度单位，即按照每次轮询发送的报文个数来计算调度权重。 默认情况下，端口使用 WRR 队列算法，并使用字节数为单位进行调度
4	**qos wrr** *queue-id* **group { 1	2 } { byte-count	weight }** *schedule-value* 例如，[Sysname-GigabitEthernet1/0/1] **qos wrr** 0 **group** 1 **byte-count** 10	配置数据 WRR 队列的参数。 • *queue-id*：队列序号，取值为 0~7，*queue-id* 数字和关键字的对应关系见表 5-19。 • **group { 1	2 }**：表示该队列属于哪个 WRR 优先组，默认为 group1。其中，group 1 表示该队列属于 WRR 优先组 1，group2 表示该队列属于 WRR 优先组 2。各组之间执行优先级调度，由组 1 至组 2 优先级依次降低。 • **byte-count	weight**：参见第 3 步介绍。 • *schedule-value*：配置队列的调度权重，取值范围和默认的调度权重值与设备型号有关，以实际情况为准。 默认情况下，所有队列都处于 WRR 调度组 1 中，调度权重从队列 0 到 7 分别为 1、2、3、4、5、9、13、15，各队列按照每次轮询可发送的字节数进行计算

表 5-19 *queue-id* 数字和关键字的对应关系

queue-id 数字	*queue-id* 对应的关键字
0	be
1	af1
2	af2
3	af3
4	af4
5	ef
6	cs6
7	cs7

配置好后，可在任意视图下执行 **display qos queue wrr interface** [*interface-type interface-number*]命令，查看接口的 WRR 队列配置情况。

（3）配置 WFQ

WFQ 的配置步骤见表 5-20，与表 5-18 中 WRR 队列的配置步骤类似。

表 5-20 WFQ 的配置步骤

步骤	命令	说明
1	**system-view**	进入系统视图
2	**interface** *interface-type interface-number* 例如，[Sysname] **interface gigabitethernet 1/0/1**	进入二层或三层以太网接口视图
3	**qos wfq** { **byte-count** | **weight** } 例如，[Sysname-GigabitEthernet1/0/1] **qos wfq byte-count**	在以上接口上启用 WFQ 调度算法。**byte-count** | **weight** 选项参见表 5-18 中第 3 步说明。 默认情况下，接口采用 WRR 调度算法，各队列按照每次轮询可发送的字节数进行计算
4	**qos wfq** *queue-id* **group** { **1** | **2** } { **byte-count** | **weight** } *schedule-value* 例如，[Sysname-GigabitEthernet1/0/1] **qos wfq 0 weight 100**	配置数据 WFQ 的参数。 • **group** { **1** | **2** }：表示该队列属于哪个 WFQ 优先组，默认为 group1。其中，group1 表示该队列属于 WFQ 优先组 1，group2 表示该队列属于 WFQ 优先组 2。各组之间执行优先级调度，由组 1 至组 2 优先级依次降低。 • *schedule-value*：配置队列的调度权重，取值范围和默认的调度权重值与设备型号有关，以实际情况为准。 • **byte-count** | **weight**：参见表 5-18 中第 3 步说明。 默认情况下，当接口使用 WFQ 时，所有队列都处于 WFQ 调度组 1 中，各队列的调度权重均为 1

配置好后，可在任意视图下执行 **display qos queue wfq interface** [*interface-type interface-number*]命令，查看接口的 WFQ 配置情况。

（4）配置 WRR+SP 队列

WRR+SP 队列是在 WRR 调度模式下的端口加入 SP 组，采用严格优先调度方式。WRR+SP 队列的配置步骤见表 5-21。在使用配置 WRR 队列的调度权重值时，选择的调度单位（字节数或报文个数）需要与使能 WRR 时使用的调度单位保持一致，否则，无法正常配置。

表 5-21   WRR+SP 队列的配置步骤

步骤	命令	说明
1	**system-view**	进入系统视图
2	**interface** *interface-type interface-number* 例如，[Sysname] **interface** gigabitethernet 1/0/1	进入二层或三层以太网接口视图
3	**qos wrr** { **byte-count** | **weight** } 例如，[Sysname-GigabitEthernet1/0/1]**qos wrr weight**	（可选）开启端口的 WRR 队列，并指定 WRR 队列的调度单位（字节数或报文个数）。**byte-count** | **weight** 选项参见表 5-18 中第 3 步说明。 默认情况下，端口使用 WRR 队列调度算法，并以字节数为单位进行调度
4	**qos wrr** *queue-id* **group sp** 例如，[Sysname-GigabitEthernet1/0/1] **qos wrr** 0 **group sp**	配置队列加入 SP 组，采用严格优先级调度算法。参数 *queue-id* 为队列序号，取值为 0~7 或表 5-19 中对应的关键字。 SP 组与普通 WRR 优先组不同，加入 SP 组的端口队列采用严格优先级调度算法，不再采用加权轮循调度算法。调度时首先调度 SP 组，然后调度其他 WRR 优先组。 默认情况下，当接口使用 WRR 队列时，所有队列均处于 WRR 调度组 1 中
5	**qos wrr** *queue-id* **group** { **1** | **2** } { **byte-count** | **weight** } *schedule-value* 例如，[Sysname-GigabitEthernet1/0/1] **qos wrr** 0 **group** 1 **byte-count** 10	配置数据 WRR 队列的参数。 • **group** { **1** | **2** }：表示该队列属于哪个 WRR 优先组，默认为 group1。其中，group1 表示该队列属于 WRR 优先组 1，group2 表示该队列属于 WRR 优先组 2。各组之间执行优先级调度，由组 1 至组 2 优先级依次降低。 • **byte-count** | **weight**：参见表 5-18 中第 3 步说明。 • *schedule-value*：配置队列的调度权重，取值范围和默认的调度权重值与设备型号有关，以实际情况为准。 默认情况下，所有队列都处于 WRR 调度组 1 中，调度权重从队列 0 到 7 分别为 1、2、3、4、5、9、13、15，各队列按照每次轮询可发送的字节数进行计算

（5）配置 WFQ+SP 队列

WFQ+SP 队列是在 WFQ 调度模式下的端口加入 SP 组，采用严格优先调度方式。WFQ+SP 队列的配置步骤见表 5-22。

表 5-22   WFQ+SP 队列的配置步骤

步骤	命令	说明
1	**system-view**	进入系统视图
2	**interface** *interface-type interface-number* 例如，[Sysname] **interface** gigabitethernet 1/0/1	进入二层或三层以太网接口视图
3	**qos wfq** { **byte-count** | **weight** } 例如，[Sysname-GigabitEthernet1/0/1]**qos wfq weight**	（可选）开启端口的 WFQ，并指定 WFQ 的调度单位（字节数或报文个数）。**byte-count** | **weight** 选项参见表 5-18 中第 3 步说明。 默认情况下，端口使用 WRR 队列调度算法，并以字节数为单位进行调度

续表

步骤	命令	说明
4	**qos wfq** *queue-id* **group sp** 例如，[Sysname-GigabitEthernet1/0/1] **qos wfq** 0 **group sp**	配置队列加入 SP 组，采用严格优先级调度算法。参数 *queue-id* 为队列序号，取值为 0～7 或表 5-19 中对应的关键字。 SP 组与普通 WFQ 优先组不同，加入 SP 组的端口队列采用严格优先级调度算法，不再采用加权轮循调度算法。调度时，首先调度 SP 组，然后调度其他 WFQ 优先组。 默认情况下，当接口使用 WFQ 时，所有队列均处于 WFQ 调度组 1 中
5	**qos wfq** *queue-id* **group** { **1** | **2** } { **byte-count** | **weight** } *schedule-value* 例如，[Sysname-GigabitEthernet1/0/1] **qos wfq** 0 **group** 1 **byte-count** 10	配置数据 WFQ 的参数。各参数和选项说明参见表 5-20 中的第 4 步说明。 默认情况下，所有队列都处于 WFQ 调度组 1 中，各队列的调度权重均为 1
6	**qos bandwidth queue** *queue-id* **min** *bandwidth-value* 例如，[Sysname-GigabitEthernet1/0/1] **qos bandwidth queue** 0 **min** 100	（可选）配置 WFQ 的最小保证带宽值。 • *queue-id*：队列序号，取值为 0～7 或表 5-19 中对应的关键字。 • **min** *bandwidth-value*：最小保证带宽值，单位为 kbit/s。端口流量拥塞时能够保证的最小队列带宽，GE 端口的取值为 8～1000000，FGE 端口的取值为 8～40000000。 默认情况下，在使用 WFQ 时，每个队列的最小带宽保证为 64kbit/s

2. 配置队列调度策略

队列调度策略是配置各个队列的调度参数，最后通过在接口应用该策略来实现拥塞管理功能。**队列调度策略仅可在接口出方向上应用。**

队列调度策略中的队列支持 SP、WRR 和 WFQ 3 种调度方式，同时支持 WRR+SP、WFQ+SP 两种混合配置。端口队列组示例如图 5-22 所示，假设一端口存在 WRR+SP 混合队列组，共 8 个队列，各队列的调度顺序如下。

① 设备优先调度 SP 队列组中的数据，其中，队列 7（即图 5-22 中的 Q7）在 SP 组中优先级最高，因此，该队列的数据优先被发送。

② 队列 5 在 SP 组中优先级次之，当队列 7 中的数据为空时，发送队列 5 的数据。

③ 队列 6、4、3、2、1、0 在 WRR 队列组中，当队列 7、5 中的数据为空时，按照权重轮询调度这些队列。

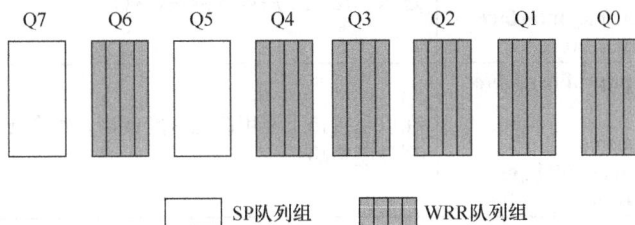

图 5-22 端口队列组示例

队列调度策略的配置步骤见表 5-23。策略中队列的调度参数支持动态修改，从而方便修改已经应用的队列调度策略。

表 5-23   队列调度策略的配置步骤

步骤	命令	说明
1	**system-view**	进入系统视图
2	**qos qmprofile** *profile-name* 例如，[Sysname] **qos qmprofile** myprofile	创建队列调度策略，并进入相应的队列调度策略视图。参数 *profile-name* 用来指定队列调度策略名称，为 1～31 个字符的字符串，区分大小写。 如果需要删除已经应用到接口的队列调度策略，则必须先在应用的位置上取消对该队列调度策略的应用
3	**queue** *queue-id* { **sp** | **wfq group** *group-id* { **weight** | **byte-count** } *schedule-value* | **wrr group** *group-id* { **weight** | **byte-count** } *schedule-value* } 例如，[Sysname-qmprofile-myprofile] **queue** 0 **wfq group** 1 **weight** 1	（可选）配置队列调度参数。在一个队列调度策略中可以多次执行本命令为不同队列配置调度参数。 • *queue-id*：队列序号，取值为 0～7 或表 5-19 中的关键字。 • **sp**：多选一选项，配置队列为 SP 调度。 • **wfq**：多选一选项，配置队列为 WFQ 调度。 • **wrr**：多选一选项，配置队列为 WRR 调度。 • **group** *group-id*：优先组号，取值为 1～2，仅当队列被配置为 WRR 或 WFQ 调度方式时才可配置。 • **byte-count**：二选一选项，指定以字节数为调度单位，即按照每次轮询发送的字节数来计算调度权重。 • **weight**：二选一选项，指定以报文个数为调度单位，即按照每次轮询发送的报文个数来计算调度权重。 • *schedule-value*：配置队列的调度权重。**仅当队列被配置为 WRR 或 WFQ 调度方式时才可配置**，对于 WFQ 优先组的取值为 1～16，对于 WRR 优先组的取值为 1～15。 默认情况下，所有队列均采用 SP 方式调度
4	**bandwidth queue** *queue-id* **min** *bandwidth-value* 例如，[Sysname-qmprofile-myprofile] **bandwidth queue** 0 **min** 100	（可选）配置队列调度策略下队列的最小带宽保证。 • *queue-id*：队列序号，取值为 0～7 或表 5-19 中的关键字。**必须先在队列调度策略中将某个队列配置为 WFQ，才能为该队列配置最小带宽保证。** • **min** *bandwidth-value*：最小保证带宽值，即端口流量拥塞时能够保证的最小队列带宽，单位为 kbit/s，取值为 8～100000000。 默认情况下，在队列调度策略中配置某个队列为 WFQ 后，该队列的最小带宽保证为 64kbit/s
5	**interface** *interface-type interface-number* 例如，[Sysname] **interface** gigabitethernet 1/0/1	进入二层或三层以太网接口视图
6	**qos apply qmprofile** *profile-name* 例如，[Sysname-GigabitEthernet1/0/1] **qos apply qmprofile** myprofile	在以上接口上应用队列调度策略。每个接口只能应用一个队列调度策略

配置好队列调度策略后，可在任意视图下执行 **display qos qmprofile configuration** [*profile-name*] [**slot** *slot-number*]命令，查看队列调度策略的配置信息；执行 **display qos qmprofile interface** [*interface-type interface-number*]命令查看接口的队列调度策略应用

信息。

【示例】通过队列调度策略在 GigabitEthernet1/0/1 端口上配置如下的队列调度方式。

- 队列 7 优先级最高，该队列报文优先发送。
- 队列 0～6 按照权重轮询调度，属于 WRR 分组 1，使用报文个数作为调度权重，分别为 2、1、2、4、6、8、10，在队列 7 为空时再调度 WRR 分组 1。

#---创建队列调度策略 qm1，具体配置如下。

```
<Sysname> system-view
[Sysname] qos qmprofile qm1   #---创建队列调度策略 qm1。
[Sysname-qmprofile-qm1] queue 7 sp   #---配置队列 7 为 SP 队列，数据被优先发送。
```

#---配置队列 0～6 属于 WRR 分组 1，使用报文个数作为调度权重，分别为 2、1、2、4、6、8、10，具体配置如下。

```
[Sysname-qmprofile-qm1] queue 0 wrr group 1 weight 2
[Sysname-qmprofile-qm1] queue 1 wrr group 1 weight 1
[Sysname-qmprofile-qm1] queue 2 wrr group 1 weight 2
[Sysname-qmprofile-qm1] queue 3 wrr group 1 weight 4
[Sysname-qmprofile-qm1] queue 4 wrr group 1 weight 6
[Sysname-qmprofile-qm1] queue 5 wrr group 1 weight 8
[Sysname-qmprofile-qm1] queue 6 wrr group 1 weight 10
[Sysname-qmprofile-qm1] quit
```

#---把队列调度策略 qm1 应用到 GigabitEthernet1/0/1 端口上，具体配置如下。

```
[Sysname] interface gigabitethernet 1/0/1
[Sysname-GigabitEthernet1/0/1] qos apply qmprofile qm1
```

完成以上配置后，GigabitEthernet1/0/1 端口就会按指定的方式调度队列。

5.7　拥塞避免

拥塞避免（Congestion Avoidance，CA）是一种主动避免发生网络拥塞或拥塞加剧的流量控制机制。它通过监视网络资源（例如队列或内存缓冲区）的使用情况，在拥塞产生或有加剧的趋势时主动丢弃报文，通过调整网络的流量来避免网络过载。设备在丢弃报文时，需要与源端的流量控制动作（例如 TCP 流量控制）配合，调整网络的流量到一个合理的负载状态。丢包策略和源端的流量控制结合，可以使网络的吞吐量和利用效率最大化，并且使报文丢弃和时延最小化。

5.7.1　拥塞避免技术

在出现网络拥塞时，传统的丢包策略采用尾部丢弃（Tail-Drop）的方法，即当队列的长度达到最大值后，所有新到来的报文（不管报文的优先级如何）都将被丢弃。这种丢弃策略会引发 TCP 出现全局同步的现象，导致 TCP 连接始终无法建立。所谓 TCP 全局同步，就是当队列同时丢弃多个 TCP 连接的报文时，将造成多个 TCP 连接同时进入拥塞避免和慢启动的状态，以降低流量，并调整流量，而后又会在某个时间出现流量高峰。如此反复，网络流量忽大忽小，网络不停震荡。

为了避免出现 TCP 全局同步，可使用随机早期检测（Random Early Detection，RED）或加权随机早期检测（Weighted Random Early Detection，WRED）机制。RED 和 WRED

通过随机丢弃报文避免了 TCP 的全局同步现象，使当某个 TCP 连接的报文被丢弃、开始减速发送的时候，其他的 TCP 连接仍然有较高的发送速度。这样，无论在什么时候，总有 TCP 连接处于较快的发送状态，提高了线路带宽的利用率。

RED 机制为每个队列都设定上限和下限，并按以下规则对各队列中的报文进行处理。

- 当队列的报文长度小于下限时，不丢弃报文。
- 当队列的报文长度超过上限时，丢弃所有到来的报文。
- 当队列的报文长度在上限和下限之间时，开始随机丢弃到来的报文。队列越长，丢弃概率越高，但有一个最大丢弃概率。

RED 机制直接采用队列的长度和上下限比较，并进行报文丢弃的方法，将使突发性的数据流出现不公正，不利于数据流的传输。WRED 机制采用平均队列和设置的队列上下限比较来确定丢弃的概率。队列平均长度既反映了队列的变化趋势，又对队列长度的突发变化不敏感，避免出现对突发性数据流不公正的情况。

队列支持基于 DSCP 或 IP 优先级进行 WRED 丢弃。每种优先级都可以独立设置报文丢弃的上下限及丢弃概率。当队列中报文的总长度达到丢弃的下限时，开始丢弃报文。随着队列中报文总长度的增加，丢弃概率不断增加，最高丢弃概率不超过设置的丢弃率，直至队列中报文的总长度达到丢弃的上限，报文会被全部丢弃。这样按照一定的丢弃概率主动丢弃队列中的报文，从而在一定程度上避免出现拥塞问题。

当 WRED 和 WFQ 配合使用时，可以实现基于流的 WRED。在进行分类的时候，不同的流有自己的队列，对于流量小的流，由于其队列长度总是较小，所以丢弃的概率也较小。而流量大的流将会有较大的队列长度，从而丢弃较多的报文，因此，保护了流量较小的流的利益。

WRED 采用的丢弃报文的动作虽然缓解了拥塞对网络的影响，但将报文从发送端转发到被丢弃位置之间所消耗的网络资源已经被浪费了，因此，在拥塞发生时，如果能将网络的拥塞状况告知发送端，使其主动降低发送速率，或减小报文窗口的大小，就可以更高效地利用网络资源。正好 RFC 2481 定义了一种端到端的拥塞通知机制，称为显式拥塞通知（Explicit Congestion Notification，ECN）功能。ECN 功能利用 IPv4 报文头中的差分服务（Differentiated Services，DS）字段来标记报文传输路径上的拥塞状态。支持该功能的终端设备可以通过报文内容判断出传输路径上发生了拥塞，从而调整报文的发送方式，避免拥塞加剧。

ECN 功能对 IPv4 报文头中 DS 字段的最后两位（称为 ECN 域）进行了如下定义。

- 位 6 用于标识发送端设备是否支持 ECN 功能，称为支持 ECN 的传输（ECN-Capable Transport，ECT）位。
- 位 7 用于标识报文在传输路径上是否经历过拥塞，称为经历拥塞（Congestion Experienced，CE）位。

在设备上开启 ECN 功能后，拥塞管理功能将按如下方式处理报文。

- 如果队列长度小于下限，则不丢弃报文，也不对 ECN 域进行识别和标记。
- 如果队列长度在上限和下限之间，则当设备根据丢弃概率计算出需要丢弃某个报文时，将检查该报文的 ECN 域。如果 ECN 域显示该报文由支持 ECN 的终端发出，则设备会将报文的 ECT 位和 CE 位都标记为 1，然后转发该报文；如果 ECN

域显示报文传输路径中已经历过拥塞（即 ECT 位和 CE 位也都为 1），则设备直接转发该报文，不对 ECN 域进行重新标记；如果 ECT 位和 CE 位都为 0，则设备会丢弃该报文。

- 如果队列长度超过上限，则无论报文是否由支持 ECN 的终端发出，都将会被设备丢弃。

5.7.2　WRED 配置

WRED 是通过 WRED 表进行配置的。WRED 的配置步骤见表 5-24。WRED 表是一个基于队列的表，拥塞时根据报文所在队列进行随机丢弃，同一个 WRED 表可以被多个端口同时引用。WRED 表被应用到端口后，用户可以修改 WRED 表的取值，但是不能删除 WRED 表。创建并应用 WRED 后，拥塞时，设备应根据报文所在队列进行随机丢弃。

【注意】在进行 WRED 配置时，需要事先确定以下参数。

- 队列上限和下限：当队列平均长度小于下限时，不丢弃报文。当队列平均长度在上限和下限之间时，设备随机丢弃报文，队列越长，丢弃概率越高。当队列平均长度超过上限时，丢弃所有到来的报文。
- 丢弃优先级：在进行报文丢弃时的参数，0 对应绿色报文，1 对应黄色报文，2 对应红色报文，红色报文将被优先丢弃。
- 计算平均队列长度的指数：指数越大，计算平均队列长度时对队列的实时变化越不敏感。计算队列平均长度的公式为：平均队列长度＝［以前的平均队列长度×$(1-1/2^n)$］＋［当前队列长度×$(1/2^n)$］。其中，n 表示指数。
- 丢弃概率：配置接口应用 WRED 表时，使用百分数的形式表示丢弃报文的概率，取值越大，报文被丢弃的概率越大。

表 5-24　WRED 的配置步骤

步骤	命令	说明
1	**system-view**	进入系统视图
2	**qos wred queue table** *table-name* 例如，[Sysname] **qos wred queue table** queue-table1	创建 WRED 表，同时进入该 WRED 表视图。参数 *table-name* 用来指定要创建的 WRED 表名，为 1~32 个字符的字符串，不包括空格，区分大小写。 默认情况下，没有创建 WRED 表
3	**queue** *queue-id* **weighting-constant** *exponent* 例如，[Sysname-wred-table-queue-table1] **queue 1 weighting-constant** 12	（可选）为指定队列配置计算平均队列长度的指数。 • *queue-id*：指定要配置平均队列长度指数的队列编号，取值为 0~7。 • **weighting-constant** *exponent*：指定计算平均队列长度的指数，取值范围与设备的型号有关，以实际情况为准
4	**queue** *queue-id* [**drop-level** *drop-level*] **low-limit** *low-limit* **high-limit** *high-limit* [**discard-probability** *discard-prob*] 例如，[Sysname-wred-table-queue-table1] **queue 1 drop-level 1 low-limit** 120 **high-limit** 300 **discard-probability** 20	（可选）配置 WRED 表的其他参数。本命令可能需要多次执行，为不同丢弃级别的报文配置命令后面的参数。 • *queue-id*：指定要配置 WRED 表的队列编号，取值为 0~7。 • **drop-level** *drop-level*：可选参数，指定要设置后续参数的丢弃级别，取值为 0~2，0 对应绿色报文，1 对应黄色报文，2 对应红色报文。如果没有指定本参数，则后续配置的参数对该队列所有丢弃级别的报文都生效

步骤	命令	说明
4	**queue** *queue-id* [**drop-level** *drop-level*] **low-limit** *low-limit* **high-limit** *high-limit* [**discard-probability** *discard-prob*] 例如，[Sysname-wred-table-queue-table1] **queue** 1 **drop-level** 1 **low-limit** 120 **high-limit** 300 **discard-probability** 20	• **low-limit** *low-limit*：指出参数 *drop-level* 指定的丢弃级别的报文的平均队列长度下限，不同型号的设备支持的取值范围、单位（有的是 208byte，有的是 256byte 等）和默认值不同，以设备的实际情况为准。 • **high-limit** *high-limit*：指出参数 *drop-level* 指定的丢弃级别的报文的平均队列长度上限，不同型号的设备支持的取值范围、单位（有的是 208byte，有的是 256byte 等）和默认值不同，以设备的实际情况为准，但必须大于 *low-limit*。 • **discard-probability** *discard-prob*：以百分数形式指定以上丢弃级别的报文的丢弃概率，取值为 0～100。 默认情况下，基于队列的 WRED 全局表有一套可用的默认参数，*low-limit* 为 100，*high-limit* 为 1000，*discard-prob* 为 10
5	**queue** *queue-value* **ecn** 例如，[Sysname-wred-table-queue-table1] **queue** 1 **ecn**	（可选）配置队列的拥塞通知功能。参数 *queue-id* 用来指定队列编号，取值为 0～7。在报文的发送端和接收端都支持 ECN 功能时，设备可以通过对 ECN 域的识别和标记将拥塞状况告知终端，避免拥塞加剧。 默认情况下，对任何队列都未开启拥塞通知功能
6	**interface** *interface-type interface-number* 例如，[Sysname] **interface** gigabitethernet 1/0/1	进入二层或三层以太网端口视图
7	**qos wred apply** *table-name* 例如，[Sysname-GigabitEthernet1/0/1] **qos wred apply** queue-table1	在以上接口上应用指定的 WRED 表。 默认情况下，接口上没有应用 WRED 表，即接口采用丢弃措施

完成以上配置后，在任意视图下执行 **display qos wred interface** [*interface-type interface-number*]命令，查看 WRED 配置情况和统计信息；执行 **display qos wred table** [**name** *table-name*] [**slot** *slot-number*]命令，查看 WRED 表的配置情况。

【示例】在 GigabitEthernet1/0/2 端口上应用 WRED 策略，当网络发生拥塞时，采用以下报文丢弃方式。

• 保证高优先级报文尽量通过，区分不同的队列，队列号越大，丢弃概率越低。

• 为队列 0、队列 3、队列 73 各级别配置不同的丢弃概率：即对于队列 0，绿色、黄色、红色报文的丢弃概率分别为 25%、50%、75%；对于队列 3，绿色、黄色、红色报文的丢弃概率分别为 5%、10%、25%；对于队列 7，绿色、黄色、红色报文的丢弃概率分别为 1%、5%、10%。

• 队列 7 开启拥塞通知功能。

#---为队列 0、队列 3、队列 7 配置基于队列的 WRED 表，并为不同队列的不同丢弃优先级配置丢弃参数：绿色报文的平均队列上限为 512 个单位，下限为 128 个单位；黄色报文的平均队列上限为 640 个单位，下限为 256 个单位；红色报文的平均队列上限为 1024 个单位，下限为 512 个单位。各队列各颜色报文的丢弃概率如前文所述，具体配置如下。

```
<Sysname> system-view
[Sysname] qos wred queue table queue-table1
[Sysname-wred-table-queue-table1] queue 0 drop-level 0 low-limit 128 high-limit 512 discard-probability 25
[Sysname-wred-table-queue-table1] queue 0 drop-level 1 low-limit 128 high-limit 512 discard-probability 50
[Sysname-wred-table-queue-table1] queue 0 drop-level 2 low-limit 128 high-limit 512 discard-probability 75
[Sysname-wred-table-queue-table1] queue 3 drop-level 0 low-limit 256 high-limit 640 discard-probability 5
[Sysname-wred-table-queue-table1] queue 3 drop-level 1 low-limit 256 high-limit 640 discard-probability 10
[Sysname-wred-table-queue-table1] queue 3 drop-level 2 low-limit 256 high-limit 640 discard-probability 25
[Sysname-wred-table-queue-table1] queue 7 drop-level 0 low-limit 512 high-limit 1024 discard-probability 1
[Sysname-wred-table-queue-table1] queue 7 drop-level 1 low-limit 512 high-limit 1024 discard-probability 5
[Sysname-wred-table-queue-table1] queue 7 drop-level 2 low-limit 512 high-limit 1024 discard-probability 10
[Sysname-wred-table-queue-table1] queue 7 ecn   #---为队列 7 开启拥塞通知功能
[Sysname-wred-table-queue-table1] quit
```

\# 在 GigabitEthernet1/0/2 端口上应用基于队列的 WRED 表，具体配置如下。

```
[Sysname] interface gigabitethernet 1/0/2
[Sysname-GigabitEthernet1/0/2] qos wred apply queue-table1
[Sysname-GigabitEthernet1/0/2] quit
```

5.8　流量过滤

　　流量过滤就是将符合流分类的流配置流量过滤动作。例如可以根据网络的实际情况禁止从某个源 IP 地址发送的报文通过。通常直接使用 ACL 来进行流量过滤，但使用 QoS 策略同样可以实现流量过滤的功能。

5.8.1　流量过滤配置

　　流量过滤也是 QoS 策略的一种具体应用，其中的流行为就是流量过滤。流量过滤的配置步骤见表 5-25。

表 5-25　流量过滤的配置步骤

步骤	命令	说明
1	**system-view**	进入系统视图
2	**traffic classifier** *tcl-name* [**operator** { **and** | **or** }] 例如，[Switch] **traffic classifier** classifier_1	定义类并进入类视图。参数和选项说明参见 5.2.1 表 5-1 第 2 步
3	**if-match** *match-criteria* 例如，[Switch-classifier-classifier_1] **if-match acl** 3001	定义匹配报文的规则。具体可用的规则参见 5.2.1 表 5-2。如果匹配的规则是 ACL，则要先创建对应的 ACL
4	**quit**	退出类视图，返回系统视图
5	**traffic behavior** *behavior-name* 例如，[Switch] **traffic behavior** behavior_1	定义流行为并进入流行为视图。参数说明参见 5.2.2 表 5-5 第 2 步
6	**filter** { **deny** | **permit** } 例如，[Switch-behavior-behavior_1] **filter deny**	配置流量过滤行为。 • **deny**：二选一选项，表示丢弃报文。 • **permit**：二选一选项，表示允许报文通过。 默认情况下，未配置流量过滤动作

续表

步骤	命令	说明
7	**quit**	退出流行为视图，返回系统视图
8	**qos policy** *policy-name* 例如，[Switch] **qos policy** policy_1	定义策略并进入策略视图。参数说明参见 5.2.3 表 5-6 第 3 步
9	**classifier** *tcl-name* **behavior** *behavior-name* 例如，[Switch-qos policy-policy_1] **classifier** classifier_1 **behavior** behavior_1	在策略中为类指定采用的流行为。参数说明参见 5.2.3 表 5-6 第 3 步
10	**quit**	退出策略视图，返回系统视图
11	应用 QoS 策略，参见 5.2.4 节	

完成以上配置后，可在任意视图下执行 **display traffic behavior user-defined** [*behavior-name*]命令，查看流量过滤配置，验证配置效果。

5.8.2　流量过滤配置示例

一主机通过 GigabitEthernet1/0/1 端口接入交换机（Switch），现要通过流量过滤功能，对该接口接收的源端口号不等于 21 的 TCP 报文进行丢弃。

本示例中是需要对 GigabitEthernet1/0/1 端口收到源端口为 TCP21 的报文采用丢弃措施，可用 IPv4 高级 ACL 配置类匹配规则来匹配报文的源端口号 TCP21，采用 deny 的流量过滤行为最后配置，并在 GigabitEthernet1/0/1 端口入方向上应用 QoS 策略即可，具体的配置步骤如下。

① 定义 IPv4 高级 ACL3000，匹配源端口号等于 21 的数据流，具体配置如下。

```
<Sysname> system-view
[Sysname] sysname Switch
[Switch] acl number 3000
[Switch-acl-basic-3000] rule 0 permit tcp source-port eq 21   #---匹配源端口为 TCP 21 的报文
[Switch-acl-basic-3000] quit
```

② 定义类 classifier_1，匹配高级 ACL3000，具体配置如下。

```
[Switch] traffic classifier classifier_1
[Switch-classifier-classifier_1] if-match acl 3000
[Switch-classifier-classifier_1] quit
```

③ 定义流行为 behavior_1，动作为流量过滤（**deny**），表示对 ACL3000 中匹配的源端口为 TCP21 的报文进行丢弃，具体配置如下。

```
[Switch] traffic behavior behavior_1
[Switch-behavior-behavior_1] filter deny
[Switch-behavior-behavior_1] quit
```

④ 定义策略 policy_1，关联流分类 classifier_1 和流行为 behavior_1，具体配置如下。

```
[Switch] qos policy policy_1
[Switch-qos policy-policy_1] classifier classifier_1 behavior behavior_1
[Switch-qos policy-policy_1] quit
```

⑤ 将策略 policy_1 应用到主机所连接的 GigabitEthernet1/0/1 端口的入方向上，具体配置如下。

```
[Switch] interface gigabitethernet 1/0/1
[Switch-GigabitEthernet1/0/1] qos apply policy policy_1 inbound
```

从以上整个配置中可以看出，在 Gigabitethernet1/0/1 端口上最终应用的结果与 ACL 中的匹配规则相反。在 ACL 中是允许源端口为 TCP21 的报文，其他报文是被禁止的，而通过 QoS 策略中的 **deny** 流行为后，源端口为 TCP21 的报文被最终丢弃了。

5.9　流量统计

用户在维护交换机时，经常想查看某一端口的流量是否正常，是否存在某一个源 IP 地址的流量异常，是否存在严重的丢包现象，这时就用到 QoS 中的流量统计功能。流量统计就是通过与流分类关联，统计符合匹配规则的流。例如可以统计从某个源 IP 地址发送的报文，然后管理员对统计信息进行分析，根据分析情况采取相应的措施。

5.9.1　流量统计配置

流量统计功能也是采用 QoS 策略进行配置的，其中的流行为就是流量统计。流量统计的配置步骤见表 5-26。

表 5-26　流量统计的配置步骤

步骤	命令	说明
1	**system-view**	进入系统视图
2	**traffic classifier** *tcl-name* [**operator** { **and** | **or** }] 例如，[Sysname]**traffic classifier** classifier_1	定义类并进入类视图。参数和选项说明参见 5.2.1 表 5-1 第 2 步
3	**if-match** *match-criteria* 例如，[Sysname-classifier-classifier_1]**if-match acl** 2000	定义匹配报文的规则。具体可用的规则参见 5.2.1 表 5-2
4	**quit**	退出类视图，返回系统视图
5	**traffic behavior** *behavior-name* 例如，[Sysname]**traffic behavior** behavior_1	定义流行为并进入流行为视图。参数说明参见 5.2.2 表 5-5 第 2 步
6	**accounting** [**byte** | **packet**] * 例如，[Sysname-behavior-behavior_1] **accounting byte**	（可选）配置统计动作。 • **byte**：可多选选项，表示基于字节为最小单位进行统计。 • **packet**：可多选选项，表示基于包为最小单位进行统计。这是默认的统计方法。 默认情况下，未配置流量统计动作
7	**quit**	退出流行为视图，返回系统视图
8	**qos policy** *policy-name* 例如，[Sysname] **qos policy** policy_1	定义策略并进入策略视图。参数说明参见 5.2.3 表 5-6 第 2 步
9	**classifier** *tcl-name* **behavior** *behavior-name* 例如，[Sysname-qos policy-policy_1] classifier classifier_1 behavior behavior_1	在策略中为类指定采用的流行为。参数说明参见 5.2.3 表 5-6 第 3 步
10	**quit**	退出策略视图，返回系统视图
11	应用 QoS 策略，参见 5.2.4	

完成以上配置后，可在任意视图下执行 **display traffic behavior user-defined** [*behavior-name*]命令，查看流量统计配置，验证配置效果。

5.9.2 流量统计配置示例

一主机通过 GigabitEthernet1/0/1 端口接入交换机（Switch）。现要通过流量统计功能，统计该主机发送的报文（源 IPv4 地址为 1.1.1.1/24）。

本示例中是需要对 GigabitEthernet1/0/1 端口上接收到的源 IPv4 地址为 1.1.1.1/24 的报文进行统计，可用 IPv4 基本 ACL 配置类匹配规则来匹配报文的源 IPv4 地址，采用流量过滤行为最后配置，并在 GigabitEthernet1/0/1 端口入方向上应用 QoS 策略即可。

① 根据源 IP 地址 1.1.1.1/24 定义一个 IPv4 基本 ACL2000，对源 IP 地址为 1.1.1.1 的报文进行分类，具体配置如下。

```
<Sysname> system-view
[Sysname] sysname Switch
[SwitchA] acl number 2000
[SwitchA-acl-basic-2000] rule permit source 1.1.1.1 0   #---定义源 IPv4 地址为 1.1.1.1/24 的报文
[SwitchA-acl-basic-2000] quit
```

② 定义一个名为 classifier_1 的流分类，匹配上面定义的 IPv4 基本 ACL2000，具体配置如下。

```
[SwitchA] traffic classifier classifier_1
[SwitchA-classifier-classifier_1] if-match acl 2000
[SwitchA-classifier-classifier_1] quit
```

③ 定义一个名为 behavior_1 的流行为，开启流量统计功能，并采用默认的包统计方法，具体配置如下。

```
[SwitchA] traffic behavior behavior_1
[SwitchA-behavior-behavior_1] accounting
[SwitchA-behavior-behavior_1] quit
```

④ 定义一个名为 policy_1 的 QoS 策略，把类 classifier_1 和流行为 behavior_1 关联起来，具体配置如下。

```
[SwitchA] qos policy policy_1
[SwitchA-qos policy-policy_1] classifier classifier_1 behavior behavior_1
[SwitchA-qos policy-policy_1] quit
```

⑤ 将以上策略 policy_1 应用到 GigabitEthernet1/0/1 端口的入方向上，具体配置如下。

```
[SwitchA] interface gigabitethernet 1/0/1
[SwitchA-GigabitEthernet1/0/1] qos apply policy policy_1 inbound
[SwitchA-GigabitEthernet1/0/1] quit
```

⑥ 在 Switch 上执行 **display qos policy interface** gigabitethernet 1/0/1 命令，即可查看 GigabitEthernet1/0/1 端口接收报文的统计情况。

5.10 Nest

Nest 用来为符合流分类规则的流添加一层 VLAN 标签（作为 SVLAN），使携带该 VLAN 标签的报文通过对应网络。例如，从用户网络进入电信运营商网络的 VLAN 报文添加外层 VLAN 标签，使其携带电信运营商网络分配的 VLAN 标签穿越电信运营商网络。

Nest 类似 QinQ 功能，但 QinQ 只会对进入同一端口的报文统一添加端口 PVID 对应的 VLAN 标签，不能区分数据流。Nest 正好弥补了 QinQ 的这一不足。在配置 Nest 时，需要注意的是，如果流分类规则是报文中的私网 VLAN（CVLAN）标签，则报文在进入电信运营商网络设备的端口时，必须携带对应的私网 VLAN 标签，以便端口可以根据报文中携带的 CVLAN 标签来添加对应的外层 VLAN（SVLAN）标签。无论采用哪种流分类规则，在报文离开电信运营商网络时，必须去掉原来添加的外层 VLAN 标签。

5.10.1 Nest 配置

Nest 也是通过 QoS 策略进行配置的，只是此处的流行为仅为添加 VLAN 标签。Nest 的配置步骤见表 5-27。

表 5-27 Nest 的配置步骤

步骤	命令	说明
1	**system-view**	进入系统视图
2	**traffic classifier** *tcl-name* [**operator** { **and** | **or** }] 例如，[Sysname] **traffic classifier** classifier_1	定义一个类，并进入类视图。参数和选项说明参见 5.2.1 表 5-1 第 2 步
3	**if-match** *match-criteria* 例如，[Sysname-classifier-classifier_1] **if-match acl** 3001	定义匹配报文的规则。具体可用的规则参见 5.2.1 表 5-2
4	**quit**	退出类视图，返回系统视图
5	**traffic behavior** *behavior-name* 例如，[Sysname] **traffic behavior** behavior_1	定义流行为并进入流行为视图。参数说明参见 5.2.2 表 5-5 第 2 步
6	**nest top-most vlan** *vlan-id* 例如，[Sysname-behavior-behavior_1] **nest top-most vlan** 100	配置添加报文的外层 VLAN 标签动作。在同一个流行为中多次执行本命令，最后一次执行的命令生效。默认情况下，未配置添加外层 VLAN 标签动作
7	**quit**	退出流行为视图，返回系统视图
8	**qos policy** *policy-name* 例如，[Sysname] **qos policy** policy_1	定义策略并进入策略视图。参数说明参见 5.2.3 表 5-6 第 2 步
9	**classifier** *tcl-name* **behavior** *behavior-name* 例如，[Sysname-qos policy-policy_1] **classifier** classifier_1 **behavior** behavior_1	关联流分类和流行为。参数说明参见 5.2.3 表 5-6 第 3 步
10	**quit**	返回系统视图
11	应用 QoS 策略，参见 5.2.4，支持基于接口、VLAN 和全局入方向应用配置 Nest 的 QoS 策略	

配置好 Nest 功能的 QoS 策略后，用户可以在任意视图下执行 **display qos policy user-defined** [*policy-name* [**classifier** *classifier-name*]]命令，查看 QoS Nest 策略的相关配置信息。

5.10.2 Nest 配置示例

Nest 配置示例的拓扑结构如图 5-23 所示。Site1 和 Site2 是某公司的两个分支机构，连接在不同 PE 上，但业务 VLAN 均为 VLAN10。在电信运营商网络中，分配给这两个分支机构使用的业务 VLAN 为 VLAN100，以实现这两个分支机构用户发送携带私网 VLAN10 标签的报文可以在电信运营商网络中传输。

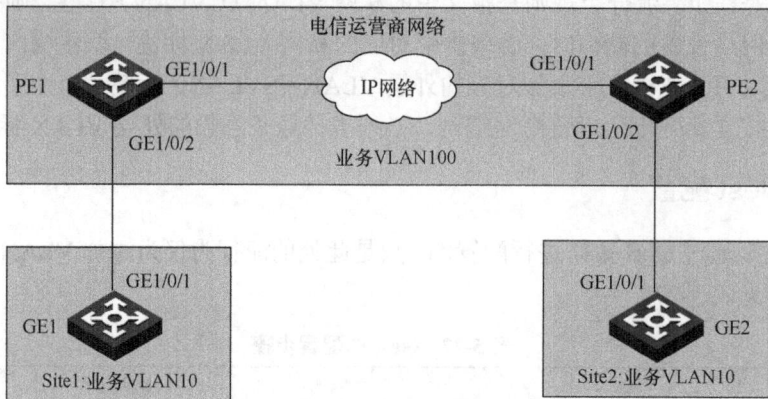

图 5-23   Nest 配置示例的拓扑结构

1. 基本配置思路分析

Nest 的配置思路很简单，就是基于不同的流分类，添加不同的外层 VLAN 标签。本示例中，可以在 PE1 和 PE2 上配置为携带有 VLAN10 标签的报文添加一层 VLAN100 的外层标签，当然还可以为携带其他 VLAN 的报文添加其他的外层 VLAN 标签。创建并配置对应的 QoS 策略后，在 PE1 和 PE2 的 GE1/0/1 端口入方向应用即可。

2. 具体配置步骤

① 在 CE1 和 CE2 上创建 VLAN10，配置 GE1/0/1 端口以带 VLAN10 标签方式向 PE1 或 PE2 发送数据帧。

因为 CE1 和 CE2 上的配置相同，所以在此仅以 CE1 为例介绍。GE1/0/1 端口既可以是 Trunk 类型，又可以是 Hybrid 类型，但必须使 VLAN10 中的报文以带标签的方式发送。建议与链路对端 PE 接口的链路类型保持一致，即 GE1/0/1 端口也采用 Hybrid 类型，具体配置如下。

```
<Sysname> system-view
[Sysname] sysname CE1
[CE1] vlan10
[CE1-VLAN-10] quit
[CE1] interface GigabitEthernet1/0/1
[CE1- GigabitEthernet1/0/1] port link-type hybrid
[CE1- GigabitEthernet1/0/1] port hybrid vlan10 tagged
[CE1- GigabitEthernet1/0/1] quit
```

② 在 PE1 和 PE2 上创建 VLAN100，在用户侧端口 GE1/0/1 上允许 VLAN100 中的帧以不带标签的方式通过，在电信运营商网络中的 GE1/0/2 端口上允许 VLAN100 中的报文以带标签的方式通过。

因为 PE1 和 PE2 上的配置相同，所以在此仅以 PE1 为例进行介绍。GE1/0/1、GE1/0/2 端口既可以是 Trunk 类型，又可以是 Hybrid 类型，GE1/0/1 端口采用 Hybrid 类型配置更加灵活，GE1/0/2 端口通常采用 Trunk 类型配置，具体配置如下。

```
<Sysname> system-view
[Sysname] sysname PE1
```

```
[PE1] vlan100
[PE1-VLAN-100] quit
[PE1] interface gigabitethernet 1/0/1
[PE1-GigabitEthernet1/0/1] port link-type hybrid
[PE1-GigabitEthernet1/0/1] port hybrid vlan100 untagged
[PE1] interface gigabitethernet 1/0/2
[PE1-GigabitEthernet1/0/2] port link-type trunk
[PE1-GigabitEthernet1/0/2] port trunk permit vlan100
[PE1-GigabitEthernet1/0/2] quit
```

③ 在 PE1 和 PE2 上创建 QoS Nest 策略，为符合条件的 VLAN10 帧打上 VLAN100 外层标签，然后在 GE1/0/1 端口入方面上应用该策略。

因为 PE1 和 PE2 上的配置相同，所以在此仅以 PE1 为例介绍。因为 CE 连接的用户发送的报文在到达 PE 端口时，其中仅携带一层私网 VLAN10 标签，该 VLAN 标签是报文的外层 VLAN 标签，所以在配置流分类规则时，要使用 **if-match service-vlan-id** 命令匹配报文中的外层 VLAN 标签，具体配置如下。

```
[PE1] traffic classifier nestclass
[PE1-classifier-nestclass] if-match service-vlan-id 10    #---定义报文中携带 VLAN10 标签的流分类匹配规则
[PE1-classifier-nestclass] quit
[PE1] traffic behavior nestbehav
[PE1-behavior-nestbehav] nest top-most vlan100     #---定义添加 VLAN ID 为 100 的外层 VLAN 标签
[PE1-behavior-nestbehav] quit
[PE1] qos policy nestqos
[PE1-qos policy-nestqos] classifier nestclass behavior nestbehav
[PE1-qos policy-nestqos] quit
[PE1] interface gigabitethernet 1/0/1
[PE1-GigabitEthernet1/0/1] qos apply policy nestqos inbound #---在 GigabitEthernet1/0/1 入方面上应用 QoS 策略
[PE1-GigabitEthernet1/0/1] quit
```

完成以上配置后，用户可以在 PE1 和 PE2 上执行 **display qos policy user-defined** 命令，查看 QoS Nest 策略的配置。

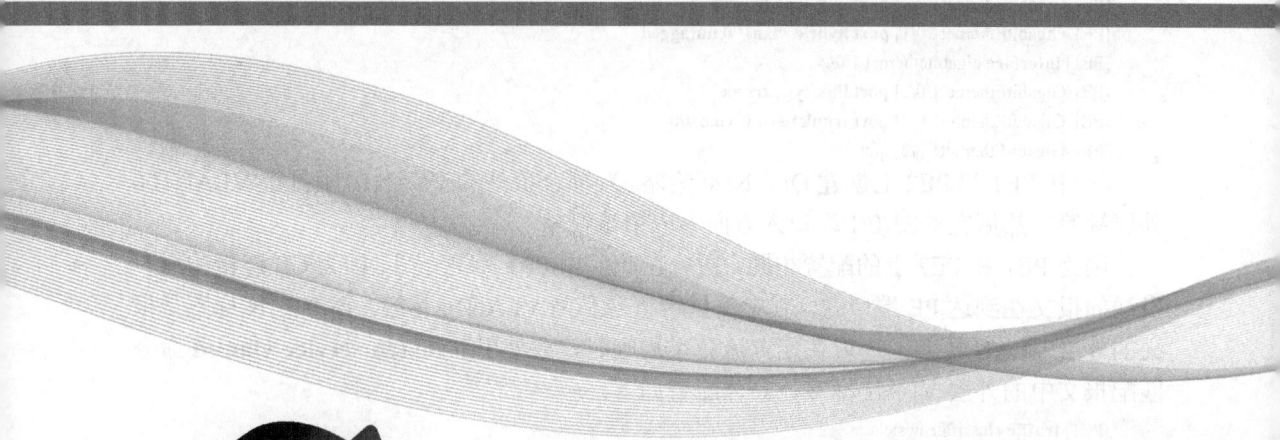

第6章
AAA

本章主要内容

6.1 AAA 基础

6.2 ISP 域配置

6.3 本地用户配置

6.4 RADIUS 配置

6.5 HWTACACS 配置

鉴权、授权和结算（Authentication Authorization and Accounting，AAA）是一种同时包括认证、授权和计费功能的方案，可以对接入网络或登录设备的用户进行认证，对通过认证的用户还可以授权允许访问的网络资源和可执行的命令，对这些用户在访问网络时还可进行查询记录、统计时间和流量等。

AAA 包括本地和远程两种方案：在本地方案中，认证、授权和计费都是由本地设备执行；在远程方案中，由专门的远程身份认证拨号用户服务（Remote Authentication Dial-In User Service，RADIUS）或华为终端访问控制器接入控制系统（HuaWei Terminal Access Controller Access Control System，HWTACACS）等服务器对用户进行认证、授权和计费。

6.1　AAA 基础

AAA 是对用户访问网络的一种安全管理机制，提供了认证、授权和计费 3 种安全功能。

- 认证：验证访问网络的用户身份是否合法。
- 授权：对通过身份验证的用户赋予相应的访问权限，限制用户可以使用的网络服务。
- 计费：对通过身份验证、授权的在线用户记录及其使用网络资源的情况，包括使用的服务类型、起始时间和数据流量等，满足针对时间、流量的计费需求。

针对一个或一类用户，不强制使用以上全部的 3 种 AAA 功能，用户可以根据需要选择其中的一种或两种。例如，公司仅仅想让员工在访问某些特定资源的时候进行身份认证，那么网络管理员只要配置认证服务器即可，但是如果希望对员工使用网络的情况进行记录，那么还需要配置计费服务器。

6.1.1　AAA 基本组网架构

AAA 的基本组网架构如图 6-1 所示，采用的是客户端/服务器（Client/Server，C/S）架构。AAA 客户端运行于网络接入服务器（Network Access Server，NAS）上，通常是接入交换机，负责验证用户身份与管理用户接入，AAA 服务器主要负责集中管理用户信息并对接入用户进行身份验证。

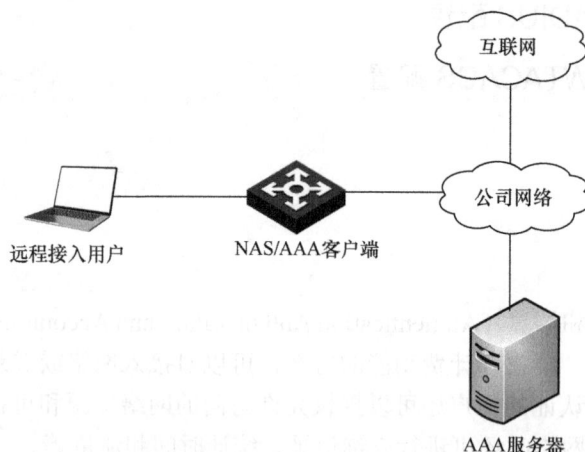

图 6-1　AAA 的基本组网架构

当远程用户想要通过 NAS 获得访问公司网络或取得某些公司网络资源的权利时，首先需要通过 AAA 认证。NAS 负责把用户的认证、授权和计费信息透传给 AAA 服务器。AAA 服务器根据自身的配置对接入用户的身份进行验证，并返回相应的认证结果，然后根据配置对通过认证的用户进行网络资源访问授权和计费。

AAA 可以通过多种协议来实现，这些协议规定了 NAS 与 AAA 服务器之间如何传递用户信息。目前，设备支持 RADIUS 协议、HWTACACS 协议和轻量目录访问协议（Lightweight Directory Access Protocol，LDAP）。可以根据实际组网的需求来决定认证、授权和计费功能各自选择使用哪种服务器协议，例如可以选择 HWTACACS 服务器进行用户认证和授权，RADIUS 服务器对用户进行计费。但如果选择 RADIUS 对用户认证，则对用户授权功能也必须在同一台 RADIUS 服务器上进行配置。

6.1.2 RADIUS 协议简介

RADIUS 是一种分布式的、C/S 结构的通用信息交互协议，能保护网络不被非法访问，或同时保护网络资源不被非法使用。RADIUS 协议合并了认证和授权的过程，因此，如果采用 RADIUS 协议时，认证和授权功能不能分开配置。

RADIUS 最初仅是针对拨号用户的 AAA 协议，后来随着用户接入方式的多样化发展，RADIUS 也适应多种用户接入方式，例如以太网接入、非对称数字用户线（Asymmetric Digital Subscriber Line，ADSL）接入。它通过认证、授权来提供接入服务，通过计费来收集、记录用户对网络资源的使用情况。

1. RADIUS 的 C/S 工作模式

RADIUS 客户端一般位于 NAS（例如各级交换机）上，可以遍布整个网络，负责将用户信息传输到指定的 RADIUS 服务器，然后根据 RADIUS 服务器返回的信息进行相应处理（例如接受/拒绝用户接入）。RADIUS 服务器一般运行在中心计算机或工作站上，维护用户的身份信息和与其相关的网络服务信息，负责接收 NAS 发送的认证、授权和计费请求，并进行相应的处理，然后给 NAS 返回处理结果（例如接受/拒绝认证请求）。另外，RADIUS 服务器还可以作为一个代理，以 RADIUS 客户端的身份与其他的 RADIUS 认证服务器进行通信，负责转发 RADIUS 的认证和计费报文。

RADIUS 服务器通常要维护以下 3 个数据库。

① Users（用户）：存储用户信息（例如用户名、密码，以及使用的网络服务类型、IP 地址等配置信息）。

② Clients（客户端）：存储 RADIUS 客户端的信息（IP 地址、共享密钥等）。

③ Dictionary（字典）：存储 RADIUS 协议中的属性和属性值含义的信息。

2. RADIUS 的报文格式

RADIUS 报文格式如图 6-2 所示，定义了基于 UDP 的报文传输机制，并以 UDP 端口 1812、1813 分别作为认证/授权、计费的端口。

① Code（代码）：1 个字节，用来说明 RADIUS 报文的类型。主要类型 RADIUS 报文中 Code 字段不同取值说明见表 6-1。

② Identifier（标识符）：1 个字节，用于匹配请求报文和响应报文，以及检测在一段时间内重发的请求报文。客户端发送请求报文后，服务器返回的响应报文中的 Identifier 字段值应与请求报文中该字段的值相同。

③ Length（长度）：2 个字节，用于指示 RADIUS 报文的长度，超过该字段值的字节将作为填充字符被忽略；而如果接收到的 RADIUS 报文的实际长度小于该字段值时，则该报文会被丢弃。

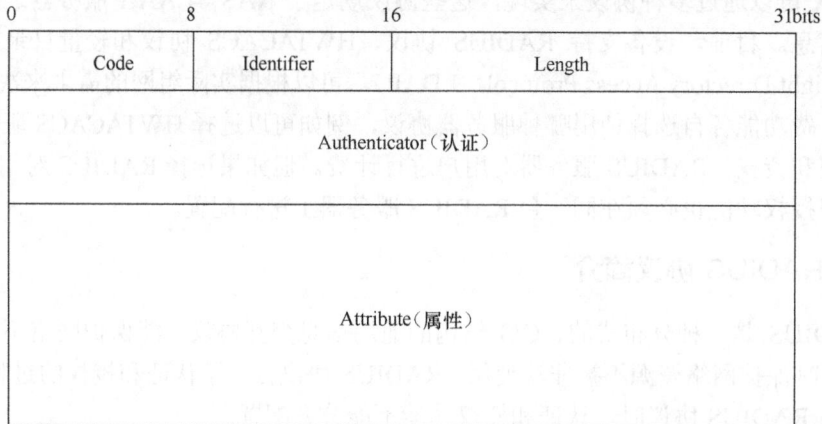

图 6-2　RADIUS 报文格式

表 6-1　主要类型 RADIUS 报文中 Code 字段不同取值说明

Code 字段值	对应的 RADIUS 报文类型	说明
1	Access-Request	认证请求报文，由 RADIUS 客户端向 RADIUS 服务器发送，用于请求服务器对用户身份进行验证。该报文中必须包含 User-Name 属性，可选包含 NAS-IP-Address、User-Password、NAS-Port 等属性
2	Access-Accept	认证接受报文，由 RADIUS 服务器向 RADIUS 客户端发送，是对客户端发送的 Access-Request 报文的确认响应。如果 Access-Request 报文中的所有 Attribute 值都可以接受（即认证通过），则传输该类型报文
3	Access-Reject	认证拒绝报文，由 RADIUS 服务器向 RADIUS 客户端发送，是对客户端发送的 Access-Request 报文的拒绝响应。如果 Access-Request 报文中存在任何无法被接受的 Attribute 值（即认证失败），则传输该类型报文
4	Accounting-Request	计费开始/结束请求报文，由 RADIUS 客户端向 RADIUS 服务器发送，用于请求服务器开始或停止计费。该报文中的 Acct-Status-Type 属性用于区分该报文是计费开始请求，还是计费结束请求
5	Accounting-Response	计费开始/结束响应报文，由 RADIUS 服务器向 RADIUS 客户端发送，是对客户端发送的 Accounting-Request 报文的响应

④ Authenticator（认证）：16 个字节，不同类型报文中的字段值不一样，在认证请求报文中是一个 16 字节的随机数，在认证响应报文中包含了对整个报文的数字签名数据（该签名数据是在共享密钥的参与下，利用 MD5 算法计算出的），用于 RADIUS 客户端对收到的 RADIUS 响应报文进行验证。

⑤ Attribute（属性）：长度不固定，为报文的内容主体，用来携带专门的认证、授权和计费信息，提供请求、响应报文的配置细节。Attribute 字段可以包括多个属性，每个属性都采用（Type、Length、Value）三元组的结构来表示。

- 类型（Type）：1 个字节，取值为 1~255，用于表示属性的类型。
- 长度（Length）：表示该属性（包括类型、长度和属性值）的总长度，单位为字节。
- 属性值（Value）：表示该属性的信息，其格式和内容由"类型"字段值决定，最大长度为 253 个字节。

3. RADIUS 认证、授权和计费流程

RADIUS 客户端和 RADIUS 服务器之间认证消息的交互是通过共享密钥完成的。共享密钥是一个带外传输（不通过网络传输）的客户端和服务器都知道的字符串。在 RADIUS 报文传输的过程中，利用共享密钥加密用户密码。

RADIUS 服务器支持多种方法来认证用户，例如密码认证协议（Password Authentication Protocol，PAP）、挑战握手身份认证协议（Challenge Handshake Authentication Protocol，CHAP），以及可扩展认证协议（Extensible Authentication Protocol，EAP）。

接入设备作为 RADIUS 客户端，负责收集用户信息（例如用户名、密码等），并将这些信息发送到 RADIUS 服务器。RADIUS 服务器则根据这些信息完成用户身份认证，以及认证通过后的用户授权和计费。RADIUS 认证、授权和计费流程如图 6-3 所示，具体说明如下（对应图中的序号）。

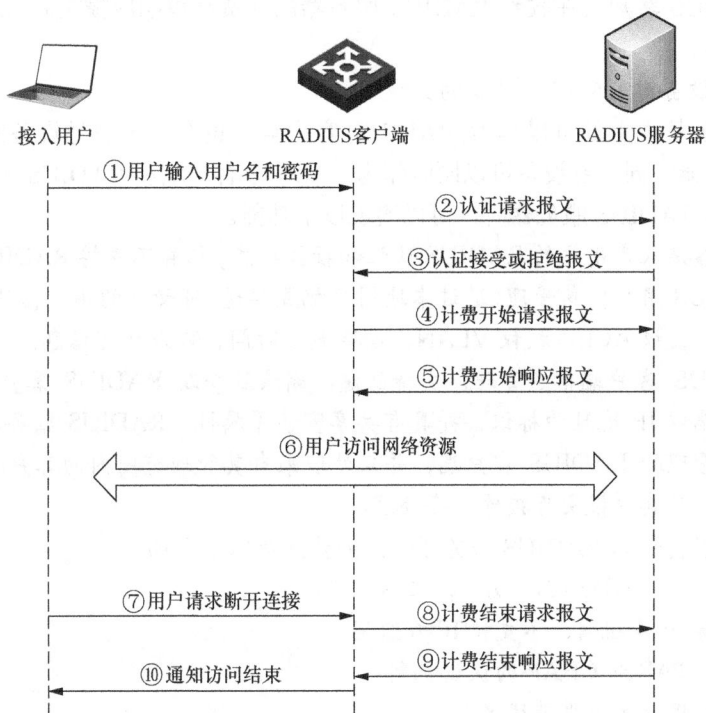

图 6-3 RADIUS 认证、授权和计费流程

① 接入用户发起访问网络的连接请求，由于 RADIUS 客户端配置了 AAA 认证功能，所以需根据系统提示输入用于认证的用户名和密码。

② RADIUS 客户端根据获取的用户名和密码，向 RADIUS 服务器发送认证请求（Access-Request）报文，其中的密码使用共享密钥加密。

③ RADIUS 服务器收到认证请求报文后，对其中的用户名和密码进行认证。如果认证成功，则 RADIUS 服务器向 RADIUS 客户端发送认证接受（Access-Accept）报文；如果认证失败，则返回认证拒绝（Access-Reject）报文。由于 RADIUS 协议合并了认证和授权的过程，所以认证接受报文中也包含了用户的授权信息。

④ RADIUS 客户端根据服务器返回的认证结果，允许或拒绝用户接入。如果允许用户接入，则 RADIUS 客户端向 RADIUS 服务器发送计费开始请求（Accounting-Request）报文。

⑤ RADIUS 服务器在收到客户端的计费开始请求报文后返回计费开始响应（Accounting-Response）报文，并开始计费。

⑥ 接入用户开始访问网络资源。

⑦ 当接入用户不再需要访问网络时，会向 RADIUS 客户端请求断开连接。

⑧ RADIUS 客户端收到接入用户发来的断开连接请求后，向 RADIUS 服务器发送计费停止请求（Accounting-Request）报文。

⑨ RADIUS 服务器在收到客户端的计费停止请求报文后，返回计费结束响应（Accounting-Response）报文，并停止计费。

⑩ RADIUS 客户端在收到 RADIUS 服务器的计费结束响应报文后，通知接入用户结束网络访问。

4. H3C 设备对 RADIUS 协议的支持

H3C 设备基本上都可以作为 RADIUS 客户端，也有许多型号设备同时还可作为 RADIUS 服务器。同一台设备可以同时作为 RADIUS 客户端和 RADIUS 服务器。

设备作为 RADIUS 服务器时，可以实现以下功能。

- 对网络接入类用户的 RADIUS 认证和授权功能，但暂不支持 RADIUS 计费功能。
- RADIUS 用户信息管理：通过本地用户配置实现，可管理的用户信息包括用户名、密码、授权 ACL、授权 VLAN、过期截止时间，以及描述信息。
- RADIUS 客户端信息管理：支持创建、删除及修改 RADIUS 客户端。RADIUS 客户端以 IP 地址为标识，并具有共享密钥等属性。RADIUS 服务器通过配置指定被管理的 RADIUS 客户端，并只处理来自其管理范围内的客户端的 RADIUS 报文，对其他报文直接作丢弃处理。

【注意】设备作为 RADIUS 服务器时，需要注意以下事项。

- 认证端口为 UDP 1812 端口，且不可修改。
- 只支持 IPv4 组网，不支持 IPv6 组网。
- 只支持 PAP 和 CHAP 的认证机制。
- 不支持用户名中携带域名。

6.1.3　HWTACACS 简介

HWTACACS 是在终端访问控制器接入控制系统（Terminal Access Controller Access Control System，TACACS）协议的基础上进行了功能增强的安全协议，兼容 TACACS 和 TACACS+协议。

HWTACACS 协议与 RADIUS 协议类似，也采用 C/S 模式，主要用于点对点协议（Point-to-Point Protocol，PPP）和虚拟专用网拨号网络（Virtual Private Dial-up Network，VPDN）方式接入 Internet 的用户，以及对设备进行操作管理用户的认证、授权和计费。但是，RADIUS 服务器的认证和授权是捆绑在一起运行的，而 HWTACACS 的认证和授权是独立的。

1. HWTACACS 与 RADIUS 的比较

与 RADIUS 相比，HWTACACS 具有更加可靠的传输和加密特性，更加适合于安全控制，RADIUS 使用的是非可靠的 UDP 传输报文，默认情况下，认证、授权和计费端口号分别为 UDP 1812、1812、1813。HWTACACS 使用的是可靠的 TCP 传输报文，默认情况下，认证、授权和计费端口号均为 TCP 49。

HWTACACS 协议与 RADIUS 协议的主要区别见表 6-2。

表 6-2　HWTACACS 协议与 RADIUS 协议的主要区别

比较项目	HWTACACS 协议	RADIUS 协议
使用的传输层协议	使用 TCP，网络传输更可靠，但传输效率低	使用 UDP，不可靠，但传输效率高
加密方式	除了 HWTACACS 报文头，对报文主体全部进行加密	只是对认证报文中的密码字段进行加密，其他信息未被加密，例如用户名、授权和计费信息等
认证与授权是否分离	认证与授权分离，认证与授权可以在不同的服务器上进行，在服务器部署方面更加灵活	认证与授权结合，不能分离，服务器的认证接受报文（Access-Accept）中包含授权信息
主要应用	更适用于安全控制	更适用于计费
是否支持对配置命令进行授权	支持，用户可使用的命令行受到用户角色和 AAA 授权的双重限制，某角色的用户输入的每条命令都需要通过 HWTACACS 服务器授权，如果授权通过，命令就可以被执行	不支持

2. HWTACACS 的报文格式

上节介绍的 RADIUS 协议，所有类型报文均采用相同的报文格式，而在 HWTACACS 协议中，不同类型的报文只是具有相同的报文头，报文主体是不同的。HWTACACS 报头格式如图 6-4 所示，共 12 个字节，各字段说明如下。

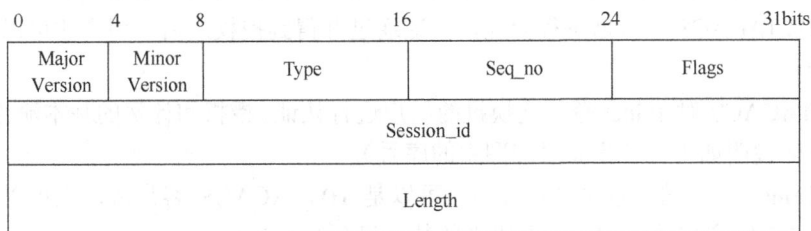

图 6-4　HWTACACS 报头格式

① Major Version：4bits，表示 HWTACACS 协议主版本号，当前版本号为 0xc。

② Minor Version：4bits，表示 HWTACACS 协议次版本号，当前版本号为 0x0。

③ Type：1 个字节，表示 HWTACACS 协议报文类型，包括认证（0x01）、授权（0x02）和计费（0x03）。

④ Seq_no：1 个字节，表示当前报文的序列号，取值为 1~254。

⑤ Flags：1 个字节，表示报文主体加密标记，目前只支持 8 位中的第 1 位，取值为"0"时，表示对报文主体加密，取值为"1"时，表示不对报文主体加密。

⑥ Session_id：4 个字节，表示当前会话 ID，HWTACACS TCP 会话的唯一标识。

⑦ Length：4 个字节，表示 HWTACACS 报文主体的长度，**不包括报头**。

3．HWTACACS 报文类型

HWTACACS 包括以下 3 种认证报文。

① Authentication Start：认证开始报文。在认证开始时，HWTACACS 客户端向服务器发送该报文，请求服务器对用户进行认证。该报文中包括认证类型、用户名和一些认证数据。

② Authentication Continue：认证持续报文。HWTACACS 客户端接收到服务器回应的 Authentication Reply 报文后，如果发现认证过程没有结束，则使用该报文响应。

③ Authentication Reply：认证应答报文。HWTACACS 服务器接收到客户端发送的 Authentication Start 报文或 Authentication Continue 报文后，向客户端发送该报文，反馈当前认证的状态。

HWTACACS 包括以下两种授权报文。

① Authorization Request：授权请求报文。HWTACACS 客户端向服务器发送该报文，请求服务器为用户进行授权。该报文中包括了授权所需的一切信息。

② Authorization Response：授权响应报文。HWTACACS 服务器接收到 Authorization Request 报文后，向客户端发送该报文进行响应。该报文中包括了授权的结果。

HWTACACS 包括以下两种计费报文。

① Accounting Request：计费请求报文。HWTACACS 客户端向服务器发送该报文，请求服务器对用户的网络访问开始或结束计费。该报文中包括了计费所需的信息。

② Accounting Response：计费响应报文。HWTACACS 服务器收到 Accounting Request 报文后，向客户端发送该报文进行响应，开始或结束计费。

4．HWTACACS 认证、授权和计费流程

HWTACACS 主要用于远程登录用户（非直接 LAN 访问用户）的访问控制和计费，交换机作为 HWTACACS 的客户端，充当中间代理，将请求认证的用户的用户名和密码发送给 HWTACACS 服务器进行验证，验证通过并得到授权之后，用户才可以登录到交换机上操作。

HWTACACS 对 Telnet 登录交换机的用户进行认证、授权和计费的基本流程如图 6-5 所示，具体说明如下（各步骤对应图中的序号）。

① Telnet 用户请求登录网络设备（可以是 HWTACACS 客户端，也可以是需经过 HWTACACS 客户端才能到达的网络中的其他设备）。

② HWTACACS 客户端收到用户的 Telnet 登录请求之后，向 HWTACACS 服务器发送认证开始报文。

③ HWTACACS 服务器收到客户端发来的认证开始报文后，向 HWTACACS 客户端返回认证应答报文，请求用户名。

④ HWTACACS 客户端收到服务器返回的认证应答报文后，向用户申请用户名。

⑤ Telnet 用户按照系统提示输入用户名。

⑥ HWTACACS 客户端收到用户提交的用户名后，向 HWTACACS 服务器发送认证持续报文和用户名。

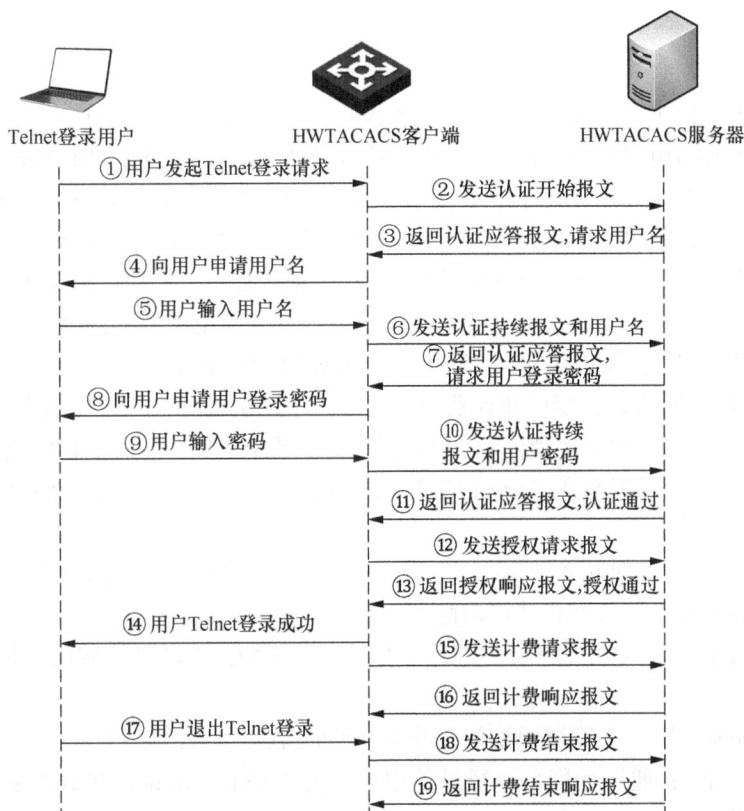

图 6-5 HWTACACS 对 Telnet 登录交换机的用户进行认证、授权和计费的基本流程

⑦ HWTACACS 服务器收到认证持续报文后,返回认证应答报文,请求用户登录密码。

⑧ HWTACACS 客户端收到认证应答报文后,向用户申请用户登录密码。

⑨ 用户按照系统提示输入密码。

⑩ HWTACACS 客户端收到需要认证的用户密码后,向 HWTACACS 服务器发送认证持续报文和用户密码。

⑪ 如果认证成功,则 HWTACACS 服务器向客户端返回认证应答报文,指示用户认证通过。

⑫ HWTACACS 客户端收到认证应答报文后,得知用户已通过认证。如果配置了功能,则再向 HWTACACS 服务器发送授权请求报文。

⑬ 如果授权成功,则 HWTACACS 服务器向客户端返回授权响应报文,指示用户授权通过。

⑭ HWTACACS 客户端收到授权响应报文,得知用户已授权成功后,向用户输出设备的配置界面,允许用户登录。

⑮ 如果配置了计费功能,HWTACACS 客户端再向服务器发送计费(开始)请求报文。

⑯ HWTACACS 服务器收到计费开始报文后,返回计费(开始)响应报文,并开始计费。

⑰ 当 Telnet 用户不需要登录设备时,请求断开连接,用户退出 Telnet 登录。

⑱ HWTACACS 客户端收到用户的断开连接请求后,向服务器发送计费结束报文。

⑲ HWTACACS 服务器收到计费结束报文,返回计费结束响应报文,结束计费。

6.1.4 ISP 域

因特网服务提供商（Internet Service Provider，ISP）域即 ISP 用户群，通常是把经过同一个 ISP 接入的用户划分到同一个 ISP 域中，NAS 基于 ISP 域对用户进行管理。

在用户接入与认证中使用 ISP 域配置，主要是应用于存在多个 ISP 的应用环境中，因为同一个接入设备接入的有可能是不同 ISP 的用户。由于各 ISP 用户的用户属性（例如用户名及密码构成、服务类型/权限等）有可能各不相同，所以有必要通过设置 ISP 域的方法把它们区别开。如果只有一个 ISP，则可以直接使用系统的默认域 system。

在 ISP 域视图下，可以为每个 ISP 域配置包括使用的 AAA 策略在内的一整套单独的 ISP 域属性。用户的认证、授权和计费都是通过在用户所属的 ISP 域视图下应用预先配置的认证、授权和计费方案来实现的。用户所属的 ISP 域是由其登录时提供的用户名决定的。

① 如果用户登录时输入 “*userid@domain-name*” 形式的用户名，则其所属的 ISP 域为 *domain-name* 域。

② 如果用户登录时输入 “*userid*” 形式的用户名，则其所属的 ISP 域为接入设备上配置的默认 ISP 域（默认 ISP 域可以配置，默认为 system）。

为便于对不同接入方式的用户进行区分管理，AAA 还可以将域用户划分为以下 4 种类型。

① lan-access 用户（局域网访问用户）：通过 LAN 接入的用户。

② login 用户：通过远程网络登录的用户，例如 SSH、Telnet、Terminal 或 FTP 方式登录设备的用户。

③ Portal 接入用户：通过 Portal 认证中的 Web 页面接入的用户。

④ HTTP/HTTPS 用户：使用 HTTP 或 HTTPS 服务登录设备的用户。

对于某些接入方式，用户最终所属的 ISP 域可由相应的认证模块（例如 802.1x）提供命令行来指定，用于满足一定的用户认证管理策略。

用户类型的划分可使 AAA 为用户指定认证、授权和计费方案的方法更加灵活。不仅可以在 ISP 域视图下针对不同的用户接入方式，配置不同的认证、授权和计费方案，在某些特定的场景下，当用户输入的用户名必须为 “*userid*” 形式（某些特殊的客户端不允许输入带后缀的用户名）时，还可以通过用户的不同接入类型，为用户选择不同的认证、授权和计费方案。

6.1.5 认证、授权和计费方法

一个 ISP 域对应着设备上一套实现 AAA 的配置策略，即针对该域用户制定的一套认证、授权和计费方法。

1. 认证方法

AAA 支持以下认证方式。

（1）不认证

该方式对接入用户信任，不进行合法性检查。一般情况下，不采用这种认证方式。

（2）本地认证

该方式采用接入设备本地存储的用户信息对用户进行验证，其优点是速度快，可以降

低运营成本；其缺点是存储信息量受设备硬件条件（例如闪存大小）和设备性能限制。

（3）远端认证

该方式认证过程在接入设备和远端的服务器之间完成，接入设备和远端服务器之间通过 RADIUS、HWTACACS 或 LDAP 通信。远端认证的优点是用户信息集中在服务器上统一管理，可实现大容量、高可靠性、高性能、支持多设备的集中式统一认证。当远端服务器无效时，可配置备选认证方式完成认证。

对于登录用户，在不退出当前登录，不断开当前连接的前提下，用户将当前的用户角色切换为其他用户角色时，只有通过服务器的认证，才能切换成功。

2．授权方法

AAA 支持以下授权方法。

（1）不授权

该方法接入设备不向服务器请求授权信息，不对用户可以使用的操作，以及用户允许使用的网络服务进行授权。此时，认证通过的登录用户只有系统给予的默认用户角色 level-0。其中，FTP/SFTP/SCP 用户的工作目录是设备的根目录，但并无访问权限；认证通过的非登录用户，可直接访问网络。

（2）本地授权

该方法授权过程在接入设备上进行，根据接入设备上为本地用户配置的相关属性进行授权。

（3）远端授权

该方法授权过程在接入设备和远端服务器之间完成。RADIUS 协议的认证和授权是绑定在一起的，不能单独使用 RADIUS 授权。RADIUS 认证成功后，才能进行授权，**RADIUS 授权信息携带在认证响应报文中下发给用户**。HWTACACS/ LDAP 的授权与认证相分离，在认证成功后，授权信息通过授权报文交互。当远端服务器无效时，可配置备用授权方式完成授权。

对于登录用户，采用 HWTACACS 服务器授权时，用户执行的每条命令都需要接受授权服务器的检查，只有授权成功的命令才被允许执行。

3．AAA 计费

AAA 支持以下计费方式。

（1）不计费

该方式不对用户计费。

（2）本地计费

该方式计费过程在接入设备上完成，实现了本地用户连接数的统计和限制，并没有实际的费用统计功能。

（3）远端计费

该方式计费过程在接入设备和远端的服务器之间完成。当远端服务器无效时，可配置备用计费方式完成计费。

对于登录用户，如果在 HWTACACS 服务器上未开启命令行授权功能，则计费服务器记录用户执行过的全部有效命令；如果开启了命令行授权功能，则计费服务器仅记录授权通过的命令。

6.1.6　AAA 配置任务

AAA 的主要配置任务（不包括 LDAP 方案）见表 6-3，只有第（2）项配置任务是必选的，其他两项配置任务可根据实际用户需要进行选择配置。

表 6-3　AAA 的主要配置任务（不包括 LDAP 方案）

主配置任务	子配置任务
（1）（可选）配置 ISP 域	创建 ISP 域并配置相关属性
	在 ISP 域中配置实现 AAA 的方法
（2）配置 AAA 方案（多选一）	配置本地用户（用于本地认证、授权和计费）
	配置 RADIUS 方案
	配置 HWTACACS 方案
（3）（可选）配置 AAA 高级功能	限制同时在线的最大用户连接数
	配置 NAS-ID
	配置设备 ID
	配置密码，修改周期性提醒日志功能
	配置设备作为 RADIUS 服务器
	配置连接记录策略
	配置 AAA 请求测试功能

6.2　ISP 域配置

默认情况下，设备中的用户都是在默认的 ISP 域（该域不能删除，但可以修改配置）system 中，因此，可以不用另外创建 ISP 域。但如果网络中的接入用户存在多个 ISP 域，则需要为不同的用户群创建对应的 ISP 域。通过在 ISP 域视图下引用预先配置的认证、授权和计费方案来实现对用户的认证、授权和计费。每个 ISP 域中都可配置默认的认证、授权和计费方法。如果用户所属的 ISP 域下未应用任何认证、授权和计费方法，则系统将使用该默认的认证、授权和计费方法。

用户认证时，设备将按照如下先后顺序为其选择认证域：接入模块指定的认证域→用户名中指定的 ISP 域→系统默认的 ISP 域。其中，接入模块是否支持指定认证域由各接入模块决定。如果根据以上原则决定的认证域在设备上不存在，但设备上为未知域名的用户指定了 ISP 域，则最终使用该指定的 ISP 域认证，否则，用户将无法认证。

ISP 域配置包括以下 3 项配置任务。

① 创建并配置 ISP 域，包括创建非默认 ISP 域，配置不带域名的用户的默认 ISP 域，配置未知域名用户的 ISP 域。

② 配置 ISP 域的属性，包括配置 ISP 域的状态，配置 ISP 域的用户授权属性，设置设备上传到服务器的用户在线时间中保留闲置切断的时间。

③ 在 ISP 域中配置实现 AAA 的方法，包括配置 ISP 域的认证、授权和计费方法。

ISP 域的配置步骤见表 6-4。

表 6-4　ISP 域的配置步骤

步骤	命令	说明
1	**system-view**	进入系统视图
以下第 2~4 步为创建并配置 ISP 域		
2	**domain default enable** *isp-name* 例如，[Sysname] **domain default enable** test	（可选）配置默认的 ISP 域，**该 ISP 域必须已经存在**。配置默认的 ISP 域后，所有不带域名的用户都属于这个域。 配置为默认的 ISP 域不能被删除。如果需要删除一个系统默认的 ISP 域，则请先使用 **undo domain default enable** 命令将其恢复为非默认的 ISP 域。 默认情况下，系统默认的 ISP 域为 system。**系统中只能存在一个默认的 ISP 域**。指定新的默认 ISP 域后，原来系统默认的 system 域不再作为默认 ISP 域
3	**domain if-unknown** *isp-name* 例如，[Sysname] **domain if-unknown** test	（可选）配置携带未知域名（设备上没有创建该用户名中携带的 ISP 域）的用户所加入的 ISP 域，**该 ISP 域必须已经存在**。 设备将按照顺序选择认证域：接入模块指定的认证域→用户名中指定的 ISP 域→系统默认的 ISP 域。默认的情况下，没有为未知域名的用户指定 ISP 域
4	**domain** *isp-name* 例如，[Sysname] **domain** domain	创建新的 ISP 域并进入其视图，参数 *isp-name* 用来指定新建的 ISP 域的域名，为 1~255 个字符的字符串，不区分大小写，但不能包括 "/"、"\"、"|"、"""、":"、"*"、"?"、"<"、">" 以及 "@" 字符，且不能为字符串 "d" "de" "def" "defa" "defau" "defaul" "default" "i" "if" "if-" "if-u" "if-un" "if-unk" "if-unkn" "if-unkno" "if-unknow" 和 "if-unknown"。 所有新建的 ISP 域都处于 **active** 状态。建议设备上配置的 ISP 域名尽量短，避免用户输入的包含域名的用户名长度超过客户端可支持的最大用户名长度。 默认情况下，系统存在一个名称为 system 的 ISP 域，**不能被删除，只能修改**
以下第 5~7 步为配置 ISP 的属性		
5	**state { active | block }** 例如，[Sysname-isp-dinaxin] **state block**	（可选）设置 ISP 域的状态。 • **active**：二选一选项，指定当前 ISP 域处于活动状态，即系统允许该域下的用户请求网络服务。 • **block**：二选一选项，指定当前 ISP 域处于 Blocking 状态，即系统不允许该域下的用户请求网络服务。 默认情况下，所有新建的 ISP 域均处于活动状态
6	**authorization-attribute** { **acl** *acl-number* | **car inbound cir** *committed-information-rate* [**pir** *peak-information-rate*] **outbound cir** *committed-information-rate* [**pir** *peak-information-rate*] | **igmp max-access-number** *max-access-number* | **ip-pool** *ipv4-pool-name* | **ipv6-pool** *ipv6-pool-name* | **mld max-access-number** *max-access-number* | **url** *url-string* | **user-group** *user-group-name* | **user-profile** *profile-name* }	（可选）设置当前 ISP 域下的用户授权属性。 • **acl** *acl-number*：多选一参数，通过 ACL 指定用户被授权访问的网络资源，只对 **Portal**、**lan-access** 用户生效。与授权 ACL 规则匹配的流量，将按照规则中指定的 **permit** 或 **deny** 动作处理。 • **car**：多选一参数，指定授权用户的流量监管动作，只对 **Portal** 用户生效。Portal 用户在认证前，该域中的用户流量将受到指定的流量监管动作控制。 • **inbound cir** *committed-information-rate*：指定用户上传流量的承诺速率，取值为 1~4194303，单位为 kbit/s。 • **outbound cir** *committed-information-rate*：指定用户下载流量的承诺速率，取值为 1~4194303，单位为 kbit/s

步骤	命令	说明
6	例如，[Sysname-isp-test] **authorization-attribute user-group** user1	• **pir** *peak-information-rate*：可选参数，指定授权用户上传或下载流量的峰值信息速率，取值为 1～4194303，单位为 kbit/s，且不能小于该用户的上传或下载流量的承诺信息速率。如果不指定该参数，则表示不限制用户上传、下载流量峰值信息速率。 • **igmp max-access-number** *max-access-number*：多选一参数，指定 IPv4 用户可以同时点播的最大节目数，取值为 1～64。**此属性只对 Portal 用户生效。** • **ip-pool** *ipv4-pool-name*：多选一参数，指定为用户分配 IPv4 地址的地址池。**此属性只对 Portal 用户生效。** • **ipv6-pool** *ipv6-pool-name*：多选一参数，指定为用户分配 IPv6 地址的地址池。**此属性只对 Portal 用户生效。** • **mld max-access-number** *max-access-number*：指定 IPv6 用户可以同时点播的最大节目数，取值为 1～64。**此属性只对 Portal 用户生效。** • **url** *url-string*：多选一参数，指定用户的重定向 URL，为 1～255 个字符的字符串，区分大小写。**此属性只对 lan-access 用户生效。**用户认证成功后，首次访问网络时将向其推送此 URL 提供的 Web 页面。 • **user-group** *user-group-name*：多选一参数，指定用户所属用户组。用户认证成功后，将继承该用户组中的所有属性。 • **user-profile** *profile-name*：多选一参数，指定用户的授权 User Profile。**此属性只对 Portal、lan-access 用户生效。** Portal 用户在认证前，如果被授权认证域，则其访问行为将受到该域中的 User Profile 配置的限制。 默认情况下，当前 ISP 域下的用户闲置切断功能处于关闭状态，IPv4 用户可同时点播的最大节目数为 4，IPv6 用户可以同时点播的最大节目数为 4，没有其他授权属性
7	**session-time include-idle-time** 例如，[Sysname-isp-test] **session-time include-idle-time**	（可选）设置在设备上传到服务器的用户在线时间中保留闲置切断时间。 当用户异常下线时，上传到服务器上的用户在线时间中包含了一定的闲置切断时间，此时服务器上记录的用户时长将大于用户实际在线时长。该闲置切断时间在用户认证成功后由 AAA 授权，对于 Portal 认证用户，如果接入接口上开启了 Portal 用户在线探测功能，则将 Portal 在线探测闲置时长设为闲置切断时间。 默认情况下，在设备上传到服务器的用户在线时间中扣除闲置切断时间
以下第 8～14 步为在 ISP 域中配置认证、授权和计费方法		
8	非 FIPS 模式下： {**authentication** | **authorization** | **accounting** } **default** { **hwtacacs-scheme** *hwtacacs-scheme-name* [**radius-scheme** *radius-scheme-name*] [**local**] [**none**] | **ldap-scheme** *ldap-scheme-name* [**local**] [**none**] | **local** [**none**] | **none** | **radius-scheme** *radius-scheme-name*	（可选）为当前 ISP 域配置默认的认证、授权和计费方法。 当前 ISP 域的默认的认证、授权和计费方法将作用于该域中所有未指定具体认证、授权和计费方法的接入用户，但如果某类型的用户不支持所指定的默认认证、授权和计费方法，则该方法对于这类用户不生效。可以指定多个备选的认证、授权和计费方法，在当前的方法无效时，按照配置顺序尝试使用命令中指定的可选的备用方法完成认证、授权和计费。 • **authentication**：多选一选项，指定配置当前 ISP 域的默认的认证方法

步骤	命令	说明
8	[hwtacacs-scheme *hwtacacs-scheme-name*] [local] [none] } FIPS 模式下： {authentication | authorization | accounting } default { hwtacacs-scheme *hwtacacs-scheme-name* [radius-scheme *radius-scheme-name*] [local] | ldap-scheme *ldap-scheme-name* [local] | local | radius-scheme *radius-scheme-name* [hwtacacs-scheme *hwtacacs-scheme-name*] [local] } 例如，[Sysname-isp-test] **authentication default radius-scheme** rd **local**	• **authorization**：多选一选项，指定配置当前 ISP 域的默认授权方法。 • **accounting**：多选一选项，指定配置当前 ISP 域的默认计费方法。 • **hwtacacs-scheme** *hwtacacs-scheme-name* [**radius-scheme** *radius-scheme-name*] [**local**] [**none**]（FIPS 模式下，没有 **none** 可选项）：多选一参数，指定首先采用 HWTACACS 方案，当 HWTACACS 方案无效时，则采用 RADIUS 方案；如果 RADIUS 方案依然无效，则采用本地方式；如果本地方式依然无效，则不认证、授权和计费（FIPS 模式下，不能采用该方式）。 • **ldap-scheme** *ldap-scheme-name* [**local**] [**none**]（FIPS 模式下，没有 **none** 可选项）：多选一参数，仅可用于配置默认认证方法，不能应用于配置默认授权和计费方法。指定首先采用 LDAP 方案进行认证，如果 LDAP 方案无效，则采用本地认证方式；如果本地认证方式依然无效，则不认证（FIPS 模式下，不能采用不认证方式）。 • **local** [**none**]（FIPS 模式下没有 **none** 可选项）：多选一选项，指定首先采用本地方式，如果本地方式依然无效，则不进行认证、授权和计费（FIPS 模式下，不能采用该方式）。 • **none**：多选一选项，指定不认证、授权和计费。FIPS 模式下，不支持。 • **radius-scheme** *radius-scheme-name* [**hwtacacs-scheme** *hwtacacs-scheme-name*] [**local**] [**none**]（FIPS 模式下没有 **none** 可选项）：多选一参数，指定先采用 RADIUS 方案，当 RADIUS 方案无效时，采用 HWTACACS 方案；如果 HWTACACS 方案无效，则采用本地方式；如果本地方式无效，则不认证、授权和计费（FIPS 模式下，不能采用该方式）。 默认情况下，当前 ISP 域的默认认证、授权和计费方式均为 local（本地方式）
9	非 FIPS 模式下： { authentication | authorization | accounting } lan-access { ldap-scheme *ldap-scheme-name* [local] [none] | broadcast radius-scheme *radius-scheme-name*1 radius-scheme *radius-scheme-name*2 [local] [none] | local [none] | none | radius-scheme *radius-scheme-name* [local] [none] } FIPS 模式下： { authentication | authorization | accounting } lan-access { ldap-scheme *ldap-scheme-name* [local] | local | broadcast radius-scheme *radius-scheme-name*1 radius-scheme *radius-scheme-name*2 [local] | radius-scheme *radius-scheme-name* [local] } 例如，[Sysname-isp-test] **authentication lan-access radius-scheme** rd **local**	（可选）为 lan-access 用户配置认证、授权和计费方法，**不支持 HWTACACS 认证方案**。 • **ldap-scheme** *ldap-scheme-name*：多选一参数仅用于指定 **LADP** 认证方案，不能作为授权和计费方法。 • **broadcast radius-scheme** *radius-scheme-name*1 **radius-scheme** *radius-scheme-name*2 [**local**] [**none**]：多选一参数，**仅可用于为 lan-access 用户配置计费方法**。指定采用广播 RADIUS 计费方案，即同时向指定的两个 RADIUS 方案中的计费服务器发送计费请求；如果 RADIUS 方案里的主计费服务器（*radius-scheme-name*1）不可达，则按照配置顺序依次尝试向该 RADIUS 方案里的从计费服务器（*radius-scheme-name*2）发送计费请求；如果两个 RADIUS 方案均无效，则采用本地方式计费；如果本地计费方式还无效，则不计费（FIPS 模式时，不能采用不计费方式）。 • 其他各参数、选项和各组认证、授权和计费方法的说明参见第 8 步。 默认情况下，lan-access 用户采用默认的认证、授权和计费方法

续表

步骤	命令	说明
10	非 FIPS 模式下： **{ authentication	authorization	accounting } login { hwtacacs-scheme** *hwtacacs-scheme-name* **[radius-scheme** *radius-scheme-name* **] [local]** **[none]	ldap-scheme** *ldap-scheme-name* **[local] [none]** **| local [none]	none |** **radius-scheme** *radius-scheme-name* **[hwtacacs-scheme** *hwtacacs-scheme-name* **]** **[local] [none] }** FIPS 模式下： **{ authentication |** **authorization	accounting }** **login { hwtacacs-scheme** *hwtacacs-scheme-name* **[radius-scheme** *radius-scheme-name* **] [local]	ldap-scheme** *ldap-scheme-name* **[local]	local	radius-scheme** *radius-scheme-name* **[hwtacacs-scheme** *hwtacacs-scheme-name* **] [local] }** 例如，[Sysname-isp-test] **authentication login radius-scheme** rd **local**	（可选）为 login 用户配置认证、授权和计费方法。 • 多选一参数，**ldap-scheme** *ldap-scheme-name* **仅用于指定 LADP 认证方案，不能作为授权和计费方法。** • 其他各参数、选项和各组认证方法的说明参见第 8 步。 默认情况下，login 用户采用默认的认证、授权和计费方法
11	非 FIPS 模式下： **{ authentication	authorization	accounting } portal { ldap-scheme** *ldap-scheme-name* **[local] [none]	broadcast radius-scheme** *radius-scheme-name*1 **radius-scheme** *radius-scheme-name*2 **[local] [none] |** **local [none]	none	radius-scheme** *radius-scheme-name* **[local] [none] }** FIPS 模式下： **{ authentication |** **authorization	accounting }** **portal { ldap-scheme** *ldap-scheme-name* **[local] |** **broadcast radius-scheme** *radius-scheme-name*1 **radius-scheme** *radius-scheme-name*2 **[local] [none]	local |** **radius-scheme** *radius-scheme-name* **[local] }** 例如，[Sysname-isp-test] **authentication portal radius-scheme** rd **local**	（可选）为 Portal 用户配置认证、授权和计费方法，**不支持 HWTACACS 认证方案。** • **ldap-scheme** *ldap-scheme-name*：多选一参数，仅用于指定 LADP 认证方案，不能作为授权和计费方法。 • **broadcast radius-scheme** *radius-scheme-name*1 **radius-scheme** *radius-scheme-name*2 **[local] [none]**：多选一参数，仅可用于为 Portal 用户配置计费方法。指定采用广播 RADIUS 计费方案，即同时向指定的两个 RADIUS 方案中的计费服务器发送计费请求。 • 其他各参数、选项和各组认证方法的说明参见第 8 步。 默认情况下，Portal 用户采用默认的认证、授权和计费方法

步骤	命令	说明
12	**authentication super** { **hwtacacs-scheme** *hwtacacs-scheme-name* | **radius-scheme** *radius-scheme-name* } * 例如，[Sysname-isp-test] **authentication super hwtacacs-scheme** tac	（可选）配置用户角色切换认证方法。 切换用户角色是指在不退出当前登录、不断开当前连接的前提下修改用户角色，改变用户所拥有的命令行权限。为了保证切换操作的安全性，需要在用户执行用户角色切换时进行身份认证。**只能采用 RADIUS 或 HWTACACS 认证方案，不能采用本认证方案。** • **hwtacacs-scheme** *hwtacacs-scheme-name*：可多选参数，指定用户角色切换时所采用的 HWTACACS 方案的名称。 • **radius-scheme** *radius-scheme-name*：可多选参数，指定用户角色切换时所采用的 RADIUS 方案的名称。 同时选择以上两个认证方案时，后一个认证方案为前一个认证方案的备选认证方案。 默认情况下，用户角色切换认证采用默认的认证方法
13	非 FIPS 模式下： **authorization command** { **hwtacacs-scheme** *hwtacacs-scheme-name* [**local**] [**none**] | **local** [**none**] | **none** } FIPS 模式下： **authorization command** { **hwtacacs-scheme** *hwtacacs-scheme-name* [**local**] | **local** } 例如，[Sysname-isp-test] **authorization command hwtacacs-scheme** hwtac **local**	（可选）配置命令行授权方法。命令行授权是指用户执行的每条命令都需要接受授权服务器的检查，只有授权成功的命令才被允许执行。用户登录后可以执行的命令，受登录授权的用户角色和命令行授权的用户角色的双重限制，即仅登录授权的用户角色和命令行授权的用户角色都允许执行的命令行，才能被执行。 各组授权方法说明参见第 8 步，**但 RADIUS 方案不支持命令行授权。** 【注意】命令行授权功能只利用角色中的权限规则对命令行执行权限检查，不进行其他方面的权限检查，例如资源控制策略等。 对用户采用本地命令行授权时，设备将根据用户登录设备时输入的用户名对应的本地用户配置来检查用户输入的命令，只有本地用户中配置的授权用户角色所允许的命令才被允许执行。 默认情况下，命令行授权采用当前 ISP 域的默认授权方法
14	**accounting command hwtacacs-scheme** *hwtacacs-scheme-name* 例如，[Sysname-isp-test] **accounting command hwtacacs-scheme** hwtac	（可选）配置命令行计费方法。目前，仅支持使用远程 HWTACACS 服务器完成命令行计费功能。 命令行计费过程是指用户执行过的合法命令会被发送给计费服务器进行记录。如果未开启命令行授权功能，则计费服务器记录用户执行过的所有合法命令；如果开启了命令行授权功能，则计费服务器仅记录授权通过的命令。 默认情况下，命令行计费采用默认的计费方法

6.3　本地用户配置

本地用户就是在接入设备上创建、存储的用户。当选择使用本地认证方法对用户认证时，应在接入设备上创建本地用户，并配置相关属性。

6.3.1　本地用户属性

本地用户分为设备管理用户和网络接入用户两类。其中，设备管理用户供设备管理员登录设备时使用；网络接入用户供通过设备访问网络服务的用户使用。

本地用户包括的属性及其相关说明如下。

1. 服务类型属性

服务类型属性用于标识用户接入设备时可使用的网络服务类型，例如 FTP、HTTP、HTTPS、SSH、Telnet、Terminal 等。该属性是本地认证的检测项，如果本地设备上没有某用户可以使用的服务类型，则该用户无法接入设备。

2. 用户状态属性

用户状态属性用于指示是否允许该用户请求网络服务器，active 表示允许该用户请求网络服务，block 表示禁止该用户请求网络服务。

3. 最大用户数属性

最大用户数属性用于指定使用当前用户名可接入设备的最大用户数。如果当前该用户名的接入用户数已达到最大值，则后续使用该用户名的用户将被禁止接入。

4. 有效期属性

有效期属性是网络接入类账户接入网络的有效期限。用户进行本地认证时，接入设备检查当前系统时间是否在用户的有效期内，如果在有效期内，则允许该用户登录，否则，拒绝该用户登录。

5. 所属的用户组属性

所属的用户组属性是指定用户所加入的用户组。每个本地用户都属于一个本地用户组，并继承组中的所有属性，相当于 Windows 系统的工作组。

6. 密码管理属性

密码管理属性是指用户密码的安全属性，可根据设置的密码策略管理和控制认证密码。可设置的密码策略包括密码老化时间、密码最小长度和密码组合策略。

7. 绑定属性

绑定属性是指用户认证时需要检测的属性，例如用户 IP 地址、用户接入端口、用户 MAC 地址、用户所属 VLAN 等，用于限制接入用户的范围。如果用户的实际属性与设置的绑定属性不匹配，则不能通过认证，因此，在配置绑定属性时，要考虑该用户是否需要绑定某些属性。

8. 用户授权属性

用户授权属性是指用户通过认证后，接入设备将要向用户下发的授权属性，例如 ACL、PPP 回呼号码、闲置切换功能、用户级别、用户角色、User Profile、VLAN、FTP/SFTP 工作目录等。由于这些用户授权属性都有其明确的使用环境和用途，所以配置时，要考虑该用户是否需要这些属性。

6.3.2　配置本地用户

本地用户的配置任务包括配置本地用户属性、配置用户组属性和配置本地用户过期自动删除功能。

1. 配置本地用户属性

本地用户属性的配置要区分设备管理类用户和网络接入类用户。其中，设备管理类用户用于登录设备，配置和管理设备，可以向其提供 ftp、http、https、telnet、ssh、terminal 服务；网络接入类用户用于通过设备接入网络，访问网络资源，可以向其提供 lan-access 和 portal 服务。

设备管理类本地用户属性的配置步骤见表 6-5。

【注意】在配置时，需要注意以下事项。

- 配置绑定接口属性时要考虑绑定接口类型是否合理，如果绑定接口与实际接口类型不一致，或用户未携带该绑定属性，则会导致认证失败。
- 开启设备管理类全局密码管理功能（通过 **password-control enable** 命令开启）后，设备上将不显示配置的本地用户密码，也不会将该密码保存在当前配置中。如果关闭了设备管理类全局密码管理功能，则已配置的密码将恢复在当前配置中。当前配置可通过 **display current-configuration** 命令查看。
- 授权属性和密码控制属性均可以在本地用户视图和用户组视图下配置，本地用户视图下的配置优先级高于用户组视图下的配置。

表 6-5　设备管理类本地用户属性的配置步骤

步骤	命令	说明
1	**system-view**	进入系统视图
2	**local-user** *user-name* **class manage** 例如，[Sysname] **local-user** winda **manage**	添加设备管理类本地用户，并进入设备管理类本地用户视图。参数 *user-name* 用来指定新创建的本地用户名，为 1～55 个字符的字符串，**区分大小写**。 默认情况下，系统中没有任何本地用户
3	非 FIPS 模式下： **password** [{ **hash** | **simple** } *string*] 例如，[Sysname-luser-manage-winda] **password cipher** 123456 FIPS 模式下： **password**	（可选）设置当前管理类本地用户的密码。 - **hash**：二选一选项，表示以哈希方式设置密码。 - **simple**：二选一选项，表示以明文方式设置密码，但将以哈希方式存储。 - *string*：密码字符串，区分大小写。非 FIPS 模式下，明文密码为 1～63 个字符的字符串；哈希密码为 1～110 个字符的字符串。FIPS 模式下，**只能设置明文密码，长度为 15～63 个字符的字符串，密码元素的最少组合类型为 4 类，必须包括数字、大写字母、小写字母，以及特殊字符。** 【注意】在非 FIPS 模式下，可以不为本地用户设置密码，但为提高用户账户的安全性，建议设置本地用户密码。在 FIPS 模式下，**必须且只能通过交互式方式设置明文密码**，否则，用户的本地认证不成功。 在全局 Password Control（密码控制）功能处于开启的情况下，需要注意以下事项。 - 所有历史密码都以哈希方式存储。 - 当前登录用户以明文方式修改自己的密码时，需要首先提供现有的明文密码，然后保证输入的新密码与所有历史密码不同，且至少要与现有密码存在 **4 个**不同字符的差异。 - 当前登录用户以明文方式修改其他用户的密码时，需要保证新密码与所有历史密码不同。 - 当前登录用户删除自己的密码时，需要提供现有的明文密码。 - 其他情况下，均不需要提供现有的明文密码，也不与历史密码进行比较。 默认情况下，非 FIPS 模式时，不存在本地用户密码，即本地用户认证时，不需要输入密码，只要用户名有效且其他属性验证通过，认证就成功；FIPS 模式下，不存在本地用户密码，但本地用户认证时，认证不能成功

续表

步骤	命令	说明
4	非 FIPS 模式下： **service-type** { **ftp** | { **http** | **https** | **ssh** | **telnet** | **terminal** } * } FIPS 模式下： **service-type** { **https** | **ssh** | **terminal** } * 例如，[Sysname-luser-manage-winda] **service-type ftp ssh**	设置当前管理类本地用户可以使用的服务类型。 • **ftp**：可多选选项，指定用户可以使用 FTP 服务。 • **http**：可多选选项，指定用户可以使用 HTTP 服务。 • **https**：可多选选项，指定用户可以使用 HTTPS 服务。 • **ssh**：可多选选项，指定用户可以使用 SSH 服务，实现安全登录到设备。 • **telnet**：可多选选项，指定用户可以使用 telnet 服务，远程登录到设备。 • **terminal**：可多选选项，指定用户可以使用 terminal 服务，即从 Console 接口本地登录到设备。 默认情况下，本地用户不能使用任何服务类型
5	**state** { **active** | **block** } 例如，[Sysname-luser-manage-winda] **state active**	（可选）设置当前管理类本地用户的状态。 • **active**：二选一选项，指定当前本地用户处于活动状态，即系统允许当前本地用户请求网络服务。 • **block**：二选一选项，指定当前本地用户处于 Blocking 状态，即系统不允许当前本地用户请求网络服务。 默认情况下，本地用户处于活动状态，即允许该用户请求网络服务
6	**access-limit** *max-user-number* 例如，[Sysname-luser-manage-winda] **access-limit 3**	（可选）设置使用当前本地用户名接入设备的最大用户数，取值为 1～1024。 【注意】由于 FTP/SFTP/SCP 用户不支持计费，所以 FTP/SFTP/SCP 用户不受此属性的限制。 默认情况下，不限制使用当前本地用户名接入的用户数
7	**bind-attribute location interface** *interface-type interface-number* 例如，[Sysname-luser-manage-winda] **bind-attribute location interface** gigabitethernet1/0/1	（可选）设置当前管理类本地用户的接口绑定属性，绑定该用户所连接的设备接口。绑定接口后，如果该用户接入网络时不使用该接口，则接入不成功。 默认情况下，未设置本地用户的绑定属性
8	**authorization-attribute** { **idle-cut** *minutes* | **user-role** *role-name* | **work-directory** *directory-name* } * 例如，[Sysname-luser-manage-winda] **authorization-attribute idle-cut** 20	（可选）设置当前管理类本地用户的授权属性。 • **idle-cut** *minutes*：可多选参数，设置当前用户的闲置切断时间，取值为 1～120，单位为分钟（min）。如果用户在线后连续闲置的时长超过该值，设备会强制该用户下线。 • **user-role** *role-name*：可多选参数，指定为当前用户授权的用户角色，为 1～63 个字符的字符串，区分大小写。可以为每个用户最多指定 64 个用户角色。 【说明】对于通过 AAA 认证登录设备的管理类用户，由 AAA 服务器（远程认证）或设备（本地认证）为其授权对应的用户角色。如果用户没有被授权任何用户角色，则将无法成功登录设备。可通过在系统视图下执行 **role default-role enable** 命令使能默认用户角色授权功能，使用户将在没有被授权任何用户角色的情况下，具有一个默认的 network-operator 用户角色。 • **work-directory** *directory-name*：可多选参数，指定为当前 FTP/SFTP/SCP 用户授权可以访问的目录，为 1～255 个字符的字符串，不区分大小写，但该目录必须已经存在。 默认情况下，为 FTP/SFTP/SCP 用户授权可以访问的目录为设备的根目录，但无访问权限；由用户角色为 network-admin 或者 level-15 的用户创建的本地用户被授权用户角色 network-operator

续表

步骤	命令	说明
	以下第 9～13 步为配置管理类用户密码管理属性，均为可选配置	
9	**password-control aging** *aging-time* 例如，[Sysname-luser-manage-winda] **password-control aging** 365	设置当前管理类本地用户的密码老化时间，取值为 1～365，单位为天。 默认情况下，全局的密码老化时间为 90 天；用户组的密码老化时间为全局配置的密码老化时间；本地用户的密码老化时间为所属用户组的密码老化时间
10	**password-control length** *length* 例如，[Sysname-luser-manage-winda] **password-control length** 6	设置当前管理类本地用户的密码最小长度，非 FIPS 模式下，取值为 4～32；FIPS 模式下，取值为 15～32。 默认情况、非 FIPS 模式下，全局的密码最小长度与设备的型号有关，请以设备的实际情况为准；用户组的密码最小长度为全局配置的密码最小长度；本地用户的密码最小长度为所属用户组的密码最小长度。FIPS 模式下，全局的密码最小长度为 15 个字符；用户组的密码最小长度为全局配置的密码最小长度；本地用户的密码最小长度为所属用户组的密码最小长度
11	**password-control composition type-number** *type-number* [**type-length** *type-length*] 例如，[Sysname-luser-manage-winda] **password-control composition type-number** 3 **type-length** 6	设置当前管理类本地用户的密码组合策略。 • **type-number** *type-number*：指定密码中所包括的最少元素组合类型。非 FIPS 模式下，取值为 1～4；FIPS 模式下，取值为 "4"。 • **type-length** *type-length*：可选参数，指定密码中每种元素至少要包含的字符个数。非 FIPS 模式下，取值为 1～63；FIPS 模式下，取值为 1～15。 默认情况、非 FIPS 模式下，全局的密码所包括的最少元素组合类型及每种元素包括的字符个数与设备的型号有关，请以设备的实际情况为准；用户组的密码组合策略为全局配置的密码组合策略；本地用户的密码组合策略为所属用户组的密码组合策略。FIPS 模式下，全局的密码所包括的最少元素组合类型为 4 种，每种元素至少要包含的字符个数为 1；用户组的密码组合策略为全局配置的密码组合策略；本地用户的密码组合策略为所属用户组的密码组合策略
12	**password-control complexity** { **same-character**	**user-name** } **check** 例如，[Sysname-luser-manage-winda] **password-control complexity same-character check**	设置当前管理类本地用户的密码的复杂度检查策略。 • **same-character**：二选一选项，指定检查密码中是否包含连续 3 个或以上相同的字符。例如，密码 aaabc 就不符合该项复杂度检查。 • **user-name**：二选一选项，指定检查密码中是否包含用户名，或者字符顺序颠倒的用户名。例如，用户名为 123，则密码 abc123、321df 就不符合该项复杂度检查。 默认情况下、非 FIPS 模式下，全局的密码复杂度检查策略为：对用户密码进行复杂度检查，不允许密码中包含用户名或者字符顺序颠倒的用户名，但允许包含连续 3 个或以上的相同字符；用户组的密码复杂度检查策略为全局的密码复杂度检查策略；本地用户的密码复杂度检查策略为所属用户组的密码复杂度检查策略。FIPS 模式下，全局的密码复杂度检查策略为：不对用户密码进行复杂度检查，允许密码中包含用户名或者字符顺序颠倒的用户名，也允许包含连续 3 个或以上的相同字符；用户组的密码复杂度检查策略为全局的密码复杂度检查策略；本地用户的密码复杂度检查策略为所属用户组的密码复杂度检查策略

续表

步骤	命令	说明
13	**password-control login-attempt** *login-times* [**exceed** { **lock** | **lock-time** *time* | **unlock** }] 例如，[Sysname-luser-manage-winda] **attempt** 3 **exceed lock-time** 10	设置当前管理类本地用户的用户登录尝试次数，以及登录尝试失败后的行为。 • *login-times*：指定允许用户登录尝试的最大次数，取值为 2～10。 • **exceed**：可选项，指定对登录尝试失败次数超过最大值的用户所采取的处理措施。 　▷ **lock**：多选一选项，指定对于 FTP 用户和通过 VTY 方式访问设备的用户，登录尝试失败次数后，永久禁止该用户通过登录失败 IP 地址登录；对于通过 AUX 用户线访问设备的用户，登录尝试失败次数后，永久禁止该用户通过 AUX 用户线登录。 　▷ **lock-time** *time*：多选一参数，指定登录尝试失败次数后，禁止该用户的时间，取值为 1～360，单位为 min。 • **unlock**：多选一选项，指定登录尝试失败次数后，仍不禁止该用户。 默认情况下，全局的用户登录尝试次数限制策略为：用户登录尝试的最大次数为 3 次。如果某用户登录尝试失败，则 1min 后再允许该用户重新登录；用户组的用户登录尝试次数限制策略为全局配置的用户登录尝试次数限制策略；本地用户的登录尝试次数限制策略为所属用户组的用户登录尝试次数限制策略
14	**group** *group-name* 例如，[Sysname-luser-manage-winda] **group** admin	（可选）设置当前管理类本地用户所属的用户组。参数 *group-name* 用于指定用户组的名称，为 1～32 个字符的字符串，不区分大小写。 默认情况下，本地用户属于用户组 system

网络接入类本地用户属性的配置步骤见表 6-6。

【注意】在配置时要注意以下事项。

- 开启网络接入类全局密码管理功能（通过 **password-control enable network-class** 命令开启）后，设备上将不显示配置的本地用户密码，也不会将该密码保存在当前配置中。如果关闭了网络接入类全局密码管理功能，则已配置的密码将恢复在当前配置中，可通过 **display current-configuration** 命令查看当前配置。
- 授权属性和密码控制属性均可以在本地用户视图和用户组视图下配置，本地用户视图下的配置优先级高于用户组视图下的配置优先级。
- 在绑定接口属性时要考虑绑定接口类型是否合理。对于不同接入类型的用户，需按照如下方式进行绑定接口属性的配置。
  - ▷ 802.1x 用户：配置绑定的接口为开启 802.1x 的二层以太网接口、二层聚合接口。
  - ▷ MAC 地址认证用户：配置绑定的接口为开启 MAC 地址认证的二层以太网接口、二层聚合接口。
  - ▷ Portal 用户：如果使能 Portal 的接口为 VLAN 接口，且没有通过 **portal roaming enable** 命令配置 Portal 用户漫游功能，则配置绑定的接口为用户实际接入的二层以太网接口。其他情况下，配置绑定的接口均为使能 Portal 的接口。

表 6-6　网络接入类本地用户属性的配置步骤

步骤	命令	说明
1	**system-view**	进入系统视图
2	**local-user** *user-name* **class network** 例如，[Sysname] **local-user** winda **network**	添加网络接入类本地用户，并进入网络接入类本地用户视图。其他说明参见表 6-5 中的第 2 步
3	**password** { **cipher** | **simple** } *string* 例如，[Sysname-luser-network-winda] **password cipher** 123456	（可选）设置当前网络接入类本地用户的密码，选项说明参见表 6-5 中的第 3 步。 默认情况下，不存在本地用户密码，即网络接入类本地用户认证时不需要输入密码，只要用户名有效且其他属性验证通过即可认证成功
4	**description** *text* 例如，[Sysname-luser-network-winda] **description** Manager of MS company	（可选）设置本地用户的描述信息，为 1～255 个字符的字符串，区分大小写。 默认情况下，未配置网络接入类本地用户的描述信息
5	**service-type** { **lan-access** | **portal** } 例如，[Sysname-luser-network-winda] **service-type ftp ssh**	设置当前网络接入类本地用户可以使用的服务类型。 • **lan-access**：二选一选项，指定用户可以使用网络接入服务，主要指以太网接入（例如通过 802.1x 认证、MAC 地址认证接入）的用户。 • **portal**：指定用户可以使用 Portal 服务，是指通过 Portal 认证接入的用户。 默认情况下，本地用户不能使用任何服务类型
6	**state** { **active** | **block** } 例如，[Sysname-luser-network-winda] **state active**	（可选）设置当前网络接入类本地用户的状态。其他说明参见表 6-5 中的第 5 步
7	**access-limit** *max-user-number* 例如，[Sysname-luser-network-winda] **access-limit** 3	（可选）设置使用当前本地用户名接入设备的最大用户数，取值为 1～1024。 默认情况下，不限制使用网络接入类本地用户名接入的用户数
8	**bind-attribute** { **ip** *ip-address* | **location interface** *interface-type interface-number* | **mac** *mac-address* | **vlan** *vlan-id* } * 例如，[Sysname-luser-network-winda] **bind-attribute location interface** gigabitethernet1/0/1	（可选）设置当前网络接入类本地用户的绑定属性。 • **ip** *ip-address*：可多选参数，指定绑定用户的 IP 地址。绑定 IP 地址后，用户的 IP 地址不能改变，否则，不能成功接入网络。该绑定属性仅适用于 **lan-access** 类型中的 802.1x 用户。 • **location interface** *interface-type interface-number*：可多选参数，指定绑定用户的接入接口。绑定接口后，用户接入的设备接口不能改变，否则，不能成功接入网络。 • **mac** *mac-address*：可多选参数，指定绑定用户的 MAC 地址。绑定 MAC 地址后，不能改变用户的 MAC 地址，否则，不能成功接入网络。 • **vlan** *vlan-id*：可多选参数，指定绑定用户所属的 VLAN。绑定 VLAN 后，不能改变用户所属的 VLAN，否则，不能成功接入网络。 默认情况下，未设置本地用户的绑定属性

续表

步骤	命令	说明
9	**authorization-attribute** { **acl** *acl-number* | **idle-cut** *minutes* | **ip-pool** *ipv4-pool-name* | **ipv6-pool** *ipv6-pool-name* | **session-timeout** *minutes* | **user-profile** *profile-name* | **vlan** *vlan-id* } * 例如，[Sysname-luser-network-winda] **authorization-attribute idle-cut** 20	（可选）设置当前网络接入类本地用户的授权属性。 • **acl** *acl-number*：可多选参数，指定为当前网络接入类本地用户的授权 ACL。与授权 ACL 规则匹配的流量，将按照规则中指定的 **permit** 或 **deny** 动作处理。 • **idle-cut** *minutes*：可多选参数，为当前网络接入类本地用户设置闲置切断时间，取值为 1～120，单位为分钟。如果用户在线后连续闲置的时长超过该值，则会被强制下线。 • **ip-pool** *ipv4-pool-name*：可多选参数，指定为当前网络接入类本地用户授权的 IPv4 地址池信息。本地用户认证成功后，将允许使用该 IPv4 地址池分配地址。 • **ipv6-pool** *ipv6-pool-name*：可多选参数，指定当前网络接入类本地用户授权的 IPv6 地址池信息。本地用户认证成功后，将允许使用该 IPv6 地址池分配地址。 • **session-timeout** *minutes*：可多选参数，为当前网络接入类本地用户设置会话超时时间，取值为 1～1440，单位为 min。如果用户在线时长超过该值，则会被强制下线。 • **user-profile** *profile-name*：可多选参数，指定为当前网络接入类本地用户授权的 User Profile。当用户认证成功后，其访问行为将受到 User Profile 中的预设配置的限制。 • **vlan** *vlan-id*：可多选参数，指定为当前网络接入类本地用户授权的 VLAN。本地用户认证成功后，将被授权仅可以访问指定的 VLAN 内的网络资源。 【说明】对于 Portal 用户，仅 ip-pool、ipv6-pool、session-timeout、user-profile、acl 授权属性有效；对于 Lan-access 用户，仅 acl、session-timeout、user-profile、vlan 授权属性有效。 默认情况下，网络接入类本地用户没有授权属性
	以下第 10～12 步为配置网络接入类本地用户的密码管理属性，均为可选配置	
10	**password-control length** *length* 例如，[Sysname-luser-network-winda] **password-control length** 6	为当前网络接入类本地用户设置密码最小长度，其他参见表 6-5 中的第 10 步
11	**password-control composition type-number** *type-number* [**type-length** *type-length*] 例如，[Sysname-luser-network-winda] **password-control composition type-number** 3 **type-length** 6	为当前网络接入类本地用户设置密码组合策略，其他参见表 6-5 中的第 11 步
12	**password-control complexity** { **same-character** | **user-name** } **check** 例如，[Sysname-luser-network-winda] **password-control complexity same-character check**	为当前网络接入类本地用户设置密码的复杂度检查策略，其他参见表 6-5 中的第 12 步

续表

步骤	命令	说明
13	**group** *group-name* 例如，[Sysname-luser- network-winda] **group** produ	（可选）为当前网络接入类本地用户设置所属的用户组。参数 *group-name* 用于指定用户组的名称，为 1～32 个字符的字符 串，**不区分大小写**。 默认情况下，本地用户属于用户组 system
14	**validity-datetime** { **from** *start-date start-time* **to** *expiration-date expiration-* *time* | **from** *start-date start-* *time* | **to** *expiration-date* *expiration-time* } 例如，[Sysname-luser- network-winda] **validity-** **datetime from** 2024/04/01 00:00:00 **to** 2024/04/02 12:00:00	（可选）为当前网络接入类本地用户设置有效期。网络接入类 本地用户在有效期内才能认证成功。 • **from** *start-date start-time* **to** *expiration-date expiration-time*： 　多选一参数，同时指定用户有效期的开始和结束的日期和 　时间。 　➤ *start-time*：用于指定用户有效期的开始时间，格式为 　　HH:MM:SS（小时:分钟:秒），HH 取值为 0～23，MM 　　和 SS 取值为 0～59。如果要设置成整分，则可以不输 　　入秒；如果要设置成整点，则可以不输入分和秒。例如， 　　将 *start-time* 参数设置为"0"表示零点。 　➤ *start-date*：用于指定用户有效期的开始日期，格式为 　　MM/DD/YYYY（月/日/年）或者 YYYY/MM/DD（年/ 　　月/日），MM 的取值为 1～12，DD 的取值与月份有关， 　　YYYY 的取值为 2000～2035。 　➤ *expiration-date*：用于指定用户有效期的结束日期，格 　　式为 MM/DD/YYYY（月/日/年）或者 YYYY/MM/DD 　　（年/月/日），MM 的取值为 1～12，DD 的取值范围与 　　月份有关，YYYY 的取值为 2000～2035。 　➤ *expiration-time*：用于指定用户有效期的结束时间，格 　　式为 HH:MM:SS（小时:分钟:秒），HH 的取值为 0～ 　　23，MM 和 SS 的取值为 0～59。如果要设置成整分， 　　则可以不输入秒；如果要设置成整点，则可以不输入分和 　　秒。例如，将 *expiration-time* 参数设置为"0"表示零点。 • **from** *start-date start-time*：多选一参数，仅指定用户有效期 　开始的日期和时间，表示到达该时间后，用户一直有效。 • **to** *start-date start-time*：多选一参数，仅指定用户有效期结 　束的日期和时间，表示到达该时间前，用户一直有效。 默认情况下，未限制本地用户的有效期，该用户始终有效

2. 配置用户组属性

为了简化本地用户的配置，减轻配置用户属性的工作量，增强本地用户的可管理性，引入了用户组的概念。用户组是一个本地用户属性的集合，组中的用户共享继承这些属性。目前，用户组中可以配置的属性包括密码管理属性和授权属性。用户组属性的配置步骤见表 6-7。

表 6-7 用户组属性的配置步骤

步骤	命令	说明
1	**system-view**	进入系统视图
2	**user-group** *group-name* 例如，[Sysname] **user-group** produ	创建用户组并进入用户组视图。参数 *group-name* 用来指定所创建的用户组的名称，为 1～32 个字 符的字符串，**不区分大小写**。进入用户组视图。 默认情况下，存在一个用户组，名称为 system

续表

步骤	命令	说明
3	**authorization-attribute** { **acl** *acl-number* | **idle-cut** *minutes* | **ip-pool** *ipv4-pool-name* | **ipv6-pool** *ipv6-pool-name* | **session-timeout** *minutes* | **user-profile** *profile-name* | **vlan** *vlan-id* | **work-directory** *directory-name* } * 例如，[Sysname-ugroup-produ] **authorization-attribute idle-cut** 10 **level** 2 **vlan** 10	（可选）设置当前用户组的授权属性，其他参数参见表 6-5 中的第 8 步和表 6-6 中的第 9 步。 默认情况下，未设置用户组的授权属性
	以下第 4～7 步为配置用户组的密码控制属性，均为可选配置	
4	**password-control aging** *aging-time* 例如，[Sysname-ugroup-produ] **password-control aging** 10	设置当前用户组中用户密码的老化时间，其他参数参见表 6-5 中的第 9 步
5	**password-control length** *length* 例如，[Sysname-ugroup-produ] **password-control length** 9	设置当前用户组中用户密码的最小长度，其他参数参见表 6-5 中的第 10 步
6	**password-control composition type-number** *type-number* [**type-length** *type-length*] 例如，[Sysname-ugroup-produ]**password-control composition type-number** 3 **type-length** 2	设置当前用户组中用户密码组合策略，其他参数参见表 6-5 中的第 11 步
7	**password-control login-attempt** *login-times* [**exceed** { **lock** | **lock-time** *time* | **unlock** }] 例如，[Sysname-ugroup-produ] **password-control login-attempt** 2 **exceed lock-time** 3	设置当前用户组中用户登录尝试次数及登录尝试失败后的行为，其他参见表 6-5 中的第 13 步。 默认情况下，采用全局密码管理策略

3. 配置本地用户过期自动删除功能

本地用户过期自动删除功能是在系统视图下通过 **local-user auto-delete enable** 命令全局配置的。开启后，设备将定时（10min，**不可配置**）检查网络接入类本地用户是否过期（本地用户有效期是通过表 6-5 中的第 12 步 **validity-datetime** 命令配置的，仅针对网络接入类用户），并自动删除过期的本地用户。

配置好以上本地用户后，可在任意视图下执行以下 **display** 命令，查看配置后本地用户及本地用户组的运行情况，验证配置效果。

- **display local-user** [**class** { **manage** \| **network** } \| **idle-cut** { **disable** \| **enable** } \| **service-type** { **ftp** \| **http** \| **https** \| **lan-access** \| **portal** \| **ssh** \| **telnet** \| **terminal** } \| **state** { **active** \| **block** } \| **user-name** *user-name* **class** { **manage** \| **network** } \| **vlan** *vlan-id*]：查看所有或指定本地用户的相关信息。
- **display user-group** { **all** \| **name** *group-name* }：查看所有或指定用户组的相关配置。

6.4 RADIUS 配置

AAA 方案如果使用 RADIUS 服务器进行认证、授权和计费，则要在接入设备上配置 RADIUS 客户端。其中涉及的功能和参数配置比较多，总体可分为配置 RADIUS 服务

器探测、配置 RADIUS 方案、配置 RADIUS 报文交互参数和配置 RADIUS 扩展功能 4
个配置模块。其中，只"配置 RADIUS 方案"是必选配置任务，其他均为可选配置任务。

6.4.1　配置 RADIUS 服务器探测

　　RADIUS 服务器探测功能是指 RADIUS 客户端（接入设备）周期性发送探测报文，
探测 RADIUS 服务器的状态：如果 RADIUS 服务器不可达，则配置服务器为 block 状态；
如果 RADIUS 可达，则配置服务器为 active 状态。**该探测功能不依赖于实际用户的认证
过程，无论是否有用户向 RADIUS 服务器发起认证，无论是否有用户在线，RADIUS 客
户端都会自动对指定的 RADIUS 服务器进行探测，以便及时获得该服务器的可达状态。**

　　如果要对 RADIUS 认证服务器进行可达性探测，则需要在 RADIUS 客户端上配置
RADIUS 服务器探测模板，并在指定的 RADIUS 认证服务器配置中引用该模板。

　　目前，设备支持两种 RADIUS 服务器的探测方式。

　　① 简单探测方式：如果探测模板中没有引用 EAP 认证方案，则为简单探测方式。
在该方式下，设备采用探测模板中配置的探测用户名和密码，生成一个 RADIUS 认证请
求报文，**在探测周期内**，选择随机时间点向引用了探测模板的 RADIUS 服务器发送该报
文。如果在本次探测周期内收到 RADIUS 服务器的认证响应报文，则认为当前探测周期
内该服务器可达。

　　② EAP 探测方式：如果探测模板中引用了 EAP 认证方案，则为 EAP 探测方式。
在该方式下，设备采用指定 EAP 认证方案中配置的 EAP 认证方法，启动 RADIUS 服
务器探测，**在配置的探测周期超时后**，使用探测模板中配置的探测用户名和密码，模
拟一个合法的 EAP 认证用户向引用了该探测模板的 RADIUS 服务器发起一次 EAP 认
证，如果在认证超时后（不可配），成功完成该次认证，则认为当前探测周期内该服务
器可达。

　　EAP 认证方案是一个 EAP 认证选项的配置集合，用于指定设备采用的 EAP 认证方
法，以及某些 EAP 认证方法需要引用的 CA 证书。相对于简单探测方式，EAP 探测方式
还原了完整的认证过程，更能保证 RADIUS 服务器探测结果的可靠性。建议在接入用户
使用 EAP 认证方法的组网环境中，可使用该方式的 RADIUS 服务器探测功能。

　　RADIUS 服务器探测功能的配置步骤见表 6-8。系统支持同时存在多个 RADIUS 服
务器探测模板。

　　【注意】只有在 RADIUS 服务器配置中成功引用了一个已经存在的服务器探测模板，
设备才会启动对该 RADIUS 服务器的探测功能。如果探测模板中引用的 EAP 认证方案
不存在，则设备会暂时采用简单探测方式发起探测。当配置成功引用的 EAP 认证方案后，
下一个探测周期将使用 EAP 方式发起探测。

　　在启动 RADIUS 服务器探测功能后，如果发生以下情况，则探测过程中止。

- 删除该 RADIUS 服务器配置。
- 取消引用服务器探测模板。
- 删除对应的 RADIUS 服务器探测模板。
- 将该 RADIUS 服务器的状态手动配置为 block。
- 删除当前 RADIUS 方案。

表 6-8 RADIUS 服务器探测功能的配置步骤

步骤	命令	说明
1	**system-view**	进入系统视图
2	**eap-profile** *eap-profile-name* 例如，[Sysname] **eap-profile** eap1	创建 EAP 认证方案，并进入 EAP 认证方案视图。参数 *eap-profile-name* 用来指定 EAP 认证方案的名称，为 1～32 个字符的字符串，区分大小写。 一个 EAP 认证方案可以同时被多个探测模板引用。系统最多支持配置 16 个 EAP 认证方案。 默认情况下，不存在 EAP 认证方案
3	**method** { **md5** | **peap-gtc** | **peap-mschapv2** | **ttls-gtc** | **ttls-mschapv2** } 例如，[Sysname-eap-profile-eap1] **method peap-gtc**	配置 EAP 认证的方法。 • **md5**：多选选项，表示采用消息摘要版本 5-质询（Message-Diges v5 Challenge，MD5-Challenge）认证方法，先采用质询—握手机制得到用户的用户名和密码，然后对用户密码使用 MD5 算法进行哈希运算，把得到的消息摘要发给 RADIUS 服务器，最后在 RADIUS 服务器上与保存的对应用户消息摘要进行比较，实现用户认证。 • **peap-gtc**：多选选项，表示采用受保护的可扩展认证协议—通用令牌卡（Protected Extensible Authentication Protocol-Generic Token Card，PEAP-GTC）认证方法。 • **peap-mschapv2**：多选选项，表示采用受保护的可扩展认证协议—挑战握手身份认证协议版本 2（Protected Extensible Authentication Protocol-Challenge Handshake Authentication Protocol v2，PEAP-CHAPv2）认证方法。 • **ttls-gtc**：多选选项，表示采用隧道式传输层安全—通用令牌卡（Tunneled Transport Layer Security-Generic Token Card，TTLS-GTC）认证方法。 • **ttls-mschapv2**：多选选项，表示采用隧道式传输层安全—挑战握手身份认证协议版本 2（Tunneled Transport Layer Security- Challenge Handshake Authentication Protocol v2，TTLS- CHAPv2）认证方法。 【说明】有关以上 EAP 认证方法原理，请参见其他相关资料。当使用 EAP 认证方法为 PEAP-GTC、PEAP-CHAPv2、TTLS-GTC、TTLS-CHAPv2 时，需要通过下一步配置所使用的 CA 证书，用于校验 RADIUS 服务器证书。所配置的 EAP 认证方法必须与探测的 RADIUS 服务器支持的 EAP 认证方法一致。 一个 EAP 认证方案视图中只能指定一个 EAP 认证方法，然后配置生效。修改后的配置，将在下一个探测周期中生效。 默认情况下，采用的 EAP 认证方法为 MD5-Challenge
4	**ca-file** *file-name* 例如，[Sysname-eap-profile-eap1] **ca-file CA.der**	（可选）配置当前认证方案要使用的 CA 证书。参数 *file-name* 用来指定 CA 证书文件的名称，为 1～91 个字符的字符串，区分大小写。**仅当 EAP 认证方法为 PEAP-GTC、PEAP-CHAPv2、TTLS-GTC、TTLS-CHAPv2 时，需要配置。** 【注意】在配置 CA 证书之前，需要通过 FTP 或 TFTP 的方式将 CA 证书文件导入设备的存储介质根目录下。在 IRF 组网环境中，需要保证 Master 设备的存储介质的根目录下已经保存了 CA 证书文件。一个 EAP 认证方案视图中只能指定一个 CA 证书，然后配置生效。修改后的配置，将在下一个探测周期中生效。 默认情况下，未配置 CA 证书

续表

步骤	命令	说明
5	**quit**	退出 EAP 认证方案视图，返回系统视图
6	**radius-server test-profile** *profile-name* **username** *name* [**password** { **cipher** | **simple** } *string*] [**interval** *interval*] [**eap-profile** *eap-profile-name*] 例如，[Sysname] **radius-server test-profile** abc **username** admin **password simple** abc123 **interval** 10	配置 RADIUS 服务器探测模板。 • *profile-name*：指定探测模板名称，为 1～31 个字符的字符串，区分大小写。 • **username** *name*：指定探测报文中的用户名，为 1～253 个字符的字符串，区分大小写。 • **password** { **cipher** | **simple** } *string*：可选参数，指定探测报文中的用户密码，**simple** 选项表示以明文方式设置用户密码，为 1～63 个字符的字符串，区分大小写；**cipher** 选项表示以密文方式设置用户密码，以密文形式存储，为 1～117 个字符的字符串。如果不指定该可选参数，则表示探测报文中携带的用户密码为设备生成的随机密码。 • **interval** *interval*：可选参数，指定发送探测报文的周期，取值为 1～3600，单位为 min，默认值为 60。 • **eap-profile** *eap-profile-name*：可选参数，指定引用的 EAP 认证方案的名称，为 1～32 个字符的字符串，区分大小写。 默认情况下，不存在 RADIUS 服务器探测模板

6.4.2　配置 RADIUS 方案

RADIUS 方案主要指定主或从 RADIUS 认证与授权、计费服务器，配置 RADIUS 客户端和服务器交互 RADIUS 报文的共享密钥，另外，还可选配置 RADIUS 服务器的状态和各种定时器参数，具体说明如下。

（1）创建 RADIUS 方案

在进行 RADIUS 的其他配置之前，必须首先创建一个所需的 RADIUS 方案。

（2）配置 RADIUS 服务器

本项配置任务包括配置主或从 RADIUS 认证服务器、主或从 RADIUS 计费服务器。

【说明】由于 RADIUS 服务器的授权信息是随认证应答报文发送给 RADIUS 客户端的，RADIUS 的认证和授权功能由同一台服务器实现，所以 RADIUS 认证服务器相当于 RADIUS 认证服务器或授权服务器。

（3）（可选）配置 RADIUS 报文的共享密钥

RADIUS 客户端与 RADIUS 服务器使用 MD5 算法，并在共享密钥的参与下生成认证字，即 RADIUS 报头中 Authenticator 字段值，接受方根据收到报文中的认证字来判断对方报文的合法性。只有在共享密钥一致的情况下，彼此才能接收对方发来的 RADIUS 报文，并做出响应。

【说明】由于设备优先采用 RADIUS 认证服务器或计费服务器上配置的共享密钥，所以本配置中指定的 RADIUS 报文共享密钥仅在配置 RADIUS 认证服务器或计费服务器时未指定相应密钥的情况下使用。

（4）（可选）配置 RADIUS 方案所属的 VPN

如果 RADIUS 服务器是在某个特定的 MPLS VPN 实例中，则需要指定所属的 VPN。

（5）（可选）配置 RADIUS 服务器的状态

RADIUS 方案中指定的各 RADIUS 服务器的状态（active 或 block 状态）决定了设备向哪个服务器发送请求报文，以及设备在与当前服务器通信中断的情况下，如何与另外一个服务器交互。在实际组网环境中，可指定一个主 RADIUS 服务器和多个从 RADIUS 服务器，从服务器作为主服务器的备份。但当 RADIUS 服务器负载分担功能处于开启（将在 6.4.4 介绍）时，主服务器或从服务器可实现负载分担。

默认情况下，设备将配置了 IP 地址的各台 RADIUS 服务器的状态均配置为 active，认为所有的服务器均处于正常的工作状态，但有些情况下，用户可能需要通过以下配置，手动改变 RADIUS 服务器的当前状态。例如，已知某服务器故障，为避免设备认为其为 active 状态而进行无意义的尝试，可暂时将该服务器的状态手动配置为 block。

（6）（可选）配置 RADIUS 服务器的定时器

在与 RADIUS 服务器交互的过程中，设备上可启动的定时器包括以下 3 种。

① 服务器响应超时定时器（response-timeout）：在设备发送 RADIUS 请求报文发的 RADIUS 服务器响应超时时间后，如果仍没有收到来自 RADIUS 服务器的响应，则需要重传 RADIUS 请求报文，以保证用户尽可能地获得 RADIUS 服务。

② 服务器恢复激活状态定时器（quiet）：当 RADIUS 服务器不可达时，设备将该服务器的状态置为 block，在服务器恢复激活状态定时器超时后，再将该服务器的状态恢复为 active。

③ 实时计费间隔定时器（realtime-accounting）：为了对用户采取实时计费，有必要定期向服务器发送实时计费更新报文，通过设置实时计费定时器，设备会每隔设定的时间向 RADIUS 服务器发送一次在线用户的计费信息。

RADIUS 方案的配置步骤见表 6-9。

表 6-9　RADIUS 方案的配置步骤

步骤	命令	说明
1	**system-view**	进入系统视图
2	**radius scheme** *radius-scheme-name* 例如，[Sysname] **radius scheme** radius1	创建 RADIUS 方案，并进入 RADIUS 方案视图。参数 *radius-scheme-name* 用来指定 RADIUS 方案的名称，为 1～32 个字符的字符串，不区分大小写。 一个 RADIUS 方案可以同时被多个 ISP 域引用。系统最多支持配置 16 个 RADIUS 方案。 默认情况下，不存在 RADIUS 方案
以下第 3～4 步为配置主或从 RADIUS 认证服务器或计费服务器		
3	**primary** { **authentication** | **accounting** } { *host-name* | *ipv4-address* | **ipv6** *ipv6-address* } [*port-number* | **key** { **cipher** | **simple** } *string* | **test-profile** *profile-name* | **vpn-instance** *vpn-instance-name* | **weight** *weight-value*] * 例如，[Sysname-radius-radius1] **primary authentication** 10.110.1.1 1812 **key simple** 123456TESTauth&!	配置主 RADIUS 认证服务器和计费服务器。 • **authentication**：二选一选项，指定配置主认证服务器。 • **accounting**：二选一选项，指定配置主计费服务器。 【说明】RADIUS 协议的授权功能是与认证功能绑定在一起的，不能独立配置授权功能，因此，在此不能单独指定 RADIUS 授权服务器。 • *host-name*：多选一参数，指定主 RADIUS 认证服务器或计费服务器的主机名，为 1～253 个字符的字符串，不区分大小写

续表

步骤	命令	说明
3	**primary { authentication | accounting } { *host-name* | *ipv4-address* | ipv6 *ipv6-address* } [*port-number* | key { cipher | simple } *string* | test-profile *profile-name* | vpn-instance *vpn-instance-name* | weight *weight-value*] *** 例如，[Sysname-radius-radius1] **primary authentication** 10.110. 1.1 1812 **key simple** 123456TESTauth&!	• *ipv4-address*：多选一参数，指定主 RADIUS 认证服务器或计费服务器的 IPv4 地址。 • **ipv6** *ipv6-address*：多选一参数，指定主 RADIUS 认证服务器或计费服务器的 IPv6 地址。 • *port-number*：可多选参数，指定主 RADIUS 认证服务器或计费服务器的 UDP 端口号，取值为 1~65535。认证服务器的默认值为 1812，计费服务器的默认值为 1813。此端口号必须与主 RADIUS 认证服务器或计费服务器提供认证服务器或计费服务的端口号保持一致。 • **key { cipher | simple }** *string*：可多选参数，指定 RADIUS 客户端与主 RADIUS 认证服务器或计费服务器交互的认证、计费报文的共享密钥，区分大小写。非 FIPS 模式下，明文密钥为 1~64 个字符的字符串；密文密钥为 1~117 个字符的字符串。FIPS 模式下，明文密钥为 15~64 个字符的字符串，密钥元素的最少组合类型为 4（必须包括数字、大写字母、小写字母，以及特殊字符）；密文密钥为 15~117 个字符的字符串。**cipher** 选项表示以密文方式设置密钥，**simple** 选项表示以明文方式设置密钥，以密文形式存储密钥。此共享密钥必须与主 RADIUS 认证或计费服务器上配置的共享密钥保持一致。 【说明】设备与主或从 RADIUS 服务器通信时，优先使用本命令设置共享密钥，如果本命令中没有通过 **key** 参数设置，则使用第 5 步中的共享密钥设置。 • **test-profile** *profile-name*：可多选参数，指定主 RADIUS 认证服务器探测模板名称，为 1~31 个字符的字符串，区分大小写。本参数仅在配置 RADIUS 认证服务器时支持。 • **vpn-instance** *vpn-instance-name*：可多选参数，指定主 RADIUS 认证服务器或计费服务器所属的 MPLS VPN 实例名称，为 1~31 个字符的字符串，区分大小写。如果没有指定本参数，则表示主 RADIUS 认证或计费服务器位于公网中。 • **weight** *weight-value*：可多选参数，指定 RADIUS 认证服务器或计费服务器负载分担的权重，取值为 0~100，默认值为 "0"。"0" 表示该服务器在负载分担时将不被调度使用。仅在开启服务器负载分担功能后，该参数才能生效，且权重值越大的服务器可以处理的认证请求报文越多。 默认情况下，未配置主 RADIUS 认证服务器和计费服务器
4	**secondary authentication { *host-name* | *ipv4-address* | ipv6 *ipv6-address* } [*port-number* | key { cipher | simple } *string* | test-profile *profile-name* | vpn-instance *vpn-instance-name* | weight *weight-value*] *** 例如，[Sysname-radius-radius1] **secondary authentication** 10.110. 1.2 1812	（可选）配置从 RADIUS 服务器。参数和选项说明与第 3 步主 RADIUS 认证服务器或计费服务器配置命令中的对应参数、选项说明相同，此处是从 RADIUS 认证服务器或计费服务器。每个 RADIUS 方案中最多支持配置 16 个从 RADIUS 认证服务器或计费服务器。当主服务器不可达时，设备根据从服务器的配置顺序由先到后查找状态为 active 的从服务器并与之交互。 【注意】在同一个方案中，指定的主 RADIUS 认证服务器或计费服务器和从 RADIUS 认证服务器或计费服务器的 VPN、主机名、IP 地址、端口号不能完全相同，并且各从 RADIUS 认证服务器或计费服务器的 VPN、主机名、IP 地址、端口号也不能完全相同。 默认情况下，未配置从 RADIUS 认证服务器

步骤	命令	说明
5	**key** { **accounting** | **authentication** } { **cipher** | **simple** } *string* 例如，[Sysname-radius-radius1] **key accounting simple** winda	（可选）配置 RADIUS 报文的共享密钥。 • **accounting**：二选一选项，指定 RADIUS 计费报文的共享密钥。 • **authentication**：二选一选项，指定 RADIUS 认证报文的共享密钥。 • **cipher**：二选一选项，指定以密文方式设置密钥。 • **simple**：二选一选项，指定以明文方式设置密钥，以密文形式存储密钥。 • *string*：指定密钥字符串，区分大小写。非 FIPS 模式下，明文密钥为 1~64 个字符的字符串；密文密钥为 1~117 个字符的字符串。FIPS 模式下，明文密钥为 15~64 个字符的字符串，密钥元素的最少组合类型为"4"（必须包括数字、大写字母、小写字母，以及特殊字符）；密文密钥为 15~117 个字符的字符串。 【注意】本命令的配置仅当在主和从 RADIUS 服务器没有配置共享密钥时生效。 默认情况下，未配置 RADIUS 报文的共享密钥
6	**vpn-instance** *vpn-instance-name* 例如，[Sysname-radius-radius1] **vpn-instance** test	（可选）配置 RADIUS 方案所属的 VPN。参数 *vpn-instance-name* 用来指定 RADIUS 服务器所属的 MPLS VPN 实例的名称，为 1~31 个字符的字符串，区分大小写。 【说明】本命令配置的 VPN 对于该方案下的所有 RADIUS 服务器生效，但设备优先使用第 3、4 步配置主或从 RADIUS 服务器时为各服务器单独指定的所属 VPN。 默认情况下，RADIUS 方案属于公网
		以下第 7~8 步为配置 RADIUS 服务器的状态
7	**state primary** { **accounting** | **authentication** } { **active** | **block** } 例如，[Sysname-radius-radius1] **state primary authentication block**	（可选）设置主 RADIUS 服务器的状态。 • **accounting**：二选一选项，指定设置主 RADIUS 计费服务器的状态。 • **authentication**：二选一选项，指定设置主 RADIUS 认证服务器的状态。 • **active**：二选一选项，指定 RADIUS 服务器为正常工作状态。 • **block**：二选一选项，指定 RADIUS 服务器为通信中断状态。 认证服务器的状态会影响设备对该服务器可达性探测功能的开启。如果指定的服务器状态为 active，且该服务器通过 **radius-server test-profile** 命令成功引用了一个已存在的服务器探测模板，则设备会开启对该服务器的可达性探测功能。如果手动将该服务器状态配置为 block 时，则会关闭对该服务器的可达性探测功能。 如果主服务器与所有从服务器状态都是 block，则采用主服务器进行认证或计费。 默认情况下，所有 RADIUS 服务器的状态为 active

步骤	命令	说明
8	**state secondary** { **accounting** | **authentication** } [{ *host-name* | *ipv4-address* | **ipv6** *ipv6-address* } [*port-number* | **vpn-instance** *vpn-instance-name*] *] { **active** | **block** } 例如，[Sysname-radius-radius1] **state secondary authentication block**	（可选）设置从 RADIUS 服务器的状态。 • **accounting**：二选一选项，指定设置从 RADIUS 计费服务器的状态。 • **authentication**：二选一选项，指定设置从 RADIUS 认证服务器的状态。 • *host-name*：多选一可选参数，指定从 RADIUS 服务器的主机名，为 1～253 个字符的字符串，不区分大小写。 • *ipv4-address*：多选一可选参数，指定从 RADIUS 服务器的 IPv4 地址。 • **ipv6** *ipv6-address*：多选一可选参数，指定从 RADIUS 服务器的 IPv6 地址。 • *port-number*：可多选参数，指定从 RADIUS 服务器的 UDP 端口号，取值为 1～65535。从 RADIUS 计费服务器的默认 UDP 端口号为 1813，从 RADIUS 认证服务器的默认 UDP 端口号为 1812。 • **vpn-instance** *vpn-instance-name*：可多选参数，指定从 RADIUS 服务器所属的 MPLS VPN 实例的名称为 1～31 个字符的字符串，区分大小写。 • **active**：二选一选项，指定从 RADIUS 服务器为正常工作状态。 • **block**：二选一选项，指定从 RADIUS 服务器为通信中断状态。 默认情况下，所有 RADIUS 服务器的状态为 active
	以下第 9～11 步为配置 RADIUS 服务器定时器参数	
9	**timer response-timeout** *seconds* 例如，[Sysname-radius-radius1] **timer response-timeout** 5	（可选）设置 RADIUS 服务器响应超时时间，取值为 1～10，单位为 s。 【注意】在设置 RADIUS 服务器响应超时时间时，需要注意以下事项。 • 发送 RADIUS 报文的最大尝试次数、RADIUS 服务器响应超时时间，以及配置的 RADIUS 服务器总数，三者的乘积不能超过接入模块定义的用户认证超时时间，否则，在完成 RADIUS 认证过程之前，用户有可能被强制下线。 • 设备在按照配置顺序尝试与下一个 RADIUS 服务器通信之前，会首先判断当前累计尝试持续时间是否达到或超过 300s，如果超过或达到 300s，将不再向下一个 RADIUS 服务器发送 RADIUS 请求报文，即认为该 RADIUS 请求发送失败。因此，为了避免某些已部署的 RADIUS 服务器由于这个超时机制而无法被使用到，所以建议基于配置的 RADIUS 服务器总数，合理设置发送 RADIUS 报文的最大尝试次数及 RADIUS 服务器响应超时时间。 默认情况下，服务器响应超时定时器为 3s

续表

步骤	命令	说明
10	**timer quiet** *minutes* 例如，[Sysname-radius-radius1] **timer quiet** 10	（可选）设置 RADIUS 服务器恢复激活状态的时间，取值为 0～255，单位为 min。该参数取值为 "0" 时，如果当前用户使用的 RADIUS 认证服务器或计费服务器不可达，则设备会保持其为 active 状态，并且将使用该服务器的用户认证或计费请求报文发送给下一个状态为 active 的服务器，而后续其他用户的认证或计费请求报文仍然可以发送给该服务器处理。 默认情况下，RADIUS 服务器恢复激活状态时间为 5min
11	**timer realtime-accounting** *interval* [**second**] 例如，[Sysname-radius-radius1] **timer realtime-accounting** 51	（可选）设置实时计费间隔。 • *interval*：设置实时计费的时间间隔，取值为 0～71582。 • **second**：可选项，表示实时计费的时间间隔以 s 为单位，默认以 min 为单位。 不同取值的处理有所不同。 • 如果实时计费间隔不为 "0"，则每隔设定的时间，设备会向 RADIUS 计费服务器发送一次在线用户的计费信息。 • 如果实时计费间隔设置为 "0"，且 RADIUS 计费服务器上配置了实时计费间隔，则设备按照 RADIUS 计费服务器上配置的实时计费间隔，向 RADIUS 计费服务器发送在线用户的计费信息；如果 RADIUS 计费服务器上没有配置实时计费间隔，则设备不会向 RADIUS 计费服务器发送在线用户的计费信息。 实时计费间隔的取值小，计费准确性高，但对设备和 RADIUS 服务器的性能要求高。 【注意】不同情况下修改的实时计费间隔，对于已在线用户的生效情况有所不同。 • 将实时计费间隔从非 0 有效值改为 "0"，或者从 "0" 修改为某非 0 有效值后，已在线用户会依然采用原有取值，修改后的取值对其不生效。 • 将实时计费间隔从某非 0 有效值修改为其他非 0 有效值后，已在线用户也将会采用修改后的新值。 默认情况下，实时计费间隔为 12min

6.4.3 配置 RADIUS 报文交互参数

RADIUS 客户端与服务器之间进行报文交互时主要涉及报文封装的 IP 地址、携带的用户名格式、数据流格式、报文重发尝试和实时计费请求尝试的最大次数，以及 RADIUS 报文中携带的 DSCP 优先级值等参数。RADIUS 客户端与服务器之间报文交互参数的配置步骤见表 6-10。因为这些参数均有默认取值，所以均为可选配置任务，根据实际需要选择配置。

• 配置发送 RADIUS 报文的源 IP 地址。
• 配置向 RADIUS 服务器发送的用户名的格式和数据统计单位。
• 配置发送 RADIUS 报文的最大尝试次数。
• 配置允许发起实时计费请求的最大尝试次数。
• 配置 RADIUS 报文的 DSCP 优先级。

表 6-10　　RADIUS 客户端与服务器之间报文交互参数的配置步骤

步骤	命令	说明
1	**system-view**	进入系统视图
2	**radius scheme** *radius-scheme-name* 例如，[Sysname] **radius scheme** radius1	进入 RADIUS 方案视图
3	**nas-ip** { **interface** *interface-type interface-number* | *ipv4-address* | **ipv6** *ipv6-address* } 例如，[Sysname-radius-radius1] **nas-ip** 10.1.1.1	（可选）配置设备发送 RADIUS 报文的源 IP 地址。 • *ipv4-address* | **ipv6** *ipv6-address*：二选一参数，指定发送的 RADIUS 报文的源 IPv4 或 IPv6 地址，应该为本设备接口的单播 IPv4 或 IPv6 地址。 • **interface** *interface-type interface-number*：二选一参数，指定 HWTACACS 报文发送的源接口。 • **vpn-instance** *vpn-instance-name*：可选参数，指定设置的源 IP 地址所属的 MPLS VPN 实例的名称，**仅当 RADIUS 通信在特定的 MPLS VPN 实例中才需要配置**。如果不指定该参数，则表示配置的是公网源 IP 地址，即 RADIUS 通信在公网中。 一个 RADIUS 方案视图下： • 最多允许指定一个 IPv4 源地址和一个 IPv6 源地址； • 最多允许指定一个源接口，请确保指定的源接口与 RADIUS 服务器路由可达； • 源接口和源 IP 地址配置不能同时存在，后配置的生效。 默认情况下，未指定设备发送 RADIUS 报文使用的源 IP 地址，使用系统视图下，由命令 **radius nas-ip** 指定的源 IP 地址
4	**user-name-format** { **keep-original** | **with-domain** | **without-domain** } 例如，[Sysname-radius-radius1] **user-name-format without-domain**	（可选）配置向 RADIUS 服务器发送用户名的格式。 • **keep-original**：多选一选项，指定发送给 RADIUS 服务器的用户名与用户输入的用户名一致。 • **with-domain**：多选一选项，指定发送给 RADIUS 服务器的用户名要携带 ISP 域名。 • **without-domain**：多选一选项，指定发送给 RADIUS 服务器的用户名不携带 ISP 域名。 默认情况下，发送给 RADIUS 服务器的用户名携带 ISP 域名
5	**data-flow-format** { **data** { **byte** | **giga-byte** | **kilo-byte** | **mega-byte** } | **packet** { **giga-packet** | **kilo-packet** | **mega-packet** | **one-packet** } } * 例如，[Sysname-radius-radius1] **data-flow-format data kilo-byte packet kilo-packet**	（可选）配置向 RADIUS 服务器发送的数据流或者数据包的单位。 • **data**：可多选选项，设置数据流的单位。 　▷ **byte**：多选一选项，指定数据流的单位为字节。 　▷ **giga-byte**：多选一选项，指定数据流的单位为千兆字节。 　▷ **kilo-byte**：多选一选项，指定数据流的单位为千字节。 　▷ **mega-byte**：多选一选项，指定数据流的单位为兆字节。 • **packet**：可多选选项，设置数据包的单位。 　▷ **giga-packet**：多选一选项，指定数据包的单位为千兆包。 　▷ **kilo-packet**：多选一选项，指定数据包的单位为千包。 　▷ **mega-packet**：多选一选项，指定数据包的单位为兆包。 　▷ **one-packet**：多选一选项，指定数据包的单位为包。 设备上配置的发送给 RADIUS 服务器的数据流单位及数据包单位应与 RADIUS 服务器上的流量统计单位保持一致，否则，无法正确计费。 默认情况下，数据流的单位为字节，数据包的单位为包

步骤	命令	说明
6	**retry** *retries* 例如，[Sysname-radius-radius1] **retry** 5	（可选）设置发送 RADIUS 报文的最大尝试次数，取值为 1~20。 由于 RADIUS 通信采用的是不可靠的 UDP，所以通信过程中传输的报文不能被及时送达。如果设备在应答超时定时器规定的时长（由表 6-9 中第 9 步的 **timer response-timeout** 命令配置）内没有收到 RADIUS 服务器的响应，则设备有必要向 RADIUS 服务器重传 RADIUS 请求报文。如果发送 RADIUS 请求报文的累计次数已达到指定的最大尝试次数，而 RADIUS 服务器仍旧没有响应，则设备将尝试与其他服务器通信；如果不存在状态为 active 的服务器，则认为本次认证或计费失败。 默认情况下，发送 RADIUS 报文的最大尝试次数为"3"
7	**retry realtime-accounting** *retries* 例如，[Sysname-radius-radius1] **retry realtime-accounting** 10	（可选）设置允许发起实时计费请求的最大尝试次数，取值为 1~255。 默认情况下，允许发起实时计费请求的最大尝试次数为"5"
8	**radius** [**ipv6**] **dscp** *dscp-value* 例如，[Sysname-radius-radius1] **radius dscp** 10	（可选）配置发送的 RADIUS 报文携带的 DSCP 优先级。 • **ipv6**：可选项，表示是设置发送的 IPv6 RADIUS 报文的 DSCP 优先级。如果不指定本可选项，则表示的是设置发送的 IPv4 RADIUS 报文的 DSCP 优先级。 • *dscp-value*：设置 RADIUS 报文的 DSCP 优先级，取值为 0~63，其值越大，优先级越高。 通过本命令可以指定设备向 RADISU 服务器发送的 RADIUS 报文携带的 DSCP 优先级值。 默认情况下，RADIUS 报文的 DSCP 优先级为"0"

6.4.4　配置 RADIUS 扩展功能

RADIUS 扩展功能也是可选配置，主要包括以下配置任务。RADIUS 扩展功能的配置步骤见表 6-11。

表 6-11　RADIUS 扩展功能的配置步骤

步骤	命令	说明
1	**system-view**	进入系统视图
2	**radius scheme** *radius-scheme-name* 例如，[Sysname] **radius scheme** radius1	进入 RADIUS 方案视图
3	**stop-accounting-buffer enable** 例如，[Sysname-radius-radius1] **stop-accounting-buffer enable**	开启对无响应的 RADIUS 停止计费请求报文的缓存功能。 默认情况下，无响应的 RADIUS 停止计费请求报文的缓存功能处于开启状态
4	**retry stop-accounting** *retries* 例如，[Sysname-radius-radius1] **retry stop-accounting** 1000	（可选）配置发起 RADIUS 停止计费请求的最大尝试次数，取值为 10~65535。 默认情况下，发起 RADIUS 停止计费请求的最大尝试次数为 500

步骤	命令	说明
5	**stop-accounting-packet send-force** 例如，[Sysname-radius-radius1] **stop-accounting-packet send-force**	开启用户下线时设备强制发送 RADIUS 计费停止报文功能。 默认情况下，用户下线时设备强制发送 RADIUS 计费停止报文功能处于关闭状态
6	**server-load-sharing enable** 例如，[Sysname-radius-radius1] **server-load-sharing enable**	开启 RADIUS 服务器负载分担功能。 默认情况下，RADIUS 服务器负载分担功能处于关闭状态，RADIUS 服务器的调度采用主或从模式
7	**reauthentication server-select** { **inherit** | **reselect** } 例如，Sysname-radius-radius1] **reauthentication server-select reselect**	配置重认证时，RADIUS 服务器的选择模式。 • **inherit**：二选一选项，指定采用继承模式，即用户重认证时，仍然选用该用户以前认证时使用的 RADIUS 认证服务器。 • **reselect**：二选一选项，指定采用重新选择模式，即用户重认证时，需要重新选择 RADIUS 认证服务器。 默认情况下，重认证时仍然选用认证时使用的认证服务器
8	**accounting-on enable** [**interval** *interval* | **send** *send-times*] * 例如，[Sysname-radius-radius1] **accounting-on enable interval 5 send** 15	开启 accounting-on 功能。 • **interval** *interval*：可多选参数，指定 accounting-on 报文重发时间间隔，取值为 1～15，单位为 s，默认值为 3。 • **send** *send-times*：可多选参数，指定 accounting-on 报文的最大发送次数，取值为 1～255，默认值为 50。 默认情况下，accounting-on 功能处于关闭状态
9	**accounting-on extended** 例如，[Sysname-radius-radius1] **accounting-on extended**	（可选）开启 accounting-on 扩展功能。 默认情况下，accounting-on 扩展功能处于关闭状态
10	**quit**	退出 RADIUS 方案视图，返回系统视图
11	**radius session-control enable** 例如，[Sysname] **radius session-control enable**	开启 RADIUS session control 功能。**该功能仅能和 iMC RADIUS 服务器配合使用。** 默认情况下，RADIUS session control 功能处于关闭状态
12	**radius session-control client** { **ip** *ipv4-address* | **ipv6** *ipv6-address* } [**key** { **cipher** | **simple** } *string* | **vpn-instance** *vpn-instance-name*] * 例如，[Sysname] radius session-**control client ip** 10.110.1.2 **key simple** 12345	指定 session control 客户端。 • **ip** *ipv4-address*：二选一参数，指定 session control 客户端的 IPv4 地址。 • **ipv6** *ipv6-address*：二选一参数，指定 session control 客户端的 IPv6 地址。 • **key** { **cipher** | **simple** } *string*：可多选参数，指定与 session control 客户端交互的计费报文的共享密钥，**区分大小写**。二选一选项 **cipher** 指定以密文方式设置密钥；二选一选项 **simple** 指定以明文方式设置密钥，并以密文形式存储密钥。非 FIPS 模式下，明文密钥为 1～64 个字符的字符串；密文密钥为 1～117 个字符的字符串。FIPS 模式下，明文密钥为 15～64 个字符的字符串，密钥元素的最少组合类型为 4（必须包括数字、大写字母、小写字母，以及特殊字符）；密文密钥为 15～117 个字符的字符串。 • **vpn-instance** *vpn-instance-name*：可多选参数，指定 session control 客户端所属的 MPLS VPN 实例的名称，为 1～31 个字符的字符串，**区分大小写**。如果不指定本参数，则表示 session control 客户端属于公网。 默认情况下，未指定 session control 客户端

续表

步骤	命令	说明
13	undo radius enable radius enable 例如，[Sysname] undo radius enable	关闭/开启 RADIUS 协议功能。 默认情况下，RADIUS 协议功能处于开启状态
14	radius dynamic-author server 例如，[Sysname] radius dynamic-author server	开启 RADIUS DAE 服务，并进入 RADIUS DAE 服务器视图。 开启 RADIUS DAE 服务后，设备将会监听指定的 RADIUS DAE 客户端发送的 DAE 请求消息，然后根据请求消息修改用户授权信息、断开用户连接请求、关闭或重启用户接入端口，或重认证用户
15	client { ip *ipv4-address* | ipv6 *ipv6-address* } [key { cipher | simple } *string* | vpn-instance *vpn-instance-name*] * 例如，[Sysname-radius-da-server] client ip 10.110.1.2 key simple 123456	指定 RADIUS DAE 客户端。 • **ip** *ipv4-address*：二选一参数，指定 RADIUS DAE 客户端 IPv4 地址。 • **ipv6** *ipv6-address*：二选一参数，指定 RADIUS DAE 客户端 IPv6 地址。 • **key** { **cipher** | **simple** } *string*：可多选参数，指定与 RADIUS DAE 客户端交互 DAE 报文时使用的共享密钥，区分大小写。二选一选项 **cipher** 指定以密文方式设置密钥；二选一选项 **simple** 指定以明文方式设置密钥，并以密文形式存储密钥。非 FIPS 模式下，明文密钥为 1～64 个字符的字符串；密文密钥为 1～117 个字符的字符串。FIPS 模式下，明文密钥为 15～64 个字符的字符串，密钥元素的最少组合类型为 4（必须包括数字、大写字母、小写字母，以及特殊字符）；密文密钥为 15～117 个字符的字符串。 • **vpn-instance** *vpn-instance-name*：可多选参数，RADIUS DAE 客户端所属的 MPLS VPN 实例的名称，为 1～31 个字符的字符串，区分大小写。如果未指定本参数，则表示 RADIUS DAE 客户端位于公网中。 默认情况下，未指定 RADIUS DAE 客户端
16	port *port-number* 例如，[Sysname-radius-da-server] port 3790	（可选）指定 RADIUS DAE 服务的 UDP 端口，取值为 1～65535。 **必须保证设备上的 RADIUS DAE 服务端口与 RADIUS DAE 客户端发送 DAE 报文的目标 UDP 端口一致。** 默认情况下，RADIUS DAE 服务端口为 3799

1. 配置 RADIUS 计费报文缓存功能

为了使设备尽量与 RADIUS 服务器同步切断用户连接，可以开启对无响应的 RADIUS 停止计费报文的缓存功能，将停止计费报文缓存在本地设备上，然后从缓存中直接调用计费停止请求报文，重复尝试向 RADIUS 计费服务器发起停止计费请求。仅当发起停止计费请求的尝试次数达到指定的最大值仍然没有收到 RADIUS 计费服务器的响应，停止计费请求报文才会从缓存中删除。

2. 配置用户下线时强制发送 RADIUS 计费停止报文

通常，RADIUS 服务器在收到用户的计费开始报文后才会生成用户表项，但有一些 RADIUS 服务器在用户认证成功后会立即生成用户表项。此时可能在用户认证后，因为一些原因（例如授权失败）并未发送计费开始报文，所以在该用户下线时设备也不会发送 RADIUS 计费停止报文，导致 RADIUS 服务器上该用户表项不能被及时释放，出现 RADIUS 服务器和本地设备上用户信息不一致的问题。

为了解决以上问题，建议开启用户下线时强制发送 RADIUS 计费停止报文的功能。这样，只要用户使用 RADIUS 服务器进行计费，且设备没有向 RADIUS 服务器发送计费开始报文，则在用户下线时设备会强制发送一个 RADIUS 计费停止报文给服务器，使 RADIUS 服务器收到此报文后及时释放用户表项。

3. 配置 RADIUS 服务器负载分担功能

默认情况下，RADIUS 服务器的调度采用主模式或从模式，即设备优先与主服务器交互，当主服务器不可达时，才根据从服务器的配置顺序由先到后查找状态为 active 的从服务器，并与之交互。但在 RADIUS 方案中开启了服务器负载分担功能后，设备会根据各服务器的权重，以及各服务器承载的用户负荷情况，按比例进行用户负荷分配，并选择要交互的服务器。

【注意】在负载分担模式下，某台 RADIUS 计费服务器开始对某用户计费后，则该用户后续计费请求报文均会发往该计费服务器。如果该 RADIUS 计费服务器不可达，则直接返回，计费失败，不会再尝试其他计费服务器。

4. 配置重认证时 RADIUS 服务器的选择模式

用户认证失败后会尝试重新认证，在 RADIUS 协议中有两种选择重新认证的服务器模式。

① 继承模式：用户进行重认证时，设备直接沿用该用户以前认证时使用的 RADIUS 认证服务器，不再做其他尝试。此模式的优点是可以达到快速重认证的效果，但如果该认证服务器不可达，则会导致重认证失败。这是默认的选择模式。

② 重新选择模式：用户进行重认证时，设备会根据当前 RADIUS 方案中服务器的配置、服务器负载分担功能的开启状态，以及各服务器的可达状态重新选择认证服务器。此模式的优点是可以尽可能保证重认证时选择到当前最优，且可达的服务器。

5. 配置 RADIUS 的 accounting-on 功能

默认情况下，设备重启后，重启前的原在线用户因被 RADIUS 服务器认为仍然在线，从而使这些用户短时间内无法再次登录服务器。此时可通过开启 accounting-on 功能予以解决。

开启 accounting-on 功能后，设备在重启后会主动向 RADIUS 计费服务器发送 accounting-on 报文来告知自己已经重启，并要求 RADIUS 服务器停止计费，且强制通过本设备上线的所有用户下线。如果设备向 RADIUS 计费服务器发送 accounting-on 报文后没有收到响应报文，则会按照一定的时间间隔（由 **interval** *interval* 参数配置）尝试重发几次（由 **send** *send-times* 参数配置）。

【注意】accounting-on 扩展功能主要适用于 lan-access 用户，这是因为该类型的用户数据均保存在用户接入的成员设备上。

6. 配置 RADIUS 的 session control 功能

该功能仅能和 **iMC RADIUS** 服务器配合使用。iMC RADIUS 服务器使用 session control 报文向设备发送授权信息的动态修改请求和断开连接请求。开启 RADIUS 的 session control 功能后，设备会打开知名 UDP 1812 端口来监听，并接收 RADIUS 服务器发送的 session control 报文。设备收到 session control 报文后，通过 session control 客户端配置验证 RADIUS session control 报文的合法性。

默认情况下，为节省系统资源，设备上的 RADIUS session control 功能处于关闭状态。因此，在使用 iMC RADIUS 服务器，且服务器需要对用户授权信息进行动态修改，或强制用户下线的情况下，必须开启此功能。

7. 配置 RADIUS DAE 服务器功能

动态授权扩展（Dynamic Authorization Extensions，DAE）协议是 RFC 5176 中定义的 RADIUS 协议的一个扩展，用于强制认证用户下线，或者更改在线用户授权信息。DAE 采用 C/S 通信模式，由 DAE 客户端和 DAE 服务器组成。

DAE 客户端用于发起 DAE 请求，通常驻留在一个 RADIUS 服务器上，也可以为一个单独的实体。DAE 服务器用于接收并响应 DAE 客户端的 DAE 请求，通常为一个 NAS 设备。

DAE 报文包括以下两种类型。

① DMs（Disconnect Messages，断开连接消息）：用于强制用户下线。DAE 客户端通过向 NAS 设备发送 DMs 请求报文，请求 NAS 设备按照指定的匹配条件强制用户下线。

② COA（Change Of Authorization，授权改变）Messages：用于更改用户授权信息。DAE 客户端通过向 NAS 设备发送 COA 请求报文，请求 NAS 设备按照指定的匹配条件更改用户授权信息。

在设备上开启 RADIUS DAE 服务后，设备将作为 RADIUS DAE 服务器在指定的 UDP 端口，监听指定的 RADIUS DAE 客户端发送的 DAE 请求消息，然后根据请求消息进行用户授权信息的修改、断开用户连接、关闭或重启用户接入端口或重认证用户，并向 RADIUS DAE 客户端发送 DAE 应答消息。

8. 关闭或开启 RADIUS 协议功能

默认情况下，设备上的 RADIUS 协议功能总处于开启状态，可以接收和发送 RADIUS 报文。由于攻击者可能会通过 RADIUS 的 session control 报文监听端口或 RADIUS DAE 服务端口向设备发起网络攻击，所以可以通过临时关闭 RADIUS 协议功能来阻止攻击，在网络环境安全后，再重新打开 RADIUS 协议功能。另外，如果服务器需要调整配置或暂时不提供服务，则可以通过关闭设备上的 RADIUS 协议功能来协助完成此过程。

关闭 RADIUS 协议功能后，设备将停止接收和发送 RADIUS 报文。

以上各小节的 RSDIUS 功能配置完成后，可以在任意视图下执行以下 **display** 命令查看相关配置信息，在用户视图下执行以下 **reset** 命令，统计相关信息。

- **display radius scheme** [*radius-scheme-name*]：查看所有或指定 RADIUS 方案的配置信息。
- **display radius server-load statistics**：查看 RADIUS 服务器的负载统计信息。
- **display radius statistics**：查看 RADIUS 报文的统计信息。
- **display stop-accounting-buffer** { **radius-scheme** *radius-scheme-name* | **session-id** *session-id* | **time-range** *start-time end-time* | **user-name** *user-name* }：查看缓存的 RADIUS 停止计费请求报文的相关信息。
- **reset radius server-load statistics**：清除所有 RADIUS 服务器的历史负载统计信息。

- **reset radius statistics**：清除 RADIUS 协议的统计信息。
- **reset stop-accounting-buffer** { **radius-scheme** *radius-scheme-name* | **session-id** *session-id* | **time-range** *start-time end-time* | **user-name** *user-name* }：清除缓存的 RADIUS 停止计费请求报文。

6.4.5　SSH 用户使用 iMC Radius 认证配置示例

SSH 用户使用 iMC Radius 认证配置示例的拓扑结构如图 6-6 所示。使用 SSH 登录的远程用户 PC1 在接入网络时需要经接入交换机 SW1 上配置的 RADIUS 进行认证和授权。RADIUS 服务器由一台运行 H3C iMC 系统的服务器担当，IPv4 的地址为10.1.1.1/24。

图 6-6　SSH 用户使用 iMC Radius 认证配置示例的拓扑结构

现要配置担当 RADIUS 客户端的 SW1 与 RADIUS 服务器交互报文时使用的共享密钥为 expert，向 RADIUS 服务器发送的用户名携带域名。SSH 用户登录 SW1 时使用 RADIUS 服务器上配置的用户名 hello@bbb 和密码 dagenet 进行认证，认证通过后具有默认的用户角色 network-operator。

1.　基本配置思路分析

本示例针对 SSH 用户采用 RADIUS 方案（采用运行 iMC 系统的主机配置担当 RADIUS 服务器）进行认证和授权，主要涉及 3 个方面的配置任务：一是在 SW1 上配置用户的 SSH 登录；二是在运行 iMC 的 RADIUS 服务器上配置用户认证信息；三是在担当 RADIUS 客户端的 SW1 上配置 RADIUS 认证方案。如果有需要，则也可在 SW1 上配置 RADIUS 计费方案。

用户的 SSH 登录需要在 SW1 上配置 SSH 服务器，涉及非对称密钥对和登录认证方案配置。SSH 服务器上配置的非对称密钥对有两个用途：一是用在与 SSH 客户端密钥交换阶段生成会话密钥和会话 ID；二是用在 SSH 客户端对连接的 SSH 服务器进行认证。

虽然一个客户端只会采用 DSA、RSA 或 ECDSA 公钥算法中的一种来认证服务器，但是由于不同客户端支持的公钥算法不同，为了确保客户端能够成功登录服务器，可以在 SSH 服务器上同时生成 DSA、RSA 或 ECDSA 密钥对。

至于用户角色的授权，本示例的要求很简单，仅需要对通过认证的 SSH 用户授予默认的 network-operator 用户角色，可以有 3 种配置方法：一是仅在对应的 SSH 用户视图下通过 **authorization-attribute user-role** network-operator 命令指定 network-operator 用户角色；二是仅在系统视图执行 **role default-role enable** 命令，配置使能默认用户角色授权功能；三是在 RADIUS 服务器中指定授权 network-operator 用户角色。本示例采用使能默认用户角色授权功能。

2. 具体配置步骤

① 配置 SW1 上 GE1/0/1 和 GE1/0/2 端口的 IP 地址，及 PC1、RADIUS 服务器的 IP 地址和网关。

在此仅介绍 SW1 上 GE1/0/1 和 GE1/0/2 端口的 IP 地址，PC1、RADIUS 服务器的 IP 地址和网关的配置不再介绍，具体配置如下。

```
<Sysname> system-view
[Sysname] sysname SW1
[SW1]interface gigabitethernet 1/0/1
[SW1-Interface-GigabitEthernet1/0/1]port link-mode route
[SW1-Interface-GigabitEthernet1/0/1]ip address 192.168.1.1 24
[SW1-Interface-GigabitEthernet1/0/1]quit
[SW1]interface gigabitethernet 1/0/2
[SW1-Interface-GigabitEthernet1/0/2]port link-mode route
[SW1-Interface-GigabitEthernet1/0/2]ip address 10.1.1.2 24
[SW1-Interface-GigabitEthernet1/0/2]quit
```

② 在 SW1 上使能 SSH 服务器，生成 DSA 或者 RSA 密钥对，配置 SSH 用户登录时采用 AAA 方案，并使能默认用户角色授权功能，具体配置如下。

```
[SW1] ssh server enable       #---使能 SSH 服务器功能
[SW1] public-key local create rsa    #---生成 RSA 密钥对
[SW1] public-key local create dsa    #---生成 DSA 密钥对
[SW1] line vty 0 4   #---进入用户线 VTY 0~4 视图
[SW1-line-vty0-4] authentication-mode scheme   #---设置使用 VTY 0~4 用户线的用户采用 AAA 方案
[SW1-line-vty0-4] quit
[SW1] role default-role enable   #---使能默认用户角色授权功能，使认证通过后的 SSH 用户具有默认的用户角色
network-operator
```

③ 在 iMC 上配置 RADIUS 服务器。

本示例以运行 iMC PLAT 5.0（E0101）版本的服务器担当 RADIUS 服务器，IP 地址为 10.1.1.1/24。在 RADIUS 服务器上指定担当 RADIUS 客户端的 SW1，以及用于 RADIUS 认证的用户信息。

步骤一：添加接入设备。

首先，登录 iMC 管理平台首页，单击"业务"页面标签，添加接入设备。单击导航树中的[接入业务/接入设备管理/接入设备配置]菜单项，进入接入设备配置页面。在该页面中单击<增加>按钮。

- 在"共享密钥"文本框中设置 RADIUS 服务器与 RADIUS 客户端 SW1 交互报文时使用的认证共享密钥：expert。
- 在"业务类型"下拉列表中选择"设备管理业务"。
- 在"接入设备类型"下拉列表中选择"H3C"。

其他参数采用默认值。在"设备列表"栏中单击<手动增加>按钮，添加接入设备，即 RADIUS 客户端 SW1 的 IP 地址 10.1.1.2，这些操作。完成后，单击<确定>按钮，完成操作。

步骤二：添加管理用户。

在 iMC 首页中单击"用户"页面标签，添加管理用户。单击导航树中的[接入用户视图/设备管理用户]菜单项，进入"设备管理用户列表"页面。在该页面中单击<增加>

按钮。

　　在"设备管理用户基本信息"框中输入用于 RADIUS 认证的用户名 hello@bbb 和密码 dagenet，用户支持的服务类型为 SSH；在"所管理设备的 IP 地址列表"栏中单击<增加>按钮，添加担当 RADIUS 客户端的 IP 地址为"10.1.1.0～10.1.1.255"（SW1 的 IP 地址在此范围内）。配置好后，单击<确定>按钮，完成操作。

　　【说明】在 iMC PLAT 7.0（E0102）、iMC EIA 7.0（E0201）等更高级的版本中，在图 6-8 所示的"增加设备管理用户"页面中还有一个"角色名"文本框，此时也可以在 RADIUS 服务器上指定授权给用户的用户角色。

　　④ 在 SW1 上配置 RADIUS 认证方案，指定 RADIUS 认证服务器 IP 地址，配置共享密钥，具体配置如下。

```
[SW1] radius scheme radi1
[SW1-radius-radi1] primary authentication 10.1.1.1 1812  #---配置主 RADIUS 认证服务器的 IP 地址为 10.1.1.1，认证
端口号为 1812
[SW1-radius-radi1] key authentication simple expert   #---配置与 RADIUS 认证服务器交互报文时的共享密钥为明文
expert
[SW1-radius-radi1] user-name-format with-domain   #---指定向 RADIUS 服务器发送的用户名要携带域名
[SW1-radius-radi1] quit
```

　　【说明】如果要同时配置 RADIUS 计费功能，则要在同一台 RADIUS 服务器上通过 **primary accounting** 10.1.1.1 1813 命令配置计费端口，通过 **key accounting simple** expert 命令配置计费报文交互的共享密钥。

　　⑤ 在 SW1 上创建 ISP 域 bbb，并指定使用 RADIUS 认证方案。

　　⑥ 创建 ISP 域 bbb，为 SSH 登录用户配置 AAA 认证方法，为使用前面创建的名为 radi1 方案进行 RADIUS 认证，具体配置如下。

```
[SW1] domain bbb
[SW1-isp-bbb] authentication login radius-scheme radi1
[SW1-isp-bbb] authorization login radius-scheme radi1
[SW1-isp-bbb] quit
```

　　【说明】如果要同时配置 RADIUS 计费功能，则还要在 SW1 的 bbb 域下通过 **accounting login radius-scheme** radi1 命令指定所用的计费方案。

　　3. 配置结果验证

　　以上配置完成后，可在 SW1 上任意视图下执行 **display radius scheme** radi1 命令，查看名为 radi1 的 RADIUS 方案配置信息。验证正确后，在用户向 SW1 发起 SSH 连接时，按照提示输入用户名 hello@bbb 及正确的密码 dagenet 后，即可成功登录 SW1，并具有用户角色 network-operator 所拥有的命令行执行权限。

6.5　HWTACACS 配置

　　与 RADIUS 相比，HWTACACS 在 AAA 方案配置中更加灵活，功能更加强大，因为 HWTACACS 可以针对认证、授权和计费功能分别指定不同的服务器，RADIUS 的认证和授权功能只能在同一台服务器上配置，且 HWTACACS 还可以进行命令行授权，RADIUS 不支持命令行授权。另外，HWTACACS 采用的是可靠的 TCP 传输层协议，比

起 RADIUS 使用的 UDP 传输层协议，报文传输更可靠。

HWTACACS 主要包括以下两大配置模块。

① 配置 HWTACACS 方案：可以根据实际需要分别为 HWTACACS 认证、授权和计费功能指定相同或不同的主 HWTACACS 服务器或从 HWTACACS 服务器，还可以选配置 HWTACACS 客户端和服务器进行 HWTACACS 报文交互时使用的共享密钥，以及 HWTACACS 服务器所在 MPLS VPN 实例。

② （可选）配置 HWTACACS 报文交互参数，主要包括以下配置任务。

- 配置发送 HWTACACS 报文使用的源 IP 地址。
- 配置发送给 HWTACACS 服务器的用户名格式和数据统计单位。

6.5.1 配置 HWTACACS 方案

HWTACACS 方案的配置步骤见表 6-12。

表 6-12 HWTACACS 方案的配置步骤

步骤	命令	说明
1	**system-view**	进入系统视图
2	**hwtacacs scheme** *hwtacacs-scheme-name* 例如，[Sysname] **hwtacacs scheme** hwt1	创建 HWTACACS 方案，进入 HWTACACS 方案视图。参数 *hwtacacs-scheme-name* 用来指定所创建的 HWTACACS 方案的名称，为 1～32 个字符的字符串，**不区分大小写**。 默认情况下，不存在 HWTACACS 方案
3	**primary** { **authentication** | **authorization** | **accounting** } { *host-name* | *ipv4-address* | **ipv6** *ipv6-address* } [*port-number* | **key** { **cipher** | **simple** } *string* | **test-profile** *profile-name* | **single-connection** | **vpn-instance** *vpn-instance-name*] * 例如，[Sysname-hwtacacs-hw1] **primary accounting** 10.163.155.12 49 **key simple** 123456TESTacct&!	配置主 HWTACACS 服务器。 • **authentication**：多选一选项，指定配置主 HWTACACS 认证服务器。 • **authorization**：多选一选项，指定配置主 HWTACACS 授权服务器。 • **accounting**：多选一选项，指定配置主 HWTACACS 计费服务器。 • *host-name*：多选一参数，指定主 HWTACACS 服务器的主机名，为 1～253 个字符的字符串，不区分大小写。 • *ipv4-address*：多选一参数，指定主 HWTACACS 服务器的 IPv4 地址。 • **ipv6** *ipv6-address*：多选一参数，指定主 HWTACACS 服务器的 IPv6 地址。 • *port-number*：可多选参数，指定主 HWTACACS 服务器的 TCP 端口号，取值为 1～65535。HWTACACS 认证、授权和计费服务器默认值的端口号均为 49。 • **key** { **cipher** | **simple** } *string*：可多选参数，指定与主 HWTACACS 服务器交互的授权报文的共享密钥，区分大小写。二选一选项 **cipher** 指定以密文方式设置密钥；二选一选项 **simple** 指定以明文方式设置密钥，并以密文形式存储密钥。非 FIPS 模式下，明文密钥为 1～255 个字符的字符串；密文密钥为 1～373 个字符的字符串。FIPS 模式下，明文密钥为 15～255 个字符的字符串，密钥元素的最少组合类型为 4（必须包括数字、大写字母、小写字母，以及特殊字符）；密文密钥为 15～373 个字符的字符串

续表

步骤	命令	说明
3	**primary** { **authentication** | **authorization** | **accounting** } { *host-name* | *ipv4-address* | **ipv6** *ipv6-address* } [*port-number* | **key** { **cipher** | **simple** } *string* | **test-profile** *profile-name* | **single-connection** | **vpn-instance** *vpn-instance-name*] * 例如，[Sysname-hwtacacs-hw1] **primary accounting** 10.163.155.12 49 **key simple** 123456TESTacct&!	【说明】设备与主 HWTACACS 服务器或从 HWTACACS 服务器通信时，优先使用本命令设置共享密钥，如果本命令中没有通过 **key** 参数设置，则使用第 5 步中的共享密钥设置。 • **single-connection**：可多选选项，指定所有与主 HWTACACS 服务器交互的计费报文使用同一个 TCP 连接。如果未指定本选项，则表示每次计费都会使用一个新的 TCP 连接。 • **vpn-instance** *vpn-instance-name*：可多选参数，指定主 HWTACACS 服务器所属的 MPLS VPN 实例的名称，为 1～31 个字符的字符串，**区分大小写**。如果未指定本参数，则表示主 HWTACAC 服务器位于公网中。 默认情况下，未配置 HWTACACS 主服务器
4	**secondar** { **authentication** | **authorization** | **accounting** } { *host-name* | *ipv4-address* | **ipv6** *ipv6-address* } [*port-number* | **key** { **cipher** | **simple** } *string* | **single-connection** | **vpn-instance** vpn-*instance-name*] * 例如，[Sysname-hwtacacs-hwt1] **secondary authentication** 10.163.155.13 49 **key simple** 123456TESTacct&!	（可选）配置从 HWTACACS 服务器，参数和选项的说明参见第 3 步中的主 HWTACACS 服务器配置命令中对应参数或选项介绍，只是此处是针对从 HWTACACS 服务器进行配置的。 建议在不需要备份的情况下，只配置主 HWTACACS 计费服务器即可。 默认情况下，未配置从 HWTACACS 服务器
5	**key** { **authentication** | **authorization** | **accounting** } { **cipher** | **simple** } *string* 例如，[Sysname-hwtacacs-hwt1] **key accounting simple** 123456TESTacct&!	配置 HWTACACS 报文的共享密钥。 • **accounting**：多选一选项，指定 HWTACACS 计费报文的共享密钥。 • **authentication**：多选一选项，指定 HWTACACS 认证报文的共享密钥。 • **authorization**：多选一选项，指定 HWTACACS 授权报文的共享密钥。 • **cipher**：二选一选项，指定以密文方式设置密钥。 • **simple**：二选一选项，指定以明文方式设置密钥，并以密文形式存储。 • *string*：指定密钥字符串，**区分大小写**。非 FIPS 模式下，明文密钥为 1～255 个字符的字符串；密文密钥为 1～373 个字符的字符串。FIPS 模式下，明文密钥为 15～255 个字符的字符串，密钥元素的最少组合类型为 4（必须包括数字、大写字母、小写字母，以及特殊字符）；密文密钥为 15～373 个字符的字符串。 【注意】本命令的配置仅当在配置主 HWTACACS 服务器和从 HWTACACS 服务器，没有配置共享密钥时生效。 默认情况下，未配置 HWTACACS 报文的共享密钥

步骤	命令	说明
6	**vpn-instance** *vpn-instance-name* 例如，[Sysname-hwtacacs-hwt1] **vpn-instance** test	（可选）配置 HWTACACS 方案各服务器所共属的 VPN。参数 *vpn-instance-name* 用来指定 HWTACACS 服务器所属 MPLS VPN 实例的名称，为 1～31 个字符的字符串，区分大小写。 【说明】本命令配置的 VPN 对于该方案下的所有 HWTACACS 服务器生效，但设备优先使用第 3 步和第 4 步配置主 HWTACACS 服务器或从 HWTACACS 服务器时为各服务器单独指定的所属 VPN。 默认情况下，HWTACACS 方案属于公网

（1）创建 HWTACACS 方案

（2）配置 HWTACACS 认证、授权和计费服务器

通过在 HWTACACS 方案中配置 HWTACACS 认证、授权和计费服务器，指定设备对用户进行 HWTACACS 认证、授权和计费时与哪个服务器进行通信。**目前，HWTACACS 不支持对 FTP/SFTP/SCP 用户进行计费。**

一个 HWTACACS 方案中最多允许配置一个主认证、授权和计费服务器，以及 16 个从认证、授权和计费服务器。当主服务器不可达时，设备根据从服务器的配置顺序由先到后查找状态为 active 的从服务器，并与之交互。在同一个方案中，指定的主认证、授权和计费服务器及从认证、授权和计费服务器，以及各从认证、授权和计费服务器的 VPN、主机名、IP 地址、端口号不能完全相同。

在实际组网环境中，可以指定一台服务器既作为某个 HWTACACS 方案的主认证、授权和计费服务器，又作为另一个 HWTACACS 方案的从认证、授权和计费服务器。

（3）配置 HWTACACS 报文的共享密钥

HWTACACS 客户端与 HWTACACS 服务器使用 MD5 算法并在共享密钥的参与下加密 HWTACACS 报文。只有在共享密钥一致的情况下，彼此才能接收对方发来的 HWTACACS 报文，并做出响应。

由于设备优先采用配置 HWTACACS 服务器时指定的共享密钥，所以本项配置任务中的配置仅当在配置 HWTACACS 服务器时，没有指定共享密钥的情况下生效。

（4）配置 HWTACACS 方案所属的 VPN

在配置 HWTACACS 服务器指定的所属 VPN 被优先使用。如果在配置 HWTACACS 服务器时，没有指定所属的 VPN，则采用本项配置任务中，为 HWTACACS 方案中所有服务器配置的 VPN。

6.5.2　配置 HWTACACS 报文交互参数

HWTACACS 客户端与服务器之间报文交互主要涉及报文源 IP 地址、携带的用户格式、数据流统计单位和各种 HWTACACS 报文交互时所用的各种定时器等参数。HWTACACS 客户端与服务器之间报文交互参数的配置步骤见表 6-13。

表 6-13　HWTACACS 客户端与服务器之间报文交互参数的配置步骤

步骤	命令	说明
1	**system-view**	进入系统视图
2	**hwtacacs scheme** *hwtacacs-scheme-name* 例如，[Sysname] **hwtacacs scheme** hwt1	进入 HWTACACS 方案视图
3	在系统视图下配置： **hwtacacs nas-ip** { **interface** *interface-type interface-number* | { *ipv4-address* | **ipv6** *ipv6-address* } [**vpn-instance** *vpn-instance-name*] } 例如，[Sysname] **hwtacacs nas-ip** 129.10.10.1	（可选）全局设置设备发送 HWTACACS 报文使用的源 IP 地址，对所有 HWTACACS 方案有效。 • **interface** *interface-type interface-number*：二选一参数，指定 HWTACACS 报文发送的源接口。 • *ipv4-address* | **ipv6** *ipv6-address*：二选一参数，指定发送的 HWTACACS 报文的源 IPv4 或 IPv6 地址，应该为本设备接口的单播 IPv4 或 IPv6 地址。 • **vpn-instance** vpn-*instance-name*：可选参数，指定设置的源 IP 地址所属的 MPLS VPN 实例的名称，仅当 HWTACACS 通信在特定的 MPLS VPN 实例中才需要配置。如果不指定该参数，则表示配置的是公网源 IP 地址，即 HWTACACS 通信在公网中。 默认情况下，未指定发送 HWTACACS 报文使用的源 IP 地址，设备将使用到达 HWTACACS 服务器的路由出接口的主 IPv4 地址或 IPv6 地址作为发送 RADIUS 报文的源 IP 地址
	在 HWTACACS 方案视图下： **nas-ip** { *ipv4-address* | **interface** *interface-type interface-number* | **ipv6** *ipv6-address* } 例如，[Sysname-hwtacacs-hwt1] **nas-ip** 10.1.1.1	（可选）设置设备发送 HWTACACS 报文使用的源 IP 地址，参数说明参见本表 **hwtacacs nas-ip** 命令中的参数说明。 默认情况下，未指定设备发送 HWTACACS 报文使用的源 IP 地址，使用系统视图下由 **hwtacacs nas-ip** 命令指定的源 IP 地址
4	**timer response-timeout** *seconds* 例如，[Sysname-hwtacacs-hwt1] **timer response-timeout** 30	设置 HWTACACS 服务器响应超时定时器，取值为 1~300，单位为 s。 由于 HWTACACS 是基于 TCP 实现的，所以服务器响应超时或 TCP 超时，都可能出现 HWTACACS 服务器的连接断开。 【说明】HWTACACS 服务器响应超时定时器时间与所配置的 HWTACACS 服务器总数的乘积，不能超过接入模块定义的用户认证超时时间，否则，在 HWTACACS 认证过程完成之前，用户就有可能被强制下线。 默认情况下，服务器响应超时定时器为 5s
5	**timer realtime-accounting** *minutes* 例如，[Sysname-hwtacacs-hwt1] **timer realtime-accounting** 51	设置实时计费间隔定时器，取值为 0~60，单位为 min。0 表示设备不向 HWTACACS 服务器发送在线用户的计费信息。 为了对用户实施实时计费，有必要设置实时计费间隔定时器，使设备每隔设定的时间，会向 HWTACACS 服务器发送一次在线用户的计费信息。 实时计费间隔定时器的取值小，计费准确性高，但对设备和 HWTACACS 服务器的性能要求高。不同情况下，修改的实时计费间隔定时器的取值，对已在线用户的生效情况有所不同

续表

步骤	命令	说明
5	**timer realtime-accounting** *minutes* 例如，[Sysname-hwtacacs-hwt1] **timer realtime-accounting 51**	• 将实时计费间隔定时器从非 0 有效值改为 0，或者从 0 修改为非 0 有效值后，已在线用户会依然采用原有取值，修改后的取值无效。 • 将实时计费间隔定时器从某非 0 有效值修改为其他非 0 有效值后，已在线用户将采用修改后的取值。 默认情况下，实时计费间隔定时器为 12min
6	**timer quiet** *minutes* 例如，[Sysname-hwtacacs-hwt1] **timer quiet 10**	设置服务器恢复激活状态定时器，取值为 1～255，单位为 min。 默认情况下，服务器恢复激活状态定时器为 5min
7	**user-name-format** { **keep-original** | **with-domain** | **without-domain** } 例如，[Sysname-hwtacacs-hwt1] **user-name-format without-domain**	设置发送给 HWTACACS 服务器的用户名格式。 • **keep-original**：多选一选项，发送给 HWTACACS 服务器的用户名与用户输入的保持一致。 • **with-domain**：多选一选项，发送给 HWTACACS 服务器的用户名携带 ISP 域名。 【说明】如果指定某个 HWTACACS 方案不允许用户名中携带有 ISP 域名，那么请不要在两个乃至两个以上的 ISP 域中同时设置使用该 HWTACACS 方案。否则，会出现虽然实际用户不同（在不同的 ISP 域中），但 HWTACACS 服务器认为用户相同（因为传送到它的用户名相同）的错误。 • **without-domain**：多选一选项，发送给 HWTACACS 服务器的用户名不携带 ISP 域名。 默认情况下，发送给 HWTACACS 服务器的用户名携带 ISP 域名
8	**data-flow-format** { **data** { **byte** | **giga-byte** | **kilo-byte** | **mega-byte** } | **packet** { **giga-packet** | **kilo-packet** | **mega-packet** | **one-packet** } } * 例如，[Sysname-hwtacacs-hwt1] **data-flow-format data kilo-byte packet kilo-packet**	设置发送给 HWTACACS 服务器的数据流或者数据包的单位，各选项说明参见 6.4.3 节表 6-10 第 5 步说明。 默认情况下，数据流的单位为字节，数据包的单位为包

1. 配置发送 HWTACACS 报文使用的源 IP 地址

HWTACACS 服务器上通过 IP 地址来标识接入设备，并根据收到的 HWTACACS 报文的源 IP 地址是否与服务器所管理的接入设备的 IP 地址匹配，来决定是否处理来自该接入设备的认证、授权和计费请求。如果 HWTACACS 服务器收到的 HWTACACS 认证或计费报文的源地址在所管理的接入设备 IP 地址范围内，则会进行后续的认证或计费处理，否则，直接丢弃该报文。

设备发送 HWTACACS 报文时，根据以下顺序查找使用的源 IP 地址。

• 当前使用的 HWTACACS 方案中配置的发送 HWTACACS 报文使用的源 IP 地址。

• 根据当前使用的服务器所属的 VPN，查找系统视图下通过 **hwtacacs nas-ip** 命令配置的私网源地址，对于公网服务器则直接查找该命令配置的公网源地址。

- 通过路由查找到的发送 HWTACACS 报文的出接口地址。

2. 配置发送给 HWTACACS 服务器的用户名格式和数据统计单位

通过设置发送给 HWTACACS 服务器的用户名格式，可以选择发送 HWTACACS 服务器的用户名中是否要携带 ISP 域名。设备通过发送计费报文，向 HWTACACS 服务器报告在线用户的数据流量统计单位。

3. 配置 HWTACACS 服务器的定时器

在与 HWTACACS 服务器交互的过程中，设备上可启动的定时器包括以下 3 种。

① 服务器响应超时定时器（response-timeout）：如果设备发送 HWTACACS 请求报文后，在服务器响应超时定时器时间内没有收到 HWTACACS 服务器的响应报文，则设备会将该服务器的状态配置为 block 状态，并转向下一个 HWTACACS 服务器发起请求，以保证用户尽可能得到 HWTACACS 服务。

② 实时计费间隔定时器（realtime-accounting）：为了对用户实施实时计费，有必要定期向服务器发送用户的实时计费信息，通过设置实时计费间隔定时器，设备会每隔该定时器时间，向 HWTACACS 服务器发送一次在线用户的计费信息。

③ 服务器恢复激活状态定时器（quiet）：当服务器不可达时，设备将该服务器的状态配置为 block，并开启服务器，激活状态定时器，在该定时器超时后，再将该服务器的状态恢复为 active。

HWTACACS 方案中各服务器的状态（active、block）决定了设备向哪个服务器发送请求报文，以及设备在与当前服务器通信中断的情况下，如何与另外一个服务器进行交互。在实际组网环境中，可指定一个主 HWTACACS 服务器和多个从 HWTACACS 服务器，此时，从服务器作为主服务器的备份。

以上 HWTACACS 配置好之后，可在任意视图下，执行以下 **display** 命令，查看配置后 HWTACACS 的运行情况，通过查看显示信息验证配置的效果；在用户视图下，执行以下 **reset** 命令，清除相关统计信息。

- **display hwtacacs scheme** [*hwtacacs-scheme-name* [**statistics**]]：查看所有或指定 HWTACACS 方案的配置信息或统计信息。
- **display stop-accounting-buffer hwtacacs-scheme** *hwtacacs-scheme-name*：查看缓存的指定 HWTACACS 方案的停止计费请求报文的相关信息。
- **reset hwtacacs statistics** { **accounting** | **all** | **authentication** | **authorization** }：清除 HWTACACS 协议的统计信息。
- **reset stop-accounting-buffer hwtacacs-scheme** *hwtacacs-scheme-name*：清除缓存的指定 HWTACACS 方案的停止计费请求报文。

6.5.3 Telnet 用户使用 ACS HWTACACS 认证和授权配置示例

Telnet 用户使用 ACS HWTACACS 认证和授权配置示例的拓扑结构如图 6-7 所示。使用 Telnet 登录的远程用户 PC1 在接入网络时，需经接入交换机 SW1 上配置的 HWTACACS 进行认证。HWTACACS 服务器由一台运行 ACS 4.2 系统的服务器担当，IPv4 地址为 10.1.1.1/24。

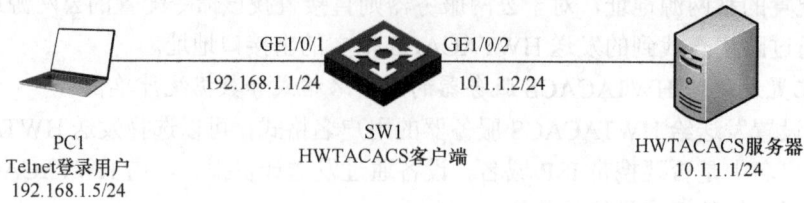

图 6-7　Telnet 用户使用 ACS HWTACACS 认证和授权配置示例的拓扑结构

现要通过 HWTACACS 服务器对登录 SW1 的 Telnet 用户进行认证和授权，具体说明如下。

- 登录用户名为 hello@bbb，密码为 dagenet，认证通过后具有默认的用户角色 network-operator。
- SW1 与 HWTACACS 服务器交互报文时使用的共享密钥为 expert，SW1 向 HWTACACS 服务器发送的用户名带域名。

1. 基本配置思路分析

本示例主要涉及 3 个方面的配置任务：一是在 SW1 上使能 Telnet 服务器功能，指定采用 AAA 认证方案；二是在运行 ACS 的 HWTACACS 服务器上配置合法的 Telnet 登录用户名和密码信息；三是在担当 HWTACACS 客户端的 SW1 上配置 HWTACACS 认证和授权方案。为了使 SW1 和 HWTACACS 服务器之间安全地传输用户密码，并且能在 SW1 上验证服务器响应报文未被篡改，在 SW1 和 HWTACACS 服务器上都要设置交互报文时所使用的共享密钥 expert。

为 Telnet 登录用户授权默认的 network-operator 用户角色，与在 6.4.5 节中分析的一样，有多种配置方法，本小节仅以在 HWTACACS 服务器配置为例进行介绍。

2. 具体配置步骤

① 配置 SW1 上 GE1/0/1 和 GE1/0/2 端口的 IP 地址，以及 PC1、HWTACACS 服务器的 IP 地址和网关。

在此仅介绍 SW1 上 GE1/0/1 和 GE1/0/2 端口的 IP 地址，PC1、HWTACACS 服务器的 IP 地址和网关的配置略，具体配置如下。

```
<Sysname> system-view
[Sysname] sysname SW1
[SW1]interface gigabitethernet 1/0/1
[SW1-Interface-GigabitEthernet1/0/1]port link-mode route
[SW1-Interface-GigabitEthernet1/0/1]ip address 192.168.1.1 24
[SW1-Interface-GigabitEthernet1/0/1]quit
[SW1]interface gigabitethernet 1/0/2
[SW1-Interface-GigabitEthernet1/0/2]port link-mode route
[SW1-Interface-GigabitEthernet1/0/2]ip address 10.1.1.2 24
[SW1-Interface-GigabitEthernet1/0/2]quit
```

② 在 SW1 上使能 Telnet 服务器功能，配置 Telnet 用户登录时采用 AAA 认证方案。在此假设 Telnet 登录用户使用 VTY0～4 共 5 条用户线，具体配置如下。

```
[SW1] telnet server enable   #---使能 Telnet 服务器功能
[SW1] line vty 0 4   #---进入 VTY 0～4 用户线视图
[SW1-line-vty0-4] authentication-mode scheme   #---指定使用 VTY0～4 用户线登录的用户，采用 AAA 认证方案
[SW1-line-vty0-4] quit
```

③ 在 ACS 上配置 HWTACACS 服务器。

本示例由一台运行 ACS 4.2 版本系统的服务器担当 HWTACACS 服务器，IP 地址为

10.1.1.1/24。

步骤一：添加 AAA 客户端。

启动 ACS 系统后，首先添加 AAA 客户端。在首页界面左侧导航栏中选择[Network Configuration]（网络配置），ACS "Network Configuration"界面如图 6-8 所示。单击<Add Entry>按钮，ACS "Add AAA Client"界面如图 6-9 所示。

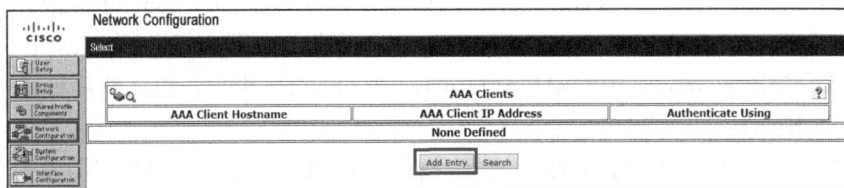

图 6-8　ACS "Network Configuration"界面

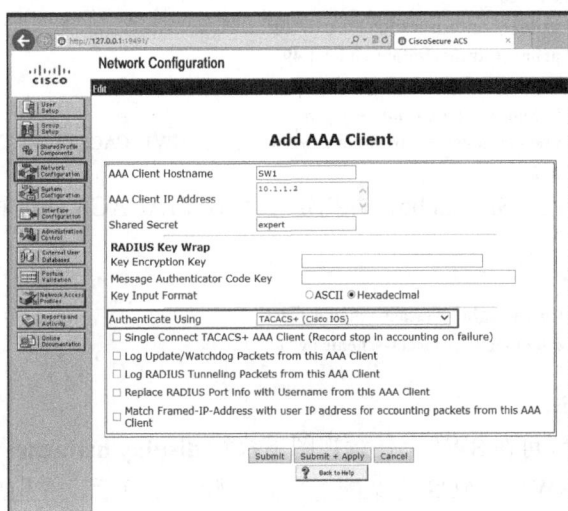

图 6-9　ACS "Add AAA Client"界面

在"AAA Client Hostname"（AAA 客户端主机名）文本框中输入担当 HWTACACS 客户端 SW1 交换机的主机名称 SW1，在"AAA Client IP Address"（AAA 客户端 IP 地址）文本框中输入 SW1 连接 HWTACACS 服务器侧的 GE1/0/2 端口的 IP 地址 10.1.1.2，在 "Share Secret"（共享密钥）文本框中输入 SW1 与 HWTACACS 服务器进行 HWTACACS 报文交互的共享密钥 expert。在"Authenticate Using"（认证使用）下拉列表中选择 "TACACS+（Cisco IOS）"选项，然后单击<Submit + Apply>按钮，完成配置并应用配置。

【说明】H3C 设备使用的 HWTACACS 兼容 Cisco 的 TACACS+协议。

步骤二：添加管理用户。

AAA 客户端添加后，再添加管理用户。在 ACS 首页左侧导航栏中选择[User Setup]（用户设置），在"User"文本框中输入用户名"hello@bbb"。

单击<Add/Edit>按钮，添加设备管理用户。选择"ACS Internal Database"复选项，表示使用 ACS 内置用户数据库对用户进行认证，在"Password"（密码）文本框中输入 hello@bbb 用户对应的密码 dagenet，并在"Confirm Password"（确认密码）文本框中确认输入的密码，在"Group to which the user is assigned"（用户分配的组）下拉列表中选择所属的用户组，假设为 Group1。最后，单击<Submit>按钮，完成操作。

步骤三：设置用户组。

在 ACS 主界面左侧导航栏选择[Group Setup]（组设置），在 Group 下拉列表中选取前面为用户分配的"Group1"，单击<Edit Settings>（编辑设置）进入 ACS "TACACS+ Settings"组编辑区。选中"Shell"（用户可以执行命令）和"Custom attributes"（客户属性）两复选框，然后在"Custom attributes"下面的文本框中输入：roles=\"network-operator\"，指定为 Group1 中的用户授权 network-operator 用户角色，然后单击<Submit>按钮，完成操作。

④ 在 SW1 上配置 HWTACACS 方案，指定 HWTACACS 认证和授权服务器 IP 地址，配置共享密钥，指定用户名携带 ISP 域名，具体配置如下。

```
[SW1] hwtacacs scheme hwtac
[SW1-hwtacacs-hwtac] primary authentication 10.1.1.1 49
[SW1-hwtacacs-hwtac] primary authorization 10.1.1.1 49
[SW1-hwtacacs-hwtac] key authentication simple expert
[SW1-hwtacacs-hwtac] key authorization simple expert
[SW1-hwtacacs-hwtac] user-name-format with-domain   #---指定向 HWTACACS 服务器发送的用户名携带域名
[SW1-hwtacacs-hwtac] quit
```

⑤ 在 SW1 上创建 ISP 域 bbb，并指定使用 HWTACACS 认证和授权方案，具体配置如下。

```
[SW1] domain bbb
[SW1-isp-bbb] authentication login hwtacacs-scheme hwtac
[SW1-isp-bbb] authorization login hwtacacs-scheme hwtac
[SW1-isp-bbb] quit
```

3．配置结果验证

以上配置完成后，可在 SW1 上任意视图下执行 **display hwtacacs scheme** hwtac 命令，查看名为 hwtac 的 HWTACACS 方案配置信息。验证正确后，在用户向 SW1 发起 SSH 连接时，按照提示输入用户名 hello@bbb 及正确的密码 dagenet 后，即可成功登录 SW1，并具有用户角色 network-operator 所拥有的命令行执行权限。

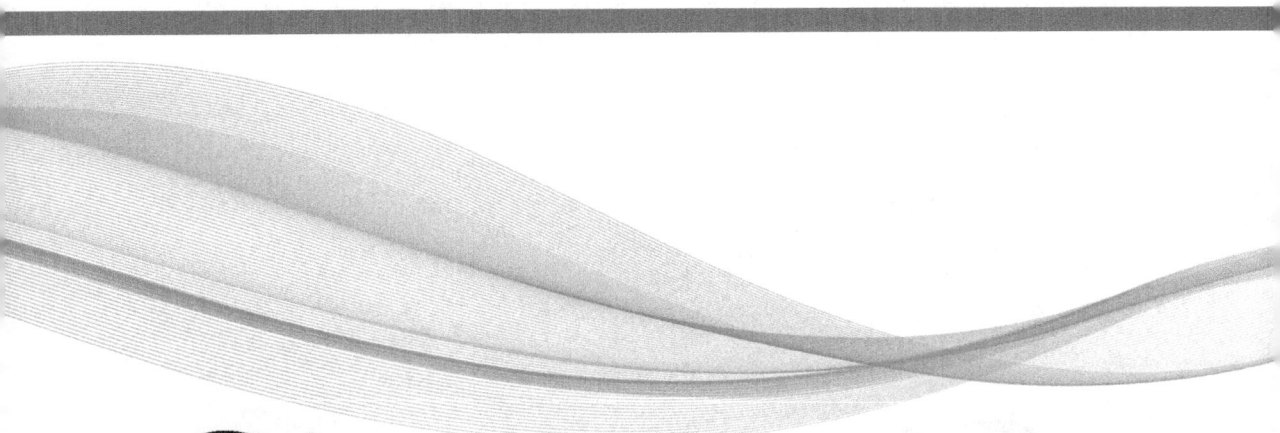

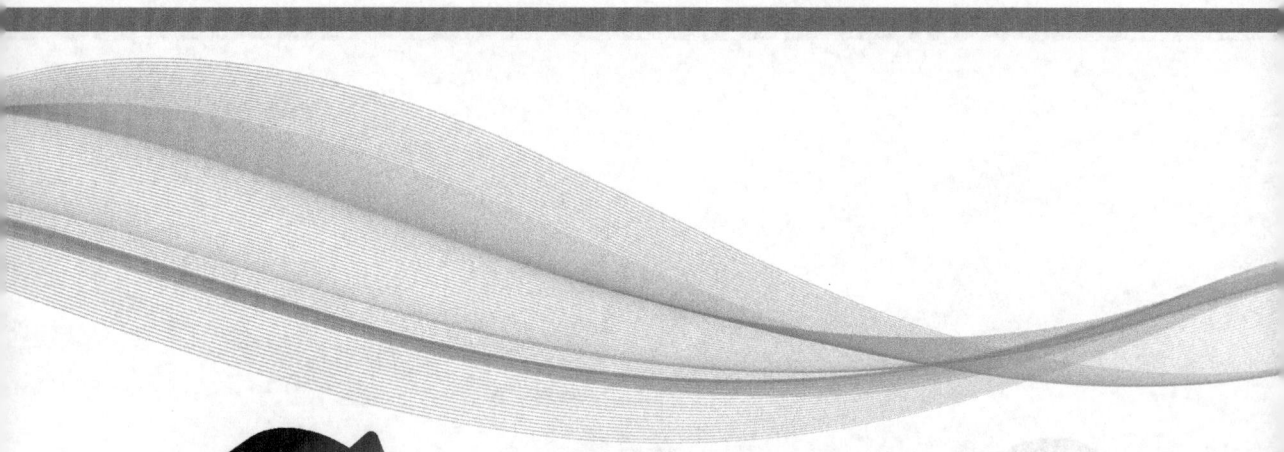

第7章
MAC 地址认证、802.1x 认证和端口安全

本章主要内容

7.1　MAC 地址认证

7.2　MAC 地址认证配置

7.3　802.1x 认证基础

7.4　802.1x 认证配置

7.5　端口安全

　　MAC 地址认证、802.1x 认证二者都是对用户接入网络进行资格认证的安全技术。MAC 地址认证比较简单，就是根据报文中的源 MAC 地址进行资格认证，但不是很安全。802.1x 认证是基于设备端口的一种认证方式，可以对通过该端口接入设备的用户基于用户名、用户密码进行认证，比 MAC 认证方式更加安全。

　　端口安全功能是一种基于端口，对用户网络接入进行控制的二层安全技术，是对 IEEE 802.1x 认证和 MAC 地址认证的扩充，可以结合 MAC 地址认证和 802.1x 认证功能对接入用户的用户名、密码、MAC 地址进行认证。

7.1　MAC 地址认证

　　MAC 地址认证是一种基于端口和 MAC 地址对用户的网络访问权限进行控制的认证方法。它不需要用户安装任何客户端软件，当设备上启动了 MAC 地址认证的端口首次检测到用户的 MAC 地址以后，即可对该用户进行认证操作。在认证过程中，不需要用户手动输入用户名或者密码。

7.1.1　MAC 地址认证用户的账号格式和认证方式

　　1．MAC 地址认证用户的账号格式

　　采用 MAC 地址认证时，不一定全部将用户的 MAC 地址作为用户账户进行认证，可以使用的账号格式分为以下两种。

　　（1）MAC 地址

　　设备使用报文的源 MAC 地址作为用户认证时的用户名和密码，或者使用 MAC 地址作为用户名，并配置密码。

　　（2）固定用户名账号

　　该账号可以有以下两种格式。

　　① 通用固定用户名。

　　所有 MAC 地址认证用户均使用设备上指定的一个固定用户名和密码，替代用户的 MAC 地址作为身份信息进行认证。由于同一个端口下可以有多个用户进行认证，所以这种情况下，端口上的所有 MAC 地址认证用户均使用同一个固定用户名进行认证，服务器端仅需要配置一个用户账户即可满足所有认证用户的认证需求，适用于接入客户端比较可信的网络环境。

　　② 专用固定用户名。

　　对特定 MAC 地址范围的用户单独设置用户名和密码，例如，对指定 OUI 的 MAC 地址单独设置用户名和密码，相当于对指定 MAC 地址范围的用户使用固定用户名和密码。服务器端需要根据设备配置的账号创建对应的账号。

　　2．MAC 地址认证的认证方式

　　目前，设备支持两种方式的 MAC 地址认证：一是在接入设备上进行本地认证；二是通过 RADIUS 服务器进行远程认证。

　　（1）本地认证

　　当选用本地认证方式进行 MAC 地址认证时，直接在接入设备上完成用户的认证，需要在设备上配置本地用户名和密码，用户通过本地认证后即可访问网络。

　　① 当采用 MAC 地址账号，却没有配置密码时，设备将检测到的用户 MAC 地址同时作为待认证用户的用户名和密码，与配置的本地用户名和密码进行匹配。如果配置了密码，设备将检测到的用户 MAC 地址作为用户名，配置的密码作为密码，与配置的本地用户名和密码进行匹配。

　　② 当采用固定用户名账号时，设备将一个已在本地指定的固定用户名和对应的密

码作为待认证用户的用户名和密码，与配置的本地用户名和密码进行匹配。

（2）远程认证

当选用 RADIUS 服务器认证方式进行 MAC 地址认证时，接入设备作为 RADIUS 客户端，与 RADIUS 服务器配合完成 MAC 地址认证操作，用户通过 RADIUS 服务器认证后，即可访问网络。

① 当采用 MAC 地址账号，却没有配置密码时，设备将检测到的用户 MAC 地址同时作为用户名和密码发送给 RADIUS 服务器进行验证。如果配置了密码，则设备将检测到的用户 MAC 地址作为用户名，配置的密码作为密码发送给 RADIUS 服务器进行验证。

② 当采用固定用户名账号时，设备将一个已经在本地指定的固定用户名和对应的密码作为待认证用户的用户名和密码，发送给 RADIUS 服务器进行验证。

7.1.2　MAC 地址认证授权资源下发

MAC 地址认证也可以对通过认证的用户下发一些授权资源，例如，MAC 地址认证授权 VLAN 下发、MAC 地址认证授权 ACL 下发和 MAC 地址认证支持 User Profile 下发。

1. MAC 地址认证授权 VLAN 下发

为了将受限访问的网络资源与未认证用户隔离，通常将受限访问的网络资源和未认证的用户划分到不同的 VLAN。MAC 地址认证支持远程 AAA 服务器和接入设备两种下发授权 VLAN 的方式。当用户通过 MAC 地址认证后，由远程 AAA 服务器，或接入设备将指定的受限访问网络资源所在的 VLAN 作为授权 VLAN，下发到用户进行认证的端口。该端口被加入授权 VLAN 中后，用户便可以访问这些受限的网络资源。

（1）远程 AAA 服务器授权

在远程 AAA 服务器授权方式下，需要在 AAA 服务器上指定下发给用户的授权 VLAN 信息。下发的授权 VLAN 信息可以有多种形式，包括数字型 VLAN 和字符型 VLAN。其中，字符型 VLAN 又可分为 VLAN 名称、VLAN 组名、携带后缀的 VLAN ID（后缀只能为字母 u 或 t，用于标识是否携带标签）。

此时担当 AAA 客户端的接入设备在收到服务器的授权 VLAN 信息后，首先对其进行解析，只要解析成功，即以对应的方法下发授权 VLAN；如果解析不成功，则用户授权失败。

① 如果认证服务器下发的授权 VLAN 信息为一个 VLAN ID 或一个 VLAN 名称，则仅当该 VLAN 不是动态学习到的 VLAN、保留 VLAN、Super VLAN 和 Private VLAN 时，才是有效的授权 VLAN。当认证服务器下发 VLAN 名称时，该 VLAN 必须为已存在的 VLAN。

② 如果认证服务器下发的授权 VLAN 信息为一个 VLAN 组名，则设备首先会通过组名查找该组内配置的 VLAN 列表。如果可以查找到，则在这一组 VLAN 中除了 Super VLAN、动态 VLAN、Private VLAN，所有 **VLAN 都有资格**被授权给用户，具体授权下发哪个或哪些 VLAN 要区分用户接入端口属性。

- 如果端口链路类型为 Hybrid，且使能了 MAC VLAN 功能，则当端口上已有其他用户时，将选择该组 VLAN 中在线用户数最少的一个 VLAN 作为当前认证用户的授权 VLAN（如果在线用户数最少的 VLAN 有多个，则选择 VLAN ID 最小的那个 VLAN）。
- 如果端口链路类型为 Hybrid，但未使能 MAC VLAN 功能，或端口链路类型为 Access 或 Trunk，则当端口上已有其他在线用户时，将查看端口上在线用户的授权 VLAN 是否存在于该组中，如果存在，则将此 VLAN 授权给当前的认证用户，否则，认为当前认证用户授权失败，用户将被强制下线；如果当前用户为端口上第一个在线用户时，则直接将该组 VLAN 中 ID 最小的 VLAN 授权给当前的认证用户。

③ 如果认证服务器下发的授权 VLAN 信息为一个包含若干个 VLAN ID 和若干个 VLAN 名称的字符串，则设备首先将其解析为一组 VLAN 列表，然后采用与上述②中 VLAN 组名下发方式中相同的解析方法，选择一个授权 VLAN。

④ 如果认证服务器下发的授权 VLAN 信息为一个包含若干个 "VLAN ID+后缀" 形式的字符串，则只有第一个不携带后缀或携带 u 后缀的 VLAN 将被解析为唯一的 untagged 类型授权 VLAN，其余 VLAN 都被解析为 tagged 类型授权 VLAN。例如服务器下发字符串 "1u 2t 3"，其中，u 和 t 均为后缀，分别表示 untagged 和 tagged。该字符串被解析之后，VLAN1 为 untagged 类型授权 VLAN，VLAN2 和 VLAN3 为 tagged 类型授权 VLAN。**该方式下发的授权 VLAN 仅对端口链路类型为 Hybrid 或 Trunk 的端口有**效。此时，端口的默认 VLAN 将被修改为 untagged 类型授权 VLAN。如果不存在 untagged 的授权 VLAN，则不修改端口的默认 VLAN。端口将允许所有解析成功的授权 VLAN 通过。

（2）本地 AAA 授权

在本地 AAA 授权方式下，可以通过配置本地用户的 VLAN 授权属性（由 **authorization-attribute vlan** *vlan-id* 命令配置）指定下发给用户的授权 VLAN 信息，**但只能指定一个授权 VLAN**。

（3）不同类型的端口加入授权 VLAN

授权 VLAN 下发到用户接入端口后，端口并不一定直接全部加入这些 VLAN，还要根据用户接入的端口链路类型和授权的 VLAN 是 tagged 类型还是 untagged 类型，区分加入下发的授权 VLAN 中。

授权 VLAN 为 untagged 类型的情况下，存在以下几种情况。

① 如果用户从 Access 类型的端口接入，则端口离开当前加入的 VLAN，然后加入**第一个通过认证的用户**所下发的授权 VLAN 中。

② 如果用户从 Trunk 类型的端口接入，则设备允许下发的授权 VLAN 通过该端口，并且修改该端口的默认 VLAN 为**第一个通过认证的用户**所下发的授权 VLAN。

③ 如果用户从 Hybrid 类型的端口接入，则设备允许授权下发的授权 VLAN 中的报文以不带 VLAN 标签的方式通过该端口，并且修改该端口的默认 VLAN 为**第一个通过认证的用户所下发的授权 VLAN**。需要注意的是，如果该端口上使能了 MAC VLAN 功能，则设备根据认证服务器或接入设备下发的授权 VLAN，动态地创建基于用户 MAC 地址的 VLAN，而端口的默认 VLAN 并不改变。

授权 VLAN 为 tagged 类型的情况下（仅远程 AAA 服务器支持 tagged 类型授权 VLAN），存在以下几种情况。

① 如果用户从 Access 类型的端口接入，则不支持下发 tagged 类型的授权 VLAN。

② 如果用户从 Trunk 类型的端口接入，则设备允许下发的授权 VLAN 中的报文以带 VLAN 标签的方式通过该端口，但是不会修改该端口的默认 VLAN。

③ 如果用户从 Hybrid 类型的端口接入，则设备允许下发的授权 VLAN 中的报文以带 VLAN 标签的方式通过该端口，但是不会修改该端口的默认 VLAN。

针对 Access 类型端口和 Trunk 类型端口，授权 VLAN 的优先级高于端口配置的 VLAN，即通过认证后起作用的 VLAN 是授权 VLAN，端口配置的 VLAN 在用户下线后生效。

对于 Hybrid 类型端口，当 tagged 类型授权 VLAN 与端口配置的 VLAN 情况不一致（例如某 VLAN 为 tagged 类型授权 VLAN，而端口配置该 VLAN 中的报文以不带标签通过）时，授权 VLAN 不生效，通过认证后起作用的 VLAN 仍为端口配置的 VLAN；当 tagged 类型授权 VLAN 与端口配置的 VLAN 情况一致时，授权 VLAN 的优先级高于端口配置的 VLAN。

【说明】对于 Hybrid 类型端口，如果认证用户的报文携带 VLAN 标签，则应通过 **port hybrid vlan** 命令配置该端口在转发指定的 VLAN 中的报文时携带 VLAN 标签；如果认证用户的报文不携带 VLAN 标签，则应配置该端口在转发指定的 VLAN 中的报文时不携带 VLAN 标签。否则，当服务器没有授权下发 VLAN 时，用户虽然可以通过认证，但不能访问网络。

在授权 VLAN 为 untagged 类型的情况下，只有开启了 MAC VLAN 功能的端口上才允许给不同的用户 MAC 授权不同的 VLAN。如果没有开启 MAC VLAN 功能，则授权给所有用户的 VLAN 必须相同，否则，仅第一个通过认证的用户可以成功上线。

在授权 VLAN 为 tagged 类型的情况下，无论是否开启了 MAC VLAN 功能，设备都会给不同的用户授权不同的 VLAN。

2. MAC 地址认证授权 ACL 下发

由远程 AAA 服务器或接入设备下发给用户的 ACL 被称为授权 ACL，为用户访问网络提供过滤条件设置功能。如果远程 AAA 服务器或接入设备上为用户指定了授权 ACL，则设备会根据下发的授权 ACL 对用户所在端口的数据流进行控制，与授权 ACL 规则匹配的流量将按照规则中指定的 permit 或 deny 动作进行处理。

MAC 地址认证支持下发静态 ACL 和动态 ACL，这两种类型的具体区别如下。

① 静态 ACL 可由 RADIUS 服务器或设备本地授权，且授权的内容是 ACL 编号。因此，设备上需要创建该 ACL 并配置相应的 ACL 规则。管理员可以通过改变授权的 ACL 编号或设备上相应的 ACL 规则来改变用户的访问权限。

② 动态 ACL 只能由 RADIUS 服务器授权，且授权的内容是 ACL 名称和相应的 ACL 规则。设备收到下发的动态 ACL 信息后，会自动根据该授权 ACL 的名称和规则创建一个同名的动态 ACL。如果设备上已存在相同名称的静态 ACL，则动态 ACL 下发失败，用户上线失败。当匹配该 ACL 的用户都下线后，设备自动删除该 ACL。服务器下发的动态 ACL 只能通过 **display mac-authentication connection** 或 **display acl** 命令查看，**不能进行任何修改，也不能手动删除**。

MAC 地址认证可成功授权的 ACL 类型分为基本 ACL（ACL 编号为 2000～2999）、高级 ACL（ACL 编号为 3000～3999），以及二层 ACL（ACL 编号为 4000～4999）。但当下发的 ACL 不存在、未配置 ACL 规则或 ACL 规则配置了 counting、established、fragment、source-mac、cos、dest-mac、lsap、vxlan 或 logging 参数时，授权 ACL 不生效。

3. MAC 地址认证支持 User Profile 下发

从认证服务器（远程或本地）下发的 User Profile 被称为授权 User Profile，为用户访问网络提供过滤条件设置功能。当用户通过 MAC 地址认证后，如果认证服务器上配置了授权 User Profile，则设备会根据服务器下发的授权 User Profile 对用户所在端口的数据流进行控制。为使下发的授权 User Profile 生效，需要提前在设备上配置相应的 User Profile。而且在用户访问网络的过程中，可以通过改变服务器的授权 User Profile 名称或者相应设备的 User Profile 配置来改变用户的访问权限。

7.1.3　Guest VLAN 和 Critical VLAN

在 MAC 地址认证中，在认证失败或认证服务器不可达的情况下，为了方便这些用户访问一些公用或特定资源，提供了来宾 VLAN（Guest VLAN）和严格 VLAN（Critical VLAN）下发功能。

1. Guest VLAN

Guest VLAN 是在用户进行 MAC 地址**认证失败**的情况下授权访问的 VLAN，主要用于用户获取客户端软件，升级客户端或执行其他用户升级程序。**这里的认证失败是指认证服务器因某种原因（用户名或密码错误）明确拒绝用户通过认证，而不是因为认证超时或网络连接等造成的认证失败。**

如果接入用户的端口上配置了 Guest VLAN，则该端口上认证失败的用户会被加入 Guest VLAN，且设备允许 Guest VLAN 中的报文以不携带标签的方式通过该端口，即该用户被授权访问 Guest VLAN 中的资源。

在用户被加入 Guest VLAN 之后，设备将以指定的时间间隔对该用户发起重新认证，如果 Guest VLAN 中的用户再次发起认证未成功，则该用户仍处于 Guest VLAN 内；如果认证成功，则会根据 AAA 服务器或接入设备是否下发授权 VLAN，决定是否将用户加入下发的授权 VLAN 中，在 AAA 服务器或接入设备未下发授权 VLAN 的情况下，用户回到默认 VLAN 中。如果 Guest VLAN 中的用户再次发起认证，认证服务器不可达，则该用户将仍然处于 Guest VLAN 内，并不会加入 Critical VLAN 中。

2. Critical VLAN

Critical VLAN 是在用户进行 MAC 地址认证时，所有认证服务器**都不可达**的情况下授权访问 VLAN。在端口上配置 Critical VLAN 后，如果该端口上有用户认证，但所有认证服务器都不可达，则端口将允许 Critical VLAN 中的报文通过，用户将被授权访问 Critical VLAN 中的资源。

已经加入 Critical VLAN 的端口上有用户发起认证时，如果所有认证服务器不可达，则端口仍然在 Critical VLAN 内；如果服务器可达但认证失败，且端口配置了 Guest VLAN，则该端口将会加入 Guest VLAN，否则，回到默认 VLAN 中；如果服务器可达但认证成功，则会根据 AAA 服务器是否下发授权 VLAN，决定是否将用户加入下发的授权 VLAN 中，在 AAA 服务器未下发授权 VLAN 的情况下，用户回到默认 VLAN 中。

7.1.4　MAC 地址认证重定向和重认证

1. MAC 地址认证支持 URL 重定向功能

用户通过 MAC 地址认证后，设备会根据 RADIUS 服务器下发的重定向 URL 属性，将用户的 HTTP 或 HTTPS 请求重定向到指定的 Web 认证页面。Web 认证通过后，RADIUS 服务器记录用户的 MAC 地址信息，并通过断开连接消息强制 Web 用户下线。此后该用户再次进行 MAC 地址认证，由于 RADIUS 服务器上已记录该用户和其 MAC 地址的对应信息，所以用户可以成功上线。

设备对 HTTPS 报文进行重定向的内部监听端口号默认为 6654，可以修改。

2．MAC 地址重认证

MAC 地址重认证是指设备周期性地对端口上在线的 MAC 地址认证用户发起重认证，以检测用户连接状态的变化、确保用户正常在线，并及时更新服务器下发的授权属性（例如 ACL、VLAN 等）。

认证服务器可以通过下发 RADIUS 属性（session-timeout、Termination-action）来指定用户会话超时时长，以及会话中止的动作类型。认证服务器上如何下发以上 RADIUS 属性的具体配置，及是否可以下发重认证周期的情况与服务器类型有关，请参考具体的认证服务器。

设备作为 RADIUS 动态授权扩展（Dynamic Authorization Extension，DAE）服务器，认证服务器作为 RADIUS DAE 客户端时，后者可以通过授权更改向用户下发重认证属性，在这种情况下，无论设备上是否开启了周期性重认证功能，端口都会立即对该用户发起重认证。

MAC 地址认证用户的信息与系统匹配时，端口对用户重认证功能的具体说明如下。

① 如果认证服务器下发了用户会话超时时长，且指定的会话中止的动作类型为要求用户进行重认证，则无论设备上是否开启周期性重认证功能，端口均会在用户会话超时时长到达后，对该用户进行重认证。

② 如果认证服务器下发了用户会话超时时长，且指定的会话中止的动作类型为要求用户下线，则存在以下两种情况。

- 如果设备上开启了周期性重认证功能，且设备上配置的重认证定时器值小于用户会话超时时长，则端口会以重认证定时器的值为周期向该端口在线 MAC 地址认证用户发起重认证；如果设备上配置的重认证定时器值大于等于用户会话超时时长，则端口会在用户会话超时时长到达后，强制该用户下线。
- 如果设备上未开启周期性重认证功能，则端口会在用户会话超时时长到达后，强制该用户下线。

③ 当认证服务器未下发用户会话超时时长时，是否对用户进行重认证，由设备上配置的重认证功能决定。

④ 对于已在线的 MAC 地址认证用户，要等当前重认证周期结束，并且认证通过后，才会按照新配置的周期进行后续的重认证。

⑤ 在 MAC 地址重认证过程中，重认证服务器不可达时，端口上的 MAC 地址认证用户状态由端口上的配置决定。短时间内，在网络连通状况不良的情况下，合法用户是否会因为服务器不可达而被强制下线，需要结合实际的网络状态来调整。如果配置为保持用户在线，服务器在短时间内恢复可达，则可以避免用户频繁上下线；如果配置为强制下线，在短时间内，服务器的可达性不可恢复，则可以避免用户的在线状态长时间与实际不符。

⑥ 在用户名不改变的情况下，端口允许重认证前后服务器向该用户下发不同的 VLAN。

7.2 MAC 地址认证配置

用户通过 MAC 地址认证后被允许其通过端口访问网络资源，否则，该用户的 MAC 地址就被设置为静默 MAC。在静默时间内，来自此 MAC 地址的用户报文到达时，设备直接做丢弃处理，防止非法 MAC 地址在短时间内重复认证。

MAC 地址认证主要包括以下配置任务。

1. 配置 MAC 地址认证基本功能

MAC 地址认证基本功能包括：在全局和用户接入端口上开启 MAC 地址认证功能，在接入端口下指定所属的 ISP 域、用户账户格式，在对应的 ISP 域下指定采用的认证方法，另外，可选配置 MAC 地址认证各定时器和重认证参数。

2. 可选配置 MAC 地址认证授权 VLAN 功能

MAC 地址认证授权功能主要包括授权 Guest VLAN、Critical VLAN 和 Critical Voice VLAN 功能，本书仅介绍前两种功能。

【注意】在接口下配置 MAC 地址认证功能时需要注意以下事项。

- 仅可在二层以太网接口上配置 **MAC 地址认证功能**。
- 在配置 MAC 地址认证之前，请保证端口安全功能关闭，完成 ISP 域和认证方式配置。
- 如果采用本地认证方式，则还需创建本地用户并设置其密码，且本地用户的服务类型应设置为 lan-access；如果采用远程 RADIUS 认证方式，则需要确保设备与 RADIUS 服务器之间的路由可达，并添加 MAC 地址认证用户账号。
- 如果端口上配置的 MAC 地址认证的 Guest VLAN、Critical VLAN 中存在用户，则不允许切换该端口的链路类型。
- 不能在加入业务环回组的端口上开启 MAC 地址认证功能。
- 如果配置的某静态 MAC 地址，或者当前通过认证的 MAC 地址与某静默 MAC 地址相同，则该静态 MAC 地址或当前通过认证的 MAC 地址在认证失败后的 MAC 静默功能失效。

7.2.1 配置 MAC 地址认证基本功能

MAC 地址认证基本功能的配置步骤见表 7-1。

表 7-1 MAC 地址认证基本功能的配置步骤

步骤	命令	说明
1	**system-view**	进入系统视图
以下第 2~4 步为开启 MAC 地址认证配置		
2	**mac-authentication** 例如，[Sysname] **mac-authentication**	开启全局 MAC 地址认证功能。只有全局 MAC 地址和端口的 MAC 地址认证均开启后，MAC 地址认证配置才能在端口上生效。 默认情况下，全局的 MAC 地址认证处于关闭状态
3	**interface** *interface-type interface-number* 例如，[Sysname] **interface** gigabitethernet 1/0/1	进入要开启 MAC 地址认证功能的二层以太网接口的接口视图

续表

步骤	命令	说明
4	**mac-authentication** 例如，[Sysname-GigabitEthernet1/0/1] **mac-authentication**	开启端口 MAC 地址认证。仅当全局和端口的 MAC 地址认证功能均开启后，MAC 地址认证配置才能在端口上生效。 默认情况下，端口 MAC 地址认证处于关闭状态
5	**quit**	退出接口视图，返回系统视图
6	**mac-authentication authentication-method { chap	pap }** 例如，[Sysname] **mac-authentication authentication-method chap**	配置 MAC 地址认证采用的认证方法。 • **chap**：二选一选项，指定采用 CHAP 认证方法。 • **pap**：二选一选项，指定采用 PAP 认证方法。 默认情况下，设备采用 PAP 认证方法进行 MAC 地址认证
7	**mac-authentication domain** *domain-name* 例如，[Sysname] **mac-authentication domain** domain1	（二选一）配置全局 MAC 地址认证用户使用的认证域，即 ISP 域，**必须是已创建并配置好的 ISP 域**。参数 *domain-name* 用来指定 ISP 域名，为 1～255 个字符的字符串，**不区分大小写**。 在系统视图下指定一个认证域后，该认证域对所有开启了 MAC 地址认证的端口生效
	interface *interface-type interface-number* 例如，[Sysname] **interface** gigabitethernet 1/0/1 **mac-authentication domain** *domain-name* 例如，[Sysname-GigabitEthernet1/0/1] **mac-authentication** domain dage	（二选一）配置指定端口上 MAC 地址认证用户使用的认证域，即 ISP 域，**必须是已创建并配置好的 ISP 域**。 接口上接入的 MAC 地址认证用户将按照以下顺序选择认证域：系统默认的认证域→系统视图下指定的认证域→端口上指定的认证域。 默认情况下，未指定 MAC 地址认证用户使用的认证域，使用系统默认的认证域
以下第 8～9 步为 MAC 地址认证用户的账号格式配置		
8	**mac-authentication user-name-format mac-address [{ with-hyphen	without-hyphen } [lowercase	uppercase]] [password { cipher	simple } *string*]** 例如，[Sysname] **mac-authentication user-name-format mac-address with-hyphen uppercase**	（二选一可选）以各用户的 MAC 地址作为 MAC 地址认证账号配置全局 MAC 地址认证用户的账号格式。此时，每个 MAC 地址认证用户都使用唯一的用户名进行认证（**MAC 地址采用 6 段十六进制格式，即××-××-××-××-××-××**），安全性高，但要求认证服务器端配置多个 MAC 形式的用户账户。 • **with-hyphen**：二选一选项，指定采用带连字符 "-" 的 MAC 地址格式。 • **without-hyphen**：二选一选项，指定采用不带连字符 "-" 的 MAC 地址格式。 • **lowercase**：二选一可选项，指定 MAC 地址中的字母均为小写，默认均为小写。 • **uppercase**：二选一可选项，指定 MAC 地址中的字母均为大写。 • **password**：可选参数，指定用户的密码，区分大小写。当用户的 MAC 地址作为用户名时，如果不配置本参数，则表示用户的 MAC 地址同时作为用户名和密码。二选一选项 **cipher** 指定以密文方式设置密码；二选一选项 **simple** 指定以明文方式设置密码，以密文形式存储密钥。明文密码为 1～63 个字符的字符串，密文密码为 1～117 个字符的字符串。 默认情况下，当前用户的 MAC 地址作为用户名和密码，其中，字母为小写，且不带连字符 "-"

步骤	命令	说明
8	**mac-authentication user-name-format fixed** [**account** *name*] [**password** { **cipher** | **simple** } *string*] 例如，[Sysname] **mac-authentication user-name-format fixed account** abc **password simple** xyz	（二选一可选）为所有 MAC 地址认证用户全局配置固定的 MAC 地址认证用户的账号格式。此时，无论用户的 MAC 地址是何值，所有用户均使用本命令指定的一个固定用户名和密码作为身份信息进行认证。 • **account** *name*：可选参数，指定发送给 RADIUS 服务器进行 MAC 地址认证或者在本地进行 MAC 地址认证的用户名，为 1～55 个字符的字符串，区分大小写，不能包括字符@，默认为 mac。 • **password** { **cipher** | **simple** } *string*：可选参数，指定用户进行 MAC 地址认证的密码，具体说明参见 **mac-authentication user-name-format mac-address** 命令中的该参数。不配置本参数时，表示无密码。 默认情况下，当前用户的 MAC 地址作为用户名与密码，其中，字母为小写，且不带连字符"-"
9	**mac-authentication mac-range-account mac-address** *mac-address* **mask** { *mask* | *mask-length* } **account** *name* **password** { **cipher** | **simple** } *string* 例如，[Sysname] **mac-authentication mac-range-account mac-address** aaaa-0000-0000 **mask** ffff-0000-0000 **account** user1 **password simple** 1234	（可选）为指定 MAC 地址范围的 MAC 地址用户配置 MAC 地址认证用户名和密码。 • **mac-address** *mac-address*：指定的 MAC 地址，格式为 H-H-H。 • *mask*：二选一参数，指定 MAC 地址的掩码。格式为 H-H-H，该掩码转为二进制时，高位必须为连续的 1。 • *mask-length*：二选一参数，指定 MAC 地址掩码长度，即掩码中连续"1"的数量，取值为 1～48。 • **account** *name*：指定发送给 RADIUS 服务器进行 MAC 地址认证或者在本地进行 MAC 地址认证的用户名，为 1～55 个字符的字符串，区分大小写，不能包括字符@。 • **password** { **cipher** | **simple** } *string*：指定以上 MAC 地址范围的用户进行 MAC 地址认证的密码，具体说明参见 **mac-authentication user-name-format mac-address** 命令中的该参数。 本命令的优先级高于上一步的 **mac-authentication user-name-format** 命令。 默认情况下，未对指定 MAC 地址范围的 MAC 地址认证用户设置用户名和密码，MAC 地址认证用户采用 **mac-authentication user-name-format** 命令设置的用户名和密码接入设备
	以下第 10～11 步为 MAC 地址认证定时器参数配置	
10	**mac-authentication timer** { **offline-detect** *offline-detect-value* | **quiet** *quiet-value* | **reauth-period** *reauth-period-value* | **server-timeout** *server-timeout-value* | **temporary-user-aging** *aging-time-value* | **user-**	（可选）全局配置 MAC 地址认证定时器。 • **offline-detect** *offline-detect-value*：多选一参数，指定下线检测定时器，取值为 60～2147483647，单位为 s。 • **quiet** *quiet-value*：多选一参数，指定静默定时器，取值为 1～3600，单位为 s。 • **reauth-period** *reauth-period-value*：多选一参数，指定周期性重认证定时器，取值为 60～7200，单位为 s • **server-timeout** *server-timeout-value*：多选一参数，指定服务器超时定时器，取值为 100～300，单位为 s。

步骤	命令	说明
10	aging { critical-vlan | guest-vlan } *aging-time-value* 例如，[Sysname] mac-authentication timer server-timeout 150	• **temporary-user-aging** *aging-time-value*：多选一参数，指定临时 MAC 地址认证用户的老化定时器，取值为 60～2147483647，单位为 s。 • **user-aging** { **critical-vlan** | **guest-vlan** } *aging-time-value*：多选一选项，设置加入指定类型的非认证成功 VLAN 中用户的老化定时器，取值为 60～2147483647，单位为 s。二选一选项 **critical-vlan** 指定为加入 Critical VLAN 中用户配置老化定时器；二选一选项 **guest-vlan** 指定为加入 Guest VLAN 中用户配置老化定时器。 默认情况下，下线检测定时器为 300s，静默定时器为 60s，服务器超时定时器为 100s，临时 MAC 地址认证用户老化定时器为 60s
11	①interface *interface-type interface-number* ②mac-authentication timer { **auth-delay** auth-delay-time | **reauth-period** reauth-period-value } 例如，[Sysname-GigabitEthernet1/0/1] mac-authentication timer auth-delay 10	（可选）配置端口上的 MAC 地址认证的定时器参数。 • **auth-delay** *auth-delay-time*：二选一参数，表示 MAC 地址认证延迟定时器，取值为 1～180，单位为 s。 • **reauth-period** *reauth-period-value*：二选一参数，表示 MAC 地址认证周期性重认证定时器，取值为 60～7200，单位为 s。 默认情况下，端口上未配置 MAC 地址认证延迟定时器，表示 MAC 地址认证延迟功能处于关闭状态，如果用户报文触发 MAC 地址认证，则认证将会立刻开始；如果端口上未配置 MAC 地址周期性重认证定时器，则端口使用系统视图下配置的 MAC 地址周期性重认证定时器的取值
12	①interface *interface-type interface-number* ②mac-authentication re-authenticate 例如，[Sysname-GigabitEthernet1/0/1] mac-authentication re-authenticate	（可选）在端口上开启周期性重认证功能。周期性重认证周期采用第 10 步或第 11 步的命令配置。 默认情况下，周期性重认证功能关闭
13	mac-authentication re-authenticate server-unreachable keep-online 例如，[Sysname-GigabitEthernet1/0/1] mac-authentication re-authenticate server-unreachable keep-online	（可选）配置重认证服务器不可达时，端口上的 MAC 地址认证用户保持在线状态。在对 MAC 地址认证用户重认证的过程中，如果设备发现认证服务器状态不可达，则保持 MAC 地址认证用户在线。 默认情况下，端口上的 MAC 地址在线用户重认证时，如果认证服务器不可达，则用户会被强制下线

1. **开启 MAC 地址认证**

只有全局和端口的 MAC 地址认证均开启后，MAC 地址认证配置才能在端口上生效。当设备上 ACL 资源全部被占用，进行以下操作时，对应接口上的 MAC 地址认证功能不会生效。

① 系统视图下使能了 MAC 地址认证功能时，二层以太网接口下的 MAC 地址认证功能由未使能改为使能。

② 二层以太网接口下使能了 MAC 地址认证功能时，系统视图下的 MAC 地址认证

功能由未使能改为使能。

2. 配置 MAC 地址认证的认证方法

如果采用 RADIUS 服务器进行 MAC 地址认证，则支持以下两种认证方法。设备上配置的认证方法必须和 RADIUS 服务器上采用的认证方法保持一致。

- PAP：通过用户名和密码来对用户进行验证，其特点是在网络上以明文方式传送用户名和密码，仅适用于对网络安全要求相对较低的环境。
- CHAP：使用客户端与服务器端交互挑战信息的方式来验证用户身份，其特点是在网络上以明文方式传送用户名，以密文方式传输密码。与 PAP 相比，CHAP 认证保密性较好，更为安全可靠。

3. 指定 MAC 地址认证用户使用的认证域

为了便于接入设备的管理员更为灵活地部署用户的接入策略，设备支持指定 MAC 地址认证用户使用的认证域。可以在系统视图下指定一个认证域，为所有开启了 MAC 地址认证的端口统一配置；也可以在具体的接口视图下指定认证域，仅为特定的端口下接入的用户配置 ISP 域，不同的端口可以指定不同的认证域。

端口上接入的 MAC 地址认证用户将按照以下顺序选择认证域：系统默认的认证域→系统视图下指定的认证域→端口上指定的认证域。

4. 配置 MAC 地址认证用户账号格式

MAC 地址认证用户账户格式只能在系统视图下配置，不能在具体端口视图下配置。但可以针对所有 MAC 地址认证用户配置全局的 MAC 地址认证用户账号格式，也可以专门针对特定 MAC 地址范围的用户配置固定的认证用户账户，且后者的优先级高于前者。

全局 MAC 地址认证用户账号格式有两种配置方式：一是指定所有用户以其各自的 MAC 地址作为 MAC 地址认证的账号名和密码；二是为所有 MAC 地址认证用户配置固定的 MAC 地址认证账号名和密码。

【说明】设备最多允许配置 16 个 MAC 地址范围，但不允许指定的 MAC 地址重叠。如果新配置命令的 MAC 地址范围与已有的 MAC 地址范围完全相同，则后配置的命令会覆盖已有的命令。

配置指定 MAC 地址范围的 MAC 地址认证用户名和密码功能仅对单播 MAC 地址范围有效。如果配置的 MAC 地址范围仅包含组播地址，则配置失败；如果既包含组播地址，也包含单播地址，则仅单播地址范围部分有效，组播地址范围部分无效。其中，全零 MAC 地址也不属于有效 MAC 地址，一个全零的 MAC 地址用户不能通过 MAC 地址认证。

5. （可选）配置 MAC 地址认证定时器

可配置的 MAC 地址认证定时器包括以下 4 种类型。

（1）下线检测定时器（offline-detect）

该定时器用来设置用户空闲超时的时间间隔。如果设备在一个下线检测定时器间隔之内，没有收到某个在线用户的报文，则切断该用户的连接，同时通知 RADIUS 服务器停止对其计费。配置 offline-detect 时，需要将 MAC 地址老化时间配置的时间相同，否则，会导致用户异常下线。

（2）静默定时器（quiet）

该定时器用来设置用户认证失败后，设备停止对其提供认证服务的时间间隔。在静默期间，如果设备不对来自认证失败用户的报文进行认证处理，则直接丢弃。静默期后，如果设备再次收到该用户的报文，则依然可以对其进行认证处理。

（3）服务器超时定时器（server-timeout）

该定时器用来设置设备同 RADIUS 服务器的连接超时时间。在用户的认证过程中，如果到 server-timeout 超时，设备一直没有收到 RADIUS 服务器的应答，则 MAC 地址认证失败。

（4）临时 MAC 地址认证用户的老化定时器（temporary-user-aging）

该定时器用来设置临时 MAC 地址认证用户的老化时间。在配置了端口安全模式为 macAddressAndUser LoginSecureExt 的端口上，用户 MAC 地址认证成功后为其启用该定时器。如果到达设定的老化时间后端口仍没有收到该 MAC 地址用户的 802.1x 协议报文，则临时 MAC 地址认证用户下线，用户认证失败。

6.（可选）配置 MAC 地址认证的重认证

在系统视图或接口视图下配置周期性重认证定时器。对 MAC 地址认证用户进行重认证时，设备将按照由高到低的顺序为其选择重认证时间间隔，即服务器下发的重认证时间间隔、接口视图下配置的周期性重认证定时器的值、系统视图下配置的周期性重认证定时器的值、设备默认的周期性重认证定时器的值。

修改设备上配置的认证域、MAC 地址认证的认证方法或 MAC 地址认证用户的账号格式，都不会影响在线用户的重认证，只对配置之后新上线的用户生效。

7.2.2　配置 MAC 地址认证授权 VLAN 功能

MAC 地址认证授权 VLAN 功能主要包括授权 Guest VLAN 和 Critical VLAN 功能。MAC 地址认证授权 VLAN 功能的配置步骤见表 7-2。

表 7-2　MAC 地址认证授权 VLAN 功能的配置步骤

步骤	命令	说明
1	**system-view**	进入系统视图
2	**interface** *interface-type interface-number* 例如，[Sysname] **interface gigabitethernet 1/0/1**	进入要配置 MAC 地址认证授权 VLAN 功能的二层以太网接口的视图
3	**mac-authentication guest-vlan** *guest-vlan-id* 例如，[Sysname-GigabitEthernet1/0/1] **mac-authentication guest-vlan 100**	配置端口的 MAC 地址认证 Guest VLAN 功能。参数 *guest-vlan-id* 用于配置 Guest VLAN ID，取值为 1～4094，**该 VLAN 必须创建**。 不同的端口可以指定不同的 MAC 地址认证 Guest VLAN，但一个端口最多只能指定一个 MAC 地址认证 Guest VLAN。 默认情况下，未配置 MAC 地址认证的 Guest VLAN 功能
4	**mac-authentication guest-vlan re-authenticate** 例如，[Sysname-GigabitEthernet1/0/1] **mac-authentication guest-vlan re-authenticate**	开启 Guest VLAN 中用户的重新认证功能。 设备默认开启 Guest VLAN 中用户的重新认证功能，并按照表 7-1 第 12 步配置的认证时间间隔对 Guest VLAN 中的用户定期进行重新认证。如果关闭 Guest VLAN 中用户的重新认证功能，则加入 Guest VLAN 中的用户不会重新发起认证，在开启了非认证成功 VLAN 的用户老化功能（通过 **mac-authentication unauthenticated-user aging enable** 命令配置）时，用户可以在老化后退出 Guest VLAN

续表

步骤	命令	说明
5	**mac-authentication guest-vlan auth-period** *period-value* 例如，[Sysname-GigabitEthernet1/0/1] **mac-authentication guest-vlan auth-period** 150	配置设备对 MAC 地址认证 Guest VLAN 中的用户进行重新认证的时间间隔，取值为 1～3600，单位为 s。 默认情况下，设备对 Guest VLAN 中的用户进行重新认证的时间间隔为 30s
6	**mac-authentication critical vlan** *critical-vlan-id* 例如，[Sysname-GigabitEthernet1/0/1] **mac-authentication critical vlan** 11	配置端口的 Critical VLAN 功能。参数 *critical-vlan-id* 用于配置 Critical VLAN ID，取值为 1～4094，**该 VLAN 必须创建**。 不同的端口可以指定不同的 MAC 地址认证 Critical VLAN，一个端口最多只能指定一个 MAC 地址认证 Critical VLAN。 默认情况下，未配置 MAC 认证的 Critical VLAN 功能

在配置 Guest VLAN 和 Critical VLAN 功能后，端口上生成的 MAC 地址认证 Guest VLAN 表项、Critical VLAN 表项会覆盖已生成的对应阻塞 MAC 地址表项，这是因为 Guest VLAN 是认证失败的用户加入的 VLAN，Guest VLAN 表项中包括了所有没有通过认证的用户 MAC 地址表项；Critical VLAN 是认证无效（例如认证服务器不可达时）的用户加入的 VLAN，而阻塞 MAC 地址列表中包括所有没有通过认证（包括认证失败和认证无效）的用户生成的 MAC 地址表项，源 MAC 地址为阻塞 MAC 地址的报文将被丢弃，实现在端口上过滤非法流量的作用。

在默认没有配置 Guest VLAN、Critical VLAN 的情况下，所有没有通过认证、认证无效的用户 MAC 地址表项都会添加到阻塞 MAC 地址列表中，而一旦配置了 Guest VLAN、Critical VLAN 功能，这些用户 MAC 地址表项将添加到对应的 Guest VLAN 列表或 Critical VLAN 列表中，不在阻塞 MAC 地址列表中，相当于对阻塞 MAC 地址列表中对应 MAC 地址表项进行了覆盖。阻塞 MAC 地址列表可以通过 **display port-security mac-address block** 命令查看。

【注意】在配置权 Guest VLAN 和 Critical VLAN 功能时需要注意以下事项。

- 开启了端口安全入侵检测的端口关闭功能时，如果端口因检测到非法报文被关闭，则 MAC 地址认证的 Guest VLAN 和 Critical VLAN 功能不会生效。
- 如果某个 VLAN 被指定为 Super VLAN，则该 VLAN 不能被指定为某个端口的 MAC 地址认证的 Guest VLAN 和 Critical VLAN；同样，如果某个 VLAN 被指定为某个端口的 MAC 地址认证的 Guest VLAN 或 Critical VLAN，则该 VLAN 也不能被指定为 Super VLAN。
- MAC 地址认证 Guest VLAN、Critical VLAN 功能的优先级高于 MAC 地址认证的静默 MAC 功能，即认证失败的用户可访问指定的 Guest VLAN 中的资源，认证无效的用户可以访问指定的 Critical VLAN 中的资源，且这些用户的 MAC 地址不会被加入静默 MAC 地址列表。
- 当处于 Guest VLAN 的用户再次发起认证时，如果认证服务器不可达，则该用户仍然留在该 Guest VLAN 中，不会加入 Critical VLAN。

在配置 MAC 地址认证的 Guest VLAN 和 Critical VLAN 之前，需要进行以下配置准备。

① 创建需要配置为 Guest VLAN、Critical VLAN 的 VLAN。

② 配置端口类型为 Hybrid，且建议将指定的 Guest VLAN、Critical VLAN 中的报文修改为不带 VLAN 标签的方式通过。

③ 通过 **mac-vlan enable** 命令开启端口上的 MAC VLAN 功能。

以上 MAC 地址认证功能配置好后，可以在任意视图下执行以下 **display** 命令，查看相关配置信息；在用户视图下执行以下 **reset** 命令清除指定信息。

① **display mac-authentication** [**interface** *interface-type interface-number*]：查看 MAC 地址认证的相关信息。

② **display mac-authentication connection** [**open**] [**interface** *interface-type interface-number* | **slot** *slot-number* | **user-mac** *mac-addr* | **user-name** *user-name*]：查看 MAC 地址认证连接信息。

③ **display mac-authentication mac-address** { **critical-vlan** | **guest-vlan** } [**interface** *interface-type interface-number*]：查看指定类型 VLAN 中的 MAC 地址认证用户的信息。

④ **reset mac-authentication statistics** [**interface** *interface-type interface-number*]：清除 MAC 地址认证的统计信息。

⑤ **reset mac-authentication critical vlan interface** *interface-type interface-number* [**mac-address** *mac-address*]：清除 Critical VLAN 内 MAC 地址认证用户。

⑥ **reset mac-authentication guest-vlan interface** *interface-type interface-number* [**mac-address** *mac-address*]：清除 Guest VLAN 内 MAC 地址认证用户。

7.2.3　本地 MAC 地址认证配置示例

本地 MAC 地址认证配置示例的拓扑结构如图 7-1 所示。某用户与以太网交换机（Switch，SW）的 GE1/0/1 端口连接。现要求采用 MAC 地址认证对 GE1/0/1 端口上访问公司网络的用户进行过滤，具体要求如下。

① 以用户的 MAC 地址同时作为用户名和密码，采用本地认证方式进行 MAC 地址认证。

② MAC 地址认证时使用的 MAC 地址带连字符、字母小写。

③ 每隔 180s 就对用户进行离线检测，当用户认证失败时，需要等待 180s 后才能对用户再次发起认证。

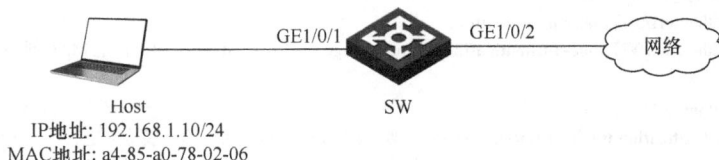

图 7-1　本地 MAC 地址认证配置示例的拓扑结构

1. 基本配置思路分析

MAC 地址认证是基于设备端口的，因此，本示例主要的配置是在 Host 主机所接入的 SW GE1/0/1 端口上进行配置。

    本示例是直接在接入设备 SW 上对接入用户采用本地认证方式进行 MAC 地址认证，首先，要在接入设备 SW 创建用于认证的用户账户信息，用户名和密码均为用户主机的 MAC 地址，且必须为 lan-access 服务类型。其次，在全局和用户接入端口开启 MAC 地址认证功能，创建 ISP 域，指定采用本地 MAC 地址认证方法，最后在用户接入端口上指定 MAC 地址认证所使用的 ISP 域。

    MAC 地址认证的其他一些可选参数和功能的配置，均需要在系统视图下全局配置，作用于所有采用 MAC 地址认证的用户。在本示例中，要求 MAC 地址认证时使用的 MAC 地址带连字符、字母小写，每隔 180s 就对用户进行离线检测（即下线检测定时器为 180s），当用户认证失败时，需要等待 180s 后才能对用户再次发起认证（即静默定时器为 180s）。

    2. 具体配置步骤

    ① 创建以用户主机 MAC 地址同时作为用户名和密码的网络接入类用户，支持 lan-access 服务类型。

    在此仅以图 7-1 中 Host 的 MAC 地址 a4-85-a0-78-02-06 为例进行介绍，其他采用相同 MAC 地址认证方法的用户账户创建方法一样，具体配置如下。

```
<Sysname> system-view
[Sysname] sysname SW
[SW] local-user a4-85-a0-78-02-06 class network   #---以 MAC 地址 a4-85-a0-78-02-06 作为用户名创建网络接入类本地
用户
[SW-luser-network-a4-85-a0-78-02-06] password simple a4-85-a0-78-02-06   #---以 MAC 地址 a4-85-a0-78-02-06 作为用
户密码
[SW-luser- network-a4-85-a078-02-06] service-type lan-access   #---指定以上用户为 lan-access 类型
[SW-luser- network-a4-85-a078-02-06] quit
```

    ② 创建 MAC 地址认证 ISP 域，指定采用本地 MAC 地址认证方法。

    在此假设 ISP 域名为 dage，指定该 ISP 域下使用本地 MAC 地址认证方法，具体配置如下。

```
[SW] domain dage
[SW-isp-dage] authentication lan-access local
[SW-isp-dage] quit
```

    ③ 在全局和 GE1/0/1 端口上开启 MAC 地址认证功能，并在 GE1/0/1 端口下指定 MAC 地址认证所采用的 ISP 域，将用户主机 MAC 地址作为认证用户账户名和密码，以及离线检测定时器和静默定时器，具体配置如下。

```
[SW] mac-authentication
[SW] interface gigabitethernet 1/0/1
[SW-GigabitEthernet1/0/1] mac-authentication
[SW-GigabitEthernet1/0/1] mac-authentication domain dage   #---在 GE1/0/1 端口指定 MAC 地址认证用户所使用的
ISP 域为 dage
[SW-GigabitEthernet1/0/1] quit
[SW] mac-authentication timer offline-detect 180   #---配置 MAC 地址认证的离线检测定时器为 180s
[SW] mac-authentication timer quiet 180   #---配置 MAC 地址认证的静默等待定时器为 180s
[SW] mac-authentication user-name-format mac-address with-hyphen lowercase   #---指定使用带连字符的 MAC 地
址同时作为认证用户名与密码，其中，字母为小写
```

    3. 配置结果验证

    以上配置完成后，Host 即可成功通过 MAC 地址认证，可通过以下操作进行配置结果验证。

① 在 SW 上执行 **display mac-authentication** 命令的输出如图 7-2 所示,从中可以看出,全局和 GE1/0/1 端口上已经启用了 MAC 地址认证,采用 MAC 地址作为认证用户名,并且 MAC 地址为 a485-a078-0206 的用户已成功通过 MAC 地址认证。

```
<SW>display mac-authentication
Global MAC authentication parameters:
   MAC authentication          : Enabled
   User name format            : MAC address in lowercase(xx-xx-xx-xx-xx-xx)
         Username               : mac
         Password               : Not configured
   Offline detect period       : 180 s
   Quiet period                : 180 s
   Server timeout              : 100 s
   Authentication domain       : dage
Online MAC-auth wired users    : 1

Silent MAC users:
         MAC address     VLAN ID  From port              Port index

GigabitEthernet1/0/1  is link-up
   MAC authentication          : Enabled
   Carry User-IP               : Disabled
   Authentication domain       : dage
   Auth-delay timer            : Disabled
   Re-auth server-unreachable  : Logoff
   Guest VLAN                  : Not configured
   Guest VLAN auth-period      : 30 s
   Critical VLAN               : Not configured
   Critical voice VLAN         : Disabled
   Host mode                   : Single VLAN
   Offline detection           : Enabled
   Max online users            : 4294967295
   Authentication attempts     : successful 2, failed 0
   Current online users        : 1
         MAC address     Auth state
         a485-a078-0206  Authenticated
<SW>
```

图 7-2　在 SW 上执行 **display mac-authentication** 命令的输出

② 在 SW 上执行 **display mac-authentication connection** 命令的输出如图 7-3 所示。从中可以看出,当前有一个 dage 认证域,连接在 GE1/0/1 端口,MAC 地址为 a485-a078-0206 的用户在线。

在 GE1/0/1 端口下连接其他用户,在没有为该用户配置 MAC 地址认证的情况下,是不能访问网络的。

```
<SW>display mac-authentication connection
Slot ID: 1
User MAC address: a485-a078-0206
Access interface: GigabitEthernet1/0/1
Username: a4-85-a0-78-02-06
Authentication domain: dage
Initial VLAN: 1
Authorization untagged VLAN: N/A
Authorization tagged VLAN: N/A
Authorization ACL ID: N/A
Authorization user profile: N/A
Termination action: N/A
Session timeout period: N/A
Online from: 2024/04/30 09:22:04
Online duration: 0h 1m 38s

Total connections: 1
<SW>
```

图 7-3　在 SW 上执行 **display mac-authentication connection** 命令的输出

7.3 802.1x 认证基础

IEEE 802 局域网/城域网标准委员会（LAN/MAN Standards Committee，LMSC）为解决无线局域网中的网络安全问题，推出了 802.1x 协议。后来，802.1x 协议作为局域网端口的一个普通接入控制机制在以太网中被广泛应用，主要解决以太网内认证和安全方面的问题。

802.1x 协议是一种基于端口的网络接入控制协议。基于端口的网络接入控制是指在局域网接入设备端口上，对接入用户访问网络资源进行控制。

7.3.1 802.1x 认证的体系结构和对端口的控制

IEEE 802.1x 认证系统的体系结构如图 7-4 所示。该体系结构包括客户端（Client）、设备端（Device）和认证服务器（Server）3 个实体。

客户端   设备端   认证服务器

图 7-4   IEEE 802.1x 认证系统的体系结构

1. 客户端

请求接入局域网的用户终端，由局域网中的设备端对其进行认证。客户端上必须安装支持 802.1x 认证的客户端软件（例如 H3C 的 iNode 系统），并且必须支持局域网上的基于局域网的可扩展认证协议（Extensible Authentication Protocol Over LAN，EAPOL）。

2. 设备端

局域网中控制客户端接入的网络设备，位于客户端和认证服务器之间，为客户端提供接入局域网的端口（物理端口或逻辑端口），并通过与认证服务器的交互对连接的客户端进行认证。

3. 认证服务器

用于对客户端进行认证、授权和计费，通常为 RADIUS 服务器。认证服务器根据设备端发送来的客户端认证信息来验证客户端的合法性，并将验证结果通知给设备端，由设备端决定是否允许客户端接入。在一些规模较小的网络环境中，认证服务器的角色也可以由设备端来代替，即由设备端对客户端进行本地认证、授权和计费。

设备端为客户端提供接入局域网的端口被划分为受控端口和非受控端口两个逻辑端口。任何到达该端口的帧，在受控端口与非受控端口上均可见。

（1）非受控端口

该端口始终处于双向连通状态，主要用来传递认证报文，保证客户端始终能够发出或接收认证报文。

（2）受控端口

设备端利用认证服务器对需要接入局域网的客户端进行认证，并根据认证结果（接受或拒绝）控制受控端口的授权状态。

① 客户端认证成功，受控端口处于授权状态。该状态下端口双向连通，用于传递业务报文。

② 客户端认证失败，受控端口处于非授权状态。该状态下，又可以分为两种情况：一种是双向受控状态，禁止发送和接收任何报文；另一种是单向受控状态，禁止从客户端接收报文，但允许向客户端发送报文。**目前，设备上的受控端口只能处于单向受控状态。**

设备支持基于端口（Port-based）和基于 MAC 地址（MAC-based）两种接入控制方式。采用 Port-based 接入控制方式时，只要该端口下的第一个用户认证成功后，其他接入用户不需要认证就可以使用网络资源，安全性较低，且当第一个经过认证的用户下线后，其他用户也会被拒绝使用网络。MAC-based 接入控制方式下，该端口下的所有接入用户均需要单独认证，安全性较高，且当某个用户下线后，也只有该用户无法使用网络。

7.3.2　802.1x 认证 EAP 报文格式

在 802.1x 认证中使用的都是可扩展认证协议（EAP）报文，但在不同认证方式或者不同阶段中使用的封装格式有所不同。原始的 EAP 报文格式如图 7-5 所示。

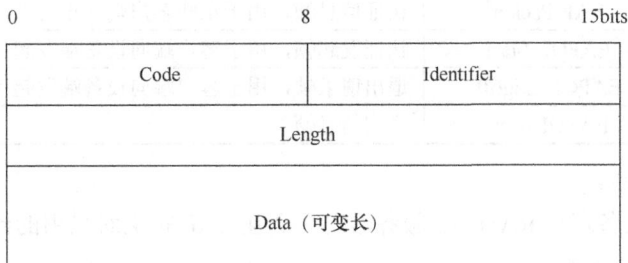

图 7-5　原始的 EAP 报文格式

原始 EAP 报文各字段的具体说明如下。

① Code：EAP 报文类型代码，包括 Request（请求报文）为 1、Response（响应）报文为 2、Success（认证成功报文）为 3、Failure（认证失败报文）为 4。

② Identifier：标识符，用于匹配 Request 消息和 Response 消息的标识符。

③ Length：EAP 报文长度，为整个报文的长度，单位为字节。

④ Data：EAP 报文的内容，仅在 Request 和 Response 类型 EAP 报文中存在，它由 Type（类型）和 Data（数据）两个部分组成，例如类型为 1 时表示数据部分为 Identity（用户身份信息）类型，类型为 4 时表示数据部分为 MD5 challenge（MD5 质询消息）类型。

在 802.1x 认证中，不是直接采用原始的 EAP 报文进行交互的，而是采用 EAPOL 或者 EAPOR 两种重新封装的格式。

1．EAPOL 格式

EAPOL 是 802.1x 协议定义的一种承载 EAP 报文的封装技术，主要用于在局域网中传送客户端和设备端之间的 EAP 报文。EAPOL 报文格式如图 7-6 所示。

EAPOL 报文格式中各字段的具体说明如下。

① PAE Ethernet Type：2 个字节，表示协议类型。EAPOL 的协议类型值为 0x888E。

② Protocol Version：1 个字节，表示 EAPOL 数据帧的发送方支持的 EAPOL 协议版本号。802.1x-2001 版本的值为 0x01，

图 7-6　EAPOL 报文格式

802.1x-2004 版本的值为 0x02，802.1x-2010 版本的值为 0x03。

③ Type：表示 EAPOL 数据帧类型。目前，设备上支持的 EAPOL 数据帧类型见表 7-3。

④ Length：表示 Packet Body 字段的长度，单位为字节。当 EAPOL 数据帧的类型为 EAPOL-Start 或 EAPOL-Logoff 时，该字段值为 0，表示后面没有 Packet Body 字段。

⑤ Packet Body：真正的报文内容，里面是 EAP 报文。

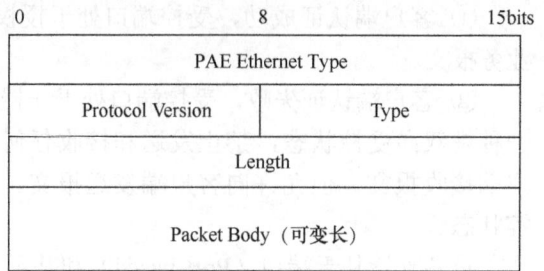

表 7-3　设备上支持的 EAPOL 数据帧类型

类型值	数据帧类型	说明
0x00	EAP-Packet	认证信息帧，用于承载客户端和设备端之间的 EAP 报文
0x01	EAPOL-Start	认证发起帧，用于客户端向设备端发起认证请求
0x02	EAPOL-Logoff	退出请求帧，用于客户端向设备端发起下线请求
0x03	EAPOL-Key	密钥信息帧

2．EAPOR 格式

EAPOR 是设备端与 RADIUS 服务器之间交互 EAP 报文时采用的封装格式，EAPOR 报文格式如图 7-7 所示。

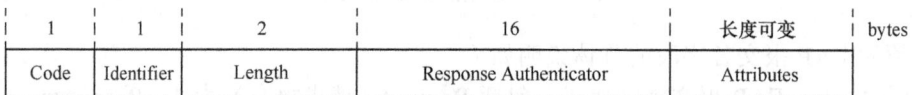

图 7-7　EAPOR 报文格式

EAPOR 报文各字段的具体说明如下。

① Code：代码，1 个字节，标识 RADIUS 报文的类型。

② Identifier：标识符，1 个字节，用来匹配请求报文和响应报文，以及检测在一段时间内重发的请求报文。客户端发送请求报文后，服务器返回的响应报文中的 Identifier 值应与请求报文中的 Identifier 值相同。

③ Length：长度，2 个字节，指定 RADIUS 报文的长度。超过 Length 取值的字节将作为填充字符而忽略。如果接收到的报文的实际长度小于 Length 的取值，则该报文会被丢弃。

④ Response Authenticator：响应认证字，16 个字节，验证 RADIUS 服务器的响应报文，同时还用于用户密码的加密。

⑤ Attributes：属性，长度可变，Attribute 为报文的内容主体，用来携带专门的认证、授权和计费信息，提供请求和响应报文的配置细节。Attribute 可以包括多个属性，每个属性都采用（Type、Length、Value）三元组的结构来表示。

- Type（类型）：1 个字节，取值为 1～255，表示属性的类型。
- Length（长度）：表示该属性（包括类型、长度和属性值）的长度，单位为字节。
- Value（值）：表示该属性的信息，其格式和内容由类型和长度决定，最大长度为 253 字节。

RADIUS 为了支持 EAP 认证，增加了 EAP-Message（EAP 消息）和 Message-Authenticator（消息认证码）两个属性，都采用 TLV（Type-Length-Value）格式，在 RFC 3579 中定义。在含有 EAP-Message 属性的帧中，必须同时包含 Message-Authenticator 属性。

EAP-Message 属性封装格式如图 7-8 所示，用来封装 EAP 报文。

① Type（类型）：1 个字节，标识 EAP-Message 属性编号，值为 79。

② Length（长度）：1 个字节，标识 Value 字段的长度，取值为 1～253。

③ Value（值）：长度可变，最大长度为 253 字节，封装原始的 EAP 报文。如果 EAP 报文长度大于 253 字节，可以对其进行分片，依次封装在多个 EAP-Message 属性中。

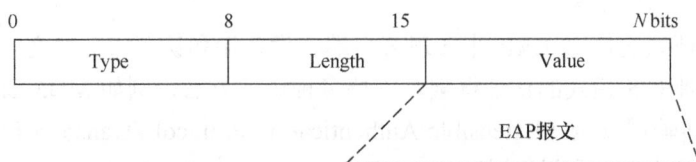

图 7-8　EAP-Message 属性封装格式

Message-Authenticator 属性格式如图 7-9 所示，用于在 EAP 认证过程中对携带了 EAP-Message 属性的报文进行认证和校验，避免报文被篡改。

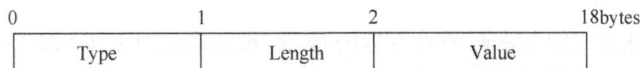

图 7-9　Message-Authenticator 属性格式

① Type（类型）：1 个字节，标识 Message-Authenticator 属性编号，值为 80。

② Length（长度）：1 个字节，标识 Value 字段的长度。

③ Value（值）：16 个字节，用于携带 EAP 报文加密信息。在含有 EAP-Message 属性的报文中，必须同时包含 Message-Authenticator，否则，该报文被认为无效而被丢弃。如果接收端对接收到的 RADIUS 报文计算出的完整性校验值与报文中携带的 Message-Authenticator 属性的 Value 值不一致，该报文也会被认为无效而丢弃。

7.3.3　802.1x 的认证触发方式

802.1x 的认证过程支持客户端主动触发和设备端主动触发两种方式。在客户端主动触发方式中又有以下两种触发模式。

（1）组播触发

客户端以组播方式主动向设备端发送 EAPOL-Start 报文来触发认证，报文目标地址为组播 MAC 地址 01-80-C2-00-00-03。

（2）广播触发

客户端以广播方式主动向设备端发送 EAPOL-Start 报文来触发认证，报文的目标 MAC 地址为广播 MAC 地址。该方式可以解决由于网络中有些设备不支持 EAPOL-Start 的组播报文，而造成设备端无法收到客户端认证请求的问题。

设备端主动触发认证的方式也分为以下两种触发模式，主要用于支持不能主动发送 EAPOL-Start 报文的客户端，例如早期的 Windows XP 自带的 802.1x 客户端。

（1）组播触发

设备端每隔一定时间（默认为 30s）以组播方式主动向客户端发送 Identity 类型的 EAP-Request 帧来触发认证。

（2）单播触发

当设备端收到源 MAC 地址未知的报文时，以单播方式主动向该 MAC 地址客户端发送 Identity 类型的 EAP-Request 帧来触发认证。如果设备端在设置的时长内没有收到客户端的响应，则重发该报文。

7.3.4　802.1x 的认证方式

802.1x 认证系统使用 EAP 来实现客户端、设备端和认证服务器之间认证信息的交换。EAP 是一种 C/S 模式的认证框架，支持多种认证方法，例如 MD5-Challenge、可扩展认证协议—传输层安全（Extensible Authentication Protocol -Transport Layer Security，EAP-TLS）、受保护的扩展认证协议（Protected Extensible Authentication Protocol，PEAP）等。

在客户端与设备端之间，EAP 报文使用 EAPOL 封装格式承载于数据帧中传递。在设备端与 RADIUS 服务器之间，EAP 报文的交互有 EAP 中继认证方式和 EAP 终结认证方式两种类型。

1. EAP 中继认证方式

EAP 中继认证方式的基本原理如图 7-10 所示。设备端仅对来自 802.1x 客户端的 EAPOL 报文采用 RADIUS 协议封装为 EAPOR（EAP over RADIUS）报文，发送给 RADIUS 服务器进行认证，不做报文识别和认证处理。EAP 认证过程在客户端和 RADIUS 服务器之间进行。

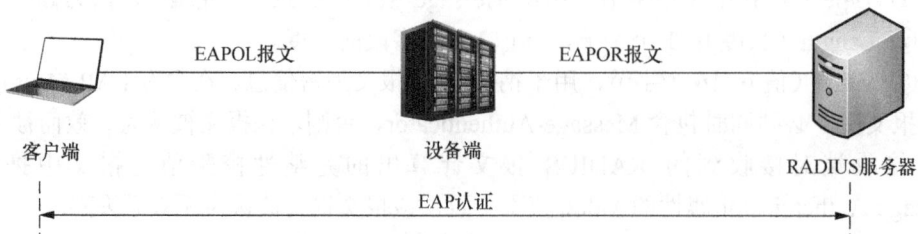

图 7-10　EAP 中继认证方式的基本原理

在 EAP 中继认证方式中，RADIUS 服务器作为 EAP 服务器来处理客户端（也是 EAP 客户端）的 EAP 认证请求，设备端仅起到一个中继设备角色，仅对接收的 EAP 报文重新封装和中转。EAP 中继认证方式的优点是设备端处理简单，且可以支持多种类型的 EAP 认证方法，但要求 RADIUS 服务器端支持相应的认证方法。

采用 MD5-Challenge 认证方法、EAP 中继的 802.1x 认证流程如图 7-11 所示。

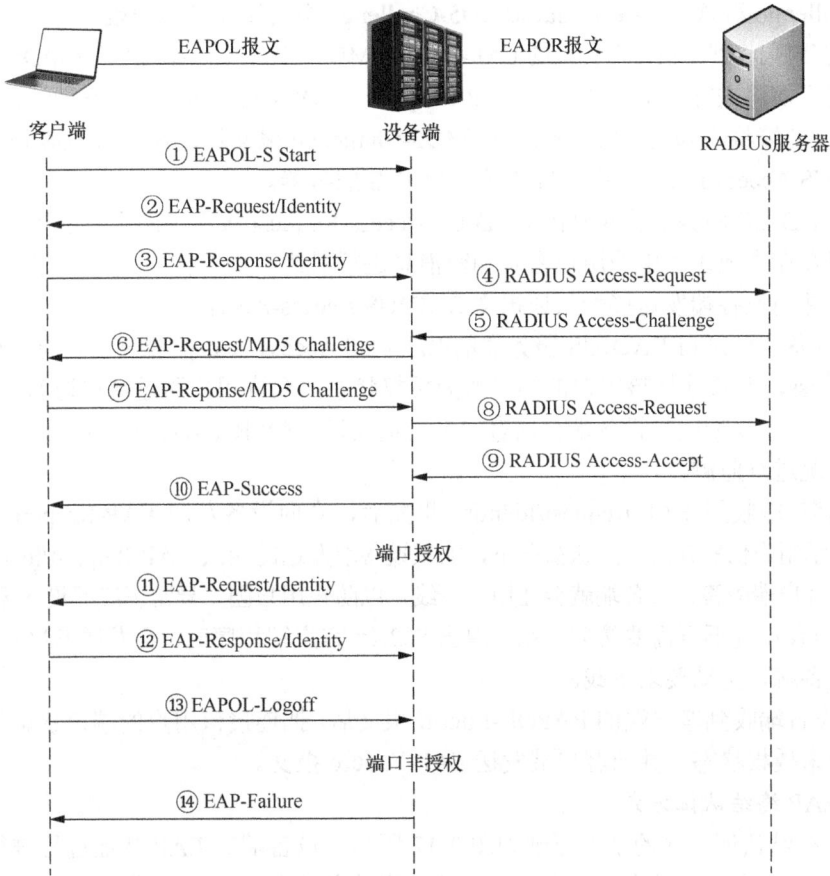

图 7-11　采用 MD5-Challenge 认证方法、EAP 中继的 802.1x 认证流程

各步骤的具体说明如下。

客户端与设备端之间交互的 EAP 报文采用 EAPOL 封装，设备端与 RADIUS 服务器之间交互的 EAP 报文采用 EAPOR 封装。

① 当用户需要访问网络资源时，打开 802.1x 客户端程序，输入用户名和密码，向设备端发送 EAPOL 认证请求报文 EAPOL-Start，发起连接请求。

② 设备端收到来自客户端的认证请求报文后，发送一个 Identity 类型的 EAP 请求报文 EAP-Request/Identity，向客户端请求用户名。

③ 客户端程序收到设备端发出的用户名请求后，将用户名信息通过 Identity 类型的响应报文 EAP-Response/Identity 发送给设备端。

④ 设备端将来自客户端的响应报文封装在 RADIUS 访问请求报文 RADIUS Access-Request 中，请求 RADIUS 服务器对客户端进行认证。

⑤ RADIUS 服务器收到来自设备端的 RADIUS Access-Request 报文后，将其中的用户名与本地用户数据库中的用户名列表进行对比，找到该用户名对应的密码信息，然后

用随机生成的一个 MD5-Challenge 消息对密码进行加密，加密结果保存在缓存中，同时将该 MD5-Challenge 消息通过 RADIUS Access-Challenge 报文发送给设备端。

⑥ 设备端收到来自 RADIUS 服务器的 RADIUS Access-Challenge 报文后，将其中的 MD5-Challenge 消息以 EAP-Request/MD5-Challenge 报文转发给客户端。

⑦ 客户端收到由设备端传来的 EAP-Request/MD5-Challenge 后，也用该 MD5-Challenge 消息对用户密码进行加密，然后以 EAP-Response/MD5-Challenge 报文发送给设备端。

⑧ 设备端将收到的 EAP-Response/MD5-Challenge 报文封装在 RADIUS 访问请求报文 RADIUS Access-Request 中，发送给 RADIUS 服务器。

⑨ RADIUS 服务器将收到的 RADIUS Access-Request 报文中的用户密码加密信息，与前面保存在本地缓存中的用户密码加密消息进行对比，如果相同，则认为该用户为合法用户，并向设备端发送接受认证报文 RADIUS Access-Accept。

⑩ 设备收到来自 RADIUS 服务器的 RADIUS Access-Accept 报文后，向客户端发送 EAP-Success，并将连接该用户的端口改为授权状态，允许用户通过端口访问网络。

⑪ 用户在线期间，设备端会向客户端定期发送 EAP-Request/Identity 报文，对用户的在线情况进行监测。

⑫ 客户端收到 EAP-Request/Identity 报文后，会向设备发送 EAP-Response/Identity 报文，表示用户仍然在线。默认情况下，如果设备端发送的两次 EAP-Request/Identity 报文都未得到客户端应答，设备端就会让用户下线，以防止用户因为异常下线而设备无法感知。

⑬ 当客户端不再需要访问网络，退出 802.1x 客户端程序时，会发送 EAPOL-Logoff 报文给设备端，主动要求下线。

⑭ 设备端收到客户端的 EAPOL-Logoff 报文后，把连接该用户的端口状态从授权状态改变为未授权状态，并向客户端发送 EAP-Failure 报文。

2. EAP 终结认证方式

EAP 终结认证方式的基本原理如图 7-12 所示。设备端对 EAP 认证过程进行终结，将收到的 EAPOL 报文中的客户端认证信息封装在标准的 RADIUS 报文中，以 RADIUS 客户端的角色与 RADIUS 服务器之间采用密码认证协议（Password Authentication Protocol，PAP）或质询握手认证协议（Challenge Handshake Authentication Protocol，CHAP）方法对客户端进行认证。

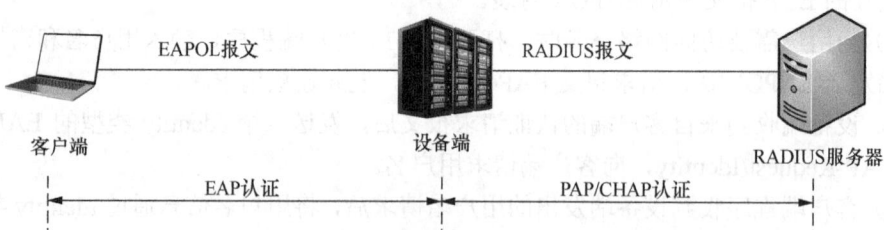

图 7-12　EAP 终结认证方式的基本原理

采用 EAP 终结认证方式下的 802.1x 认证流程如图 7-13 所示。客户端与设备端之间交互的 EAP 报文采用 EAPOL 封装，设备端与 RADIUS 服务器之间交互的是标准的 RADIUS 报文。

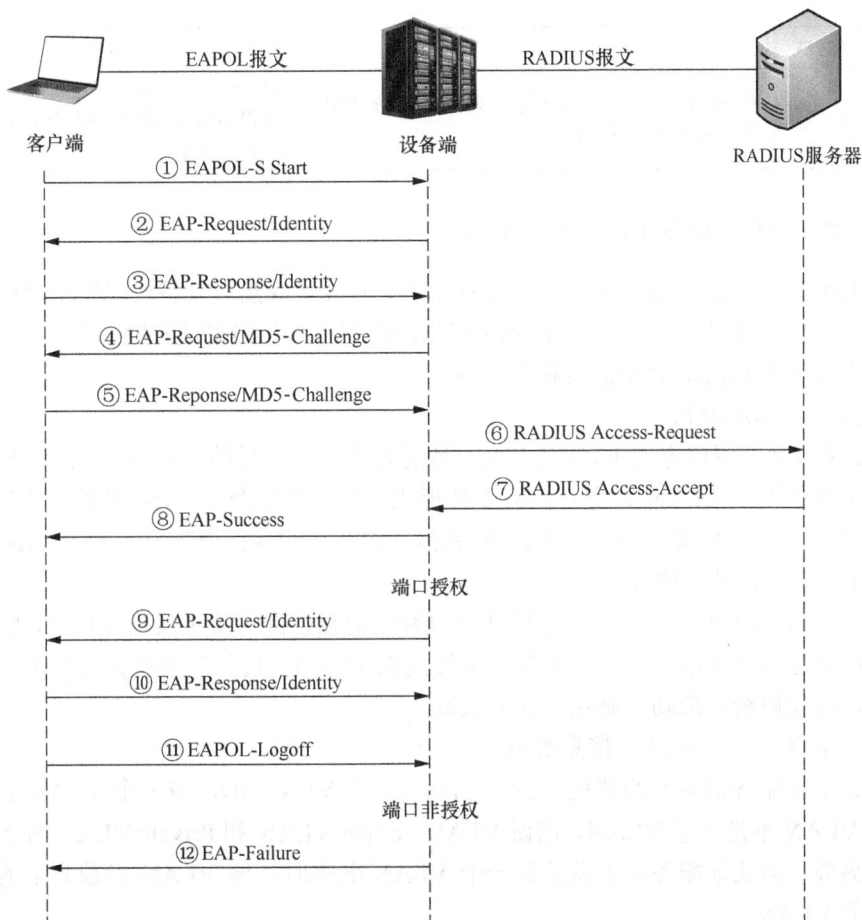

图 7-13　采用 EAP 终结认证方式下的 802.1x 认证流程

　　因为在 EAP 终结方式中，EAP 认证仅在客户端和设备端之间，所以与 EAP 中继方式相比，二者主要不同之处在于，EAP 认证用来对用户密码信息进行加密处理的 MD5-Challenge 消息是由设备端生成的（对应图 7-13 中的第 4 步），不是在 EAP 中继方式中由 RADIUS 服务器生成的（对应图 7-11 中的第 5 步）。然后设备端会把得到的用户名、生成的 MD5-Challenge 消息和以 MD5-Challenge 消息加密生成的客户端密码信息一起通过 RADIUS Access-Request 报文发送给 RADIUS 服务器（对应图 7-13 中的第 5 步）。后面就是设备端与 RADIUS 服务器之间对客户端的用户账户信息进行 PAP 或 CHAP 认证。认证通过，或者用户下线后的流程 EAP 终结与 EAP 中继认证方式相同。

　　EAP 中继与 EAP 终结认证方式对比见表 7-4。

表 7-4　EAP 中继与 EAP 终结认证方式对比

报文交互方式	优势	劣势
EAP 中继	支持多种 EAP 认证方法，但要求客户端和 RADIUS 服务器采用相同的认证方法，而设备端的配置和处理流程比较简单，对设备性能要求不高	一般需要 RADIUS 服务器支持 EAP-Message 和 Message-Authenticator 属性，客户端要支持 RADIUS 服务器上所采用的 EAP 认证方法

报文交互方式	优势	劣势
EAP 终结	对 RADIUS 服务器无特殊要求，支持 PAP 认证和 CHAP 认证即可	在客户端与设备端口之间仅支持 MD5-Challenge 类型的 EAP 认证，设备端处理相对复杂

7.3.5　802.1x 认证授权 VLAN 下发

802.1x 用户在进行用户认证时，远程 AAA 服务器或接入设备可以给用户接入端口下发授权 VLAN 信息，相当于为接入端口自动配置允许通过的 VLAN，但仅远程 AAA 服务器支持下发 tagged 类型的授权 VLAN。

1. 远程 AAA 授权

在远程 AAA 授权方式下，需要在认证服务器上指定下发给用户的授权 VLAN 信息。给用户下发的授权 VLAN 信息可以有多种形式，包括数字型 VLAN 和字符型 VLAN。其中，字符型 VLAN 又可以分为 VLAN 名称、VLAN 组名、携带后缀的 VLAN ID（后缀 u 和 t 用于标识是否携带标签）。

接入设备在收到认证服务器的授权 VLAN 信息后，首先要对其进行解析，解析成功后，即以对应的方法给用户的接入端口下发授权 VLAN，具体的授权方式如下。需要注意的是，如果解析不成功，则用户认证失败。

（1）下发的授权 VLAN 信息类型一

如果认证服务器下发的授权 VLAN 信息为一个 VLAN ID，或一个 VLAN 名称，则仅当该 VLAN 不是动态 VLAN、保留 VLAN、Super VLAN 和 Private VLAN 时才能授权成功。另外，当认证服务器下发的是一个 VLAN 名称时，该 VLAN 必须为本地设备上已存在的 VLAN。

（2）下发的授权 VLAN 信息类型二

如果认证服务器下发的授权 VLAN 信息为一个 VLAN 组名，则接入设备首先会通过组名查找该组内配置的 VLAN 列表。如果查找到授权 VLAN 列表，则在这一组 VLAN 中，除了 Super VLAN、动态 VLAN、Private VLAN 的所有 VLAN 都有资格被授权给用户，但具体哪些 VLAN 可以被授权，还要根据接入端口的链路类型和接入控制方式而定。

① 当接入端口的接入控制方式为 MAC-based（基于 MAC 地址，即基于用户）时，又分为以下 3 种情形。

- 如果当前用户为接入端口上的第一个在线用户，则直接将该组 VLAN 中 ID 最小的 VLAN 授权给当前的认证用户。
- 如果当前用户不是接入端口上的第一个在线用户，当接入端口的链路类型为 Hybrid，且使能了 MAC VLAN（一种动态 VLAN）功能时，则将选择该组 VLAN 中在线用户数最少的一个 VLAN 作为当前认证用户的授权 VLAN（如果在线用户数最少的 VLAN 有多个，则选择 VLAN ID 最小的 VLAN 授权给用户）。
- 如果当前用户不是接入端口上的第一个在线用户，当接入端口的链路类型为 Hybrid，但未使能 MAC VLAN 功能，或者当接入端口的链路类型为 Access 或 Trunk 时，则查看端口上在线用户的授权 VLAN 是否存在于该组中，如果存在，则将此 VLAN

授权给当前的认证用户，否则，认为当前认证用户授权失败，将被强制下线。

② 当接入端口的控制方式为 Port-based（基于端口）时，将该组 VLAN 中 ID 最小的 VLAN 授权给当前的认证用户，且后续该端口上的认证用户均被加入授权 VLAN。

（3）下发的授权 VLAN 信息类型三

如果认证服务器下发的授权 VLAN 信息为一个包含多个 VLAN 编号或多个 VLAN 名称的字符串，则接入设备首先将其解析为一组 VLAN ID，再采用与解析一个 VLAN 组名相同的解析方法选择一个授权 VLAN。

（4）下发的授权 VLAN 信息类型四

如果认证服务器下发的授权 VLAN 信息为一个包含多个"VLAN ID+后缀"形式的字符串，则只有第一个不携带后缀，或者携带 u（untagged）后缀的 VLAN 将被解析为唯一的 untagged（不带 VLAN 标签）类型的授权 VLAN，其余 VLAN 都被解析为 tagged（带 VLAN 标签）类型的授权 VLAN。接入端口将允许所有解析成功的授权 VLAN 通过，接入端口的默认 VLAN 将被修改为 untagged 类型的授权 VLAN。如果没有 untagged 类型的授权 VLAN，则不修改端口的默认 VLAN。但该方式下发的授权 VLAN 仅当接入端口的链路类型为 Hybrid 或 Trunk，且 802.1x 接入控制方式为 Port-based 时有效。

例如认证服务器下发字符串"1u 2t 3"，其中，u 和 t 均为后缀，分别表示 untagged 和 tagged。该字符串被解析之后，VLAN1 为接入端口的 untagged 类型的授权 VLAN，且作为接入端口的默认 VLAN，VLAN2 和 VLAN3 为接入端口的 tagged 类型的授权 VLAN。

2. 本地 AAA 授权

在本地 AAA 授权方式下，可以通过配置本地用户的授权属性（由 **authorization-attribute vlan** *vlan-id* 命令配置）指定下发给用户的授权 VLAN 信息，但只能指定一个授权 VLAN。

无论是远程 AAA 授权，还是本地 AAA 授权，**除了认证服务器下发的是"VLAN ID+后缀"的字符串形式**，其他情况下设备均会根据用户接入端口的链路类型确认字符串形式。不同类型的端口加入授权 VLAN 的方式见表 7-5。

表 7-5　不同类型的端口加入授权 VLAN 的方式

接入控制方式	Access 类型	Trunk 类型	Hybrid 类型
Port-based	• 不支持下发 tagged 类型的授权 VLAN。 • 加入授权 VLAN。 • 默认 VLAN 修改为授权 VLAN	• 允许授权 VLAN 通过。 • 授权 VLAN 为 untagged 类型的情况下，默认 VLAN 修改为授权 VLAN；授权 VLAN 为 tagged 类型的情况下，不会修改该端口的默认 VLAN	• 授权 VLAN 为 untagged 类型的情况下，允许授权 VLAN 以不携带标签的方式通过；授权 VLAN 为 tagged 类型的情况下，允许授权 VLAN 以携带标签的方式通过。 • 授权 VLAN 为 untagged 类型的情况下，默认 VLAN 修改为授权 VLAN；授权 VLAN 携带标签的情况下，不会修改该端口的默认 VLAN
MAC-based	• **不支持下发** tagged 类型的授权 VLAN	• 允许授权 VLAN 通过	• 授权 VLAN 为 untagged 类型的情况下，允许授权 VLAN 以不携带标签的方式通过；授权 VLAN 携带为 tagged 类型的情况下，允许授权 VLAN 以携带标签的方式通过

接入控制方式	Access 类型	Trunk 类型	Hybrid 类型
MAC-based	• 加入第一个通过认证的用户的授权 VLAN。 • 默认 VLAN 修改为第一个通过认证的用户的授权 VLAN	• 授权 VLAN 为 untagged 类型的情况下，默认 VLAN 修改为第一个通过认证的用户的授权 VLAN；授权 VLAN 中的报文携带标签的情况下，不会修改该端口的默认 VLAN	• 在授权 VLAN 为 untagged 类型的情况下，如果端口上开启了 MAC VLAN 功能，则根据授权 VLAN 动态地创建基于用户 MAC 地址的 VLAN，而端口的默认 VLAN 并不改变。 • 在授权 VLAN 为 untagged 类型的情况下，如果端口上未开启 MAC VLAN 功能，则端口的默认 VLAN 修改为第一个通过认证的用户的授权 VLAN

【说明】在授权 VLAN 为 untagged 类型的情况下，只有开启了 MAC VLAN 功能的端口上才允许给不同的用户授权不同的 VLAN。如果没有开启 MAC VLAN 功能，则授权给所有用户的 VLAN 必须相同，否则，仅第一个通过认证的用户可以成功上线。

在授权 VLAN 为 tagged 类型的情况下，无论是否开启了 MAC VLAN 功能，设备都会给不同的用户授权不同的 VLAN，一个 VLAN 只能授权给一个用户

【注意】授权 VLAN 并不影响接入端口的配置。对于 Access 类型端口和 Trunk 类型端口，授权 VLAN 的优先级高于端口配置的 VLAN，即通过认证后起作用的 VLAN 是授权 VLAN，端口配置的 VLAN 在用户下线后生效。对于 Hybrid 类型端口，当 tagged 类型的授权 VLAN 与端口上配置的 VLAN 不一致（例如授权 VLAN 中的报文携带标签，而端口上配置 VLAN 中的报文不允许带 VLAN 标签）时，授权 VLAN 不生效，通过认证后起作用的 VLAN 仍为端口配置的 VLAN；当 tagged 类型的授权 VLAN 与接入端口上配置的 VLAN 一致时，授权 VLAN 的优先级高于端口配置的 VLAN。

① 对于 Hybrid 类型端口，如果认证用户的报文携带 VLAN 标签，则需通过 **port hybrid vlan** 命令配置该端口在转发指定的 VLAN 报文时携带 VLAN 标签；如果认证用户的报文不携带 VLAN 标签，则需配置该端口在转发指定的 VLAN 报文时不携带 VLAN 标签。否则，当服务器没有授权下发 VLAN 时，用户虽然可以通过认证，但不能访问网络。

② 对于 Hybrid 类型端口，不建议把将要下发或已经下发的授权 VLAN 配置为带 VLAN 标签的方式加入端口。

③ 在启动了 802.1x 周期性重认证功能的 Hybrid 类型端口上，如果用户在 MAC VLAN 功能开启之前上线，则 MAC VLAN 功能对该用户不生效，即系统不会根据服务器下发的 VLAN 生成该用户的 MAC VLAN 表项，只有该在线用户重认证成功且服务器下发的 VLAN 发生变化时，MAC VLAN 功能才会对它生效。

7.3.6 Guest VLAN、Critical VLAN 和 Auth-Fail VLAN

在用户进行 802.1x 认证前，或认证服务器不可达，或认证失败时，为了方便这些用户可以访问一些特定的网络资源，可以把他们加入一些存放特定资源的 VLAN 中。这些 VLAN 主要包括 802.1x Guest VLAN、802.1x Critical VLAN 和 802.1x Auth-Fail VLAN 三大类。

1. 802.1x Guest VLAN

802.1x Guest VLAN 是用户在**没有进行 802.1x 认证**的情形下可以访问的特定 VLAN。Guest VLAN 内通常放置一些用于客户端软件或其他更新程序的下载。根据端口不同的接入控制方式，Guest VLAN 的生效情况有所不同。

（1）Port-based 接入控制方式

在 Port-based 接入控制方式的端口上配置 Guest VLAN 后，如果端口授权状态为 auto，且端口处于激活状态，则该端口就被加入 Guest VLAN，所有在该端口接入的用户将被授权访问 Guest VLAN 里的资源。端口加入 Guest VLAN 的方式与加入授权 VLAN 相同，与端口链路类型有关，参见表 7-5。**端口接收的带 VLAN 标签的报文，如果该 VLAN 不是配置的 Guest VLAN，则报文仍然可以在该 VLAN 内转发。**

当端口上处于 Guest VLAN 中的用户发起认证且失败时，如果端口配置了 Auth-Fail VLAN，则该端口会被加入 Auth-Fail VLAN；如果端口未配置 Auth-Fail VLAN，则该端口仍然处于 Guest VLAN。

当端口上处于 Guest VLAN 中的用户发起认证且成功时，该端口会离开 Guest VLAN：如果认证服务器下发 VLAN，则该端口加入下发的 VLAN 中；如果认证服务器未下发 VLAN，则该端口回到初始 VLAN 中。当用户下线后，该端口会重新加入 Guest VLAN。

（2）MAC-based 接入控制方式

在 MAC-based 接入控制方式的端口上配置 Guest VLAN 后，端口上未认证的用户将被授权访问 Guest VLAN 里的资源。当端口上处于 Guest VLAN 中的用户发起认证且失败时，如果端口配置了 Auth-Fail VLAN，则认证失败的用户将被加入 Auth-Fail VLAN；如果端口未配置 Auth-Fail VLAN，则该用户将离开 Guest VLAN，回到加入 Guest VLAN 之前端口所在的初始 VLAN。

当端口上处于 Guest VLAN 中的用户发起认证且成功时，设备会根据认证服务器是否下发授权 VLAN 决定将该用户加入下发的授权 VLAN 中，或使其回到加入 Guest VLAN 之前端口所在的初始 VLAN。

2. 802.1x Critical VLAN

802.1x Critical VLAN 是用户在**所有认证服务器都不可达**的情况下可以访问的特定 VLAN。目前，只采用 RADIUS 认证方式的情况下，在所有 RADIUS 认证服务器都不可达后，端口才会加入 Critical VLAN。如果采用了其他认证方式，则端口不会加入 Critical VLAN。根据端口的不同接入控制方式，Critical VLAN 的生效情况有所不同。

（1）Port-based 接入控制方式

在 Port-based 接入控制方式的端口上配置 Critical VLAN 后，如果该端口上有用户认证时，当所有认证服务器都不可达时，则该端口会被加入 Critical VLAN，**所有在该端口接入的用户将被授权访问 Critical VLAN 里的资源。**在用户进行重认证时，如果所有认证服务器仍不可达，且端口指定在此情况下强制用户下线，则该端口也会被加入 Critical VLAN。端口加入 Critical VLAN 的方式与加入授权 VLAN 相同，与端口链路类型有关，参见表 7-5。

当 Critical VLAN 中的用户再次发起认证时，如果所有认证服务器不可达，则端口仍然在 Critical VLAN 内；如果有的认证服务器可达，但认证失败，且端口配置了 Auth-Fail VLAN，则该端口将会加入 Auth-Fail VLAN，否则，回到端口的默认 VLAN 中；如果有的认证服务器可达，且认证成功，则该端口加入 VLAN 的情况与认证服务器是否下发 VLAN 有关，具体分为以下两种情况。

① 如果认证服务器下发了授权 VLAN，则端口加入下发的授权 VLAN 中。

② 如果认证服务器未下发授权 VLAN，则端口回到默认 VLAN 中。

用户下线后，如果端口上配置了 Guest VLAN，则加入 Guest VLAN，否则，加入默认 VLAN。

（2）MAC-based 接入控制方式

在 MAC-based 接入控制方式的端口上配置 Critical VLAN 后，如果该端口上有用户认证时，当所有认证服务器都不可达时，则端口将允许 Critical VLAN 通过，用户将被授权访问 Critical VLAN 里的资源。

当 Critical VLAN 中的用户再次发起认证时，如果所有认证服务器仍不可达，则用户仍在 Critical VLAN 中；如果有认证服务器可达，但认证失败，且端口配置了 Auth-Fail VLAN，则该用户将加入 Auth-Fail VLAN，否则，回到端口的默认 VLAN 中；如果有认证服务器可达，且认证成功，则设备会根据认证服务器是否下发授权 VLAN 决定将该用户加入下发的授权 VLAN 中，或使其回到端口的默认 VLAN 中。

3．802.1x Auth-Fail VLAN

802.1x Auth-Fail VLAN 功能允许用户在**认证失败**的情况下访问某一特定 VLAN 中的资源，这个 VLAN 称为 Auth-Fail VLAN。需要注意的是，此处的认证失败是认证服务器因某种原因明确拒绝用户认证通过的，例如用户密码错误，而不是认证超时或网络连接等原因造成的认证失败。根据端口的不同接入控制方式，Auth-Fail VLAN 的生效情况有所不同。

（1）Port-based 接入控制方式

在 Port-based 接入控制方式的端口上配置 Auth-Fail VLAN 后，如果该端口上有用户认证失败的情况，则该端口会离开当前的 VLAN 加入 Auth-Fail VLAN，**所有在该端口接入的用户将被授权访问 Auth-Fail VLAN 里的资源**。端口加入 Auth-Fail VLAN 的方式与加入授权 VLAN 相同，与端口链路类型有关，具体参见表 7-5。

如果加入 Auth-Fail VLAN 的端口上有用户发起认证并失败，则该端口仍然处于 Auth-Fail VLAN 内；如果认证成功，则该端口会离开 Auth-Fail VLAN，之后该端口加入 VLAN 的情况与认证服务器是否下发授权 VLAN 有关，具体说明如下。

① 如果认证服务器下发了授权 VLAN，则端口加入下发的授权 VLAN 中。

② 如果认证服务器未下发授权 VLAN，则端口回到默认 VLAN 中。

用户下线后，如果端口上配置了 Guest VLAN，则加入 Guest VLAN；如果没有配置 Guest VLAN，则加入默认 VLAN。

（2）MAC-based 接入控制方式

在 MAC-based 接入控制方式的端口上配置 Auth-Fail VLAN 后，该端口上认证失败的用户将被授权访问 Auth-Fail VLAN 里的资源。当 Auth-Fail VLAN 中的用户再次发起认证时，如果认证成功，则设备会根据认证服务器是否下发 VLAN 决定将该用户加入下发的授权 VLAN 中，或使其回到端口的默认 VLAN 中；如果认证失败，则该用户仍然留在该 Auth-Fail VLAN 中。

7.3.7　802.1x 其他功能

除了前面介绍的功能，802.1x 还支持 ACL 下发和 User Profile 的下发，以及 URL 重定向功能和 802.1x 重认证功能。

1. ACL 下发

802.1x 支持通过下发 ACL 对上线用户访问网络资源的过滤与控制。当用户上线时，如果 RADIUS 服务器上或接入设备的本地用户视图中指定了要下发给该用户的授权 ACL，则设备会根据下发的授权 ACL 对用户所在端口的数据流进行过滤，与授权 ACL 规则匹配的流量将按照规则中指定的 permit 或 deny 动作进行处理。

802.1x 支持下发静态 ACL 和动态 ACL，具体说明如下。

① 静态 ACL 可由 RADIUS 服务器或设备本地授权，且**授权的内容是 ACL 编号**。因此，设备上需要创建该 ACL，并配置对应的 ACL 规则。管理员可以通过改变授权的 ACL 编号或设备上对应的 ACL 规则来修改用户的访问权限。

② **动态 ACL 只能由 RADIUS 服务器授权**，且授权的内容是 ACL 名称和对应的 ACL 规则。设备收到下发的动态 ACL 信息后，会自动根据该授权 ACL 的名称和规则创建一个同名的动态 ACL。如果设备上已存在相同名称的静态 ACL，则动态 ACL 下发失败，用户上线失败。当匹配该 ACL 的用户都下线后，设备自动删除该 ACL。服务器下发的动态 ACL 只能通过 **display dot1x connection** 或 **display acl** 命令查看，**不能进行任何修改，也不能手动删除**。

【注意】802.1x 认证可成功授权的 ACL 类型为基本 ACL（ACL 编号为 2000~2999）、高级 ACL（ACL 编号为 3000~3999）和二层 ACL（ACL 编号为 4000~4999）。但当下发的 ACL 不存在、未配置 ACL 规则或 ACL 规则配置了 counting、established、fragment、source-mac 或 logging 参数时，授权 ACL 不生效。

2. User Profile 下发

802.1x 支持通过下发 User Profile 对上线用户访问网络资源的过滤与控制。当用户上线时，如果 RADIUS 服务器上或接入设备的本地用户视图中指定了要下发给该用户的授权 User Profile，则设备会根据服务器下发的授权 User Profile 对用户所在端口的数据流进行过滤，仅允许 User Profile 策略中允许的数据流通过该端口。**由于 RADIUS 服务器上指定的只是授权 User Profile 名称，所以还需要在设备上创建该 User Profile，并配置该对应的 User Profile 策略**。管理员可以通过改变授权的 User Profile 名称或设备上对应的 User Profile 配置来修改用户的访问权限。

3. URL 重定向功能

802.1x 用户采用基于 MAC 的接入控制方式，且端口授权状态为 auto 时，支持 RADIUS 扩展属性下发重定向 URL。802.1x 用户认证后，设备会根据 RADIUS 服务器下发的重定向 URL 属性，将用户的 HTTP 或 HTTPS 请求重定向到指定的 Web 认证页面。Web 认证通过后，RADIUS 服务器记录 802.1x 用户的 MAC 地址，并通过 DM 报文强制 802.1x 用户下线。此后该用户再次发起 802.1x 认证，由于 RADIUS 服务器上已记录该用户和其 MAC 地址的对应信息，用户可以成功上线。但需要注意的是，**802.1x 支持 URL 重定向功能和端点准入防御（Endpoint Admission Defense，EAD）快速部署功能互斥。**

4. 802.1x 重认证功能

802.1x 重认证功能是指设备周期性地对端口上在线的 802.1x 用户发起重认证，以检测用户连接状态的变化、确保用户正常在线，并及时更新服务器下发的授权属性（例如 ACL、VLAN 等）。

RADIUS 认证服务器可以通过下发 RADIUS 属性（session-timeout、Termination-action）来指定用户会话超时时长，以及操作会话中止的动作类型。认证服务器上下发以上 RADIUS 属性的具体配置及下发重认证周期的情况与服务器类型有关，通过具体的认证服务器实现。

设备作为 RADIUS DAE 服务器，认证服务器作为 RADIUS DAE 客户端时，后者可以通过授权改变（Change of Authorization，COA）消息向用户下发重认证属性。这种情况下，无论设备上是否开启了周期性重认证功能，端口都会立即对该用户发起重认证。

802.1x 用户认证通过后，端口对用户重认证功能的具体说明如下。

① 如果 RADIUS 认证服务器下发了用户会话超时时长，且指定的会话中止动作要求用户进行重认证，则无论设备上是否开启周期性重认证功能，端口都会在用户会话超时时长到达后对该用户发起重认证。

② 如果 RADIUS 认证服务器下发了用户会话超时时长，且指定会话中止动作要求用户下线时，则有如下两种情况。

- 如果设备上开启了周期性重认证功能，且设备上配置的重认证定时器值小于用户会话超时时长，则端口会以重认证定时器的值为周期，向该端口在线的 802.1x 用户发起重认证；如果设备上配置的重认证定时器值大于或等于用户会话超时时长，则端口会在用户会话超时时长到达后强制该 802.1x 用户下线。
- 如果设备上未开启周期性重认证功能，则端口会在用户会话超时时长到达后强制该 802.1x 用户下线。

③ 如果 RADIUS 认证服务器未下发用户会话超时时长，则由设备上配置的重认证功能决定是否对用户进行重认证。

④ 对于已在线的 802.1x 用户，要等当前重认证周期结束并且认证通过后，再按新配置的周期进行后续的重认证。

⑤ 如果端口对用户进行重认证的过程中，重认证服务器不可达，则端口上的 802.1x 用户状态均由端口上的配置决定。

在用户名不改变的情况下，端口允许重认证前后服务器向该用户下发不同的 VLAN。

5. 802.1x 支持 EAD 快速部署

EAD 作为一个网络端点接入控制方案，它通过安全客户端、安全策略服务器、接入设备和第三方服务器的联动，用户的集中管理得到加强，网络的整体防御能力得到提升。但是在实际的应用过程中，EAD 客户端的部署工作量很大，例如，需要网络管理员手动为每个 EAD 客户端下载和升级客户端软件，EAD 客户端数目越多，管理员的工作越多。

802.1x 认证支持的 EAD 快速部署功能可以解决以上问题，它允许未通过认证的 802.1x 用户访问一个指定的 IP 地址段（称为 Free IP），并可以将用户发起的 HTTP 或

HTTPS 访问请求重定向到该 IP 地址段中的一个指定的 URL（重定向 URL），实现用户自动下载并安装 EAD 客户端的目标。

（1）Free IP

未通过认证的 802.1x 终端用户可以访问的 IP 地址段，该 IP 地址段中可以配置一个或多个特定服务器，用于提供 EAD 客户端的下载升级或者动态地址分配等服务。

（2）重定向 URL

802.1x 终端用户在认证成功之前，如果使用浏览器访问网络，则设备会将用户访问的 URL 重定向到已配置的 URL（例如重定向到 EAD 客户端下载界面），这样只要用户打开浏览器，就必须进入管理员预设的界面。

EAD 快速部署功能通过制定 EAD 规则（通常为 ACL 规则）给予未通过认证的终端用户受限制的网络访问权限。当大量用户同时认证时，ACL 资源将迅速被占用，如果用户认证不成功，则将出现 ACL 资源不足的情况，因此，会导致一部分新接入的用户无法认证。

管理员可以通过配置 EAD 规则的老化时间来控制用户对 ACL 资源的占用，当用户访问网络时，该定时器开始计时，在定时器超时或者用户下载客户端并成功通过认证之后，该用户占用的 ACL 资源被删除，在老化时间内未进行任何操作的用户占用的 ACL 资源会及时得到释放。

7.4　802.1x 认证配置

802.1x 涉及的配置任务比较多，主要可分为以下 4 个模块。

1. 配置 802.1x 认证的基本功能

802.1x 认证基本功能配置中主要包括了在全局和端口上开启 802.1x 认证功能、配置端口的授权状态和接入控制方式，另外，还可选配置 802.1x 认证超时定时器、重认证和静默功能等。

2. （可选）配置 802.1x 下发 VLAN 功能

设备端的 802.1x 认证功能可为用户（采用 MAC-based 接入控制方式时）或端口（采用 Port-based 接入控制方式时）配置下发的 Guest VLAN、Auth-Fail VLAN 和 Critical VLAN。

3. （可选）配置 802.1x 相关参数

802.1x 认证功能中可配置的参数主要包括端口同时接入用户数的最大值、设备向接入用户发送认证请求报文的最大次数、MAC 地址认证成功用户进行 802.1x 认证的最大尝试次数。

4. （可选）配置 802.1x 其他功能

802.1x 认证功能的其他可选功能比较多，但用得比较少，出于篇幅的原因，在此不再展开介绍。

7.4.1　配置 802.1x 认证基本功能

802.1x 认证基本功能的配置步骤见表 7-6。

表 7-6　802.1x 认证基本功能的配置步骤

步骤	命令	说明
1	**system-view**	进入系统视图
		以下第 2～4 步为开启 802.1x 认证配置
2	**dot1x** 例如，[Sysname] **dot1x**	开启全局 802.1x 认证功能。只有全局和端口的 802.1x 认证均开启后，802.1x 认证配置才能在端口上生效。 默认情况下，全局的 802.1x 认证处于关闭状态
3	**interface** *interface-type interface-number* 例如，[Sysname] **interface gigabitethernet 1/0/1**	进入要开启 802.1x 认证功能的二层以太网端口的接口视图
4	**dot1x** 例如，[Sysname-GigabitEthernet1/0/1] **dot1x**	开启端口 802.1x 认证。仅当全局和端口的 802.1x 认证功能均开启后，802.1x 认证配置才能在端口上生效。 默认情况下，端口 802.1x 认证处于关闭状态
5	**quit**	退出接口视图，返回系统视图
6	**dot1x authentication-method { chap | eap | pap }** 例如，[Sysname] **dot1x authentication-method pap**	配置 802.1x 系统的认证方法如下。 • **chap**：多选一选项，启用 EAP 终结方式，并支持与 RADIUS 服务器之间采用 CHAP 类型的认证方法。 • **eap**：多选一选项，启用 EAP 中继方式，并支持客户端与 RADIUS 服务器之间所有类型的 EAP 认证方法。 • **pap**：多选一选项，启用 EAP 终结方式，并支持与 RADIUS 服务器之间采用 PAP 类型的认证方法。 在 EAP 终结方式下：设备将收到的客户端 EAP 报文中的用户认证信息重新封装在标准的 RADIUS 报文中，然后采用 PAP 或 CHAP 认证方法与 RADIUS 服务器完成认证交互。该方式的优点是，现有的 RADIUS 服务器基本均可支持 PAP 和 CHAP 认证，不需要升级服务器，但设备处理较为复杂，且目前，仅能支持 MD5-Challenge 类型的 EAP 认证，以及 iNode 802.1x 客户端发起的"用户名+密码"方式的 EAP 认证。 在 EAP 中继方式下：设备将收到的客户端 EAP 报文直接封装到 RADIUS 报文的属性字段中，发送给 RADIUS 服务器完成认证。该方式的优点是，设备处理简单，且可支持多种类型的 EAP 认证方法，例如 MD5-Challenge、EAP-TLS、PEAP 等，但要求服务器端支持相应的 EAP 认证方法。 默认情况下，设备启用 EAP 终结方式，并采用 CHAP 认证方法
7	**dot1x timer supp-timeout** *supp-timeout-value* 例如，[Sysname] **dot1x timer supp-timeout** 50	配置客户端认证超时定时器，取值为 1～120，单位为 s。当设备端向客户端发送了 EAP-Request/MD5-Challenge 请求报文后，设备端启动此定时器，如果在该定时器设置的时长内设备端没有收到客户端的响应报文，则重发该报文。 默认情况下，客户端认证超时定时器的值为 30s

步骤	命令	说明
8	**dot1x timer server-timeout** *server-timeout-value*	配置认证服务器超时定时器，取值为 100～300，单位为 s。当设备端向认证服务器发送了 RADIUS Access-Request 请求报文后，设备端启动此定时器，如果在该定时器设置的时长内设备端没有收到认证服务器的响应报文，则 802.1x 认证失败。 建议将此定时器的值设定为小于或等于设备发送 RADIUS 报文的最大尝试次数（retry）与 RADIUS 服务器响应超时时间（timer response-timeout）之积，否则，可能在本命令设定的服务器超时时间到达前，用户被强制下线。 默认情况下，认证服务器超时定时器的值为 100s
9	**interface** *interface-type interface-number* 例如，[Sysname] **interface gigabitethernet 1/0/1**	进入启用了 802.1x 认证功能的二层以太网端口的接口视图
10	**dot1x port-control** { **authorized-force** | **auto** | **unauthorized-force** } 例如，[Sysname-GigabitEthernet1/0/1] **dot1x port-control unauthorized-force**	配置端口的授权状态。通过配置端口的授权状态，可以控制端口上接入的用户是否需要通过认证才能访问网络资源。 • **authorized-force**：多选一选项，强制授权状态，表示端口始终处于授权状态，允许连接在该端口下的用户不经认证授权即可访问网络资源。 • **auto**：多选一选项，自动识别状态，表示端口初始状态为非授权状态，仅允许 EAPOL 报文收发，不允许连接在该端口下的用户访问网络资源；如果用户认证通过，则端口切换到授权状态，允许用户访问网络资源。这也是最常见的一种状态。 • **unauthorized-force**：多选一选项，强制非授权状态，表示端口始终处于非授权状态，不允许连接在该端口下的用户访问网络资源。 默认情况下，端口的授权状态为 auto
11	**dot1x port-method** { **macbased** | **portbased** } 例如，[Sysname-GigabitEthernet1/0/1] **dot1x port-method portbased**	配置端口接入控制方式。 • **macbased**：二选一选项，表示基于用户 MAC 地址对接入用户进行认证，即该端口上的所有接入用户均需要单独认证，当某个用户下线时，也只有该用户无法使用网络。 • **portbased**：二选一选项，表示基于端口对接入用户进行认证，即只要该端口上的第一个用户认证成功后，其他接入用户不需要认证就可使用网络资源，当第一个用户下线后，其他用户也会被拒绝使用网络。 默认情况下，端口采用的接入控制方式为 macbased
12	**dot1x mandatory-domain** *domain-name* 例如，[Sysname-GigabitEthernet1/0/1] **dot1x mandatory-domain** dage	指定端口上 802.1x 用户使用的强制认证域（即 ISP 域）为 1～255 个字符的字符串，不区分大小写。 从指定端口上接入的 802.1x 用户将按照如下先后顺序选择认证域：端口上指定的强制 ISP 域→用户名中指定的 ISP 域→系统默认的 ISP 域。 默认情况下，未指定 802.1x 用户使用的强制认证域
13	**quit**	

步骤	命令	说明
	以下第 14~17 步为 802.1x 重认证功能配置	
14	**dot1x re-authenticate** 例如，[Sysname] **dot1x re-authenticate**	开启周期性重认证功能。 端口开启了 802.1x 的周期性重认证功能后，设备会根据周期性重认证定时器设定的时间间隔定期启动该端口在线 802.1x 用户的认证，检测用户连接状态的变化，更新服务器下发的授权属性（例如 ACL、VLAN）。 默认情况下，周期性重认证功能处于关闭状态
15	**dot1x timer reauth-period** *reauth-period-value* 例如，[Sysname] **dot1x timer reauth-period** 1200	（可选）在系统视图下全局配置周期性重认证定时器，取值为 60~7200，单位为 s。 端口上开启周期性重认证功能后，设备端将以此间隔为周期对端口上后续接入的在线用户发起重认证。对于已在线的 802.1x 用户，要等到按照原来配置的重认证周期结束，并且重认证通过后才会按新配置的重认证周期进行后续重认证。 默认情况下，周期性重认证定时器的值为 3600s
	①**interface** *interface-type interface-number* ②**dot1x timer reauth-period** *reauth-period-value* 例如，[Sysname-GigabitEthernet1/0/1] **dot1x timer reauth-period** 3600	（可选）在接口视图下配置端口周期性重认证定时器，取值为 60~7200，单位为 s。 默认情况下，端口上未配置 802.1x 周期性重认证定时器，使用系统视图下的周期性重认证定时器的取值
16	**dot1x re-authenticate manual** 例如，[Sysname-GigabitEthernet1/0/1] **dot1x re-authenticate manual**	（可选）强制端口上所有 802.1x 在线用户进行重认证。此时，无论服务器是否下发重认证或端口下是否开启了周期性重认证，强制重认证都会正常执行，端口上的所有在线 802.1x 用户会依次进行重认证操作
17	**dot1x re-authenticate server-unreachable keep-online** 例如，[Sysname-GigabitEthernet1/0/1] **dot1x re-authenticate server-unreachable keep-online**	（可选）配置重认证服务器不可达时，端口上的 802.1x 用户保持在线状态。 默认情况下，端口上的 802.1x 在线用户重认证时，如果认证服务器不可达，则会被强制下线
18	**quit**	退出接口视图，返回系统视图
	第 19~20 步为 802.1x 静默功能配置	
19	**dot1x quiet-period** 例如，[Sysname] **dot1x quiet-period**	（可选）开启静默定时器功能。此时，**设备将在一段时间之内不对 802.1x 认证失败的用户进行 802.1x 认证处理**，该时间由 802.1x 静默定时器控制，可通过下一步的 **dot1x timer quiet-period** 命令配置。 默认情况下，静默定时器功能处于关闭状态
20	**dot1x timer quiet-period** *quiet-period-value* 例如，[Sysname] **dot1x timer quiet-period** 100	（可选）配置静默定时器，取值为 10~120，单位为 s。 默认情况下，静默定时器的值为 60s

1．开启 802.1x 认证

只有同时开启全局和端口的 802.1x 后，802.1x 的配置才能在端口上生效。在端口上开启 802.1x 之前，请保证端口未加入业务环回组。

2. 配置 802.1x 系统的认证方法

设备上的 802.1x 系统采用的认证方法与设备对于 EAP 报文的处理机制有关。采用 EAP 中继认证方式时的认证方法为 EAP，支持客户端与 RADIUS 服务器之间所有类型的 EAP 认证方法。EAP 终结认证方式具体包括 CHAP 和 PAP 两种认证方法。如果客户端采用了 MD5-Challenge 类型的 EAP 认证，则设备端只能采用 CHAP 认证；如果 iNode 802.1x 客户端采用了"用户名+密码"方式的 EAP 认证，设备上可选择使用 PAP 认证或 CHAP 认证，从安全性考虑，通常使用 CHAP 认证。

3. 配置端口的授权状态

端口的授权状态分为强制授权（authorized-force）、强制非授权（unauthorized-force）和自动（auto）识别 3 种。通过配置端口的授权状态，可以控制端口上接入的用户是否需要经过认证来访问网络资源。

4. 配置端口接入控制方式

设备支持基于端口控制（portbased）和基于 MAC 控制（macbased）两种端口接入控制方式。

5. （可选）配置端口的强制认证域

在端口上指定强制认证域为 802.1x 接入提供了一种安全控制策略，可以使所有从该端口接入的 802.1x 用户将被强制使用指定的认证域来进行认证、授权和计费，从而防止用户通过恶意假冒其他域账号从本端口接入网络。另外，管理员也可以通过配置强制认证域对不同端口接入的用户指定不同的认证域，从而增加了管理员部署 802.1x 接入策略的灵活性。

6. （可选）配置 802.1x 认证超时定时器

802.1x 认证过程中会启动多个定时器以控制客户端、设备，以及协助 RADIUS 服务器之间进行合理、有序的交互。可配置的 802.1x 认证定时器包括客户端认证超时定时器和认证服务器超时定时器两种。

一般情况下，不需要改变认证超时定时器的值，除非在一些特殊或恶劣的网络环境，才需要通过命令来调节。例如用户网络状况比较差的情况下，可以适当地将客户端认证超时定时器值调大一些；还可以通过调节认证服务器超时定时器的值来适应不同认证服务器的性能差异。

7. （可选）配置 802.1x 重认证功能

对 802.1x 用户进行周期性重认证时，设备将按照由高到低的顺序为其选择重认证时间间隔：服务器下发的重认证时间间隔、接口视图下配置的周期性重认证定时器的值、系统视图下配置的周期性重认证定时器的值、设备默认的周期性重认证定时器的值。

强制端口上所有 802.1x 在线用户进行重认证后，无论服务器是否下发重认证或端口下是否开启了周期性重认证，强制重认证都会正常执行，端口上的所有在线 802.1x 用户会依次进行重认证操作。

修改设备上配置的认证域或 802.1x 系统认证方法都不会影响在线用户的 802.1x 重认证，只对配置之后新上线的用户生效。

8. （可选）配置 802.1x 静默功能

当 802.1x 用户认证失败以后，设备需要静默一段时间后再重新发起认证，在静默期间，设备不对 802.1x 认证失败的用户进行 802.1x 认证处理。

当网络处在风险位置，容易受到攻击的情况下，可以适当地将静默定时器值调大，反之，可以将静默定时器值调小来提高用户认证请求的响应速度。

7.4.2　配置 802.1x 下发 VLAN 功能

802.1x 下发 VLAN 功能的配置步骤见表 7-7。该表主要为用户或接入端口下发来宾 VLAN（Guest VLAN）、认证失败 VLAN（Auth-Fail VLAN）和严格 VLAN（Critical VLAN）。

表 7-7　802.1x 下发 VLAN 功能的配置步骤

步骤	命令	说明
1	**system-view**	进入系统视图
2	**interface** *interface-type interface-number* 例如，[Sysname] **interface** gigabitethernet 1/0/1	进入要配置 802.1x 下发 VLAN 功能的二层以太网接口的接口视图
3	**dot1x　guest-vlan** *guest-vlan-id* 例如，[Sysname-GigabitEthernet1/0/1] **dot1x guest-vlan** 100	配置端口的 802.1x Guest VLAN。参数 *guest-vlan-id* 用于配置 Guest VLAN ID，取值为 1～4094。该 VLAN 必须已经创建。 默认情况下，未配置 802.1x Guest VLAN 功能
4	**dot1x guest-vlan-delay { eapol	new-mac }** 例如，[Sysname-GigabitEthernet1/0/1] **dot1x guest-vlan-delay eapol**	配置端口延迟加入 802.1x Guest VLAN 的功能。 • **eapol**：二选一选项，表示由 802.1x 协议报文触发端口时延加入 802.1x Guest VLAN。 • **new-mac**：二选一选项，表示由源 MAC 地址未知的报文触发端口时延加入 802.1x Guest VLAN。 开启 802.1x 认证，且端口的接入控制方式为 MAC-based 方式时，触发 802.1x 认证后，端口会立即被加入 802.1x Guest VLAN 中。在这种情况下，如果配置了端口时延加入 802.1x Guest VLAN 功能，端口会主动向触发认证的源 MAC 地址单播发送 EAP-Request 报文。如果在指定的时间内（通过 **dot1x timer tx-period** 命令设置）没有收到客户端的响应，则重发该报文，直到重发次数达到 **dot1x retry** 命令设置的最大次数时，如果仍没有收到客户端的响应，才会加入 802.1x Guest VLAN 中。 默认情况下，端口时延加入 802.1x Guest VLAN 的功能处于关闭状态
5	**dot1x auth-fail vlan** *authfail-vlan-id* 例如，[Sysname-GigabitEthernet1/0/1] **dot1x auth-fail vlan** 101	配置端口的 802.1x Auth-Fail VLAN。参数 *critical-vlan-id* 用于配置 Auth-Fail VLAN ID，取值为 1～4094。该 VLAN 必须已经创建。 默认情况下，端口没有配置 802.1x Auth-Fail VLAN
6	**dot1x critical vlan** *critical-vlan-id* 例如，[Sysname-GigabitEthernet1/0/1] **dot1x critical vlan** 102	配置端口的 802.1x Critical VLAN 功能。参数 *critical-vlan-id* 用于配置 Critical VLAN ID，取值为 1～4094。该 VLAN 必须已经创建。 默认情况下，端口没有配置 802.1x Critical VLAN

在配置 802.1x Guest VLAN、Auth-Fail VLAN 和 Critical VLAN 时，需要注意以下事项。

① 在 MAC-based 接入控制方式的端口上生成的 Guest VLAN、Auth-Fail VLAN 表项会覆盖已生成的阻塞 MAC 地址表项，但如果端口因检测到非法报文而关闭，则 802.1x Guest VLAN、Auth-Fail VLAN 功能无法生效。

② 不同的端口可以指定不同的 802.1x Guest VLAN、Auth-Fail VLAN 和 Critical VLAN，但同一个端口上这 3 类 VLAN 中，每类 VLAN 最多只能指定一个对应的 VLAN。

③ 如果用户端设备发出的是携带 VLAN Tag 的数据流，为保证各种功能的正常使用，请为 802.1x Guest VLAN、Auth-Fail VLAN 和 Critical VLAN 分配与 Voice VLAN、端口的默认 VLAN 不同的 VLAN ID，且 3 类 VLAN 的 VLAN ID 不能相同。

④ 如果某个 VLAN 被指定为 Super VLAN，则该 VLAN 不能被指定为某个端口的 802.1x Guest VLAN、Auth-Fail VLAN 或 Critical VLAN；同样，如果某个 VLAN 被指定为某个端口的 802.1x Guest VLAN、Auth-Fail VLAN 或 Critical VLAN，则该 VLAN 也不能被指定为 Super VLAN。

⑤ 在 MAC-based 接入控制方式的端口上同时配置了 802.1x Auth-Fail VLAN 与 MAC 地址认证 Guest VLAN 时，如果用户先进行 MAC 地址认证且失败，则加入 MAC 地址认证的 Guest VLAN 中，之后如果该用户再进行 802.1x 认证且失败，则会离开 MAC 地址认证 Guest VLAN 而加入 802.1x Auth-Fail VLAN 中；如果用户先进行 802.1x 认证且失败，最后除非成功通过 MAC 地址认证或者 802.1x 认证，否则，会一直位于 802.1x Auth-Fail VLAN 中。

⑥ 在 Port-based 接入控制方式的端口上，如果端口已经位于 802.1x Auth-Fail VLAN，则当所有认证服务器都不可达时，端口并不会离开当前的 VLAN 而加入 802.1x Critical VLAN。

⑦ 在 MAC-based 接入控制方式的端口上，当处于 Auth-Fail VLAN 的用户再次发起认证时，如果认证服务器不可达，则该用户仍然留在 Auth-Fail VLAN 中，不会离开当前的 VLAN 而加入 802.1x Critical VLAN。

⑧ 如果端口已经位于 802.1x Guest VLAN 中，则当所有认证服务器都不可达时，端口会离开当前的 VLAN 并加入 802.1x Critical VLAN。

⑨ 在接入端口为 Hybrid 链路类型时，不要将指定的 Guest VLAN、Auth-Fail VLAN 或 Critical VLAN 中的报文修改为带标签通过的方式。

⑩ 为保证 802.1x Guest VLAN 功能正常使用，不要与 Web 认证或 EAD 快速部署功能同时配置。为保证 802.1x Auth-Fail VLAN、Critical VLAN 功能正常使用，请不要与 Web 认证同时配置。

配置 802.1x Guest VLAN、Auth-Fail VLAN 和 Critical VLAN 之前，需要进行以下配置准备。

① 创建需要配置为 Guest VLAN、Auth-Fail VLAN 和 Critical VLAN 的 VLAN。

② 在 MAC-based 接入控制方式端口上，必须保证端口的链路类型为 Hybrid，且端口上的 MAC VLAN 功能处于使能状态。

7.4.3 配置 802.1x 相关参数

802.1x 相关参数的配置步骤见表 7-8。

表 7-8　802.1x 相关参数的配置步骤

步骤	命令	说明
1	**system-view**	进入系统视图
2	**dot1x retry** *retries* 例如，[Sysname] **dot1x retry** 5	配置设备向接入用户发送认证请求报文的最大次数，取值为 1～10。 默认情况下，设备最多可向接入用户发送两次认证请求报文
3	**dot1x domain-delimiter** *string* 例如，[Sysname] **dot1x domain-delimiter** @/	指定 802.1x 支持的域名分隔符。参数 *string* 是**由多个域名分隔符组成**的 1～16 个字符的字符串，且分隔符只能为"@"".""/"或"\"。如果要指定域名分隔符\，则必须在输入时使用转义操作符\，即输入\\。 默认情况下，仅支持域名分隔符@
4	**dot1x eap-tls-fragment to-server** *eap-tls-max-length* 例如，[Sysname] **dot1x eap-tls-fragment to-server** 400	配置设备向认证服务器发送的 EAP-TLS 分片报文最大长度，取值为 100～1500，单位为 byte。 默认情况下，未配置 EAP-TLS 分片报文最大长度，即设备不对 EAP-TLS 报文进行分片
5	**interface** *interface-type interface-number* 例如，[Sysname] **interface** gigabitethernet 1/0/1	进入启用了 802.1x 认证功能的二层以太网接口的接口视图
6	**dot1x max-user** *max-number* 例如，[Sysname-GigabitEthernet1/0/1] **dot1x max-user** 100	配置端口同时接入用户数的最大值，取值为 1～4294967295。 默认情况下，端口同时接入用户数的最大值为 4294967295
7	**dot1x after-mac-auth max-attempt** *max-attempts* 例如，[Sysname-GigabitEthernet1/0/1] **dot1x after-mac-auth max-attempt** 10	配置 MAC 地址认证成功用户进行 802.1x 认证的最大次数，取值为 1～50。 如果 MAC 地址认证用户下线或设备重启，则此用户进行 802.1x 认证的尝试次数会重新从零计数。 默认情况下，不限制 MAC 地址认证成功的用户进行 802.1x 认证的最大次数

802.1x 主要包括以下几项配置任务。

1. 配置端口同时接入用户数的最大值

如果当前端口上接入的用户过多，则接入用户之间会发生资源的争用，限制接入用户数可以使属于当前端口的用户获得可靠的性能保障。

2. 配置设备向接入用户发送认证请求报文的最大次数

如果设备向用户发送认证请求报文后，在规定的时间内没有收到用户的响应，则设备向用户重发该认证请求报文，如果设备累计发送认证请求报文的次数达到配置的最大值后，仍然没有得到用户响应，则停止发送认证请求，以避免造成资源浪费。对于 EAP-Request/Identity 报文，这个规定的时间由 **dot1x timer tx-period** 命令设置；对于 EAP-Request/MD5-Challenge 报文，这个规定的时间由 **dot1x timer supp-timeout** 命令设置。

3. 配置 MAC 地址认证成功用户进行 802.1x 认证的最大尝试次数

当端口上同时开启 MAC 地址认证和 802.1x 认证的情况下，如果已经通过 MAC 地址认证的用户向设备发送了 EAP 报文请求进行 802.1x 认证，则在默认情况下，设备允许其进行 802.1x 认证。如果该用户通过了 802.1x 认证，设备将强制此 MAC 地址认证用户下线，以 802.1x 用户的身份上线；如果该用户未通过 802.1x 认证，则后续会进行多次 802.1x 认证尝试。如果不希望通过 MAC 地址认证的用户多次进行 802.1x 认证尝试，则可以通过本命令限制 MAC 地址认证成功用户进行 802.1x 认证的最大尝试次数。

4. 配置 802.1x 支持的域名分隔符

每个接入用户都属于一个 ISP 域，该域是由用户登录时提供的用户名决定的。如果用户名中携带域名，则设备使用该域中的 AAA 配置对用户进行认证、授权和计费，否则，使用系统中的默认域。如果设备指定了 802.1x 的强制认证域，则无论用户名中是否携带域名，设备均使用指定的强制认证域。

由于不同的 802.1x 客户端支持的用户名域名分隔符不同，为了更好地管理和控制不同用户名格式的 802.1x 用户接入，需要在设备上指定 802.1x 可支持的域名分隔符。目前，802.1x 支持的域名分隔符包括"@""\""."和"/"对应的用户名格式分别为 *username@domain-name*、*domain-name\username*、*username.domain-name* 和 *username/domain-name*。其中，*username* 为纯用户名、*domain-name* 为域名。如果用户名中包含多个域名分隔符字符，则设备仅将**最后一个出现的域名分隔符**识别为实际使用的域名分隔符，例如用户输入的用户名为 123/22\@abc，设备上指定 802.1x 支持的域名分隔符为"/"或"\"，则识别的纯用户名为@abc，域名为 123/22。

为保证用户信息可在认证服务器上被准确匹配到，设备上指定的 802.1x 支持的域名分隔符必须与认证服务器支持的域名分隔符保持一致，否则，可能会因为服务器匹配用户失败而导致用户认证失败。如果用户输入的用户名中不包含任何 802.1x 可支持的域名分隔符，则设备会认为该用户名并未携带域名，使用系统中的默认域对该用户进行认证。

5. 配置 802.1x 向服务器发送的 EAP-TLS 分片报文最大长度

如果设备发送给 RADIUS 服务器的认证报文长度超过服务器能处理的最大长度，则会因服务器无法处理报文而导致 802.1x 认证失败。

当设备采用 EAP 中继方式对 802.1x 客户端进行认证，且认证方法为 EAP-TLS 时，会将 EAP-TLS 报文封装在 EAP-Message 中，并将 EAP-Message 作为 RADIUS 属性携带在 RADIUS 报文中发给 RADIUS 服务器。此种情况下，为避免 RADIUS 报文长度超过服务器所能处理的最大长度，可以通过配置本功能将 EAP-TLS 报文进行分片，并通过设置 EAP-TLS 分片报文的最大长度来改变单个 RADIUS 报文的长度。配置本功能后，当设备发起认证时，会将携带 EAP-TLS 分片报文的 RADIUS 报文依次发送给服务器，服务器收到所有 RADIUS 报文后，会将这些报文中的认证信息拼接成一个完整的认证信息。

例如，当 RADIUS 服务器能处理的报文最大长度为 1200 字节的情况下，如果设备的 RADIUS 报文其他属性和固定字段总长度为 800byte，则需要设置 EAP-TLS 分片报文的最大长度小于 400byte，这样才能保证 RADIUS 报文总长度小于 1200byte。

以上 802.1x 功能配置好后，可在任意视图下执行以下 **display** 命令查看配置后 802.1x 的运行情况，验证配置效果；在用户视图下执行以下 **reset** 命令清除 802.1x 的相关信息。

① **display dot1x** [**sessions** | **statistics**] [**interface** *interface-type interface-number*]：查看 802.1x 的会话连接信息、相关统计信息或配置信息。

② **display dot1x connection** [**open**] [**interface** *interface-type interface-number* | **slot** *slot-number* | **user-mac** *mac-address* | **user-name** *name-string*]：查看当前 802.1x 在线用户的详细信息。

③ **display dot1x mac-address** { **auth-fail-vlan** | **critical-vlan** | **guest-vlan** } [**interface** *interface-type interface-number*]：查看指定类型 VLAN 中的 802.1x 用户的 MAC 地址信息。

④ **reset dot1x guest-vlan interface** *interface-type interface-number* [**mac-address** *mac-address*]：清除 Guest VLAN 内 802.1x 用户。

⑤ **reset dot1x statistics** [**interface** *interface-type interface-number*]：清除 802.1x 的统计信息。

7.4.4　802.1x 认证配置示例

802.1x 认证配置示例的拓扑结构如图 7-14 所示。用户主机 Host 通过交换机 SW 的 GE1/0/1 端口接入网络，交换机采用 IEEE 802.1x 对接入该端口的用户进行认证，以控制其访问互联网，具体说明如下。

① 由两台 RADIUS 服务器组成的服务器组与 SW 相连，其 IP 地址分别为 10.1.1.1/24 和 10.1.1.2/24，使用前者作为主认证/计费服务器，使用后者作为备份认证/计费服务器。

② GE1/0/1 端口下的所有接入用户均需要单独认证，当某个用户下线时，也只有该用户无法使用网络。

③ 认证时，首先进行 RADIUS 认证，如果 RADIUS 服务器没有响应，则进行本地认证。

④ 所有接入用户都属于同一个 ISP 域 bbb。

⑤ SW 与 RADIUS 认证服务器交互报文时的共享密钥为 winda、与 RADIUS 计费服务器交互报文时的共享密钥为 DaGe。

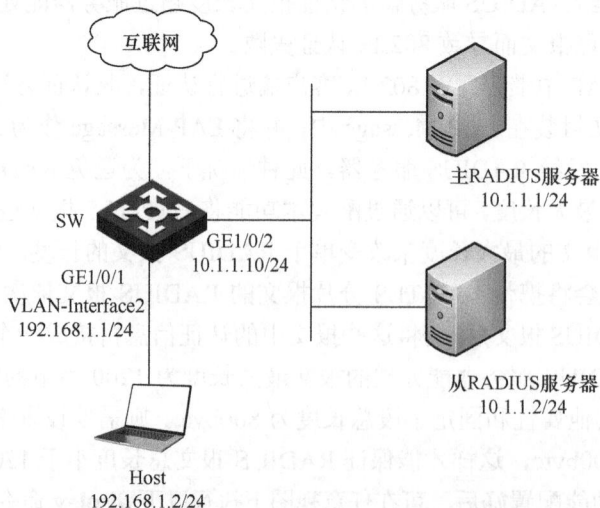

图 7-14　802.1x 认证配置示例的拓扑结构

1. 基本配置思路分析

根据本示例中的要求可知，需要在 SW 上配置主从两台 RADIUS 服务器，指定服务器 IP 地址、共享密钥和用户名携带的 ISP 域名；创建并配置新的 ISP 域 bbb，指定优先采用 RADIUS 认证、授权和计费方法，本地认证、授权和计费方式为备选方法。在两台 RADIUS 服务器和 SW 上配置相同的用户账户，SW 上创建的用户为 lan-access 类型，这是因为本示例中采用了本地认证方式作为备用认证方式。最后，在 SW 的 GE1/0/1 端口上启用 802.1x 认证功能，采用 MAC-based 接入控制方式，使每个用户单独进行认证，并强制使用 ISP 域 bbb。

另外，在 802.1x 认证中，客户端还要安装、配置 802.1x 客户端软件，本示例采用 iNode 802.1x 客户端软件。

2. 具体配置步骤

① 配置 RADIUS 服务器，添加用户账户，保证用户的认证、授权和计费功能正常运行。

② 配置 SW 上各接口的 IP 地址。在 SW 上创建 VLAN2，把 GE1/0/1 端口以 Access 类型加入 VLAN2 中，并且配置 VLAN2 接口的 IP 地址为 192.168.1.1/24；把 GE1/0/2 转换成路由模式，并配置 IP 地址 10.1.1.10/24，具体配置步骤不再展开论述。

③ 在 SW 上配置本地用户。在 SW 上创建网络接入类的本地用户 winda，密码为明文输入的 winda123（此处添加的本地用户的用户名和密码需要与 RADIUS 服务器中配置的用户名和密码保持一致）。如果不需要采用本地认证方式，则不需要在设备端创建用户账户，具体配置如下。

```
<Sysname> system-view
[Sysname] sysname SW
[SW] local-user winda class network
[SW-luser-network-localuser] service-type lan-access
[SW-luser-network-localuser] password simple winda123
[SW-luser-network-localuser] authorization-attribute idle-cut 20   #---启动闲置切断功能，如果指定正常连接时用户空
闲时间超过 20 分钟，则切断其连接
[SW-luser-localuser] quit
```

④ 在 SW 上配置 RADIUS 方案。本示例中有两台 RADIUS 服务器，要在 SW 上分别指定为主从服务器，并指定与 RADIUS 服务器交互的共享密码（与认证服务器交互的共享密钥为 winda，与计费服务器交互的共享密钥为 DaGe），指定用户名携带 ISP 域名。此处配置的共享密钥和用户名格式要与 RADIUS 服务器上的对应配置一致，具体配置如下。

```
[SW] radius scheme radius1
[SW-radius-radius1] primary authentication 10.1.1.1
[SW-radius-radius1] primary accounting 10.1.1.1
[SW-radius-radius1] secondary authentication 10.1.1.2
[SW-radius-radius1] secondary accounting 10.1.1.2
[SW-radius-radius1] key authentication winda
[SW-radius-radius1] key accounting DaGe
[SW-radius-radius1] user-name-format with-domain   #---指定发送给 RADIUS 服务器的用户名携带 ISP 域名
[SW-radius-radius1] quit
```

⑤ 在 SW 上配置 ISP 域。本示例要新建名为 bbb 的 ISP 域，指定主认证、授权和计

费为 RADIUS 方法，从认证、授权和计费为本地方法，具体配置如下。

```
[SW] domain bbb
[SW-isp-bbb] authentication lan-access radius-scheme radius1 local   #---配置使用 RADIUS 方案 radius1 进行认证，并
采用 local 作为备选方案
[SW-isp-bbb] authorization lan-access radius-scheme radius1 local   #---配置使用 RADIUS 方案 radius1 进行授权，并
采用 local 作为备选方案
[SW-isp-bbb] accounting lan-access radius-scheme radius1 local #---配置使用 RADIUS 方案 radius1 进行计费，并采用
local 作为备选方案
[SW-isp-bbb] quit
```

⑥ 在 SW 配置 802.1x 认证功能。本示例要求每个用户单独进行 802.1x 认证，因此，要求 GE1/0/1 端口采用 MAC-based 接入控制方式（这是默认接入控制方式，可不配），然后强制采用前面新创建的 ISP 域 bbb，具体配置如下。

```
[SW] interface gigabitethernet 1/0/1
[SW-GigabitEthernet1/0/1] dot1x
[SW-GigabitEthernet1/0/1] dot1x port-method macbased   #---指定采用 MAC-based 接入控制方式
[SW-GigabitEthernet1/0/1] dot1x mandatory-domain bbb   #---强制采用 ISP 域 bbb
[SW-GigabitEthernet1/0/1] quit
[SW] dot1x
```

⑦ 在客户端主机上配置 802.1x 客户端。为保证备选的本地认证可成功进行，在 iNode 802.1x 客户端中，需要确保 802.1x 连接属性中的"上传客户端版本号"复选框未被选中。

3．配置结果验证

以上配置完成后，执行 **display dot1x interface** 命令，查看 GE1/0/1 端口上 802.1x 的配置情况。当 802.1x 用户输入正确的用户名和密码成功上线后，可使用 **display dot1x connection** 命令查看到上线用户的连接情况。

7.4.5　802.1x Guest VLAN 和授权 VLAN 下发配置示例

802.1x Guest VLAN 和授权 VLAN 下发配置示例的拓扑结构如图 7-15 所示。用户主机 Host 通过 SW 上配置的 802.1x 认证功能接入网络，认证服务器为 RADIUS 服务器。Host 接入 SW 的 GE1/0/2 端口在 VLAN1 中；RADIUS 服务器在 VLAN10 中；更新服务器用于客户端软件下载和升级的服务器，在 VLAN5 中。SW GE1/0/3 端口在 VLAN15 中连接互联网。

现要求实现如下目标。

① 对 GE1/0/2 端口上连接的用户进行统一的 802.1x 认证。

② 如果在 GE1/0/2 端口上配置完 Guest VLAN，则立即将该端口加入 Guest VLAN（VLAN5）中，此时 Host 和更新服务器都在 VLAN5 中，Host 可以访问更新服务器并下载 802.1x 客户端软件。

③ 用户 802.1x 认证成功上线后，RADIUS 服务器下发 VLAN15，此时，Host 和连接互联网的 GE1/0/4 都在 VLAN15 中，Host 可以访问互联网。

1．基本配置思路分析

从示例中的要求可以看出，需要在设备端 SW 上配置采用 Port-based 接入控制方式，以实现对端口上的接入用户进行统一的 802.1x 认证（只要第一个用户认证成功，该端口上的所有其他用户都可直接访问网络），同时要指定 802.1x Guest VLAN；在 RADIUS 服

务器上指定授权 VLAN，以实现 Host 主机在通过 802.1x 认证前后加入不同的 VLAN，实现对不同网络资源的访问。

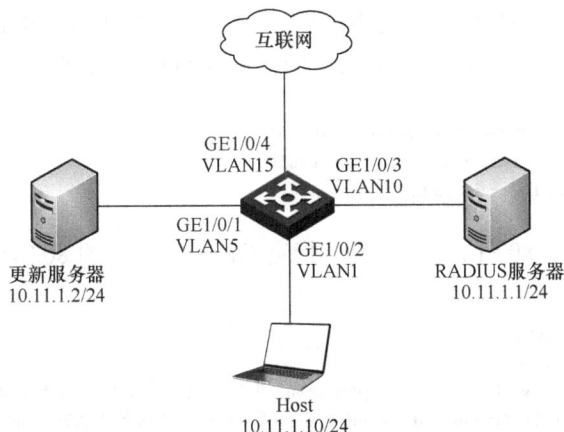

图 7-15　802.1x Guest VLAN 和授权 VLAN 下发配置示例的拓扑结构

2. 具体配置步骤

① 在 RADIUS 服务器上添加用户认证账户，指定要授权下发的 VLAN15，并保证用户的认证、授权和计费功能正常运行。

② 在 SW 上创建各个 VLAN，并将各端口加入对应 VLAN。本示例在 SW 上要创建 3 个 VLAN：一是用于作为 Guest VLAN 的 VLAN5，把连接更新服务器的 GE1/0/1 端口加入其中；二是 RADIUS 服务器为通过 802.1x 认证的 Host 用户授权的 VLAN15，把连接互联网的 GE1/0/4 端口加入其中；三是连接 RADIUS 服务器 GE1/0/3 端口加入的 VLAN15，具体配置如下。

```
<Sysname> system-view
[Sysname] sysname SW
[SW] vlan5
[SW-VLAN5] port gigabitethernet 1/0/1
[SW-VLAN5] quit
[SW] vlan10
[SW-VLAN10] port gigabitethernet 1/0/3
[SW-VLAN10] quit
[SW] vlan15
[SW-VLAN15] port gigabitethernet 1/0/4
[SW-VLAN15] quit
```

③ 在 SW 上配置 RADIUS 方案，指定 RADIUS 认证和计费服务器，配置共享密钥，用户名不带 ISP 域名。

创建名为 rad1 的 RADIUS 方案，指定担当 RADIUS 认证（同时担当授权服务器角色）和计费服务器的 IP 地址 10.11.1.1，认证端口为 UDP1182，计费端口为 UDP1813。SW 与 RADIUS 服务器之间 RADIUS 报文交互的共享密钥（假设为 winda），并指定 SW 向 RADIUS 服务器发送用户名不带 ISP 域名，具体配置如下。

```
[SW] radius scheme rad1
[SW-radius-rad1] primary authentication 10.11.1.1 1812
[SW-radius-rad1] primary accounting 10.11.1.1 1813
[SW-radius-rad1] key authentication simple abc
```

```
[SW-radius-rad1] key accounting simple winda
[SW-radius-2000] user-name-format without-domain
[SW-radius-2000] quit
```

④ 在 SW 上创建 ISP 域，指定 RADIUS 认证和计费方案。RADIUS 协议中认证和授权功能是绑定在一起的，因此，可采用同一个 RADIUS 方案，具体配置如下。

```
[SW] domain bbb
[SW-isp-bbb] authentication lan-access radius-scheme rad1
[SW-isp-bbb] authorization lan-access radius-scheme rad1
[SW-isp-bbb] accounting lan-access radius-scheme rad1
[SW-isp-bbb] quit
```

⑤ 在 SW 上配置 802.1x 认证功能，指定 GE1/0/2 端口的 802.1x Guest VLAN，具体配置如下。

```
[SW] interface gigabitethernet 1/0/2
[SW-GigabitEthernet1/0/2] dot1x
[SW-GigabitEthernet1/0/2] dot1x port-method portbased   #---配置端口的 802.1x 接入控制的方式为 Port-based
[SW-GigabitEthernet1/0/2] dot1x port-control auto   #--配置端口的 802.1x 授权状态为 auto，认证通过之前为非授权状态，认证成功后为授权状态
[SW-GigabitEthernet1/0/2] dot1x guest-vlan        #---配置端口的 802.1x Guest VLAN 为 VLAN5
[SW-GigabitEthernet1/0/2] quit
[SW] dot1x
```

⑥ 配置 802.1x 客户端，并保证接入端口加入 Guest VLAN 或授权 VLAN 之后，802.1x 客户端能够实现与相应网络资源的互通。

3．验证配置结果

以上配置完成后，在 SW 上执行 **display dot1x interface** 命令，查看 GE1/0/2 端口上 Guest VLAN 的配置情况。

如果在端口配置完 Guest VLAN，则该端口会被立即加入其所属的 Guest VLAN，通过 **display vlan** 10 命令可以查看到 GE1//0/2 端口加入了配置的 Guest VLAN（VLAN5）。

在用户认证成功之后，通过 **display interface** 命令可以看到用户接入的 GE1/0/2 端口加入了认证服务器下发的 VLAN15 中。

7.5　端口安全

端口安全是一种对用户网络接入进行控制的二层安全技术，是对已有的 IEEE 802.1x 认证和 MAC 地址认证的扩充。端口安全主要功能如下。

① 通过检测端口收到的数据帧中的源 MAC 地址来控制非授权设备或主机对网络的访问。

② 通过检测从端口发出的数据帧中的目标 MAC 地址来控制对非授权设备的访问。

③ 通过定义各种端口安全模式，控制端口上的 MAC 地址学习或定义端口上的组合认证方式，让设备学习到合法的源 MAC 地址，防止非法的网络接入。

7.5.1　端口安全模式

配置了安全模式的端口上收到用户报文后，查找 MAC 地址表，如果该报文的源 MAC 地址已经在 MAC 地址表中，则端口转发该报文，否则，根据端口采用的安全模式进行

MAC 地址学习或者触发相应的认证，并在发现非法报文后触发端口执行相应的安全防护措施，或发送 Trap 告警。

在默认情况下，端口出方向的报文转发不受端口安全限制，仅当触发了端口的 NTK 特性，才会受到相应限制。

端口安全具有以下两种特性，分别对从端口发出和接收的数据帧进行安全检测。

（1）需要知道特性（Need To Know，NTK）

NTK 特性可对从端口发出的数据帧进行目标 MAC 地址检测，保证数据帧只能被发送到已经通过认证或被端口学习到的 MAC 所属的设备或主机上，从而防止非法设备窃听网络数据。

（2）入侵检测特性

入侵检测特性可对端口接收的数据帧进行源 MAC 地址检测，源 MAC 地址未被端口学习到的报文或未通过认证的报文，被认为是非法报文。发现非法报文时，端口将采取相应的安全策略，包括端口被暂时断开连接、永久断开连接或源 MAC 地址的设备被阻塞一段时间通信，以保证端口的安全性。

端口安全模式及对应的端口安全方式和可触发的安全特性见表 7-9，各种端口安全模式的说明见表 7-10。

表 7-9　端口安全模式及对应的端口安全方式和可触发的安全特性

端口安全方式	安全模式		触发的安全特性
控制 MAC 地址学习	autoLearn		NTK/入侵检测
	secure		
采用 802.1x 认证	userLogin		NTK（ntkauto 方式）
	userLoginSecure		NTK/入侵检测
	userLoginSecureExt		
	userLoginWithOUI		
采用 MAC 地址认证	macAddressWithRadius		NTK/入侵检测
采用 802.1x 和 MAC 地址认证组合认证	Or	macAddressOrUserLoginSecure	NTK/入侵检测
		macAddressOrUserLoginSecureExt	
	Else	macAddressElseUserLoginSecure	
		macAddressElseUserLoginSecureExt	
	And	macAddressAndUserLoginSecureExt	

各安全模式名称通常由多个部分组成，各部分都有其特定含义，具体说明如下。

（1）userLogin

userLogin 表示基于端口的 802.1x 认证。userLogin 之后，如果携带"Secure"，则表示得到基于 MAC 地址的 802.1x 认证；如果携带"Ext"，则表示可允许多个 802.1x 用户认证成功，否则，表示仅允许一个 802.1x 用户认证成功。

（2）macAddress

macAddress 表示采用 MAC 地址认证方式。

（3）Else

Else 表示该关键词之前的认证方式先被采用，失败后根据请求认证的报文协议类型决定是否转为该关键词之后的认证方式。

（4）Or

Or 表示该关键词之后的认证方式先被采用，失败后转为该关键词之前的认证方式。

（5）And

And 表示该关键词之前的认证方式先被采用，成功后再根据请求认证的报文协议类型进行该关键词之后的认证方式。

表 7-10　各种端口安全模式说明

安全模式	说明
autoLearn	端口可通过手动配置或自动学习 MAC 地址。手动配置或自动学习的 MAC 地址被称为安全 MAC，并被添加到安全 MAC 地址表中。 当端口下的安全 MAC 地址数超过端口安全允许的最大安全 MAC 地址数后，端口模式会自动转变为 secure 模式。之后，该端口停止添加新的安全MAC，只有源 MAC 地址为安全MAC地址，或源 MAC 地址在通过 **mac-address dynamic** 或 **mac-address static** 命令手动配置的动/静态 MAC 地址表项中的报文，才能通过该端口
secure	禁止端口学习 MAC 地址，只有源 MAC 地址为端口上的安全 MAC 地址，或源 MAC 地址在通过 **mac-address dynamic**，或 **mac-address static** 命令手动配置的动/静态MAC地址表项中的报文，才能通过该端口
userLogin	对接入用户采用基于端口的 802.1x 认证，端口下的第一个 802.1x 用户认证成功后，其他用户不需要认证就可接入端口
userLoginSecure	对接入用户采用基于 MAC 地址的 802.1x 认证，端口下最多只允许一个 802.1x 认证用户接入
userLoginSecureExt	对接入用户采用基于 MAC 的 802.1x 认证，且允许端口下有多个 802.1x 用户
userLoginWithOUI	与 userLoginSecure 模式类似，但端口上除了允许一个 802.1x 认证用户接入，还额外允许一个特殊用户接入，该用户报文的源 MAC 的 OUI 与设备上配置的 OUI 值相符。在此模式下，报文首先进行 OUI 匹配，OUI 匹配失败的报文再进行 802.1x 认证，OUI 匹配成功和 802.1x 认证成功的报文都允许通过端口
macAddressWithRadius	对接入用户采用 MAC 地址认证，允许多个用户接入端口
macAddressOrUserLoginSecureExt	与 macAddressOrUserLoginSecure 类似，但允许端口下有多个 802.1x 和 MAC 地址认证用户
macAddressOrUserLoginSecure	端口同时处于 userLoginSecure 模式和 macAddressWithRadius 模式，且允许一个 802.1x 认证用户及多个 MAC 地址认证用户接入。 在此模式下，802.1x 认证优先级大于 MAC 地址认证：报文首先触发 802.1x 认证。在默认情况下，如果 802.1x 认证失败，则进行 MAC 地址认证；如果开启了端口的 MAC 地址认证和 802.1x 认证并行处理功能，则端口在配置 802.1x 单播触发功能的情况下，当端口收到源 MAC 地址未知的报文，会向该 MAC 地址单播发送 EAP-Request 帧来触发 802.1x 认证，但不用等待 802.1x 认证处理完成，就同时进行 MAC 地址认证

安全模式	说明
macAddressElseUserLoginSecure	端口同时处于 macAddressWithRadius 模式和 userLoginSecure 模式，但 MAC 地址认证优先级大于 802.1x 认证。允许端口下一个 802.1x 认证用户及多个 MAC 地址认证用户接入。非 802.1x 报文直接进行 MAC 地址认证，802.1x 报文先进行 MAC 地址认证，如果 MAC 地址认证失败，则进行 802.1x 认证
macAddressElseUserLoginSecureExt	与 macAddressElseUserLoginSecure 类似，但允许端口下有多个 802.1x 和 MAC 地址认证用户
macAddressAndUserLoginSecureExt	对接入用户先进行 MAC 地址认证，认证成功后作为临时 MAC 地址认证用户，仅能访问 802.1x Guest VLAN 的资源。后续，端口收到同一 MAC 地址的 802.1x 协议报文时，再进行 802.1x 认证。802.1x 认证成功后，临时 MAC 地址认证用户下线，802.1x 用户上线成功

7.5.2　配置端口安全基本功能

由于端口安全功能通过多种安全模式提供了 802.1x 认证和 MAC 地址认证的扩展和组合应用，所以在需要灵活使用以上两种认证方式的组网环境下，推荐使用端口安全功能。而在仅需要 802.1x 认证或 MAC 地址认证功能来完成接入控制的组网环境下，推荐单独使用这两种认证功能。

【注意】仅支持在二层以太网接口上配置端口安全功能，且不支持在二层聚合组的成员端口上开启端口安全功能。

端口安全功能的配置任务可分为基本功能配置和扩展功能配置两大部分。端口安全基本功能的配置步骤见表 7-11。

表 7-11　端口安全基本功能的配置步骤

步骤	命令	说明
1	**system-view**	进入系统视图
2	**port-security enable** 例如，[Sysname] **port-security enable**	使能端口安全。 默认情况下，端口安全功能处于关闭状态
	以下第 3～5 步为端口安全模式配置	
3	**port-security oui index** *index-value* **mac-address** *oui-value* 例如，[Sysname] **port-security oui index 4 mac-address 000d-2a10-0033**	配置允许通过认证的用户 OUI 值。 • *index-value*：OUI 的索引值，取值为 1～16。 • *oui-value*：OUI 值，输入格式为 H-H-H 的 48 位 MAC 地址。系统会自动取输入的前 24 位作为 OUI 值，忽略后 24 位。 默认情况下，不存在允许通过认证的用户 OUI 值。 **该命令仅在端口安全模式为 userLoginWithOUI 时必选**。在这种情况下，端口除了可以允许一个 802.1x 的接入用户通过认证，仅允许一个与某 OUI 值匹配的用户通过认证
4	**interface** *interface-type interface-number* 例如，[Sysname] **interface gigabitethernet 1/0/1**	进入启用了端口安全功能的二层以太网端口的接口视图

步骤	命令	说明
5	**port-security max-mac-count** *max-count* [**vlan** [*vlan-id-list*]] 例如，[Sysname-GigabitEthernet1/0/1] **port-security max-mac-count** 100	配置端口安全允许的最大安全 MAC 地址数。**在配置端口 autolearn 安全模式前，必须先指定允许的最大安全 MAC 地址数。** • *max-count*：指定端口允许的最大安全 MAC 地址数，取值为 1～2147483647。端口安全允许的最大安全 MAC 地址数不能小于当前端口下已保存的 MAC 地址数。 • **vlan** [*vlan-id-list*]：可选参数，指定端口所属 VLAN。参数 *vlan-id-list* 为 VLAN 列表，表示方式为 *vlan-id-list* = { *vlan-id*1 [**to** *vlan-id*2] }&<1-10>，*vlan-id* 取值为 1～4094，&<1-10>表示前面的参数最多可以重复输入 10 次。*vlan-id*2 的值必须大于或等于 *vlan-id*1 的值。如果不指定本参数，则表示限制当前端口上允许的最大安全 MAC 地址数。如果仅不指定 *vlan-id-list*，则表示限制当前端口上每个 VLAN 内允许通过的最大安全 MAC 地址数。 当端口工作于 autoLearn 模式时，无法更改端口安全允许的最大安全 MAC 地址数。 【说明】对于 autoLearn 安全模式，端口允许的最大安全 MAC 地址数由本命令配置，包括端口上学习到的和手动配置的安全 MAC 地址数；对于采用 802.1x、MAC 地址认证或者二者组合形式的认证类安全模式，端口允许的最大用户数取本命令配置的值与相应模式下允许认证用户数的最小值。例如 userLoginSecureExt 模式下，端口下允许的最大安全 MAC 地址数为配置的端口安全允许的最大安全 MAC 地址数与 802.1x 认证允许的最大用户数的最小值。 默认情况下，端口安全不限制本端口可保存的最大安全 MAC 地址数
6	**port-security port-mode** { **autolearn** | **mac-and-userlogin-secure-ext** | **mac-authentication** | **mac-else-userlogin-secure** | **mac-else-userlogin-secure-ext** | **secure** | **userlogin** | **userlogin-secure** | **userlogin-secure-ext** | **userlogin-secure-or-mac** | **userlogin-secure-or-mac-ext** | **userlogin-withoui** } 例如，[Sysname-GigabitEthernet1/0/1] **port-security port-mode secure**	配置端口的安全模式，各端口安全模式说明参见表 7-10。在配置端口 autolearn 安全模式前，必须先在上一步配置允许最大的安全 MAC 地址数。 默认情况下，端口处于 noRestrictions 模式，端口的安全功能关闭，端口处于不受安全限制的状态
7	**quit**	退出接口视图，返回系统视图
以下第 8～10 步为添加安全 MAC 地址配置		
8	**port-security timer autolearn aging** [**second**] *time-value* 例如，[Sysname] **port-security timer autolearn aging** 30	（可选）配置安全 MAC 地址的老化时间。 • **second**：可选项，指定安全 MAC 地址老化时间的单位为 s。如果未指定可选项，则表示安全 MAC 地址老化时间的单位为 min

步骤	命令	说明
8	**port-security timer autolearn aging** [**second**] *time-value* 例如，[Sysname] **port-security timer autolearn aging** 30	• *time-value*：指定安全 MAC 地址的老化时间。如果单位为分钟，则取值为 0～129600，如果取值为 0，则表示不会老化。如果单位为 s，则取值为 10～7776000。 本命令配置的安全 MAC 地址的老化时间对所有端口学习到的安全 MAC 地址和手动添加的 Sticky MAC 地址均有效。 【说明】当指定的安全 MAC 地址老化时间的单位为 s 时，如果配置的老化时间大于等于 60s，则安全 MAC 地址的实际老化时间会以半分钟向上取整，例如配置老化时间为 80s，则实际老化时间为 90s；如果配置的老化时间小于 60s，则安全 MAC 地址的实际老化时间为用户配置时间。 默认情况下，安全 MAC 地址不会老化
9	**port-security mac-address security** [**sticky**] *mac-address* **interface** *interface-type interface-number* **vlan** *vlan-id* 例如，[Sysname] **port-security mac-address security** 0001-0001-0002 **interface** gigabitethernet 1/0/1 **vlan** 10	（可选）在系统视图手动添加安全 MAC 地址。 • **sticky**：可选项，表示添加的是一个可老化的安全 MAC 地址（Sticky MAC 地址）。**如果不指定本选项，则表示添加的是一个不老化的静态安全 MAC 地址。** • *mac-address*：指定安全 MAC 地址，格式为 H-H-H。 • **interface** *interface-type interface-number*：指定安全 MAC 地址将要加入的接口。 • **vlan** *vlan-id*：指定安全 MAC 地址所属的 VLAN。 【注意】手动配置添加的安全 MAC 地址在保存配置并重启设备后，不会被删除。因此，可将网络中一些已知的、固定要接入某端口的主机或设备的 MAC 地址添加为安全 MAC 地址，这样在端口处于 autoLearn 安全模式时，此类源 MAC 地址为安全 MAC 地址的主机或设备的报文将被允许通过指定端口，而且还可避免与其他通过自动方式学习到端口上的 MAC 地址的报文争夺资源而被拒绝接收。 成功添加安全 MAC 地址的前提是：端口安全处于开启状态，端口的安全模式为 autoLearn，当前端口允许指定的 VLAN 通过，且该 VLAN 已经存在。 已添加的安全 MAC 地址，除非首先将其删除，否则，不能重复添加或者修改其地址类型。所有的静态安全 MAC 地址均不老化，除非被管理员通过命令行手动删除，或因为配置的改变（端口的安全模式被改变或端口安全功能被关闭）而被系统自动删除。 默认情况下，未配置安全 MAC 地址
10	• **interface** *interface-type interface-number* • **port-security mac-address security** [**sticky**] *mac-address* **vlan** *vlan- id* 例如，[Sysname-GigabitEthernet1/0/1] **port-security mac-address security sticky** 0001-0002-0003 **vlan** 4	（可选）在接口视图下手动添加安全 MAC 地址，其他说明参见上一步。 默认情况下，未配置安全 MAC 地址

续表

步骤	命令	说明
11	**interface** *interface-type interface-number* 例如，[Sysname] **interface** gigabitethernet 1/0/1	进入启用了端口安全功能的二层以太网端口的接口视图
12	**port-security mac-address aging-type inactivity** 例如，[Sysname-GigabitEthernet1/0/1] **port-security mac-address aging-type inactivity**	（可选）配置安全地址的老化方式为无流量老化。 在无流量老化方式下，设备会定期检测端口上的安全 MAC 地址是否产生流量，如果某安全 MAC 地址在一定的老化检测周期内没有产生任何流量，则会被老化，否则，该安全 MAC 地址不会被老化，并在下一个老化检测周期内重复该检测过程。下一个周期内，如果还有流量产生，则继续保持该安全 MAC 地址的学习状态，该方式可有效避免非法用户通过仿冒合法用户 MAC 地址，乘机在合法用户的安全 MAC 地址老化时间到达之后，占用端口资源。 在二层以太网接口上，老化检测机制由第 8 步的 **port-security timer autolearn aging** 命令配置的安全 MAC 地址老化时间决定。 默认情况下，安全 MAC 地址按照配置的老化时间进行老化，即在配置的安全 MAC 地址的老化时间到达后，不论该安全 MAC 地址是否还有流量产生，立即老化
13	**port-security mac-address dynamic** 例如，[Sysname-GigabitEthernet1/0/1] **port-security mac-address dynamic**	（可选）将 Sticky MAC 地址设置为动态类型的安全 MAC 地址。执行本命令后，对应端口上的 Sticky MAC 地址会立即被转换为动态类型的安全 MAC 地址，且将不能手动添加 Sticky MAC 地址。之后，如果成功执行对应的 **undo** 命令，则该端口上的动态类型的安全 MAC 地址会立即转换为 Sticky MAC 地址，且用户可以手动添加 Sticky MAC 地址。 默认情况下，Sticky MAC 地址能够被保存在配置文件中，设备重启后也不会丢失地址
14	**port-security ntk-mode { ntk-withbroadcasts	ntk-withmulticasts	ntkauto	ntkonly }** 例如，[Sysname-GigabitEthernet1/0/1] **port-security ntk-mode ntkonly**	（可选）配置端口 NTK 特性。 • **ntk-withbroadcasts**：多选一选项，指定允许广播地址报文、目标 MAC 地址为已知 MAC 地址的单播报文通过。 • **ntk-withmulticasts**：多选一选项，指定允许广播地址报文、组播地址报文和目标 MAC 地址为已知 MAC 地址的单播报文通过。 • **ntkauto**：多选一选项，指定仅当有用户上线后，才允许广播地址报文、组播地址报文和目标 MAC 地址为已知 MAC 地址的单播报文通过。 • **ntkonly**：多选一选项，指定仅允许目标 MAC 地址为已知 MAC 地址的单播报文通过。 默认情况下，端口没有配置 NTK 特性，即所有报文都可成功发送

步骤	命令	说明
15	port-security intrusion-mode { blockmac | disableport | disableport-temporarily } 例如，[Sysname-GigabitEthernet1/0/1] port-security intrusion-mode blockmac	（可选）配置入侵检测特性。 • blockmac：多选一选项，指定将非法报文的源 MAC 地址加入阻塞 MAC 地址列表中，源 MAC 地址为阻塞 MAC 地址的报文将被丢弃，实现在端口上过滤非法流量的作用。此 MAC 地址被阻塞一段时间后恢复正常。阻塞时长可通过 port-security timer blockmac 命令配置。阻塞 MAC 地址列表可以通过 display port-security mac-address block 命令查看。 • disableport：多选一选项，指定将收到非法报文的端口永久关闭。 • disableport-temporarily：多选一选项，指定将收到非法报文的端口暂时关闭一段时间。关闭时长可通过 port-security timer disableport 命令配置。 默认情况下，不进行入侵检测处理
16	quit	退出系统视图
17	port-security timer disableport time-value 例如，[Sysname-GigabitEthernet1/0/1] port-security intrusion-mode disableport-temporarily	（可选）配置系统暂时关闭端口的时间，取值为 20～300，单位为 s。当第 15 步中 port-security intrusion-mode 命令设置为 disableport-temporarily 模式时，系统暂时关闭端口的时间由该命令配置。该命令只能在系统视图下全局统一配置，不能在具体端口下配置。 默认情况下，系统暂时关闭端口的时间为 20s
18	port-security timer blockmac time-value 例如，[Sysname] port-security timer blockmac 60	（可选）配置将非法报文的源 MAC 地址加入阻塞 MAC 地址列表的时间。该命令只能在系统视图下全局统一配置，不能在具体端口下配置。 默认情况下，将非法报文的源 MAC 地址加入阻塞 MAC 地址列表的时间为 180s

端口安全基本功能包括以下配置任务。

（1）使能端口安全

当端口安全处于使能状态时，**不能开启端口上的 802.1x 和 MAC 地址认证功能，且不能修改 802.1x 端口接入控制方式和端口授权状态，它们只能随端口安全模式的改变由系统更改**。在使能端口安全之前，需要关闭全局的 802.1x 和 MAC 地址认证。

（2）配置端口安全模式

在配置端口安全模式时，需要注意以下事项。

① 在端口安全未使能的情况下，端口安全模式可以进行配置但不会生效。

② 端口上有用户在线的情况下，改变端口的安全模式会导致在线用户下线。

③ 如果端口上已经配置了端口安全模式，则不允许开启 802.1x 认证和 MAC 地址认证。

④ 当端口安全已经使能且当前端口安全模式不是 noRestrictions 时，如果要改变端口安全模式，则必须首先执行 **undo port-security port-mode** 命令恢复端口安全模式为 noRestrictions 模式。

⑤ 在端口安全模式为 macAddressWithRadius、macAddressElseUserLoginSecure、macAddressElseUserLoginSecureExt、userLoginSecure、userLoginSecureExt、macAddressOrUserLoginSecure、macAddressOrUserLoginSecureExt 或 userLoginWithOUI 时，设备支持 RADIUS 扩展属性下发重定向 URL，即用户认证后，设备会根据 RADIUS 服务器下发的重定向 URL 属性，将用户的 HTTP 或 HTTPS 请求重定向到指定的 Web 认证页面。通过 Web 认证后，RADIUS 服务器记录用户的 MAC 地址，并通过 DM 报文强制 Web 用户下线。此后该用户再次发起 802.1x 认证或 MAC 地址认证，因为 RADIUS 服务器上已记录该用户和其 MAC 地址的对应信息，所以用户可以成功上线。

⑥ 在端口安全模式为 macAddressAndUserLoginSecureExt 时，为了保证 802.1x 客户端发起认证，建议通过 **dot1x unicast-trigger** 命令开启端口上的 802.1x 单播触发功能。此模式下，MAC 地址认证的 Guest VLAN 不生效，如果用户有需求，则配置 802.1x Guest VLAN。此外，配置本模式后，如果不需要对临时 MAC 地址认证用户进行计费，则要单独为 MAC 地址认证用户配置 ISP 域，并指定计费方式为不计费。

在配置端口安全模式之前，端口上首先需要满足以下条件。

① 802.1x 认证和 MAC 地址认证功能关闭。

② 端口未加入业务环回组。

③ 对于 autoLearn 模式，还需要提前设置端口安全允许的最大安全 MAC 地址数，因为如果端口已经工作在 autoLearn 模式下，则无法更改端口安全允许的最大安全 MAC 地址数。

（3）（可选）配置端口允许的最大安全 MAC 地址数

配置端口允许的最大安全 MAC 地址数具有以下特征。

① 控制端口允许接入网络的最大用户数。对于采用 802.1x、MAC 地址认证或者二者组合形式的认证类安全模式，端口允许的最大用户数取此项配置任务的配置值与相应模式下允许认证用户数的最小值。

② 控制 autoLearn 模式下端口能够添加的最大安全 MAC 地址数。如果配置了 **vlan** 关键字，但未指定具体的 *vlan-id-list* 参数，则可控制接口允许的每个 VLAN 内最大安全 MAC 地址数；否则，表示控制指定 *vlan-id-list* 内的最大安全 MAC 地址数。

【说明】端口允许的最大安全 MAC 地址数与端口最多可以学习到的 MAC 地址数无关，且不受其影响。

（4）（可选）配置安全 MAC 地址

安全 MAC 地址是一种特殊的 MAC 地址，保存配置后重启设备，地址不会丢失。**在同一个 VLAN 内，一个安全 MAC 地址只能被添加到一个端口上。**

安全 MAC 地址可以通过以下两种途径生成。

① 由 autoLearn 安全模式下的使能端口安全功能的端口自动学习。

② 通过命令行手动添加。

当端口下的安全 MAC 地址数目超过端口允许学习的最大安全 MAC 地址数后，端口安全模式变为 secure 模式。该模式下，禁止端口学习 MAC 地址，只有源 MAC 地址为端口上的安全 MAC 地址通过 **mac-address dynamic**，或 **mac-address static** 命令手动配置的 MAC 地址的报文，才能通过该端口。

　　默认情况下，所有的安全 MAC 地址均不老化，除非被管理员通过命令行手动删除，或因为配置的改变（端口的安全模式被改变，或端口安全功能被关闭）而被系统自动删除。但是安全 MAC 地址不老化会带来一些问题：合法用户离开端口后，如果有非法用户仿冒合法用户源 MAC 接入，会导致合法用户不能继续接入。另外，也会因为长期占用端口安全 MAC 地址指标，导致其他合法用户不能接入。因此，让安全 MAC 地址能够定期老化，可提高端口接入的安全性和端口资源的利用率。

　　（5）（可选）配置 NTK 特性

　　NTK 特性用来限制端口上出方向的报文转发。配置了 NTK 的端口在以上任何一种方式下都不允许目标 MAC 地址未知的单播报文通过。但并非所有的端口安全模式都支持 NTK 特性，配置时需要先了解各模式对此特性的支持情况，具体请参见表 7-9。

　　（6）（可选）配置入侵检测特性

　　当设备检测到一个非法的用户通过端口试图访问网络时，入侵检测特性用于配置设备可能对其采取的安全措施。

　　在 macAddressElseUserLoginSecure 或 macAddressElseUserLoginSecureExt 安全模式下工作的端口，对于同一个报文，只有 MAC 地址认证和 802.1x 认证二者都失败后，才会触发入侵检测特性。

7.5.3　配置端口安全扩展功能

　　端口安全扩展功能的配置步骤见表 7-12。

表 7-12　端口安全扩展功能的配置步骤

步骤	命令	说明
1	**system-view**	进入系统视图
	以下第 2～3 步为允许 MAC 迁移功能配置	
2	**port-security mac-move permit** 例如，[Sysname] **port-security mac-move permit**	全局开启允许 MAC 迁移功能。迁移到其他端口上接入的功能对系统中的所有 802.1x 认证用户和 MAC 地址认证用户生效；迁移到同一端口下其他 VLAN 接入的功能只在用户报文携带 VLAN Tag 的情况下生效。 默认情况下，允许 MAC 迁移功能处于关闭状态
3	①**interface** *interface-type interface-number* ②**port-security mac-move bypass-vlan-check** 例如，[Sysname-GigabitEthernet1/0/1] **port-security mac-move bypass-vlan-check**	（可选）开启端口允许 MAC 迁移不检查 VLAN 功能，这样新端口不对用户认证的报文中携带的 VLAN 信息进行检查，不论用户所在 VLAN 是否在端口允许通过的 VLAN 范围，都允许用户进行 MAC 迁移。 当在 Trunk 类型端口下开启 MAC 迁移时，不检查 VLAN 功能，并对用户进行 802.1x 认证时，需要执行 **dot1x eapol untag** 命令配置端口发送 802.1x 协议报文不携带 VLAN Tag 功能。 如果设备开启了 MAC 迁移功能，且用户上线的端口配置了 MAC VLAN，则建议在 MAC 迁移的目标端口开启本功能。 默认情况下，端口允许 MAC 迁移不检查 VLAN 功能处于关闭状态

步骤	命令	说明
4	**port-security authorization-fail offline** [**quiet-period**] 例如，[Sysname] **port-security authorization-fail offline**	开启授权失败用户下线功能，当下发的授权 ACL 不存在或者 ACL 下发失败时，将强制用户下线。 可选项 **quiet-period** 表示开启用户授权失败下线静默功能。802.1x 认证或 MAC 地址认证用户下线后，设备将其加入对应认证类型的静默队列，并根据对应认证类型的静默定时器的值确定用户认证失败以后，设备停止对其提供认证服务的时间间隔。802.1x 用户需通过 **dot1x quiet-period** 命令开启 802.1x 认证静默定时器功能，并通过 **dot1x timer quiet-period** 命令设置静默定时器的值；MAC 地址认证用户需通过 **mac-authentication timer quiet** 命令配置 MAC 地址认证静默定时器的值。在静默期间，如果设备不对来自认证失败用户的报文进行认证处理，则直接丢弃；静默期后，如果设备再次收到该用户的报文，则对其进行认证处理。 如果不指定 **quiet-period** 可选项，用户授权下线后，设备再次收到该用户的报文，则对其进行认证处理。 默认情况下，授权失败用户下线功能处于关闭状态，即授权失败后，用户保持在线
5	**port-security authentication open global** 例如，[Sysname] **port-security authentication open global** ①**interface** *interface-type interface-number* ②**port-security authentication open** 例如，[Sysname-GigabitEthernet1/0/1] **port-security authentication open**	配置全局或在指定接口上开放认证模式，接口上的配置优先，接口上未配置时，则使用系统视图下的全局配置。 开启全局端口安全开放认证模式之后，所有使身份信息不正确（包含不存在的用户名或者错误的密码两种情况）的 802.1x、MAC 地址认证用户都可以正常接入，并访问网络。开启端口安全开放认证模式。开启端口安全开放认证模式后，该端口上身份信息不正确（包含不存在的用户名或者错误的密码两种情况）的 802.1x、MAC 地址认证用户可以正常接入，并访问网络。 默认情况下，全局和端口安全开放认证模式均处于关闭状态
6	**port-security nas-id-profile** *profile-name* 例如，[Sysname] **port-security nas-id-profile** profile1 ①**interface** *interface-type interface-number* ②**port-security nas-id-profile** *profile-name* 例如，[Sysname-GigabitEthernet1/0/1] **port-security nas-id-profile** profile1	在系统视图或接口视图下指定引用的 NAS-ID Profile，参数 *profile-name* 用来标识指定 VLAN 和 NAS-ID 绑定关系的 Profile 名称，为 1～31 个字符的字符串，不区分大小写。接口上的配置优先，如果接口上没有配置，则使用系统视图下的全局配置。 如果指定了 NAS-ID Profile，则此 Profile 中定义的绑定关系优先使用；如果未指定 NAS-ID Profile，或指定的 Profile 中没有找到匹配的绑定关系，则使用设备名作为 NAS-ID。 默认情况下，接口未指定引用的 NAS-ID Profile
7	**snmp-agent trap enable port-security** [**address-learned** | **dot1x-failure** | **dot1x-logoff** | **dot1x-logon** | **intrusion** | **mac-auth-failure** | **mac-auth-logoff** | **mac-auth-logon**] * 例如，[Sysname] **snmp-agent trap enable port-security address-learned**	打开指定告警信息的开关。 • **address-learned**：可多选选项，指定打开端口学习到新 MAC 地址时的告警功能。 • **dot1x-failure**：可多选选项，指定打开 802.1x 用户认证失败时的告警功能。 • **dot1x-logon**：可多选选项，指定打开 802.1x 用户认证成功时的告警功能

步骤	命令	说明
7	**snmp-agent trap enable port-security** [**address-learned** | **dot1x-failure** | **dot1x-logoff** | **dot1x-logon** | **intrusion** | **mac-auth-failure** | **mac-auth-logoff** | **mac-auth-logon**] * 例如，[Sysname] **snmp-agent trap enable port-security address-learned**	• **dot1x-logoff**：可多选选项，指定打开 802.1x 用户认证下线时的告警功能。 • **intrusion**：可多选选项，指定打开发现非法报文时的告警功能。 • **mac-auth-failure**：可多选选项，指定打开 MAC 地址认证用户认证失败时的告警功能。 • **mac-auth-logoff**：可多选选项，指定打开 MAC 地址认证用户认证下线时的告警功能。 • **mac-auth-logon**：可多选选项，指定打开 MAC 地址认证用户认证成功时的告警功能。 默认情况下，所有告警信息的开关处于关闭状态
8	**interface** *interface-type interface-number* 例如，[Sysname] **interface gigabitethernet 1/0/1**	进入二层以太网端口的接口视图
9	**port-security authorization ignore** 例如，[Sysname-GigabitEthernet1/0/1] **port-security authorization ignore**	配置当前端口不应用 RADIUS 服务器，或设备本地下发的授权信息。 默认情况下，端口应用 RADIUS 服务器，或设备本地下发的授权信息
10	**port-security mac-limit** *max-number* **per-vlan** *vlan-id-list* 例如，[Sysname-GigabitEthernet1/0/1] **port-security mac-limit 32 per-vlan 1 5 10 to 20**	配置指定 VLAN 内端口上的安全功能允许同时接入的最大 MAC 地址数。 • *max-number*：指定端口上的安全功能允许同时接入的 MAC 地址数的最大值，取值为 1～2147483647。 • **per-vlan** *vlan-id-list*：指定 VLAN 列表内每个 VLAN 内允许同时接入的 MAC 地址数的最大值。表示方式为 *vlan-id-list* = { *vlan-id*1 [**to** *vlan-id*2] }&<1-10>，*vlan-id* 取值为 1～4094，*vlan-id*2 的值要大于或等于 *vlan-id*1 的值，&<1-10>表示前面的参数最多可以重复输入 10 次。 默认情况下，端口上的安全功能允许同时接入的最大 MAC 地址数为 2147483647

端口安全扩展功能主要包括以下配置任务，各项配置任务没有严格的配置顺序之分。

1. 配置当前端口不应用下发的授权信息

因为端口上的安全功能是 802.1x 认证和 MAC 地址认证的扩展组合应用，所以 802.1x 用户或 MAC 地址认证用户通过本地认证或 RADIUS 认证时，本地设备或远程 RADIUS 服务器会把授权信息下发给用户。但有时我们对通过端口上的安全功能的用户不使用这类下发的授权信息，通过本项扩展功能即可实现。

2. 配置允许 MAC 迁移功能

允许 MAC 迁移功能是指可以让在线的 802.1x 用户或 MAC 地址认证用户迁移到设备的其他端口上，或迁移到同一端口下的其他 VLAN 接入后，可以重新认证上线。通常，不建议开启迁移功能，只有在用户提出漫游迁移的需求，才开启此功能。

默认情况下，如果用户从某一端口上线成功，则该用户在未从当前端口下线的情况下，无法在设备的其他端口上（无论该端口是否与当前端口属于同一 VLAN）发起认证，也无法上线。如果该用户在新接入的端口上认证成功，则当前端口会将该用户立即进行下线处理，保证该用户仅在一个端口上处于上线状态。

另外，默认情况下，端口开启 MAC VLAN 功能后，如果用户上线成功并授权了 VLAN，则当用户通过 MAC 迁移方式在其他端口上线时，用户发送的 802.1x 或 MAC 地址认证报文中会携带初始认证端口授权的 VLAN 信息。此时新端口会对用户认证的报文中携带的 VLAN 信息进行检查，如果用户所在 VLAN 不在新端口允许通过的 VLAN 范围内，则不允许用户进行 MAC 迁移。为了避免发生这种情况，可以开启允许 MAC 迁移不检查 VLAN 功能。

【注意】如果用户进行 MAC 地址迁移前，服务器在线用户数已达到上限，则用户 MAC 地址迁移失败。

对于迁移到同一端口下的其他 VLAN 内接入的用户，MAC 地址认证的多 VLAN 模式优先级高于 MAC 迁移功能。当开启端口的多 VLAN 模式（通过 **mac-authentication host-mode multi-vlan** 命令）后，设备直接允许用户在新的 VLAN 通过，不需要再次认证。

对于迁移到其他端口上接入的用户，如果设备允许 MAC 迁移，且用户上线的端口配置了 MAC VLAN 功能，则建议在 MAC 迁移的目标端口开启允许 MAC 迁移不检查 VLAN 功能。

当在 Trunk 类型端口下开启 MAC 迁移时不检查 VLAN 功能，并对用户进行 802.1x 认证时，需要配置端口发送 802.1x 协议报文不携带 VLAN 标签功能。

3. 配置授权失败，用户下线功能

端口上开启授权失败，用户下线功能后，当服务器下发的授权信息（目前仅支持 ACL）在设备上不存在，或者设备下发授权信息失败时，设备将强制用户下线。该功能用于配合服务器上的用户授权控制策略，仅允许端口上成功下发了授权信息的用户在线。

对于授权 VLAN 失败的情况，设备会直接让用户下线，与此功能无关。

4. 配置指定 VLAN 内端口上的安全功能允许同时接入的最大 MAC 地址数

通常情况下，端口上的安全功能允许接入的 MAC 地址包括以下两种情况。

① 端口上 MAC 地址认证成功用户的 MAC 地址，及 MAC 地址认证 Guest VLAN、Critical VLAN 中用户的 MAC 地址。

② 802.1x 认证成功用户的 MAC 地址，及 802.1x 认证 Guest VLAN、Auth-Fail VLAN、Critical VLAN 中用户的 MAC 地址。

由于系统资源有限，如果当前端口上允许接入的 MAC 地址数过多，则接入 MAC 地址会出现争用资源的情况，所以适当地配置端口上的安全功能，允许同时接入的最大 MAC 地址数可以使属于当前端口的用户获得可靠的性能保障。当指定 VLAN 内，端口允许接入的 MAC 地址数超过最大值后，该 VLAN 内新接入的 MAC 地址将被拒绝。

【注意】配置的端口上指定 VLAN 内的安全功能允许同时接入的最大 MAC 地址数，不能小于当前端口上相应 VLAN 已存在的 MAC 地址数；否则，本次配置不生效。

5. 配置开放认证模式

开放认证模式是指端口上的 802.1x、MAC 地址认证用户在接入时，即使接入信息不正确，也可以正常接入并访问网络。在这种模式下，接入的用户被称为 open（开放）用户，此类用户不支持授权和计费，但可通过 **display dot1x connection open**、**display mac-authentication connection open** 命令查看用户信息。当开启端口安全的开放认证模式后，不影响接入信息正确的用户正常上线，此类不属于 open 用户。

【说明】开放认证模式优先级低于 802.1x 的 Auth-Fail VLAN 和 MAC 地址认证的 Guest VLAN，即如果端口上配置了 802.1x 的 Auth-Fail VLAN，或 MAC 地址认证的 Guest VLAN，密码错误的接入用户会加入认证失败 VLAN，开放认证模式不生效。

6. 配置 NAS-ID Profile

用户的接入 VLAN 可标识用户的接入位置，而在某些应用环境中，网络运营商需要使用接入设备发送给 RADIUS 服务器的 NAS-Identifier 属性值来标识用户的接入位置，因此，接入设备上需要建立用户接入 VLAN 与指定的 NAS-ID 之间的绑定关系。当用户上线时，设备会将与用户接入 VLAN 匹配的 NAS-ID 填充在 RADIUS 请求报文中的 NAS-Identifier 属性中，发送给 RADIUS 服务器。

NAS-ID Profile 可以在系统视图下或者接口视图下进行配置，接口上的配置优先；如果接口上没有配置，则使用系统视图下的全局配置。

如果指定了 NAS-ID Profile，则此 Profile 中定义的绑定关系优先使用；如果未指定 NAS-ID Profile，或指定的 Profile 中没有找到匹配的绑定关系，则使用设备名作为 NAS-ID。

7. （可选）配置端口安全告警功能

开启端口安全告警功能后，该模块会生成告警信息，用于报告该模块的重要事件。生成的告警信息将发送到设备的 SNMP 模块，通过设置 SNMP 模块中告警信息的发送参数，决定告警信息输出的相关属性。

以上端口安全功能配置好后，可在任意视图下执行 **display** 命令，查看配置后端口安全的运行情况，验证配置效果。

① **display port-security** [**interface** *interface-type interface-number*]：查看所有接口或指定接口上的安全配置信息、运行情况和统计信息。

② **display port-security mac-address security** [**interface** *interface-type interface-number*] [**vlan** *vlan-id*] [**count**]：查看所有接口或指定接口、VLAN 上的安全 MAC 地址信息。

③ **display port-security mac-address block** [**interface** *interface-type interface-number*] [**vlan** *vlan-id*] [**count**]：查看所有接口或指定接口、VLAN 上的阻塞 MAC 地址信息。

7.5.4 autoLearn 模式端口安全配置示例

autoLearn 模式端口安全配置示例的拓扑结构如图 7-16 所示。整个网络没有划分 VLAN（均在默认的 VLAN1 中），为了防止出现网络拥塞，在控制内网的同时，访问外部网络的用户数量，需要在 SW1 的 GE1/0/1 端口上对接入用户做如下限制。

① 允许 50 个用户自由接入，不进行认证，将学习到的用户 MAC 地址添加为动态安全 MAC 地址，老化时间为 30 分钟。

② 当安全 MAC 地址数量达到 50 后，停止学习；当再有新的 MAC 地址接入时，触发入侵检测功能，将此端口关闭 30s。

③ 为了确保用户 PC1 总是能够接入，将该用户的 MAC 地址 5cc6-0f4f-0300 作为静态安全 MAC 地址，添加到 VLAN1 中。

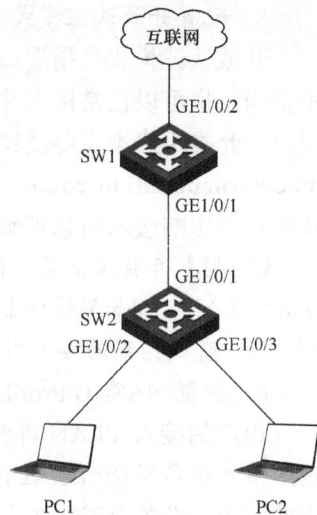

图 7-16　autoLearn 模式端口安全配置示例的拓扑结构

1. 基本配置思路分析

当端口工作在 autoLearn 模式时，端口会将自动学习到的 MAC 地址添加作为安全 MAC 地址。此时，只有源 MAC 地址为安全 MAC 地址，或源 MAC 地址在通过 **mac-address dynamic** 或 **mac-address static** 命令手动配置的动态或静态 MAC 地址表项中的报文，才能通过该端口。但当端口下的安全 MAC 地址数超过端口安全允许学习的最大安全 MAC 地址数（通过 **port-security max-mac-count** 命令配置）后，端口模式会自动转变为 secure 模式。之后，该端口禁止学习 MAC 地址，只有源 MAC 地址为端口上的安全 MAC 地址，或源 MAC 地址在通过 **mac-address dynamic** 或 **mac-address static** 命令手动配置的动态或静态 MAC 地址表项中的报文，才能通过该端口。

根据本示例的要求，可得出本示例有 3 个方面的基本配置任务：一是配置 GE1/0/1 工作在端口安全的 autoLearn 安全模式；二是配置允许 GE1/0/1 端口上的 MAC 地址数量最多为 50 个（包括动态学习的安全 MAC 地址和静态配置的安全 MAC 地址），并设置触发入侵检测特性后的保护动作为暂时关闭端口，关闭时间为 30s；三是指定 PC1 的 MAC 地址 5cc6-0f4f-0300 为静态安全 MAC 地址，不老化，使 PC1 永远可以访问外部网络。

具体配置步骤如下。

```
<Sysname> system-view
[Sysname] sysname SW1
[SW1] port-security enable
[SW1] interface gigabitethernet 1/0/1
[SW1-GigabitEthernet1/0/1] port-security max-mac-count 50    #---设置端口允许最大的安全 MAC 地址数为 50
[SW1-GigabitEthernet1/0/1] port-security port-mode autolearn    #---配置 GE1/0/1 端口的安全模式为 autoLearn
[SW1-GigabitEthernet1/0/1] port-security mac-address security 5cc6-0f4f-0300 vlan1 #---将 PC1 的 MAC 地址 5cc6-0f4f-0300 作为安全 MAC 添加到 VLAN1 中
[SW1-GigabitEthernet1/0/1] port-security intrusion-mode disableport-temporarily #---设置触发入侵检测特性后的行为时，关闭该端口
[SW1-GigabitEthernet1/0/1] quit
[SW1] port-security timer disableport 30    #---全局设置因触发检测后关闭端口的时间为 30s
```

2. 配置结果验证

以上配置完成后，可进行以下配置结果验证。

① 执行 **display port-security interface gigabitethernet 1/0/1** 命令的输出如图 7-17 所示。从输出信息可知，端口安全所允许的最大安全 MAC 地址数为 50，端口模式为 autoLearn，入侵检测保护动作为 DisablePortTemporarily，入侵发生后端口被禁用时间为 30s。

```
[SW1]display port-security interface gigabitethernet 1/0/1
Global port security parameters:
  Port security              : Enabled
  AutoLearn aging time       : 0 min
  Disableport timeout        : 30 s
  MAC move                   : Denied
  Authorization fail         : Online
  NAS-ID profile             : Not configured
  Dot1x-failure trap         : Disabled
  Dot1x-logon trap           : Disabled
  Dot1x-logoff trap          : Disabled
  Intrusion trap             : Disabled
  Address-learned trap       : Disabled
  Mac-auth-failure trap      : Disabled
  Mac-auth-logon trap        : Disabled
  Mac-auth-logoff trap       : Disabled
  OUI value list             :

GigabitEthernet1/0/1 is link-up
  Port mode                  : autoLearn
  NeedToKnow mode            : Disabled
  Intrusion protection mode  : DisablePortTemporarily
  Security MAC address attribute
    Learning mode            : Sticky
    Aging type               : Periodical
  Max secure MAC addresses   : 50
  Current secure MAC addresses : 1
  Authorization              : Permitted
  NAS-ID profile             : Not configured
[SW1]
```

图 7-17　执行 **display port-security interface gigabitethernet 1/0/1** 命令的输出

② 执行 **display port-security mac-address security interface** gigabitethernet 1/0/1 命令的输出如图 7-18 所示。从输出信息可知，GE1/0/1 端口下已有两个安全 MAC 地址，其中，5cc6-0f4f-0300 为手动配置的静态安全 MAC 地址，另一个为动态学习的安全 MAC 地址。

```
[SW1]display port-security mac-address security interface gigabitethernet 1/0/1
MAC ADDR         VLAN ID    STATE       PORT INDEX              AGING TIME
5cc6-0f4f-0300   1          Security    GE1/0/1                 NOAGED
5cc6-2354-0406   1          Security    GE1/0/1                 NOAGED

--- 2 mac address(es) found ---
[SW1]
```

图 7-18　执行 **display port-security mac-address security interface gigabitethernet 1/0/1** 命令的输出

③ 当 GE1/0/1 端口学习到的安全 MAC 地址数达到 50 后，执行 **display port-security interface** 命令后可以看到该端口的安全模式变为 secure，再有新的 MAC 地址到达将触发入侵保护，此时可通过执行 **display interface** gigabitethernet 1/0/1 命令看到此端口已关闭，但在 30s 后，该端口的状态又恢复正常。

7.5.5　userLoginWithOUI 模式端口安全配置示例

userLoginWithOUI 模式端口安全配置示例的拓扑结构如图 7-19 所示。SW1 上连接两个 RADIUS 服务器，其中，RAIDUS 主认证服务器或从计费服务器的 IP 地址为 192.168.0.2/24，RADIUS 从认证服务器或主计费服务器的 IP 地址为 192.168.0.3/24。认证共享密钥为 winda，计费共享密钥为 dage，接入用户均在 192.168.0.0/24 网段。

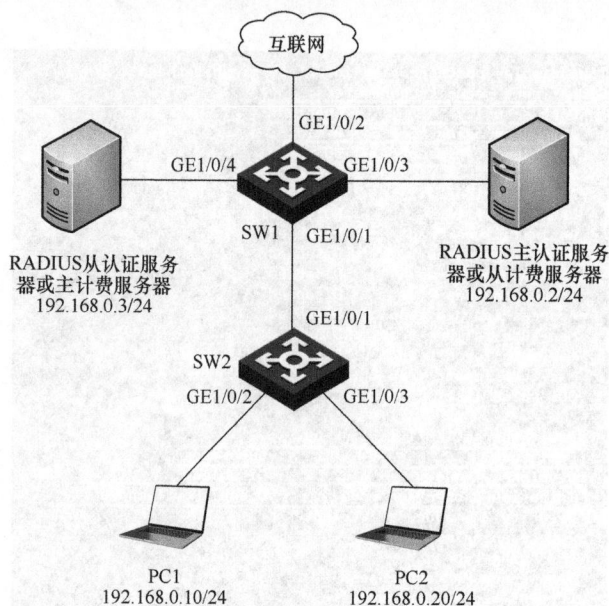

图 7-19　userLoginWithOUI 模式端口安全配置示例的拓扑结构

1. 基本配置思路分析

userLoginWithOUI 安全模式是对端口下的接入用户采用基于 MAC 地址的 802.1x 认证方式，最多只允许一个 802.1x 认证用户接入，额外允许一个特殊用户接入。该用户报文的源 MAC 的 OUI 与设备上配置的 OUI 值相符。在此模式下，报文首先进行 OUI 匹配，OUI 匹配失败的报文再进行 802.1x 认证，OUI 匹配成功和 802.1x 认证成功的报文都允许通过端口。

本示例中采用 RADIUS 服务器对接入用户进行认证和计费，因此，首先要配置好主 RADIUS 服务器或从 RADIUS 服务器，然后在设备端 SW1 上创建 RADIUS 方案，指定 RADIUS 主服务器或从服务器，最后创建名为 dage 的 ISP 域，指定使用所创建的 RADIUS 方案。

在 SW1 上指定使用的 ISP 域，开启端口安全功能，添加允许接入的设备 OUI，并指定 GE1/0/1 端口工作在 userLoginWithOUI 安全模式。

2. 具体配置步骤

① 配置两台 RADIUS 服务器，具体配置步骤不再展开论述。

② 在 SW1 上配置 RADIUS 方案，指定 RADIUS 服务器。其中，RADIUS 主认证服务器或从计费服务器的 IP 地址为 192.168.0.2/24，RADIUS 从认证服务器/主计费服务器的 IP 地址为 192.168.0.3/24。设置 SW1 与 RADIUS 服务器的认证共享密钥为 winda，计费共享密钥为 dage。SW1 向 RADIUS 服务器重发报文的时间间隔为 5s，重发次数为 5，发送实时计费报文的时间间隔为 15 分钟，发送的用户名不带 ISP 域名，具体配置

如下。

```
<Sysname> system-view
[Sysname] sysname SW1
[SW1] radius scheme radius1
[SW1-radius-radius1] primary authentication 192.168.0.2
[SW1-radius-radius1] primary accounting 192.168.0.3
[SW1-radius-radius1] secondary authentication 192.168.0.3
[SW1-radius-radius1] secondary accounting 192.168.0.2
[SW1-radius-radius1] key authentication simple winda   #---设置认证共享密钥为明文的 winda
[SW1-radius-radius1] key accounting simple dage      #---设置计费共享密钥为明文的 dage
[SW1-radius-radius1] timer response-timeout 5   #---设置向 RADIUS 服务器重发报文的时间间隔为 5 秒
[SW1-radius-radius1] retry 5   #---设置向 RADIUS 服务器重发报文的最大次数为 5
[SW1-radius-radius1] timer realtime-accounting 15   #---设置向 RADIUS 服务器发送实时计费报文的时间间隔为 15 分钟
[SW1-radius-radius1] user-name-format without-domain   #---设置发给 RADIUS 服务器的用户名中不带 ISP 域名
[SW1-radius-radius1] quit
```

③ 创建名为 dage 的 ISP 域，指定采用前面创建的 RADIUS 方案 radius1，然后在 SW1 的 GE1/0/1 端口下强制采用所创建的 ISP 域（采用默认的 CHAP 认证方法），具体配置如下。

```
[SW1] domain dage
[SW1-isp-dage] authentication lan-access radius-scheme radius1 #---指定采用名为 radius1 的 RADIUS 认证方案
[SW1-isp-dage] authorization lan-access radius-scheme radius1 #---指定采用名为 radius1 的 RADIUS 授权方案
[SW1-isp-dage] accounting lan-access radius-scheme radius1 #---指定采用名为 radius1 的 RADIUS 计费方案
[SW1-isp-dage] quit
[SW1] interface gigabitethernet 1/0/1
[SW1-GigabitEthernet1/0/1] dot1x mandatory-domain dage
[SW1-GigabitEthernet1/0/1] quit
```

④ 在 SW1 上使能端口安全功能，配置允许通过用户的 OUI（最多可配置 16 个，此处仅以 PC1 和 PC2 两台主机的 MAC 地址为例进行介绍，但最终仅允许一个与某 OUI 值匹配的用户通过认证），指定 GE1/0/1 端口工作在 userLoginWithOUI 安全模式下，具体配置如下。

```
[SW1] port-security enable
[SW1] port-security oui index 1 mac-address 6227-baac-0300
[SW1] port-security oui index 2 mac-address 6227-ccff-0400
[SW1] interface gigabitethernet 1/0/1
[SW1-GigabitEthernet1/0/1] port-security port-mode userlogin-withoui   #---设置 GE1/0/1 端口工作在 userLoginWithOUI
安全模式下
[SW1-GigabitEthernet1/0/1] quit
```

3. 配置结果验证

以上配置完成后，可进行以下配置结果验证。

① 在 SW 上执行 **display port-security interface** gigabitethernet 1/0/1 命令的输出如图 7-20 所示。从输出信息可知，SW1 已全局使能了端口安全功能，GE1/0/1 端口工作在 userLoginWithOUI 安全模式下，而且配置了两个安全 OUI。

② 在 SW1 上执行 **display mac-address interface** gigabitethernet 1/0/1 命令的输出如图 7-21 所示。从输出信息可知，当前端口保存的安全 MAC 地址数为 1。

③ 在 SW1 上执行 **display dot1x** 命令，可查看在线的 802.1x 用户。

```
[SW1]display port-security interface gigabitethernet 1/0/1
Global port security parameters:
  Port security               : Enabled
  AutoLearn aging time        : 0 min
  Disableport timeout         : 20 s
  MAC move                    : Denied
  Authorization fail          : Online
  NAS-ID profile              : Not configured
  Dot1x-failure trap          : Disabled
  Dot1x-logon trap            : Disabled
  Dot1x-logoff trap           : Disabled
  Intrusion trap              : Disabled
  Address-learned trap        : Disabled
  Mac-auth-failure trap       : Disabled
  Mac-auth-logon trap         : Disabled
  Mac-auth-logoff trap        : Disabled
  OUI value list              :
       Index :  1         Value : 6227ba
       Index :  2         Value : 6227cc

GigabitEthernet1/0/1 is link-up
  Port mode                         : userLoginWithOUI
  NeedToKnow mode                   : Disabled
  Intrusion protection mode         : NoAction
  Security MAC address attribute
      Learning mode                 : Sticky
      Aging type                    : Periodical
  Max secure MAC addresses          : Not configured
  Current secure MAC addresses      : 0
  Authorization                     : Permitted
  NAS-ID profile                    : Not configured
[SW1]
```

图 7-20 在 SW 上执行 **display port-security interface** gigabitethernet 1/0/1 命令的输出

```
[SW1]display mac-address interface gigabitethernet 1/0/1
MAC Address      VLAN ID    State        Port/Nickname              Aging
6227-baac-0306   1          Learned      GE1/0/1                    Y
[SW1]
```

图 7-21 在 SW1 上执行 **display mac-address interface** gigabitethernet 1/0/1 命令的输出

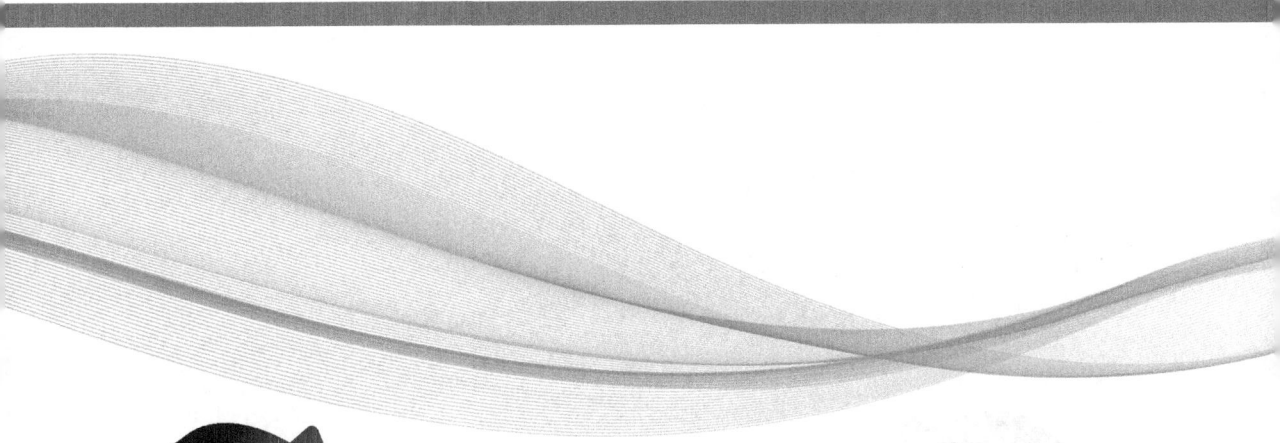

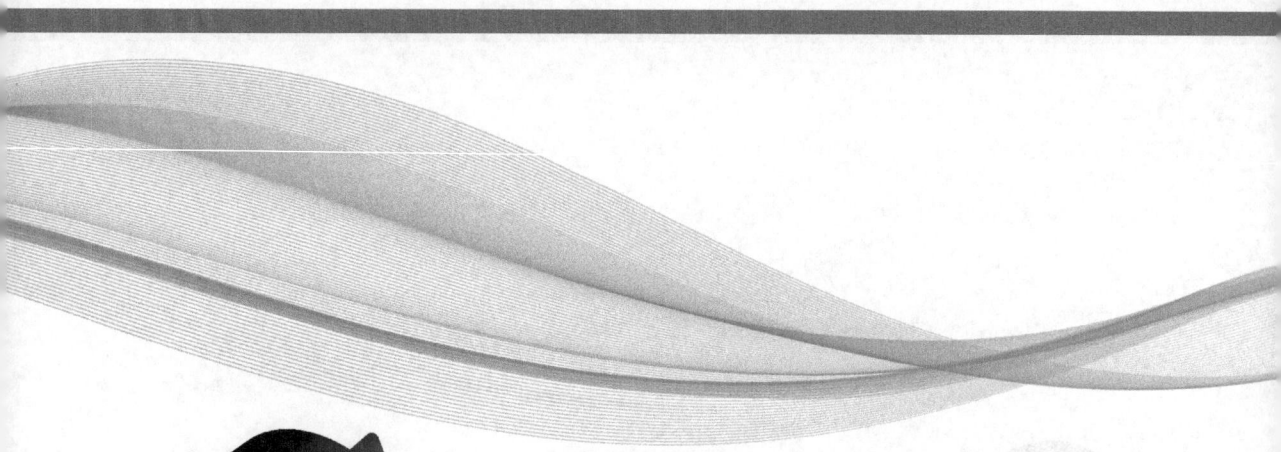

第8章
Portal 认证和 Web 认证

本章主要内容

8.1 Portal 认证基础

8.2 Portal 认证配置

8.3 Web 认证

    Portal 认证和 Web 认证主要应用于运营商网络，用于对 Access 类型网络接入用户进行身份认证。这两种认证方式均采用的是 Web 网页认证方式，用户不需要安装任何额外客户端软件，直接通过浏览器打开认证页面进行认证，方便操作。

    Portal 认证和 Web 认证适用的网络环境有所不同：Portal 认证功能只能在三层接口上配置，应用于三层网络，不支持 VLAN 下发；Web 认证只能在二层以太网接口上配置，应用于二层网络，支持 VLAN 下发。Web 认证要依赖接入设备的本地 Portal Web 服务，因此，在接入设备上配置 Web 认证功能时，需要同时配置本地 Portal 服务。

8.1　Portal 认证基础

Portal 认证是对网络接入用户通过 Web 页面输入认证用户名和密码进行身份认证的一种便捷认证方式。与 MAC 地址认证、802.1x 认证相同，Portal 认证也是用来控制用户对网络的访问，但 Portal 认证需要在三层接口下配置，属于三层认证方式，主要应用于运营商对接入用户的控制。

Portal 认证通常部署在接入层和需要保护的关键数据入口处实施访问控制。在采用了 Portal 认证的组网环境中，用户可以主动访问已知的 Portal Web 服务器网站进行 Portal 认证，也可以在访问任意非 Portal Web 服务器网站时，先被强制通过 Portal Web 服务器网站进行 Portal 认证。目前，设备支持的 Portal 版本为 Portal 1.0、Portal 2.0 和 Portal 3.0。

8.1.1　Portal 认证系统构成

根据不同的应用需求和网络环境，Portal 认证系统包括的组件不完全一样。Portal 认证系统结构如图 8-1 所示，具体包括认证客户端、接入设备、Portal Web 服务器、Portal 认证服务器、AAA 服务器和安全策略服务器。

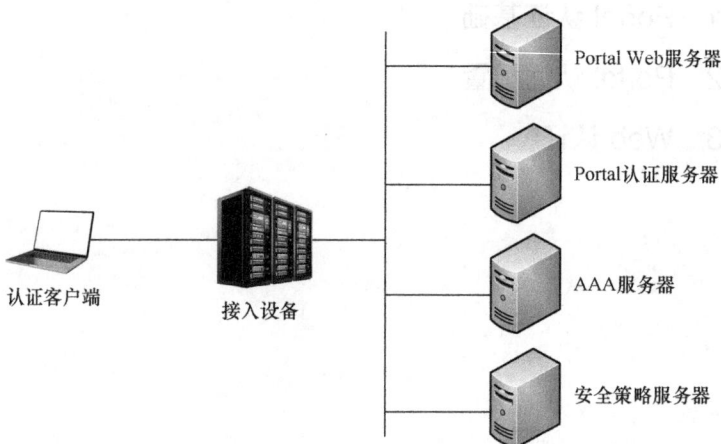

图 8-1　Portal 认证系统结构

1. 认证客户端

认证客户端即用户终端的客户端系统，是运行 HTTP/HTTPS 浏览器的主机（此时客户端主机不需要安装额外任何客户端软件）或运行 Portal 客户端系统（例如 iNode 客户端系统）的主机。

2. 接入设备

接入设备即为用户提供网络接入的设备（交换机、路由器、AP 等），在认证之前，负责将用户的所有 HTTP/HTTPS 请求重定向到 Portal Web 服务器；在认证过程中，负责与 Portal 认证服务器、AAA 服务器交互，完成用户身份认证、授权和计费功能；在认证通过后，允许用户访问被授权的互联网资源。

3. Portal 服务器

Portal 服务器包括 Portal Web 服务器和 Portal 认证服务器两种，通常是在同一台设备上配置。其中，Portal Web 服务器负责向客户端提供 Web 认证页面，并将客户端的认证信息（用户名、密码等）提交给 Portal 认证服务器，Portal 认证服务器接收 Portal 客户端认证请求。当 Portal 认证服务器与接入设备采用 CHAP 认证方式时，Portal 认证服务器在交互完客户端认证信息后把这些信息发送给 AAA 服务器；采用 PAP 认证方式时，Portal 认证服务器直接向 AAA 服务器转发客户端认证信息。最终的客户端身份认证、授权和计费功能是由 AAA 服务器完成的。

接入设备可以同时提供 Portal Web 服务器和 Portal 认证服务器功能，此时需要在接入设备上开启本地 Portal 服务。在该组网方式下，Portal 系统仅支持 Web 登录、下线的基本认证功能，**不支持使用 Portal 客户端方式的 Portal 认证，不支持 Portal 扩展功能，也不需要部署安全策略服务器。**

4. AAA 服务器

AAA 服务器负责用户最终的认证、授权和计费。目前，RADIUS 服务器支持对 Portal 用户进行认证、授权和计费，LDAP 服务器支持对 Portal 用户进行认证。

5. 安全策略服务器

安全策略服务器是 Portal 认证系统中的可选组件，用于与 Portal 客户端、接入设备进行交互，完成对用户的安全检测，并对用户进行安全授权操作等扩展功能。仅运行 Portal 客户端（例如 iNode 客户端）的主机支持与安全策略服务器交互。

以上各组件的基本交互过程如下。

① 当未认证用户通过浏览器访问任一互联网地址时，接入设备会将此 HTTP 或 HTTPS 请求重定向到 Portal Web 服务器的 Web 认证主页（也可以主动登录 Portal Web 服务器的 Web 认证主页）。当未认证用户使用 iNode 客户端进行 Portal 认证时，可直接打开客户端，输入认证信息。

② 用户在认证主页/认证对话框中输入认证信息后提交，Portal Web 服务器会将用户的认证信息传递给 Portal 认证服务器，由 Portal 认证服务器处理并转发给接入设备。

③ 接入设备与 AAA 服务器交互进行用户的认证、授权和计费。

④ 认证通过后，如果未对用户采用安全策略，则接入设备会打开用户访问目标网页的通路，允许用户访问目标网页；如果使用 iNode 客户端进行认证，并对用户采用了安全策略，则客户端、接入设备与安全策略服务器交互，对用户的安全检测通过之后，安全策略服务器根据用户的安全性授权用户访问非受限资源。

8.1.2　Portal 的认证方式

Portal 支持直接认证方式、二次地址分配认证方式和可跨三层认证方式这 3 种认证方式。在直接认证方式和二次地址分配认证方式下，**认证客户端和接入设备之间没有三层转发设备；**可跨三层认证方式下，认证客户端和接入设备之间可以跨接三层转发设备，但不是必须跨接三层转发设备。

1. 直接认证方式

用户在认证前通过手动静态配置一个公网 IP 地址或 DHCP 服务器动态获取一个公

网 IP 地址，只能访问 Portal Web 服务器，以及设定的免认证地址；认证通过后方可访问网络资源。

2．二次地址分配认证方式

用户在认证前通过 DHCP 服务器获取一个**私网 IP 地址**，此时只能访问 Portal Web 服务器，以及设定的免认证地址；认证通过后，用户会再从 DHCP 服务器上申请到一个公网 IP 地址，此时方可访问外网资源。

二次地址分配认证方式解决了多数企业用户 IP 地址规划和分配的问题，因为多数企业的内部网络中，给用户配置的是私网 IP 地址，在不需要进行 Portal 认证或者在未通过 Portal 认证前，不需要为用户分配公网 IP 地址。例如运营商对于小区宽带用户只在访问小区外部资源时才分配公网 IP。目前，**仅 iNode 客户端支持该认证方式，但 IPv6 Portal 认证不支持二次地址分配方式**。

3．可跨三层认证方式

可跨三层认证方式与直接认证方式基本相同，**用户发送的 HTTP/HTTPS 报文必须是公网 IP 地址**，这种认证方式允许认证用户和接入设备之间跨越三层转发设备。

对于以上 3 种认证方式，IP 地址都是用户的唯一标识。接入设备基于用户的 IP 地址下发 ACL，对接口上通过认证的用户报文转发进行控制。由于直接认证和二次地址分配认证下的接入设备与用户之间没有跨越三层转发设备，所以接口可以学习用户的 MAC 地址，接入设备可以利用学习的 MAC 地址增强对用户报文转发的控制力度。

8.1.3　Portal 认证的优势

Portal 认证与其他认证方式相比具有如下优势。

① 客户端可以不安装任何软件，直接使用 Web 页面认证，方便用户使用。当然，客户端也可以安装 Portal 客户端系统，例如 iNode 客户端。

② 可以为运营商提供方便的管理功能和业务拓展功能，例如运营商可以在认证页面上开展广告、社区服务、信息发布等个性化的业务。

③ 支持多种组网形态，例如二次地址分配认证方式可以实现灵活的地址分配策略，而且能节省公网 IP 地址资源，跨三层认证方式还可以跨网段对用户认证。

另外，Portal 认证还提供安全扩展功能，可在 Portal 身份认证的基础上，通过强制接入终端实施补丁和防病毒策略，加强网络终端对病毒攻击的主动防御能力，具体说明如下。

（1）安全性检测

对通过身份认证的用户终端进行安全检测，确认其是否安装了防病毒软件、是否更新了病毒库、是否安装了非法软件、是否更新了操作系统补丁等。**安全性检测功能必须与 iMC 安全策略服务器和 iNode 客户端配合使用**。

（2）限制访问资源

可以控制通过身份认证的用户仅可获得访问指定互联网资源的权限，例如病毒服务器、操作系统补丁更新服务器等，当用户通过安全认证后便可以访问更多的互联网资源。

8.1.4　Portal 认证流程

Portal 的直接认证方式和可跨三层认证方式的认证流程相同。当采用 RADIUS 服务器进行 AAA 认证、授权和计费时，直接认证方式和可跨三层认证方式的基本认证流程如图 8-2 所示，图中各步骤的具体说明如下，其中，第⑨步和第⑩步为 Portal 认证安全扩展功能的交互过程。

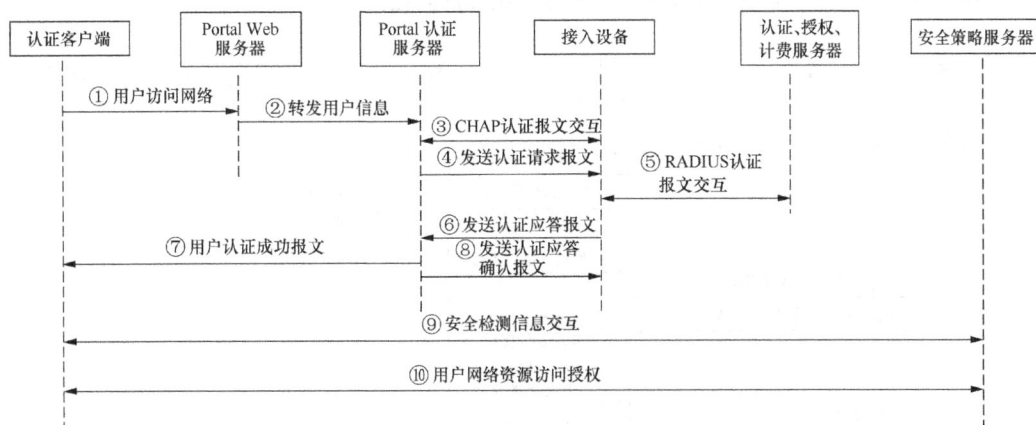

图 8-2　直接认证方式和可跨三层认证方式的基本认证流程

①　Portal 用户通过 HTTP/HTTPS 访问外部网络。对于访问 Portal Web 服务器或设定的免认证地址的 HTTP/HTTPS 报文，接入设备允许其通过；对于访问其他地址的 HTTP/HTTPS 报文，接入设备将其重定向到 Portal Web 服务器。Portal Web 服务器提供 Web 页面供用户输入认证用户名和密码。

②　Portal Web 服务器将用户输入的认证信息转发给 Portal 认证服务器。

③　如果 Portal 认证服务器与接入设备之间采用 CHAP 认证方式，则进行 CHAP 认证报文交互；如果采用 PAP 认证方式，则不需要进行本步骤，直接进入下一步骤。具体在 Portal 认证服务器与接入设备之间采用哪种认证方式，由 Portal 认证服务器决定。

④　Portal 认证服务器将用户输入的用户名和密码封装成认证请求报文发往接入设备，同时开启定时器等待认证应答报文。

⑤　接入设备在收到 Portal 认证服务器发来的用户认证信息后，与 RADIUS 服务器之间进行报文交互。

⑥　接入设备将 RADIUS 认证服务器的认证结果以认证应答报文发送给 Portal 认证服务器。

⑦　Portal 认证服务器将来自接入设备的认证应答报文中的结果通知客户端，通知客户端认证成功（上线）或失败。

⑧　如果认证成功，则 Portal 认证服务器还会向接入设备发送认证应答确认报文。如果是 iNode 客户端，则还需要进行其他安全扩展功能的确认，否则，Portal 认证过程结束，用户上线。

⑨　客户端和安全策略服务器之间进行安全信息交互。安全策略服务器检测客户端的安全性是否合格，具体包括是否安装防病毒软件、是否更新病毒库、是否安装了非法软件、是否更新操作系统补丁等。

⑩　安全策略服务器根据安全检查结果授权用户访问指定的网络资源，授权信息保

存到接入设备中，接入设备将使用该信息控制用户的访问。

二次地址分配方式的认证流程如图 8-3 所示。因为有两次地址分配过程，所以其认证流程与前面介绍的直接认证和可跨三层 Portal 认证方式有所不同，具体说明如下，其中，第⑬步和第⑭步为 Portal 认证安全扩展功能的交互过程。

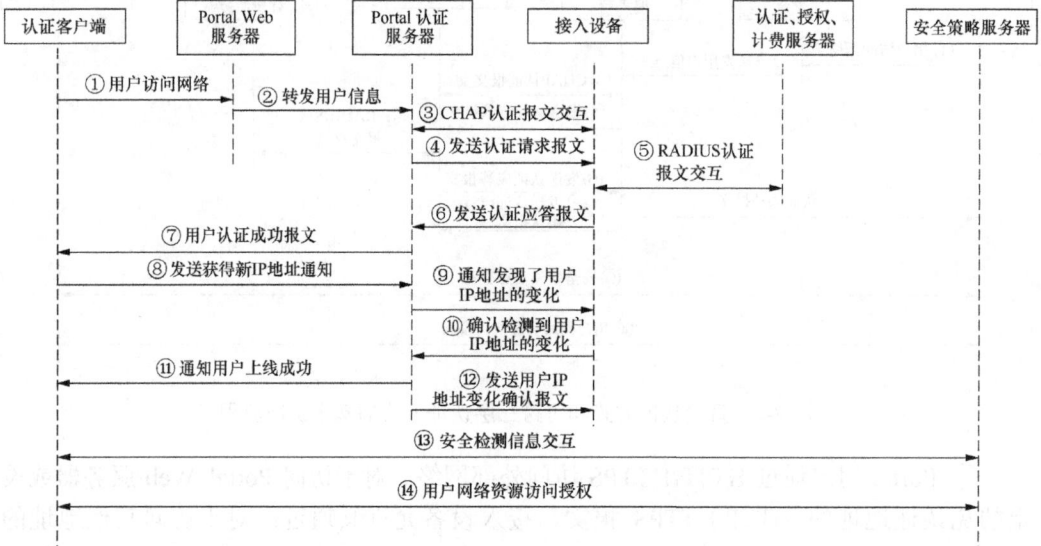

图 8-3　二次地址分配方式的认证流程

二次地址分配方式的认证流程中的第①～⑦步与直接或可跨三层 Portal 认证中的第①～⑦步相同。

⑧ 当客户端收到来自 Portal 认证服务器的认证成功报文后，通过 DHCP 服务器获得新的公网 IP 地址，并通知 Portal 认证服务器已获得新 IP 地址。

⑨ Portal 认证服务器收到客户端获取了新的 IP 地址后，向接入设备通知客户端新获得的公网 IP 地址。

⑩ 接入设备得知用户 IP 地址变化后，通知 Portal 认证服务器已检测到用户 IP 的变化。

⑪ 当 Portal 认证服务器接收到客户端，及接入设备发送的关于用户 IP 变化的通知后，通知客户端上线成功。

⑫ Portal 认证服务器向接入设备发送 IP 变化确认报文。

⑬ 客户端和安全策略服务器之间进行安全信息交互。安全策略服务器检测客户端的安全性是否合格，具体包括是否安装防病毒软件、是否更新病毒库、是否安装了非法软件、是否更新操作系统补丁等。

⑭ 安全策略服务器根据用户的安全性授权用户访问指定的网络资源，授权信息保存到接入设备中，接入设备将使用该信息控制用户的访问。

【说明】在对接入用户身份可靠性要求较高的网络应用中，传统的基于用户名和口令的用户身份验证方式存在一定的安全问题，基于数字证书的用户身份验证方式通常被用来建立更为安全和可靠的网络接入认证机制。

可扩展认证协议（EAP）可支持多种基于数字证书的认证方式（例如 EAP-TLS），

它与 Portal 认证相配合，可共同为用户提供基于数字证书的接入认证服务。但 EAP 认证仅能与 iMC 的 Portal 服务器及 iNode Portal 客户端配合使用，且仅使用远程 Portal 服务器的 Portal 认证支持该功能。

在 Portal 支持 EAP 认证的实现中，认证客户端与 Portal 认证服务器之间的报文采用 EAP 封装交互，在以太网中采用 EAPOL 封装，需要注意的是，在 Portal 认证服务器与接入设备之间依靠携带 EAP-Message 属性的 Portal 协议报文交互，采用 Portal 协议封装；在接入设备与 RADIUS 认证服务器之间依靠携带 EAP-Message 属性的 RADIUS 协议报文交互，采用 EAPOR 封装格式。最终由具备 EAP 服务器功能的 RADIUS 服务器处理 EAP-Message 属性中封装的 EAP 报文，并给出 EAP 认证结果，按认证请求过程的相反方向返回对应封装格式的应答报文。从中可以看出，在整个 Portal EAP 认证过程中，接入设备只是对 Portal 认证服务器与 RADIUS 认证服务器之间的 EAP-Message 属性进行透传，并不对其进行其他任何处理，因此，接入设备上不需要任何额外配置。

8.1.5　Portal 过滤规则

接入设备会根据配置和 Portal 用户的认证状态，生成 4 种不同类型的 Portal 过滤规则，并按以下顺序对报文进行匹配，一旦匹配上某条规则便结束匹配过程。

① 第一种类型：设备允许所有去往 Portal Web 服务器或者符合免认证规则的用户报文通过。

② 第二种类型：如果 AAA 认证服务器未下发授权 ACL，则设备允许认证成功的 Portal 用户可以访问任意的目标网络资源；如果 AAA 认证服务器下发了授权 ACL，则设备仅允许认证成功的 Portal 用户访问该授权 ACL 的网络资源。

Portal 认证可成功授权的 ACL 类型为基本 ACL、高级 ACL 和二层 ACL。当下发的 ACL 不存在、未配置 ACL 规则或 ACL 规则中配置了 counting、established、fragment、source-mac、source-ip、logging 选项时，授权 ACL 不生效。

③ 第三种类型：设备将所有未认证 Portal 用户的 HTTP/HTTPS 请求报文重定向到 Portal Web 服务器。

④ 第四种类型：对于直接认证方式和可跨三层认证方式，设备将拒绝所有用户报文通过；对于二次地址分配认证方式，设备将拒绝所有源 IP 地址为私网 IP 地址的用户报文通过。

8.2　Portal 认证配置

Portal 认证可以由接入设备上配置的本地 Portal 服务负责，也可以由专门的 Portal 服务器负责，所涉及的主要配置任务如下。

① 配置本地 Portal 服务或远程 Portal 服务。

如果配置本地 Portal 服务，则由接入设备担当 Portal 认证服务器和 Portal Web 服务器角色。如果采用专门的 Portal 认证服务器和 Portal Web 服务器，则要配置远程 Portal 服务器，指定远程 Portal 认证服务器和远程 Portal Web 服务器及其相关的服务器参数。

② 在接入设备接口上开启 Portal 认证，并引用 Portal Web 服务器。

③ （可选）在接入设备上配置控制 Portal 用户的接入的功能和 Portal 探测功能。

【说明】通过访问 Web 页面进行的 Portal 认证不能对用户实施安全策略检查，安全检查功能的实现需要与 iNode 客户端配合。但无论是 Web 客户端还是 iNode 客户端发起的 Portal 认证，二者均能支持 Portal 认证穿越 NAT，即 Portal 客户端位于私网、Portal 认证服务器位于公网。

Portal 提供了一个用户身份认证和安全认证的实现方案，但是仅仅依靠 Portal 不足以实现该方案，需要选择使用 RADIUS 协议来配合 Portal 完成用户的身份认证，并满足以下配置前提。

① Portal 认证服务器、Portal Web 服务器、RADIUS 服务器已安装并配置成功。

② 如果采用二次地址分配认证方式，则接入设备需配置 DHCP 中继功能，并需要安装并配置好 DHCP 服务器。

③ 用户、接入设备和各服务器之间路由可达。

④ 如果通过远端 RADIUS 服务器进行认证，则需要在 RADIUS 服务器上配置相应的用户名和密码，然后在接入设备端进行 RADIUS 客户端的相关设置。

⑤ 如果需要支持 Portal 的安全扩展功能，则需要安装并配置 iMC EAD 安全策略组件。同时，保证在接入设备上的 ACL 配置与安全策略服务器上配置的隔离 ACL 的编号、安全 ACL 的编号相对应。

⑥ 在安全策略服务器上配置 ACL 时，规则中不能指定源 IPv4 地址，或 IPv6 地址与源 MAC 地址，否则，会导致用户无法上线。

8.2.1 配置本地 Portal 服务

本地 Portal 服务的配置步骤见表 8-1，主要包括配置接入设备担当 Portal Web 服务器和 Portal 认证服务器角色，以及对接入用户的认证。此时需要在接入设备上开启本地 Portal 服务，并根据需要选择配置一些基本参数。但采用本地 **Portal 服务进行 Portal 认证时，还需按照 8.2.5 节介绍的方法，在接入用户的三层接口上启用 Portal 认证功能，并指定本地 Portal Web 服务器，配置本地 Portal Web 服务器上认证页面的 URL。**

【注意】只有在接口上引用 Portal Web 服务器中的 URL 同时满足以下两个条件时，才会使用本地 Portal 服务功能。

① 该 URL 中的 IP 地址是设备上与客户端路由可达的三层接口 IP 地址（除了 127.0.0.1）。

② 该 URL 以 "/portal/" 结尾，例如 http://192.168.1.1/portal/。

表 8-1 本地 Portal 服务的配置步骤

步骤	命令	说明
1	**system-view**	进入系统视图
2	**portal local-web-server** { **http** | **https ssl-server-policy** *policy-name* [**tcp-port** *port-number*] } 例如，[Sysname] **portal local-web-server https ssl-server-policy** policy1 **tcp-port** 442	开启本地 Portal 服务，并进入基于 HTTP/HTTPS 的本地 Portal Web 服务视图。 • **http**：二选一选项，指定本地 Portal Web 服务使用 HTTP 和客户端交互认证信息，即仅对发送 HTTP 报文的用户进行认证

步骤	命令	说明
2	**portal local-web-server** { **http** | **https ssl-server-policy** *policy-name* [**tcp-port** *port-number*] } 例如，[Sysname] **portal local-web-server https ssl-server-policy** policy1 **tcp-port** 442	• **https**：二选一选项，指定本地 Portal Web 服务使用 HTTPS 和客户端交互认证信息，即仅对发送 HTTPS 报文的用户进行认证。 • **ssl-server-policy** *policy-name*：指定 HTTPS 服务关联的 SSL 服务器端策略。*policy-name* 为 SSL 服务器端策略的名称，为 1～31 个字符的字符串，**不区分大小写**。 • **tcp-port** *port-number*：可选参数，指定本地 Portal Web 服务器监听 HTTPS 服务的 TCP 端口号，取值为 1～65535，默认值为 443。 【注意】配置本地 Portal Web 服务功能时，需要注意以下事项。 • 已经被 HTTPS 服务关联的 SSL 服务器端策略不能被删除。 • 不能通过重复执行本命令来修改 HTTPS 服务关联的 SSL 服务器端策略，如果需要修改，则需要先通过 **undo portal local-web-server https** 命令删除已创建的本地 Portal Web 服务，再执行 **portal local-web-server https ssl- server-policy** 命令重新配置。 • 如果本地 Portal Web 服务引用的 SSL 服务器端策略与 HTTPS 服务引用的 SSL 服务器端策略相同，那么本地 Portal Web 服务使用的 TCP 端口号可以与 HTTPS 服务器使用的 TCP 端口号相同，如果策略不同，则不能使用相同的 TCP 端口号。 • 本地 Portal Web 服务的 TCP 端口号不能与知名协议使用的端口号或者设备上其他服务已使用的 TCP 端口号（例如 HTTP 的端口号 80；Telnet 的端口号 23）配置一致，否则，会造成本地 Portal Web 服务无法向 Portal 用户推送认证页面。 • 使用 HTTP 和 HTTPS 的本地 Portal Web 服务监听的 TCP 端口号不能配置一致，例如不能都配置为 8080，否则，会导致本地 Web 服务无法正常使用。 默认情况下，本地 Portal 服务功能处于关闭状态
3	**tcp-port** *port-number* 例如，[Sysname-portal-local-websvr-http] **tcp-port** 2331	（可选）配置本地 Portal Web 服务的 HTTP/HTTPS 服务监听的 TCP 端口号，也是接口上指定的 Portal Web 服务器的 URL 中配置的端口号，取值为 1～65535。**如果配置的是 HTTPS 服务监听的端口号，则应该与本地 Portal Web 服务视图下指定的 HTTPS 服务端口号保持一致**。除了第 2 步介绍的 TCP 端口配置注意事项，还需要注意的是，不能把使用 HTTP 的本地 Portal Web 服务监听的 TCP 端口号配置成 HTTPS 的默认端口号 443，反之亦然。 默认情况下，HTTP 服务监听的 TCP 端口号为 80，HTTPS 服务监听的 TCP 端口号为 **portal local-web-serve** 命令指定的 TCP 端口号
4	**default-logon-page** *file-name* 例如，[Sysname-portal-local-websvr-http] **default-logon-page** pagefile1.zip	（可选）配置本地 Portal Web 服务提供的默认认证页面文件。参数 *file-name* 用来指定默认认证页面文件名（**不包括文件的保存路径**），为 1～91 个字符的字符串，包括字母、数字、点和下划线

步骤	命令	说明
4	**default-logon-page** *file-name* 例如，[Sysname-portal-local-websvr-http] **default-logon-page** pagefile1.zip	配置本命令后设备会将指定的压缩文件进行解压缩，并设置为本地 Portal Web 服务为用户进行 Portal 认证提供的默认认证页面文件。 为了确保本地 Portal Web 服务功能的正常运行，建议使用设备存储介质根目录下自带的认证页面文件。如果用户需要自定义认证页面的内容和样式，则请严格遵循 8.2.2 节介绍的自定义认证页面文件规范。 默认情况下，本地 Portal Web 服务提供的默认认证页面文件为 defaultfile.zip
5	**logon-page bind device-type** *type-name* **file** *file-name* 例如，[Sysname-portal-local-websvr-http] **logon-page bind device-type** iphone **file** file2.zip	（可选）配置终端设备类型与认证页面文件的绑定关系，实现不同 Portal 用户的认证页面定制功能。 • **device-type** *type-name*：表示绑定的终端设备类型。参数 *type-name* 用于指定终端设备类型的名称，为 1~127 个字符的字符串，区分大小写，但指定的终端设备类型不能随便输入，必须为设备指纹库中已定义的设备类型，否则，绑定的认证页面不生效。 • **file** *file-name*：指定对应终端设备类型绑定的认证页面文件。参数 *file-name* 为认证页面文件的文件名（**不包括文件的保存路径**）。该文件由用户编辑，然后将其打包成 zip 格式文件后上传到设备存储介质的根目录下。 设备上允许同时存在多条绑定条目。当绑定文件的名称或内容有更新，或需要修改绑定关系时，可通过重复执行本命令进行修改。对于相同终端设备类型，多次执行本命令，最后一次执行的命令生效。 当未认证用户通过 Web 浏览器访问外网，并触发了本地 Portal 认证时，如果接入设备上配置了本命令，则会根据 Portal 用户所属的终端设备类型查找与认证页面文件的绑定关系，如果查找成功，则推出相应的认证页面；否则，向 Portal 用户推出默认的认证页面，但是如果设备上没有默认认证页面，则将无法进行本地 Portal 认证。 默认情况下，没有配置终端设备类型与任何认证页面文件的绑定关系

8.2.2 自定义认证页面

采用本地 Portal 服务时，需要在接入设备上配置好供用户输入认证用户名和密码的网页文件。设备本身自带有默认页面文件包（文件名为 defaultfile.zip）。为了确保本地 Portal Web 服务功能的正常运行，建议使用设备存储介质根目录下自带的认证页面文件。用户也可以自定义认证页面的内容和样式，用户自定义的认证页面为 HTML 文件的形式（即文件名后缀为.htm），然后将其压缩后上传设备，并保存在存储介质的根目录中。

1. 自定义认证页面文件

每套认证页面包括登录页面、登录成功页面、登录失败页面、在线页面、系统忙碌页面、下线成功页面 6 个主索引页面，以及认证页面的页面元素，即认证页面需要应用的各种文件。每个主索引页面可以引用若干页面元素。

　　用户在自定义这些页面时，需要遵循一定规范，否则，会影响本地 Portal Web 服务功能的正常使用和系统运行的稳定性。主索引页面文件名见表 8-2。**主索引页面文件名不能自定义，必须使用表 8-2 中所列的主索引页面的文件名**。主索引页面文件之外的其他文件名可由用户自定义，**但需要注意文件名和文件目录名中不能含有中文，而且字符不区分大小写**。

表 8-2   主索引页面文件名

主索引页面	文件名
登录页面	logon.htm
登录成功页面	logonSuccess.htm
登录失败页面	logonFail.htm
在线页面：用于提示用户已经在线	online.htm
系统忙页面：用于提示系统忙或者该用户正在登录过程中	busy.htm
下线成功页面	logoffSuccess.htm

　　2. 页面请求规范

　　本地 Portal Web 服务器只能接受 Get 请求和 Post 请求。其中，Get 请求用于获取认证页面中的静态文件，其内容不能为递归内容。例如 logon.htm 文件中包含了 Get ca.htm 文件的内容，但 ca.htm 文件中又包含了对 logon.htm 的引用，这是不允许的。Post 请求用于用户提交用户名和密码，以及用户执行登录、下线操作。

　　Post 请求认证页面中表单（Form）的编辑必须符合以下原则。

　　① 认证页面可以含有多个 Form，**但必须有且只有一个 Form 的 action=logon.cgi**，否则，无法将用户信息传输到本地 Portal 服务器。

　　② 用户名属性固定为"PtUser"，密码属性固定为"PtPwd"，用户登录或下线属性固定为"PtButton"，取值为"Logon"表示登录，取值为"Logoff"表示下线。

　　③ 登录 Post 请求必须包含"PtUser""PtPwd"和"PtButton"3 个属性，下线 Post 请求必须包含"PtButton"属性。

　　需要包含登录 Post 请求的主索引页面文件有 logon.htm（登录页面）和 logonFail.htm（登录失败页面）。logon.htm 主索引页面文件中脚本内容的部分示例定义如下，具体定义了"PtUser""PtPwd"和"PtButton"3 个属性。

```
<form action=logon.cgi method = post >   #---代表本表单为 post 请求表单，提交 logon.cgi 文件
  <p>User name:<input type="text" name = "PtUser" style="width:160px;height:22px" maxlength=64>   #---定义用户名输
入文本框的宽度为 160 像素，高度为 22 像素，最长字符串长度为 64 个字符
  <p>Password :<input type="password" name = "PtPwd" style="width:160px;height:22px" maxlength=32>   #---定义用户密
码输入文本框的宽度为 160 像素，高度为 22 像素，最长字符串长度为 32 个字符
  <p><input type=SUBMIT value="Logon" name = "PtButton" style="width:60px;" onclick="form.action=form.action+
location.search;">   #---定义用户登录的提交表单属性，Logon 按钮宽度为 60 像素，单击后执行 form.action 和 location.search
文件定义的行为
  </form>
```

　　需要包含下线 Post 请求的主索引页面文件有 logonSuccess.htm 和 online.htm。lonline.htm 主索引页面文件中脚本内容的部分示例定义如下，具体定义了"PtButton"属性。

```
<form action=logon.cgi method = post >
  <p><input type=SUBMIT value="Logoff " name="PtButton" style="width:60px;">   #---定义用户下线的提交表单属性，
Logoff 按钮宽度为 60 像素
  </form>
```

3. 页面文件压缩及保存规范

完成所有认证页面的编辑之后，必须按照标准 Zip 格式将其压缩到一个 Zip 文件中，该 Zip 文件的文件名只能包含字母、数字和下划线。**压缩后的 Zip 文件中必须直接包含认证页面，不允许存在间接目录。**压缩生成的 Zip 文件可以通过 FTP 或 TFTP 的二进制方式上传至接入设备，并保存在设备的根目录下。

4. 认证成功后认证页面自动跳转

如果要支持认证成功后认证页面的自动跳转功能，则认证页面会在用户认证成功后自动跳转到指定的网站页面，需要在认证页面 logon.htm 和 logonSuccess.htm 的脚本文件中做如下改动。

① 将 logon.htm 主索引页面文件中的 Form 的 target 值设置为 "_blank"，具体设置方法如下。

```
<form method=post action=logon.cgi target="_blank">
```

② 在 logonSucceess.htm 主索引页面文件中添加页面加载的初始化函数，具体设置方法如下（最后一行代码）。

```
<html>
<head>
<title>LogonSuccessed</title>
<script type="text/javascript" language="javascript" src="../../006.files/x_Img_x_png_7.png">
```

8.2.3 配置远程 Portal 认证服务器

远程 Portal 认证服务器的配置步骤见表 8-3，如果采用专门的远程 Portal 认证服务器（例如由 iMC 系统配置的 Portal 认证服务器），则需要在接入设备上指定该远程 Portal 认证服务器。在接入设备的用户接入端口上开启了 Portal 认证功能后，收到用户的 Portal 报文时，应根据报文的源 IP 地址和 VPN 信息查找本地配置的 Portal 认证服务器，如果找到本地配置的 Portal 认证服务器，则认为报文合法，并向该 Portal 认证服务器回应认证响应报文；否则，认为报文非法，将其丢弃。

表 8-3 远程 **Portal** 认证服务器的配置步骤

步骤	命令	说明
1	**system-view**	进入系统视图
2	**portal server** *server-name* 例如，[Sysname] **portal server** pts	创建 Portal 认证服务器，并进入 Portal 认证服务器视图。参数 *server-name* 用来指定 Portal 认证服务器的名称，为 1～32 个字符的字符串，区分大小写。设备支持配置多个 Portal 认证服务器。默认情况下，不存在 Portal 认证服务器
3	**ip** *ipv4-address* [**vpn-instance** *vpn-instance-name*] [**key** { **cipher** | **simple** } *string*] 或 **ipv6** *ipv6-address* [**vpn-instance** *vpn-instance-name*] [**key** { **cipher** | **simple** } *string*] 例如，[Sysname-portal-server-pts] **ip** 192.168.0.111 **key simple** portal	指定远程 Portal 认证服务器的 IP 地址。 • *ipv4-address*：Portal 认证服务器的 IPv4 地址。 • *ipv6-address*：Portal 认证服务器的 IPv6 地址。 • **vpn-instance** *vpn-instance-name*：可选参数，指定 Portal 认证服务器所属的 VPN 实例。如果未指定本参数，则表示 Portal 认证服务器位于公网中。 • **key**：可选项，指定与 Portal 认证服务器通信时使用的共享密钥。在设备与 Portal 认证服务器交互的 Portal 报文中会携带一个在该共享密钥参与下生成的验证字，用于接受方校验收到的 Portal 报文的正确性

步骤	命令	说明
3	**ip** *ipv4-address* [**vpn-instance** *vpn-instance-name*] [**key** { **cipher** | **simple** } *string*] 或 **ipv6** *ipv6-address* [**vpn-instance** *vpn-instance-name*] [**key** { **cipher** | **simple** } *string*] 例如，[Sysname-portal-server-pts] **ip** 192.168.0. 111 **key simple** portal	• **cipher**：二选一选项，指定以密文方式设置密钥。 • **simple**：二选一选项，指定以明文方式设置密钥，该密钥将以密文形式存储。 • *string*：可选参数，指定密钥字符串，区分大小写。明文密钥为 1～64 个字符的字符串，密文密钥为 1～117 个字符的字符串。 默认情况下，未指定 Portal 认证服务器的 IP 地址
4	**port** *port-number* 例如，[Sysname-portal-server-pts] **port** 50000	（可选）配置接入设备主动向 Portal 认证服务器发送 Portal 报文时使用的目标 UDP 端口号，取值为 1～65534。 接入设备主动向 Portal 认证服务器发送 Portal 报文时使用的目标 UDP 端口号必须与远程 Portal 认证服务器实际使用的监听端口号保持一致。 默认情况下，接入设备主动向 Portal 认证服务器发送 Portal 报文时使用的 UDP 端口号为 50100
5	**server-type** { **cmcc** | **imc** } 例如，[Sysname-portal-server-pts] **server-type imc**	配置 Portal 认证服务器的类型。 • **cmcc**：二选一选项，表示 Portal 服务器类型为符合中国移动标准规范的服务器。 • **imc**：二选一选项，表示 Portal 服务器类型为符合 iMC 标准规范的服务器。 配置的 Portal 认证服务器类型必须与认证使用的服务器类型保持一致。默认情况下，Portal 认证服务器类型为 iMC 服务器
6	**server-register** [**interval** *interval-value*] 例如，[Sysname-portal-server-pts] **server-register interval** 120	（可选）配置设备定期向 Portal 认证服务器发送注册报文。可选参数 **interval** *interval-value* 用来指定设备定期向 Portal 认证服务器发送注册报文的时间间隔，取值为 1～3600，单位为 s，默认值为 600。 Portal 服务器与接入设备认证交互时，如果二者之间存在 NAT 设备，为了使 Portal 服务器能够访问该接入设备，在 NAT 设备上需配置静态 NAT 表项，该静态 NAT 表项中记录了接入设备的 IP 地址，以及与 Portal 服务器交互时使用的转换后的 IP 地址。如果有大量的接入设备需要与 Portal 服务器进行认证交互，则需要在 NAT 设备上配置大量的静态 NAT 表项。开启本功能后，接入设备会主动向 Portal 服务器发送注册报文，该报文中携带了接入设备的名称。Portal 服务器收到该注册报文，记录下接入设备的名称、地址转换后的 IP 地址，以及端口号等信息后，后续这些信息用于与接入设备进行认证交互。接入设备通过定期发送注册报文，更新 Portal 服务器上维护的注册信息。 **本功能仅用于与 CMCC 类型的 Portal 服务器配合使用。** 默认情况下，设备不会向 Portal 认证服务器发送注册报文

8.2.4　配置 Portal Web 服务器

Portal Web 服务器是指 Portal 认证过程中向用户推送认证页面的 Web 服务器，也是设备强制重定向用户HTTP请求报文时使用的Web服务器。在接入设备上需要指定Portal Web 服务器的 URL 地址，以及重定向该 URL 地址给用户时 URL 地址携带的参数。

可以配置多个 Portal Web 服务器，但配置的 Portal Web 服务器类型必须与认证使用的 Portal Web 服务器的类型保持一致。

Portal Web 服务器的配置步骤见表 8-4。

表 8-4　Portal Web 服务器的配置步骤

步骤	命令	说明
1	**system-view**	进入系统视图
2	**portal web-server** *server-name* 例如，[Sysname] **portal web-server** wbs	创建 Portal Web 服务器，并进入 Portal Web 服务器视图。参数 *server-name* 用来指定 Portal Web 服务器的名称，为 1～32 个字符的字符串，区分大小写。可以配置多个 Portal Web 服务器。 默认情况下，不存在 Portal Web 服务器
3	**vpn-instance** *vpn-instance-name* 例如，[Sysname-portal-websvr-wbs] **vpn-instance** abc	（可选）指定 Portal Web 服务器所属的 VPN。参数 *vpn-instance-name* 用来指定 MPLS L3VPN 的 VPN 实例名称，为 1～31 个字符的字符串，区分大小写。 默认情况下，Portal Web 服务器位于公网中
4	**url** *url-string* 例如，[Sysname-portal-websvr-wbs] **url** http://www.test.com/portal	指定访问 Portal Web 服务器的 URL，为 1～256 个字符的字符串，区分大小写。URL 地址以 http://或者 https://开头，可以包括 "?" 字符。如果该 URL 未以 http://或者 https://开头，则默认是以 http:// 开头。 默认情况下，未指定 Portal Web 服务器的 URL
5	**url-parameter** *param-name* { **original-url** | **source-address** | **source-mac** [**encryption** { **aes** | **des** } **key** { **cipher** | **simple** } *string*] | **value** *expression* } 例如，[Sysname-portal-websvr-wbs] **url-parameter** userurl **value** http://www.abc.com/welcome	配置重定向给用户的 Portal Web 服务器 URL 中携带的参数信息。 • *param-name*：指定 URL 参数名，为 1～32 个字符的字符串，区分大小写。URL 参数名对应的参数内容由 *param-name* 后的选项指定。 【说明】URL 参数名必须与具体应用环境中的 Portal 服务器支持的 URL 参数名保持一致，不同的 Portal 服务器支持的 URL 参数名是不一样的，请根据具体情况配置 URL 参数名。例如 iMC 服务器支持的 URL 参数名如下。 ① **original-url** 选项对应的 URL 参数名固定为 userurl。 ② **source-address** 选项对应的 URL 参数名固定为 userip。 ③ source-mac 选项对应的 URL 参数名固定为 usermac。 • **original-url**：多选一选项，指定用户初始访问的 Web 页面的 URL。 • **source-address**：多选一选项，指定用户的 IP 地址。 • **source-mac**：多选一选项，指定用户的 MAC 地址。 • **encryption**：可选项，表示以密文的方式携带用户的 MAC 地址。 • **aes**：二选一选项，指定加密算法为 AES 算法。 • **des**：二选一选项，指定加密算法为 DES 算法。 • **key**：指定加密密钥。 • **cipher**：二选一选项，以密文方式设置密钥。 • **simple**：二选一选项，以明文方式设置密钥，该密钥以密文形式存储

步骤	命令	说明
5	url-parameter *param-name* { original-url | source-address | source-mac [encryption { aes | des } key { cipher | simple } *string*] | value *expression* } 例如，[Sysname-portal-websvr-wbs] url-parameter userurl value http://www.abc.com/welcome	• *string*：指定加密密钥字符串，区分大小写。密钥的长度范围与选择的加密算法和密钥设置方式组合有关，具体关系如下。 　① 对于 des cipher 组合，密钥为 41 个字符的字符串。 　② 对于 des simple 组合，密钥为 8 个字符的字符串。 　③ 对于 aes cipher 组合，密钥为 1～73 个字符的字符串。 　④ 对于 aes simple 组合，密钥为 1～31 个字符的字符串。 • value *expression*：自定义字符串，为 1～256 个字符的字符串，区分大小写。如果是 URL 地址，则可以包括 "?" 字符。 该命令用于配置用户访问 Portal Web 服务器时，要求携带的一些参数，比较常用的是要求携带用户的 IP 地址、MAC 地址、用户原始访问的 URL 信息。配置完成后，在设备给用户强制重定向 URL 时会携带这些参数。例如配置 Portal Web 服务器的 URL 为：http://www.test.com/portal，如果同时配置如下两个参数信息：url-parameter userip source-address 和 url-parameter userurl value http://www.abc.com/welcome，则设备给源 IP 为 1.1.1.1 的用户重定向时回应的 URL 格式为：http://www.test.com/portal?userip=1.1.1.1&userurl=http://www.abc.com/welcome。 默认情况下，未配置设备重定向给用户的 Portal Web 服务器 URL 中携带的参数信息
6	server-type { cmcc | imc } 例如，[Sysname-portal-websvr-wbs] server-type imc	（可选）配置 Portal Web 服务器的类型，选项说明参见 8.2.3 节。配置的 Portal Web 服务器类型必须与认证使用的 Portal Web 服务器类型保持一致。 默认情况下，设备默认支持的 Portal Web 服务器类型为 iMC 服务器
7	captive-bypass enable 例如，[Sysname-portal-websvr-wbs] captive-bypass enable	（可选）开启 Portal 被动 Web 认证功能。 默认情况下，Portal 被动 Web 认证功能处于关闭状态
8	if-match { original-url *url-string* redirect-url *url-string* [url-param-encryption { aes | des } key { cipher | simple } *string*] | user-agent *string* redirect-url *url-string* } 例如，[Sysname-portal-websvr-wbs] if-match original-url http://www.abc.com.cn redirect-url http://192.168.10.1 url-param-encryption des key simple winda 以上示例是配置 URL 地址为 http://www.abc.com.cn 的重定向匹配规则，即将访问此地址的报文被重定向	（可选）配置重定向 URL 的匹配规则。 • original-url *url-string* redirect-url *url-string*：二选一参数（与 user-agent *user-agent* 参数为二选一关系），分别用于指定用户 Web 访问请求的 URL 地址和 Web 访问请求被重定向后的地址，均为 1～256 个字符的字符串，区分大小写，且必须是以 http://或者 https://开头的完整 URL 路径。URL 地址可以包括 "?" 字符。 • url-param-encryption：可选项，指定对设备重定向给用户的 Portal Web 服务器 URL 中携带的所有参数信息进行加密。如果未指定本参数，则表示不对携带的所有参数信息进行加密。 • aes：二选一选项，指定加密算法为 AES 算法。 • des：二选一选项，指定加密算法为 DES 算法。 • key：设置密钥。 • cipher：二选一选项，指定以密文方式设置密钥。 • simple：二选一选项，指定以明文方式设置密钥，该密钥以密文形式存储

续表

步骤	命令	说明
8	并对重定向 URL 中携带的参数进行加密	• *string*：指定加密密钥字符串，区分大小写。密钥的长度范围与选择的加密算法和密钥设置方式组合有关，具体关系如下。 ➤ 对于 **des cipher** 组合，密钥为 41 个字符的字符串。 ➤ 对于 **des simple** 组合，密钥为 8 个字符的字符串。 ➤ 对于 **aes cipher** 组合，密钥为 1~73 个字符的字符串。 ➤ 对于 **aes simple** 组合，密钥为 1~31 个字符的字符串。 • **user-agent** *user-agent*：二选一参数（**original-url** *url-string* **redirect-url** *url-string* 参数为二选一关系），根据用户 HTTP/HTTPS 请求报文中的 User Agent（用户代理）信息进行匹配，其中参数 *user-agent* 是 HTTP User Agent 信息内容，为 1~255 个字符的字符串，区分大小写。HTTP User Agent 信息包括硬件厂商信息、软件操作系统信息、浏览器信息、搜索引擎信息等内容。 **重定向 URL 匹配规则用于控制重定向用户的 HTTP 或 HTTPS 请求，该匹配规则可匹配用户的 Web 请求地址或者用户的终端信息。为了让用户能够成功访问重定向后的地址，需要通过 portal free-rule** 命令配置免认证规则，确认去往该地址的 HTTP 或 HTTPS 请求报文。与 **url** 命令不同的是，本命令的重定向匹配规则可以灵活地进行地址重定向，而 **url** 命令一般只用于将用户的 HTTP 或 HTTPS 请求重定向到 Portal Web 服务器进行 Portal 认证。在二者同时存在时，本命令优先进行地址的重定向。 默认情况下，不存在重定向 URL 的匹配规则

Portal Web 服务器包括以下配置任务。

① 配置 Portal Web 服务器基本参数。

②（可选）开启 Portal 被动 Web 认证功能。

iOS（苹果）系统或者部分 Android（安卓）系统的用户接入已开启 Portal 认证的网络后，设备会主动向这类用户终端推送 Portal 认证页面。开启 Portal 被动 Web 认证功能后，仅在这类用户使用浏览器访问 Internet 时，设备才会为其推送 Portal 认证页面。

③（可选）配置重定向 URL 的匹配规则。

重定向 URL 匹配规则用于控制重定向用户的 HTTP 或 HTTPS 请求，该匹配规则可匹配用户的 Web 请求地址或者用户的终端信息。与 **url** 命令不同的是，重定向匹配规则可以灵活地进行地址重定向，而 **url** 命令一般只用于将用户的 HTTP 或 HTTPS 请求重定向到 Portal Web 服务器进行 Portal 认证。在二者同时存在时，**if-match** 命令优先进行地址重定向。

8.2.5 开启 Portal 认证并引用 Portal Web 服务器

本项配置任务无论是采用本地 Portal 服务器，还是远程 Portal 服务器（包括远程 Portal 认证服务器和 Portal Web 服务器），二者均需要配置。只有在用户接入设备接口上开启了 Portal 认证，对接入用户的 Portal 认证功能才能生效。

另外，还需要在用户接入设备接口上引用指定的 Portal Web 服务器，这样接入设备才会将 Portal 用户的 HTTP 请求报文重定向到该 Web 服务器。一个接口可以同时引用一个 IPv4 Portal Web 服务器和一个 IPv6 Portal Web 认证服务器。

开启 Portal 认证并引用 Portal Web 服务器的配置步骤见表 8-5。

表 8-5　开启 Portal 认证并引用 Portal Web 服务器的配置步骤

步骤	命令	说明
1	**system-view**	进入系统视图
2	**interface** *interface-type interface-number* 例如，[Sysname] **interface** vlan-interface 100	进入要启用 Portal 认证的接口（只能是三层接口）视图
3	**portal** [**ipv6**] **enable method** { **direct** | **layer3** | **redhcp** } 例如，[Sysname-Vlan-interface100] **portal enable method direct**	在以上接口上开启 Portal 认证功能，并指定认证方式。 ● **ipv6**：可选项，表示为 IPv6 Portal 认证。不指定该选项时，则表示为 IPv4 Portal 认证。开启 IPv6 Portal 认证功能之前，需要保证设备支持 IPv6 ACL 和 IPv6 转发功能。允许在接口上同时开启 IPv4 Portal 认证和 IPv6 Portal 认证功能。 ● **direct**：多选一选项，指定采用直接认证方式。 ● **layer3**：多选一选项，指定采用可跨三层认证方式。 ● **redhcp**：多选一选项，指定采用二次地址分配认证方式。**此方式仅适用于 IPv4 Portal 认证。** **不能通过重复执行本命令来修改 Portal 认证方式。**如果需要修改 Portal 认证方式，则必须先通过 **undo portal** [**ipv6**] **enable** 命令取消 Portal 认证功能，再重新执行该命令进行配置。 默认情况下，Portal 认证功能处于关闭状态
4	**portal** [**ipv6**] **apply web-server** *server-name* [**fail-permit**] 例如，[Sysname-Vlan-interface100] **portal apply web-server** wbs	在以上接口上引用 Portal Web 服务器，并将连接在该接口上的 Portal 用户的 HTTP 请求报文重定向到该 Web 服务器。 ● **ipv6**：可选项，表示指定的是 IPv6 Portal Web 服务器。如果不指定该选项，则表示指定的是 IPv4 Portal Web 服务器。 ● *server-name*：被引用的 Portal Web 服务器的名称，为 1～32 个字符的字符串，区分大小写，且必须已经存在。 ● **fail-permit**：可选项，开启当 Portal Web 服务器不可达时的 Portal 用户逃生功能，即设备探测到 Portal Web 服务器不可达时，取消接口上的 Portal 认证功能，允许用户不经过 Portal 认证即可自由访问网络。不选择该可选项时，在该接口上不启用 Portal 用户逃生功能，即当 Portal Web 服务器不可达时，不允许访问网络。 默认情况下，未引用 Portal Web 服务器

在接口上开启 Portal 认证时，需要注意以下事项。

① Super VLAN 接口和 Primary VLAN 接口上配置的 Portal 认证功能不会生效。

② 在 DHCPv6 中继组网环境中，如果同时开启可跨三层 IPv6 Portal 认证方式，需

要将 DHCPv6 服务器的 IPv6 地址配置为免认证规则的目标 IPv6 地址。

③ 在开启二次地址分配方式的 Portal 认证之前，需要保证开启 Portal 的接口已配置或者获取了合法的 IP 地址。

④ 不要将开启 Portal 功能的以太网接口加入聚合组。

⑤ 当接入设备和 Portal 用户之间跨越三层设备时，只能配置可跨三层 Portal 认证方式（layer3），但可跨三层 Portal 认证方式并不强制要求接入设备与 Portal 用户之间必须跨越三层设备。

⑥ 为保证只有合法用户才能接入网络，建议使用二次地址分配认证方式的 Portal 认证时，接口上同时配置授权 ARP 功能。此时，系统会禁止该接口动态学习 ARP 表项，只有通过 DHCP 合法分配到公网 IP 地址的用户的 ARP 报文才能被学习。

⑦ 为了确保 Portal 用户能在开启二次地址分配认证方式的接口上成功进行 Portal 认证，必须确保 Portal 认证服务器上指定的设备 IP 地址与设备 BAS-IP 或 BAS-IPv6 属性值保持一致。可以通过 **portal** { **bas-ip** *ipv4-address* | **bas-ipv6** *ipv6-address* } 命令来配置该属性值。对于响应类报文 IPv4/IPv6 Portal，报文中的 BAS-IP 属性为报文的源 IPv4/IPv6 地址；对于通知类报文 IPv4/IPv6 Portal，报文中的 BAS-IP 属性为出接口的 IPv4/IPv6 地址。

⑧ 使用 iMC 的 Portal 认证服务器时，如果 Portal 服务器上指定的设备 IP 地址不是设备上 Portal 报文出接口的 IP 地址，则开启 Portal 认证的接口上必须配置 BAS-IP 或者 BAS-IPv6 属性（通常为开启了 Portal 认证功能的三层接口 IP 地址）。

⑨ IPv6 Portal 服务器不支持二次地址分配方式的 Portal 认证。

⑩ 允许在接口上同时开启 IPv4 Portal 认证和 IPv6 Portal 认证。

8.2.6 控制 Portal 用户的接入

在控制 Portal 用户的接入方面，可选择配置以下功能，无论是采用本地 Portal 认证，还是远程 Portal 认证，二者均可根据需要选择配置，包括指定 Portal 用户使用的认证域、配置 Portal 认证前用户使用的认证域、配置 Portal 认证前用户使用的地址池、配置免认证规则、配置源/目标认证网段、配置 Portal 支持 Web 代理、配置 Portal 最大用户数、配置 Portal 授权信息严格检查模式、配置 Portal 仅允许 DHCP 用户上线、配置 Portal 用户漫游功能、配置 Portal 用户逃生功能，以及强制在线 Portal 用户下线，具体说明如下。

1. 指定 Portal 用户使用的认证域

认证域是指 ISP 域，在 ISP 域中可以配置 AAA 认证、授权和计费方案，具体参见本书第 6 章。每个 Portal 用户都属于一个认证域，在其所属的认证域内进行认证、授权和计费。

在开启了 Portal 认证功能的三层接口视图下通过 **portal domain** *domain-name* 命令或 **portal ipv6 domain** *domain-name* 命令配置 Portal 用户使用的认证域，使所有从该接口接入的 Portal 用户被强制使用指定的认证域来进行认证、授权和计费。这样，即使 Portal 用户登录时输入的用户名中携带的域名相同，接入设备的管理员也可以通过该配置使不同接口上接入的 Portal 用户能够使用不同的认证域和不同的 AAA 策略，从而提高管理员部署 Portal 接入策略的灵活性。从指定接口上接入的 Portal 用户将按照接口上指定的 Portal 用户使用的 ISP 域→用户名中携带的 ISP 域→系统默认的 ISP 域先后顺序选择认证域。

接口上可以同时指定 IPv4 Portal 用户和 IPv6 Portal 用户的认证域。对于认证域中指定的授权 ACL（参见第 6 章 6.2 节），需要注意以下事项。

① 如果有流量匹配上授权 ACL 中的规则，那么设备按照规则中指定的 permit（允许）或 deny（拒绝）动作进行处理。如果没有流量匹配上授权 ACL 中的规则，那么设备允许所有报文通过，用户可以直接访问网络。

② 如果需要禁止未匹配上授权 ACL 中规则的报文通过，那么必须确保授权 ACL 中的最后一条规则为拒绝所有流量（由 **rule deny ip** 命令配置）。

③ 该授权 ACL 规则中不要配置源 IPv4/IPv6 地址或源 MAC 地址过滤信息，否则，可能会导致引用该 ACL 的用户不能正常上线。

2. 配置 Portal 认证前用户使用的认证域

对于通过 DHCP 或 DHCPv6 获取 IP 地址的 Portal 用户，在直接认证方式或者二次地址分配认证方式中，可以为用户配置认证前使用的认证域，以便这类用户在通过 Portal 认证前可以被授予认证前 ISP 域内配置的相关授权属性（例如 ACL、User Profile 和 CAR），并根据授权信息获得相应的网络访问权限。如果这些 DHCP 用户后续触发了新的 Portal 认证，则在认证成功之后会被 AAA 下发新的授权属性所取代。但是如果该用户下线，则又被重新授予认证前域中的授权属性，继续访问认证前 ISP 域中允许访问的网络资源。

在三层接口视图下通过 **portal [ipv6] pre-auth domain** *domain-name* 命令配置 Portal 认证前用户使用的认证域。在配置 Portal 认证前域时，请确保被引用的 ISP 域已创建。如果 Portal 认证前域引用的 ISP 域不存在，或者引用过程中该 ISP 域被删除后，又重新创建该域，则必须先删除 Portal 认证前域（执行 **undo portal [ipv6] pre-auth domain** 命令）配置，然后再重新配置认证前域。

该配置只对采用 DHCP 或 DHCPv6 分配 IP 地址的用户生效，在可跨三层认证方式的接口上不生效。对于认证前域中指定的授权 ACL，需要注意以下事项。

① 如果该授权 ACL 不存在，或者配置的规则中允许访问的目标 IP 地址为"any"（任意），则表示不对用户的访问进行限制，用户可以直接访问网络。

② 如果该授权 ACL 中没有配置任何规则，则表示对用户的所有访问进行限制，用户需要通过认证才可以访问网络。

③ 该授权 ACL 中不要配置源 IP 地址和源 MAC 地址信息，否则，该授权 ACL 下发后将可能导致用户不能正常上线。

3. 配置 Portal 认证前用户使用的地址池

在直接认证方式中，用户在进行 Portal 认证前需要通过 DHCP 获取 IP 地址，因此，必须在用户进行 Portal 认证之前为其分配一个 IP 地址。用户可在开启了 Portal 认证功能的接口视图下，通过 **portal [ipv6] pre-auth ip-pool** *pool-name* 命令配置 Portal 认证前用户使用的 DHCP 或 DHCPv6 地址池。

Portal 用户接入开启了 Portal 认证功能的三层接口后，会按照下面的规则为其分配

IP 地址。

① 如果设备三层接口上配置了 IP 地址，则存在以下两种情况。

一是当没有配置认证前使用的地址池时，用户可以使用客户端上静态配置的 IP 地址，或者通过 DHCP 获取分配的 IP 地址。

二是当配置了认证前使用的地址池时，DHCP 用户从指定的认证前地址池中为其分配 IP 地址，静态 IP 地址用户仍使用原来的 IP 地址。

② 如果设备三层接口上没有配置 IP 地址，则存在以下两种情况。

一是配置了认证前使用的地址池，DHCP 用户从指定的认证前地址池中为其分配 IP 地址，静态 IP 地址用户无法认证成功。

二是没有配置认证前使用的地址池，用户无法进行认证。

配置 Portal 认证前用户使用的地址池时，需要注意以下事项。

① **仅当接口使用直接认证方式的情况时，本配置才能生效。**

② 指定的认证前地址池必须存在且配置完整，否则，无法为 Portal 用户分配 IP 地址，并导致用户无法进行 Portal 认证。

③ 如果 Portal 用户不进行认证，或认证失败，则已分配的 IP 地址不会被收回。

4. 配置免认证规则

免认证规则是让特定的用户不需要通过 Portal 认证即可访问外网特定资源的规则。免认证规则的配置步骤见表 8-6，设置规则匹配项，具体包括主机名、IP 地址、TCP/UDP 端口号、MAC 地址、所连接设备的接口和 VLAN 等。只有符合免认证规则的用户报文不会触发 Portal 认证，才可以直接访问指定的网络资源。

在配置免认证规则时，需要注意以下事项。

① 如果免认证规则中同时配置了接口和 VLAN，则要求接口属于指定的 VLAN，否则，该规则无效。

② 相同内容的免认证规则不能重复配置，否则，提示免认证规则已存在或重复。

③ 无论接口上是否开启 Portal 认证，只能添加或者删除免认证规则，不能修改。

表 8-6　免认证规则的配置步骤

步骤	命令	说明
1	**system-view**	进入系统视图
2	**portal free-rule** *rule-number* **destination ip** { *ipv4-address* { *mask-length* | *mask* } | **any** } [**tcp** *tcp-port-number* | **udp** *udp-port-number*] | **source ip** { *ipv4-address* { *mask-length* | *mask* } | **any** } [**tcp** *tcp-port-number* | **udp** *udp-port-number*] * [**interface** *interface-type interface-number*] 例如，[Sysname] **portal free-rule** 1 **destination ip** 20.20.20.1 32 **tcp** 23 **source ip** 10.10.10.1 24 **interface** vlan-interface 1	（可选）配置基于 IP 地址的 Portal 免认证规则。 • *rule-number*：指定免认证规则编号，取值为 0~4294967295。 • **destination ip**：可多选参数，指定目标 IPv4 地址信息。 • **destination ipv6**：可多选参数，指定目标 IPv6 地址信息。 • **source ip**：可多选参数，指定源 IPv4 地址信息。 • **source ipv6**：可多选参数，指定源 IPv6 地址信息。 • *ipv4-address*：指定免认证规则中源或目标 IPv4 地址，与 **any** 选项是二选一的关系。 • { *mask-length* | *mask* }：指定免认证规则中源或目标 IPv4 地址的掩码长度或掩码。 • *ipv6-address*：指定免认证规则中源或目标 IPv6 地址，与 **any** 选项是二选一的关系

步骤	命令	说明
2	**portal free-rule** *rule-number* { **destination ipv6** { *ipv6-address prefix-length* | **any** } [**tcp** *tcp-port-number* | **udp** *udp-port-number*] | **source ipv6** { *ipv6-address prefix-length* | **any** } [**tcp** *tcp-port-number* | **udp** *udp-port-number*] } * [**interface** *interface-type interface-number*] 例如，[Sysname] **portal free-rule 2 destination ipv6** 2001::1 128 **tcp** 23 **source ipv6** 2000::1 64 **interface** vlan-interface 1	• *prefix-length*：指定免认证规则中源或目标 IPv6 地址的前缀长度，取值为 0～128。 • **any**：代表任意 IPv4 或 IPv6 地址，与 *ipv4-address* 或 *ipv6-address* 参数是二选一的关系。 • *tcp-port-number*：二选一参数，指定免认证规则中源或目标 TCP 端口号，取值为 0～65535。 • *udp-port-number*：二选一参数，指定免认证规则中源或目标 UDP 端口号，取值为 0～65535。 • **interface** *interface-type interface-number*：可选参数，指定免认证规则生效的三层接口。 【说明】如果免认证规则中同时配置了源端口号和目标端口号，则要求源和目标端口号所属的传输层协议类型保持一致。在没有指定三层接口的情况下，免认证规则对所有开启 Portal 的接口生效；指定三层接口的情况下，免认证规则只对指定的三层接口生效。 默认情况下，不存在基于 IPv4 地址和 IPv6 地址的 Portal 免认证规则
3	**portal free-rule** *rule-number* **source** { **interface** *interface-type interface-number* | **mac** *mac-address* | **vlan** *vlan-id* } * 例如，[Sysname] **portal free-rule 3 source mac** 1-1-1 **vlan** 10	（可选）配置基于源 Portal 免认证规则。这里的"源"可以是源 MAC 地址、源接口或者源 VLAN。 • *rule-number*：指定免认证规则编号，取值为 0～4294967295。 • **interface** *interface-type interface-number*：可多选参数，指定应用免认证规则的二层源接口。 • **mac** *mac-address*：可多选参数，指定免认证规则中的源 MAC 地址，为 H-H-H 的形式。 • **vlan** *vlan-id*：可多选参数，指定免认证规则中的源 VLAN 编号，仅对通过该 VLAN 接口接入的 Portal 用户生效。 【注意】如果免认证规则中同时指定了源 VLAN 和二层源接口，则要求该接口属于对应的 VLAN，否则，该规则无效。 默认情况下，不存在基于源 Portal 免认证规则
4	**portal free-rule** *rule-number* **destination** *host-name* 例如，[Sysname] **portal free-rule 4 destination** www.abc.com	（可选）配置基于目标 Portal 免认证规则。这里的"目标"是指主机名。 • *rule-number*：指定免认证规则编号，取值为 0～4294967295。 • *host-name*：指定目标主机名，为 1～253 个字符的字符串，不区分大小写，字符串中可以包含字母、数字、"-""＿"". "和通配符"*"，但不能为"i""ip""ipv"和"ipv6"。 【说明】基于目标 Portal 免认证规则支持如下两种配置方式。 ① 精确匹配：即完整匹配主机名。例如配置的主机名为 abc.com.cn，其含义为只匹配 abc.com.cn 的主机名，如果报文中携带的主机名为 dfabc.com.cn，则匹配失败。 ② 模糊匹配：即使用通配符配置主机名，通配符只能位于主机名字符串之首或末尾，例如配置的主机名为*abc.com.cn、abc*和*abc*，其含义分别为匹配所有以 abc.com.cn 结尾的主机名、匹配所有以 abc 开头的主机名

续表

步骤	命令	说明
4	**portal free-rule** *rule-number* **destination** *host-name* 例如，[Sysname] **portal free-rule** 4 **destination** www.abc.com	和匹配所有含有 abc 字符串的主机名。通配符 "*" 表示任意个数的字符，设备会将已配置的多个连续的通配符识别为一个通配符，但配置的主机名不能只有通配符。 目前，只有用户浏览器发起的 HTTP/HTTPS 请求报文才支持模糊匹配的免认证规则。配置本功能前，请确保组网中已部署 DNS 服务器。 默认情况下，不存在基于目标 Portal 免认证规则

5. 配置源/目标认证网段

在开启了 Portal 认证的三层接口视图下通过 **portal layer3 source** *ipv4-network-address* { *mask-length* | *mask* }命令或 **portal ipv6 layer3 source** *ipv6-network-address prefix-length* 命令可配置源认证 IPv4 或 IPv6 网段，仅允许在源认证网段范围内的用户 HTTP 报文触发 Portal 认证。如果未认证用户的 HTTP 报文既不满足免认证规则，又不在源认证网段内，则被接入设备丢弃。

默认情况下，没有配置 IPv4 Portal 和 IPv6 Portal 源认证网段，表示对任意 IPv4、IPv6 用户都进行 Portal 认证。

在开启了 Portal 认证的三层接口视图下可通过 **portal free-all except destination** *ipv4-network-address* { *mask-length* | *mask* }命令或 **portal ipv6 free-all except destination** *ipv6-network-address prefix-length* 命令配置目标认证网段，实现仅对要访问指定目标网段（除免认证规则中指定的目标 IP 地址或网段）的用户进行 Portal 认证，用户访问非目标认证网段时不需要认证，可直接访问。

默认情况下，没有配置 IPv4 Portal 或 IPv6 Portal 目标认证网段，表示对访问任意目标网段的用户都进行 Portal 认证。

在配置源/目标认证网段时，需要注意以下事项。

① 源认证网段配置仅对可跨三层 Portal 认证有效。

② 如果接口上同时配置了源认证网段和目标认证网段，则源认证网段的配置不会生效。

③ 设备上可以配置多条源或目标认证网段。如果配置的源或目标认证网段地址范围有所覆盖或重叠，则其中地址范围最大（子网掩码或地址前缀最小）的一条源或目标认证网段配置生效。

6. 配置 Portal 支持 Web 代理

默认情况下，设备只允许未配置 Web 代理服务器的用户浏览器发起的 HTTP 请求触发 Portal 认证。如果用户使用配置了 Web 代理服务器的浏览器上网，则用户的这类 HTTP 请求报文将被丢弃，不能触发 Portal 认证。这种情况下，网络管理员可以通过在设备系统视图下的 **portal web-proxy port** *port-number* 命令中添加 Web 代理服务器的 TCP 端口号（TCP 端口不能是 443 端口），使配置了 Web 代理服务器的用户浏览器发起的 HTTP 请求也可以触发 Portal 认证。

在配置 Portal 认证 Web 代理服务器端口号时，需要注意以下事项。

① 如果用户浏览器采用 Web 代理服务器自动发现（Web Proxy Auto-Discovery，WPAD）方式自动配置 Web 代理，则不仅需要网络管理员在设备上添加 Web 代理服务器端口，还需要配置免认证规则，允许目标 IP 地址为 WPAD 主机 IP 地址的用户报文免认证。

② 除了需要网络管理员在设备上添加指定的 Web 代理服务器端口，还需要用户在浏览器上将 Portal 认证服务器的 IP 地址配置为 Web 代理服务器的额外地址，避免 Portal 用户发送给 Portal 认证服务器的 HTTP 报文被发送到 Web 代理服务器上，从而影响正常的 Portal 认证。

7. 配置 Portal 最大用户数

因为设备资源有限，所以有时需要限制通过 Portal 认证接入的用户数。Portal 最大用户数可以在全局系统视图下通过 **portal max-user** *max-number* 命令对 IPv4 和 IPv6 用户数统一配置，也可以在特定接口视图下通过 **portal** { **ipv4-max-user** | **ipv6-max-user** | **max-user** } *max-number* 命令分别针对 IPv4 和 IPv6 用户数进行配置。

① **ipv4-max-user**：多选一选项，表示接口上允许的最大 IPv4 Portal 用户数。

② **ipv6-max-user**：多选一选项，表示接口上允许的最大 IPv6 Portal 用户数。

③ **max-user**：多选一选项，表示接口上允许的最大 Portal 用户数。

④ *max-number*：指定允许同时在线的最大 Portal 用户数，取值为 1～4294967295。

在配置 portal 最大用户数时，需要注意以下事项。

① 如果配置的全局 Portal 最大用户数小于当前已经在线的 Portal 用户数，则配置可以执行成功，且已在线 Portal 用户不受影响，但系统将不允许新的 Portal 用户接入。

② 建议将全局最大 Portal 用户数配置为所有开启 Portal 的接口上的最大 IPv4 Portal 用户数和最大 IPv6 Portal 用户数之和，但不超过整机最大 Portal 用户数，否则，会有部分 Portal 用户因为整机最大用户数已达到上限而无法上线。

③ 如果接口上配置的 Portal 最大用户数小于当前接口上已经在线的 Portal 用户数，则配置可以执行成功，且已在线 Portal 用户不受影响，但系统将不允许新的 Portal 用户从该接口接入。

④ 建议接口上配置的最大 IPv4 Portal 用户数和最大 IPv6 Portal 用户数之和不超过配置的接口最大 Portal 用户数，否则，会有部分 Portal 用户因为接口最大用户数已达到上限而无法上线。

8. 配置 Portal 授权信息严格检查模式

默认情况下，接口处于 Portal 授权信息的非严格检查模式。在该模式下，当认证服务器下发的授权 User Profile 在设备上不存在，或者设备下发 User Profile 失败时，允许 Portal 用户在线。当认证服务器下发的授权 ACL 在设备上不存在，或者下发失败时，设备将强制 Portal 用户下线。

在开启了 Portal 认证功能的三层接口视图下通过 **portal authorization** { **acl** | **user-profile** } **strict-checking** 命令配置 Portal 授权信息严格检查模式后，仅允许接口上成功下发了指定授权信息的用户在线。

① **acl**：二选一选项，表示开启对授权 ACL 的严格检查。

② **user-profile**：二选一选项，表示开启对授权 User Profile 的严格检查。

9. 配置 Portal 仅允许 DHCP 用户上线

为了保证只有合法 IP 地址的用户才能够接入，可以在开启了 Portal 认证功能的三层接口视图下，通过 **portal [ipv6] user-dhcp-only** 命令配置仅允许 DHCP 或 DHCPv6 用户上线功能，但不影响已在线的用户。默认情况下，通过 DHCP 方式获取 IP 地址的客户端和配置静态 IP 地址的客户端都可以上线。

10. 配置 Portal 用户漫游功能

Portal 用户漫游功能是允许用户在同属一个 VLAN 中的各接口上移动接入，即只要 Portal 用户在某 VLAN 接口通过认证，就可以在该 VLAN 内的任何二层端口上访问网络资源，且不需要重复认证。用户可以在系统视图下执行 **portal roaming enable** 命令，全局开启 Portal 用户漫游功能。

在配置 Portal 用户漫游功能时，需要注意以下事项。

① 该功能只对通过 VLAN 接口上线的用户有效，对于通过普通三层接口上线的用户无效。默认情况下，如果 VLAN 接口未开启该功能，则在线用户在同一个 VLAN 内其他端口接入时，将无法访问外部网络资源，必须在原端口正常下线之后，才能在其他端口重新认证上线。

② 设备上有用户在线或认证前域用户的情况下，不能配置此功能。

11. 配置 Portal 用户逃生功能

Portal 用户逃生功能是指，当接入设备探测到 Portal 认证服务器，或者 Portal Web 服务器不可达（**并不是认证失败**）时，可取消接口上的认证功能，允许 Portal 用户不经过认证即可访问网络资源。Portal 用户逃生功能的配置步骤见表 8-7。

表 8-7　Portal 用户逃生功能的配置步骤

步骤	命令	说明
1	**system-view**	进入系统视图
2	**interface** *interface-type interface-number* 例如，[Sysname] **interface** vlan-interface 100	进入要启用 portal 认证的**三层接口**的接口视图
3	**portal [ipv6] fail-permit server** *server-name* 例如，[Sysname-Vlan-interface100] **portal fail-permit server** pts1	（可选）开启 Portal 认证服务器不可达时的 Portal 用户逃生功能。 • **ipv6**：可选项，表示后面 *server-name* 参数指定的是 IPv6 Portal 认证服务器。如果不指定该可选项，则表示指定的是 IPv4 Portal 认证服务器。 • *server-name*：指定要开启 Portal 用户逃生功能的 Portal 认证服务器的名称，为 1～32 个字符的字符串，**区分大小写**。 一个接口上，最多同时可以开启一个 Portal 认证服务器不可达时的 Portal 用户逃生功能和一个 Portal Web 服务器不可达时的 Portal 用户逃生功能。 默认情况下，设备探测到 Portal 认证服务器不可达时，不允许 Portal 用户逃生

步骤	命令	说明
4	**portal** [**ipv6**] **apply web-server** *server-name* **fail-permit** 例如，[Sysname-Vlan-interface100] **portal apply web-server** wbs **fail-permit**	（可选）开启 Portal Web 服务器不可达时的 Portal 用户逃生功能。 • **ipv6**：可选项，表示后面 *server-name* 参数指定的是 IPv6 Portal Web 服务器。如果不指定该可选项，则指定的是 IPv4 Portal Web 服务器。 • *server-name*：指定被引用的 Portal Web 服务器的名称，为 1～32 个字符的字符串，区分大小写。 • **fail-permit**：开启 *server-name* 参数指定的 Portal Web 服务器不可达时的 Portal 用户逃生功能，即设备探测到该 Portal Web 服务器不可达时，取消接口上的 Portal 认证功能，允许用户不经过 Portal 认证即可自由访问网络。 如果接口上同时开启了 Portal 认证服务器逃生功能和 Portal Web 服务器逃生功能，则当任意一个服务器不可达时，即取消接口 Portal 认证功能，当两个服务器均恢复正常通信后，再重新启动 Portal 认证功能。 默认情况下，设备探测到 Portal Web 服务器不可达时，不允许 Portal 用户逃生

12. 强制在线 Portal 用户下线

在系统视图下通过 **portal delete-user** { *ipv4-address* | **all** | **interface** *interface-type interface-number* | **ipv6** *ipv6-address* | **mac** *mac-address* }命令强制指定 IPv4，或 IPv6 地址、MAC 地址，或指定接口下接入的在线 Portal 用户，或所有在线 Portal 用户下线，只对这些用户的 Portal 认证过程，或者将已经通过认证的 Portal 用户删除。

① *ipv4-address*：多选一参数，指定要强制下线的在线 Portal 用户的 IPv4 地址。

② **all**：多选一选项，强制所有接口下的在线 IPv4 Portal 用户和 IPv6 Portal 用户下线。

③ **interface** *interface-type interface-number*：多选一参数，强制下线指定接口下的所有在线 Portal 用户，包括 IPv4 Portal 用户和 IPv6 Portal 用户。

④ **ipv6** *ipv6-address*：多选一参数，指定强制下线的在线 IPv6 Portal 用户的 IPv6 地址。

⑤ **mac** *mac-address*：多选一参数，指定强制下线的在线 Portal 用户的 MAC 地址。

8.2.7　配置 Portal 探测功能

Portal 探测功能包括对用户在线状态的探测、对 Portal 认证服务器可达性探测、对 Portal Web 服务器可达性探测，以及 Portal 用户信息同步功能 4 个方面。

1. 配置 Portal 用户在线状态的探测功能

Portal 用户在线状态的探测功能处于 IPv4 网络中，采用的是发送 ARP 或 ICMP 请求报文，在 IPv6 网络中，采用的是发送邻居发现（Neighbor Discovery，ND）或 ICMPv6 请求报文。

当采用 ICMP/ICMPv6 请求报文进行探测时，如果设备发现在一定时间内接口上没有收到某 Portal 用户的报文，则会向该用户定期发送基于 ICMP/ICMPv6 的探测报文。如果在指定探测次数之内，设备收到了该用户的响应报文，则认为用户在线，且停止发送探测报文，否则，强制该用户下线。

当采用 ARP/ND 请求报文进行探测时，如果设备发现在一定时间内接口上未收到某 Portal 用户的报文，则会向该用户发送 ARP/ND 请求报文。设备定期检测用户的 ARP/ND 表项是否被刷新过，如果在指定探测次数内用户 ARP/ND 表项被刷新过，则认为用户在线，且停止检测用户 ARP/ND 表项，否则，强制该用户下线。

【注意】ARP 和 ND 控制方式只适用于直接方式和二次地址分配方式的 Portal 认证。ICMP/ICMPv6 方式的探测适用于所有 Portal 认证方式。

在开启了 Portal 认证功能的三层接口视图下通过 **portal user-detect type** { **arp** | **icmp** } [**retry** *retries*] [**interval** *interval*] [**idle** *time*]命令或 **portal ipv6 user-detect type** { **icmpv6** | **nd** } [**retry** *retries*] [**interval** *interval*] [**idle** *time*]命令开启 IPv4 或 IPv6 Portal 用户在线探测功能。

① **arp**：二选一选项，表示采用 ARP 探测方式。

② **icmp**：二选一选项，表示采用 ICMP 探测方式。

③ **icmpv6**：二选一选项，表示采用 ICMPv6 探测方式。

④ **nd**：二选一选项，表示采用 ND 探测方式。

⑤ **retry** *retries*：可选参数，指定连续探测的最多次数，取值为 1~10，默认值为 3。

⑥ **interval** *interval*：可选参数，指定相邻探测之间的时间间隔，取值为 1~1200，单位为 s，默认值为 3。

⑦ **idle** *time*：可选参数，指定用户在线探测闲置时长，即闲置多长时间后发起探测，取值为 60~3600，单位为 s，默认值为 180。

2. 配置 Portal 认证服务器可达性探测功能

在 Portal 认证的过程中，如果接入设备与 Portal 认证服务器的通信中断，则会导致新用户无法上线和已经在线的 Portal 用户无法正常下线的问题。为了解决这些问题，需要接入设备能够及时探测到 Portal 认证服务器可达状态的变化，并能触发执行相应的操作来应对这种变化带来的影响。

开启 Portal 认证服务器可达性探测功能后，接入设备会定期检测 Portal 认证服务器发送的报文（例如用户上线报文、用户下线报文、心跳报文）来判断服务器的可达状态。如果接入设备在指定的探测超时时间（由 **timeout** *timeout* 参数指定）内收到 Portal 报文，验证其正确，则认为此次探测成功，且 Portal 认证服务器可达，否则，认为此次探测失败，服务器不可达。**但本功能仅在 Portal 认证服务器支持心跳功能（目前，仅 iMC 的 Portal 认证服务器支持）时才有效。**

Portal 认证服务器可达性探测功能的开启是在 Portal 认证服务器视图（通过 **portal server** *server-name* 命令进入）下，通过 **server-detect** [**timeout** *timeout*] **log** 命令配置的。

① **timeout** *timeout*：可选参数，指定探测超时时间，取值为 10~3600，单位为 s，默认值为 60。**配置的探测超时时间必须大于 Portal 认证服务器上配置的逃生心跳间隔时间。**

② **log**：当发现 Portal 认证服务器可达或者不可达的状态改变时，发送日志信息。

日志信息中记录了 Portal 认证服务器名，以及该服务器改变前后的状态。

默认情况下，Portal 认证服务器可达性探测功能处于关闭状态。

3．配置 Portal Web 服务器可达性探测功能

在 Portal 认证的过程中，如果接入设备与 Portal Web 服务器的通信中断，同样无法完成整个认证过程，因此，必须对 Portal Web 服务器的可达性进行探测。

由于 Portal Web 服务器给用户提供 Web 服务，不需要和接入设备交互报文，所以无法通过发送某种协议报文的方式进行可达性探测。此时，只能由接入设备采用模拟用户进行 Web 访问的过程来实施探测，即接入设备主动向 Portal Web 服务器发起 TCP 连接，如果连接可以建立，则认为此次探测成功，且 Portal Web 服务器可达，否则，认为此次探测失败。

在 Portal Web 服务器视图（通过 **portal web-server** *server-name* 命令进入）下，通过 **server-detect** [**interval** *interval*] [**retry** *retries*] **log** 命令开启 Portal Web 服务器可达性探测功能。**仅在接入设备上配置了该 Portal Web 服务器的 URL 地址，且接入设备上存在开启了 Portal 认证的接口时，Portal Web 服务器可达性探测功能才生效。**

① **interval** *interval*：可选参数，指定相邻探测之间的时间间隔，取值为 10～1200，单位为 s，默认值为 20。

② **retry** *retries*：可选参数，指定连续探测的最多次数，取值为 1～10，默认值为 3。如果连续探测失败次数达到此值，则认为服务器不可达。

③ **log**：指定当 Portal Web 服务器可达或者不可达的状态改变时，发送日志信息，记录 Portal Web 服务器名，以及该服务器改变前后的状态。

4．配置 Portal 用户信息同步功能

为了解决接入设备与 Portal 认证服务器通信中断后，二者的 Portal 用户信息不一致的问题，可在接入设备上开启 Portal 用户信息同步功能。**但本功能仅当 Portal 认证服务器支持心跳功能（目前，仅 iMC 的 Portal 认证服务器支持）时才有效。**为了实现该功能，还需要在 Portal 认证服务器上选择支持用户心跳功能，且服务器上配置的用户心跳间隔要小于等于设备上配置的探测超时时间。

开启 Portal 用户信息同步功能后，Portal 认证服务器会周期性地将在线用户信息通过用户同步报文发送给接入设备，周期为 Portal 认证服务器上指定的用户心跳间隔值。接入设备在用户上线之后，即开启用户同步探测定时器，在收到用户同步报文后，将其中携带的用户列表信息与自己的用户列表信息进行对比。

① 如果发现同步报文中有接入设备上不存在的用户信息，则接入设备会将这些用户的 IP 地址封装在用户心跳回应报文中，发送给 Portal 认证服务器，由 Portal 认证服务器删除多余的用户。

② 如果接入设备发现某用户信息在一个用户同步报文的探测超时时间范围内，都未在该 Portal 认证服务器发送过来的用户同步报文中出现，则认为 Portal 认证服务器上已不存在该用户，接入设备将强制该用户下线。

③ 对于接入设备上多余的用户信息，即在探测用户同步报文的时间间隔到达后，被判定为 Portal 认证服务器上已不存在的用户信息，接入设备会在同步时间间隔到期后的某时刻将其删除。

在 Portal 认证服务器视图下通过 **user-sync timeout** *timeout* 命令开启 Portal 用户信息同步功能。参数 *timeout* 用来指定探测用户同步报文的时间间隔，取值为 60～18000，单位为 s。对同一服务器多次执行本命令，最后一次执行的命令生效。在接入设备上删除 Portal 认证服务器时，将会同时删除该服务器的用户信息同步功能配置。

默认情况下，Portal 认证服务器的 Portal 用户信息同步功能处于关闭状态。

以上各个 Portal 探测功能配置好后，可在任意视图下执行以下 **display** 命令查看相关信息，验证配置效果，执行以下 **reset** 命令，清除相关统计信息。

① **display portal interface** *interface-type interface-number*：查看指定接口上的 Portal 配置信息和 Portal 运行状态信息。

② **display portal packet statistics** [**server** *server-name*]：查看所有或指定 Portal 认证服务器的报文统计信息。

③ **display portal rule** { **all** | **dynamic** | **static** } **interface** *interface-type interface-number* [**slot** *slot-number*]：查看所有或指定用于报文匹配的 Portal 过滤规则信息。

④ **display portal server** [*server-name*]：查看 Portal 认证服务器信息。

⑤ **display portal user** { **all** | **interface** *interface-type interface-number* | **ip** *ipv4-address* | **ipv6** *ipv6-address* | **mac** *mac-address* | **pre-auth** [**interface** *interface-type interface-number* | **ip** *ipv4-address* | **ipv6** *ipv6-address*] } [**verbose**]：查看所有或指定 Portal 用户的信息。

⑥ **display portal web-server** [*server-name*]：查看所有或指定 Portal Web 服务器信息。

⑦ **display web-redirect rule interface** *interface-type interface-number* [**slot** *slot-number*]：查看指定接口上的 Web 重定向过滤规则信息。

⑧ **reset portal packet statistics** [**server** *server-name*]：清除所有或指定 Portal 认证服务器的报文统计信息。

8.2.8 本地 Portal 服务直接认证配置示例

本地 Portal 服务直接认证配置示例的拓扑结构如图 8-4 所示。用户主机静态配置了一公网 IP 地址，与交换机（SW）直接相连。SW 同时担当 Portal Web 服务器和 Portal 认证服务器角色，采用 RADIUS 服务器对用户进行认证、计费。现要求采用直接方式对用户进行 Portal 认证，在通过 Portal 认证前，用户只能访问 Portal Web 服务器。在通过 Portal 认证后，用户可以使用此 IP 地址访问非受限互联网资源。本地 Portal Web 服务器使用 HTTP 与客户端交互，监听 TCP 2000 端口。

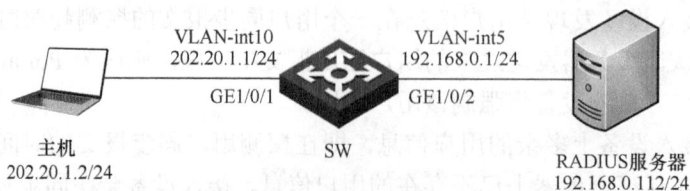

图 8-4　本地 Portal 服务直接认证配置示例的拓扑结构

1. 基本配置思路分析

本地 Portal 服务是由接入设备同时担当 Portal Web 服务器和 Portal 认证服务器角色，然后在连接用户的三层接口上开启 Portal 服务，引用本地 Portal Web 服务器。如果本地 Portal Web 服务器采用自定义认证页面文件，则还需要按照 8.2.2 节介绍的方法完成认证页面的编辑，并将文件上传到设备存储介质的根目录下。

在直接认证方式中，用户主机需静态配置或者通过 DHCP 服务器获取一个公网 IP 地址，在此假设用户是静态配置一个公网 IP 地址 202.20.1.2/24。另外，在直接认证方式中，默认的访问规则是认证前只能访问 Portal Web 服务器，符合本示例要求，因此，不需要另外配置认证前域，然后通过 ACL 进行授权。

AAA 服务器采用 RADIUS 服务器，需要创建用户认证域，并在其中指定采用 RADIUS 方案。在配置前需要完成 RADIUS 服务器上的配置，保证用户的认证、计费功能正常运行，RADIUS 服务器自身的具体配置在此不作介绍。

采用 AAA 认证，基本上都需要创建 ISP 域，即认证域，在其中配置具体的认证、授权和计费方案，除非直接采用默认的、名为 system 的 ISP 域，并且采用本地认证、授权和计费方案。

2. 具体配置步骤

① 创建 RADIUS 方案和认证域，并在认证域中引用 RADIUS 方案。

#---创建名称为 rs1 的 RADIUS 方案，在其中配置主认证或计费服务器的 IP 地址，以及与 RADIUS 服务器进行报文交互的共享密钥（假设为 radius，必须与 RADIUS 服务器上的共享密钥配置一致），具体配置如下。

```
<Switch> system-view
[Switch] radius scheme rs1
[Switch-radius-rs1] primary authentication 192.168.0.112 #---指定主 RADIUS 认证服务器 IP 地址为 192.168.0.112
[Switch-radius-rs1] primary accounting 192.168.0.112   #---指定主 RADIUS 计费服务器 IP 地址为 192.168.0.112
[Switch-radius-rs1] key authentication simple radius #---配置 RADIUS 认证共享密钥为 radius
[Switch-radius-rs1] key accounting simple radius     #---配置 RADIUS 计费共享密钥为 radius
```

#---配置发送给 RADIUS 服务器的用户名不携带 ISP 域名，具体配置如下。

```
[Switch-radius-rs1] user-name-format without-domain
[Switch-radius-rs1] quit
```

如果 RADIUS 服务器是在 iMC 系统中配置，则还需要开启 RADIUS 会话控制功能。iMC RADIUS 服务器使用 session control 报文向接入设备发送授权信息的动态修改请求，以及断开连接请求。开启 RADIUS session control 功能后，接入设备会打开 UDP 端口 1812 来监听并接收 RADIUS 服务器发送的 session control 报文，具体配置如下。

```
[Switch] radius session-control enable
```

#---创建认证域 dm1，并在其中指定采用前面配置的 RADIUS 方案，具体配置如下。

```
[Switch] domain dm1
[Switch-isp-dm1] authentication portal radius-scheme rs1
[Switch-isp-dm1] authorization portal radius-scheme rs1
[Switch-isp-dm1] accounting portal radius-scheme rs1
[Switch-isp-dm1] quit
[Switch] domain default enable dm1   #---指定认证域 dm1 作为接入用户的默认 ISP 域
```

② 配置本地 Portal 服务，指定交互协议和认证页面文件等参数。

#---创建本地 Portal Web 服务器，并指定使用 HTTP 与客户端交互认证信息，具体配

置如下。

```
[Switch] portal local-web-server http
```

#---配置本地 Portal Web 服务器提供的默认认证页面文件为 localpt.zip（该文件必须已配置好，且已上传保存在设备的存储介质的根目录下），具体配置如下。

```
[Switch-portal-local-websvr-http] default-logon-page localpt.zip
```

#---配置本地 Portal Web 服务器 HTTP 服务监听的 TCP 端口号为 2000，具体配置如下。

```
[Switch-portal-local-webserver-http] tcp-port 2000
[Switch-portal-local-websvr-http] quit
```

③ 开启 Portal 认证并引用本地 Portal Web 服务器。

#---创建名为 ptw 的 Portal Web 服务器，指定其 URL 为 http://202.20.1.1:2000/portal。其中，202.20.1.1 是开启 Portal 认证功能的三层接口 Vlan-interface10 的 IP 地址，2000 是 Portal Web 服务器上 HTTP 服务监听的 TCP 端口号，具体配置如下。

```
[Switch] portal web-server ptw
[Switch-portal-websvr-ptw] url http://202.20.1.1:2000/portal
[Switch-portal-websvr-ptw] quit
```

#---创建 VLAN5 和 VLAN10，把 GE1/0/2 端口以 Access 类型加入 VLAN5 中，把 GE1/0/1 端口以 Access 类型加入 VLAN10 中，并为这两个 VLAN 接口配置对应的 IP 地址，具体配置如下。

```
[Switch] vlan5
[Switch-VLAN5] port gigabitethernet1/0/2
[Switch-VLAN5] quit
[Switch] vlan10
[Switch-VLAN10] port gigabitethernet1/0/1
[Switch-VLAN10] quit
[Switch] interface vlan-interface 5
[Switch-VLAN-interface5] ip address 192.168.0.1 24
[Switch-VLAN-interface5] quit
[Switch] interface vlan-interface 10
[Switch-VLAN-interface10] ip address 202.20.1.1 24
[Switch-VLAN-interface10] quit
```

#---在 Vlan-interface10 上开启直接认证方式的 Portal 认证，并引用本地 Portal Web 服务器，具体配置如下。

```
[Switch] interface vlan-interface 10
[Switch-VLAN-interface10] portal enable method direct
[Switch-VLAN-interface10] portal apply web-server ptw
[Switch-VLAN-interface10] quit
```

3. 配置结果验证

以上配置完成后，执行 **display portal interface** vlan-interface 10 命令的输出如图 8-5 所示。从输出中可以看出，在 Vlan-interface10 上已开启（Enabled 状态）Portal 认证功能，采用直接（Direct）认证方式，引用本地 Portal Web 服务器名称为 ptw。

使用本地 Portal Web 服务器进行 Portal 认证时，只支持通过网页方式进行 Portal 认证。用户在通过认证前，只能访问 Portal Web 服务器上的认证页面 http://202.20.1.1:2000/portal，且发起的 Web 访问均被重定向到该认证页面，仅在通过认证后方可访问非受限的互联网资源。在 Portal 用户认证通过后，可通过执行 **display portal user interface** vlan-interface 10 命令查看生成的 Portal 在线用户信息。

```
[Switch]display portal interface vlan-interface 10
Portal information of Vlan-interface10
    NAS-ID profile: Not configured
    Authorization : Strict checking
    ACL          : Disable
    User profile  : Disable
IPv4:
    Portal status: Enabled
    Portal authentication method: Direct
    Portal web server: ptw
    Portal mac-trigger-server: Not configured
    Authentication domain: Not configured
    Pre-auth policy: Not configured
    User-dhcp-only: Disabled
    Pre-auth IP pool: Not configured
    Max Portal users: Not configured
    Bas-ip: Not configured
    User detection: Not configured
    Action for server detection:
        Server type    Server name              Action
        --             --                       --
    Layer3 source network:
        IP address              Mask
    Destination authentication subnet:
        IP address              Mask
IPv6:
```

图 8-5　执行 **display portal interface** vlan-interface 10 命令的输出

8.2.9　支持认证前域的远程 Portal 直接认证配置示例

Portal 直接认证配置示例的拓扑结构如图 8-6 所示。用户主机与 SW 直接相连，采用直接认证方式的 Portal 认证，Portal 服务器在 iMC 系统中配置，采用专门的 RADIUS 服务器作为认证、计费服务器。现要求，用户通过 DHCP 服务器获取的一个公网 IP 地址进行认证，在未通过身份认证时可以访问 192.168.0.0/24 网段，通过认证后，可以访问非受限互联网资源。

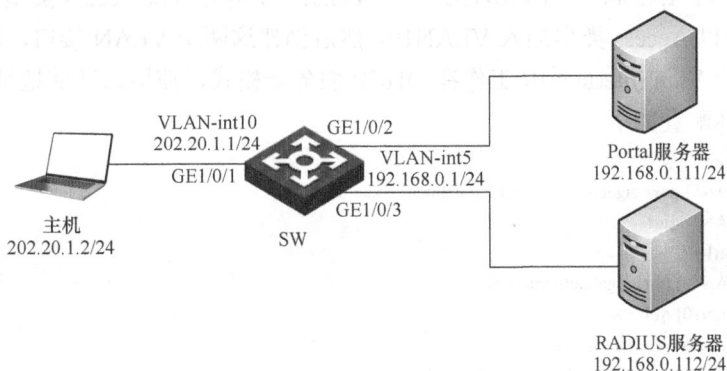

图 8-6　Portal 直接认证配置示例的拓扑结构

1. 基本配置思路分析

本示例与上节介绍的配置示例都是采用 Portal 直接认证方式，但网络环境和要求不同，具体说明如下。

① 本示例不是采用本地 Portal 服务，而是由 iMC 系统专门配置的 Portal 认证服务器与 Portal Web 服务器，属于远程 Portal 服务。

② 本示例中的 Portal 用户的公网 IP 地址不是静态配置的，而是通过 DHCP 服务器分配的，因此，要求在接入 SW 上配置 IP 地址池为用户分配认证所用的公网 IP 地址。

该地址池作为认证前地址池，**仅支持直接认证方式。**

③ 本示例要求在认证前用户只能访问 192.168.0.0/24 网段，而不仅是 Portal Web 服务器，因此，要求在接入设备 SW 上配置认证前域，并在其中通过 ACL 控制用户认证前可以访问 192.168.0.0/24 网段。

【说明】如果是要求用户认证前仅可访问 Portal Web 服务器，则不需要配置认证前域和授权 ACL。这是因为采用的是直接认证的默认访问规则。

在接入设备 SW 上必须同时指定 RADIUS 服务器、Portal 认证服务器，以及 Portal Web 服务器，并在连接 Portal 客户端的三层接口上开启 Portal 认证功能。但因为本示例中 Portal 服务器是在 iMC 系统中配置的，为默认的 iMC 服务器类型，所以不需要配置 Portal 认证服务器和 Portal Web 服务器类型。至于 iMC 中的 Portal 服务器和 RADIUS 服务器的配置，在此不再展开介绍。

2. 具体配置步骤

① 配置为 Portal 用户认证前分配公网 IP 地址的地址池。

本示例中为 Portal 用户分配的 IP 地址在 202.20.1.0/24 网段，与连接 Portal 用户的 Vlan-interface10 的 IP 地址在同一网段，因此，需要在该接口上启用 DHCP 服务器功能。

#---创建并配置认证前地址池，假设名称为 pre_pool，具体配置如下。

```
<H3C>system-view
[H3C] sysname Switch
[Switch] dhcp server ip-pool pre_pool
[Switch-dhcp-pool-pre_pool] gateway-list 202.20.1.1    #---指定网关 IP 地址为 Vlan-interface10 IP 地址
[Switch-dhcp-pool-pre_pool] network 202.20.1.0 24    #---配置地址池中的 IP 地址在 202.20.1.0/24 网段
[Switch-dhcp-pool-pre_pool] quit
```

#---创建 VLAN5 和 VLAN10，GE1/0/2 和 GE1/0/3 两端口以 Access 类型加入 VLAN5，GE1/0/1 端口以 Access 类型加入 VLAN10，然后创建这两个 VLAN 接口，并为其配置 IP 地址，并配置 Vlan-interface10 工作在 DHCP 服务器模式，使用认证前地址池进行 IP 地址分配，具体配置如下。

```
[Switch] vlan5
[Switch-VLAN5] port gigabitethernet1/0/2 gigabitethernet1/0/3
[Switch-VLAN5] quit
[Switch] vlan10
[Switch-VLAN10] port gigabitethernet1/0/1
[Switch-VLAN10] quit
[Switch] interface vlan-interface 5
[Switch-VLAN-interface5] ip address 192.168.0.1 24
[Switch-VLAN-interface5] quit
[Switch] interface vlan-interface 10
[Switch-VLAN-interface10] ip address 202.20.1.1 24
[Switch-VLAN-interface10] dhcp select server
[Switch-VLAN-interface10] portal pre-auth ip-pool pre_pool    #---配置 Portal 认证前用户使用的地址池
[Switch-VLAN-interface10] quit
```

② 创建 Portal 认证前用户使用的认证域，并通过授权 ACL 限制用户认证前可以访问 192.168.0.0/24 网段。

#---配置授权 ACL3001，使用户认证前仅允许访问 192.168.0.0/24 网段，具体配置如下。

```
[Switch] acl advanced 3001
[Switch-acl-ipv4-adv-3001] rule 1 permit ip destination 192.168.0.0 0.0.0.255
[Switch-acl-ipv4-adv-3001] quit
```

#---创建名为 pre_do 的认证前 ISP 域，配置授权 ACL3001，使与授权 ACL3001 中规则匹配的流量按照规则中指定的 permit 动作进行处理，具体配置如下。

```
[Switch] domain pre_do
[Switch-isp-pre_do] authorization-attribute acl 3001
[Switch-isp-pre_do] quit
```

【说明】在授权给 Portal 用户的 ACL 中不能配置携带用户源 IP 地址和源 MAC 地址信息的规则，否则，会导致用户上线失败。本示例 ACL3001 中限制的仅是目标 IP 地址。

#---在接口 Vlan-interface10 上配置 Portal 用户认证前使用的认证域 pre_do，按照授权 ACL 规定用户只能访问 192.168.0.0/24 网段，具体配置如下。

```
[Switch] interface vlan-interface 10
[Switch-VLAN-interface10] portal pre-auth domain pre_do
[Switch-VLAN-interface10] quit
```

③ 创建 Portal 认证用户使用的认证域，并在其中指定采用 RADIUS 方案。

#---创建 RADIUS 方案（假设名称为 rs1），RADIUS 认证、授权和计费服务器由同一台设备担当，IP 地址为 192.168.0.112/24，配置认证（RADIUS 中的授权与认证两种服务是捆绑在一起的）和计费共享密钥均为 radius，发送给 RADIUS 服务器的用户名不带 ISP 域名，具体配置如下。

```
[Switch] radius scheme rs1
[Switch-radius-rs1] primary authentication 192.168.0.112
[Switch-radius-rs1] primary accounting 192.168.0.112
[Switch-radius-rs1] key authentication simple radius
[Switch-radius-rs1] key accounting simple radius
[Switch-radius-rs1] user-name-format without-domain
[Switch-radius-rs1] quit
```

如果 RADIUS 服务器是在 iMC 系统中配置的，则还要开启 RADIUS session control 功能，具体配置如下。

```
[Switch] radius session-control enable
```

#---创建认证域（假设域名为 domain1）并配置 RADIUS 方案，具体配置如下。

```
[Switch] domain domain1
[Switch-isp-domain1] authentication portal radius-scheme rs1
[Switch-isp-domain1] authorization portal radius-scheme rs1
[Switch-isp-domain1] accounting portal radius-scheme rs1
[Switch-isp-domain1] quit
```

#---配置系统默认的 ISP 域 domain1，所有接入用户共用此默认域的认证和计费方法。如果用户登录时输入的用户名未携带 ISP 域名，则使用默认域下的认证方法，具体配置如下。

```
[Switch] domain default enable domain1
```

④ 配置 Portal 认证，指定 Portal 认证服务器和 Portal Web 服务器，开启 Portal 认证功能。

#---配置 Portal 认证服务器：名称为 pts，IP 地址为 192.168.0.111，密钥为明文 portal，监听 Portal 报文的端口为 UDP 50100，具体配置如下。

```
[Switch] portal server pts
[Switch-portal-server-pts] ip 192.168.0.111 key simple portal
[Switch-portal-server-pts] port 50100   #---配置 Portal 报文监听端口号为 UDP 50100，这是默认配置，可不配置
[Switch-portal-server-pts] quit
```

#---配置 Portal Web 服务器：名称为 ptw，URL 为 http://192.168.0.111:8080/portal，具体配置如下。

```
[Switch] portal web-server ptw
[Switch-portal-websvr-ptw] url http://192.168.0.111:8080/portal
[Switch-portal-websvr-ptw] quit
```

#---在接口 Vlan-interface10 上开启直接认证方式的 Portal 认证，并引用 Portal Web 服务器 ptw，具体配置如下。

```
[Switch] interface vlan-interface 10
[Switch-VLAN-interface10] portal enable method direct
[Switch-VLAN-interface10] portal apply web-server ptw
```

#---在 Vlan-interface10 上设置本地设备发送给 Portal 认证服务器的 Portal 报文中的 BAS-IP 属性值为 202.20.1.2。该值为启用 Portal 认证功能的 Vlan-interface10 的 IP 地址。这是因为在配置 Portal 认证服务器时指定的 IP 地址不是本地设备发送 Portal 报文出接口的 IP 地址，而是实际的 Portal 认证服务器的 IP 地址 192.168.0.111，具体配置如下。

```
[Switch-VLAN-interface10] portal bas-ip 202.20.1.2
[Switch-VLAN-interface10] quit
```

3. 配置结果验证

以上配置完成后，通过执行 **display portal interface** vlan-interface 10 命令，即可查看 Vlan-interface10 上的 Portal 配置，执行 **display portal interface vlan-interface 10** 命令的输出如图 8-7 所示，从图中可以看出，Portal 认证功能已开启，采用直接认证方式，引用的 Portal Web 服务器名称为 ptw，配置了认证前 IP 地址池和 BAS-IP 属性。

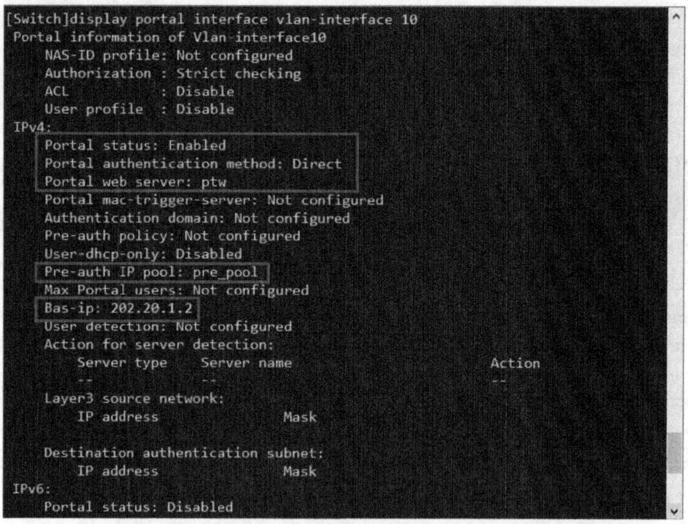

图 8-7 执行 **display portal interface vlan-interface 10** 命令的输出

【说明】本来在 **display portal interface** 命令输出中还有"Pre-auth domain"（认证前域）的配置项，但由于 HCL 模拟器中的系统版本不支持认证前域的配置，所以图 8-7 中没有该项，下节示例相同，不再赘述。

通过以上配置，使用 iNode 客户端的用户在通过认证前，只能访问认证页面 http://192.168.0.111:8080/portal，且发起的 Web 访问均被重定向到该认证页面。通过身份认证但未通过安全认证时，只能访问匹配 ACL3001 的网络资源；通过身份认证及安全认证后，可以访问任意互联网资源。Portal 用户认证通过后，可通过执行 **display portal user interface** vlan-interface 10 命令查看 Vlan-interface10 上连接的 Portal 在线用户信息。

8.2.10　支持认证前域的 Portal 二次地址分配认证配置示例

Portal 二次地址分配认证配置示例的拓扑结构如图 8-8 所示。安装了 iNode 客户端系统的用户主机与接入设备 SW 直接相连，采用二次地址分配方式的 Portal 认证。采用一台设备同时担当 Portal 认证服务器和 Portal Web 服务器，并配置专门的 RADIUS 服务器作为认证、计费服务器。用户通过 Portal 认证前使用 DHCP 服务器分配的私网 IP 地址，仅可以访问 192.168.0.0/24 网段；通过 Portal 认证后，又从 DHCP 服务器申请到一个公网 IP 地址，可以访问非受限互联网资源。

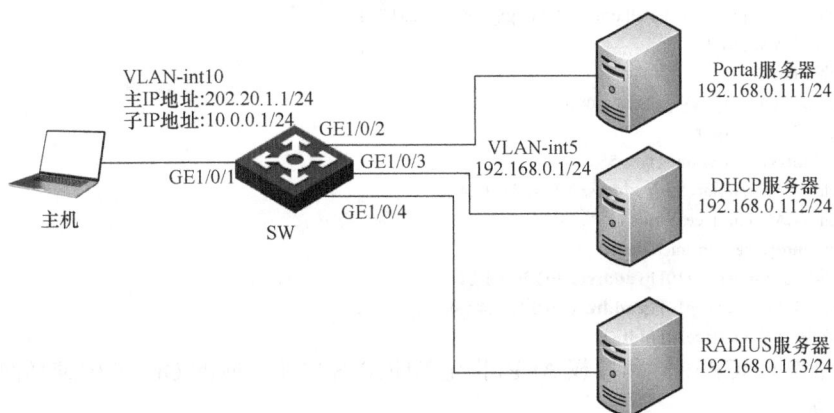

图 8-8　Portal 二次地址分配认证配置示例的拓扑结构

1. 基本配置思路分析

在 Portal 二次地址分配认证方式应用中，用户只能采用 DHCP 服务器进行动态 IP 地址分配，不能采用静态 IP 地址配置方式。在认证前，通过 DHCP 服务器获取一个私网 IP 地址，只能访问 Portal Web 服务器及设定的免认证地址；认证通过后，用户又会从 DHCP 服务器申请到一个公网 IP 地址，可访问外部网络资源。因此，本示例需要在 DHCP 服务器上创建两个 IP 地址池：一个公网 IP 地址池，即 202.20.1.0/24 网段；一个私网 IP 地址池，即 10.0.0.0/24 网段。此时，在启动 Portal 认证功能的三层接口 Vlan-interface10 上也需要配置两个对应网段的 IP 地址，主 IP 地址为与用户公网 IP 地址同网段的公网 IP 地址，子 IP 地址为与用户私网 IP 地址同网段的私网 IP 地址。

因为用户 IP 地址与 DHCP 服务器 IP 地址不在同一网段，所以需要在接入设备 SW 上配置 DHCP 中继功能。为了保证 DHCP 服务器可以为用户在认证前分配到私网网段地址，需要在接入设备上配置同名的中继地址池，指定私网用户所在的网段地址，以及该地址池对应的 DHCP 服务器地址。其中，指定私网用户所在的网段地址时，必须指定 **export-route** 关键字。

在 Portal 认证配置方面，因为要求用户在通过认证前可以访问一个网段，而不是仅默认的 Portal Web 服务器，所以本示例也要配置认证前域，通过 ACL 授权用户可以访问的 192. 168.0.0/24 网段。其他方面与上节的配置示例相似，但在保证启动 Portal 之前各主机、服务器和设备之间的路由可达，完成 DHCP 服务器和 RADIUS 服务器配置，在此不再展开介绍。

2. 具体配置步骤

① 配置 VLAN 和 VLAN 接口 IP 地址。

创建 VLAN5 和 VLAN10，GE1/0/2、GE1/0/3 和 GE1/0/4 共 3 个端口以 Access 类型加入 VLAN5，GE1/0/1 端口以 Access 类型加入 VLAN10，然后创建这两个 VLAN 接口，并为其配置 IP 地址。Vlan-interface10 要同时配置主 IP 地址和一个子 IP 地址，主 IP 地址为 202.20.1.1/24，子 IP 地址为 10.0.0.1/24，对应与用户分配的公网 IP 地址、私网 IP 地址在同一网段，具体配置如下。

```
<H3C>system-view
[H3C] sysname Switch
[Switch] vlan5
[Switch-VLAN5] port gigabitethernet1/0/2 to gigabitethernet1/0/4
[Switch-VLAN5] quit
[Switch] vlan10
[Switch-VLAN10] port gigabitethernet1/0/1
[Switch-VLAN10] quit
[Switch] interface vlan-interface 5
[Switch-VLAN-interface5] ip address 192.168.0.1 24
[Switch-VLAN-interface5] quit
[Switch] interface vlan-interface 10
[Switch-VLAN-interface10] ip address 202.20.1.1 24
[Switch-VLAN-interface10] ip address 10.0.1.1 24 sub
[Switch-VLAN-interface10] quit
```

② 配置 DHCP 中继和授权 ARP，指定 DHCP 客户端对应的 DHCP 中继私网地址池，具体配置如下。

```
[Switch] dhcp enable   #---启用 DHCP 中继功能
[Switch] dhcp relay client-information record   #---开启 DHCP 中继用户地址表项记录功能
[Switch] dhcp server ip-pool relay_pool   #---创建名为 relay_pool 的 DHCP 中继地址池
[Switch-dhcp-pool-relay_pool] remote-server 192.168.0.112#---指定中继地址池对应的 DHCP 服务器地址
[Switch-dhcp-pool-relay_pool] gateway-list 10.0.0.1 export-route   #---指定匹配该地址池的 DHCP 客户端所在网段的地址
[Switch-dhcp-pool-relay_pool] quit
```

【说明】一台 DHCP 中继的一个接口下可能连接不同类型的用户，当 DHCP 中继转发 DHCP 客户端请求报文给 DHCP 服务器时，不能再以中继接口的 IP 地址作为选择地址池的依据。为了解决该问题，需要使用 **gateway-list** 命令指定某个类型用户所在的网段，并将该地址添加到转发给 DHCP 服务器的报文字段中，为 DHCP 服务器选择地址池提供依据。**export-route** 关键字用来将网关列表信息下发给地址管理，通过应答客户端的 ARP 请求，即可实现对不同类型业务流量的引导。如果未指定本关键字，则不将网关列表信息下发给地址管理，具体配置如下。

```
[Switch] interface vlan-interface 10
[Switch-VLAN-interface10] dhcp select relay   #---配置接口工作在 DHCP 中继模式
[Switch-VLAN-interface10] dhcp relay server-address 192.168.0.112   #---指定 DHCP 服务器的地址
[Switch-VLAN-interface10] dhcp relay pool relay_pool#---指定 DHCP 客户端对应的 DHCP 中继地址池，要与 DHCP 服
务器配置的私网地址池名称一致
[Switch-VLAN-interface10] arp authorized enable   #---开启授权 ARP 功能
[Switch-VLAN-interface10] quit
```

【说明】所谓授权 ARP（Authorized ARP），就是在动态学习 ARP 的过程中，只有与 DHCP 服务器生成的租约或 DHCP 中继生成的安全表项一致的 ARP 报文才能够被学习。

配置接口的授权 ARP 功能后，可以防止用户仿冒其他用户的 IP 地址或 MAC 地址攻击网络，保证只有合法的用户才能使用网络资源，增加了网络的安全性。

③ 创建 Portal 认证前用户使用的认证域，并配置授权 ACL。

#---配置授权 ACL3000，允许 192.168.0.0/24 网段的报文通过，具体配置如下。

```
[Switch] acl advanced 3000
[Switch-acl-ipv4-adv-3000] rule 1 permit ip destination 192.168.0.0 0.0.0.255
[Switch-acl-ipv4-adv-3000] quit
```

#---创建认证前域（假设域名为 pre_dm），指定授权 ACL3000，具体配置如下。

```
[Switch] domain pre_dm
[Switch-isp-pre_dm] authorization-attribute acl 3000
[Switch-isp-pre_dm] quit
```

#---在 Vlan-interface10 上配置 Portal 用户认证前使用的认证域为 pre_dm，具体配置如下。

```
[Switch] interface vlan-interface 10
[Switch-VLAN-interface10] portal pre-auth domain pre_dm
[Switch-VLAN-interface10] quit
```

④ 创建 Portal 认证用户使用的认证域，并配置 RADIUS 方案。

#---创建 RADIUS 方案（假设名称为 rs1），RADIUS 认证、授权和计费服务器由同一台设备担当，IP 地址为 192.168.0.112/24，配置认证（RADIUS 中的授权与认证两种服务是捆绑在一起的）和计费共享密钥均为 radius，发送给 RADIUS 服务器的用户名不带 ISP 域名，具体配置如下。

```
[Switch] radius scheme rs1
[Switch-radius-rs1] primary authentication 192.168.0.113
[Switch-radius-rs1] primary accounting 192.168.0.113
[Switch-radius-rs1] key authentication simple radius
[Switch-radius-rs1] key accounting simple radius
[Switch-radius-rs1] user-name-format without-domain
[Switch-radius-rs1] quit
```

如果 RADIUS 服务器是在 iMC 系统中配置的，则还要开启 RADIUS session control 功能，具体配置如下。

```
[Switch] radius session-control enable
```

#---创建认证域（假设域名为 domain1）并配置 RADIUS 方案，具体配置如下。

```
[Switch] domain domain1
[Switch-isp-domain1] authentication portal radius-scheme rs1
[Switch-isp-domain1] authorization portal radius-scheme rs1
[Switch-isp-domain1] accounting portal radius-scheme rs1
[Switch-isp-domain1] quit
```

#---配置系统默认的 ISP 域 domain1，所有接入用户共用此默认域的认证和计费方法。如果用户登录时输入的用户名未携带 ISP 域名，则使用默认域下的认证方法，具体配置如下。

```
[Switch] domain default enable domain1
```

⑤ 配置 Portal 认证，指定 Portal 认证服务器和 Portal Web 服务器，开启 Portal 认证功能。

#---配置 Portal 认证服务器：名称为 pts，IP 地址为 192.168.0.111，密钥为明文 portal，监听 Portal 报文的端口为 UDP 50100，具体配置如下。

```
[Switch] portal server pts
[Switch-portal-server-pts] ip 192.168.0.111 key simple portal
[Switch-portal-server-pts] port 50100
[Switch-portal-server-pts] quit
```

#---配置 Portal Web 服务器：名称为 ptw，URL 为 http://192.168.0.111:8080/portal，

具体配置如下。

```
[Switch] portal web-server ptw
[Switch-portal-websvr-ptw] url http://192.168.0.111:8080/portal
[Switch-portal-websvr-ptw] quit
```

#---在接口 Vlan-interface10 上开启二次地址分配方式的 Portal 认证，具体配置如下。

```
[Switch] interface vlan-interface 10
[Switch-VLAN-interface10] portal enable method redhcp
```

#---在接口 Vlan-interface10 上引用 Portal Web 服务器 ptw，具体配置如下。

```
[Switch-VLAN-interface10] portal apply web-server ptw
```

#---在接口 Vlan-interface10 上设置发送给 Portal 报文中的 BAS-IP 属性值为 202.20.1.1。

```
[Switch-VLAN-interface10] portal bas-ip 202.20.1.1
[Switch-VLAN-interface10] quit
```

3. 配置结果验证

以上配置完成后，通过执行 **display portal interface vlan-interface 10** 命令可查看 Vlan-interface10 上的 Portal 配置，执行 **display portal interface vlan-interface 10** 命令的输出如图 8-9 所示。从输出中可以看出，Vlan-interface10 开启了 Portal 认证功能，采用二次地址分配（Redhcp）Portal 认证方式，Portal Web 服务器名称为 ptw，BAS-ip 为 Vlan-interface10 的 IP 地址。

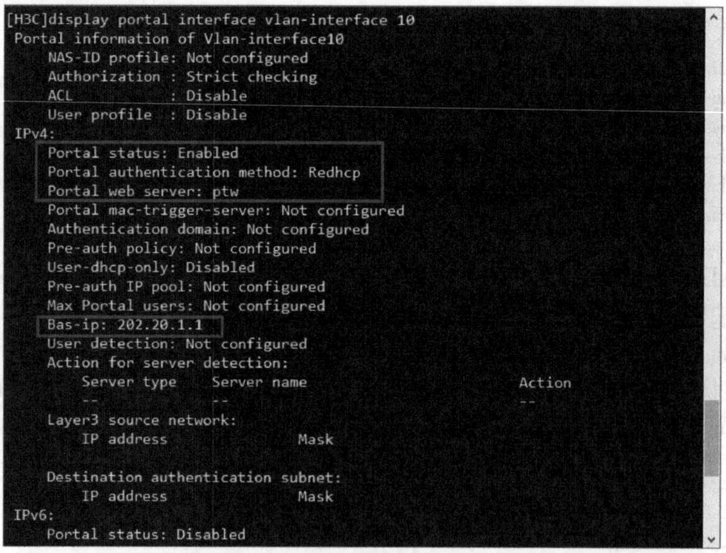

```
[H3C]display portal interface vlan-interface 10
 Portal information of Vlan-interface10
     NAS-ID profile: Not configured
     Authorization : Strict checking
     ACL           : Disable
     User profile  : Disable
 IPv4:
     Portal status: Enabled
     Portal authentication method: Redhcp
     Portal web server: ptw
     Portal mac-trigger-server: Not configured
     Authentication domain: Not configured
     Pre-auth policy: Not configured
     User-dhcp-only: Disabled
     Pre-auth IP pool: Not configured
     Max Portal users: Not configured
     Bas-ip: 202.20.1.1
     User detection: Not configured
     Action for server detection:
         Server type    Server name                         Action
         --             --                                  --
     Layer3 source network:
         IP address               Mask

     Destination authentication subnet:
         IP address               Mask
 IPv6:
     Portal status: Disabled
```

图 8-9 执行 **display portal interface vlan-interface 10** 命令的输出

在采用二次地址分配方式时，需要使用安装了 iNode 客户端软件的主机进行 Portal 认证。通过认证后，可访问非受限的互联网资源。Portal 用户认证通过后，可通过执行 **display portal user interface vlan-interface 10** 命令查看 SW 上生成的 Portal 在线用户信息。

8.2.11 典型 Portal 认证故障排除

1. Portal 用户进行认证时，没有弹出 Portal 认证页面

（1）故障现象

采用 iMC 配置的 Portal 认证服务器，在用户进行 Portal 认证时，没有弹出 Portal 认

证页面，也没有错误提示，登录的 Portal 认证服务器页面为空白。

（2）故障分析

出现这种故障现象的一般原因是，接入设备上配置的 Portal 密钥和 Portal 认证服务器上配置的密钥不一致，导致 Portal 认证服务器报文验证出错，Portal 认证服务器拒绝弹出认证页面。

（3）故障排除

可在接入设备上使用 **display portal server** 命令查看接入设备上是否配置了 Portal 认证服务器密钥，如果没有配置密钥，则补充配置；如果配置了密钥，则在 Portal 认证服务器视图中使用 **ip** 或 **ipv6** 命令修改密钥，或者在 Portal 认证服务器上查看对应接入设备的密钥，并修改密钥，直至二者的密钥设置一致。

2．接入设备上无法强制 Portal 用户下线

（1）故障现象

用户通过 Portal 认证后，在接入设备上使用 **portal delete-user** 命令强制用户下线失败，但是使用 iNode 客户端的"断开"属性可以正常下线。

（2）故障分析

Portal 认证服务器会在自己配置的指定端口（默认为 50100）上监听接入设备发送的 Portal 报文。在接入设备上使用 **portal delete-user** 命令强制用户下线时，是由接入设备主动发送下线通知报文给 Portal 认证服务器。当接入设备发送的下线通知报文的目标端口和 Portal 认证服务器真正的监听端口不一致时，Portal 认证服务器就无法收到下线通知报文，也就无法使对应用户下线。

当使用 iNode 客户端的"断开"属性让用户下线时，是由 Portal 认证服务器主动向接入设备发送下线请求，其源端口为 50100。此时，接入设备的下线应答报文的目标端口就会使用请求报文的源端口，避免了配置上的错误，使 Portal 认证服务器可以收到下线应答报文，从而让 Portal 认证服务器上的用户成功下线。

（3）故障排除

在接入设备上使用 **display portal server** 命令查看配置的对应 Portal 认证服务器监听的端口。如果发现与 Portal 认证服务器自身配置的监听端口不一致，则可在接入设备的 Portal 认证服务器视图中使用 **port** 命令修改监听的端口（参见 8.2.3 节表 8-3），使其和 Portal 认证服务器上的监听端口一致。

3．RADIUS 服务器上无法强制 Portal 用户下线

（1）故障现象

接入设备使用 iMC 服务器作为 RADIUS 服务器对 Portal 用户进行身份认证，用户通过 Portal 认证上线后，管理员无法在 RADIUS 服务器上强制 Portal 用户下线。

（2）故障分析

在 iMC 系统配置 RADIUS 服务器时，使用 session control 报文向接入设备发送断开连接请求，但接入设备上监听 session control 报文的 UDP 端口默认是关闭的，因此，无法接收 RADIUS 服务器发送的 Portal 用户下线请求。

（3）故障排除

在接入设备配置文件中查看 RADIUS session control 功能是否处于开启状态，如果没

有开启，则必须在系统视图下执行 **radius session-control enable** 命令开启。

4. 接入设备强制用户下线后，Portal 认证服务器上还存在该用户

（1）故障现象

接入设备上通过 **portal delete-user** 命令强制 Portal 用户下线后，但在 Portal 认证服务器上仍显示该用户在线。

（2）故障分析

在接入设备上使用 **portal delete-user** 命令强制用户下线时，由接入设备主动发送下线通知报文到 Portal 认证服务器，如果接入设备主动发送的 Portal 下线通知报文中携带的 BAS-IP/BAS-IPv6 属性值与 Portal 认证服务器上指定的设备 IP 地址不一致，则 Portal 认证服务器就会将该 Portal 下线通知报文丢弃。当接入设备尝试发送该报文超时之后，会将该用户强制下线，但 Portal 认证服务器上由于并未成功接收这样的通知报文，误认为该用户仍然在线。

（3）故障排除

在开启 Portal 认证的接口上配置 BAS-IP/BAS-IPv6 属性值（参见 8.2.5 节），使其与 Portal 认证服务器上指定的设备 IP 地址保持一致。

5. 二次地址分配认证用户无法成功上线

（1）故障现象

接入设备对用户采用二次地址分配认证方式进行 Portal 认证，用户输入正确的用户名和密码，且客户端先后成功获取到了私网 IP 地址和公网 IP 地址，但认证结果为失败。

（2）故障分析

在接入设备对用户进行二次地址分配认证过程中，当接入设备感知到客户端的 IP 地址更新之后，会主动向 Portal 认证服务器发送 Portal 通知报文，告知已探测到用户 IP 变化，当 Portal 认证服务器接收到该报文后，才会通知客户端上线成功。如果接入设备主动发送的 Portal 通知报文中携带的 BAS-IP/BAS-IPv6 属性值与 Portal 认证服务器上指定的设备 IP 地址不一致，则 Portal 认证服务器会将该 Portal 通知报文丢弃，因此，系统会由于未及时收到用户 IP 变化的通告而认为用户认证失败。

（3）故障排除

在开启 Portal 认证的接口上配置 BAS-IP/BAS-IPv6 属性值，使其与 Portal 认证服务器上指定的设备 IP 地址保持一致。

8.3　Web 认证

Web 认证与本章前面介绍的 Portal 认证非常类似，都是基于 Web 网页对 Access 类型网络用户进行认证，而且用户主机都可以不用安装任何客户端软件（Portal 认证中部分情形需要安装 iNode 客户端系统），使用非常方便。

Web 认证与第 7 章介绍的 MAC 地址认证和 IEEE 802.1x 认证方式的相似之处在于，三者都可以进行 VLAN 下发，而 Portal 认证不支持 VLAN 下发。这是因为 Web 认证、MAC 地址认证和 IEEE 802.1x 认证都是在二层以太网端口上开启的，而 Portal 认证是在

三层接口上开启的。

在接入设备的二层以太网接口上开启 Web 认证功能后，未认证用户上网时，接入设备会强制用户登录到指定站点，用户可免费访问其中的 Web 资源。当用户需要访问该指定站点之外的 Web 资源时，必须在接入设备上进行认证，认证通过后，可访问特定站点之外的 Web 资源。但 Web 认证必须借助于本地 Portal 服务，在本地 Portal Web 服务器上配置用户登录页面。

8.3.1　Web 认证系统及基本认证流程

Web 认证系统由认证客户端、接入设备、本地 Portal Web 服务器、AAA 服务器 4 个基本要素组成。

① 认证客户端为运行 HTTP/HTTPS 协议的浏览器，发起 Web 认证。

② 接入设备是提供接入服务的设备，在认证之前，将用户所有不符合免认证规则的 HTTP/HTTPS 请求都重定向到认证页面；在认证过程中，与 AAA 服务器交互，完成身份认证、授权和计费的功能；在认证通过后，允许用户访问被授权的网络资源。

③ 本地 Portal Web 服务器集成在接入设备中，负责向认证客户端提供认证页面及其免费 Web 资源，获取认证客户端的用户名、密码等认证信息。

④ AAA 服务器与接入设备进行交互，完成对用户的认证、授权和计费。目前，支持的 AAA 服务器包括 RADIUS 服务器和 LDAP 服务器。RADIUS 可支持对 Web 认证用户进行认证、授权和计费；LDAP 服务器仅可对 Web 认证用户进行认证。

以采用 RADIUS 服务器为例，Web 认证具体过程的说明如下。

① Web 认证用户首次访问 Web 资源的 HTTP/HTTPS 请求报文经过开启了 Web 认证功能的二层以太网接口时，如果该 HTTP/HTTPS 报文请求的内容为认证页面（由本地 Portal Web 服务器配置），或设定的免费访问地址中的 Web 资源，则接入设备允许该 HTTP/HTTPS 报文通过。否则，接入设备将该 HTTP/HTTPS 报文重定向到认证页面，用户在认证页面上输入用户名和密码进行认证。

② 接入设备与 AAA 服务器之间进行 RADIUS 协议报文的交互，对用户身份进行验证。

③ 如果 RADIUS 认证成功，则接入设备向客户端发送登录成功页面，通知客户端认证成功。否则，接入设备向客户端发送登录失败页面。

8.3.2　Web 认证资源下发

与第 7 章介绍的 MAC 地址认证、IEEE 802.1x 认证类似，Web 认证也支持 VLAN 和 ACL 的下发。其中，VLAN 下发又包括 Web 授权 VLAN 下发和 Web 认证失败 VLAN 下发。

1. Web 授权 VLAN 下发

为了将受限的网络资源与未认证用户隔离，通常将受限的网络资源和未认证的用户划分到不同的 VLAN。Web 认证支持远程 AAA 服务器或接入设备下发授权 VLAN。当用户通过 Web 认证后，远程 AAA 服务器或接入设备将授权 VLAN 信息下发给接入设备上连接用户的端口，该端口以不带标签的方式加入授权 VLAN 后，用户便可以访问该 VLAN 中的网络资源。如果该 VLAN 不存在，则接入设备首先创建 VLAN，然后端口允许该 VLAN 中的报文以不携带 VLAN 标签的方式通过。

设备根据用户接入的端口链路类型，按如下情况将端口加入下发的授权 VLAN 中。

① 如果用户从 Access 类型的端口接入，则端口离开当前 VLAN 并加入第一个通过认证的用户的授权 VLAN 中。

② 如果用户从 Trunk 类型的端口接入，则设备允许下发的授权 VLAN 通过该端口，并且修改该端口的默认 VLAN 为第一个通过认证的用户的授权 VLAN。

③ 如果用户从 Hybrid 类型的端口接入，则设备允许下发的授权 VLAN 中的报文以不携带标签的方式通过该端口，并且修改该端口的默认 VLAN 为第一个通过认证的用户的授权 VLAN。需要注意的是，如果该端口上同时使用了 MAC VLAN 功能，则设备将根据远程认证服务器或接入设备下发的授权 VLAN 动态地创建基于用户 MAC 地址的 VLAN，而端口的默认 VLAN 并不改变。

2. Web 认证失败 VLAN 下发

Web 认证失败（Auth-Fail）VLAN 功能允许用户在认证失败的情况下访问某一特定 VLAN 中的资源，例如病毒补丁服务器、存储客户端软件或杀毒软件的服务器，进行升级的客户端或执行其他用户升级的程序。

Web 认证支持基于 MAC 地址的 Auth-Fail VLAN，在二层以太网接口上配置 Auth-Fail VLAN 后，此接口将认证失败的用户 MAC 地址与 Auth-Fail VLAN 进行绑定，生成相应的 MAC VLAN 表项，认证失败的用户将会被加入 Auth-Fail VLAN 中。加入 Auth-Fail VLAN 中的用户可以访问该 VLAN 中免认证 IP 的资源。

用户的所有访问非免认证 IP 的 HTTP/HTTPS 请求会被重定向到接入设备上的认证页面进行认证，如果用户仍然没有通过认证，则将继续处于 Auth-Fail VLAN 内；如果用户通过认证，则该端口会离开 Auth-Fail VLAN，后续端口加入 VLAN 的情况与认证服务器是否下发授权 VLAN 有关。

① 如果认证服务器下发了授权 VLAN，则端口加入下发的授权 VLAN 中。

② 如果认证服务器未下发授权 VLAN，则端口回到默认 VLAN 中。

3. Web 认证 ACL 下发

当用户上线时，如果远程 AAA 服务器上或接入设备的本地用户视图下配置了授权 ACL，则设备会根据远程 AAA 服务器或接入设备下发的授权 ACL 对用户所在端口的数据流进行控制。由于远程 AAA 服务器或接入设备上指定的是授权 ACL 的编号，所以还需要在接入设备上创建该 ACL 并配置对应的 ACL 规则。管理员可以通过随时改变远程 AAA 服务器或接入设备上授权 ACL 的编号，或修改接入设备上对应 ACL 的规则来灵活调整认证成功用户的访问权限。

Web 认证可以成功授权的 ACL 类型为基本 ACL、高级 ACL 和二层 ACL。当下发的 ACL 不存在、未配置 ACL 规则或 ACL 规则中配置了 counting、established、fragment、source-mac 或 logging 参数时，授权 ACL 不生效。

8.3.3　配置 Web 认证基本功能

因为 Web 认证要依靠接入设备的本地 Portal Web 服务器功能，所以在配置 Web 认证前，首先要配置好本地 Portal 服务，必要时还要配置好自定义的认证页面文件，需要说明的是，用户也可采用设备自带的默认认证页面文件，具体参见 8.2.1 和 8.2.2 两个小节。

Web 认证功能支持本地认证和远程 AAA 认证两种方式。当选用 RADIUS 服务器认证方式进行 Web 认证时，在配置 Web 认证之前，需要完成以下任务。

① RADIUS 服务器安装并配置成功，创建相应的用户名和密码。

② 用户、接入设备和 RADIUS 服务器之间路由可达。

③ 在接入设备端进行 RADIUS 客户端的相关设置，保证接入设备和 RADIUS 服务器之间可交互 RADIUS 报文。

当选用本地认证方式进行 Web 认证时，需要先在接入设备上配置本地用户。

Web 认证的必选基本功能的配置任务包括以下两大模块。其中，配置的 Web 认证服务器的 IP 地址和端口号必须与重定向 URL 中配置的 IP 地址和端口号保持一致，同时也必须与本地 Portal Web 服务器中配置的监听端口号保持一致。

1. 配置 Web 认证服务器

Web 认证使用本地 Portal Web 服务为认证用户提供认证页面，因此，需要将接入设备上一个与 Web 认证客户端路由可达的三层接口的 IP 地址指定为 Web 认证服务器的 IP 地址，此时的 Web 认证服务器即接入设备的本地 Portal Web 服务器。建议使用设备上空闲的 LoopBack 接口的 IP 地址，这是因为 LoopBack 接口状态稳定，可避免因为接口故障导致用户无法打开认证页面的问题，而且发送到 LoopBack 接口的报文不会被转发到网络中，当请求上线的用户数目较大时，可减轻对系统性能的影响。

2. 开启 Web 认证功能

为了使 Web 认证功能正常运行，在接入设备的二层以太网接口上开启 Web 认证功能，但不能同时在该接口上开启端口安全功能和配置端口安全模式。**Web 认证的配置步骤见表 8-8。**

表 8-8　Web 认证的配置步骤

步骤	命令	说明
1	**system-view**	进入系统视图
2	**web-auth server** *server-name* 例如，[Sysname] **web-auth server** wbs	创建 Web 认证服务器，并进入 Web 认证服务器视图。参数 *server-name* 用来指定创建的 Web 认证服务器的名称，为 1～32 个字符的字符串，区分大小写。 默认情况下，不存在 Web 认证服务器
3	**ip** *ipv4-address* **port** *port-number* 例如，[Sysname-web-auth-server-wbs] **ip** 192.168.1.1 **port** 8080	配置 Web 认证服务器（即本地 Portal Web 服务器）的 IP 地址和端口号。 • *ipv4-address*：指定 Web 认证服务器的 IPv4 地址，该地址为接入设备上一个与 Web 认证用户路由可达的三层接口 IP 地址。建议采用 LoopBack 接口的 IP 地址。 • *port-number*：指定 Web 认证服务器的端口号，取值为 1～65535。 默认情况下，没有配置任何 Web 认证服务器的 IP 地址
4	**url** *url-string* 例如，[Sysname-web-auth-server-wbs] **url** http://192.168.1.1:80/portal/	配置 Web 认证服务器的重定向 URL，为 1～256 个字符的字符串，区分大小写，可以包括 "?" 字符。 重定向 URL 必须以 http://或者 https://开头，否则，系统默认其以 http://开头。该 URL 中的 IP 地址和端口号必须与 Web 认证服务器中的 IP 地址和端口号保持一致，结尾必须是 "/portal/"。 默认情况下，Web 认证服务器下不存在重定向 URL

续表

步骤	命令	说明
5	url-parameter *parameter-name* { original-url | source-address | source-mac | value *expression* } 例如，[Sysname-web-auth-server-wbs] url-parameter userurl value http://www.abc.com/welcome	（可选）配置设备重定向给用户的 URL 中携带的参数信息。 • *parameter-name*：表示 URL 中携带参数的名称，为 1～32 个字符的字符串，区分大小写，必须与 PC 浏览器所接受的参数名保持一致，必须根据具体情况配置 URL 参数名。URL 参数名对应的参数内容由 *parameter-name* 后的参数指定。 • original-url：多选一选项，指定用户初始访问的 Web 页面的 URL。 • source-address：多选一选项，指定用户的 IP 地址。 • source-mac：多选一选项，指定用户的 MAC 地址。 • value *expression*：多选一参数，自定义字符串，为 1～256 个字符的字符串，区分大小写。URL 地址可以包括 "?" 字符。 默认情况下，未配置设备重定向给用户的 URL 中携带的参数信息
6	interface *interface-type interface-number* 例如，[Sysname] interface ten-gigabitethernet 1/0/1	进入二层以太网接口视图
7	web-auth enable apply server *server-name* 例如，[Sysname-Ten-GigabitEthernet1/0/1] web-auth enable apply server ptw	开启 Web 认证功能，并指定引用的 Web 认证服务器。参数 *server-name* 用来指定引用的 Web 认证服务器的名称，为 1～32 个字符的字符串，区分大小写。 默认情况下，Web 认证功能处于关闭状态

【说明】url-parameter 命令用于配置用户访问 Web 认证服务器时要求携带的一些参数，比较常用的是要求携带用户的 IP 地址、MAC 地址、用户原始访问的 URL 信息。用户也可以手动指定，携带一些特定的字符信息。配置完成后，在接入设备给用户强制推送重定向 URL 时会携带这些参数，例如用户的源 IP 地址 1.1.1.1，配置 Web 认证服务器的 URL 为：http://192.168.1.1/portal，如果同时进行 2 项配置，即 url-parameter userip source-address 和 url-parameter userurl value http://www.abc.com/welcome，则设备给该用户重定向的 URL 格式即为：http://192.168.1.1/portal?userip=1.1.1.1&userurl=http://www.abc.com/welcome。

8.3.4 配置 Web 认证可选功能

在 Web 认证中还可以根据需要配置以下可选功能，Web 认证可选功能的配置步骤见表 8-9。

表 8-9 Web 认证可选功能的配置步骤

步骤	命令	说明
1	system-view	进入系统视图
2	interface *interface-type interface-number* 例如，[Sysname] interface ten-gigabitethernet 1/0/1	进入已开启了 Web 认证功能的二层以太网接口视图

步骤	命令	说明
3	**web-auth domain** *domain-name* 例如，[Sysname-Ten-GigabitEthernet1/0/1] **web-auth domain** my-domain	配置 Web 认证用户使用的认证域。参数 *domain-name* 用来指定使用的 ISP 认证域的名称，为 1~255 个字符的字符串，不区分大小写。 默认情况下，接口上未配置 Web 认证用户使用的认证域
4	**web-auth max-user** *max-number* 例如，[Sysname-Ten-GigabitEthernet1/0/1] **web-auth max-user** 32	配置 Web 认证最大用户数，取值为 1~2048。该命令指定的最大用户数仅为 IPv4 Web 认证用户数。 默认情况下，Web 认证最大用户数为 1024
5	**web-auth offline-detect interval** *interval* 例如，[Sysname-Ten-GigabitEthernet1/0/1] **web-auth offline-detect interval** 3600	开启 Web 认证用户在线探测功能。参数 *interval* 用来指定用户在线探测时间间隔，取值为 60~65535，单位为 s。 默认情况下，Web 认证用户在线探测功能处于关闭状态
6	**web-auth auth-fail vlan** *authfail-vlan-id* 例如，[Sysname-Ten-GigabitEthernet1/0/1] **web-auth auth-fail vlan** 5	配置 Web 认证的 Auth-Fail VLAN，取值为 1~4094，该 VLAN 必须已经存在。 为使此功能生效，必须开启二层以太网接口上的 **MAC VLAN** 功能（参见配套图书《**H3C 交换机学习指南（上册）第 7 章**》），并将 **Auth-Fail VLAN** 的网段设为 **Web 认证用户免认证的目标 IP 地址**。 默认情况下，不存在 Web 认证的 Auth-Fail VLAN
7	**quit**	退出接口视图，返回系统视图
8	**web-auth server** *server-name* 例如，[Sysname] **web-auth server** wbs	创建 Web 认证服务器，并进入 Web 认证服务器视图
9	**redirect-wait-time** *period* 例如，[Sysname-web-auth-server-wbs] **redirect-wait-time** 10	配置认证成功后页面跳转的时间间隔，取值为 1~90，单位为 s。 默认情况下，Web 认证用户认证成功后，认证页面跳转的时间间隔为 5s
10	**quit**	退出 Web 认证服务器视图，返回系统视图
11	**web-auth free-ip** *ip-address* { *mask-length* | *mask* } 例如，[Sysname] **web-auth free-ip** 192.168.0.0 24	配置 Web 认证用户免认证的目标 IP 地址。 • *ip-address*：指定 Web 认证用户免认证目标网段的 IP 地址。 • *mask-length*：二选一参数，指定 Web 认证用户免认证目标网段 IP 地址的掩码长度，取值为 1~32。 • *mask*：二选一参数，指定 Web 认证用户免认证目标网段 IP 地址的子网掩码，采用十进制格式。 可通过重复执行此命令来配置多个 Web 认证用户免认证的目标 IP 地址。如果配置了 Auth-Fail VLAN，则该 VLAN 所在网段必须包含在免认证的目标 IP 地址范围之内。 默认情况下，不存在 Web 认证用户免认证的目标 IP 地址
12	**web-auth proxy port** *port-number* 例如，[Sysname] **web-auth proxy port** 7777	配置允许触发 Web 认证的 Web 代理服务器端口。参数 *port-number* 用来指定 Web 认证的 Web 代理服务器的 TCP 端口号，取值为 1~65535。 多次配置本命令可以添加多个 Web 认证代理服务器的 TCP 端口号，其中任意一个端口号发起的 HTTP 请求均可触发 Web 认证

1. 配置 Web 认证用户使用的认证域

通过在接入设备的二层以太网接口上配置 Web 认证用户使用的认证域，可使所有从该接口接入的 Web 认证用户都被强制使用指定的认证域来进行认证、授权和计费。管理员可通过该配置对不同接口上的 Web 认证用户使用不同的认证域，从而提高了管理员部署 Web 认证接入策略的灵活性。

从指定二层以太网接口接入的 Web 认证用户将按照如下先后顺序选择认证域：接口上配置的 Web 认证用户使用的 ISP 域→用户名中携带的 ISP 域→系统默认的 ISP 域→设备上为未知域名的用户指定的 ISP 域。如果根据以上原则决定的认证域在设备上不存在，则用户将无法认证。

2. 配置认证成功后页面跳转的时间间隔

在某些应用环境中，例如 Web 认证用户认证成功，并加入授权 VLAN 后，如果客户端需要更新 IP 地址，则需要保证认证页面跳转的时间间隔大于用户更新 IP 地址的时间，否则，用户会因为 IP 地址还未完成更新而无法打开指定的跳转网站页面。在这种情况下，为了保证 Web 认证功能的正常运行，需要调整认证页面跳转的时间间隔。

3. 配置 Web 认证用户免认证的目标 IP 地址

通过配置免认证的目标 IP 地址，可以让用户不需要通过 Web 认证即可访问该目标 IP 中的资源。但建议不要将 Web 认证用户免认证目标 IP 和 IEEE 802.1x 的 Free IP 配置为相同的 IP，否则，当取消其中一项配置时，另一项配置也不再生效。

4. 配置 Web 认证最大用户数

因为设备资源有限，所以可以根据用户实际需求控制通过 Web 认证接入的用户数。如果配置的 Web 认证最大用户数小于当前已经在线的 Web 认证用户数，则配置可以执行成功，且在线 Web 认证用户不受影响，但系统不允许新的 Web 认证用户接入。

5. 开启 Web 认证用户在线探测功能

为了及时发现并清理不在线用户，可开启认证端口上的 Web 认证用户在线检测功能。因此，如果接入设备在一个下线探测定时器间隔之内未收到此端口下某在线用户的报文，则将切断该用户的连接，同时通知 RADIUS 服务器停止对此用户进行计费。

配置用户在线探测时间间隔时，需要与 MAC 地址老化时间配置的时间相同，否则，会导致用户异常下线。

6.（可选）配置 Web 认证的 Auth-Fail VLAN

Auth-Fail VLAN 是用户在 Web 认证失败后可以访问的资源所在的 VLAN。**开启 Web 认证的端口必须配置为 Hybrid 类型，且必须同时开启 MAC VLAN 功能**，当用户认证失败后，设备将 Web 认证用户的 MAC 地址与 Auth-Fail VLAN 进行绑定。

在配置 Auth-Fail VLAN 时，需要注意以下事项。

① Auth-Fail VLAN 的网段必须设为 Web 认证用户免认证的目标 IP 地址。

② 如果某个 VLAN 被指定为 Super VLAN，则该 VLAN 不能被指定为某个接口的 Auth-Fail VLAN；同样，如果某个 VLAN 被指定为某个接口的 Auth-Fail VLAN，则该 VLAN 不能被指定为 Super VLAN。

③ 禁止删除已被配置为 Web 认证 Auth-Fail VLAN 的 VLAN。如果要删除该 VLAN，则必须先通过 **undo web-auth auth-fail vlan** 命令取消 Web 认证的 Auth-Fail VLAN 配置。

7. 配置 Web 认证支持 Web 代理

设备默认只允许未配置 Web 代理服务器的浏览器发起的 HTTP 请求触发 Web 认证。当用户上网使用的浏览器配置了 Web 代理服务器时，用户的 HTTP 请求报文将被丢弃，而不能触发 Web 认证。在这种情况下，网络管理员可以通过在设备上添加 Web 认证代理服务器的 TCP 端口号，允许配置了 Web 代理服务器的浏览器发起的 HTTP 请求触发 Web 认证。

如果用户浏览器采用 Web 代理服务器自动发现（即 WPAD）方式配置 Web 代理，则需要进行以下操作。

① 由网络管理员在设备上添加 Web 代理服务器端口，并将 WPAD 主机的 IP 地址配置为 Web 认证用户免认证的目标 IP 地址。

② 由用户在浏览器上将接入设备上 Web 认证服务器的 IP 地址加入 Web 代理服务器的例外情况中，Web 认证服务器的 IP 地址不使用 Web 代理服务器，避免 Web 认证用户发送给 Web 认证页面的 HTTP 报文被发送到 Web 代理服务器上，从而影响正常的 Web 认证。

以上 8.3.3 和 8.3.4 两个小节配置完成后，可在任意视图下执行以下 **display** 命令显示配置后 Web 认证功能的运行情况，验证配置效果。

① **display web-auth** [**interface** *interface-type interface-number*]：查看接口上 Web 认证配置信息。

② **display web-auth free-ip**：查看所有 Web 认证用户免认证的目标 IP 地址。

③ **display web-auth server** [*server-name*]：查看所有 Web 认证服务器信息。

④ **display web-auth user** [**interface** *interface-type interface*-number | **slot** *slot-number*]：查看在线 Web 认证用户的信息。

8.3.5　本地 AAA 认证方式 Web 认证配置示例

本地 AAA 认证方式 Web 认证配置示例的拓扑结构如图 8-10 所示。用户主机与接入设备 SW 直接相连，现要在 GE1/0/1 端口上对用户进行 Web 认证，具体要求如下。

① 使用本地认证方式进行认证和授权。

② Web 认证服务器的监听 IP 地址为 LoopBack0 接口 IP 地址，TCP 端口号为 80。设备使用 HTTP 传输认证数据。

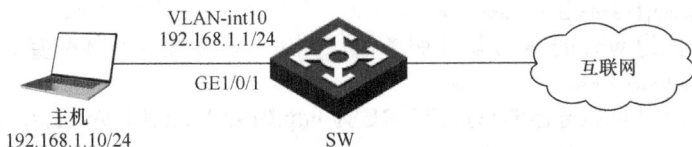

图 8-10　本地 AAA 认证方式 Web 认证配置示例的拓扑结构

1. 基本配置思路分析

Web 认证需要借助本地 Portal 服务，在接入设备上配置好 Portal Web 服务器，作为 Web 认证服务器，但 Web 认证中负责用户最终认证的仍然是由 AAA 功能模块负责。本示例要求采用本地 AAA 认证方式，因此，需要在接入设备上配置好本地认证用户账户，然后在接入设备连接用户的二层以太网接口上开启 Web 认证功能。

2．具体配置步骤

① 配置 Access 类型本地用户。

添加一个 Access 类型本地用户，假设用户名为 winda，密码为明文的 123456TEST，具体配置如下。

```
<H3C>system-view
[H3C] sysname Switch
[Switch] local-user winda class network    #---创建网络接入类型本地用户账户 winda
[Switch-luser-network-winda] password simple 123456TEST
[Switch-luser-network-winda] service-type lan-access    #---指定 winda 用户支持网络接入服务
[Switch-luser-network-winda] quit
```

② 创建并配置用户认证域，指定采用本地 AAA 方式。

创建一个名称为 web_local 的 ISP 域，指定采用本地认证、授权和计费方式，具体配置如下。

```
[Switch] domain web_local
[Switch-isp-web_local] authentication lan-access local
[Switch-isp-web_local] authorization lan-access local
[Switch-isp-web_local] accounting lan-access local
[Switch-isp-web_local] quit
```

③ 配置本地 Portal 服务。

#---开启本地 Portal Web 服务，指定使用 HTTP 和客户端交互认证信息，具体配置如下。

```
[Switch] portal local-web-server http
```

#---配置本地 Portal Web 服务器提供的默认认证页面文件，在此采用系统自带的 defaultfile.zip 文件，如果是自定义的页面文件，则必须确保已上传并保存到设备的存储介质的根目录下，具体配置如下。

```
[Switch-portal-local-websvr-http] default-logon-page defaultfile.zip
[Switch-portal-local-websvr-http] tcp-port 80    #---配置本地 Portal Web 服务 HTTP 服务监听 TCP 80 端口
[Switch-portal-local-websvr-http] quit
```

④ 配置 Web 认证，指定 Web 服务器重定向 URL、IP 地址和端口号，并在连接用户的二层接口上开启 Web 认证功能。

#---创建 LookBack0 接口，假设 IP 地址为 192.168.0.1/24，代表本地 Portal Web 服务器 IP 地址，具体配置如下。

```
[Switch] interface loopback 0
[Switch-LoopBack0] ip address 192.168.0.1 24
```

#---创建名称为 wbs 的 Web 认证服务器，并进入其视图，具体配置如下。

```
[Switch] web-auth server wbs
```

#---配置 Web 认证服务器的重定向 URL 为 http://192.168.0.1:80/portal/，具体配置如下。

```
[Switch-web-auth-server-wbs] url http://192.168.0.1:80/portal/
```

#---配置 Web 认证服务器的 IP 地址为 192.168.0.1，端口号为 TCP 80，具体配置如下。

```
[Switch-web-auth-server-wbs] ip 192.168.0.1 port 80
[Switch-web-auth-server-wbs] quit
```

#---在连接用户的二层端口 GE1/0/1 上指定 Web 认证用户使用的认证域为前面创建的 web_local，开启 Web 认证，指定 Web 认证服务器 wbs，具体配置如下。

```
[Switch] interface gigabitethernet 1/0/1
[Switch-GigabitEthernet1/0/1] web-auth domain web_local
```

```
[Switch-GigabitEthernet1/0/1] web-auth enable apply server wbs
[Switch-GigabitEthernet1/0/1] quit
```

3．配置结果验证

以上配置完成且 Web 认证成功后，通过执行 **display web-auth user** 命令查看在线 Web 认证用户的信息。HCL 模拟器上不支持 Web 认证功能的配置。

8.3.6　远程 AAA 认证方式 Web 认证配置示例

远程 AAA 认证方式 Web 认证配置示例的拓扑结构如图 8-11 所示。用户主机与接入设备 SW 直接相连，在 GE1/0/1 端口上对用户进行 Web 认证，具体要求如下。

① 使用远程 RADIUS 服务器进行认证、授权和计费。

② Web 认证服务器的监听 IP 地址为 LoopBack0 接口 IP 地址，TCP 端口号为 80。设备使用 HTTP 传输认证数据。

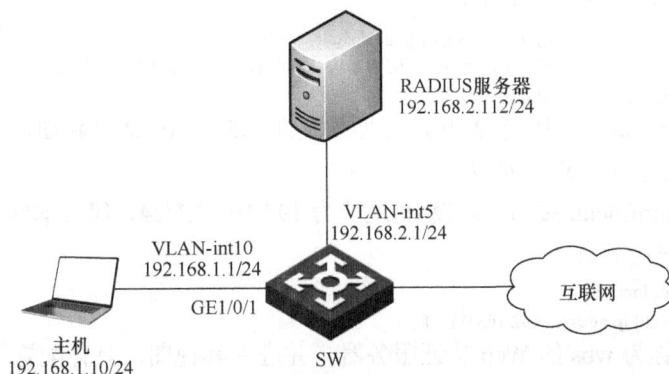

图 8-11　远程 AAA 认证方式 Web 认证配置示例的拓扑结构

1．基本配置思路分析

本示例总体的配置思路与上节的本地 AAA 认证方式 Web 认证的配置差不多，二者不同的是，本示例采用的是远程 AAA 认证方式，需要配置远程 RADIUS 服务器，并在用户认证域中指定采用 RADIUS 认证方式。

2．具体配置步骤

① 配置 RADIUS 服务器方案。

#---创建名称为 rs1 的 RADIUS 方案，并进入该方案视图，具体配置如下。

```
<H3C> system-view
[H3C] sysname Switch
[Switch] radius scheme rs1
```

#---配置 RADIUS 方案的主认证和主计费服务器及其通信密钥，具体配置如下。

```
[Switch-radius-rs1] primary authentication 192.168.0.112
[Switch-radius-rs1] primary accounting 192.168.0.112
[Switch-radius-rs1] key authentication simple radius
[Switch-radius-rs1] key accounting simple radius
```

#---配置发送给 RADIUS 服务器的用户名不携带 ISP 域名，具体配置如下。

```
[Switch-radius-rs1] user-name-format without-domain
[Switch-radius-rs1] quit
```

② 创建并配置用户认证域，指定采用 RADIUS 认证方式。

创建一个名称为 web_rad 的 ISP 域，指定采用前面创建的 RADIUS 方案，具体配置如下。

```
[Switch] domain web_rad
[Switch-isp-web_rad] authentication lan-access rs1
[Switch-isp-web_rad] authorization lan-access rs1
[Switch-isp-web_rad] accounting lan-access rs1
[Switch-isp-web_rad] quit
```

③ 配置本地 Portal 服务，指定认证页面，使用 HTTP 与客户端交互信息。

\#---开启本地 Portal Web 服务，指定使用 HTTP 和客户端交互认证信息，具体配置如下。

```
[Switch] portal local-web-server http
```

\#---配置本地 Portal Web 服务器提供的默认认证页面文件，在此采用系统自带的 defaultfile.zip 文件，如果是自定义的页面文件，则必须确保已上传并保存到设备的存储介质的根目录下，具体配置如下。

```
[Switch-portal-local-websvr-http] default-logon-page defaultfile.zip
[Switch-portal-local-websvr-http] tcp-port 80 #---配置本地 Portal Web 服务 HTTP 服务监听 TCP 80 端口
[Switch-portal-local-websvr-http] quit
```

④ 配置 Web 认证，指定 Web 服务器重定向 URL、IP 地址和端口号，并在连接用户的二层接口上开启 Web 认证功能。

\#---创建 LoopBack0 接口，假设 IP 地址为 192.168.0.1/24，代表本地 Portal Web 服务器 IP 地址，具体配置如下。

```
[Switch] interface loopback 0
[Switch-LoopBack0] ip address 192.168.0.1 24
```

\#---创建名称为 wbs 的 Web 认证服务器，并进入其视图，具体配置如下。

```
[Switch] web-auth server wbs
```

\#---配置 Web 认证服务器的重定向 URL 为 http://192.168.0.1:80/portal/，具体配置如下。

\#---配置 Web 认证服务器的 IP 地址为 192.168.0.1，端口号为 TCP 80，具体配置如下。

```
[Switch-web-auth-server-wbs] url http://192.168.0.1:80/portal/
[Switch-web-auth-server-wbs] ip 192.168.0.1 port 80
[Switch-web-auth-server-wbs] quit
```

\#---在连接用户的接口上指定 Web 认证用户使用的认证域为前面创建的 web_rad，开启 Web 认证，指定 Web 认证服务器 wbs，具体配置如下。

```
[Switch] interface gigabitethernet 1/0/1
[Switch-GigabitEthernet1/0/1] web-auth domain web_rad
[Switch-GigabitEthernet1/0/1] web-auth enable apply server wbs
[Switch-GigabitEthernet1/0/1] quit
```

3. 配置结果验证

以上配置完成且 Web 认证成功后，通过执行 **display web-auth user** 命令查看在线 Web 认证用户的信息。